AF671863

J. Zötl und J.E. Goldbrunner

Die Mineral- und Heilwässer Österreichs

Geologische Grundlagen und Spurenelemente

Unter Mitwirkung von

E. Clar, K. Czurda, H. Friedmann, T.E. Gattinger, P. Hacker, F. Kahler, V. Maurin, G. Probst, P. Ramspacher, J. Schlamberger, A.J. Stehlik, F. Weber, St. Weise, G. Wessely, H. Zetinigg und H. Zojer

Springer-Verlag Wien GmbH

Univ.-Prof. Dr. Josef Zötl
Univ.-Doz. Dr. Johann E. Goldbrunner
Institut für Geothermie und Hydrogeologie
Forschungsgesellschaft Joanneum Ges.m.b.H.
Graz, Österreich

Gedruckt mit freundlicher Unterstützung der Österreichischen Akademie der Wissenschaften, des Österreichischen Wasserwirtschaftsverbandes und des Amtes der Steiermärkischen Landesregierung.

Unterstützt durch die Forschungsgesellschaft Joanneum Ges.m.b.H. (Joanneum Research) unter Einbeziehung von Forschungsergebnissen, die am Institut für Geothermie und Hydrogeologie dieser Gesellschaft erarbeitet wurden.

Originally published by Springer-Verlag Wien New York in 1993
Softcover reprint of the hardcover 1st edition 1993

Mit 101 Abbildungen und 1 Karte

ISBN 978-3-7091-7371-8 ISBN 978-3-7091-6652-9 (eBook)
DOI 10.1007/978-3-7091-6652-9

Vorwort

Im Jahre 1914 wurde das „Österreichische Bäderbuch“ als „Offizielles Handbuch der Bäder, Kurorte und Heilanstalten Österreichs“ herausgegeben. Die Publikation (816 Seiten) beschreibt Kurorte und Orte mit Heilwasserversand des Gesamtgebietes der Österreichischen Reichshälfte der Monarchie.

Bei den nur auf den Versand abzielenden Quellorten wurden Wasseranalysen, Kapazität des jährlichen Flaschenversandes und das beim Quellaustritt aufgeschlossene Gestein beschrieben, bei den Bäder- und Kurorten weiters auch Kureinrichtungen, Klima, Unterkünfte, Verkehrslage u.a.

Das erste in der Republik erschienene „Österreichische Bäderbuch“ wurde 1928 vom Bundesministerium für soziale Verwaltung als gekürzte Version in kleiner Auflage herausgebracht, sie war nach kurzer Zeit vergriffen. Dieser Umstand und der mittlerweile fortgeschrittene Wissensstand veranlaßten 1953 das Bundesministerium für soziale Verwaltung, Universitätsprofessor Dr. F. SCHEMINZKY mit einer Neuherausgabe zu betrauen. Professor SCHEMINZKY, Vorstand des Physiologischen und Balneologischen Institutes und Mitglied der Medizinischen Fakultät der Universität Innsbruck, machte als Leiter des Forschungsinstitutes Gastein der Österreichischen Akademie der Wissenschaften einen entscheidenden Schritt.

Mit großer Hingabe der Erforschung des Phänomens Gastein verhaftet, erkannte F. SCHEMINZKY die Notwendigkeit der interdisziplinären Zusammenarbeit. Seinem Arbeitskreis gehörten nicht nur Ärzte, Chemiker, Mineralogen, Bergingenieure und Radiologen an, die Feder des bekannten Hydrogeologen J. STINI steuerte erstmals grundlegende Gedanken geologischer Zusammenhänge bei. Der Wandel des „Bäderbuches“ vom chemisch-balneologischen Register zum Leistungsbild natürlicher Heilmittel schien in Gang gebracht.

Mit der großen Zahl von Mitarbeitern ergaben sich Schwierigkeiten. Schließlich kämpfte der Innsbrucker Kreis um F. SCHEMINZKY, E. KOMMA und C. JOB mit einigen Unentwegten darum, das Werk in Form eines Klemmbandes mit schrittweiser Beiheftung der Reihe nach einlaufenden Blätter zu retten. F. SCHEMINZKY hat knapp die Lieferung der halben Anzahl der vorgesehenen Beiträge erlebt. Der Rest wurde nie ausgeliefert, vom Herausgeber mit Prospekten aufgefüllt und das Ganze als recht gegensätzlicher Torso hinterlassen.

Des unwürdigen Endes von SCHEMINZKY's Erbe erbarmte sich letzten Endes ein verantwortungsbewußter Ministerialbeamter. Unter der Redaktion von Ministerialrat Dr. P. SLEZAK wurde 1975 ein „Österreichisches Heilbäder- und Kurortebuch“, als „Amtliches Informations- und Nachschlagewerk“ mit einem Anhang medizinischer Abhandlungen gedruckt. Das Buch blieb zu Unrecht weitgehend unbekannt, ein Unikat wurde uns dank des Entgegenkommens des Österreichischen Heilbäder- und Kurorteverbandes (Frau Helga HERRMANN) zugänglich.

1985 wurde vom Bundesministerium für Gesundheit und Umweltschutz das „Handbuch der natürlichen Heilmittel Österreichs“ unter der wissenschaftlichen Beratung der Universitätsprofessoren Dr. P. DEETJEN und Dr. R. GÜNTHER und der Redaktion von Univ.-Dozent Dr. W. MARKTL auf den Markt gebracht. Es wird im Geleitwort als Neubearbeitung des österreichischen Heilbäder- und Kurortebuches bezeichnet.

Wie bei der Ausgabe von P. SLEZAK besteht eine Teilung in eine Beschreibung der natürlichen Heilvorkommen in Österreich und einen wissenschaftlich-medizinischen Abschnitt. Teil 1 ist eine großzügig mit 78 ansprechenden Farbfotos ausgestattete werbewirksame Vorstellung der Bade- und Luftkurorte mit entsprechender Information über Lage, Klima, Verkehrsverbindungen, medizinischer Versorgung, Beherbergung, Freizeitgestaltung, Kurmittel und Indikationen. Die wissenschaftlich-medizinischen Beiträge sind instruktiv und von bemerkenswerter Objektivität.

Eines gilt strikt sowohl für die Ausgabe von 1975 als auch jene von 1985: man akzeptierte den Verzicht auf die Frage nach der **Herkunft des Wassers**, seiner Bestandteile und Eigenschaften. Das abrupte Ende des von F. SCHEMINZKY eingeleiteten Weges der interdisziplinären Forschung bedeutete einen Rückzug in die Stellung der zwanziger Jahre, und das in der Zeit des kometenhaften Aufstieges der Meßtechnik und Analysenkapazität.

Es ist Zeit eines Mannes zu gedenken, der jahrelang mahnte, der Balneologie wieder das Fundament des geologischen Hintergrundes zu geben: Universitätsprofessor Dr. Dr. h.c. Walther PETRASCHECK (1906–1991). Dem Zögern, seiner Anregung zu folgen, stand nicht nur der Mißerfolg F. SCHEMINZKY's Pate. Die Frage nach den Mitarbeitern hatte längst ebenso einen neuen Stellenwert erhalten, wie Dimension und Wandel der wissenschaftlichen Struktur.

Die Darstellung des örtlichen geologischen Befundes reicht nicht mehr aus. Fragen nach der Tiefe der

Wasserzirkulation, der Verweildauer und Lösungsfähigkeit treten in den Vordergrund. Nicht nur Gase im unterirdischen Wasser können Zeugen aus großen Tiefen sein, kleinste „Spuren" gelöster Feststoffe gemessen in Millionstel Gramm pro Liter Wasser entpuppten sich als lebensnotwendige Elemente.

Diese Entwicklung führte zu dem Versuch, die im Wasser enthaltenen Spurenelemente zu einem essentiellen Teil des geologischen Ergänzungsbandes zu den medizinischen Handbüchern zu machen. Damit wurde auch die Forschung in die Neubearbeitung einbezogen.

Da wir am Beginn dieses Weges stehen, wird manches Problem offen bleiben. Dies aber bewußt und mit Hinweis auf Themen für zukünftige wissenschaftliche Arbeiten und Fachgespräche.

Das vorliegende Werk enthält Beiträge von Autoren verschiedener Fachrichtungen. Um den Charakter der Arbeiten beizubehalten, wurde auf eine strikte Anpassung einzelner Termini an die hydrogeologische Nomenklatur verzichtet. Moorbäder und Luftkurorte wurden nicht behandelt

Eine methodische Folgerung des neuen Weges ist die Gliederung in Heilwasserbereiche, die sich nicht an politischen Grenzen oder einer alphabetischen Reihung von Kurorten orientiert, wohl aber in einer geographischen Abgrenzung eine Orientierungshilfe sieht. Natürlich ist eine engere Bindung an geologische Einheiten. Aber auch hier sind es zum Teil nur an diese gebundene typische Erscheinungen (Tektonik, Vulkanismus) oder dominierende Eigenschaften des Wassers, die die Grundlage einer „Provinz" bilden, ohne daß dieser Begriff eine genaue Definition erhält. Auch eine Benennung wie „Bezirk" ist allgemein aufzufassen.

J. ZÖTL

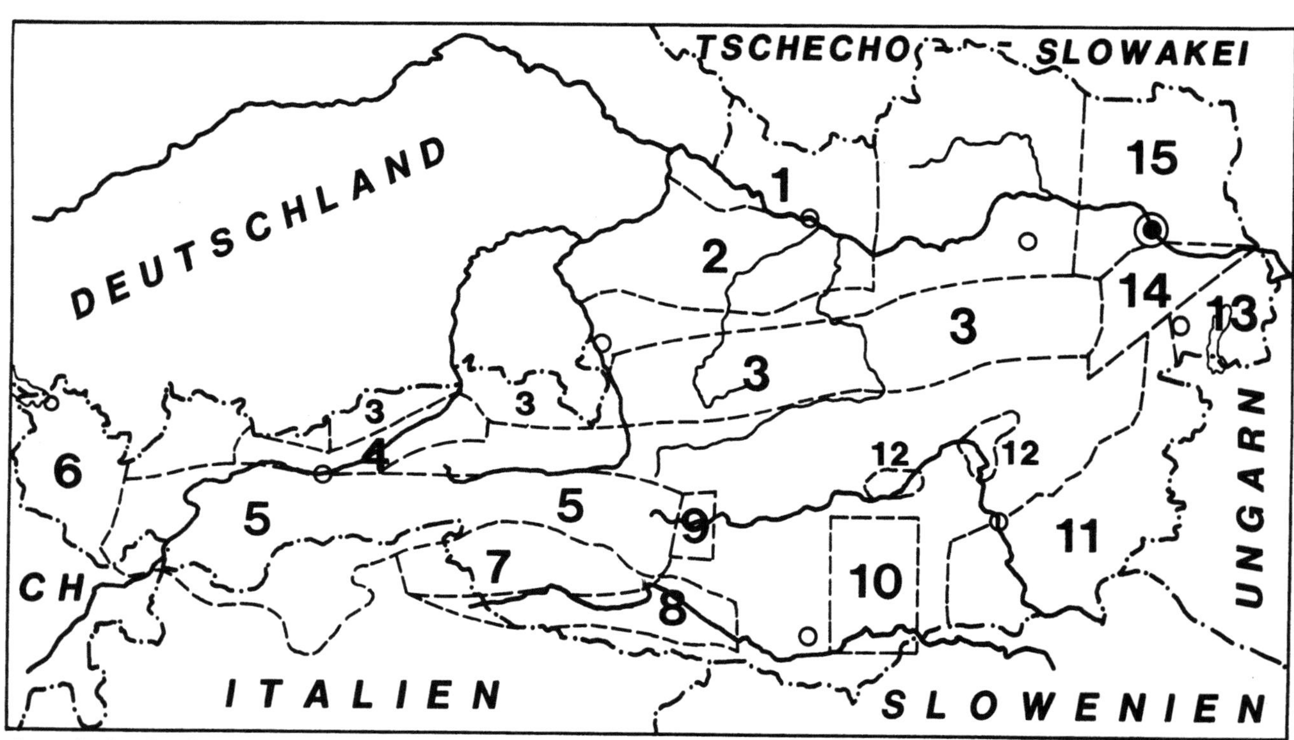

Lage der beschriebenen Heilwasserprovinzen und -vorkommen.

Inhaltsverzeichnis

Liste der Mitarbeiter

CLAR, Eberhard, Dr. phil., Dr. h. c. mult., em. o. Univ.-Prof., Wilhelm-Exner-Gasse 15/26, A-1090 Wien.
CZURDA, Kurt, Prof. DDr., Lehrstuhl für Angewandte Geologie, Universität Karlsruhe, Kaiserstraße 12, D-7500 Karlsruhe.
FRIEDMANN, Harry, Dr. phil., Institut für Radiumforschung und Kernphysik der Universität Wien, Boltzmanngasse 3, A-1090 Wien.
GATTINGER, Traugott Erich, Dr. phil., Univ.-Prof., Direktor der Geologischen Bundesanstalt Wien, Rasumofskygasse 23, A-1030 Wien.
HACKER, Peter, Dr. phil., Univ.-Dozent, Bundesversuchs- und Forschungsanstalt Arsenal, Geotechnisches Institut, Faradaygasse 3, A-1030 Wien.
KAHLER, Franz, Dr. phil., Hon. Prof., w. Hofrat i. R., Linsengasse 29, A-9020 Klagenfurt.
MAURIN, Viktor, Dr. phil., em. o. Univ.-Prof., Hafnerriegel 7/6/30, A-8010 Graz.
PROBST, Gerhard, Institut für Geothermie und Hydrogeologie, JOANNEUM RESEARCH, Elisabethstraße 16/II, A-8010 Graz.
RAMSPACHER, Peter, Dr. phil., Institut für Geothermie und Hydrogeologie, JOANNEUM RESEARCH, Elisabethstraße Nr. 16/II, A-8010 Graz.
SCHLAMBERGER, Jochen, Dr. phil., Amt der Kärntner Landesregierung, Abt. 15 – Geologie, Jessernigstraße 3, A-9020 Klagenfurt.
STEHLIK, Arwed, J., Ing. Mag., Leiter der Balneologischen Abteilung an der Bundesanstalt für chemische, pharmazeutische und balneologische Untersuchungen (Österr. Gesundheitsministerium), Zimmermanngasse 3, A-1090 Wien.
WEBER, Franz K., Dr. phil., Dr. h. c., o. Univ.-Prof., Vorstand des Institutes für Geophysik, Montanuniversität Leoben, Dirnböckweg 15/7, A-8700 Leoben.
WEISE, Stephan, Dr. phil., Institut für Hydrologie, GSF München, Ingolstädter Landstraße 1, D-8042 Neuherberg.
WESSELY, Godfrid, Dr. phil., Chefgeologe ÖMV i. R., Siebenbrunnengasse 29/1, A-1050 Wien.
ZETINIGG, Hilmar, Dr. phil., Univ.-Dozent, Amt der Steiermärkischen Landesregierung, Fachabteilung IIIa – Referat Wasserwirtschaft, Stempfergasse 7, A-8010 Graz.
ZOIER, Hans, Dr. phil., tit. a. o. Univ.-Prof., Leiter des Institutes für Geothermie und Hydrogeologie, JOANNEUM RESEARCH, Elisabethstraße 16/II, A-8010 Graz.

A. Heilwässer

1. Inhaltsstoffe und deren Herkunft (J. Zötl)

1.1. Einleitung

Der Weg, den das Wasser nimmt, wenn es als Quelle ans Tageslicht tritt, ist ein Teil seines mehr oder weniger mannigfaltigen Kreislaufes. Es hat die Etappe des unterirdischen Fließens hinter sich, jene Verweildauer im Untergrund, die ihm durch den Kontakt mit dem Gestein die vielfältigen Eigenschaften von Wärme, gelösten Stoffen und Gasgehalt verliehen hat. Sind es Eigenschaften außergewöhnlicher Natur, so vermag in manchen Fällen ihre Einwirkung auf den menschlichen Organismus von heilsamer Wirkung sein. Man spricht von Heilquellen, im älteren Sprachgebrauch auch Gesundbrunnen, wobei im Sinne der Erschließung Bohrungen, Schächte oder Stollen mit einbezogen sind. Um dem Mißbrauch zu wehren, sind für die Bezeichnungen Mineralwasser und Heilwasser Normen physikalischer, chemischer, pharmakologischer und balneologischer Kennwerte geschaffen worden (F. Scheminzky, 1959).

Nach der Herkunft der Grundwässer hat man vadose Wässer von juvenilen Wässern zu unterscheiden. Der Anteil von letzteren an Mineral- und Thermalwässern wurde früher stark überschätzt. Vadose Wässer gehören dem Wasserkreislauf an und werden durch Infiltrationen des Niederschlags ergänzt. Sie werden daher auch als „meteorisch“ bezeichnet. Vadose Wässer unterliegen im Untergrund einer Bewegung und treten in sogenannten Entlastungsgebieten wieder zutage. Mit der langen Verweildauer im Untergrund geht die Ausprägung spezifischer, physikalischer und chemischer Eigenschaften einher; fehlender Sauerstoff- und Tritiumgehalt wurden als Kriterien für „Tiefengrundwasser“ betrachtet (J. Zötl, 1978, J.E. Goldbrunner, 1988).

In bezug auf den Inhalt an gelösten Stoffen sprechen wir ab einem Gramm gelöster Stoffe pro Liter von „Mineralwasser“, unter „Solen“ versteht man Wässer, deren Lösungsinhalt höher ist als der mittlere Salzgehalt des Meerwassers, d. h. höher als 35 g/kg oder höher als 36 g/l Wasser. Solche Wässer sind entweder an Salinarablagerungen gebunden oder stellen sogenannte Formationswässer („connate waters“) dar. Darunter sind Wässer zu verstehen, die seit ihrer Einwanderung in die Schichtfolge, in der sie aufgeschlossen werden, keine Verbindung mit einem obertägigen Einzugsgebiet hatten (J.E. Goldbrunner, l.c.). Das Auftreten solcher Wässer setzt spezifische, geologische und hydraulische Bedingungen voraus (Verschluß durch minder durchlässige Gesteine, hydraulische Fallen). Formationswässer kommen häufig gemeinsam mit Kohlenwasserstoff-Akkumulationen vor. Für die zu beobachtende Erhöhung der Gesamtkonzentration gegenüber dem Meerwasser können Verdunstungserscheinungen bei Entgasungsvorgängen sowie Auspreßvorgänge bei der Diagenese des Ausgangsgesteins (G. Matthess, 1973) verantwortlich gemacht werden.

Juveniles Wasser entstammt dem Magma und wird durch Entwässerungsvorgänge dem Wasserkreislauf zugeführt. Seine Identifizierung ist meist nur durch spezielle chemische und isotopenhydrologische Untersuchungen möglich (siehe Kap. 1.5.).

J. Stini (1959) beschreibt eingehend Zusammenhänge von Gasgehalt und Druckverhältnissen in den unterirdischen Wasserwegen. Säuerlinge und Emanation haben ihren eigenen Stellenwert, desgleichen die Thermalwässer. Ein besonderes Kapitel erfordert auch die Isotopenhydrologie. Neue Wege weist die chemische Zusammensetzung und die Verfolgung der Spurenelemente.

1.2. Die im Wasser gelösten Stoffe

1.2.1. Allgemeines

Reines Wasser hat einmalige chemische und physikalische Eigenschaften. Das natürliche Wasser ist ein Isotopengemisch, in dem Wasserstoffatome der Masse 1 und 2 und Sauerstoffatome der Massen 16, 17 und 18 in verschiedenen Kombinationen Moleküle bilden.

Das „gewöhnliche“ Molekül $^{1}H_2{}^{16}O$ bildet 99,73% des Wassers. Die anderen Moleküle bilden ein Gemisch, das als „schweres Wasser“ bezeichnet wird (siehe Kap. 1.5.).

Die weitgespannten Begriffe Salz- und Süßwasser (englisch vielleicht zutreffender „fresh water“) beruhen auf der Beimengung verschiedener Stoffe, in erster Linie Kochsalz. St.N. Davies & R.J.M. De Wiest (1967) definieren die Obergrenze der Konzentration an gelösten Bestandteilen für Süßwasser mit 1.000 mg/kg. Es wurde jedoch zu Recht der Umstand kritisiert, daß ein salziger Geschmack bereits deutlich unter 1 g/kg wahrgenommen wird (G. MATTHESS, 1973).

Es ist bemerkenswert, daß das **Meerwasser** eine weitgehende Konstanz der Inhaltsstoffe aufweist, im Gegensatz zur großen Varianz bei den Süßwässern.

W. CARLÉ (1975) betrachtet das Meerwasser als „unzerstörbares Ur-Mineralwasser" mit dem folgenden Kationen- und Anionenbestand (im Vergleich mit den Zahlenwerten aus dem Lexikon der Geographie, Bertelsmann Verlag, in Klammer). Die geringen Unterschiede sind durch die Entnahmestelle bedingt:

		Massenkonzentration mg/l		Äquivalentanteil %
KATIONEN				
Natrium	Na^+	10.752	(10.680)	77,4
Kalium	K^+	390	(385)	1,6
Magnesium	Mg^{2+}	1.295	(1.290)	17,5
Calcium	Ca^{2+}	416	(410)	3,5
Strontium	Sr^{2+}	13	(8)	–
Summe:		12.866	(12.773)	100,0
ANIONEN				
Fluorid	F^-	1,3	(1,3)	–
Chlorid	Cl^-	19.345,0	(19.215,0)	90,5
Bromid	Br^-	66,0	(65,0)	0,1
Sulfat	SO_4^{2-}	2.701,0	–	9,0
Hydrogencarbonat	HCO_3^-	145	–	0,4
Summe:		22.258,3	(19.281,3)	100,0
Summe Elektrolyte:		35.124,3		
Schwache Elektrolyte:				
Borsäure, ortho	H_3BO_3	37,26		
Summe:		35.161,56		

In den Süßwasseranalysen werden Strontium, Fluor und Bromid zu den Spurenelementen gerechnet.

Der Salzgehalt des Meerwassers liegt zwischen 7‰ in der mittleren Ostsee und 41‰ im Roten Meer, aber was in seiner Gesamtheit mit sehr kleinen Abweichungen konstant bleibt, ist der gleiche Anteil des Prozentsatzes von Kochsalz (NaCl 77,758%), Magnesiumchlorid ($MgCl_2$ 10,878%), Magnesiumsulfat ($MgSO_4$ 4,737%), Gips ($CaSO_4 \cdot 2H_2O$ 3,6%), Kaliumsulfat (K_2SO_4 2,465%), Calciumcarbonat ($CaCO_3$ 0,345%) und Magnesiumbromid ($MgBr_2$ 0,217%). Es sind die **Hauptbestandteile** des Meerwassers. Daneben sind alle anderen chemischen Elemente im Meerwasser enthalten, sie sind als Nebenbestandteile oder meistens als **Spurenelemente** zu betrachten (Tab. 1.2./1).

Die wichtigsten physikalischen und chemischen Bestandteile der Heilwässer entnimmt man am besten der sogenannten „Großen Heilwasseranalyse", die von autorisierten Instituten durchgeführt wird. Diese enthält neben der **Lagebeschreibung** des Wasseraustrittes und dessen Fassung Angaben über die Wetterlage, die Lufttemperatur, den Luftdruck (mbar) und die Uhrzeit, **der Prüfung des Wassers durch die Sinne** an Ort und Stelle (Aussehen, Geruchs- und Geschmackstest und Bodensatz werden später im Labor verglichen). Auch einige **physikalisch-chemische** Untersuchungen werden teils an Ort und Stelle durchgeführt, wie Schüttung (in l/s bzw. l/min), Wassertemperatur beim unmittelbaren Austritt, pH-Wert (elektrometrisch), Dichte, weiters im Labor oder an Ort der Abdampfrückstand (derzeit bei 180 °C, früher 105 °C), sowie Messungen von Radium (^{226}Ra), Radon (^{222}Rn) und elektrolytischer Leitfähigkeit (meist in mS/cm bei 25 °C) sowie gelöster Sauerstoff. Die Wasserfarbe wird spektralphotometrisch bestimmt. Für die Messung der schweren Wasserstoff- und Sauerstoffisotope werden so wie für die chemische Analyse Wasserproben entnommen. Gasmessungen sind zusätzliche Untersuchungen je nach Erfordernis.

1.2.2. Die chemische Analyse

Die Reihe und Zahl der gemessenen Kationen und Anionen ist bei den einzelnen Instituten bzw. Heilwasseranalysen verschieden. Meist enthält die Auflistung keine Trennung von Haupt- und Nebenbestandteilen, selbst ausgewählte Spurenelemente sind oft nicht gesondert ausgewiesen.

Verschieden sind die Arten der Angaben, wie mg/l oder mg/kg, die namentliche Form der Angabe der Ionen nur in Namen, Namen + chemischer Bezeichnung oder nur in chemischer Bezeichnung (z.B. Natrium, Natrium (Na^+) oder nur Na^+).

Fast immer ist die notwendige Aufgliederung in Massenkonzentration, Ionenäquivalentkonzentration und Äquivalentanteil gegeben. Sie beschränkt sich nur bei Platzmangel oder drucktechnischen Gründen, auf mg/l und %.

Da das vorliegende Buch Beiträge von verschiedenen Autoren enthält, die sich wieder auf die verschiedensten Unterlagen stützen, wurde soweit möglich eine Vereinheitlichung versucht. Für die Spurenanalysen wurden aus redaktionellen Gründen grundsätzlich nur die chemischen Bezeichnungen benutzt, die ausgeschriebenen Namen sind der Beschreibung des Meerwassers zu entnehmen.

Abgehend von den Heilwasseranalysen wurden zwecks Vereinheitlichung die Kationen der Hauptbestandteile der gelösten Stoffe (Natrium, Kalium,

Tab. 1.2./1: Die Spurenelemente in µg/l. Werte aus W. CARLÉ (1975), in Klammer zum Vergleich Westermann, Lexikon der Geographie, Bd. III, 1970.

Silizium (Si) 1.000 (3.000)	Stickstoff (N_2) 1.000 (500)	Lithium (Li) 70 (200)	Rubidium (Rb) 200 (120)
Phosphor (P) – (70)	Jod (J) 50 (50)	Indium (I) – (20)	Aluminium (Al) 120 (10)
Molybdän (Mo) 0,7 (10)	Zink (Zn) 5 (10)	Barium (Ba) 54 (6)	Selen (Se) 4 (4)
Arsen (As) 15 (3)	Kupfer (Cu) 5 (3)	Blei (Pb) – (3)	Zinn (Sn) – (3)
Uran (U) 2 (3)	Mangan (Mn) 5 (2)	Vanadium (V) 0,3 (2)	Eisen (Fe) 50 (1)
Titan (Ti) – (1)	Thorium (Th) 0,4 (0,7)	Nickel (Ni) 0,1 (0,5)	Cäsium (Cs) 2 (0,5)
Antimon (Sb) – (0,5)	Kobalt (Co) – (0,5)	Cer (Ce) 0,4 (0,4)	Silber (Ag) 0,3 (0,3)
Lanthan (La) 0,3 (0,3)	Yttrium (Y) 0,3 (0,3)	Wismut (Bi) – (0,2)	Cadmium (Cd) – (0,11)
Wolfram (W) – (0,1)	Germanium (Ge) – (0,07)	Chrom (Cr) – (0,05)	Scandium 0,03 (0,04)
Gallium (Ga) – (0,03)	Quecksilber (Hg) – (0,03)	Thallium (Tl) – (0,01)	Gold (Au) 0,004 (0,004)
Radium (Ra) 1×10^{-8} (3×10^{-8})			

Magnesium und Calcium) bzw. die Anionen Chlorid, Sulfat, Nitrat und Hydrogencarbonat gemessen.

Der Arzneimittelanalytiker trennt „Mengenelemente“ und „Spurenelemente“. Erstere, die Alkalimetalle Natrium, Kalium und die Erdalkalimetalle Calcium und Magnesium, decken sich mit den Hauptelementen bzw. Hauptbestandteilen der chemischen Wasseranalyse, sie nehmen im Organismus des Menschen eine Konzentration von > 50 mg/kg Körpergewicht ein. Das Eisen – obwohl 60 mg/kg Körpergewicht – wird den Spurenelementen (in diesem Buch, weil namengebend „Nebenbestandteilen“) zugeordnet.

Von den Anionen werden Chlorid, Sulfat, Nitrat (NO_3), Phosphat (HPO_4) und Hydrogencarbonat (HCO_3) ausgewiesen.

Dem Ganzen sind eventuell namengebende Bestandteile wie Eisen, Schwefel und Temperatur als erster Überblick beigefügt. Für die Bezeichnungen des Wassers sind die mit > 20% vertretenen Ionen maßgebend (z.B. akratische Calcium-Magnesium-Hydrogencarbonat-Therme Bleiberg oder akratische fluorhältige Natrium-Chlorid-Hydrogencarbonat-Schwefelquelle Bad Goisern).

Einen besonderen Platz nehmen in diesem Buch, wie schon im Vorwort angedeutet, die **Spurenlemete** und **Gase** ein. Einige von ihnen erwiesen sich als Wegweiser in ungeahnte Tiefen und gewannen in den letzten Jahren wachsendes medizinisches Interesse. Sie begründen den Gedanken einer Zusammenfassung der österreichischen Heilwasservorkommen zu „Heilwasserprovinzen“ auf der Basis ihrer Spurenelemente.

1.3. Die Herkunft und Bedeutung der festen gelösten Stoffe im Heilwasser

1.3.1. Die Haupt- und Nebenbestandteile

Der Anteil der im Wasser gelösten Stoffe hängt vom Angebot im Gestein (d.h. dessen Zusammensetzung, siehe Tab. 1.3./1 aus G. MATTHESS, 1973) und ihrer Lösungsbereitschaft im Wasser ab. Die folgenden Angaben sind in wesentlichen Teilen G. MATTHESS (1973) und H. SCHOLZ (1990) entnommen.

Natrium ist ein bedeutender Bestandteil der Magmatite, in denen es in den Plagioklasen, den Kalk-Na-

*Tab. 1.3./1: Mittlere Zusammensetzung von Gesteinen (nach K.M. Horn & J.A.S. Adams, 1966, und J.D. Hem, 1970) und von Meerwasser (nach K.K. Turekian, 1969) in mg/l aus G. Matthess (1973). * = nach J.D. Hem (1970).*

	Magmatite	Resistate (Sandsteine)	Hydrolysate (Tongesteine)	Präzipitate (Karbonatgesteine)	Evaporite	Meerwasser
Si	285.000	359.000	260.000	33.900	386	2,9
Al	79.500	32.100	80.100	8.970	29	0,001
Fe	42.200	18.600	38.800	8.190	265	0,0034
Ca	36.200	22.400	22.500	272.000	11.100	411
Na	28.100	3.870	4.850	393	310.000	10.800
K	25.700	13.200	24.900	2.390	4.280	392
Mg	17.600	8.100	16.400	45.300	3.070	1.290
P	1.100	539	733	281		0,088
Mn	937	392	575	842	4,4	0,0004
F	715	220	560	112	24	1,3
Ba	595	193	250	30,1	173	0,021
S	410	945	1.850	4.550	26.800	904
Sr	368	28,2	290	617	234	8,1
C	320*	13.800*	15.300*	113.500*		28,5
Cl	305	15	170	305	525.000	19.400
Cr	198	120	423	7,08	10,6	0,0002
Rb	166	197	243	46,0		0,12
V	149	20,3	101	12,6	0,3	0,0019
Cu	97,4	15,4	44,7	4,44	2	0,0009
Ni	93,8	2,57	29,4	12,8	1,4	0,0066
Zn	80	16,3	130	15,6	0,6	0,005
N	46*		600*			16,17
Li	32,2	15	46,2	5,16	30,0	0,17
Co	23	0,328	8,06	0,123	1,6	0,00039
Ga	18,5	5,87	22,8	2,69		0,00003
Pb	15,6	13,5	80	16,5	0,9	0,00003
Th	11,4	3,94	13,1	2,01	0,2	0,0000004
B	7,5	90	194	16	1,2	4,45
Cs	4,3	2,15	6,2	0,771		0,0003
Be	3,65	0,258	2,13	0,175		0,0000006
U	2,75	1,01	4,49	2,2	0,2	0,0033
Sn	2,49	0,115	4,12	0,166		0,00081
Br	2,37	1,0	4,3	6,6	33	67,3
As	1,75	1,0	9,0	1,75		0,0026
W	1,42	1,56	1,92	0,561		<0,000001
Ge	1,39	0,881	1,32	0,363		0,00006
Mo	1,25	0,50	4,25	0,75	1,5	0,01
I	0,45	3,75	4,4	1,59	1	0,064
Hg	0,328	0,0574	0,272	0,0456		0,00015
Cd	0,192	0,0199	0,183	0,0476		0,00011
Ag	0,151	0,122	0,271	0,189		0,00028
Se	0,050	0,525	0,60	0,315	0,2	0,00009
Au	0,00357	0,00457	0,00345	0,00179		0,000011

tron-Feldspäten mit dem natriumreichen Albit vorkommt. Von mengenmäßig geringerer Bedeutung sind andere natriumhaltige Silikate (wie Nephelin etc.) und die Arten der Zeolithe (Natrolithgruppe). Bei der Verwitterung der Silikate wird das Natrium frei. Durch die hohe Lösungsbereitschaft steht es meist an erster Stelle der Hauptbestandteile der Kationenreihe des Wassers.

Große Natriumvorkommen sind die starke Anreicherung im Meerwasser und in Verdunstungslagerstätten.

Natrium ist aber auch in Sandsteinen und Tonsteinen, vor allem in den leichtlöslichen Evaporiten, weniger in den Karbonatgesteinen, vorhanden. Die höchsten Natriumkonzentrationen treten in Verbindung mit

Cl-Ionen auf. In den Mineralwässern ist mit Ausnahme von Gips- und manchen $CaHCO_3$-Wässern Natrium das dominierende Kation.

F. LANG (1985, p. 176) wendet sich strikt gegen die Werbung für **Mineralwässer** mit stärkerem Kochsalzgehalt, weil in Österreich der mittlere Kochsalzkonsum ohnehin zu hoch sei. H. SCHOLZ (1990, p. 40) gibt folgende Daten über den täglichen Natriumbedarf an:

Säuglinge 0–12 Monate	0,1–0,3 g,
Kinder 1–14 Jahre	1–2 g,
Jugendliche und Erwachsene	2–3 g,
Schwangere und Stillende	2–3 g.

Richtwert nach ÖNORM M 6250 (1989) für Trinkwasser: ≤ 100 mg/l (geologisch bedingt);
USA: 200 mg/l.

Kalium ist in den Magmatiten in nur geringfügig niedrigerem Maße vertreten als Natrium. Es lagert vor allem in den Kalifeldspäten Orthoklas und Mikroklin, den Glimmern Muskowit und Biotit und anderen Silikaten, und (weniger) auch in Nephelin. Kalium wird ebenso wie Natrium, trotz größerer Widerstandsfähigkeit des Kalifeldspates bei der Verwitterung frei, kann aber bei weiterem Fließweg wieder durch Absorption an Tonminerale gebunden werden, was der Grund seiner relativ geringen Anreicherung im Meerwasser ist.

Zu erheblichen Kaliumanreicherungen kann es in Verdunstungslagerstätten kommen. Terrestrischer Entstehung sind die Lagerstätten von Kalisalpeter (KNO_3).

Da Kalium auch als landwirtschaftliches Düngemittel genutzt wird, kann gelegentlich auch das Grund- bzw. Quellwasser erhöhte Kaliumwerte aufweisen, die auf anthropogene Verunreinigungen hindeuten. Als biophiles Element tritt es auch in Ölwässern angereichert auf. Wie das Natrium zeigt auch das Kalium eine große Lösungsbereitschaft im Wasser.

Infolge seiner geringeren chemischen Beweglichkeit ist Kalium in Süßwässern nur selten in gleicher (oder höherer) Konzentration als das Natrium vertreten, dies vor allem in mineralstoffarmen Grundwässern (vgl. Böhmischer Granitpluton!). Ausnahmen finden sich in abflußlosen Becken (Seewinkel im Burgenland) und bei Mineralwasservorkommen.

Kalium hat auch ein Radioisotop (K-40), das etwa 0,012% des natürlichen Isotopengemisches des Kaliums ausmacht. K-40 verursacht 5–50% der natürlichen γ-Aktivität im Wasser. Es wird im Körper aufgenommen und in den Keimdrüsen konzentriert. Seine geringe spezifische Aktivität und geringer Gehalt im Wasser vermindern aber eine von ihm ausgehende Gefährdung (St.N. DAVIS & R.J.M. DE WIEST, 1967).

Eingehend befaßt sich F. LANG (1985) mit dem Kalium im Rahmen der physiologischen Bedeutung von Bicarbonat und CO_2. Bei den Funktionen, die durch den pH-Wert des Blutes beeinflußt werden, sind unter den durch Azidose (vermindertes Bindungsvermögen für CO_2) gehemmten bzw. durch Alkalose (erhöhtes Säurebindungsvermögen des Blutes) gesteigerten Funktionen neben Herzkraft, Kontraktion der Gefäßmuskulatur auch die **Kaliumleitfähigkeit** von Zellmembranen und die Bindung von Calcium an Proteine genannt (vgl. die dortige instruktive Abb. 4). Neben der Bedeutung von Kalium an der Aufrechterhaltung des osmotischen Druckes, verweist H. SCHOLZ (1990) auf den Umstand, daß die Reizleitung am Herzen kaliumabhängig ist. Eingehend setzt sich F. LANG mit dem möglichen Einfluß von **Trinkkuren** auseinander (l.c., p. 178).

Nachstehende Angaben betreffen den Kaliumbedarf des menschlichen Körpers nach H. SCHOLZ (1990):

Säuglinge 0–12 Monate	0,3–1,0 g,
Kinder 1–14 Jahre	1–3 g,
Jugendliche und Erwachsene	3–4 g,
Schwangere und Stillende	3–4 g.

Richtwert nach ÖNORM M 6250 (1989) für den Kaliumgehalt im Trinkwasser: 50 mg/l.

Calcium tritt vor allem in den Kalknatronfeldspäten (Plagioklasen) der Magmatite mit den Endgliedern Anorthit und Albit auf.

Nennenswerte Calciumgehalte sind aber auch in den Amphibolit- und Pyroxengruppen, den Granaten, sowie im Apatit und Fluorit gebunden. Bei der Verwitterung wird Calcium nur zu einem kleinen Teil in Sandsteinen oder Karbonatgesteinen und tonigen Gesteinen gebunden.

Die Hauptanreicherung findet sich vor allem in den Karbonatgesteinen (siehe Tab. 1.3./1). Es bildet Ablagerungen von Calcit und Aragonit ($CaCO_3$), Dolomit ($CaCO_3 \cdot MgCO_3$) und der **Sulfate** Anhydrit ($CaSO_4$) und Gips ($CaSO_4 \cdot 2H_2O$).

Calcium kleiner Mengen im Niederschlag sind entweder zyklisches Salz aus dem Meerwasser oder aus dem Staub kalkhaltiger Gesteine und industrieller Emissionen. Es ist ein biophiles Element der Knochen- und Schalensubstanz von Tieren. Als Düngemittel und zur Verbesserung der Bodenstruktur verwendet, kann es auch als ein Bestandteil anthropogener Verunreinigungen auftreten.

Calcium ist das häufigste Kation der süßen Grundwässer, sein Gehalt wird durch das sogenannte Kalk-Kohlensäure-Gleichgewicht bestimmt. Reines Wasser löst bei 20 °C 14 mg Calcit ($CaCO_3$). Bei ausreichendem CO_2 löst es sich als Hydrogencarbonat, wobei die bei der Dissoziation der Kohlensäure entstehenden H^+-Ionen die Auflösung begünstigen. Der damit eingeleitete **Verkarstungsvorgang** erweitert die **Wasserwegigkeit** (Klüfte) des Gesteins und vermindert seine Filterwirkung gegen Verunreinigung des Wassers.

Kommen die bei der $CaCO_3$-Lösung wirksamen Hydrogenium-Ionen zum Teil aus freier Schwefelsäure oder steht das Wasser in Kontakt mit Gips oder Anhydrit, so wird der Ca^+-Gehalt durch das Löslichkeitsgleichgewicht des Gipses bestimmt (Gipskarst).

Wesentlich erhöhte Ca^{2+}-Gehalte können in hochminerlisierten Calcium-Chlorid-Wässern vorkommen.

Ca^{2+}-Ionen unterirdischer Wässer können durch Ionenaustausch gegen Natrium verloren gehen, aber auch der umgekehrte Vorgang ist möglich.

Die jeder Hausfrau bekannte Bindung von Seife vorwiegend durch Calcium, aber auch durch Magnesium, Eisen, Mangan, Kupfer, Barium und Zink, hat zum Begriff **Wasserhärte** geführt, der in Härtegraden verschiedener Art auf Calcium umgerechnet wird, wobei

1 ° deutscher Härte	= 10 m CaO/l
	= mval (Ca^{2+} + Mg^{2+})/l · 2,8,
1 ° französischer Härte	= 10 mg $CaCO_3$/l und
1 ° englischer Härte	= 10 mg $CaCO_3$/0,7 l

ausdrückt. Daraus entstanden Härteklassen, die z.B. nach K. Höll (1979) als sehr weich = 0–4, weich = 4–8, mittelhart = 8–12, ziemlich hart = 12–18, hart = 18–30, sehr hart = > 30° dH nach der Gesamthärte ausgedrückt werden.

Calcium wird vor allem für den Aufbau der Knochen und Zähne gebraucht. Wichtige medizinische Hinweise siehe F. Lang (1985) auch für etwaige **Trinkkuren** (p. 179) und H. Scholz (1990) über Calciumbedarf. Die Deutsche Gesellschaft für Ernährung und die amerikanische Osteoporosekonferenz geben für den Menschen folgenden täglichen Calciumbedarf an:

Säuglinge 0–12 Monate	500 mg,
Kinder 1–3 Jahre	600 mg,
Kinder 4–6 Jahre	700 mg,
Kinder 7–9 Jahre	800 mg,
Kinder 10–14 Jahre	900–1.000 mg,
Jugendliche und Erwachsene	800–900 mg,
Schwangere ab 6. Monat	1.200 mg,
Stillende	1.200 mg,
Frauen vor den Wechseljahren	1.000 mg,
Frauen nach den Wechseljahren	1.500 mg.

Magnesium ist in den Magmatiten hauptsächlich in den Mineralien der Olivin-Reihe, im Granat, Cordierit, Mineralen der Pyroxen-, Amphibol- und Glimmergruppe, aber auch Talk, Serpentin, Chlorit und Magnesium-Tonmineralen zu finden. Bei der Verwitterung des Gesteins wird Magnesium frei.

Trotz der höheren Löslichkeit der meisten Magnesiumverbindungen ist der Mg-Gehalt in Süßwässern im allgemeinen niederer als der des Calciums, wahrscheinlich als Folge seiner geringeren geochemischen Häufigkeit. Gelegentliche Ausnahmen finden wir bei magnesiumreichen Grundwasserleitern wie Olivinbasalten, Serpentinen und Dolomiten.

H. Scholz (1990) findet für Magnesium den reizvollen Titel „Balsam für Herz und Nerven". Es erfüllt in der Tat erst in jüngster Zeit erkannte Aufgaben, u.a. gibt es an die 300 magnesiumabhängige Enzyme. Die Thrombozyten (Blutplättchen) werden durch Magnesium stabilisiert und die Gefahr einer Verklebung gehemmt. Das postoperative Thrombosenrisiko wird durch Mg-Zufuhr verringert und Magnesium spielt letzten Endes eine positive Rolle bei der Herzinfarktvorbeugung.

Auch F. Lang (1985) nennt eine Reihe von positiven Aspekten betreffend die Wirkung von **Trinkkuren mit magnesiumhältigen Mineralwässern**.

Trotz der hohen Lösungsbereitschaft der meisten Magnesiumverbindungen ist der Mg-Gehalt unserer Mineralwässer im allgemeinen niedriger als der des Calciums. Ausnahmen bilden magnesiumreiche Grundwasserleiter wie Olivinbasalte, Serpentine und Dolomite.

Der Magnesiumbedarf des Menschen wird durch Lebensmittel viel seltener abgedeckt, als bei den anderen Elementen (siehe Tab. 1.3./2).

Die vier besprochenen Kationen nehmen vielfach bis zu 100% (nur in sehr seltenen Ausnahmen < 90%) der Kationensumme ein. Ihre Muttergesteine bilden die Oberfläche der Erdkruste und sind meist von großer Mächtigkeit. Sie werden im folgenden als **Hauptbestandteile** des Wassers bezeichnet. Ihre Angabe erfolgt im allgemeinen in mg/l.

Bei den vier Haupt- und Mengenelementen Natrium, Kalium, Calcium und Magnesium wurde neben ihrer Herkunft auch der tägliche Bedarf und Gehalt in den Nahrungsmitteln erhoben. Dies ist vor allem zur Beurteilung von Heilwassertrinkkuren nützlich.

In Tab.1.3./2 werden aus dem Nahrungskatalog drei der am meisten konsumierten Nahrungsmittel (Fleisch, Brot und Käse) herausgegriffen und dem Bedarf eines gesunden erwachsenen Menschen an den vier Hauptelementen gegenübergestellt.

Tab. 1.3./2: Vergleich von Fleisch, Roggenbrot und Käse und ihrem Angebot von Natrium, Kalium, Calcium und Magnesium zum täglichen Bedarf.

Gehalt mg/100 g	Natrium	Kalium	Calcium	Magnesium
Fleisch Roggenbrot Käse	50 550 335–1.450	260–420 270 60–150	3–15 60 810–1.290	12–33 92 29–55
Bedarf/Tag	2.000–3.000 mg	3.000–4.000 mg	800–900 mg	300–350 mg

Mittelwerte wie 100 g/Tag sind ein schwieriger Maßstab, abhängig vom Arbeitspensum, Evaporationsverlust u.a.; 100 g Fleisch sind als Tagesbedarf kärglich bemessen, Brot kann mit 300 g angenommen werden, 100 g Käse pro Person werden andererseits kaum täglich verzehrt. Andererseits sind aber auch hochkarätige Kost wie Leinsamen, Bierhefe, Kakaopulver, Sojabohnen, Vollmilchschokolade ebenso wie Mindestgehalte kaum einem Vergleich dienlich.

Bei allen Mängeln läßt der Vergleich in Tab. 1.3./2 den Schluß zu, daß der Bedarf des Menschen an Natrium und Calcium durch den Nahrungsmittelkonsum gedeckt ist. Andererseits zeichnet sich eine mögliche Unterversorgung betreffend Kalium und Magnesium ab. **Trinkkuren** mit **ausgewählten Heilwässern** ermöglichen hier eine angenehme natürliche Steuerung, sollen aber anhand einer ärztlichen Beratung erfolgen.

Die wichtigsten **Nebenbestandteile der Kationen** der im Wasser gelösten festen Stoffe sind Eisen und Mangan.

Eisen ist einer der wichtigsten Bestandteile der Magmatite. Es deutet sich vor allem in den dunklen Bestandteilen in den Pyroxenen, Amphibolen, im Biotit, Magnetit, in den Granaten und Olivinen an. Mengenmäßig liegen Ton- und Sandstein an der Spitze. In den Sedimenten kommt es als zweiwertiges Eisen im Polysulfid und Siderit, als dreiwertiges Eisen zusammen mit zweiwertigem im Magnetit und Glaukonit und als dreiwertiges Eisen schließlich in den Oxiden und Hydroxiden vor.

Als Bestandteil gewisser Enzyme und des Hämoglobins hat das Eisen wichtige Funktionen wie den Transport des Sauerstoffs bzw. Abtransport des CO_2. H. SCHOLZ schreibt „Das produktivste Gewebe des Menschen, das Knochenmark, bildet jede Sekunde über zwei Millionen rote Blutkörperchen. Diese Leistung kann der Organismus nur vollbringen, wenn genügend Eisen vorhanden ist“ (1990, p. 91).

Es ist bedenklich, daß Eisenmangel inzwischen zur häufigsten Mangelkrankheit wurde. Die gar nicht so häufigen Eisenquellen wie z.B. der akratische Magnesium-Calcium-Hydrogencarbonat-Eisen II-Säuerling der Muriquellen bei Eisenkappel-Vellach (Hauptindikation Eisenmangelzustände mit und ohne Anämie) dürften wieder steigendes Interesse finden. Huminstoffe können Eisen binden und in Lösung halten. Durch Luftsauerstoff fällt Eisen als Oxidhydrat in gelbbraunen Flocken aus, gewöhnliches Trinkwasser mit Eisengehalt schmeckt tintig. Die „Heimat“ der Eisensalze der Grund- und Quellwässer sind alle Bereiche der Erdkruste von der Tiefe bis zur Oberfläche.

Tagesbedarf Eisen (W. GRUBER, 1990): 10–15 mg (Schwangere bis 60 mg).

Mangan und Eisen treten häufig gemeinsam im Wasser auf. In sauerstoffarmen Wässern finden sich oft erhebliche Eisen- und Mangangehalte, im allgemeinen ist der Mangangehalt niederer als der Eisengehalt.

Ammonium (NH_4^+) kommt im allgemeinen nur in kleinen Mengen im Grundwasser vor. Ammoniumgehalte von > 100 mg/l wurden in Ölfeldwässern gemessen, auch in vulkanisch beeinflußten Wässern treten beachtliche Mengen von Ammonium auf, die auf sedimentär-organischen Usprung zurückzuführen sind.

Nitrit (NO_2^-), Nitrat (NO_3^-) und Ammonium haben in den Heilwässern keine therapeutische Bedeutung. Wie für Trinkwasser im allgemeinen sind Nitrit und Nitrat auch für Heilwasservorkommen eher eine Warnung vor einer möglichen anthropogenen Verschmutzung.

Von den Anionen ist **Chlorid** zu mehr als Dreiviertel seiner Gesamtmenge im Meerwasser gelöst. Die Hauptmenge des Chlorids im Meerwasser dürfte aus Entgasungen der Erdkruste von vulkanischen Emanationen stammen, die das Chlor zum Bestandteil der Uratmosphäre und Urozeane machten (G. MATTHESS, 1973). Aus den Schmelzflüssen der Tiefe können sich noch heute Chloride der Alkalimetalle und des Wasserstoffes bei ihrem Aufstieg Kreislaufwässern in größeren Mengen zugesellen. Meist entstammen sie aber doch ausgiebigen Auslaugungen von Salzlagerstätten. Andererseits ist aber in sauren vulkanisch beeinflußten

Grundwässern das Cl^- gelegentlich das wichtigste Anion.

Anthropogene Verunreinigungen des Grundwassers gelangen durch Cl^--haltige Düngemittel und Streusalz in den Stoffkreislauf.

In Österreich gehören die Salzlagerstätten und das Haselgebirge vorwiegend der untersten Trias (Permoskyth, Werfener Schichten) an. Jünger sind die Solen im Tertiär des Alpenvorlandes (Bad Hall in Oberösterreich).

Sulfat weisen Grundwässer normalerweise nur wenige mg/l (meist < 30) auf. Höhere Sulfatwerte können geologisch bedingt sein (Gipslagerstätten, Anhydrit), welche wir häufig in der alpinen Trias finden (Werfener Schichten, Raibler Schichten). Eine andere Möglichkeit der Herkunft des Sulfations ist die Zersetzung von Schwefelkies, Markasit etc. Sie liefert Eisenvitriol und Schwefelsäure, die gesteinslösend wirkt. Eine weitere Möglichkeit ist die Herkunft aus Braunkohlegebieten und Mooren. In der Gegenwart mehren sich anthropogene Lieferanten aus Asche- und Abfalldeponien, Düngung und saurem Regen als unerwünschte Verunreinigung des Wassers. Bei fehlendem Sauerstoffgehalt des Wassers kann Sulfat durch mikrobielle Reduktion zu Schwefelwasserstoff reduziert werden (vgl. H. ZETINIGG et al., Wien 1990). W. RICKE (1961) nimmt an, daß der Schwefel, der sich heute etwa zu gleichen Teilen im Meer, in den Sedimentgesteinen und in den Evaporiten befindet, zum größten Teil aus Entgasungen des Magmas stammt.

Nitrat wurde erst durch den anthropogenen Mißbrauch der Überdüngung landwirtschaftlicher Bereiche zum Problem. Es ist eine der Stickstoffverbindungen, die bei biologischen Vorgängen umgesetzt werden. In Gegenwart von Sauerstoff wird organisch gebundener Stickstoff über Aminosäuren und Ammonium zu Nitrit und schließlich zu Nitrat (NO_3) oxidiert.

Kieselsäure steigt als Emanation von Restlösungen der Schmelzflüsse hoch, wird aber auch durch heiße alkalische Wässer aus verschiedenen Silikaten frei. Sie scheidet sich bei der Abkühlung des Lösungsmittels rasch als Kieselsinter ab. Silizium ist zwar ein wichtiger Bestandteil der Magmatite, hat aber eine nur geringe geochemische Beweglichkeit. Spektakulär kann ihr Auftreten im Wasser von Geysiren sein, in Thermalwasservorkommen entlang tiefgreifender aktiver tektonischer Zonen ist sie eine Zeugin der Tiefe.

1.3.2. Die Spurenelemente

In vielen Wasseranalysen wird keine Trennung von Hauptelementen und Spurenelementen getroffen. Im Falle der Heilwasseruntersuchung hat dies Nachteile. Erstens bedarf die Messung der Spurenelemente meistens besonderer Einrichtungen, falls genaue Angaben erwünscht sind. Diese Angaben sollen sich der Vergleichbarkeit halber der Meßgröße µg/l bedienen.

Weiters ist die Kenntnis der Bedeutung der Spurenelemente in letzter Zeit sprunghaft angestiegen und weiter in Entwicklung, was eine zunehmende Notwendigkeit der Vertiefung des Studiums der Spurenelemente erfordert. Gezielte Reihen- bzw. flächendeckende Messungen werden sich in Zukunft sowohl in der Krebsforschung als auch Rheumatherapie u.a. als notwendig erweisen.

Was die Reihung nach Herkunft, Zielführung, neuen Erkenntnissen aus medizinischer oder naturwissenschaftlicher Sicht betrifft, besteht noch keine Regel.

Lithium ist ein relativ seltenes Element, das in Magmatiten, Pegmatiten und Evaporiten angereichert ist. Die Konzentrationen im Grundwasser liegen meist zwischen 0 und 500 µg/l, sie können aber in Thermalwässern und Solen wesentlich höher sein.

Lithium gehört zu den wenigen Spurenelementen, deren Konzentration im Trinkwasser einen direkten Einfluß auf Vorgänge im menschlichen Körper ausübt.

Schon seit längerem kommt Lithium neben der etablierten Anwendung in der Psychiatrie (Wahnvorstellungen, Schizophrenie u.a.) meist in Form von Lithiumcarbonat in der medikamentösen Behandlung im Rahmen der Onkologie, Hämatologie, Knochenmarktransplantationstechnik und anderen Gebieten der Medizin zum Einsatz. Ein Beispiel hiefür sind lithiumhältige Medikamente und Salben für die Behandlung von durch Viren ausgelösten Krankheiten, z.B. Herpesvirus Infektionen (D.F. HORROBIN, 1991).

Das steigende interdisziplinäre Interesse an Lithium kreierte ein internationales Symposium über den gegenwärtigen Stand und Perspektiven, betreffend die Bedeutung von Lithium in Biologie und Medizin, das im Mai 1990 an der Europäischen Akademie in Nonnweiler bei Trier stattfand. Schwerpunkte der Diskussion betrafen die Toxizität des Spurenelements, seine Rolle als Umweltfaktor und die Bedeutung als Heilmittel.

Da bisher nur bei wenigen Spurenelementen eine so offensichtliche Verbindung mit dem Trinkwasser zutage trat, ist es notwendig, auf einige einschlägige, in den von G.N. SCHRAUZER & K.-F. KLIPPEL (1991) herausgegebenen Tagungsberichten publizierte Beiträge näher einzugehen.

Wie bei anderen wenig bekannten Stoffen spielen Mangelerscheinungen eine nicht zu unterschätzende

Rolle. So berichten die Autoren M. ANKE, W. ARNHOLD, B. GROPPEL & U. KRAUSE (1991) nach 13jähriger Beobachtung von im Durchschnitt 15% Wachstums- und Gewichtsrückständen verbunden mit einer signifikant kurzen Lebenserwartung bei jungen Ziegen, deren Lithiumbedarf durch Futter nicht abgedeckt wurde. Der Einfluß des hohen Flüssigkeitskonsums der Tiere wurde zunächst weniger beachtet.

Bahnbrechende Erkenntnisse betreffend die Beziehungen von Lithiummangel im Trinkwasser und schweren psychisch-neurologischem menschlichem Fehlverhalten brachte erst die mathematisch-statistische Korrelation des Lithiumgehaltes von Gebieten zentraler kommunaler Wasserversorgungen mit der Herkunft von Einsässigen in Nervenheilanstalten und Gefängnissen.

Die flächenmäßige Untersuchung erstreckte sich auf das Gebiet von Texas.

Ausgangspunkt dafür war das Ergebnis einer Auswertung der Herkunft der Kranken und Häftlinge. E.B. DAWSON (1991) verglich die Verteilung der beprobten Wasserversorgungen und den gemessenen Lithiumgehalt in µg/l und die Lage der Orte mit einschlägigen Bettenzahlen in Nervenheilanstalten bzw. Gefängnissen. Es ergab sich eine Konzentration dieser Anstalten auf die Bereiche von geringem Lithiumgehalt im Trinkwasser.

Überzeugend bestätigt wurde die Auswirkung des Lithiummangels durch die Diagramme von G.N. SCHRAUZER & K.P. SHRESTHA (1991). Für die Genehmigung der Übernahme der folgenden Diagramme bin ich Professor SCHRAUZER zu Dank verpflichtet.

Die Figuren 1.3./1 und 1.3./2 weisen die Anzahl der Fälle pro 100.000 Menschen der Gesamtbevölkerung aus, auch die spezielle Erfassung von Jugendlichen in Fig. 1.3./3 und 1.3/4 läßt engere Rückschlüsse zu. In allen Fällen zeichnet sich die besser mit Lithium versorgte Schicht als die psychisch widerstandsfähigere ab.

Die Mordfälle sind in den dünner besiedelten Gebieten seltener als im Gesamtbereich, was auf die höhere Zahl von Schwerverbrechen in den Großstädten schließen läßt. Die Zahl der wegen Besitzes schwerer Drogen Inhaftierter ist bei Lithium-Unterversorgten bei Erwachsenen und Jugendlichen von 1981–1987 stark steigend, bei den normal Versorgten erst seit 1986. Die lange, nur bei einem Viertel der Drogensüchtigen liegende Zahl wird zu einem großen Teil auf den vermehrten **Konsum von Mineralwasser** zurückgeführt.

Offen bzw. abhängig von verschiedenen Gesichtspunkten ist die Frage nach der Grenze zur Schädlichkeit des Elementes.

Ein natürlicher Background von ca. 2 mg/l gilt als gut verträglich. Ein therapeutischer Effekt wird erzielt mit Dosen von 170–280 mg Li/Tag. Gesundheitliche Schäden treten erst bei einer 100fachen oder noch höheren Menge der obersten Grenze der therapeutischen Dosis auf. Was die Behandlung in Bädern betrifft, so ist zu vermerken, daß Lithium nicht durch die Haut adsorbiert wird. Epidemiologische Studien schließen eine karzinogene Wirkung im Rahmen der therapeutischen Werte aus.

Rubidium ist ähnlich wie das Kalium in Sandsteinen und Tongesteinen angereichert. Die Gehalte im Grundwasser sind im allgemeinen wesentlich geringer als die des Lithiums. Medizinisch wird Rb nicht als essentiell betrachtet.

Kupfer als Erz kommt ebenfalls aus der Tiefe, es geht unter oxidierenden Bedingungen als Sulfat in Lösung. Das Kation kann zu Heilwässern aber auch unmittelbar aus der Tiefe aufsteigen.

Kupfer ist wichtig für die Blutbildung und eine Reihe von Körperfunktionen. Der Tagesbedarf liegt für Erwachsene zwischen 2 und 4 mg. Bei Diätkost gegen erhöhten Cholesterinspiegel (Ausschluß des Genusses tierischer Innereien) ist die Versorgung mit Cu selten ausreichend. Selenbehandlung wird meistens mit Kupferzugabe verbunden.

Schwere **Schäden** entstehen durch Kupferstaubeinwirkung (Leberschäden durch Kupfervergiftung). Kupferrohre für Wasserleitungen von einem pH-Wert < 6,7 sind kritisch, desgleichen die Zubereitung saurer Nahrung in Kupfergeschirr.

Richtwert nach ÖNORM M 6250 (1986): 0,1 mg Cu/l Wasser.

Beryllium ist ebenfalls ein Spurenbestandteil der Magmatite. Bei niedrigem pH-Wert werden Beryll-Ionen durch Tonminerale sorbiert. Die geringe Löslichkeit der Beryllverbindungen bewirkt glücklicherweise, daß dieses sehr giftige Element nur in extrem geringen Konzentrationen (< 0,001 µg/l) in Grundwässern auftritt.

Strontium ist ein häufiger Bestandteil der Magmatite (siehe Tab. 1.3./1). Es ersetzt in ihnen teilweise Calcium und Kalium, besonders in granitischen und syenitischen Gesteinen. In der Größenordnung von einigen tausend µg/l hat es sich bei unseren Untersuchungen in Begleitung anderer Magmatit-Elemente als **verläßlicher Anzeiger großer Tiefenkontakte von Heilwässern** erwiesen.

Dies gilt nicht für Bereiche von Salinar- und Evaporitgesteinen.

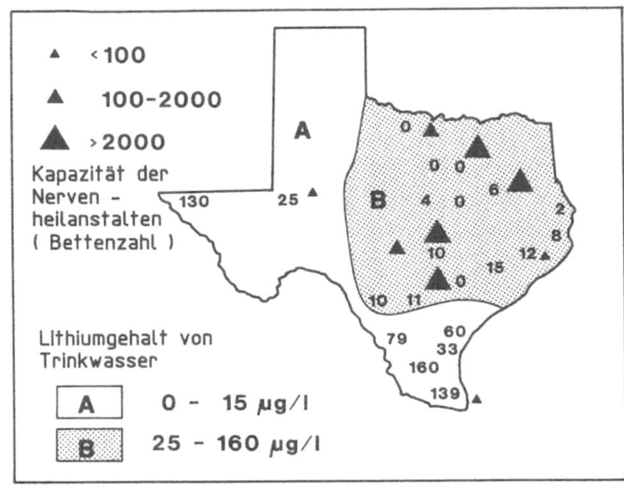

Fig. 1.3./1: Gebiete mit lithiumarmen Trinkwasserbereichen in Texas (aus: G.N. SCHRAUZER & K.P. SHRESTHA, 1991). A = lithiumarme Trinkwasserbereiche, B = kleinere Counties und Gebiete mit höherem Lithiumgehalt des Trinkwassers.

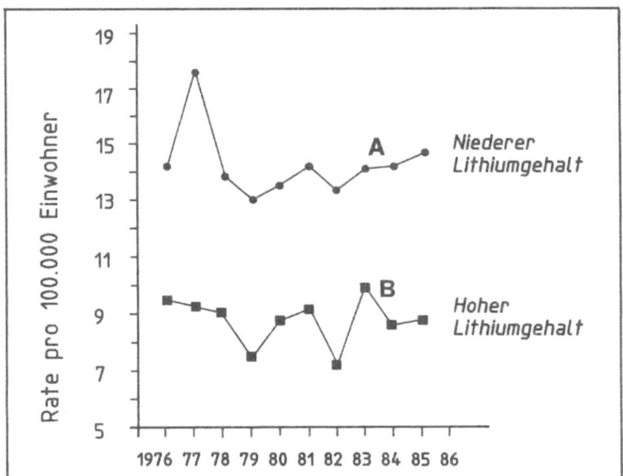

Fig. 1.3./2: Selbstmordrate per 100.000 Einwohner in Texas (aus: G.N. SCHRAUZER & K.P. SHRESTHA, 1991). A = lithiumarme Trinkwasserbereiche, B = kleinere Counties und Gebiete mit höherem Lithiumgehalt des Trinkwassers.

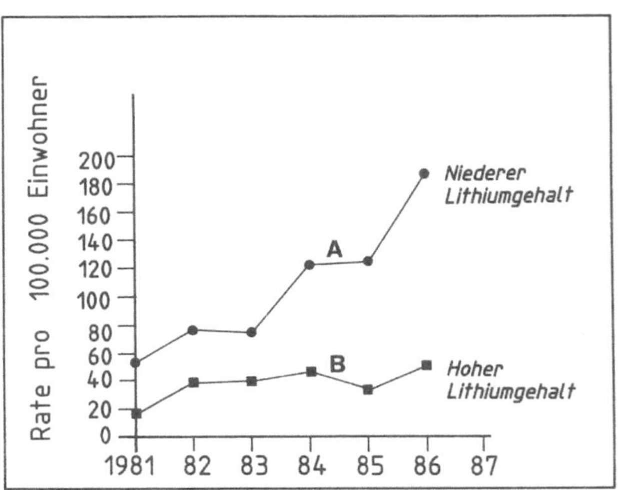

Fig. 1.3./3: Rate der wegen des Besitzes schwerer Drogen inhaftierten Jugendlichen in Texas (aus: G.N. SCHRAUZER & K.P. SHRESTHA, 1991). A = lithiumarme Trinkwasserbereiche, B = kleinere Counties und Gebiete mit höherem Lithiumgehalt des Trinkwassers.

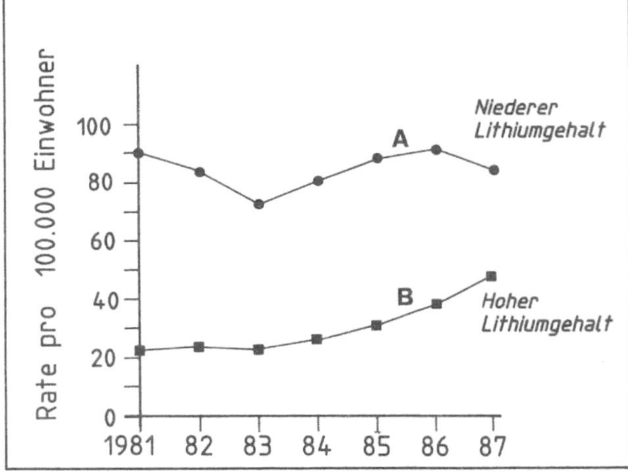

Fig. 1.3./4: Rate jugendlicher Ausreißer in Texas 1981–1987 (aus: G.N. SCHRAUZER & K.P. SHRESTHA, 1991). A = lithiumarme Trinkwasserbereiche, B = kleinere Counties und Gebiete mit höherem Lithiumgehalt des Trinkwassers.

Steinsalz ist ein reines Produkt des Meerwassers, es hat nicht nur dessen Hauptbestandteile Natrium und Chlorid, sondern auch seine Spurenelemente in den festen Zustand mit übernommen. Das gilt auch für die anderen Evaporite (siehe Tab. 1.3./1; für mündliche Hinweise bin ich Prof. MATTHESS, Kiel, und Prof. MICHEL, Krefeld, zu Dank verpflichtet). Damit finden wir in Wässern aus Evaporiten die höchsten Lösungskonzentrationen von Strontium.

In den meisten Fällen ist es jedoch nicht schwierig, aus der geologischen Situation die richtigen Schlüsse zu ziehen.

Barium ist in den Magmatiten zwar häufiger als das Strontium, seine geringere chemische Beweglichkeit hinterläßt aber im Bariumgehalt des Wassers weniger deutliche und verläßliche Hinweise auf den Charakter eines Tiefenwassers als Strontium.

Aus medizinischer Sicht werden Beryllium, Strontium und Barium bisher nicht den essentiellen Elementen zugezählt.

Zink ist ein verhältnismäßig häufiges Element, das als Zinkblende (ZnS) Lagerstätten bildet. Als weit verbreiteter Werkstoff tritt es daher auch in Abfallstoffen auf. Die Löslichkeit von Zinkhydroxid beträgt ungefähr 65 µg Zn^{2+}/l. Grubenwässer können erheblich größere Zinkgehalte aufweisen.

Zinksalben zur Wundbehandlung kannte man schon zu Mutters Zeiten.

Die wichtigsten Erkenntnisse der Funktionen von Zink aber stecken noch in Enkelsschuhen. Das Spurenelement aktiviert 70 Enzyme. Ein Zink-Insulin-Komplex beherrscht die Bauchspeicheldrüse, beeinflußt Sexualhormone, Dämmerungssehen, den Geruchssinn und den Aminosäurestoffwechsel und unterstützt das Immunsystem. Ebenso lang ist die Reihe der Folgen des Zinkmangels, von der Schwangerschafts- bis zur Potenzstörung. Schon wird der Einfluß von Zink auf Haarwuchs und Intelligenz (letzteres erst durch Tierversuche) getestet, aber es gibt auch Mediziner mit ironischem Humor (H. SCHOLZ, 1990, p. 149). In der Homöopathie hat sich Zink etabliert. Von Heilwässern existieren nur wenige Messungen bzw. Untersuchungen an Stichproben. Der empfohlene Zn-Gehalt wurde in keiner unserer Spurenanalysen erreicht.

Richtwert nach ÖNORM M 6250 (1986) für Trinkwasser: 3 mg/l.
Tagesbedarf in der Nahrung (W. GRUBER, 1990): 15–30 mg.

Zinn ist ein noch wenig beachtetes Spurenelement. Die Lebensnotwendigkeit für Tiere ist bekannt. Nachgewiesen wurde Sn in der Größenordnung von 120 µg Sn/l l Ölfeldwasser im Zechstein-Dolomit der Bohrung Langensalsa. In Ölfeldwässern des Hauptdolomites im Südharz wurde ein durchschnittler Sn-Gehalt von 14 µg/l gemessen (G. MATTHESS, 1973).

Vorsicht ist bei Nahrung aus Zinnbehältern geboten.

Cadmium ist ein seltenes Element, das zusammen mit Blei- und Zinkerzen auftritt. Es hat in der ÖNORM einen sehr niedrigen Grenzwert von 5 µg/l Wasser. Eine Überschreitung ist uns im Zusammenhang mit Klärschlammdüngung bekannt.

Uran besteht aus vielen Isotopen, unter denen das Radionuklid U-238 vorherrscht. Dieses zerfällt mit einer Halbwertszeit von $4{,}5 \times 10^9$ Jahren über eine Reihe von Zwischengliedern zum stabilen Blei-Isotop Pb-206. Die Löslichkeit der reduzierten U^{4+}-Verbindungen ist gering, höher löslich sind oxidierte Formen wie Uranyl-Komplexe. Uran findet sich im Grundwasser weitverbreitet aber in geringen und unterschiedlichen Konzentrationen.

Radium spielt in der Regel nur als Ra-226 (Halbwertszeit 1.630 Jahre) und in wesentlich geringerem Maße als Ra-228 eine Rolle. Es verhält sich als Erdalkalimetall wie Barium.

Die Grundwässer enthalten im allgemeinen Ra-226-Gehalte von < 1 pCi/l, F. SCHEMINZKY (1959) wollte daher die Ra-Bestimmung aus der Heilwasseranalyse streichen. In vielen Fällen nimmt aber der Radiumgehalt des Grundwassers infolge verschieden langer Kontaktzeit und unterschiedlicher Kontaktfläche auf dem unterirdischen Fließweg zu, wodurch gelegentlich höhere Ra-226-Gehalte gemessen wurden. Eine gesundheitsschädliche Größenordnung ist uns aus Österreich nicht bekannt.

Bor ist in den Magmatiten, Sandsteinen und Tongesteinen, auch in Biotit und in den Amphibolen in kleinen Mengen enthalten. Als hervorragender Pfadfinder erwies es sich jedoch einerseits in Form der Orthoborsäure H_3BO_3 oder HBO_2 zum Aufspüren vulkanogener (Thermal)-Quellen in Südostkärnten und im Steirischen Becken und andererseits von terrestrischen Verdunstungslagerstätten. Hohe Werte sind auch aus Ölfeldwässern bekannt. St.N. DAVIS & R.J.M. DE WIEST (1967) versuchen u.a. mittels des B/Cl-Verhältnisses von Meerwasser und oberirdischen Gewässern die Beurteilung der Wasserherkunft von Ölfeldwässern und vulkanogenen Thermalwässern.

Richtwert nach ÖNORM M 6250 (1986) für Trinkwasser: 1 mg/l.

Aluminium ist das dritthäufigste Element in den Magmatiten. Es ist Bestandteil vieler Silikate (Feldspäte, Glimmer, Amphibole). In den Sedimentgesteinen findet sich Aluminium am häufigsten als Bestandteil der Tonminerale. Mit Fluor-Ionen bildet Aluminium starke Komplexe. Im Grundwasser betragen die Aluminiumgehalte meist nur Hundertstel mg/l, Werte von > 1 mg sind selten. Gesundheitliche Schädigung in Verarbeitungsbetrieben (Aluminiumstaublunge) sind bekannt.

Grenzwert nach ÖNORM von Aluminium im Trinkwasser: 0,1 mg/l.

Blei entstammt entweder Erzen (Bleiglanz) aus erster oder zweiter Lagerstätte, die Kationen können aber auch unmittelbar aus der Tiefe aufsteigen. Die natürliche Verbreitung im Wasser ist gering. Die anthropogene Verunreinigung betrifft in erster Linie die Luft durch Abgase von Motoren (Bekämpfung der Luftverschmutzung durch Katalisatoren und bleifreien Treibstoff für Verbrennungsmotoren), Buntmetallhütten und Verbrennungsanlagen. Bleirohre für Wasserleitungen waren früher weit verbreitet.

Grenzwert nach ÖNORM von Blei im Trinkwasser: 0,05 mg/l.

Phosphor findet sich vor allem im Apatit. Bei seiner Verwitterung freigesetztes Phosphat wird durch Tonminerale weitgehend sorbiert.

Phosphate aus den animalischen Ausscheidungen sind ein altbekanntes Düngemittel. Ein erwähnenswertes weltweit einzigartiges Beispiel dürfte der Abbau der von Höhlenbärenausscheidungen stammenden Phosphaterde in der Drachenhöhle bei Mixnitz (Steiermark) sein, der während des 1. Weltkrieges erfolgte.

Jünger ist zweifelsohne die Verwendung von Natriumphosphat in Waschmitteln.

Phosphor steht in der letzten Zeit zwischen zwei Fronten. Einerseits ist der Phosphorbedarf des menschlichen Körpers beachtlich – siehe die nachfolgende Auflistung des täglichen Phosphorbedarfs, empfohlen von der Deutschen Gesellschaft für Ernährung (aus: H. SCHOLZ, 1990), andererseits wurden Phosphatverbindungen in Waschmitteln zu einem Abwasserproblem.

Säuglinge 0–12 Monate	120–500 mg,
Kinder 1–3 Jahre	600 mg,
Kinder 4–6 Jahre	700 mg,
Kinder 7–9 Jahre	800 mg,
Kinder 10–14 Jahre	900–1.000 mg,
Jugendliche	800–900 mg,
Erwachsene	800 mg,
Schwangere ab 6. Monat	1.000 mg,
Stillende	1.000 mg.

Arsen kommt in der Lithosphäre als Sulfid und Arsenat in Erzlagerstätten vor. Im Gebirge wurden arsenführende Wässer frühzeitig erkannt (Giftbründl). Die pH-Werte natürlicher Wässer ermöglichen die Lösung von Ca- und Mg-Arsenaten. Die Löslichkeit wird jedoch bei einem Gehalt anderer Spurenelemente (Cu) herabgesetzt. Außerdem wird Arsenat durch Eisenhydroxid und andere Stoffe mit aktiven Oberflächen sorbiert.

Anthropogene Arsengehalte finden sich vor allem in Abläufen von Halden und arsenhaltigen Abwässern von Chemie- und Hüttenbetrieben.

Arsen war als Arsenik (Arsentrioxid) im 16. Jahrhundert das gängigste Mordgift.

Weniger drastisch aber weitverbreitet war bis in die Gegenwart die Verwendung von Arsenik als Stimulans. Noch in den dreißiger Jahren nutzten Pferdehändler die „Wundertropfen“, um ausgeschundenen Gäulen kurzfristig zu einem glänzenden Fell und feurigem Blick zu verhelfen („Roßtäuscher“). Was Wunder, daß Pferdeknechte, deren Schlafstätte in der Regel im Roßstall war, in manchen Fällen selbst arsensüchtig wurden. Ich selbst kannte in meiner Jugendzeit einen „Arsenikesser“, der mit Brot und Schnaps eine für einen normalen Menschen tödliche Dosis regelmäßig zu sich nahm.

Die positive Möglichkeit, ob Arsen in kleinsten Dosen auch ein lebenswichtiges Element sein könnte, ist noch offen.

Im Grundwasser wurden, abgesehen von den eingangs erwähnten Halden, meistens As-Gehalte unter 0,1 mg/l gemessen. Auf geogene Werte (32,3 mg/l) in Ölfeldwässern verweist K. KREJCI-GRAF (1963). Nähere Untersuchungen strebte F. KAHLER in Kärnten an und berichtet (1978) von Arsenquellen aus alten Goldbergbauen (u.a. Grubenwasser im Fürsten-Unterbaustollen in St. Leonhard i. Lavanttal) und in den Carinthia-Quellen bei Eisenkappel. Im Zuge systematischer, flächendeckender Erfassung von Spurenelementen sollten auch Arsenquellen nicht ausgespart bleiben.

Die WHO hat für anorganische Arsenverbindungen eine vorläufige Toleranz von 0,98 mg As/Person und Woche durch Nahrungsaufnahme festgelegt.

Grenzwert nach ÖNORM für das Trinkwasser: 0,05 mg/l (= 50 µg/l).

Molybdän, ebenfalls ein Kind der Tiefe, tritt in verschiedenen Valenzstufen auf, bildet polymere Hydroxidanionen und wird durch die Vegetation angereichert, so daß in Pflanzen schließlich toxische Konzentrationen vorkommen können. Im Grundwasser liegen die Konzentrationen im allgemeinen bei wenigen µg/l (G. MATTHESS, 1973).

Molybdän wurde zunächst als lebensnotwendiger Faktor für die Pflanzen und dann als unentbehrlich für die Tierwelt erkannt. In jüngster Zeit beschäftigt sich die medizinische Forschung mit der Bedeutung des Spurenelementes für den Menschen. Es zeichnet sich eine Wirkung zur Entgiftung der Nieren ab. Untersucht wird gegenwärtig sowohl der notwendige Molybdängehalt sowohl der Nahrungsmittel als auch des Trinkwassers. H. SCHOLZ (1990) nimmt eine tägliche Molybdänaufnahme von 70–100 µg beim erwachsenen Menschen an. Gesundheitliche Schäden durch molybdänhältigen Staub sind nur bei Metallarbeitern einschlägiger Branchen bekannt. Folgeschäden durch Futter auf molybdänübersättigten Böden wurden – ähnlich wie bei Selenüberdosierung – bei Weidetieren in England, Neuseeland aber auch im Engadin beobachtet.

Tagesbedarf von Molybdän (W. GRUBER, 1990): 70–300 µg.

Fluorverbindungen haben große Tiefen als Ursprungsgebiet. Im Gasteiner Tal ist das Fluor nach H. BALCZO (1949) ein Gradmesser für den Anteil der Tiefenstoffe an der Zusammensetzung von Grund- und Quellwässern. Heilwässer können Fluor allerdings auch aus Gesteinen oberer Erdschichten beziehen, wenn diese auf zweiter Lagerstätte ruhen.

Die Bedeutung von Fluor für Zähne und Knochen ist ein biologisch wichtiger Umstand.

Fluor kommt außer im Flußspat (Fluorit) auch im Kryolith, Topas, Apatit u.a. vor. Im Text seiner geologischen Übersichtskarte fluorithältiger Gesteinszonen in Österreich unterscheidet H. MOSTLER (1972) fünf Fluorittypen nach genetischen Gesichtspunkten:

Der in den Triaskalken im Zuge ihrer Verfestigung durch die Meerwasserverdunstung bedingte Fluoritgehalt (Typus 1) ist ebenso sedimentärer Genese wie der in Klüften der Kalke später kristallisierte, durch salinare niedrig temperierte Lösungen eingebrachte Fluorit, der vielfach aus bituminösen Gutensteiner Schichten stammt (vgl. M.A. GÖTZINGER, 1984).

Für die Beurteilung der Mineral- und besonders Thermalwässer ist der aus großen Tiefen stammende, in heißen (hydrothermalen) Lösungen (Temperaturen von 200–400 °C) in Klüften verschiendenster Gesteine abgelagerte Fluorittypus bzw. die in der pneumatolytischen bis pegmatitischen Phase (Temperaturen von 500–700 °C) entstandenen Vorkommen von Bedeutung. Zu ersteren zählt H. MOSTLER die Lagerstätte Achselalm in den Salzburger Zentralalpen, wo der Fluorit in 2–3 m mächtigen Gängen vorliegt. Aus dem selben Typus stammt der Fluorgehalt der Tiefenwässer des Ankogel-Reißeck-Gebietes. Der Fluorgehalt der Gasteiner Thermalquellen war mit Natrium, Chlorid, Sulfat und Tritium ein Medium zur Berechnung des Mischungsverhältnisses von thermalem Tiefenwasser und kaltem Mischungsoberflächenwasser (siehe Badgastein).

Die medizinische Forschung stellte fest, daß höher organisierte Lebewesen sich nicht fluoridfrei entwickeln können. Allgemein bekannt ist der Zusammenhang von Kariesbefall der Zähne und Fluormangel. Da der Mensch mit der festen Kost täglich nur 0,3–0,5 mg Fluor zu sich nimmt, der natürliche Bedarf aber bei etwa 1 mg (ppm) liegt, verfiel man auf eine flächendeckende Untersuchung des Fluoridgehaltes des Trinkwassers. Diesen Studien folgte zuerst in den USA (1945) der Beschluß, wo notwendig, dem Trinkwasser das fehlende Fluorid künstlich zuzusetzen.

In Österreich erfolgte im Auftrag der Österreichischen Arbeitsgemeinschaft für Volksgesundheit auf Verfügung des Bundesministeriums für soziale Verwaltung eine flächendeckende Untersuchung des Fluoridgehaltes aller Trinkwasserversorgungen als Basis der Organisation einer Fluorprophylaxe durch Tablettenmedikation. Der Aufwand war beträchtlich und hätte eine Würdigung in weiteren Kreisen der Bevölkerung verdient. Die Ergebnisse wurden 1973 publiziert, die der Publikation beigefügte 3. Auflage der „Fluorlandkarte Österreichs“ läßt im Vergleich mit der geologischen Übersichtskarte fluorithältiger Gesteinszonen Österreichs manche Frage offen. So ist zwar für das östliche und nördliche Waldviertel noch ein andeutungsweiser Zusammenhang des massierten Auftretens von Trinkwässern mit Fluorgehalten von 0,25–0,74 mg/l (in zwei Fällen bis 0,99 mg/l) mit fluorithältigen Gesteinen des Typus der Entstehung in einer pneumatolytischen bis pegmatitischen Phase (H. MOSTLER, 1972, Typus 4) zu mutmaßen, das gehäufte Auftreten von fluoridhältigen Wässern im Weinviertel bis 0,74 mg/l, in mehreren Fällen bis 0,99 mg/l und in zwei Fällen von > 1 mg/l (Seefeld 2,95 mg/l, Retz 1 mg/l) aus der geologischen Karte aber nicht zu begründen. G. FUCHS & B. SCHWAIGHOFER (1978), betrachten Fluorite in Kluftfüllungen von Graniten des nördlichen Waldviertels als hydrothermales Produkt.

Auch im Steirischen Becken findet sich in der geologischen Karte kein Hinweis auf die zahlreichen fluoridhältigen Wässer, weil die artesischen Tiefengrundwässer nicht untersucht wurden.

Trotzdem ist die Gesamtpublikation ein erfreuliches Dokument einer fruchtbaren Zusammenarbeit geohydrologischer und medizinischer Disziplinen, die die Karte „Fluoridgehalt der Trinkwässer in Österreich“ mit der Feststellung „Der von Natur aus besonders hohe Fluoridgehalt mancher Trinkwässer führte zur Entdeckung der karieshemmenden Wirkung des Fluorids“ kommentiert. Die systematische Untersuchung der Mineralwässer auf Spurenelemente zeigt häufig einen erhöhten Fluorgehalt der Tiefengrundwässer und der Solequellen.

Grenzwert nach ÖNORM von Fluorid im Trinkwasser: 1,5 mg/l.

Bromid wird hauptsächlich auf vulkanische Emanation zurückgeführt; es ist aber andererseits ein charakteristischer Bestandteil von Ölfeldwässern.

Den höchsten Gehalt an Brom hat das Meerwasser (67,3 mg/kg), dann folgen die Evaporite mit 33 mg/kg. Alle Sedimentgesteine mit Ausnahme der Sandsteine haben einen höheren Bromgehalt als die Magmatite (vgl. Tab. 1.3./1). Von den Mineralwässern der großen Sedimentbecken liegen leider zu wenig Bromidbestimmungen vor.

Jod (und Brom) führen Wässer, die Sazlagerstätten durchfließen (Bad Hall), manchmal stehen sie mit Faulschlammgehalten von Gesteinsarten im Zusammenhang (J. STINI, 1959). Ansonsten ist Jod in der Litho- und Hydrosphäre ein seltenes Element. Die Untersuchungen in der Molassezone lassen Jodid als Anzeiger für Erdöl und Erdgas erscheinen (vgl. L. KÖLBL, 1958, G. SCHRÖCKENFUCHS, 1975).

Jodmangel beeinflußt die Funktion der Schilddrüse (Kropfbildung) und die Stoffwechselintensität. Aufgrund des staatlichen Salzmonopols wird das im Haushalt verwendete Kochsalz jodiert.

Natürliche Behandlung (Trinkkuren und Bäder) durch jodhältige Wässer (Mindestgehalt 1 µg/l Wasser) sind vorteilhaft, weil sie neben der Schilddrüsenbehandlung das vegetative Nervensystem und hormonelle Drüsensysteme anregen und entschlackend wirken. Weitere Heilanzeigen liegen für Herz- und Gefäßerkrankungen, Muskel- und Lymphknotenerkrankungen und Erkrankungen der Atmungsorgane vor. Das bekannteste Jodbad Österreichs ist Bad Hall.

Tagesbedarf für Erwachsene (Deutsche Gesellllschaft für Ernährung): 200 µg.

Kobalt ist in Magmatiten relativ angereichert, hat aber nur eine geringe Löslichkeit. Ohne Kobalt gäbe es kein Vitamin B-12, dessen Tagesbedarf (5 µg) ist durch Nahrungsmittel gedeckt. Im Grundwasser kommt es meist nur in Spuren unter der Nachweisbarkeitsgrenze vor.

Tagesbedarf von Kobalt (W. GRUBER, 1990, p. 3): 0,1–0,3 µg.

Nickel ist vergleichsweise häufiger und hauptsächlich in Magmatiten und in Verbindung mit anderen Erzen. Die Löslichkeit von $NiCO_3$ ist wesentlich höher als die der entsprechenden Kobaltverbindungen.

Tagesbedarf von Nickel (W. GRUBER, 1990, p. 3): 500 µg.

Quecksilber ist im Grundwasser nur durch anthropogene Verunreinigungen nachgewiesen worden.

Der Grund waren verheerende Belastungen von Flüssen und Meeresbuchten durch Quecksilber und Quecksilberverbindungen bzw. **Chrom VI**- und **Cadmium**-belastete Abwässer.

Grenzwert nach ÖNORM von Hg im Trinkwasser: 0,001 mg/l.
Grenzwert nach ÖNORM von Cadmium im Trinkwasser: 0,005 µg/l.

Chrom: Cr^{3+} und Cr^{6+} sind in den verschiedenen Oxidationsstufen stabil, die Löslichkeit bei hohem pH-Wert gering. Den höchsten Anteil an der Zusammensetzung der Gesteine hat Cr bei den Tongesteinen im Mittel mit 423 mg/kg (Tab. 1.3./1).

Betreffend den Anteil an der Gewässerverunreinigung ist auf chromverarbeitende Betriebe zu achten. Der Mittelwert in amerikanischen Wasserwerken, die Grund- und Oberflächengewässer nutzen, beträgt 0,43 µg/l (Ch.N. DURFOR & E. BECKER, 1964). Von Hochwerten bis zu 21 µg/l in kalifornischen Grund- und Quellwässern berichtet W.D. SILVEY (1967).

Chrom ist bezüglich des Auftretens in Heilwässern kaum untersucht. Dabei sind die angeführten schädlichen Wirkungen ausschließlich anthropogen, und es wird übersehen, daß geringe Mengen lebensnotwendig sind. Die RDA (= Recommended Dietary Allowances) schätzt die täglich notwendige Aufnahme von Cr zwischen 50 und 250 µg. Die Obergrenze wird nahezu in keinem Land durch die Nahrungsaufnahme erreicht (Finnland 30 mcg = µg, BRD 62 µg). Nur Weizenkeime erreichen bei einer täglichen Aufnahme von 10 dkg 127–136 µg Cr, sonst erreichen pflanzliche und tierische Nahrungsmittel nur 1–60 µg/100 g (= /10 dkg) durch Nahrungsmittel. Einige Städte Zimbabwes mit chromarmem bzw. chromreichem Trinkwasser wurden verglichen: Die chromunterversorgten Städte hatten die doppelte Anzahl Diabetiker, desgleichen häufiger Arteriosklerose-Erkrankungen.

Schwere **Chromschäden** aus Fabriksstaub und Abwässern sind aus Japan und Lederfabriken in anderen Ländern bekannt.

Grenzwert nach ÖNORM für die Summe der Chromelemente im Trinkwasser: 50 µg/l.

Das seltene Schwermetall **Wismut** (Bi) findet sich in ausgefällten sedimentären Eisen- und Manganerzen angereichert (G. MATTHESS, 1973). Es gibt wenig Angaben über dieses Spurenelement im Wasser, W.D. SILVEY (1967) berichtet über ein Quellwasser mit 0,7 µg/l und drei Grundwässer mit 0,80–2,7 µg/l Bi.

Wismut hat eine hohe antibakterielle Wirkung. Wismutsalze gehen im sauren Magen eine Bindung mit Eiweiß ein und bilden einen Schutzfilm auf der Magenschleimhaut. Negative Wirkungen siehe H. SCHOLZ (1990).

Obere Sicherheitsgrenze im Wasser: 50 µg/l.

Vanadium kommt gelöst in anionischer und kationischer Form vor. In sauerstoffreichen Grundwässern wurden bis zu 70 µg/l gemessen. Nach H. SCHOLZ (1990) haben israelische Mediziner eine Blutzuckersenkung bei zuckerkranken Ratten nachgewiesen. Gesicherte Werte für die Bedeutung beim Menschen liegen nicht vor. Einen außergewöhnlich hohen V-Wert hat Sojabohnenöl (> 4.000 µg in 100 g Öl). Gegenindikationen siehe H. SCHOLZ (1990).

Für die seltenen Metalle **Silber**, **Germanium**, **Wolfram**, **Caesium** und **Gallium** sind uns keine inländischen Angaben über Spurenelemente im Wasser bekannt. G. MATTHESS (1973) zitiert Mittelwerte von 130 µg/l Wolfram, 43 µg/l Caesium und 33 µg/l Gallium von bulgarischen Gruben-Thermalwässern.

Mit Absicht wurde **Selen** zum Abschluß der Besprechung der Spurenelemente gewählt. In den uns zur Verfügung gestellten Wasseranalysen waren keine Angaben über Selen enthalten. Andererseits begann gerade zur Zeit des Entschlusses, dieses Buch zu schreiben, das rege medizinische Interesse an diesem Element.

Die Geschäftsführung der deutschen G.N. Pharm Arzneimittel GmbH stellte uns in dankenswerter Weise reichlich Literatur mit medizinischen aber auch erdwissenschaftlichen Angaben zur Verfügung, die uns bestärkte, den Spurenelementen eine führende Rolle in der Darstellung und methodischen Bearbeitung zu geben.

Aus vielen Publikationen sind zusammenfassend zwei Schwerpunkte der Bedeutung in den Heilwässern hervorgetreten:

- der geogene Blickwinkel und
- die humanwissenschaftliche Komponente.

Die **humanwissenschaftliche** Komponente wurde aufgrund des Selenstudiums auch bei der Beschreibung von Lithium und Fluor ausführlicher behandelt. Es ergab sich hiebei schon ein für österreichische Verhältnisse bedeutsames Zusammentreffen geo- und humanwissenschaftlicher Gesichtspunkte.

Das Element **Selen**, ein sehr seltenes Element der Erdkruste, ähnelt in seinem geochemischen Verhalten dem des Schwefels, mit dem es sich mit Sauerstoff, Tellur (Te) und Polonium (Po) in der VI. Hauptgruppe im Periodensystem der Elemente befindet.

In der Natur kommt Selen hauptsächlich in Form von Seleniden als Beimengungen von isomorphen Sulfiden, wie z.B. Kupferkies ($CuFeS_2$), Pyrit (FeS_2) und in der Zinkblende (ZnS) vor. In einigen seltenen Mineralien ist Selen der Hauptbestandteil (u.a. Berzelianit, Naumannit, Clausthalit und Tiemannit). Bei der industriellen Verarbeitung von Sulfiden des Kupfers, Eisen und Zinks reichert sich elementares Selen beim Abrösten der Sulfide im Flugstaub bzw. im Bleikammerschlamm bei der Schwefelsäureherstellung an. Vielfach wird auch der Anodenschlamm der Kupferraffination aufgearbeitet, wodurch eine wirtschaftliche Gewinnung von Selen möglich ist (E. HÖHNE, 1987). Heutzutage wird Selen in großen Mengen in der Elektroindustrie als Halbleiter für spezielle Transformatoren, Wärmeelemente, Gleichrichter und in photoelektrischen Zellen verwendet. Die Selenzelle ist auch die älteste Sperrschichtphotozelle, deren lichtempfindlicher Körper kristallines Selen ist. Der photoelektrische Effekt des Selens wird auch in der Xerographie (photoelektrisches Trockendruckverfahren) genutzt. Auch in der Glasindustrie wird Selen häufig verwendet.

Geradezu faszinierend aber sind die jüngsten medizinischen Forschungsergebnisse.

Es entspricht nicht der Aufgabe dieses Buches die Ausführungen des medizinischen Handbuches zu erweitern. Es wurde daher auch bei den Beschreibungen der Spurenelemente auf Hinweise belassen. Doch die Situation erfordert Ausnahmen, dort wo es die Doppelfunktion des Elementes verlangt. Dem wurde schon durch die Behandlung der Elemente Lithium und Fluor Rechnung getragen. Ein Verzicht, auf das medizinische Phänomen Selen näher einzugehen, würde dem Sinn des Buches widersprechen.

Im medizinischen Handbuch der natürlichen Heilmittel Österreichs ist das Spurenelement Selen nicht erwähnt. Seit 1985, dem Erscheinen des medizinischen Handbuches, ist eine kleine Bibliothek, nur das Selen betreffend, entstanden. Allein dem Sonderdruck „Selen – Aktueller wissenschaftlicher Erkenntnisstand" von K. SCHMIDT & W. BAYER (1988), sind 81 Literaturhinweise, dem Aufsatz „The Interactions of Selenium with Cadmium and Mercury" von L. MAGOS et al. (1980) in CRC Critical Reviews in Toxicology, 8, gar 268 Literaturangaben zu entnehmen. Es ist dabei zu bemerken, daß ein Teil der durchwegs medizinischen Abhandlungen sehr wohl auch auf den geologischen Hintergrund Bezug nimmt.

Es entspricht der systematischen medizinischen Forschung, daß der erste Durchbruch der Erkenntnisse im Bereich der Veterinärmedizin lag, wo frühzeitig erkannt wurde, daß von der „white muscle disease" betroffene Tiere an Selenmangel litten. Die Krankheit ist heute dort überwunden, wo ein Zusatz von 0,1 mg Selen als Natriumselenit/kg Tierfutter praktiziert wird (A. PORCHER, 1988). Man fand eine Parallele zu einer in der Keshan-Region in China verbreiteten Erkrankung, wo man jahrzehntelang beobachtete, daß auffallend viele Kleinkinder, Jugendliche und junge Frauen an Herzversagen starben, dem Arrhythmien, Lungenödeme und Myokardnekrosen vorausgingen, Symptome, die man auch bei der „Weißmuskelkrankheit" von Tieren beobachtet hatte. Man sprach von der „Keshan-Krankheit" in der chinesischen Provinz Hubei und entdeckte bald ähnliche Bedingungen bei der „Big-Joint-Krankheit" (Kashin-Becksches Syndrom) einer enchondralen Ossifikationsstörung mit Knorpelnekrosen, Verkürzung der Extremitäten, Osteoarthrosen und Zwergwuchs. Die Inzidenz beider Krankheiten fiel nach groß angelegten Selen-Substitutionsaktionen mit jeweils pro Woche einer Tablette von 1,0 mg Natriumselenit (0,3 mg Selen) stark ab, im Falle des Kashin-Beckschen Syndroms erwiesen sich Selengaben auch als therapeutisch wirksam.

Die eigentliche Überraschung brachten intensive Studien, die zeigten, daß weder die Keshan- noch die Big-Joint-Krankheit im direkten Sinne Selenmangelkrankheiten waren, sondern offenbar beide durch Erreger ausgelöst wurden, gegen die bei Selenmangel eine verminderte Resistenz besteht! Die Keshan-Krankheit selbst ist eine Virusinfektion.

Nun folgten aufregende Entdeckungen: Auch bei Herz-Kreislauf-Erkrankungen steht Selenmangel im Hintergrund. Selenmangel aktiviert die Thrombozyten, erhöht deren Aggregationsneigung und damit die Gefahr von Gefäßverschlüssen. Da statistisch signifikante, inverse Zusammenhänge zwischen Blut-Selenkonzentration und Herztodesraten bestehen, wird derzeit die Forschung über die **präventiven** und **therapeutischen Möglichkeiten von Selen** bei Herz-Kreislauf-Erkrankungen forciert.

Über die präventive Wirkung führt der Weg über die **Verstärkung der Immunität** durch Selen zur Frage der **Krebsprävention**. Epidemiologische Studien ergaben einen eindeutigen Hinweis auf Zusammenhänge zwischen niedrigen Selenserumspiegeln und dem Krebs-

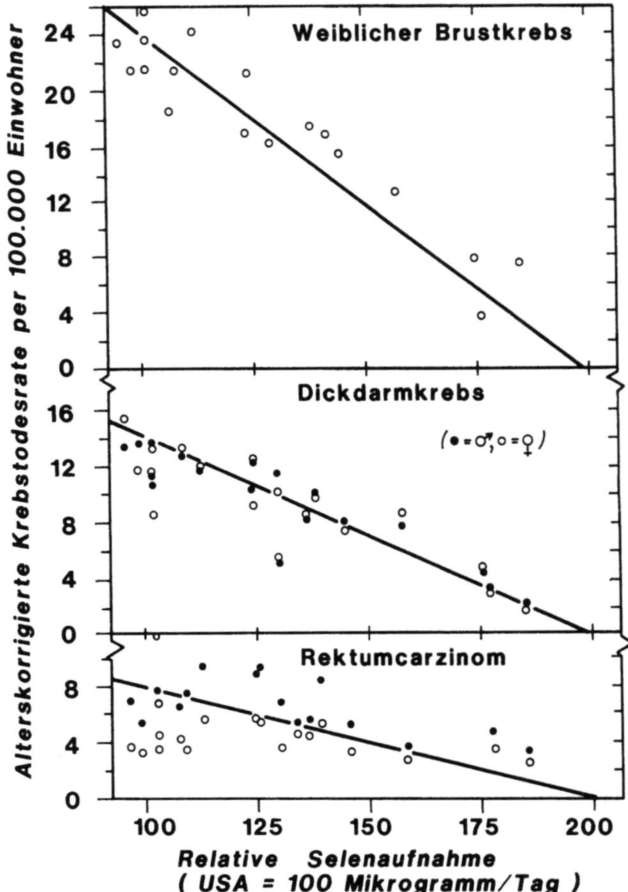

Fig. 1.3./5: Inverse Assoziationen zwischen alterskorrigierten Krebstodesraten 1964/65 und der aus dem Pro-Kopf-nahrungsmittelverbrauch errechneten Selenaufnahmen (aus: A. PORCHER, 1988).

risiko (Fig. 1.3./5, nach Abb. 5 bei A. PORCHER, 1988).

Die Forschung in Richtung Immunisierung mit Hilfe von Selen macht in jeder Hinsicht Fortschritte. Bei Ratten gelang mit Hilfe zusätzlicher Selengaben erstmals eine Immunisierung gegen Malariatoxin (siehe G.N. SCHRAUZER, 1985).

Österreich ist ein ausgesprochenes Selenmangelgebiet, in den auf das Spurenelement Selen beprobten Wässern blieben die Selenwerte gleichmäßig unter 5 µg/l bzw. Nachweisgrenze. Die Selenaufnahme erfolgt über die Ernährung, wobei in den skandinavischen Ländern und in den USA Richtlinien betreffend eine ausgeglichene Bilanz einer täglichen Zufuhr und offizielle Zufuhr-Empfehlungen bestehen (vgl. K. SCHMIDT & W. BAYER, 1988).

Typisch ist, daß man sich zuerst Jahrzehnte auf die Frage der Toxizität des Elementes beschränkte.

Die irrtümliche Auffassung, daß Stoffe, die eine hohe Toxizität aufweisen (was bei Selen der Fall ist) nicht gleichzeitig lebenserhaltende Funktionen ausüben können, hat die Selenforschung nachhaltig behindert.

1.4. Natürliche Radioaktivität in Quell- und Grundwässern (H. FRIEDMANN)

1.4.1. Einleitung

Die in der Natur vorkommenden radioaktiven Nuklide (es sind etwa 75 verschiedene Arten) kann man aufgrund ihrer Entstehung in zwei Gruppen einteilen.

Die erste Gruppe umfaßt alle jene Isotope, die während der Entstehung des Universums bzw. unmittelbar danach vor allem durch Kernumwandlungen über Neutroneneinfang (r- und s-Prozesse) und darauffolgende β-Zerfälle gebildet wurden (primordiale Nuklide). Alle solcherart erzeugten Isotope können auch heute noch in der Natur nachgewiesen werden, sofern ihre Halbwertszeit vergleichbar mit der Zeitspanne seit Entstehung des Universums ist. Die wichtigsten Vertreter dieser Gruppe sind ^{238}U ($T_{1/2} = 4{,}5 \times 10^9$ Jahre), ^{235}U ($T_{1/2} = 7{,}0 \times 10^8$ Jahre), ^{232}Th ($T_{1/2} = 1{,}4 \times 10^{10}$ Jahre) und im weiteren Sinn auch ^{40}K ($T_{1/2} = 1{,}3 \times 10^9$ Jahre). Weiters sollte man noch alle jene Isotope zu dieser Gruppe „alter" Radionuklide zählen, die durch radioaktiven Zerfall aus den primär gebildeten Isotopen entstanden sind. Dies sind vor allem Isotope von Thorium, Protactinium, Actinium, Radium, Radon, Polonium, Wismut, Thallium und Blei.

Die zweite Gruppe von natürlich vorkommenden Radionukliden sind jene, die ständig durch Kernreaktionen vor allem in den höheren Schichten der Atmosphäre nachgebildet werden. Beim Auftreffen der Höhenstrahlung auf die Atmosphäre kommt es zu Spallationsprozessen, wobei Neutronen erzeugt werden. Diese Neutronen verursachen Kernreaktionen, die zur Umwandlung von gewissen stabilen Isotopen zu Radionukliden führen. So entsteht u.a. aus dem stabilen Stickstoffisotop ^{14}N über die Reaktion $^{14}N(n, p)^{14}C$ der sogenannte Radiokohlenstoff. Solche durch kontinuierliche Nachbildung erzeugten Radionuklide können zur Bestimmung des Alters von (Wasser-) Proben benützt werden. Die wichtigsten Vertreter dieser Gruppe sind Tritium ^3H ($T_{1/2} = 12{,}3$ Jahre) und Radiokohlenstoff ^{14}C ($T_{1/2} = 5.740$ Jahre). Diese Umweltisotope (engl. environmental isotopes) sind wichtige Faktoren bei der Untersuchung des Wasserkreislaufes.

1.4.2. Primordiale Radionuklide

Da Uran, Thorium und Kalium in fast allen Gesteinen zumindest in Spuren vorhanden sind, kann erwartet werden, daß auch im Grundwasser und in allen Quellen diese Elemente nachweisbar sind. Zusätzlich werden aber auch alle aus diesen Muttersubstanzen durch radioaktiven Zerfall entstandenen Tochterisotope (^{235}U, ^{238}U und ^{232}Th sind die Muttersubstanzen der sogenannten natürlichen Zerfallsreihen – siehe Tab. 1.4./1–1.4./3) mehr oder weniger in dem Wasser des entsprechenden Aquifers auftreten. Die an der Erdoberfläche beobachtbaren Konzentrationen dieser Radionuklide im Quellwasser hängen von vielen Parametern ab, so daß aus der Bestimmung dieser Konzentrationen Schlüsse auf geologische bzw. hydrologische Zusammenhänge gezogen werden können. Aufgrund der komplexen Zusammenhänge besteht jedoch stets die Gefahr von Mißdeutungen. Das Wissen über die Radioaktivität in Quellen und Grundwässern ist auch vom Aspekt der Gefährdung des Menschen durch radioaktive Strahlung von Bedeutung. Dies einerseits im Hinblick auf Ingestion radioaktiver Substanzen durch Trinken, andererseits durch Inhalation von Radon, einem radioaktiven Edelgas, das bei der Zerstäubung oder beim Verwirbeln des Wassers, etwa beim Duschen oder in Quellstuben, freigesetzt wird. Die besondere Gefährdung durch die Inkorporation von Radionukliden aus den natürlichen Zerfallsreihen ist darauf zurückzuführen, daß in diesen Zerfallsreihen α-Strahler auftreten, und α-Strahlern die höchsten Radiotoxizitäten zuzuschreiben sind.

Bei der Bestimmung der Radioaktivität von Wasserproben beschränkt man sich i.a. auf die Bestimmung von Uran, Thorium, Radium und Radon. Diese Elemente bzw. deren Isotope charakterisieren im wesentlichen das Wasser im Hinblick auf die natürlichen Zerfallsreihen. Die direkte Bestimmung von ^{40}K in Wasserproben wird nur vereinzelt durchgeführt, da zumeist keine wesentliche Abweichung von der üblichen Isotopenhäufigkeit zu erwarten ist. Obwohl eine gammaspektrometrische Messung der ^{40}K-Konzentration leicht durchführbar ist, wird meist wegen der höheren Genauigkeit die chemische Bestimmung des Kaliumgehaltes der Probe herangezogen, um den ^{40}K-Gehalt aufgrund der bekannten Isotopenhäufigkeit von 0,012% zu berechnen.

Es sind daher die in den natürlichen Zerfallsreihen vorkommenden Isotope, die bezüglich geologischer, geophysikalischer und hydrologischer Fragestellung die größere Bedeutung aufweisen. Für die Konzentration

Tab. 1.4./1: Die Uran-Radium-Reihe.

URAN-RADIUM-REIHE										^{234}Th 24.1d ↘	← α	^{238}U 4.5 E 9 a
											^{234}Pa 1.2 m & ↘	
		^{214}Pb 26,8 m ↘	← α 99,98%	^{218}Po 3,05 m ↘	← α	^{222}Rn 3,8 d	← α	^{226}Ra 1.600 a	← α	^{230}Th 8 E 4 a	← α	^{234}U 2,5 E 5 a
	^{210}Tl 1,3 m ↘	← α 0,4%	^{214}Bi 19,8 m ↘	← α	^{218}At 2 s							
^{206}Hg 8,1 m ↘	← α 75E−8%	^{210}Pb 22 a ↘	← α	^{214}Po 0,16 ms								
	^{206}Tl 4,3 m ↘	← α 5E−5%	^{210}Bi 5,0 d ↘									
		^{206}Pb stabil	← α	^{210}Po 138,4 d								

Tab. 1.4./2: Die Thorium-Reihe.

THORIUM-REIHE								^{228}Ra 5,7 a ↘		^{232}Th 14 E 9 a		
									^{228}Ac 6,13 h ↘			
		^{212}Pb 10,6 h ↘	← α	^{216}Po 0,15 s	← α	^{220}Rn 55,6 s	← α	^{224}Ra 3,64 d	← α	^{228}Th 1,9 a		
	^{208}Tl 3,1 m ↘	← α 36,2%	^{212}Bi 60,6 m ↘									
		^{208}Pb stabil	← α	^{212}Po 3 E−7 s								

Tab. 1.4./3: Die Actinium-Reihe.

ACTINIUM-REIHE										^{231}Th 25,6 h ↘	← α	^{235}U 7 E 8 a
			^{215}Bi 7,4 m ↘	← α 97%	^{219}At 0,9 m ↘	← α 4 E−3%	^{223}Fr 22 m ↘	← α 1,2%	^{227}Ac 22 a ↘	← α	^{231}Pa 3,3 E 4 a	
		^{211}Pb 36,1 m ↘	← α >99,9%	^{215}Po 1,8 ms ↘	← α	^{219}Rn 3,9 s	← α	^{223}Ra 11,4 d	← α	^{227}Th 18,7 d		
	^{207}Tl 4,6 m ↘	← α 99,88%	^{211}Bi 2,15 m ↘	α	^{215}At 0,1 ms							
		^{207}Pb stabil	← α	^{211}Po 0,52 s								

der verschiedenen Isotope ist die ursprüngliche Konzentration der Muttersubstanzen in den durchströmten Schichten, die Zerklüftung, die chemische Zusammensetzung dieser Schichten, die chemischen Inhaltsstoffe des Wassers, Druck, Temperatur und eventuell Spannungsänderungen im Gestein sowie meteorologische Einflüsse verantwortlich. Alle diese Parameter können auf die verschiedenen Isotope aufgrund deren unterschiedlichen chemischen und physikalischen Eigenschaften in vielfältiger Weise wirken. Sieht man von Uranerzlagerstätten ab, so findet man in den Gesteinen im Mittel eine Urankonzentration von einigen 10^{-6} g/g, wobei i.a. Eruptivgesteine höhere Urangehalte aufweisen als Sedimentgesteine. Uran kann im Gestein eher gleichmäßig verteilt oder an gewisse Konzentrationsgebiete gebunden auftreten. Die Art der Verteilung ist abhängig von dem Säuregrad bzw. der Basizität des Gesteins. Dringt Wasser in das Gestein ein, kann Uran relativ leicht gelöst und entlang von Rissen weitertransportiert werden. Ein Teil des gelösten Urans wird aufgrund geänderter Druck- und Temperaturbedingungen oder wechselnder Gesteinsfolgen wieder an anderer Stelle deponiert werden. Dabei spielen auch Änderungen der Redoxbedingungen eine große Rolle. An der Erdoberfläche kann somit nur jener Anteil des Urans gemessen werden, der in Lösung verbleibt oder mit kleinen Schwemmteilchen im Wasser mitgeführt wird. In gleicher Weise können auch Thorium bzw. alle Folgeprodukte, mit Ausnahme des Radons, gelöst, transportiert und wieder abgeschieden werden. Von Wichtigkeit sind vor allem die langlebigen Nuklide und ihre stabilen Endprodukte, im speziellen ^{234}U, ^{226}Ra, ^{210}Pb, ^{206}Pb in der Uran-Radium-Reihe, ^{231}Pa, ^{207}Pb in der Actinium-Reihe und ^{228}Ra, ^{208}Pb in der Thorium-Reihe. Unter bestimmten Umständen, nämlich für den Fall, daß durch den Chemismus des Wassers und des Gesteins bedingt, selektiv einzelne Elemente dislociert werden, können die verschiedenen Halbwertszeiten zu Datierungen von Ereignissen, die zu wesentlichen Änderungen in der Hydrologie der betrachteten Quellsysteme geführt haben, herangezogen werden. Ebenso kann man die Konzentrationen der Endprodukte (Bleiisotope) bzw. deren Konzentrationsverhältnisse zu anderen Isotopen zu Datierungen verwenden.

Das in allen Zerfallsreihen vorkommende Element **Radon** muß gesondert betrachtet werden, da es ein radioaktives Edelgas ist und in der Natur keinerlei chemische Bindung eingeht. Es sind daher primär physikalische Vorgänge, die für die Konzentration von Radon im Wasser verantwortlich sind, das sind vor allem Löslichkeit und Diffusion als Funktion von Druck und Temperatur. In einigen Fällen ist aber auch das chemische Verhalten von Radium, dem in den natürlichen Zerfallsreihen unmittelbar vor dem Radon auftretenden Element, für anomale Radonkonzentrationen in Wässern verantwortlich. Da einerseits durch die Geologie bedingt, in Österreich die Uran-Radium-Reihe von größerer Bedeutung ist als die beiden anderen natürlichen Zerfallsreihen, andererseits die Halbwertszeit des Radonisotops aus der Uran-Radium-Reihe (^{222}Rn) mit 3,8 Tagen bedeutend länger und daher für viele Fragestellungen geeigneter ist als die relativ kurzen Halbwertszeiten von ^{220}Rn ($T_{1/2} = 55{,}6$ s, Thorium-Reihe) und ^{219}Rn ($T_{1/2} = 3{,}9$ s, Actinium-Reihe), sollen im folgenden nur einige interessante Phänomene betreffend die Konzentrationen der Radium- und Radonisotope aus der Uran-Radium-Reihe diskutiert werden.

Beschränkt man sich auf Quellen, die nicht unmittelbar durch Niederschläge beeinflußt werden, so liegt in Österreich im Mittel die Konzentration von ^{226}Ra etwa im Bereich zwischen 0,2 und 1 pCi/l (0,008–0,037 Bq/l, siehe Fig. 1.4./1 und 1.4./2). Die Radonkonzentrationen betragen hingegen im Mittel etwa das Tausendfache. Man erkennt daraus, daß die Hauptquelle des im Wasser mitgeführten Radons das im Gestein verbleibende und nicht das im Wasser gelöste Radium ist. Es ist daher zu erwarten, daß mit zunehmender Schüttung einer Quelle (z.B. jahreszeitlich bedingt), eine Abnahme der Radonkonzentration einhergeht. Dies ist auch zumeist der Fall, jedoch konnte in manchen Quellen der gegenteilige Effekt beobachtet werden. Beispiele für letzteres Verhalten sind viele Quellen im Mühlviertel. Diese Quellen zeichnen sich zum Teil durch sehr hohe Radonkonzentrationen aus (Größenordnung 10 nCi/l = 370 Bq/l). Ursache dieser

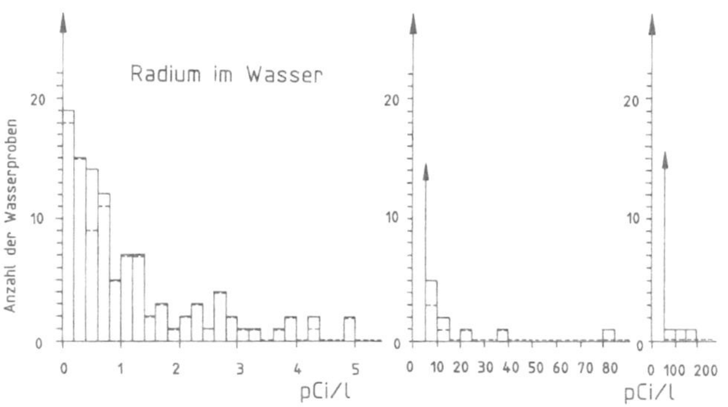

Fig. 1.4./1: Radiumgehalte in österreichischen Quellen: Eine repräsentative Auswahl. Die Radiumverteilung von Trinkwasserquellen ist strichliert eingezeichnet.

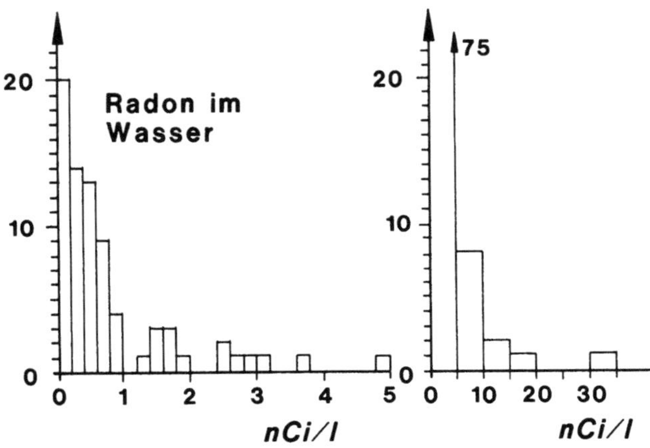

Fig. 1.4./2: Radongehalte in österreichischen Quellen: Eine repräsentative Auswahl.

hohen Radonkonzentrationen sind im wesentlichen die radiumhältigen oberen, stark verwitterten Granitgesteine. Das Regenwasser durchläuft diese stark zerklüftete Zone und nimmt aufgrund der relativ großen Wasser-Gestein-Grenzschicht verhältnismäßig viel Radon auf. Sodann sammelt sich das Wasser in einer nur wenig tiefer liegenden, gering verwitterten Schicht bzw. fließt durch diese Schicht zur Quellöffnung. In der Zeitspanne zwischen Aufnahme des Radons und Quellaustritts zerfällt aufgrund der Halbwertszeit von etwa 3,8 Tagen ein erheblicher Teil des im Quellwasser gelösten Radons. Kommt es nun durch Niederschläge zu einer Hebung des Wasserstandes, so kann der Pegelstand bis in den Bereich der Verwitterungszone reichen und das Wasser von dort direkt zur Quellöffnung gelangen und eine signifikante Zunahme der Radonkonzentration bewirken.

Hohe Radonkonzentrationen in Quellen sind aber nicht nur in Gebieten stark verwitterter Schichten mit hohem Urangehalt zu finden. Die hohen Radonkonzentrationen der Gasteiner Quellen beruhen auf einem anderen Mechanismus. Relativ heißes Wasser mit erhöhtem Urangehalt wird aus der Tiefe emporgeführt. In den oberen Schichten kommt es zu einer Entspannung des Wassers sowie teilweise zu einer Reduktion der Temperatur durch vadoses Wasser. Dies führt dazu, daß ein Teil der gelösten Substanzen ausfällt und in den wasserführenden Schichten mineralbildend akkumuliert (Reissacherit). Diese Ablagerungen wirken als Radiumspeicher und sind die Hauptquelle des Radons, das durch das vorbeifließende Wasser an die Oberfläche gelangt.

Abweichend von den oben beschriebenen Phänomenen können noch andere Ursachen zu hohen Radonkonzentrationen in Quellen führen. So existieren unmittelbar am Fuße des **Pauliberges** (Burgenland) kalte Quellen mit sehr hohen Radonkonzentrationen. Man muß diese Konzentrationen den vulkanischen Schichten des Pauliberges zuschreiben, da die Radonkonzentration anderer nahe gelegener, aber nicht unmittelbar am Pauliberg entspringender Quellen etwa um zwei Größenordnungen geringer ist.

Extrem geringe Radonkonzentrationen sind zumeist in Quellen zu finden, bei denen das Wasser nur relativ kurz im Boden gespeichert wurde. Im Tunnel- bzw. Stollenbau findet man oft mehrere, nahe nebeneinander liegende Wasseraustritte. Um zu unterscheiden welcher Genese das Wasser ist, genügt es in vielen Fällen, die Radonkonzentration vor Ort zu messen. Zumeist liegen die Radonkonzentrationen der Tiefenwässer deutlich (meist > 0,3 nCi/l = 11,1 Bq/l) über jenen der unmittelbar durch Niederschläge gespeisten Quellen.

Geringe Radonkonzentrationen werden naturgemäß auch dann beobachtet, wenn das primär im Wasser enthaltene Radon durch verschiedene Umstände aus dem Wasser entfernt wurde. Eine dieser Möglichkeiten ist eine hohe Gasführung der Quelle, eventuell gepaart mit hohen Wassertemperaturen. Wird Gas (Luft, Kohlensäure etc.) durch das Quellwasser gewirbelt, so kommt es zu einer Verteilung von Radon zwischen der flüssigen und der gasförmigen Phase gemäß dem (temperaturabhängigen) Verteilungskoeffizienten. Bei den in den gasführenden Quellen anzutreffenden Verhältnissen tritt zumeist eine wesentliche Abreicherung der Radonkonzentration im Wasser zugunsten der Gasphase auf. Kommt es beim Aufstieg des Wassers zum Quellmund zu einer Separation von Gas und Wasser, so wird der Radongehalt des bei der Quelle ausfließenden Wassers deutlich vermindert sein. Solche oder ähnliche Effekte dürften die Ursache für den im Verhältnis zum Radiumgehalt erstaunlich geringen Radongehalt einiger in der Südsteiermark erbohrter Wässer sein.

Schwankungen des Radongehaltes von Quellen können manchmal mit großen Amplituden beobachtet werden. Zumeist sind diese Schwankungen auf meteorologische Einflüsse bzw. Pegelstandsänderungen im Grundwasser zurückzuführen. In einigen Fällen dürften jedoch tektonische Spannungsänderungen für die festgestellten Radonkonzentrationsschwankungen verantwortlich sein. Diese Effekte sind für Erdbebenprognosen von Wichtigkeit.

Wie zuvor erwähnt, sind die **Radiumkonzentrationen** in österreichischen Quellen zumeist nicht allzu hoch. Die nach der Österreichischen Strahlenschutzverordnung (47. Verordnung vom 18. Feb. 1972, SSVO) höchstzulässige Konzentration von ^{226}Ra in Trinkwasser beträgt 3,3 pCi/l und wird, soweit dies nachgeprüft wurde, nirgends überschritten. Nichtsdestoweniger gibt es in Österreich Quellen mit Radiumkonzentrationen, die bis zu zwei Größenordnungen über den durchschnittlichen Werten liegen. Abgesehen von Quellen in Gebieten von Uranlagerstätten sind dies zumeist Bohrungen, die Thermalwasser aus Tiefen von über 200 m aus ehemalig vulkanischem Gebiet fördern. Findet man in anderen Quellen hohe Radiumgehalte, ist es meist nicht das im Wasser gelöste Radium als vielmehr das an mitgeführte Feststoffe gebundene Radium, welches die hohen Meßwerte verursacht. In solchen Fällen kann eine einfache Filtration Abhilfe schaffen. Liegt jedoch Radium tatsächlich in gelöster Form in hoher Konzentration vor und bedarf man einer Radiumkonzentration, die den Grenzwert gemäß der SSVO erfüllt, so kann dies durch spezielle Filtrierverfahren erreicht werden. Erfahrungen mit derartigen Anlagen bestehen in Österreich.

Im Bereich der „normalen" Radiumkonzentrationen, d.h. unter etwa 4 pCi/l (= 0,148 Bq/l) ist manchmal die Möglichkeit gegeben zu entscheiden, welche Gesteinsformationen für die Quelle relevant sind, etwa ob der Einzugsbereich der Quelle eher einer Kalk- oder einer Kristallinformation zuzuordnen ist. Zumeist genügt eine Radonmessung zur Beantwortung dieser oder ähnlicher Fragen, jedoch können Radiummessungen oft zusätzliche Informationen liefern.

1.4.3. Durch Höhenstrahlung nachgebildete Radionuklide

In den höheren Schichten der Erdatmosphäre werden durch die Höhenstrahlung Kernreaktionen vor allem an Stickstoff, Sauerstoff, Kohlenstoff und Argon ausgelöst, die zu einer Reihe von Radionukliden unterschiedlicher Halbwertszeit führen. Für den hier angesprochenen Problemkreis sind erst Halbwertszeiten von der Größenordnung von Jahren interessant. Verwendet man für ^{3}H- und ^{14}C-Konzentrationsbestimmungen noch vorwiegend Meßverfahren, welche die Aktivität der Proben feststellen, müssen andere Radionuklide bereits mit der sehr aufwendigen Beschleunigermassenspektrometrie (AMS = accelerator mass spectrometry) nachgewiesen werden. Kennt man die Konzentrationen dieser Nuklide zum Zeitpunkt des Eindringens des Wassers in den Boden und bestimmt die Konzentration beim Quellaustritt, so kann aus der bekannten Halbwertszeit der Zeitraum des Verweilens des Wassers im Boden bestimmt werden. Neben den zeitlichen Schwankungen der Radionuklide beim Eintritt in den Boden müssen auch geochemische Vorgänge im Untergrund bei der Interpretation der Meßwerte berücksichtigt werden.

1.4.4. Zusammenfassung

Die Bestimmung der Radioaktivität von Quell- und Grundwasserproben erfolgt aufgrund unterschiedlicher Fragestellungen. So kann einerseits durch eine zeitgerechte Messung der Radionuklidkonzentration im Wasser eine mögliche Gefährdung des Menschen, z.B. durch Inkorporation über das Trinkwasser hintangehalten werden, andererseits sind es vor allem geologische, hydrologische und geophysikalische Probleme, die eine Radioaktivitätsbestimmung sinnvoll erscheinen lassen. Aus solchen Messungen können verschiedene Informationen über Gesteinsformationen erhalten werden, geologische und hydrologische Zusammenhänge besser interpretiert werden, Altersbestimmungen und Prospektionen durchgeführt werden, ja sogar die direkte Beobachtung von Spannungszuständen in der Erdkruste erscheint manchmal über die Messung der Radioaktivität möglich zu sein. In vielen Wissenschaftssparten werden aus diesem Grund Radioaktivitätsmessungen von Quell- und Grundwasserproben erfolgreich eingesetzt, da sie für viele Problemstellungen die adäquate Methode zur Lösung sind.

1.5. Isotopenhydrologie und gelöste Gase in den Heilwässern Österreichs (J. Zötl)

1.5.1. Allgemeines

Die Isotopenhydrologie ist eine junge Wissenschaft, die in den älteren Ausgaben des Österreichischen Bäderbuches noch nicht berücksichtigt werden konnte. Im 1985 erschienenen „Handbuch der natürlichen Heilmittel Österreichs" werden die für die Hydrogeologie wichtigsten Isotope entweder nicht oder nur am Rande behandelt.

Den hydrologisch bedeutsamen Isotopen werden im weiteren Rahmen auch jene der Edelgase zugeordnet. Die geläufigsten Umweltisotope sind jedoch die Wasserstoff- und Sauerstoffisotope, deren Messung mittlerweile auch zur Routine und preislich erschwinglich geworden ist. Auch die Messung der Kohlenstoffisotope ist heute an sich problemlos aber relativ teuer, und die Deutung der Meßergebnisse betreffend das „Alter" des Wassers nicht so einfach wie die Altersbestimmung organischer Substanzen. Die Messung der Isotope der im Wasser enthaltenen Edelgase ist nach wie vor schwierig und kostspielig und wird zum Teil in ganz Mitteleuropa nur von wenigen Labors durchgeführt. Auch die Probennahme ist kompliziert.

1.5.2. Die Umweltisotope Tritium, Deuterium und Oxygen-18

Das **überschwere Radioisotop ^{3}H (Tritium)** entsteht durch energiereiche Nukleonen der kosmischen Strahlung in den obersten Zonen der Stratosphäre. Die Tritiumkonzentration wird in Tritiumeinheiten (TU = Tritium Unit) angegeben. Eine TU entspricht dem Verhältnis von 10^{18} leichten Wasserstoffatomen (^{1}H) zu einem überschweren (^{3}H). Im atmosphärischen Wasser liegt das Tritium in der Molekülform HTO vor. Der natürliche Tritiumgehalt der Niederschläge lag vor den Atombombentests bei 4–6 TU.

Durch die H-Bombentests gelangten große Mengen von radioaktivem Wasserstoff und radioaktivem Kohlenstoff in die Atmosphäre und erhöhten den HTO-Gehalt in den Niederschlägen. Die höchsten Werte wurden in der nördlichen Hemisphäre nach der Wasserstoffbombenzündung in Sibirien (1961) gemessen, 1963 in Ottawa (eine der ersten kontinuierlich arbeitenden Meßstellen) über 5.000 TU (Fig. 1.5./1). Im Zyklus Sommermaxima – Winterminima erreichte das Sommermaximum 1963 auch in Wien 5.500 TU. Mit dem Regenwasser gelangt das Tritium in den Oberflächenabfluß und auf dem Sickerweg in das Wasser im Untergrund. Besonders in den sechziger Jahren war trotz der relativ kurzen Halbwertszeit von 12,3 Jahren der Tritiumgehalt des unterirdischen Wassers eine „ideale“ Meßgröße für die Feststellung der Verweildauer bzw. das Mischungsverhältnis „alter“ und „junger“ Wässer. Ein Wasser ohne meßbaren Tritiumgehalt muß aufgrund der Halbwertszeit schon vor mehr als 50 Jahren versickert sein.

Ein gutes Beispiel für die praktische Nutzung dieser Meßwerte ist die Berechnung von Kaltwasseranteilen bei Thermalquellen. Während die Mischungsverhältnisse bei den Thermalquellen von Badgastein bei den Quellen mit geringem Kaltwasseranteil ziemlich konstant blieben, schwankten die Tritiumwerte bei den Quellen mit hohem Kaltwasseranteil beträchtlich und

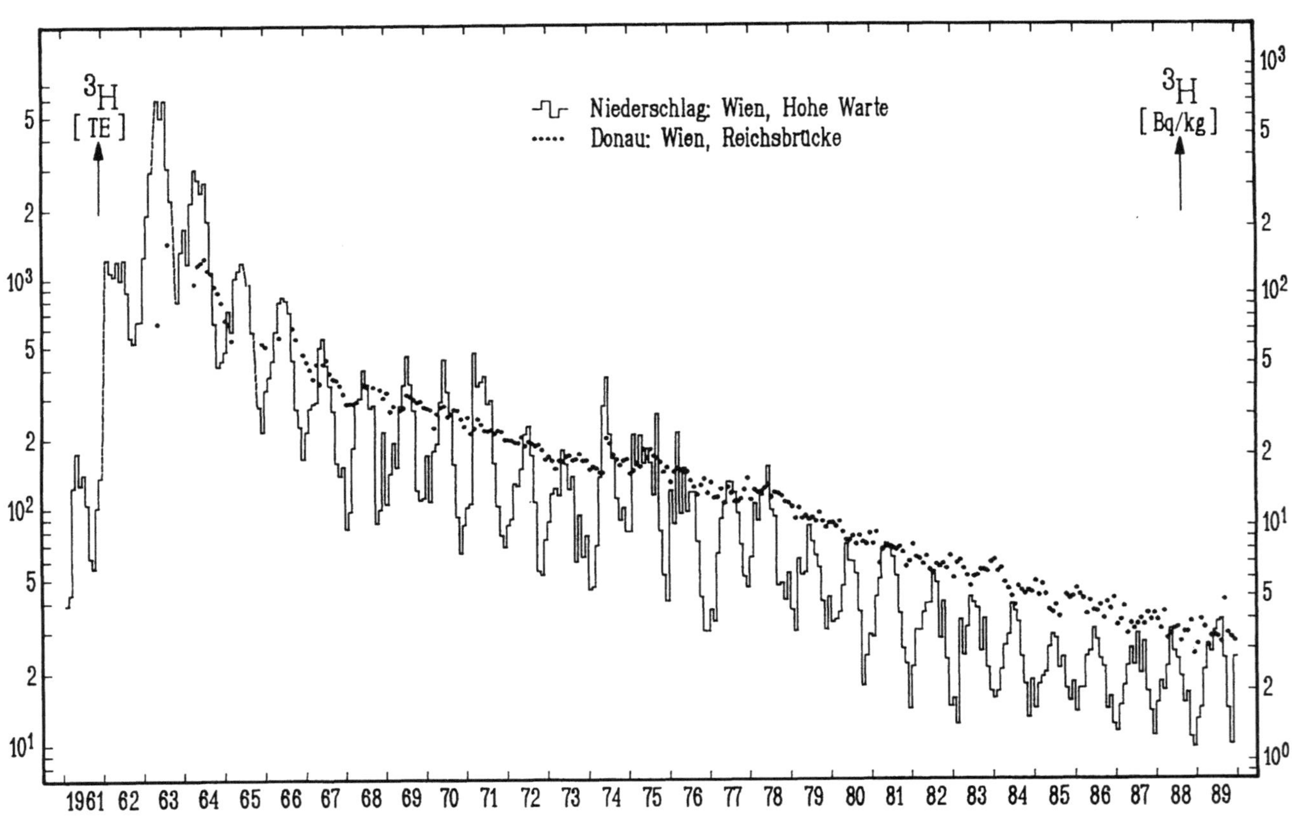

Fig. 1.5./1: Langfristiger Verlauf der ^{3}H-Konzentration im Niederschlag und im Oberflächenwasser (nach D. RANK et al., 1988).

erreichten bis 210 TU (C. JOB & J. ZÖTL, 1969). In den Thermalquellen von Baden bei Wien, Mannersdorf und Bad Fischau lagen die Werte einer längeren Beobachtungszeit (1965–66) zwischen 4 und 12 TU, stiegen aber nach einer Periode ungewöhnlich starker Niederschläge im Juli und August 1965 vorübergehend auf 40–60 TU an (G.H. DAVIS et al., 1967). Da in beiden Gebieten das eigentliche Thermalwasser aufgrund des ^{14}C-Alters von ca. 3.600–3.800 bzw. ca. 6.500 Jahren kein Tritium enthalten kann, konnte der jeweilige Prozentsatz beigemengten Kaltwassers errechnet werden.

Mittlerweile ist der Tritiumgehalt der meteorischen Wässer zwar geringer geworden (Österreich Jahresmittel 1987 – mit der Höhenlage und von E nach W zunehmend 15,5–70,1 TU, Mai 20,5–129 TU), so bleibt er für die Thermalquellen noch immer ein sicheres Indiz für eine Beimengung junger meteorischer Wässer (vgl. auch die Thermalquellen von Tobelbad).

Das **stabile schwere Wasserstoffatom Deuterium** (^{2}H, D) und das **stabile schwere Sauerstoffatom Oxygen-18** (^{18}O) im Niederschlag werden als Werte der relativen ‰-Abweichung vom Meerwasserstandard (SMOW) gemessen (H. MOSER, 1989).

Der D- und ^{18}O-Gehalt der Niederschlagswässer nimmt sowohl mit der Entfernung von den Ozeanen (Kontinentaleffekt) als auch mit der Höhenlage (Höheneffekt) ab. Da mit der Höhe auch die mittlere Lufttemperatur abnimmt und der Höheneffekt zum größten Teil auf einen Temperatureffekt beruht, wird er bei Paläowässern auch ein Klimaindikator. Die Ursache ist eine Isotopenfraktionierung bei Verdunstungs- und Kondensationsprozessen. Der Höheneffekt bei den Kaltwasserquellen des Gasteiner Raumes äußerte sich bei 1967 durchgeführten Messungen in einer Abnahme des D-Gehaltes um ca. 2‰/100 m Höhenzunahme des Einzugsgebietes (U. ZIMMERMANN & J. ZÖTL, 1971). Unter der Voraussetzung, daß dieser Gradient auch für gespeicherte Wässer gilt, konnte nach dem D-Gehalt von −93 δ‰ des reinen Thermalwassers die mittlere Höhe des Einzugsgebietes der Thermalwässer mit 1.760 m berechnet werden.

1.5.3. Das Radioisotop Carbon-14

Das Radioisotop ^{14}C entsteht wie das Tritium in der Stratosphäre, und zwar aus dem Stickstoff der Luft durch kosmische Neutronenstrahlung und in jüngster Zeit durch den Neutronenausstoß der Atombomben. Carbon-14 verbindet sich mit dem Sauerstoff der Luft zu $^{14}CO_2$. Als Bezugswert für die Messungen dient das atmosphärische $^{14}C/^{12}C$-Verhältnis im Jahre 1950 ("100% modern"). Die Berechnung der Verweildauer des Wassers störenden Faktoren sind u.a. der Austausch des Radiokohlenstoffes mit den Bodenkarbonaten, das Verhältnis der stabilen Kohlenstoffisotope ^{12}C und ^{13}C beeinflussende biologische Vorgänge auf der Erdoberfläche, das Eindringen von radiocarbonfreiem Kohlendioxid aus magmatischen Herden u.a. Die Störungen lassen sich zumindest teilweise durch einen Korrekturfaktor eliminieren, dem das Verhältnis der stabilen Isotope $^{13}C/^{12}C$ zugrunde liegt. Die Ausschaltung der zu hohen ^{14}C-Werte als Folge der thermonuklearen ^{14}C-Zufuhr geht von den Berechnungen der unterirdischen Laufzeit des Wassers vom Radiokohlenstoff natürlichen Ursprungs der pränuklearen Zeit (bis 1950) aus.

Im Wasser, das bis dahin versickerte und den Kontakt mit dem atmosphärischen ^{14}C verlor, nimmt der ^{14}C-Gehalt durch den radioaktiven Zerfall mit der Halbwertszeit von 5.730 Jahren ab. Dies erlaubt unter Korrektur der gegebenen Fehlerquellen die Zeit zu bestimmen, die vom Eintritt des Niederschlagswassers in den Untergrund bis zu seinem Wiederaustritt als Quelle verstrichen ist (vgl. C. JOB & J. ZÖTL, 1969, und C. JOB, 1970, mit Literaturangaben).

Beispiele für die Altersbestimmung von Thermalwässern liegen in Österreich u.a. von Badgastein, Baden bei Wien, der Herrgottwiesquelle in Graz-Puntigam, der Akratotherme von Tobelbad und aus dem Wiener Becken vor.

Eine Ergänzung könnten die Tritium- und Carbon-14-Altersbestimmungen in Zukunft durch **Chlor-36**-Messungen erfahren, doch fehlen für dieses Element noch grundlegende Erkenntnisse.

Uran und Thorium beeinflussen mittelbar die Anwendung des Edelgases Argon-39 für die Altersbestimmung des Wassers.

1.5.4. Die Edelgase (St. WEISE)

Zur Charakterisierung von Grundwässern verschiedenster Genese und unterschiedlichsten Alters gewinnen Untersuchungen von Edelgasen und ihrer Isotope im Zuge verfeinerter Meßmethoden zunehmend an Bedeutung. Die **Gehalte an den Edelgasen Neon, Argon, Krypton und Xenon** beispielsweise können zur Abschätzung der klimatischen Verhältnisse herangezogen werden, die während der Neubildung der Grundwässer herrschten (E. MAZOR, 1972). Grundlage dafür ist, daß die Löslichkeit der atmosphärischen Edelgase, die im allgemeinen den Edelgasgehalt im Grundwasser dominieren, im Wasser von der Temperatur und dem Luftdruck abhängt. Generell können diese Edelgase als Indikator für die atmosphärische Komponente am Gasgehalt eines Grundwassers dienen. So wurden über Neonmessungen hohe Gehalte atmosphärischer Gase in Grundwässern nachgewiesen, die sich durch starke Druckspiegelschwankungen auszeichnen (M. Rudolph, 1981, St. Weise, 1988).

Krypton-85, dessen Gehalt in den Niederschlägen durch die steigende Zahl von Atomreaktoren bedingt ist (H. Moser, 1989), kommt mit seiner Halbwertszeit von 10,8 Jahren jener des Tritiums nahe und kann einer Kontrolle bzw. Präzisierung der Altersbestimmung in diesem Zeitrahmen dienen.

Krypton-81 weist mit $2{,}1 \times 10^5$ Jahren eine zu Chlor-36 vergleichbar große Halbwertszeit auf, ist dabei jedoch im Gegensatz zu Chlor-36 chemisch inert. Es erfordert allerdings eine extrem aufwendige Meßtechnik, weswegen erst seit kurzem das überhaupt erste Krypton-81-Meßergebnis für eine Grundwasserprobe vorliegt.

Argon-39 entsteht durch kosmische Strahlung in der Atmosphäre. Seine Halbwertszeit von 269 Jahren, seine Reaktionsträgheit als Edelgas und die Konstanz seines atmosphärischen Gleichgewichtsgehaltes wären an sich ideal, um die Lücke der Zeitbestimmung zwischen Tritium (und Krypton-85) und Carbon-14 zu schließen. In manchen Grundwasserleitern ist die Produktion von Argon-39, die dort zusätzlich im Gestein über dessen Gehalt an Uranium, Thorium und Kalium abläuft, deutlich nachweisbar und kann die atmosphärische Signatur verfälschen (H.H. Loosli, 1983, M. Forster et al., 1984). Insbesondere die komplizierte Meßtechnik jedoch verhinderte bisher eine breite Anwendung dieser Isotopenmethode.

Besondere hydrogeologische Bedeutung kommt der Messung des **Heliums** zu. Das Verhältnis der einzigen beiden natürlich vorkommenden, stabilen Isotope Helium-3 (^{3}He) und Helium-4 (^{4}He) unterscheidet sich um Größenordnungen, je nach dem ob das Helium durch atmosphärische, Erdkrusten- oder Erdmantel-Einflüsse (atmosphärisches, radiogenes bzw. magmatisches Helium) dominiert wird. Magmatisches Helium (^{3}He/^{4}He $\geq 1 \times 10^{-5}$) tritt zumeist in Verbindung mit geologischen Störungszonen wie z.B. den Rändern der Kontinentalplatten auf, konnte jedoch auch im Ungarischen und Wiener Becken nachgewiesen werden (J. Deak et al., 1987, St. Weise, 1988). Atmosphärisches Verhältnis (^{3}He/^{4}He $= 1{,}4 \times 10^{-6}$) zeigen i.a. seichtliegende ungespannte Grundwässer. Tiefengrundwässer, meist durch eine Deckschicht artesisch gespannt und gegen atmosphärische Einflüsse abgeschirmt, weisen dagegen zumeist hohe Anteile radiogenen Heliums (und anderer stabiler Edelgasisotope wie z.B. ^{40}Ar, auf die hier nicht weiter eingegangen werden soll) auf, das wiederum auf den Uranium- und Thorium-Zerfall zurückgeht, mit sehr hohem ^{4}He-Gehalt bei kleinem ^{3}He/^{4}He-Wert ($\leq 1 \times 10^{-7}$). Ein erhöhter ^{4}He-Gehalt in relativ seichten Aquifern ist daher ein wichtiger Hinweis aufsteigender Tiefengrundwässer höheren „Alters", da der Gehalt an ^{4}He in den Tiefengrundwässern auch eine Folge der Verweildauer des Wassers im Untergrund ist.

Figur 1.5./2 nach J.N. Andrews et al. (1985) bzw. J.E. Goldbrunner (1988) zeigen die geringe Abweichung der Mischungsverhältnisse von luftgesättigtem Wasser mit Luftüberschuß und radiogenem Helium in höher gelegenen Aquiferen und die Annäherung der Verhältnisse tiefer liegender Horizonte (Oligozän, Kreide, Malm) an die Werte des kristallinen Basements.

Es ist in diesem Rahmen nicht möglich, auf die volle Bandbreite der Nutzung der Heliummessungen (z.T. in Verbindung mit der Messung anderer Edelgase wie Argon, Radon etc.) einzugehen, der Spannungsbogen

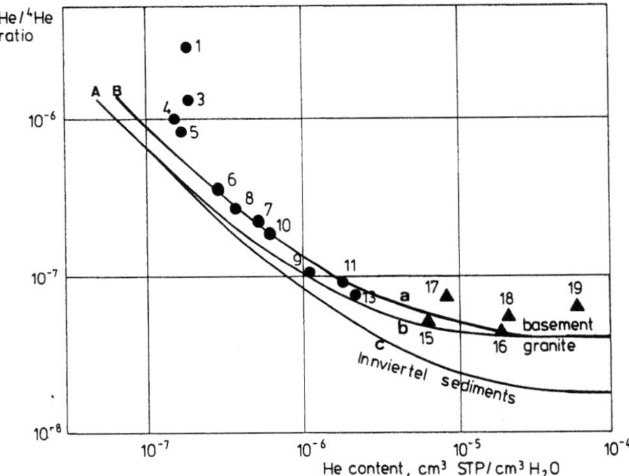

Fig. 1.5./2: Das He-3/He-4-Verhältnis der Wässer als Funktion des Heliumgehaltes für Grund- und Tiefengrundwässer der Innviertler Serie (Kreise) und Tiefengrundwässer tieferer Horizonte (Dreiecke) nach J.N. Andrews et al. (1985) und J.E. Goldbrunner (1988). Punkt „A" repräsentiert luftgesättigtes Wasser, Punkt „B" luftgesättigtes Wasser mit Luft-Überschuß; Linie „a" ist eine Mischungslinie zwischen radiogenem Helium aus dem kristallinen Basement und Infiltrationswasser mit Luft-Überschuß, Linie „b" repräsentiert die Verdünnung von radiogenem Helium aus dem kristallinen Basement mit luftgesättigtem Wasser, Linie „c" ist eine Mischungslinie zwischen radiogenem Helium aus der Innviertler Serie und luftgesättigtem Wasser.

reicht von der Lagerstättensuche mittels Helium über paläohydrogeologische Untersuchungen bis zur Altersbestimmung von Wässern. Die beiden letzteren Aspekte sind ein wichtiger Bestandteil der Bäderkunde. So wurden von J.N. ANDREWS et al. (1985) „Grundwasseraltersgruppen" für Wässer des Oberösterreichischen Molassebeckens von < 750 Jahren, 680–7.900 Jahren und 9.000–75.000 Jahren berechnet, die Fließrichtung von Tiefengrundwässern verschiedener Stockwerke bestimmt und wichtige Daten für die Kohlenwasserstoff-Lagerstätten geliefert.

1.5.5. Andere gasförmige Bestandteile der Heilwässer

Sauerstoff, Stickstoff, Kohlendioxid oder Schwefelwasserstoff sind entweder chemisch gebunden oder physikalisch gelöst bzw. mechanisch beigemengt (freier „Überschuß"). Im letzten Fall bezeichnet J. STINI (1959, siehe dort eine eingehende Behandlung der Bewegungsform) diese Quellen als „Gaswasserquellen" oder „Gemischquellen". Wesentlich ist die mit dem Aufsteigen zunehmende Abnahme des Druckes in der Wassersäule, die zur Ausdehnung des Gases (Mariotte'sches Gesetz) und die damit verbundene Abnahme der Fähigkeit des Wassers zur Lösung (Absorption) des Gases führt.

Sauerstoff fehlt in tieferliegenden Grundwässern, eine Ausnahme können rasch zirkulierende Karstwässer bilden.

Stickstoff wird vom Wasser zumeist von der Bodenluft aufgenommen. Oft aber ist der große Prozentsatz von Stickstoff (bis 90%) in der Gasphase nicht auf diese Weise zu erklären.

Wie vorsichtig die Beurteilung der gasführenden Bestandteile von Heilwässern erfolgen muß, zeigen die Ergebnisse von Analysen frei aufsteigender Quellgase bei den Heilbrunner Thermalquellen. Noch im Bäderbuch 1928 (V. CONRAD et al.) wurde die bekannte starke Gasentwicklung allein auf das Kohlendioxid bezogen. A. KOMMA (1958, siehe Literatur Kap. 3.) konnte zunächst eine Auflösung in nur 0,6 Vol.% CO_2, 8,4 Vol.% O_2 und 91,0 Vol.% N_2 + Edelgase nachweisen. A. KOMMA hat mangels entsprechender apparativer Einrichtung immer Stickstoff und Edelgase zusammengefaßt. Im Falle von Bad Mitterndorf setzt sich nach einer Untersuchung von PETER (siehe O. SCHAUBERGER, 1979) der Anteil Stickstoff + Edelgase aus 98,9775 Vol.% N_2, 0,0039 Vol.% He + Ne und 1,0186 Vol.% Ar zusammen.

Daraus ergeben sich schwerwiegende Folgerungen: Nach der früheren Auffassung von DIETRICH noch im Bäderbuch 1928 wäre die starke CO_2-Führung (nach E. KOMMA, 1958, rund 7,5 l Quellgas pro Stunde) nur durch eine Entgasung aus großer Tiefe erklärbar gewesen. Ein Anteil von nur 0,6 Vol.% Kohlendioxid an der Gesamtentgasung aber ist im Karbonatgestein durch die teilweise raschen Wasserbewegungen in großlumigen Karstwasserwegen durchaus möglich und durch zahlreiche Beispiele belegt. Auch der Sauerstoffanteil von 8,4 Vol.% bestätigt diese Auffassung. Desgleichen sprechen auch die geringen Anteile der Edelgase für eine Herkunft aus der Atmosphäre. Auch die Heliummessungen bestätigen diesen Befund (vgl. Beschreibung Bad Heilbrunn).

Auch die chemische Analyse mit den kaum nennenswerten Mengen an Spurenelementen, dem geringen Fluorgehalt, dem fehlenden freien Schwefelwasserstoff und einem Radongehalt weit unter dem Grenzwert eines Radonwassers spricht dafür, daß es sich bei der Therme von Mitterndorf ausschließlich um meteorisches Wasser handelt, das aufgrund der Wasserwegigkeit des Gesteins entlang einer Störung bis in größere Tiefe zirkuliert.

Das **Kohlendioxid** kann demnach in geringen Mengen sehr wohl aus der Bodenluft bzw. Zersetzungsvorgängen organischer Stoffe stammen. Es sind die **Kohlendioxidmengen**, die die Grenze zu den sogenannten **Säuerlingen** abzeichnen. Hier handelt es sich um postvulkanische Exhalationen bzw. Tiefenentgasungen, wie die Bindung an den tertiären Vulkanismus des Steirischen Beckens oder alpine Störungen illustriert. J. STINI (1959) erwägt zwar die Möglichkeit einer Bindung des CO_2 auch an juveniles Wasser („Urwasser"), ist sich aber doch klar, daß die Säuerlinge Österreichs vorwiegend meteorisches Kreislaufwasser sind, in die das aufsteigende Kohlendioxidgas diffundiert ist. Ein untrüglicher Beweis hiefür ist, daß im Steirischen Grabenland und am Rand des Steirischen Beckens (Kalsdorf) auch Brunnen im seichtliegenden Grundwasser CO_2 führen.

Mofetten, d.h. trockene CO_2-Aushauchungen, wie sie von den italienischen Vulkangebieten bekannt sind, sind in Österreich selten. J. STINI (1959) zitiert ein Beispiel aus dem obersteirischen Stanzertal, wo Kohlendioxid aus Gesteinsspalten in den seichten Keller eines Bauernhauses einsickert und sich dort am Boden sammelt und gelegentlich Kleintieren zum Verhängnis wird. Andere Kohlendioxidaustritte findet man im Steirischen Becken und in Kärnten. Häufiger wurden CO_2-Aushauchungen zusammen mit Säuerlingen in Ostkärnten registriert.

Schwefelwasserstoff kann ähnlich wie das CO_2 zum

Teil dem Vulkanismus nahestehen (Solfataren, das sind obertägige Schwefelwasserstoffaushauchungen). Andererseits entsteht Schwefelwasserstoff ebenso häufig durch Reduktionsvorgänge aus Sulfaten (vgl. Schwefelquellen aus dem ostalpinen Salinar und Erzlagerstätten, besonders Pyrit).

1.6. Wasser- und Erdwärme (J. ZÖTL)

Der an der Erdoberfläche wirksame Wärmespender ist die Sonne. Von der Stellung der Erdachse zur Sonne und der Erdrotation hängen die Klimazonen, die Jahreszeiten und der Lebensrhythmus von Pflanzen, Tieren und Menschen ab. Ohne Sonne kein Leben. Die Wirkung der Sonnenwärme reicht je nach Position der Oberfläche 0,5–20 m unter die Erdoberfläche (= wärmeunstete Zone).

Die geologisch wichtigste Wärmequelle liegt im Erdinnern. Sie ist ein steter Vorgang von Wärmeproduktion durch den radioaktiven Zerfall der Elemente Uran, Thorium und Kalium im Erdkern. Daneben kann auch noch bei Umwandlungs- und Kristallisationsvorgängen Wärme frei werden.

Der geophysikalisch-chemische Vorgang der Wärmebildung trägt auch zum sogenannten „Schalenbau" der Erde (Erdkern, Erdmantel und der Erdkruste) bei.

Die Möglichkeit, die Fortpflanzungsgeschwindigkeit der Erdbebenwellen zu messen, läßt die Grenzen dieser Schalen und ihre Untergliederung relativ genau berechnen. Dies ist insbesondere für die Kenntnis der sogenannten Mohorovicic-Diskontinuität (kurz „Moho"), der Grenze zwischen Kruste und Mantel von Bedeutung. Schon im oberen Mantel ist durch die hohe Temperatur das Gesteinsmaterial nicht mehr ganz fest, so daß darüberliegende Schollen der Erdkruste verschoben werden können. Solche Verschiebungen sind Vorgänge der sogenannten Plattentektonik, Wurzeln der großen Störungslinien, Zerrüttungszonen und Kluftsysteme, welche sowohl die Wasserbewegungen als auch die Wärmeströme in der Kruste beeinflussen.

Der weltweite Durchschnitt der Temperaturzunahme mit der Tiefe liegt bei 1 °C/33 m (der Reziprokwert geothermische Tiefenstufe bzw. geothermischer Gradient). Dieser Durchschnittswert tritt selten auf, weil die Mächtigkeit der Erdkruste unter den Gebirgen und alten Schildkörpern wesentlich größer ist (70–130 m/°C) als unter Geosynklinalen und Ozeanen (20–40 m/°C) oder gar den vulkanischen Gebieten (bis < 5 m/°C).

Die Wärme des dem Untergrund entsprungenen Wassers hängt von den geschilderten Umständen ab.

Um ein Wasser als **Thermalwasser** zu bezeichnen, ist in Österreich eine dauernde Wassertemperatur von mindestens 20 °C vorgeschrieben. Daß diese Grenze nur für Verhältnisse gemäßigter oder kalter Klimabereiche sinnvoll ist, ergibt sich daraus, daß normale Quellen in Oasengebieten Arabiens bereits 30 °C überschreiten. Diese Norm für Mitteleuropa kann also nur eine balneologische Regel sein. Geologisch gesehen ist Wasser, dessen Temperatur unserer geographischen Breite stetig den Wert der mittleren Jahrestemperatur der Luft überschreitet als lau zu bezeichnen und den Wässern mit erhöhter Temperatur zuzuzählen.

Im **Steirischen Becken** wurden sowohl in der tertiären Sedimentfüllung (Sandschaler Zone/Baden, Bohrung Fürstenfeld Thermal 1, bei 1.638 m Tiefe mit 75 °C = 25,2 m/°C) als auch im paläozoischen Untergrund (Bad Waltersdorf, Dolomit, 1.100 m Teufe, 61 °C = 21,6 m/°C) ebenso wie in der **Oberösterreichischen Molasse** im Malmkalk (Altheim, 2.146 m Tiefe, 104 °C = 22,4 m/°C) äußerst günstige geothermische Tiefenstufen vorgefunden und auch durch langfristige Pumpversuche (Waltersdorf ein Jahr!) bestätigt.

Schwieriger sind die Thermalwässer aus den Spalten der alpinen Festgesteine zu erklären. Es handelt sich zweifelsohne um sehr tiefreichende Spaltensysteme, in die entweder Niederschlags- oder Oberflächenwässer einsickern, in der Tiefe aufgeheizt werden und als Warmwässer wieder an einem tieferen Punkt der Vorflut austreten. In diesem Fall muß jedenfalls das Einzugsgebiet wesentlich höher liegen als die Thermalquellen. Die Thermalquellen sind zweifelsohne auch Mischwässer mit beim Aufstieg zugetretenen kühleren Wässern. Diese Gegebenheiten scheinen bei den Gasteiner Radon-Thermen vorzuliegen, weil die $\delta^{13}C$-Werte der Karbonate der untersuchten Heißwässer nahe dem Idealwert von –12,5‰ für vadose Wässer herankommen. Da das Wasser in den kleinlumigen unterirdischen Wegen nur sehr langsam vordringen bzw. hochsteigen kann, ist auch die unterirdische Verweildauer (= Alter des austretenden Thermalwassers nach den ^{14}C-Messungen von 3.600–3.800 Jahren, d.h. eine Fließgeschwindigkeit von 1–10 m/Tag) durchaus denkbar.

Möglich ist aber auch, daß Niederschlags- oder Schmelzwässer erheblichen Volumens in große Tiefen absinken und sich dort mit einem aus der Tiefe stammenden Heißwasserkörper mischen, bei dem ein Anteil juvenilen Wassers bei bis zum Mantel reichenden Störungen nicht mehr auszuschließen wäre. Die Mischung müßte sich in so großer Tiefe vollziehen, daß sich der Druck wechselnd großer Mengen vadosen

(Niederschlags-) Wassers zwar in Schüttungsschwankungen, nicht aber in Änderungen der Mischwassertemperatur auswirkt. Dabei ist der Anteil juvenilen Wassers nur eine Hypothese, die ohne weiters durch einen Zufluß entsprechend großer Heißwassermengen aus weiterer Entfernung ersetzt werden kann.

Für außergewöhnliche Ausnahmen ist Mutter Natur allemal gut. So beschreiben E.V. PINNEKER & B.M. SCHENKMANN (1991) aus dem Karst des Sajan Gebirges im NW des Baikal-Sees einen Bereich perennierender Wasseraustritte an der Luvseite des Gebirges, von denen bisher eine Alimentation durch die Lena angenommen wurde. Bei näherer Betrachtung ist diese Annahme aber nicht zu halten, weil diese Karstquellen auch im Winter ihre gleichmäßige Temperatur von ca. 2,5 °C beibehalten, über eine Zeit, wo das Flußwasser 200–220 Tage eine Temperatur von nahe 0 °C aufweist. Das Phänomen wird dadurch erklärt, daß drei Viertel des Jahresniederschlages in die Zeit zwischen Ende Juni und Anfang August fallen. Das Regenwasser hat in dieser Zeit eine Temperatur von 15–18 °C. Bei einer gegebenen Infiltration von 315 mm in den Karstwasserkörper empfängt dieser eine Wärmekapazität von $2{,}6 \times 10^{12}$ kcal, genug für die Aufrechterhaltung der Temperaturanomalie der Quellen. Eine nennenswerte Situation.

Literatur

ANDREWS, J.N., J.E. GOLDBRUNNER, W.G. DARLING, P.J. HOOKER, G.B. WILSON, M.J. YOUNGMAN, L. EICHINGER, W. RAUERT & W. STICHLER (1985): A radiochemical, hydrochemical and dissolved gas study of groundwater in the Molasse basin of Upper Austria. – Earth and Planet. Sc. Lett., **73**, 317–332, Amsterdam.

ANDREWS, J.N., J.E. GOLDBRUNNER, W.G. DARLING & M.J. YOUNGMAN (1987): The Geochemistry of Formation Waters in the Molasse basin of Upper Austria. – Environ. Geol. Water Sci., **10**, 43–57, New York.

ANKE, M., W. ARNHOLD, B. GROPPEL & U. KRAUSE (1991): The Biological Importance of Lithium. – In: SCHRAUZER, G.N. & K.-F. KLIPPEL (1991, Hrsg.).

BALCZO, H. (1949): Das Fluorvorkommen in Trink- und Thermalwässern des Gasteiner Tales und seine Bedeutung. – Ztschr. f. phys. Therapie, Bäder u. Klimaheilkunde, **2**, **136**.

CARLÉ, W. (1975): Die Mineral- und Thermalwässer von Mitteleuropa. – 643 S., 14 Abb., 1.402 Tab., 2 Ktn., Stuttgart (Wiss. Verl. Ges.m.b.H.).

CONRAD, V., K. DIEM, J. KNETT, H.H. MEYER & S. STOCKMAYER (1928): Österreichisches Bäderbuch. Offizielles Handbuch der Mineralquellen, Kurorte und Kuranstalten Österreichs. – 330 S., 1 Kte., Volksgesundheitsamt im Bundesministerium für soziale Verwaltung, Wien.

DAVIS, G.H., B.R. PAYNE, T. DINÇER, T. FLORKOWSKI & T. GATTINGER (1967): Seasonal variations in the tritium content of groundwater of the Vienna basin, Austria. – Isotopes in Hydrology, Proc. Symp., 451–473, IAEA, Wien.

DAVIS, St.N. & R.J.M. DE WIEST (1967): Hydrogeologie. – 2. Aufl., New York–London–Sydney (Wiley).

DAWSON, E.G. (1991): The Relationship of Tap Water and Physiological Levels of Lithium to Mental Hospital Admission and Homicide in Texas. – In: SCHRAUZER, G.N. & K.-F. KLIPPEL (1991, Hrsg.).

DEAK, J., M. STUTE, J. RUDOLPH & C. SONNTAG (1987): Determination of the flow regime of Quaternary and Pliocene layers in the Great Hungarian Plain (Hungary) by D, ^{18}O, ^{14}C and noble gas measurements. – In: Isotope techniques in water resources development, Proc. Symp., IAEA-SM-299/39, IAEA, Wien.

DURFOR, Ch.N. & E. BECKER (1964): Public water supplies of the 100 largest cities in the United States, 1962. – US Geol. Surv. Water Supply Pap., **1812**, 364 S., 67 Abb., Washington.

FORSTER, M., H. MOSER & H. LOOSLI (1984): Isotope hydrological study with carbon-14 and argon-39 in the Bunter Sandstone of the Saar Region. – In: Isotope Hydrology **1983**, Proc. Symp., IAEA-SM-270/29, IAEA, Wien.

F. FUCHS, G & B. SCHWAIGHOFER (1978): Erläuterungen zu Blatt 17 Großpertholz, Geologische Karte der Republik Österreich 1 : 50.000. – Geol. B.-A., Wien.

GOLDBRUNNER, J.E. (1988): Tiefengrundwässer im Oberösterreichischen Molassebecken und im Steirischen Becken. – Steir. Beitr. z. Hydrogeologie, **39**, 5–94, Graz.

GÖTZINGER, M.A. (1984): Über sedimentäre Fluoritbildungen in triadischen Karbonatgesteinen des Drauzuges, Kärnten. – Aufschluß, **35**, 351–358, mit geol. Karte 1 : 50.000 (Geol. B.-A., Wien), Heidelberg.

GÖTZINGER, M.A. (1985): Mineralisation in den Gutensteiner Schichten (Anis) in Österreich. – Archiv f. Lagerst.forsch. Geol. B.-A., **6**, 183–192, Wien.

GÖTZINGER, M.A. & H.H. WEINKE (1984): Spurenelement-Gehalte und Entstehung von Fluoritmineralisationen in den Gutensteiner Schichten (Anis–Mitteltrias), Nördl. Kalkalpen, Österreich. – TMPM Tschermaks miner. petrogr. Mitt., **33**, 101–119, Wien.

GRUBER, W. (1990): Spurenelemente und Mineralstoffe. – Institut Landhaus, Klagenfurt.

HÖHNE, E. (1987): Selen-Profil eines essentiellen Spurenelementes. – Apotheker Journal, **71**, München.

HÖLL, K. (1979): Wasser. Untersuchung – Beurteilung – Aufbereitung – Chemie – Bakteriologie – Virologie – Biologie. – 6. Aufl., 515 S., Abb., Tab., Berlin–New York (Walter de Gruyter).

HORROBIN, D.F. (1991): Lithium Effects on Fatty Acid Metabolism and their Role in Therapy of Seborrhoeic Dermatitis and Herpe Infections. – In: SCHRAUZER, G.N. & K.-F. KLIPPEL (1991, Hrsg.).

JOB, C. (1970): Die Verwendung atmosphärischen Tritiums und anderer Radionuklide zu hydrogeologischen Untersuchungen. – Steir. Beitr. z. Hydrogeologie, **22**, 215–230, Graz.

JOB, C. & J. ZÖTL (1969): Zur Frage der Herkunft des Gasteiner Thermalwassers. – Steir. Beitr. z. Hydrogeologie, **21**, Graz.

KAHLER, F. (1978): Die natürlichen Heilvorkommen Kärntens. – Raumordnung in Kärnten, **10**, 134 S., Klagenfurt.

KÖLBL, L. (1958): Die Tiefenwässer des Erdölfeldes Matzen. – Erdoel-Zeitschrift, Wien–Hamburg.

KREJCI-GRAF, K. (1963): Diagnostik der Salinitätsfazies der Ölwässer. – Fortschr. Geol. Rheinl. u. Westf., **10**, Krefeld.

LANG, F. (1985): Trinkkuren. Physiologische Grundlagen des Elektrolytstoffwechsels. – In: DEETJEN, P., R. GÜNTHER & W. MARTKL (1985): Handbuch der natürlichen Heilmittel Österreichs. – BM f. Gesundheit und Umweltschutz, Wien (Bohmann Verlag).

LOOSLI, H.H. (1983): A dating method with ^{39}Ar. – Earth and Planet. Sc. Let., **63**, Amsterdam.

MACHE, H. (1904): Über die Radioaktivität der Gasteiner Thermen. – Sitzber. Akad. Wiss. Wien, mathem.-naturw. Kl. Abt. IIa, **113**, **1329**, Wien.

MACHE, H. (1941): Über die Entstehung radioaktiver Quellen. – Mitt. geol. Ges. Wien, **34**, **69**, Wien.

MAGOS, L. et. al. (1980): The interactions of Selenium with Cadmium and Mercury. – CRC Critical Reviews in Toxicology, **8**, New York.

MATTHESS, G. (1973): Die Beschaffenheit des Grundwassers, Lehrbuch der Hydrogeologie, 2. – Berlin–Stuttgart (Geb. Borntraeger).

MAZOR, E. (1972): Paleotemperatures and other hydrological parameters deduced from noble gases dissolved in groundwaters; Jordan Rift Valley, Israel. – Geochim. Cosmochim. Acta, **36**, Oxford–London–New York.

MOSER, H. (1989): Umweltisotope in Karstwässern – was sagen sie aus?. – Oberrheinische Geolog. Abh., **35**, 1–4, Stuttgart.

MOSTLER, H. (1972): Geologische Übersichtskarte fluorithältiger Gesteinszonen in Österreich. – ÖAV, Wien.

ÖAV, ÖSTERREICHISCHE ARBEITSGEMEINSCHAFT FÜR VOLKSGESUNDHEIT: Fluoridgehalt der Trinkwässer in Österreich, Stand Dezember 1972. – Mit Karte „Fluorid-Gehalt der Trinkwässer in Österreich".

ÖNORM M 6250 (1986): Öffentliche Trinkwasserversorgung. Anforderungen an die Beschaffenheit des Trinkwassers. – 11 S., Wien.

PINNEKER, E.V. & B.M. SCHENKMAN (1991): Die Karstwässer des Irkutsker Amphitheaters. – Steir. Beitr. z. Hydrogeologie, **42**, Graz.

PORCHER, A. (1988): Erfahrungsheilkunde. – **8**.

RANK, D., V. RAJNER & G. LUST (1988): Der Tritiumgehalt der Niederschläge und der Oberflächenwässer in Österreich im Jahre 1987. – BVFA Arsenal, Wien.

RICKE, W. (1961): Ein Beitrag zur Geochemie des Schwefels. – Geochim. Cosmochim. Acta, **21**, Oxford–London–New York.

RUDOLPH, J. (1981): Edelgastemperaturen und Heliumalter ^{14}C-datierter Paläowässer. – Diss., Univ. Heidelberg.

SCHAUBERGER, O. (1979): Die Mineral- und Thermalquellen im Bereich des Ostalpinen Salinars zwischen Salzach und Enns. – J.b. O.Ö. Musealverein, Linz.

SCHEMINZKY, F. (1959, Hrsg.): Amtliches Österreichisches Bäderbuch. – Bundesministerium für soziale Verwaltung, Wien.

SCHMIDT, K. & W. BAYER (1988): Selen – Aktueller wissenschaftlicher Erkenntnisstand, Vitamine – Mineralstoffe – Spurenelemente. – Hippokrates, Stuttgart.

SCHOLZ, H. (1990): Mineralstoffe und Spurenelemente. – 210 S., Stuttgart (Thieme, Hippokrates, Enke).

SCHRAUZER, G.N. & K.-F. KLIPPEL (1991, Hrsg.): Lithium in Biology and Medicine. – VCH Weinheim–New York–Basel–Cambridge.

SCHRAUZER, G.N. & K.P. SHRESTHA (1991): Lithium in Drinking Water and the Incidences of Crimes, Suicides, and Arrests Related to Drug Addictions. – In: SCHRAUZER, G.N. & K.-F. KLIPPEL (1991, Hrsg.).

SCHRÖCKENFUCHS, G. (1975): Hydrogeologie, Geochemie und Hydrodynamik der Formationswässer des Raumes Matzen – Schönkirchen Tief. – Erdoel-Erdgas Zeitschrift, **91**, Wien–Hamburg.

SILVEY, W.D. (1967): Occurence of selected minor elements in the waters of California. – Water Supply Papers, **1535L**, Washington.

STINI, J. (1959): Geologie, Hydrologie und technische Behandlung der natürlichen Heilwasservorkommen. Bäderbuch.

WEINER, M.L. (1991): Overview of Lithium Toxicology. – In: SCHRAUZER, G.N. & K.-F. KLIPPEL (1991, Hrsg.).

WEISE, St. (1988): Helium-3/Helium-4-Messungen an ausgewählten Brunnen des Südlichen Wiener Beckens. – In: GESELLSCHAFT FÜR STRAHLEN- UND UMWELTFORSCHUNG mbH (Hrsg.): Jahresbericht 1987 Institut für Hydrologie. – 226–228, München.

ZETINIGG, H., G. FIGALA, P. HACKER, H. KRAINER, W. LEICHTFRIED, W. SCHIMON, W. THIEL, H. WEHINGER, H. ZOJER & J. ZÖTL (1990): Nutzung und Schutz von Quellen in nicht verkarsteten Bereichen. – ÖWWV-Regelblatt **205**, Wien.

ZIMMERMANN, U. & J. ZÖTL (1971): Deuterium- und Sauerstoff-18-Gehalt von Gasteiner Thermal- und Kaltwässern. – Steir. Beitr. z. Hydrogeologie, **23**, Graz.

ZÖTL, J. (1978): Tiefengrundwässer – Nutzung und Beherrschung. – Österr. Wasserwirtschaft, **30**, **3/4**, Wien.

ZÖTL, J., F. BAUER, H. ZETINIGG, H. BERGMANN, F. BOROVICZENY, H. DOHLHOFER, P. HACKER, P. STEINWENDER, K. WEHINGER & H. ZOJER (1984): Leitlinie für die Nutzung und den Schutz von Karstwasservorkommen für Trinkwasserzwecke. – ÖWWV-Regelblatt **201**, Wien.

B. Heilwasserprovinzen und -vorkommen

1. Der oberösterreichische Anteil am Südböhmischen Pluton als Heilwasserprovinz (J. ZÖTL)

1.1. Geologie und Morphogenese

Schon das älteste „Grundgebirge" im geologischen Aufbau Österreichs, der Anteil an der Böhmischen Masse, ist entgegen früherer autochthonischer Vorstellungen ein von einem Deckenbau beherrschtes Orogen mit Schubweiten bis zu 100 km (A. TOLLMANN, 1985; Details betreffend das vor-devonische bzw. vorvariszische Geschehen siehe A. TOLLMANN l.c. bzw. G. FUCHS & A. MATURA, 1976, p. 111–132).

Der oberösterreichische Anteil am Böhmischen Massiv gehört praktisch (mit Ausnahme des nordwestlichsten Zipfels) zur Gänze dem variszisch aufgedrungenen Südböhmischen Pluton an (Fig. 1.1./1). Im NW (Süd-Böhmen) und im E (Waldviertel) schließen ältere Gneisgebiete an den Granitpluton an.

Die variszische Orogenese muß im Bereich der heutigen Südböhmischen Masse ein Hochgebirge gebildet haben, das wesentlich gewaltiger war als heute die Alpen. Dementsprechend ist die Mächtigkeit der Abtragung. Der älteste variszische Granit ist der Weinsberger Granit (Unterkarbon, ca. 340 Mio. Jahre, G. FUCHS & O. THIELE, 1987). C. KURAT (1965) hat für die Intrusion eine Tiefe von 15–20 km angenommen, das ist auch ein Maß für die erfolgte Abtragung des Gebirgszuges auf die heute landschaftsbildende Oberfläche. Da wir im Weinsberger Granit jüngere Intrusionsgesteine (Diorit, Granodiorit, Quarzdiorit), vor allem große Gänge von Mauthausener Granit (Intrusion vor ca. 250 Mio. Jahren) vorfinden, und der Mauthausener Granit selbst große Landschaftsbereiche bildet, muß ein Abtrag von großer Mächtigkeit vorliegen.

In nach-variszischer Zeit wurde das Gebirge weitgehend eingeebnet. Mit der Heraushebung der Alpen, der Absenkung des Molassetroges und dem damit verbundenen Rückzug der Tethys (Wechsel von marinen zu Süßwasserablagerungen) kam es auch zu einer neuerlichen Aufwölbung des Böhmischen Massivs und Bewegungen an alten und Bildung neuer Bruchzonen. Hand in Hand ging damit die Belebung neuer Erosion. Die Bildung und Veränderung der heutigen linksseitigen Zuflüsse zur Donau hält bis zur geologischen Gegenwart an, bezeugt durch den Wechsel von Weitungen und oft klammartigen Gefällsstufen. Noch im oberen Pliozän war der Oberlauf der Moldau jener der Feldaist. Während der Südsaum der Böhmischen Masse durch Donauterrassen geprägt ist, im oberen Bereich (zwischen 800 und 1.000 m Seehöhe) die alten Plateaureste noch immer eine Fastebene mit etwas höheren Restbergen beherrschen, liegt dazwischen ein ausgesprochenes Mittelgebirge mit beachtlicher Reliefenergie, zahlreichen kleinen Gräben und äußerst selektiver Erosion. Hier ist der Wechsel von dünner Verwitterungskrume, ja nacktem Fels, und mehr oder minder tiefen Verwitterungstaschen bzw. -mulden die Regel.

Die im Verlauf der Heraushebung belebten Störungen beeinflußten den Verlauf der größeren Oberflächenabflüsse zum Teil sehr wesentlich (Donau, Rodl, Stampfenbach, Waldaist, Kleine Naarn, vgl. Fig. 1.1./1 und geologische Karte 1 : 50.000, Blatt 34 Perg), nicht aber die kleinen Quellabflüsse. Diese folgen dem Kluftnetz, insbesonders den Hauptkluftlinien (vgl. Fig. 1.1./2 und 1.1./3, beides Ausschnitte aus der typischen Mittelgebirgszone mit dem Zentralraum Bad Zell). Damit sind wir bei den gegebenen Bedingungen für die hydrogeologischen Verhältnisse.

1.2. Hydrogeologie

1.2.1. Aquifere

Soweit Verebnungen, meist Erosionsterrassen tertiärer Flußsysteme oder Erbflächen alter Plateaus eine tiefergreifende Verwitterungsschwarte (C-Horizont) mit besonders im Weinsbergergranit und anderen grobkörnigen Feldspat führenden Graniten vorliegen, kommt es zu tiefergreifenden unregelmäßig verteilten Grundwasserwannen und -säcken, die in verschiedenen Höhenlagen kleine Kluftquellen speisen und zur Versorgung von Einzelhöfen ausreichen, falls nicht extreme Trockenperioden auftreten. Auch hier läßt sich bei geologischer Detailkartierung ein Einfluß des Kluftsystems erkennen, weil entlang von Klüften die Verwitterung tiefergriff und zwischen diesen unterirdischen Auflockerungsgräben weniger verwitterte Partien

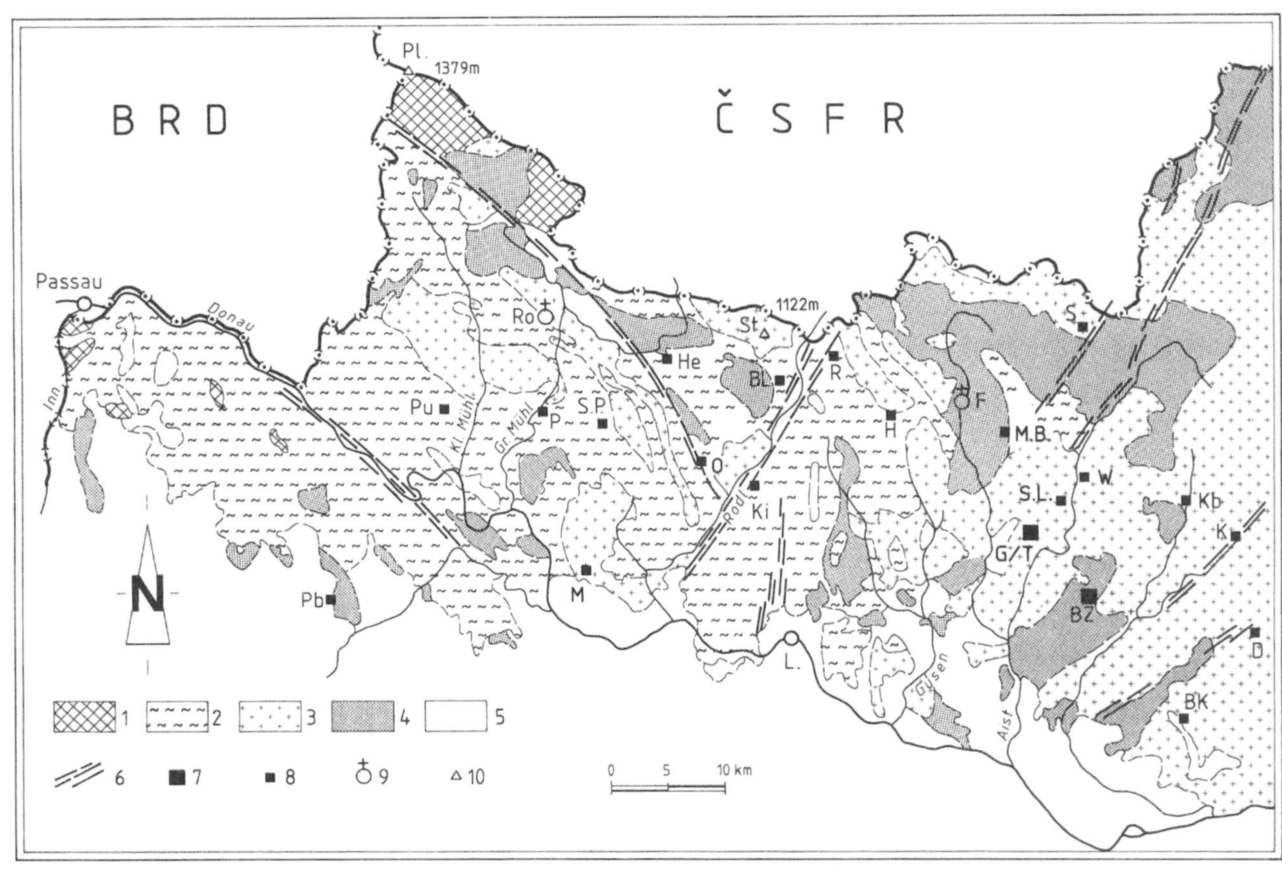

Fig. 1.1./1: Geologische Skizze des oberösterreichischen Anteiles an der Böhmischen Masse (hauptsächlich nach W. Fuchs & O. Thiele, 1987). 1 = Vor-variszische Metamorphite und vor-devonische Plutonite (Schiefergneis, Paragneis, Migmatite etc.); 2–4: Variszische Plutonite und Migmatite; 2 = Schiefergneis; 3 = Weinsberger Granit und Granitgneis; 4 = fein- und mittelkörniger Granit, das sind: Mauthausener, Freistädter, Schärdinger, Peuerbacher Granit; 5 = Nach-variszische Sedimente (inkl. Quartär); 6 = Hauptstörungen; 7 = Radonquelle > 10 nCi/l; 8 = Orte radonhältiger Wässer mit 1–10 nCi/l und Entnahmestellen für die Bestimmung von Spurenelementen; 9 = Bezirkshauptorte; 10 = markanter Berg (PL = Plöckenstein, 1.378 m; Sternstein, 1.125 m). Ortsnamen: BK = Bad Kreuzen, BL = Bad Leonfelden, BZ = Bad Zell, D = Dimbach, F = Freistadt, Gu = Gutau, G = Guttenbrunn, He = Helfenberg, H = Hirschbach, K = Königswiesen, Kb = Kaltenberg, Ki = Kirchschlag, L = Linz, M = Mühllacken, MB = Maria Bründl b. St. Oswald, O = Oberneukirchen, P = Pürnstein, Pb = Prambachkirchen, Pu = Putzleinsdorf, R = Reichenthal, Ro = Rohrbach, SL = St. Leonhard, SP = St. Peter a. Wimberg, T = Tannbach b. Gutau, W = Weitersfelden. Radonhältige Quellen nach Angaben von H. Friedmann, Institut für Radiumforschung und Kernphysik, Universität Wien.

als „Härtlinge" zum Teil bis an die Oberfläche aufragen (Wollsackformen).

Generell gibt es keinen über große Flächen zusammenhängenden Grundwasserkörper mit gleichem Grundwasserspiegel. Nur in Teilen der flachen Mulden der Peneplain, wo auch große Teiche und Moore den hydrogeologischen Charakter des Untergrundes andeuten, existieren auch Grundwasserpfannen ohne besondere Ergiebigkeit. Auch die Annahme, daß in der Freistädter Senke ein größerer Grundwasserkörper liege, erwies sich als falsch.

In den Talböden der Donauzuflüsse hängt es vom Anteil der tonigen Verwitterungsprodukte in den Sedimenten der spärlichen kesselartigen Weitungen ab, ob lokale Grundwasserkörper nutzbar sind. Eines dieser seltenen Beispiele sind Brunnen in einer pleistozänen Akkumulation im Aisttal zwischen Bad Zell und Gutau, die mit der Ergiebigkeit von 20 l/s eine klag-

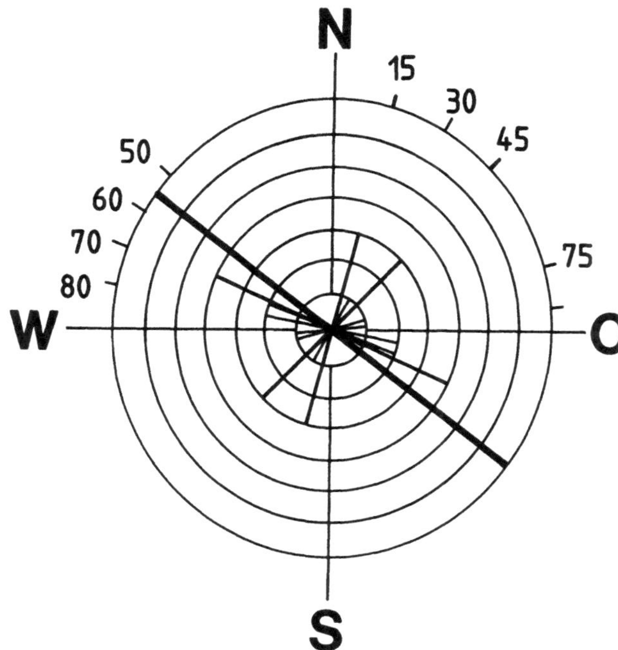

Fig. 1.1./2: Kluftsysteme im Raum Bad Zell nach ihrem Häufigkeitsgrad.

lose zentrale Versorgung eines Marktes und der am Leitungsweg liegenden Gehöfte ermöglicht.

1.2.2. Die Quellen im allgemeinen

Die gut geklüfteten Granite bringen es mit sich, daß das versickerte Niederschlagswasser und in den Kluftwegen unter der Verwitterungsschwarte kleiner Verebnungen gespeicherte Wässer dort, wo die Hauptkluft im Hangbereich ausstreicht, als Quelle wieder zutagetritt. Diese Quellen liegen in dem stark gegliederten Mittelgebirge in verschiedenster Höhenlage, sind zahlreich, aber naturgemäß von geringer und witterungsabhängiger Schüttung. Ihre Fassung und Zuleitung für bäuerliche Einzelhöfe ist noch heute oft mangelhaft, für Ortschaften versucht man sich mit der Zusammenführung mehrerer Quellen zu behelfen.

1.2.3. Qualität des Quellwassers

Die Qualität des Quellwassers manifestiert sich grundsätzlich in zwei Komponenten:

- der natürlichen Beschaffenheit des Wassers und
- dem Schutz des Wassers gegen Verunreinigung.

Die **natürliche Beschaffenheit** des Wassers ist ein gering mineralisiertes (weiches) Wasser mit niedrigem pH-Wert. Die bäuerliche Bevölkerung fand sich lange

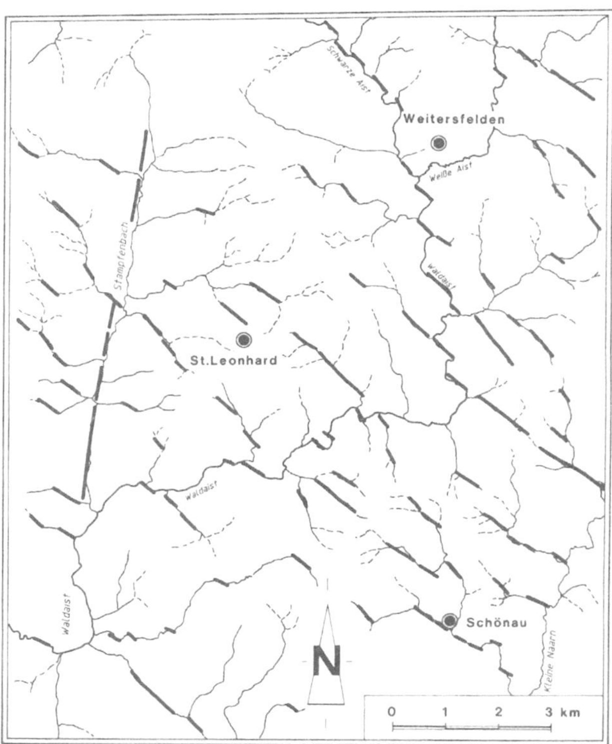

Fig. 1.1./3: Einfluß der Hauptkluftrichtung auf die Oberflächenentwässerung. Strichliert: Nachgewiesene Störung Stampfenbachtal.

mit den damit gegebenen gottgewollten Vor- und Nachteilen ab, nicht zuletzt, weil andere Gottesgaben wie mehr oder minder stark gegorene Fruchtsäfte das Übelste verhinderten. Erst technische Einbrüche in die bäuerliche Beschaulichkeit, veterinärmedizinische und erst zu guter Letzt auch humanmedizinische Erkenntnisse führten zögernd zu neuen Wegen (vgl. Beschreibung und physikalisch-chemische Wasseranalysen von Bad Zell und Tannbach in Kap. 1.3.1. und 1.3.2.). Die Wirtschaftsindustrie vermag sich durch Aufhärtung des Wassers und Waschmittel zu helfen, schmecken tut das Wasser scheußlich.

Eine nähere Betrachtung bringt jedoch auch weiteres zutage. Nimmt man zum Vergleich der Quellen Bad Zell und Tannbach ältere und jüngere Analysen genau unter die Lupe, so zeigt sich, immer beim direkten Quellabfluß gemessen, keine starke, aber immerhin meßbare Erhöhung im Anionenbereich. Ein natürlicher Vorgang? Schade ist nur, daß die Aufhärtung praktisch ausschließlich bei den Anionen und da nahezu nur beim Nitrat liegt.

Die Beachtung von Schutzgebieten ist keineswegs gewährleistet. Diese ist aber umso notwendiger, weil wir es mit geringer Verweilzeit, d.h. raschem Durchfluß der unterirdischen Wässer und damit raschem Transport von Verunreinigungen zu tun haben. **Das Gesagte mahnt auch zum Schutz der Heilwässer.**

1.2.4. Radiologische Messungen und Edelgase

Figur 1.1./1 zeigt eine ungewöhnliche Häufung von radioaktiven Quellen. Dabei wurden nur Wasseraustritte ab einer relativ starken Radioaktivität (> 1 nCi/l) eingezeichnet, knapp darunter liegende Werte sind noch zahlreicher. Mehrere pCi/l haben praktisch sämtliche Quellen des Südböhmischen Plutons.

Bei der Betrachtung der Radioaktivität müssen wir vom Grundelement Radium ausgehen.

Radium (^{226}Ra) ist ein Produkt der Uran-Thorium-Reihe, ein seltenes Element, dessen radioaktive Halbwertszeit (Zerfallszeit) bei 1.630 Jahren liegt (siehe Kap. A./1.4.2.).

Radon (^{222}Rn) ist ein gasförmiges Tochterelement des Radiums. Diese „Radium-Emanation" hat nur eine kurze Halbwertszeit von 3,825 Tagen. Strahlungswerte im nCi-Bereich sind im Böhmischen Pluton häufig, zwei Meßpunkte von > 10 nCi/l sind Fig. 1.1./1 zu entnehmen, sie sind als **„Radonwässer"** einzustufen. Die Einstufung von Mindeststrahlungen von 10 nCi/l (= 27,5 Mache-E.) für Bäderkuren entspricht einem Vorschlag von F. SCHEMINZKY (1959) an den Obersten Sanitätsrat.

Die Mobilität des Radons ist für seine Konzentration im Wasser, Boden und in der Luft bestimmend. Es kann sowohl aus größeren Tiefen als auch aus dem Gestein des Grundwasserleiters stammen. Im Raum des Südböhmischen Plutons ist in beiden Fällen das Kluftsystem des Gesteins von Einfluß, weil von ihm sowohl die Tiefe und Richtung der Auflockerung des Muttergesteins und lokale Grundwässer, als auch Gas- und Wasserwege in der Tiefe abhängen.

Da der einst in großen Tiefen gelegene Pluton nunmehr freigelegt ist, treten Uranspuren und Radium von größeren Tiefen bis an die Erdoberfläche auf. Das ergibt die Situation, daß auch das Folge-Isotop Radon praktisch in jedem Wasseraustritt vorhanden ist.

Figur 1.1./1 zeigt die bekannten Wasseraustritte mit einem Radongehalt von > 1 nCi/l. Kleinere Konzentrationen wurden nicht mehr ausgewiesen, auch wenn sie nahe an 1 nCi herankamen; jede Abgrenzung ist letztlich künstlich und willkürlich.

Wir sind damit bei dem Medium angelangt, das mich bewog, den Bereich als selbständige Heilwasserprovinz einzustufen.

Mit der Auffassung F. SCHEMINZKY's nicht ganz in Einklang, werden hier Wässer mit einem Dauergehalt von 1 nCi/l als **radonhältige Quellen** bezeichnet.

Die Bewertung von geringerer Strahlung ist durch eine nicht immer seriöse Reklame wirtschaftlich so hochgespielt worden, daß eine durchaus notwendige sachliche Diskussion heute schwer durchführbar ist.

Eine flächendeckende Untersuchung der Wasserversorgungen der Einzelgehöfte, Weiler und entlegenen Dörfer ohne zentrale Wasserversorgung auf Radon und einige ausgewählte Spurenelemente dieses ausgesprochenen Streusiedlungsgebietes im Vergleich mit der topographisch-geographischen Verteilung von Krebs- und Rheumaerkrankungen wäre dringend zu empfehlen.

Von den Edelgasen wäre die Untersuchung von Neon und Helium von Interesse.

Der Versuch, die Annahme des Anteiles von Radon aus der Entgasung im Wege tieferreichender Klüfte mit Hilfe der Heliummessung zu beweisen, scheiterte im Bereich des Granitplutons, weil die lokalen Grundwässer so seicht liegen, daß sie voll durchlüftet sind. Um trotzdem zu einer Aussage zur oben gestellten Frage zu gelangen, wurde der Versuch unternommen, tieferliegendes, durch eine Deckschicht gespanntes Wasser im Granitpluton für eine Heliummessung zu beproben.

1.2.5. Spurenelemente

Zu vermerken ist, daß in den Gemeinden und Wohngebieten des oberösterreichischen Anteiles an der Böhmischen Masse, deren Wasserversorgung aus örtlichen Wasservorkommen erfolgt, auf den zu geringen Magnesiumgehalt zu achten ist.

Damit sind wir an der Grenze des Überganges der normalen Wasseranalyse und den Beziehungen von Geologie und Medizin durch die Untersuchung des Wassers auf sehr geringe Mengen von Elementen, d.h. „Spurenelementen" angelangt. Neben Magnesium leiden die Grundwässer des Böhmischen Plutons an einem Mangel fast aller notwendigen Elemente, besonders aber auch an Fluor und Selen. Letzteres wäre ein wichtiger Antagonist gegen Cadmium, das (wohl durch Klärschlammdünger) mancherorts bis zur Toxizitätsgrenze nachgewiesen wurde.

Den Abschluß der allgemeinen Betrachtungen bildet Tab. 1.2./1.

Tab. 1.2./1: Werte von Spurenelementen (in µg/l) in Wasserproben (Quellen) aus dem Südböhmischen Pluton (Messung: Arbeitskreis für Spurenanalyse, Univ.-Prof. Dr. G. KNAPP, Graz, 1989). n.g. = nicht gemessen.

Ort	Pb	Cu	Zn	B	Sr	Cd	J	F	Se	Al	As	Sn	Rb	Ba	Cs
Lehen, ungenutzt	36	3	70	< 10	153	1,5	< 20	650	n.g.	n.g.	n.g.	n.g.	n.g.	n.g.	n.g.
Gutau/Brunnenwasser ungenutzt	40	4	25	60	160	2,5	n.g.	n.g.	< 5	70	< 5	< 10	< 20	65	< 20
Qu. Tannbach 1	< 5	< 2	< 20	< 10	50	0,2	n.g.	n.g.	< 5	31	< 5	< 10	< 20	< 20	< 20
Qu. Bad Zell	11	3	< 20	< 10	92	n.g.	< 20	75	n.g.	n.g.	n.g.	n.g.	n.g.	n.g.	n.g.
Qu. Kaltenberg	15	2	20	< 10	< 80	**3,4**	< 20	135	n.g.	n.g.	n.g.	n.g.	n.g.	n.g.	n.g.

Die Quellen im Südböhmischen Pluton sind in der Regel auch arm an Spurenelementen. Von den beprobten Wässern zeigt nur die Quelle Lehen neben dem leicht gehobenen Strontiumwert einen erhöhten Fluorgehalt, der über 50% des medikamentös verabreichten Tagesbedarfes der Kariesbekämpfung liegt. Mit Aufmerksamkeit sollte der Cadmiumgehalt (Kaltenberg) verfolgt werden.

1.3. Die Heilwässer

1.3.1. Bad Zell

Bad Zell liegt in der geomorphologischen Übergangszone zwischen dem von der Flußgeschichte der Donau gezeichneten S und dem von den Hochflächen im N geprägten Bereich des Böhmischen Massivs.

Der Werdegang zum Kurort führt ausschließlich über den **Radongehalt** einiger Quellen.

Wie bei anderen radonhältigen Wässern des oberösterreichischen Mühlviertels geht der systematischen Nutzung und Anerkennung als „Heilwasser“ ein seit Jahrhunderten in der Bevölkerung verwurzelter Glaube an die Heilkraft des Wassers voraus, der auch in Bad Zell seinen Ausdruck in der Errichtung einer Kapelle fand (Hedwigsquelle 1776 urkundlich erwähnter Bademeister; siehe L. STELZMÜLLER & A. SCHMIDT, 1985).

Die geringe, und starken Schwankungen unterliegende Schüttung des Hedwigsbründls mit seinem knapp an den zur Bezeichnung „Radonquelle“ liegenden erforderlichen Grenzwert des ^{222}Rn-Gehaltes von 27,5 ME (9,8 nCi/l) wurde erst durch die zusätzliche Erschließung weiterer zum Teil stärker radonhältiger Wässer zur Initialzündung für die Entwicklung zum Heilbad.

Vom Institut für Radiumforschung und Kernphysik der Österreichischen Akademie der Wissenschaften wurden 1983 folgende Basisdaten ermittelt:

Quellfassungen	Schüttung	Radongehalt
Krinnerquelle 1	1,05 l/s	30,2 nCi/l
Krinnerquelle 2	0,30 l/s	7,3 nCi/l
Krinnerquelle 3	0,28 l/s	14,8 nCi/l
Krinnerquelle 4	0,37 l/s	11,9 nCi/l
Höllgrafenquelle 1	0,43 l/s	10,9 nCi/l
Höllgrafenquelle 2	0,70 l/s	7,2 nCi/l

1.3.1.1. Die geologische Situation der Radonquellen

Alle in Bad Zell genutzten Radonwässer entspringen im Weinsberger Granit, an dessen Grenze zu einem mittelkörnigen Granit, der im weiteren Sinne dem Mauthausener Granit zugeordnet wird (vgl. Fig. 1.3./1, nach G. FUCHS & O. THIELE, 1987, Geologische Karte 1 : 50.000).

Der Kettenbach, das örtliche Sammelgerinne für die kleinen Bäche der „Zeller Platte“ schafft eine nur mäßige Reliefenergie. Vorherrschend sind weite Flächen mit tiefgründiger Verwitterung. Nur die hydrographisch wirksamen Vorfluter, die Waldaist im NW und die Naarn im SE, sind tiefer eingeschnitten. Sie schließen an ihren Flanken oft auf Kilometerlänge den hier dominierenden grob- bis riesenkörnigen Biotitgranit (Weinsberger Granit) auf (Fig. 1.3./1).

Von den im weiteren Raum erfaßten Störungssystemen (SW–NE, N–S, NW–SE; siehe Provinzbeschreibung) kommt im Zeller Gebiet vorwiegend letzteres zum Ausdruck. Die in Fig. 1.3./1 die Kettenbachsenke gegen SW begrenzende Störung ist noch heute lebendig (Erdbeben von Pregarten am 16. Juni 1972; G. FUCHS & O. THIELE, 1987, p. 24). Das Störungsnetz ist sicherlich viel dichter als an der Oberfläche kartierbar. Wesentlich ist, daß in der Detailkartierung auch im Kluftnetz das Streichen N 55° W absolut dominiert (J. ZÖTL, 1951). Hydrologisch wirksamer als die Störungen sind zweifelsohne die Kluftsysteme, tektonische Vertikalbewegungen an den Störungen sind vielfach durch Mylonite bestätigt,

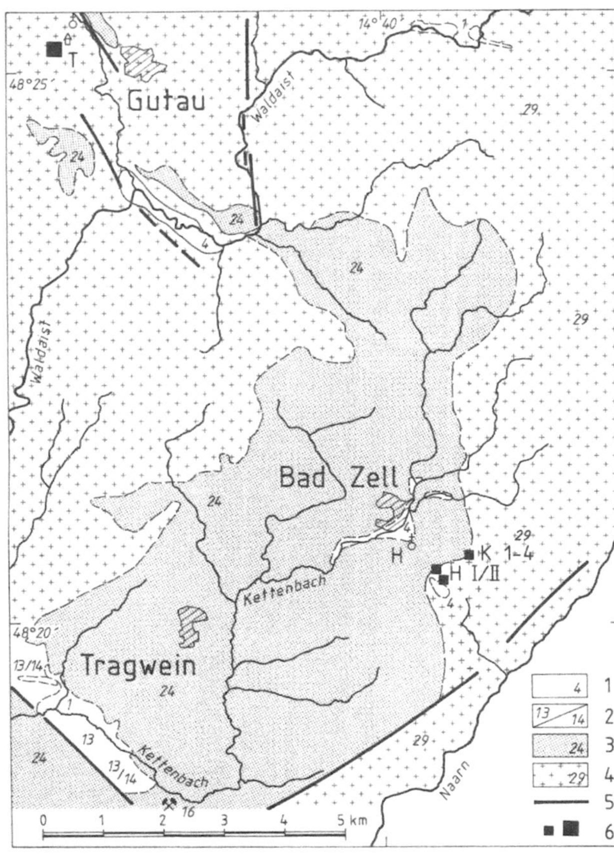

Fig. 1.3./1: Geologische Kartenskizze des Gebietes von Bad Zell. 1 = Quartär, 2 = 13/14 Altpleistozän/Oberpliozän (Signatur-Nr. nach G. FUCHS et al., 1987, Blatt 34 Perg), 3 = Mauthausener Granit, 4 = Weinsberger Granit, 5 = Bruchlinie, Störung, 6 = Radon-Quellwasser, K = Krinnerquellen, H = Höllgrafenquellen.

diese wiederum sind, soweit beobachtet, im weiteren Bereich von Bad Zell dicht.

1.3.1.2. Hydrologische Meßdaten und Folgerungen

Die Isotopenwerte der **Krinnerquellen** wurden 1984 am Geotechnischen Institut der BVFA Arsenal, Wien (Tritium 64,1 ± 3,1 TU) und 1989 am Institut für Hydrologie der GSF München (Deuterium −84,5 δ‰ und Oxygen-18 −11,95 δ‰, Tritiumwerte in der Probe vom November 1988 27,9 ± 2,6 TU) gemessen.

Die Werte entsprechen einem rezenten, seichtliegenden Grundwasser mit geringer Verweildauer. Die geologischen Verhältnisse und die chemischen Analysen erlauben die Übertragung dieser Aussage auch für die anderen für Bad Zell genutzten Quellen.

Der Tritiumwert ist entsprechend seiner Verringerung in der Atmosphäre bzw. im Niederschlag auch bei den Quellwässern bis 1988 auf ungefähr den halben Wert von 1984 gesunken.

Konduktometrische Daten sind:

pH-Wert 6,14
El. Leitfähigkeit (bei 25 °C) 144 µS/cm
Außentemperatur −6 °C
Wassertemperatur 9,7 °C

Die wichtigsten Kationen und Anionen des Abflusses der Krinnerquellen 3 und 4 (Messung: Bundesstaatliche Anstalt für Experimentell-Pharmakologische und Balneologische Untersuchungen, Wien, 1983); Probennahme: 7. September 1983:

		Massenkonzentration mg/l	Ionenäquivalentkonzentration mmol/l	Äquivalentanteil %
KATIONEN				
Natrium	Na^+	8,02	0,3489	28,81
Kalium	K^+	0,67	0,0171	1,41
Magnesium	Mg^{2+}	3,10	0,255	21,06
Calcium	Ca^{2+}	11,82	0,590	48,72
Summe:		23,61	1,2110	100,00
ANIONEN				
Chlorid	Cl^-	6,24	0,1752	14,59
Sulfat	SO_4^{2-}	13,58	0,3868	32,21
Nitrat	NO_3^-	23,5	0,379	31,56
Hydrogencarbonat	HCO_3^-	15,9	0,260	21,65
Summe:		59,22	1,2010	100,01
Summe Elektrolyte:		82,83		

Chemische Analyse (R. BENISCHKE, Chemisches Labor, Institut für Geothermie und Hydrogeologie, Joanneum Research, Graz, 1988); Probennahme: 12. November 1988:

		Massenkonzentration mg/l	Ionenäquivalentkonzentration mmol/l	Äquivalentanteil %
KATIONEN				
Natrium	Na^+	7,84	0,34	23,9
Kalium	K^+	1,18	0,03	2,1
Magnesium	Mg^{2+}	3,49	0,29	20,4
Calcium	Ca^{2+}	15,19	0,76	53,5
Summe:		27,70	1,42	99,9
ANIONEN				
Chlorid	Cl^-	4,72	0,13	9,8
Sulfat	SO_4^{2-}	19,17	0,40	30,1
Nitrat	NO_3^-	35,21	0,57	42,9
Hydrogencarbonat	HCO_3^-	14,0	0,23	17,2
Summe:		73,10	1,33	100,0
Summe Elektrolyte:		100,80		

Die Gegenüberstellung der Analysen von 1983 und 1988 ergibt eine deutliche Zunahme des Nitratgehaltes.

Fe^{2+}, Mn^{2+}, HPO_4^{2-} sind in der „Kleinen Heilwasseranalyse 1983“ nur in Spuren nachgewiesen. An Kieselsäure (H_2SiO_3) wurden 28 mg/l gemessen. Die gelösten Gase O_2 (6,8 mg/l) und CO_2 (40,6 mg/l) entsprechen den Werten eines durchlüfteten Bodens.

Die Analysendaten zeigen ein für den Südböhmischen Pluton typisches „weiches“ Wasser im sauren pH-Bereich.

An Radioelementen wurden vom Institut für Analytische Chemie der Universität Wien an Uranium 0,04 µg/l und Thorium 3,24 µg/l ermittelt.

An *Spurenelementen* (in µg/l) wurden in Bad Zell durch den Arbeitskreis für Spurenanalyse, Univ.-Prof. Dr. G. KNAPP, Graz, gemessen:

Pb	Cu	Zn	Ba	Sr	Cd	J	F
11	3	< 20	< 10	92	0,57	< 20	75

Alle untersuchten Spurenelemente sind außergewöhnlich niedrig.

Die Quellen von Bad Zell sind kalte akratische Radonwässer vom Calcium-Natrium-Magnesium-Sulfat-Hydrogencarbonat-Typus. Ihre geringe Mineralisierung (1–2 d. Härtegrade) und der saure pH-Bereich (6,14) entsprechen dem Milieu des Böhmischen Massivs. Herrn Amtsleiter HOSER habe ich für seine uneingeschränkte Hilfsbereitschaft zu danken.

1.3.2. Tannbach

Tannbach ist ein gräfliches Besitztum, dessen Kern, ein reizvolles gepflegtes Barockschlößchen etwa 1,5 km WNW des Marktes Gutau im oberösterreichischen Mühlviertel liegt. Vor dem Schloß liegen im S und W ausgedehnte landwirtschaftlich genutzte Flächen, den Nord- und Nordosthang zum Au-Bächlein und der Bründl-Kapelle am Fuß des Hanges bedeckt ein geschlossenes Waldgebiet.

Die geschichtlichen Urkunden sind dürftig. Während der Ort Gutau schon 1122 urkundlich aufscheint, werden wir auf „die Badstuben“ erst 1613 indirekt durch eine Strafverfügung betreffend die Verunreinigung des zufließenden Wassers aufmerksam gemacht. Die die Au-Quelle abdeckende, 1988 renovierte Barockkapelle dürfte wohl auch im 17. Jahrhundert errichtet worden sein.

Der Hauptgrund, die amtlich niemals als Bad oder Heilwasser anerkannten Quellen in die Bearbeitung der Heilquellen in Betracht zu ziehen, war die Behauptung von F. SCHOBER im Heimatbuch der Marktgemeinde Gutau (1968, p. 143): „Gutau besitzt die drittstärksten radioaktiven Quellen Mitteleuropas nach Badgastein und Joachimstal in Böhmen“.

Mit Hilfe des Amtsleiters des Gemeindeamtes Gutau, Herrn HENNERBICHLER, war eine geordnete Zusammenfassung von amtlichen Gutachten und Meßergebnissen möglich.

Die **Nutzung des Radonwassers** stützte sich zunächst auf zwei Quellen, die Alte Badequelle (unter der Bründl-Kapelle) und die Quelle beim Weberhäusl. Später kam die Unterzauner Quelle (ca. 200 m südlich des Weberhäusels) dazu.

1.3.2.1. Die Alte Badequelle beim Deuschl

Auslauf unter dem Altar der Bründl-Kapelle, renoviert 1988:

Messung 1. Juli 1954 (Balneologischer Dienst O.Ö. Landesregierung):
Schüttung 0,033 l/s (2,0 l/min)
Wassertemperatur 10,1 °C bei 15–16 °C Lufttemperatur
Trockenrückstand (bei 105 °C) 0,094 g/l

Messung 11. November 1988 (J.E. GOLDBRUNNER, J. ZÖTL):
Schüttung wegen unsachgemäßer Fassung nicht meßbar
Wassertemperatur 6,8 °C bei 0 °C Lufttemperatur in der Kapelle
Eh-Wert 290 mV
El. Leitfähigkeit (bei 25 °C) 145 µS/cm
pH-Wert 6,18
O_2 ca. 8 mg/l
Fe^{3+} < 0,1 mg/l

Isotope (GSF-Institut für Hydrologie, München, 1989):
Tritium 34,1 ± 2,9 TU
Deuterium –81,1 δ‰
Oxygen-18 –10,98 δ‰

Radongehalt (Institut für Radiumforschung und Kernphysik, Universität Wien):
1954 11,5 ME = 4,2 nCi/l
1952/53 30 ME = **10,9 nCi/l**

Chemische Analyse (R. BENISCHKE, Institut für Geothermie und Hydrogeologie, Joanneum Research, Graz, Dezember 1988):

		Massenkonzentration mg/l	Ionenäquivalentkonzentration mmol/l	Äquivalentanteil %
KATIONEN				
Natrium	Na^+	14,46	0,63	47,02
Kalium	K^+	2,84	0,07	5,22
Magnesium	Mg^{2+}	2,31	0,19	14,18
Calcium	Ca^{2+}	8,96	0,45	33,58
Summe:		28,57	1,34	100,00

ANIONEN				
Chlorid	Cl^-	2,50	0,07	5,31
Sulfat	SO_4^{2-}	35,66	0,74	56,29
Nitrat	NO_3^-	18,32	0,30	23,18
Hydrogencarbonat	HCO_3^-	12,2	0,20	15,21
Summe:		68,68	1,31	99,99
Summe Elektrolyte:		97,25		

Spurenelemente (in µg/l), gemessen vom Arbeitskreis für Spurenanalyse, Univ.-Prof. Dr. G. KNAPP, Graz, 1988:

Pb	Cd	Cu	Zn	Se	B	Al	As
< 5	2,6	< 2	< 20	< 5	< 10	31	< 5

Sn	Sr	Cs	Rb	Ba
< 10	50	< 20	< 20	< 20

1.3.2.2. Die Trinkquelle beim Weberhäusl

Aus einer überdeckten Holzfassung durch ein Metallrohr frei in einen kleinen Teich abfließend, sind die physikalischen Parameter leichter zu erfassen als bei der Alten Badequelle.

Messung 11. November 1988 (J.E. GOLDBRUNNER, J. ZÖTL):
Schüttung 0,15 l/s
Wassertemperatur 9,6 °C bei Minusgraden der Lufttemperatur
pH-Wert 6,08
Eh-Wert +300 mV
O_2 6,8 mg/l
El. Leitfähigkeit (bei 25 °C) 107 µS/cm
Fe^{3+} < 0,1 mg/l

Radongehalt (Institut für Radiumforschung und Kernphysik, Universität Wien):
1952/53 55–60 ME = 20–22 nCi/l
1954 32,2 ME = **11,7 nCi/l**

Isotope (GSF-Institut für Hydrologie, München, 1989):
Tritium 36,9 ± 3,4 TU
Deuterium –81,6 δ‰
Oxygen-18 –10,96 δ‰

Chemische Analyse (R. BENISCHKE, Institut für Geothermie und Hydrogeologie, Joanneum Research, Graz, Dezember 1988):

		Massenkonzentration mg/l	Ionenäquivalentkonzentration mmol/l	Äquivalentanteil %
KATIONEN				
Natrium	Na^+	8,81	0,38	40,86
Kalium	K^+	0,95	0,02	2,15
Magnesium	Mg^{2+}	1,74	0,14	15,05
Calcium	Ca^{2+}	7,72	0,39	41,94
Summe:		19,22	0,93	100,00
ANIONEN				
Chlorid	Cl^-	1,55	0,04	4,30
Sulfat	SO_4^{2-}	5,59	0,12	12,90
Nitrat	NO_3^-	29,26	0,47	50,54
Hydrogencarbonat	HCO_3^-	18,3	0,30	32,26
Summe:		54,70	0,93	100,00
Summe Elektrolyte:		73,92		

1.3.2.3. Die Quelle beim Unterzaunerhaus

Die Quelle entspringt unterhalb des Schloßteiches in einer sumpfigen Delle der steilen Grabenböschung. Die Quellfassung ist mit Brettern ausgekleidet, ca. 70 cm tief mit einer Bodenfläche von 60 × 70 cm. Das Wasser wird durch ein etwa 100 m langes Rohr in den Graben des Teichabflusses vom Weberhäusl abgeleitet und fließt dort frei aus.

Die Schüttung belief sich im August 1955 auf 0,13 l/s (ca. 7,5 l/min), wobei ein Verlust direkt durch die Holzverkleidung nicht erfaßt wurde.

Die Wassertemperatur betrug 9,6 °C bei 16 °C Lufttemperatur.

Der Radongehalt lag nach Messungen des Institutes für Radiumforschung und Kernphysik, Universität Wien bei 13,7 ME = 4,97 nCi/l.

Eine chemische Analyse und Untersuchung von Spurenelementen liegt nicht vor.

Zusammenfassend ist zu sagen, daß zwar der Radongehalt des Wassers ziemlich schwankt (Quelle beim Weberhäusl 1952/53: 20–22 nCi, 1954: 11,7 nCi) aber trotzdem nicht von der drittstärksten Radonquelle Mitteleuropas gesprochen werden kann. Der Grund der Schwankungen läßt sich nach so langer Zeit nicht mehr bestimmen, es wäre durchaus interessant, inwieweit er mit Wetterphasen zusammenhängt und damit auch Rückschlüsse auf die unterirdische Speicherkapazität zuläßt.

Da auch keine laufenden Schüttungsmessungen vorliegen, können auch keine Aussagen über die Wirtschaftlichkeit etwaiger Nutzungsversuche gemacht werden.

Es ist in diesem Zusammenhang aber durchaus erwähnenswert, daß sich in der Vergangenheit namhafte Gemeindeärzte wie Dr. Ludwig MEHR und Medizinalrat Dr. Fritz NOWAK für den Ausbau eines kleinen privaten Badebetriebes aussprachen und von persönlichen positiven Erfahrungen betreffend die Behandlung von Rheumaerkrankungen berichten (F. SCHOBER, 1969).

Andere, mit Hilfe des Leiters der Wassergenossenschaft Gutau, Herrn Josef GUTENTHALER, beprobte Quellen ergaben den gleichen Elektrolytgehalt wie die Quellen von Tannbach. Weitere Radonmessungen erfolgten nicht. Sie würden zweifelsohne zur Abklärung der Konzentration der Radonwerte in diesem Gebiet beitragen.

1.4. Zusammenfassung

Der Bereich des Südböhmischen Plutons bietet keine aufsehenerregenden geologisch-balneologischen Phänomene.

Das noch im 15. Jahrhundert als „Nordwald" angesprochene Gebiet strahlte Stetigkeit und Schweigen aus. Es geht auch sparsam mit seinen natürlichen Schätzen um.

Nicht zuletzt deshalb klammerten sich die Menschen frühzeitig hilfeheischend gegen die Folgen der Unwirtlichkeit und der Rauhheit des Klimas an das dem Boden entspringende Wasser. Ohne die Erfahrung der Milderung von Schmerzen von Gicht oder rheumatischen Beschwerden sind die vielerorts errichteten, Jahrhunderte alten „Bründl" nicht zu erklären.

Badstuben waren früher viel häufiger als jetzt. Die moderne Medizin und die Mobilität, Wohlhaben oder soziale Fürsorge ermöglichen heute den Besuch von Kurorten mit warmen Quellen und gezielter ärztlicher Betreuung. Das zog den Verfall der örtlichen Badstuben nach sich, viele alte Aufzeichnungen gingen verloren.

Für die naturwissenschaftliche Betrachtung aber bleiben die Häufigkeit und das regelmäßige Auftreten radonhältiger Wässer als Beispiel einer eigenständigen Heilwasserprovinz.

Literatur

FUCHS, G. (1980): Die Böhmische Masse in Österreich. – In: OBERHAUSER, R. (Red.): Der geologische Aufbau Österreichs. – Geol. B.-A., Wien–New York (Springer Verlag).

FUCHS, G. & A. MATURA (1976): Zur Geologie des Kristallins der südlichen Böhmischen Masse. – Jb. Geol. B.-A., **119**, 1–43, geol. Kte., Wien.

FUCHS, G. & B. SCHWAIGHOFER (1978): Erläuterungen zu Blatt 17 Großpertholz, Geologische Karte der Republik Österreich 1 : 50.000. – Geol. B.-A., Wien.

FUCHS, W. & O. THIELE (1987): Erläuterungen zu Blatt 34 Perg, Geologische Karte der Republik Österreich 1 : 50.000. – Geol. B.-A., Wien.

HAMETNER, F. (1975): Die radioaktiven Heilquellen Bad Zell. – Dokumentation.

KURAT, G. (1965): Der Weinsberger Granit im südlichen österreichischen Moldanubikum. – TMPM Tschermaks miner. petrogr. Mitt., **3**, **9**, Wien.

SCHOBER, F. (1969): Gutau, ein Heimatbuch. – Linz.

STELZMÜLLER, L & A. SCHMIDT (1985): Heimatbuch der Marktgemeinde Zell. – Eigenverlag.

TOLLMANN, A. (1985): Geologie von Österreich II. Außerzentralalpiner Anteil. – 710 S., 287 Abb., 26 Tab., Wien (Deuticke).

ZÖTL, J. (1951): Landformung und Talentwicklung im Flußgebiet der Waldaist. – Jb. O.Ö. Musealverein, **96**, Linz.

2. Bäderprovinz Oberösterreichische Molassezone

2.1. Geologie und Genese der Molassezone Oberösterreichs (J.E. Goldbrunner, J. Zötl)

Als Molassezone wird ganz allgemein die von tertiären Sedimenten erfüllte Vortiefe der Alpen und Karpaten bezeichnet. Am westlichen Molassebecken hat Österreich nur in Vorarlberg Anteil, seine größte Ausdehnung erreicht es in Baden-Württemberg und in Bayern (Fig. 2.1./1).

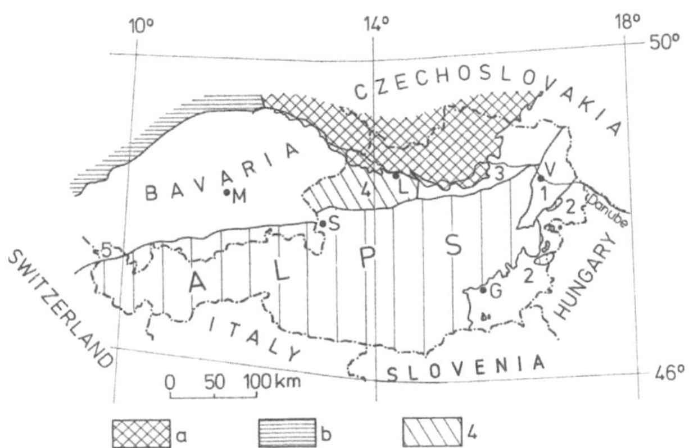

Fig. 2.1./1: Stark vereinfachte zonale geologische Gliederung Österreichs. a = Böhmische Masse, b = Fränkische Alb, 1 = Wiener Becken, 2 = Steirisches Becken, 3 = Niederösterreichische Molassezone, 4 = Oberösterreichisches Molassebecken, 5 = Vorarlberger Rheintal, M = München, S = Salzburg, L = Linz, V = Wien, G = Graz.

Der Großteil der Molassezone in Österreich ist von verschiedenen tektonischen Einheiten der Alpen, d.h. der Flyschzone, der Helvetischen Zone und selbst beachtlichen Teilen der Nördlichen Kalkalpen überschoben (Fig. 2.1./2).

Der stratigraphische Umfang der Molassesedimente reicht vom oberen Eozän bis zum Pliozän.

In Österreich finden sich bedeutende Molasseablagerungen in Vorarlberg, im Tiroler Inntal, im Salzburgisch-Oberöstereichischen Alpenvorland zwischen Salzach, Inn und Enns (bzw. Amstetten in Niederösterreich) und in Niederösterreich. Hinsichtlich der tektonischen Entwicklung wird zwischen subalpiner und Vorlandmolasse, faziell zwischen Meeres- und Süßwassermolasse unterschieden.

Die **Oberösterreichische Molassezone** ist durch die zahlreichen Erdöl- und Erdgasbohrungen in ihrem geologischen Aufbau gut erschlossen und beschrieben.

Die Nordbegrenzung bildet das Kristallin der Böhmischen Masse.

Die Donau ist hier nicht die Nordgrenze, weil ihr Lauf vor der allgemeinen Hebung des Massivs im Zuge der alpinen Orogenese festgelegt und bei der Tieferlegung der Molasseoberfläche in exhumierten Randbereichen der Böhmischen Masse fixiert war. Die Donau trennte dabei in antezedenten Durchbruchtälern Teile des Südrandes des Südböhmischen Plutons, den sogenannten Sauwald, vom Hauptmassiv ab. Dies hat auf

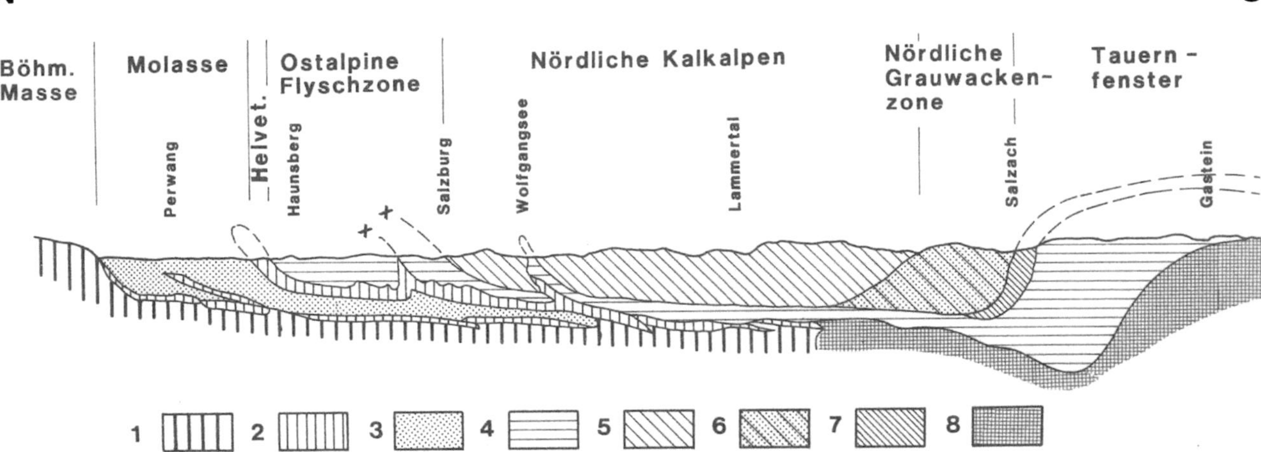

Fig. 2.1./2: N-S-Profil der Nordalpen im Bereich der Oberösterreichischen Molassezone. Sie zeigt die weite Überschiebung der Molasse (nach M. Gwinner, 1978). 1 = Kristallin, 2 = Alttertiär, 3 = Molasse, 4 = Flyschzone, 5 = Nördliche Kalkalpen, 6 = Grauwackenzone, 7 = Schieferhülle, 8 = kristalline Basis der Zentralgneise des Tauernfensters.

Tab. 2.1./1: Stratigraphische Tabelle des Oberösterreichischen Molassebeckens mit den Kohlenwasserstoff-Horizonten und den wichtigsten Tiefengrundwasserleitern (nach J.E. GOLDBRUNNER, 1984).

Ära	Periode	Epoche	Stufe	Lithologie	Gesteinseinheit	Aquifer	Öl/Gas	m
QU.	Holozän Pleistozän				Terrassen und Moränen			0 - 300
TERTIÄR	NEOGEN	Pliozän	Oberes Pliozän					0 - 300
		Miozän	Pannonien bis Karpatien		Kohleführende Süßwasserschichten	≡		
			Ottnangien		Innviertler Serie	≡		0 - 700
			Eggenburgien		Haller Serie	≡	☼	0 - 800
	PALÄOGEN	Oligozän	Egerien		Linzer Sand – Obere Puchkirchener Serie	≡	☼	0-1050
					Linzer Sand – Untere Puchkirchener Serie	≡	☼	0-1000
			Rupelien		Tonmergelstufe Bändermergel Heller Mergelkalk			0 - 550
			Lattorfien		Fischschiefer			0 - 40
		Eozän	Obereozän		Lithothamnienkalk Sandsteinstufe Limnische Serie		✷	0 - 120
MESOZOIKUM	KREIDE	Ober-kreide	Campan-Turon			≡	◓	0 -1000
			Cenoman			≡	●	
	JURA	Malm			Karbonatgruppe	≡	●	0 - 450
		Dogger						
PAL.	Permo-Trias				Terrestrische Abfolge von Perwang			0 - 230
Kristallin d. Böhmischen Masse					Granite Gneise	≡		

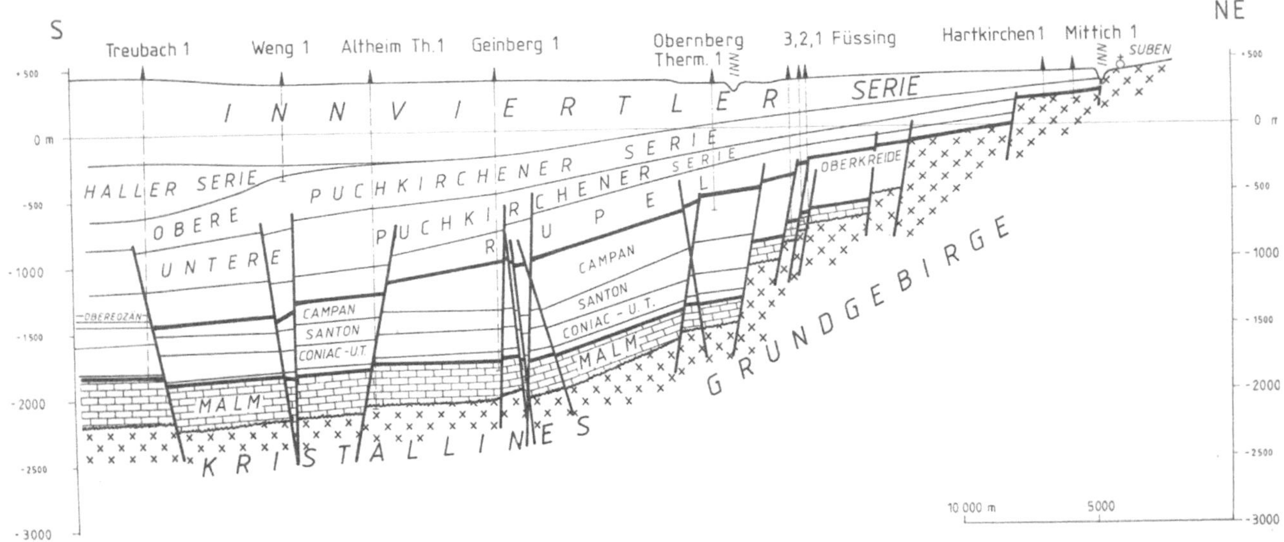

Fig. 2.1./3: Geologisches Profil mit der Lage der Bohrung Altheim Thermal 1 (nach J.E. GOLDBRUNNER, 1990). Lage des Profils siehe Fig. 2.1./4. Deutlich ist die Tiefenversetzung der Schichten des Malm – des Hauptwasserträgers – an Verwürfen zu erkennen.

die hydrologischen Verhältnisse des Molassebeckens großen Einfluß.

Im Grenzsaum taucht das Kristallin zunächst sanft gegen S unter.

Die Südgrenze des Molassebeckens gilt nur für deren Oberfläche, sie wird vom Nordrand des Flysch und Helvetikums gebildet.

Mit der Hebung der Alpen ging eine Absenkung des Molassebeckens Hand in Hand. Sie ging in Form von Brüchen vor sich, die vom kristallinen Basement und der aufliegenden Permo-Trias, Jura- und Kreideschichten bis in die unteren Lagen der Oberen Puchkirchener Serie hineinreichen. Einen Überblick über die tertiäre Beckenfüllung und deren Untergrund gibt Tab. 2.1./1, der geologische Bau ist den Profilen Fig. 2.1./3 und 2.1./4 zu entnehmen.

2.2. Die tertiäre Beckenfüllung
(J.E. GOLDBRUNNER, J. ZÖTL)

Die tertiäre Sedimentation setzt im oberen Eozän ein. Sie beginnt mit lakustrinen und lagunären Ablagerungen, die in ein vollmarines Environment übergehen. Schwermineraluntersuchungen zeigen, daß das Liefergebiet der Sedimente im Bereich des Böhmischen Massivs gelegen sein muß. Die Fazies muß reich belebt gewesen sein.

Im mittleren Oligozän begannen mit dem Aufsteigen der Alpen mächtige Grobsedimenteinschüttungen, die in Wechsellagerung mit „Schliermergeln" günstige Verhältnisse für Gaslagerstätten bildeten (Untere und Obere Puchkirchener Serie).

Hydrogeologisch von Bedeutung ist die im nördlichen Beckenbereich auftretende Strandfazies von reinen Quarzsanden, den sogenannten „Linzer Sanden", die je nach Lage sowohl oberflächennahe freie als auch gespannte Grund- und Tiefengrundwässer führen und balneologisch genutzt werden.

Diese Phase ist wahrscheinlich auch die tektonisch aktivste, wobei es sich bei den Störungen durchwegs um Tensionsbrüche handelt.

Auch die letzte Steigerung der alpinen Subduktionsbewegungen fand im späten Oligozän und frühen Miozän statt (Bad Haller Schuppenstruktur). Die folgenden Senkungen des Molassebeckens erfolgten bruchlos.

Die Innviertler Serie (Ottnangien), welche die Haller Serie überlagert, besteht im W hauptsächlich aus Sanden und Schottern, während im E die „Schliersedimentation" überwiegt. Mit der Innviertler Serie endet die marine Sedimentation. Es folgen Tone, Schotter und Konglomerate limnisch-fluviatiler Genese, darüber pleistozäne Moränen und fluvioglaziale Ablagerungen.

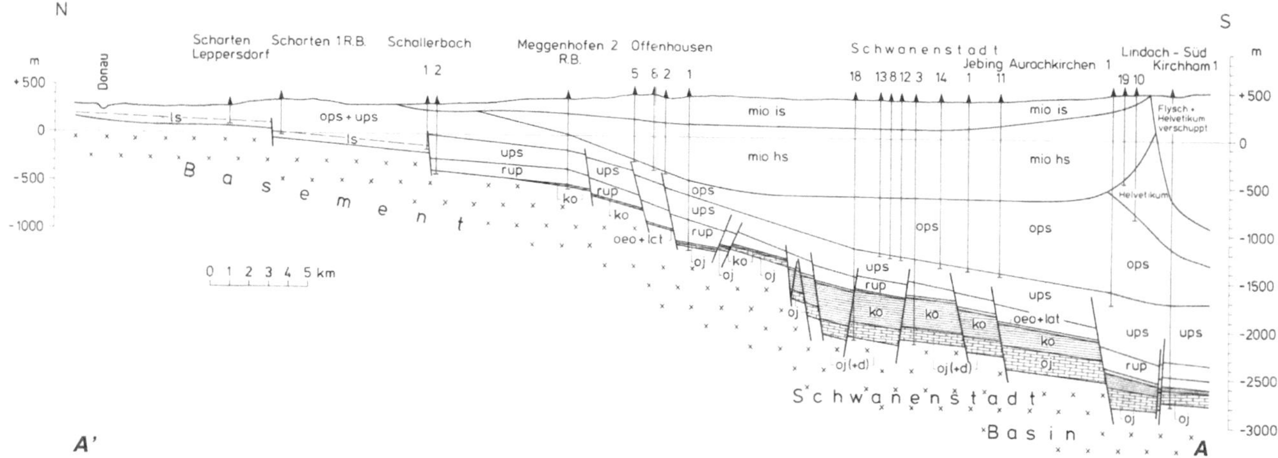

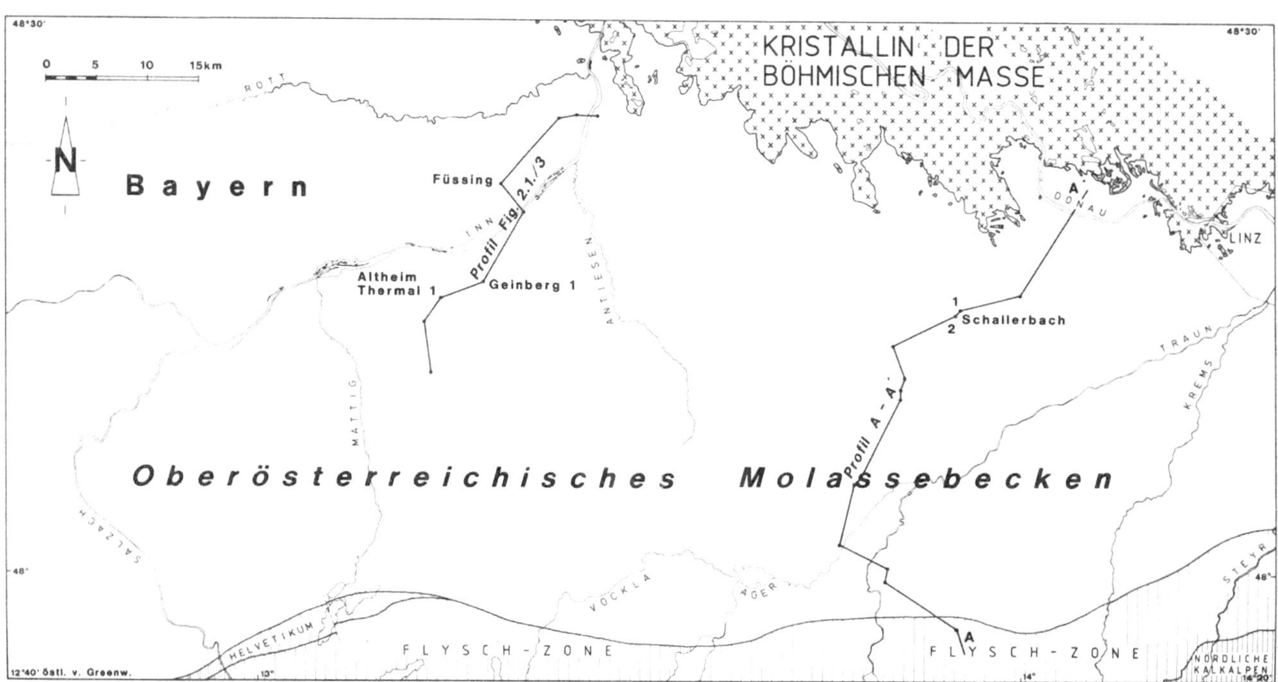

Fig. 2.1./4: Querprofil durch das Oberösterreichische Molassebecken im Bereich des Schwanenstädter Beckens und seines nördlichen Randbereiches (nach J.E. GOLDBRUNNER, 1988). mio is = Innviertler Serie, mio hs = Haller Serie, ops = Obere Puchkirchener Serie, ups = Untere Puchkirchener Serie, ls = Linzer Sande, rup = Rupelien, oeo = Obereozän und Lattorfien, ko = Oberkreide, oj (+ d) = Oberjura/Malm (+ Dogger), xxx = kristallines Basement.

2.2.1. Die Tiefengrundwässer der tertiären Sedimente

J.E. GOLDBRUNNER (1988) kam mit Hilfe von Isotopen- und Edelgasmessungen von J.N. ANDREWS et al. (1987) zu einer hydrogeologischen Klassifikation der tertiären Tiefengrundwässer (und Malmwässer – siehe unten).

Die hydrochemische Zusammensetzung der Wässer der Innviertler Serie ergab eine Gruppe zumeist seichter Bohrungen mit einem signifikanten Tritiumgehalt und geringer Verweildauer unter 50 Jahren, von der sich eine zweite Gruppe echter Tiefengrundwässer mit einer Verweildauer von mindestens 50 Jahren abhebt. Die Tiefen der Bohrungen der Gruppe 1 betragen 25–150 m, die der zweiten Gruppe 75 m bis über 200 m (großteils 120–180 m). Die Wassertemperaturen liegen bei 10–11 °C, die der zweiten zwischen 12 und 15 °C. Schließlich gehört noch eine kleine (3.) Gruppe von Wässern der ältesten Innviertler Serie dazu, mit Bohrtiefen zwischen 100 und nahezu 500 m, gleicher Temperatur aber erhöhter Mineralisierung.

Die Sauerstoff-18- und Deuteriumwerte bestätigen, daß alle Wässer der Gruppe 1 der Innviertler Serie unter gleichen klimatischen Bedingungen gebildet wurden wie die seichtliegenden Grundwässer im nördlichen Innviertel.

Die Wässer der tertiären Haller und Puchkirchener Serie weisen die höchste Mineralisierung auf, und dort, wo es sich um Formationswässer handelt, tritt keine Regenierung durch meteorisches Wasser ein. Selbst in sehr seichtliegenden Aquiferen der Puchkirchener Serie, z.B. in der Schuppenzone von Bad Hall (Tassiloquelle in Bad Hall aus nur 15 m Tiefe!) ist der Einfluß meteorischer Wässer sehr gering (vgl. Piper-Diagramm, Fig. 17 in: J.E. GOLDBRUNNER, 1988).

Ein klarer Trend zur Reduktion der Mineralisierung ist jedoch in den Wässern, der **unter** der Haller und Puchkirchener Serie liegenden Aquifere zu erkennen, d.h., daß hier eine Verdünnung von Formationswässern durch meteorische Wässer vor sich geht, die in den **hangenden** Wässern dieser Formationen nicht gegeben ist und diese weder zu den liegenden noch zu den hangenden Süßwasserschichten eine hydraulische Verbindung haben.

Interessant sind die Ergebnisse der **Heliummessungen**. Die Grundwässer lokaler offener Systeme haben Helium-4-Gehalte, die nur wenig über den atmosphärischen Gleichgewichtswerten liegen, während die älteren Tiefengrundwässer generell einen Anstieg der He-4-Werte zeigen (vgl. Tab. 1 und Tab. 5 bei J.E. GOLDBRUNNER, 1988). Auch eine 100 m tiefe Bohrung bei St. Marienkirchen, deren Hauptaquifer in den oligozänen Linzer Sanden liegt, zeigt hohe He-Gehalte. Ein Vergleich mit der strukturtieferen, ebenfalls aus den Linzer Sanden fördernde Bohrung „Schallerbach 1“ beweist, daß der erhöhte He-4-Gehalt von St. Marienkirchen durch den Aufstieg von älteren Wässern aus tieferen Beckenbereichen stammt (J.E. GOLDBRUNNER, 1988). Die He-3/He-4-Verhältnisse lassen als Hauptquelle für das Helium das granitische Grundgebirge vermuten.

2.3. Der prätertiäre Untergrund
(J.E. GOLDBRUNNER, J. ZÖTL)

Die schon erwähnten Malmkalke bilden den wichtigsten prätertiären Aquifer mit mobilen quartären Wässern.

Die Wässer aus dem **karbonatischen Malm** unter der tertiären Beckenfüllung haben die niedrigste Mineralisierung aller Tiefengrundwässer und den höchsten Anteil einer meteorischen Komponenete aller tiefliegenden Aquifere im Molassebecken.

In Bayern sind die erbohrten Malmwässer die Basis des blühenden Badeortes Füssing. In Oberösterreich wurden die Bohrungen Geinberg, Reichersberg und Obernberg im Malm fündig, der freie artesische Überlauf in Geinberg beträgt 20 l/s bei einer Temperatur von 104 °C. Mehrere Jahre floß das Heißwasser ungenutzt in den Inn. Der Durchbruch zur Nutzung des Heißwassers aus dem Malm zur ersten geothermisch betriebenen Fernwärmeversorgung größeren Stiles in Österreich wurde 1990 unter der Leitung von J.E. GOLDBRUNNER durch die Bohrung Altheim (Überlauf 46 l/s mit über 104 °C bei einer Tiefe des Malm von 2.146 m) erzielt (J.E. GOLDBRUNNER, 1990).

2.4. Die Heilwassernutzung

2.4.1. Bad Weinberg (T.E. GATTINGER, J. ZÖTL)

2.4.1.1. Lage und geologische Verhältnisse

Der Südwestrand des Sauwaldes, des von der Donau abgetrennten Randgebietes des Böhmischen Massivs zum Molassebecken, ist geomorphologisch stark gegliedert, so daß sich kristallines Grundgebirge und tertiäre Beckenfüllung verfingern (siehe Fig. 2.4./1). Die anlagernde Molasse im Bereich von Bad Weinberg ist von überraschender fazieller Vielfalt (Fig. 2.4./2). In der unmittelbaren Randzone finden wir die Sedimente in Form von oligozänen Strandsanden (Linzer Sanden) und miozänen Phosphoritsanden, beckeneinwärts und

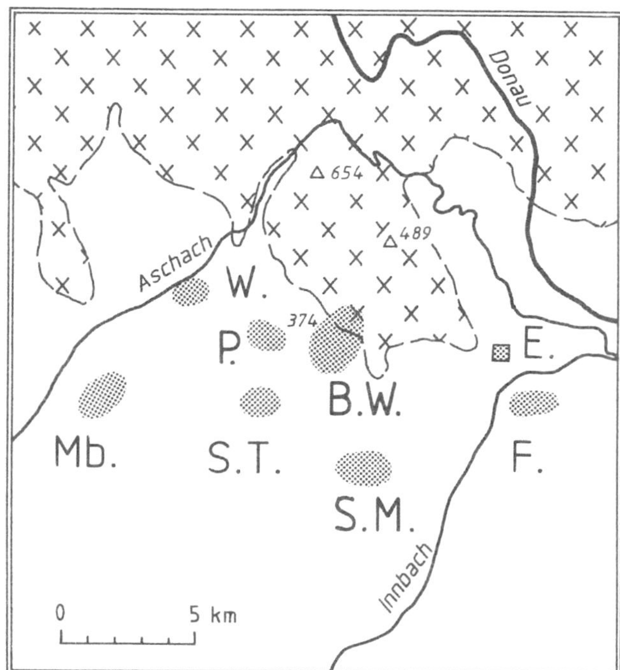

Fig. 2.4./1: Ungefähre Lage der artesischen Brunnen im südlich an den Granitpluton grenzenden Bereich des Molassebeckens. Kreuz-Signatur = Böhmische Masse, strichliert = ungefähre Grenze Kristallin-Molassebecken, E = Eferding, F = Fraham, Mb = Michaelnbach, P = Prambachkirchen, S.M. = St. Marienkirchen, S.T. = St. Thomas, W = Waizenkirchen, B.W. = Bad Weinberg.

küstenferner als bituminöse Schiefertone und sandige Tonmergel („Schlier") ausgebildet. Die bituminösen Schiefertone sind fossile Faulschlammablagerungen und enthalten neben Fischresten und Phosphoritknollen auch reichlich Schwefelkies (J. SCHADLER, 1947). Die organischen Substanzen sind teils in Wasser gelöst, teils treten sie in Form von zähflüssigem aber auch gutflüssigem Erdöl auf. Die hohe Mineralstoff-Konzentration von Bad Weinberg stellt eine seltene Ausnahme unter den Wässern des Randbereiches der Molasse dar.

Diese **Ausnahmestellung** wird bestätigt durch eine Gegenüberstellung der chemischen Analysen von Bad Weinberg, durchgeführt am Paracelsus Institut Bad Hall 1988 (Univ.-Prof. Dr. K. WINSAUER, Dipl.-Ing. Dr. W. BUCHBERGER), mit jenen der in der unmittelbar benachbarten artesischen Wässer des Ortes Prambachkirchen. Für die großzügige Unterstützung der Arbeiten haben wird dem Ärzteehepaar MR Dr. RICHTSFELD und Prof. Dr. WINSAUER besonders zu danken.

2.4.1.2. Die erweiterte Kontrollanalyse 1987 der Quelle II Bad Weinberg von WINSAUER und BUCHBERGER

Die Probennahme und örtliche Untersuchung wurde am 1. Dezember 1987 durchgeführt:

Witterung: bedeckt
Witterung am vorangegangenen Tag: bedeckt
Luftdruck 982 mbar
relative Luftfeuchtigkeit 92%
Lufttemperatur 2 °C

Sinnesprüfung:
Geruch: leicht bituminös
Geschmack: erdig
Farbe und Klarheit: gelblich bis bräunlich, schäumend, leicht trüb

Quellschüttung ca. 40 l/min (stark schwankend)

Physikalische und physikalisch-chemische Untersuchungen:
Quelltemperatur 13,0 °C
Dichte (bei 20 °C) 1,0008 g/l
El. Leitfähigkeit:
gemessen bei Quelltemperatur 1.860 µS/cm
gemessen bei 20 °C 2.020 µS/cm

Trockenrückstand:
bei 105 °C 2.392 g/l
bei 180 °C 2.140 g/l
pH-Wert (potentiometrisch gemessen) bei Quelltemperatur 6,30

Chemische Untersuchungen ergaben in 1 l des Wassers der „Quelle II Bad Weinberg":

		Massenkonzentration mg/l	Ionenäquivalentkonzentration mmol/l	Äquivalentanteil %
KATIONEN				
Natrium + Kalium berechn. als	Na^+	52,18	2,27	7,81
Ammonium	NH_4^+	0,65	0,04	0,14
Magnesium	Mg^{2+}	169	13,90	47,82
Calcium	Ca^{2+}	253	12,62	43,41
Mangan	Mn^{2+}	0,11	0,00	0,00
Eisen II	Fe^{2+}	6,82	0,24	0,83
Summe:		481,76	29,07	100,01
ANIONEN				
Chlorid	Cl^-	43,1	1,22	4,20
Sulfat	SO_4^{2-}	1.108	23,08	79,39
Nitrit	NO_2^{2-}	< 0,01	–	–
Nitrat	NO_3^-	< 0,5	–	–
Hydrogencarbonat	HCO_3^-	291	4,77	16,41
Summe:		1.442,1	29,07	100,00
Summe Elektrolyte:		1.923,86		

Schwache Elektrolyte:

Kieselsäure, meta	H_2SiO_3	29,82
Summe:		1.953,68

Gehalt an wertbestimmenden balneotherapeutisch maßgebenden Inhaltsstoffen am Ort des Gebrauches. Probennahme am Wasserauslaß im Badehaus:

Calcium	257	mg/l
Magnesium	167	mg/l
Eisen (II)	6,72	mg/l
Sulfat	1.087	mg/l
Hydrogencarbonat	290	mg/l
Freies Kohlendioxid	150	mg/l
Kaliumpermanganatverbrauch	91	mg/l
Chemischer Sauerstoffbedarf	167	mg O_2/l
Organischer Kohlenstoff (Probe filtriert durch 0,45 µm Membranfilter)	50	mg/l

2.4.1.3. Beurteilung

Aufgrund der vorliegenden Analyse übersteigt die „Quelle II Bad Weinberg" den vom Oberösterreichischen Heilvorkommen- und Kurortegesetz 1961 festgelegten Mindestgehalt von 1 g gelöster fester Stoffe/l Wasser und erfüllt damit eine der Voraussetzungen zur Anerkennung als Mineralwasser.

Als weitere Basis für die Bewertung als Heilquelle kann der Gehalt an organischen (bituminösen) Stoffen betrachtet werden.

Eine Bezeichnung als „Eisenquelle" ist entsprechend der vorliegenden Analyse nicht möglich, da der erforderliche Mindestgehalt von 10 mg Eisen/l nicht erreicht wird; die Analyse aus dem Jahre 1959 hatte zwar einen Eisengehalt über 10 mg/l ergeben, so daß damals eine Einstufung als Eisenquelle möglich war, spätere Analysen lieferten jedoch nur mehr Eisengehalte unter 10 mg/l.

Entsprechend der balneochemischen Heilquellennomenklatur ist die „Quelle II Bad Weinberg" als Magnesium-Calcium-Sulfat-Quelle mit bituminösen Inhaltsstoffen zu bezeichnen.

2.4.2. Vergleichsanalysen artesische Brunnen Prambachkirchen (J. Zötl, St. Weise)

Analysen von zwei artesischen Brunnen der unmittelbar benachbarten Ortschaft Prambachkirchen sollen die Sonderstellung von Bad Weinberg zeigen. In der nächsten Umgebung wurden in den Ortschaften Michaelnbach acht, Waizenkirchen sechs, St. Marien-

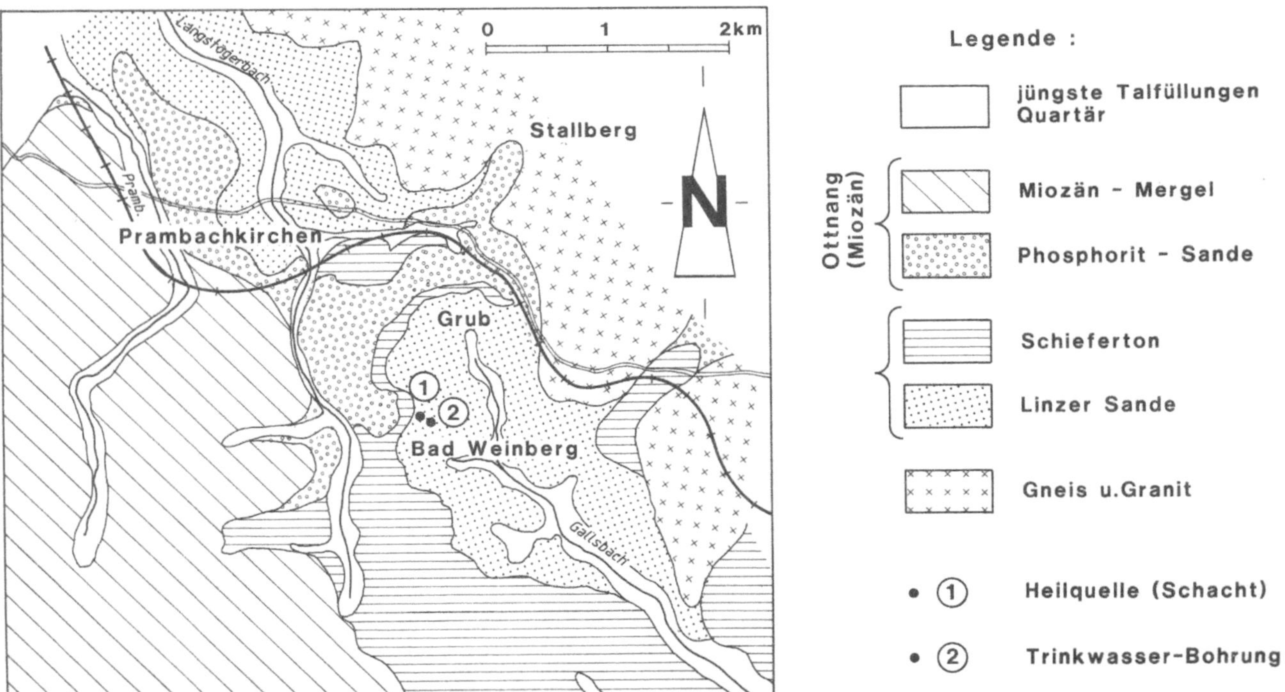

Fig. 2.4./2: Geologische Karte des Bereiches Bad Weinberg (nach J. Schadler, 1947).

kirchen 10 und Prambachkirchen 11 artesische Brunnen in eine Feldaufnahme einbezogen (vgl. Fig. 2.4./1). Schüttung und Temperatur waren meist nicht meßbar, die Angaben der Tiefen nicht unbedingt verläßlich und bei manchen Brunnen unbekannt. Was die Verrohrung anbelangt, ist anzunehmen, daß von den Bohrungen nur wenige voll verrohrt sind. Der Aufnahmegeologe mußte sich daher meist auf die Messung von elektrolytischer Leitfähigkeit und pH-Wert beschränken. Diese Daten waren insofern erhebenswert, als die Brunnen die einzige Wasserversorgung der Gehöfte waren.

Von den 11 in Prambachkirchen bestehenden (oder angegebenen) Brunnen waren acht für Erhebungen geeignet (n.m. = nicht meßbar):

	Tiefe m	Schüttung l/s	Temperatur °C	El. Leitfähigkeit µS/cm/20 °C	ph-Wert
PBK 1	?	8,0	14,0	397	6,94
PBK 2	?	ca. 10,0	12,8	317	6,84
PBK 3	?	n.m.	11,3	575	6,87
PBK 4	?	0,05	11,7	589	6,84
PBK 8	38	0,5	n.m.	308	6,57
PBK 9	22	n.m.	n.m.	568	6,54
PBK 10	18	1,5	n.m.	403	6,61
PBK 11	25	n.m.	12,5	364	6,84

Von den obigen Brunnen wurden an PBK 2 und PBK 8 Detailmessungen durchgeführt. Beide Brunnen haben gering mineralisiertes Wasser und einen pH-Bereich im sauren Milieu.

Die Tritiumwerte betrugen für PBK 2: 0,95 ± 0,2 und PBK 8: 1,7 ± 0,2 TU. Sie weisen bereits auf eine längere Verweilzeit des Wassers im Untergrund.

Die stabilen Isotope der Wässer Prambachkirchen haben die Werte (in δ‰):

PBK 2:	Deuterium	–71,8
	Oxygen-18	–9,9
PBK 8:	Deuterium	–71,9
	Oxygen-18	–9,86

Die Werte der stabilen Isotope entsprechen einem Einzugsgebiet in den umgebenden Höhen des Sauwaldes.

Die Radonmessungen (Dr. FRIEDMANN, Institut für Radiumforschung und Kernphysik, Universität Wien) ergaben:

PBK 2 ^{222}Rn = 0,57 nCi/l (= 21 kBq/m³)
PBK 8 ^{222}Rn = 6,3 nCi/l (= 230 kBq/m³)

Chemische Analyse Prambachkirchen 2 (Chemisches Labor, Institut für Geothermie und Hydrogeologie, Joanneum Research, Graz):

		Massenkonzentration mg/l	Ionenäquivalentkonzentration mmol/l	Äquivalentanteil %
KATIONEN				
Lithium	Li^+	0,01	0,001	0,03
Natrium	Na^+	8,74	0,38	11,65
Kalium	K^+	0,93	0,02	0,61
Magnesium	Mg^{2+}	11,08	0,91	27,91
Calcium	Ca^{2+}	39,08	1,95	59,82
Mangan	Mn^{2+}	< 0,005	–	–
Summe:		59,84	3,261	100,00
ANIONEN				
Fluorid	F^-	0,07	0,004	0,12
Chlorid	Cl^-	1,73	0,05	1,55
Sulfat	SO_4^{2-}	19,77	0,41	12,72
Nitrat	NO_3^-	1,24	0,02	0,62
Hydrogencarbonat	HCO_3^-	167,2	2,74	84,99
Summe:		190,01	3,224	100,00
Summe Elektrolyte:		249,85		

Wassertypus: Calcium-Hydrogencarbonat-Wasser.

Chemische Analyse Prambachkirchen 8 (Chemisches Labor, Institut für Geothermie und Hydrogeologie, Joanneum Research, Graz):

		Massenkonzentration mg/l	Ionenäquivalentkonzentration mmol/l	Äquivalentanteil %
KATIONEN				
Lithium	Li^+	0,01	0,001	0,03
Natrium	Na^+	7,53	0,33	10,09
Kalium	K^+	1,57	0,04	1,22
Magnesium	Mg^{2+}	11,64	0,96	29,35
Calcium	Ca^{2+}	38,96	1,94	59,31
Mangan	Mn^{2+}	< 0,05	–	–
Summe:		59,76	3,271	100,00
ANIONEN				
Fluorid	F^-	0,14	0,01	0,31
Chlorid	Cl^-	4,76	0,13	4,0
Sulfat	SO_4^{2-}	26,90	0,56	17,23
Nitrat	NO_3^-	5,24	0,08	2,46
Hydrogencarbonat	HCO_3^-	150,7	2,47	76,0
Summe:		187,74	3,25	100,00
Summe Elektrolyte:		247,50		

Wassertypus: Calcium-Hydrogencarbonat-Wasser.

Die gemessenen Spurenelemente lassen keinerlei Rückschlüsse auf Wässer tieferliegender Aquifere zu.

Die bei den artesischen Wässern Prambachkirchen 2 und Prambachkirchen 8 gemessenen Helium- und Neon-Isotopengehalte ergaben die in Tab. 2.4./1 dargestellten Werte.

Tab. 2.4./1: Meßwerte der Helium- und Neon-Isotopengehalte (gemessen und interpretiert von Dr. St. WEISE, GSF-Institut für Hydrologie, München).

	Prambach-kirchen 2	Prambach-kirchen 8
$^3He/^4He$ (10^{-6})	0,442 ± 0,008	1,515 ± 0,017
^4He-Gehalt (10^{-8} Nml/g)	17,7 ± 1,9	5,91 ± 0,12
^{20}Ne-Gehalt (10^{-7} Nml/g)	2,18 ± 0,09	2,05 ± 0,06
^{21}Ne (%)	0,2 ± 2,5	0,4 ± 0,8
^{22}Ne (%)	0,2 ± 2,0	0,5 ± 0,6
^4He-Überschuß (10^{-8} Nml/g) (berechnet)	12	0,7

Neon

Die beiden Prambachkirchener Proben zeigen ^{20}Ne-Gehalte, die nicht allein mit der Löslichkeit atmosphärischen Neons im Gleichgewicht erklärt werden können. Der ^{20}Ne-Überschuß, der etwa 15–30% des Löslichkeits-Gleichgewichtswertes beträgt, dürfte höchstwahrscheinlich auf Luftüberschußgehalte zurückzuführen sein. Sofern probennahmetechnische Gründe auszuschließen sind, deutet dieser Wertebereich eher auf **klüftige** als poröse Grundwasserleiter hin. Dem höheren ^{20}Ne-Gehalt entsprechend gilt dies insbesonders für die Probe Prambachkirchen 2. Das spricht für die Herkunft des Wassers aus dem klüftigen Granit.

Die Gehalte der anderen Neonisotope ^{21}Ne und ^{22}Ne weichen nicht von atmosphärischen Verhältnissen ab, was auch nur für sehr alte Grundwässer zu erwarten gewesen wäre.

Helium

Beide Proben zeigen auch erhöhte ^4He-Gehalte, die zu einem Teil sicherlich radiogenen Ursprungs sind, d.h., sich aus der natürlichen Radioaktivität des Uraniums und Thoriums im umliegenden Gestein ergeben. Dieser Anteil ist im Falle von Prambachkirchen 8 nahe der Nachweisgrenze. Da große Mengen radiogenen Heliums im **Grundwasser kristalliner Aquifere** (und von solchen wird für die Grundwässer Prambachkirchen 2 und 8 hier ausgegangen) nicht ungewöhnlich sind, dürfte mit der Probe Prambachkirchen 8 eher junges Grundwasser vorliegen. Für diese Annahme spricht auch der überhöhte $^3He/^4He$-Wert (ca. 10% über dem Gleichgewichtswert), der wahrscheinlich auf den Zerfall des sogenannten Bombentritiums zurückzuführen ist. Das Auftreten von Mantelhelium, das ebenfalls zu erhöhten $^3He/^4He$-Werten führen kann, erscheint für die Probe nicht gegeben. Verglichen mit den Tritiumwerten ergibt sich ein „Alter“ von etwas mehr als 50 Jahren.

Die Probe Prambachkirchen 2 weist zwar einen gegenüber Prambachkirchen 8 wesentlich höheren Anteil radiogenen Heliums auf, jedoch kann auch aus diesem Wert nicht zwangsläufig ein hohes Grundwasseralter abgeleitet werden. Dem $^3He/^4He$-Wert zufolge sind aber größere Anteile jungen, bombentritiumhaltigen Grundwassers unwahrscheinlich. Weiterhin bestätigt der niedrige $^3He/^4He$-Wert die Annahme, daß der Heliumüberschuß radiogenen Ursprungs ist.

Die artesischen Brunnen in Prambachkirchen unterscheiden sich vor allem durch ihre geringe Mineralisierung entschieden vom Heilwasser Bad Weinberg.

2.4.3. **Bad Schallerbach** (T.E. GATTINGER)

2.4.3.1. Geologie

1918 wurde, nachdem in Wels bereits etliche Erdgasfunde genutzt wurden, die Bohrung „Paul I“ mit der Hoffnung auf weitere Kohlenwasserstoffunde niedergebracht, die bis rund 460 m Tiefe sogenannten Schlier, d.h. tertiäre Tonmergel der Molasse durchfuhr und von dort bis zur Endteufe von rund 479 m Linzer Sande, die Basisschichten der Molasse-Sedimente, auffuhr.

In dieser Schicht, die Schwefelkies (Pyrit) enthält, wurde – zur Enttäuschung des Bohrunternehmens – statt Kohlenwasserstoffen ein artesisch über die Geländeoberfläche austretendes Thermalwasser mit 37,4 °C mit einer Anfangsschüttung von 50–60 l/s und stark riechbarem Schwefelwasserstoffgehalt angetroffen. Das nach dem Stoffinhalt kurz als „Schwefeltherme“ benannte Vorkommen ist exakter als „Natrium-Hydrogencarbont-(Chlorid)-Schwefeltherme“ zu bezeichnen. Ihre Mineralisation bezieht das Thermalwasser von Bad Schallerbach in erster Linie aus den pyritführenden Linzer Sanden. Die überhöhte Temperatur legt den Schluß nahe, daß Spaltensysteme aus dem kristallinen Untergrund wärmeres Wasser in die wasserführenden Linzer Sande aus größerer Tiefe zuliefern, so daß sich eine Mischtemperatur von rund 37 °C ergibt.

Im Jahre 1978 wurde eine Bohrung in 715 m Tiefe niedergebracht, die ebenfalls mit artesischem Überlauf ca. 35 l/s Schüttung aus 550–630 m Tiefe förderte. Die Vergleichstests der chemischen und physikalischen Eigenschaften haben gezeigt, daß die Wässer aus der Bohrung 1918 und 1978 gleicher Herkunft sind.

2.4.3.2. Physikalische Messungen und chemische Analysen

Messungen an der **Hauptquelle**:

Schüttung 45 l/s Thermalwasser
Lufttemperatur 15,21 °C
Wassertemperatur 37,38 °C
Luftdruck 1.008 mbar
Spezifisches Gewicht:
bei 20 °C 0,9972
bei 37 °C 0,9906 (Quelltemperatur)
bei 4 °C 1,0004
pH-Wert (elektrometrisch im Sprudel gemessen):
bei 37,4 °C 8,42
bei 20,0 °C 8,22
Radioaktivität:
Radon $0,5 \times 10^{-9}$ Ci/l (0,5 nCi/l)
Radium $0,9 \times 10^{-12}$ Ci/l (0,9 nCi/l)
El. Leitfähigkeit:
bei Quelltemperatur 0,81 mS/cm
bei 20 °C 0,69 mS/cm
Trockenrückstand:
bei 105 °C 384,7 mg/l
bei 180 °C 381,9 mg/l

Chemische Analyse (Institut für Analytische Chemie, Universität Graz, 1983):

		Massenkonzentration mg/l	Ionenäquivalentkonzentration mmol/l	Äquivalentanteil %
KATIONEN				
Natrium	Na^+	136,2	5,924	95,73
Kalium	K^+	1,21	0,031	0,50
Ammonium	NH_4^+	0,11	0,006	0,10
Magnesium	Mg^{2+}	0,84	0,069	1,12
Calcium	Ca^{2+}	3,06	0,153	2,47
Mangan	Mn^{2+}	0,05	0,002	0,03
Eisen II	Fe^{2+}	0,07	0,003	0,05
Summe:		141,54	6,188	100,00
ANIONEN				
Fluorid	F^-	0,74	0,039	0,64
Chlorid	Cl^-	42,15	1,189	19,36
Bromid	Br^-	2,83	0,035	0,57
Jodid	J^-	0,08	0,001	0,02
Sulfat	SO_4^{2-}	6,02	0,125	2,04
Nitrit	NO_2^{2-}	0,96	0,021	0,34
Nitrat	NO_3^-	4,00	0,064	1,04
Hydrogenphosphat	HPO_4^-	0,06	0,001	0,02
Hydrogencarbonat	HCO_3^-	276,8	4,537	73,93
Hydrogensulfid	HS^-	3,88	0,117	1,91
Thiosulfat	$S_2O_3^{2-}$	0,46	0,008	0,13
Summe:		337,98	6,137	100,00
Summe Elektrolyte:		479,52		
Schwache Elektrolyte:				
Kieselsäure, meta	H_2SiO_3	21,1		
Borsäure, ortho	H_3BO_3	5,74		
Summe:		506,36		

Gelöste Gase:

Kohlendioxid	4,02 mg/l
Schwefelwasserstoff	3,17 mg/l
Sauerstoff	< 0,05 mg/l
Frei aufsteigende Quellgase:	
unregelmäßiger Abfall von Gasblasen	
Menge: Mittel aus fünf Bestimmungen	64,8 ml/min
Analyse (%):	
CO_2	0,52
H_2S	0,17
O_2	3,06
CH_4	18,7
Restgas (Stickstoff, Edelgas):	77,55
Titrierbarer Schwefel (Oxidationsstufe –2):	
Berechnet aus $HS^- + S_2O_3^{2-}$	3,89 mg/l
Gefunden	4,17 mg/l
Oxidierbarkeit nach Kubel	4,2 mg $KMnO_4$/l

Messungen am **zweiten Wasseraustritt („S 2")**:

Schüttung 37,6 l/s Thermalwasser
Wassertemperatur **39,42 °C**
Spezifisches Gewicht (bei 20 °C) 0,9991
pH-Wert 8,98
Radioaktivität wie Hauptquelle
El. Leitfähigkeit (bei 20 °C) 2,11 mS/cm
Trockenrückstand:
bei 105 °C 751,3 mg/l
bei 180 °C 730,5 mg/l

Chemische Analyse (Institut für Analytische Chemie, Universität Graz, 1983):

		Massenkonzentration mg/l	Ionenäquivalentkonzentration mmol/l	Äquivalentanteil %
KATIONEN				
Natrium	Na^+	335,4	14,591	95,95
Kalium	K^+	2,1	0,054	0,36
Ammonium	NH_4^+	0,18	0,010	0,07
Magnesium	Mg^{2+}	1,84	0,151	0,99
Calcium	Ca^{2+}	8,02	0,400	2,63
Mangan	Mn^{2+}	0,00	0,000	0,00
Eisen II	Fe^{2+}	0,02	0,001	0,01
Summe:		347,56	15,207	100,01
ANIONEN				
Fluorid	F^-	2,09	0,110	0,73
Chlorid	Cl^-	186,3	5,255	34,77
Bromid	Br^-	1,20	0,015	0,10
Jodid	J^-	0,26	0,002	0,01
Sulfat	SO_4^{2-}	7,42	0,155	1,03
Nitrit	NO_2^{2-}	0,00	0,000	0,00
Nitrat	NO_3^-	0,88	0,014	0,09
Hydrogenphosphat	HPO_4^-	0,17	0,002	0,01
Hydrogencarbonat	HCO_3^-	573,1	9,393	62,15
Hydrogensulfid	HS^-	4,88	0,148	0,98
Thiosulfat	$S_2O_3^{2-}$	1,04	0,019	0,13
Summe:		777,34	15,113	100,00
Summe Elektrolyte:		1.124,90		

Analysendifferenz: 0,094 mmol/l entsprechend 0,62%
Gelöste Gase:

Kohlendioxid	0,0 mg/l
Schwefelwasserstoff	3,77 mg/l
Sauerstoff	0,0 mg/l
Frei aufsteigende Quellgase bei Drosselung der Förderung auf ca. 1 l/s	
Menge:	15 ml/min
Analyse (%):	
Argon	0,7
Methan	46,4
Schwefelwasserstoff	0,70
Sauerstoff	0,0
Kohlendioxid	0,0
Restgas (Stickstoff):	52,2
Titrierbarer Schwefel:	
Berechnet	5,03 mg/l
Gefunden	5,17 mg/l
Oxidierbarkeit	6,0 mg $KMnO_4$/l

2.4.3.3. Spurenelemente

Spurenelemente (in µg/l) der Hauptquelle (Bohrung Schallerbach 1) wurden am Institut für Analytische Chemie, Graz, 1983 und durch den Arbeitskreis für Spurenanalyse, Univ.-Prof. Dr. G. KNAPP, Graz, 1990 () gemessen:

Fe^{II}	Mn^{II}	F	Br	J	Li	Al	U
70	50	740	2.830	80 (77)	20	188	0,03

Ti	Zn	Cu	As	Ba	B	Sr
0,8	35	4	(< 5)	(10)	(220)	(60)

Die Spurenelemente zeigten beim zweiten Wasseraustritt zum Teil höhere Werte als bei der Bohrung Schallerbach 1 (F: 2.090 µg/l), was als Hinweis auf einen Zutritt aus tieferen Wasserwegen gedeutet werden kann. In der Bohrung 1 liefern die erhöhte Temperatur und die Heliumwerte Indizien für den Aufstieg von Wässern aus tieferen Stockwerken.

2.4.4. Das Jodwasservorkommen Bad Hall
(F. WEBER)

2.4.4.1. Einleitung

Im folgenden werden die Ergebnisse der Erforschung der Jodwässer zusammengefaßt, die im Raum von Bad Hall zwar besonders intensiv erforscht und auch genutzt werden, deren Verbreitung jedoch wesentlich über dieses Kerngebiet hinaus gehen dürfte. Diese Jodwässer stellen eine Besonderheit dar, die sich auf die geologischen Verhältnisse der Lagerstätte, die Hydrogeochemie und Balneologie bezieht. Letztere kann auf eine jahrhundertealte Anwendung verweisen. Es sollte auch nicht übersehen werden, daß trotz der langen Erforschungsgeschichte, die sich auf eine breite methodische Grundlage von Geologie, Geophysik, Geochemie – verbunden mit natürlichen und künstlichen Aufschlüssen – stützt, noch offene Fragen bestehen.

Die geschichtliche Entwicklung des Vorkommens von Bad Hall und seiner Umgebung ist bei den Autoren A. SCHMÖLZER (1954, 1955) und E. BRAUMÜLLER (1959) eingehend beschrieben. Unter Einbeziehung der Aktivitäten aus neuerer Zeit können hinsichtlich der geologisch-lagerstättenkundlichen Erforschung – denn als Lagerstätte in Analogie zu den Kohlenwasserstoffvorkommen ist das mineralisierte Wasser zu betrachten – mehrere Phasen unterschieden werden, die sich durch die Vorstellungen über die geologischen Grundlagen und damit auch durch die Suchstrategie unterscheiden.

Phase 1 betrifft die im Sulzbach- und Ternbachtal erfolgenden natürlichen Quellaustritte, deren Untersuchung und verbesserte Fassung. Nach A. SCHMÖLZER (1954) dürfte die Guntherquelle im Ternbachtal in historischer Zeit auch zur Salzgewinnung genutzt worden sein, während die im Sulzbachtal gelegene Tassiloquelle das Schwergewicht der Nutzung als Jodtrinkwasser trug. Diese Phase kann mit der 1853/55 erfolgten Vertiefung des Quellschachts auf 15 m Tiefe und den Vortrieb von sternförmigen Stollen als abgeschlossen betrachtet werden.

Phase 2 reicht von der zweiten Hälfte des 19. Jahrhunderts bis zum Anfang der zwanziger Jahre dieses Jahrhunderts. In diesem Zeitraum wurden zahlreiche Bohrungen niedergebracht, teilweise in geringem Abstand voneinander, wobei man noch von dem gedanklichen Konzept einer zwischen Tassilo- und Guntherquelle angenommenen „Hauptquellspalte" ausging. Die praktischen Erfolge dieser Kampagne waren sehr gering.

Die Phase 3 ist in ihrem Beginn etwa mit den Arbeiten von K. FRIEDL (1924) anzusetzen, wo unter erdölgeologischen Gesichtspunkten der Bauplan des Südteils der Molassezone zu klären versucht wurde. Für den Raum Bad Hall führte das zur Annahme einer Antiklinale, eine wichtige Erkenntnis betraf den Südrand der Molassezone, wo die Überschiebung durch den Flysch erkannt wurde. In dieser Phase kam auch die Mikropaläontologie bereits zum Tragen (V. PETTERS, 1936).

Eine Intensivierung dieser Untersuchungen trat ein, als ab dem Jahre 1943 durch die Rohöl-Gewinnungs AG die Erdölsuche vorangetrieben wurde. Bis zum Jahre 1954 wurden sodann 48 Strukturbohrungen zur Klärung der geologischen Verhältnisse bis in Tiefen von über 400 m abgeteuft. Weiters wurde in den Jahren

1948–1952 von der Landeskuranstalt drei Bohrungen abgeteuft. Als verantwortlicher Geologe hat E. BRAUMÜLLER diese Phase entscheidend mitgetragen, angefangen von der geologischen Kartierung bis zum Einbau der lokalen Ergebnisse bei den stratigraphischen und tektonischen Erkenntnissen in den regionalen Bauplan der Molasse.

Zeitlich etwas überlappend beginnt ab dem Jahre 1952 die 4. Phase der Untersuchungen, die noch nicht abgeschlossen ist. Diese ist gekennzeichnet durch den Einsatz der Reflexionsseismik, wodurch erstmals auch Daten über die Lagerungsverhältnisse im tieferen Stockwerk erhalten werden konnten. Einen vorläufigen Abschluß erreichte die Aufschlußtätigkeit im Raum Bad Hall durch die im Jahre 1956 abgeteufte Tiefbohrung Bad Hall 1 der RAG (siehe Fig. 2.4./3), die bis ins Kristallin des Moldanubikums reichte. Eine ausführliche Darstellung des Erkenntnisstandes bis Ende der fünfziger Jahre ist durch E. BRAUMÜLLER (1959) gegeben.

Auch die hydrogeochemische Erforschung kann auf eine lange, positive Entwicklung verweisen. Systematische Arbeiten erfolgten erstmals durch A. SCHMÖLZER (1954, 1955), in denen nicht nur der Chemismus der

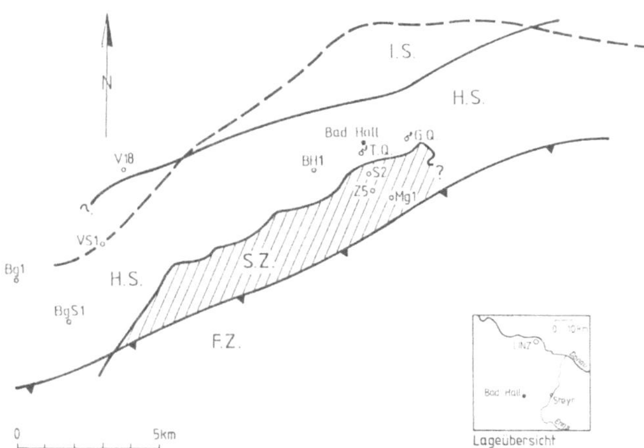

Fig. 2.4./3: Lageplan der Bohrungen und geologische Skizze von Bad Hall; Schichtgrenzen nach E. BRAUMÜLLER (1959), Brüche nach H. POLESNY (1983). Bohrungen: BH1 = Bad Hall a, MG1 = Mühlgrub 1, V18 = Voitsberg 1, Bg1 = Bergern 1, BgS = Bergern Süd 1, VS1 = Voitsberg Süd 1, S2 = Sulzbach 2, Z5 = Zehrmühle 5. Quellen: T.Q. = Tassiloquelle, G.Q. = Guntherquelle. I.S. = Innviertler Serie, H.S. = Haller Serie, Schrägschraffur + S.Z. = Schuppenzone, nur durch Quartär teilweise verdeckt, strichlierte Linie = Nordbegrenzung der Schuppenzone, F.Z. = Flyschzone, Strich mit Fall-Zeichen = Überschiebung bzw. Bruch.

Jodquellen eingehend behandelt, sondern auch der Genese breiter Raum gewidmet wird. Durch die Untersuchungen der Chemischen Abteilung des Paracelsus Instituts wurde die Analytik auf ein breites Spektrum von Elementen erweitert, wobei auch die radioaktiven Elemente einbezogen sind.

2.4.4.2. Geologie des Raumes Bad Hall

Die wesentlichen Grundlagen über Schichtfolge und Bau der Molassezone sind durch die Kohlenwasserstoffsuche, insbesonders der Rohöl-Aufsuchungs GmbH. geschaffen worden, was im besonderen auch auf den Raum Bad Hall zutrifft. In diesem Zusammenhang ist auf die Arbeiten von F. ABERER (1958), E. BRAUMÜLLER (1959, 1961), R. JANOSCHEK (1969), K. KOLLMANN & O. MALZER (1980) hinzuweisen.

Die ältesten Schichtglieder, die westlich von Bad Hall im Ölfeld Voitsdorf erbohrt wurden, sind mariner Dogger und Malm. Diese bestehen aus Basissandsteinen, gefolgt von Dolomiten und Kalken, die am Top infolge Verkarstung stärker wasserwegig sein können.

Die Oberkreide umfaßt eine Schichtfolge vom Cenoman bis Campan. Das Cenoman ist durch einen Sandstein – auch als Aquifer von Bedeutung – vertreten, das Unterturon durch den Glaukonitsandstein charakterisiert, in der übrigen Oberkreide dominieren Tonmergel und Mergel mit Sandsteinlagen.

Das Tertiär beginnt mit Obereozän, das eine stärkere fazielle Differenzierung aufweist; im Raum Bad Hall herrscht nach L. WAGNER (1980) die Sandsteinfazies vor. Darüber folgen Lattorf-Fischschiefer und Rupel bestehend aus hellem Mergelkalk, Bändermergel und Tonmergelstufe. Das Egerien umfaßt die Untere und Obere Puchkirchener Serie, eine Tonmergelfazies, in die im S der Molasse eine mächtige Folge von Konglomeraten, Schottern und Sandsteinen („Sand-Schottergruppe" als Lokalname) eingeschaltet ist. Nach O. MALZER (1980) liegt der Raum Bad Hall nördlich der Nordgrenze der Grobklastika der Unteren Puchkirchener Serie bzw. im östlichen Auskeilungsbereich dieser Gesteine der Oberen Puchkirchener Serie. Diese Puchkirchener Serie ist hydrologisch deshalb von besonderer Bedeutung, da sie die wichtigsten Speicher des Jodwassers enthält. Mit einer submarinen Erosionsdiskordanz folgt darüber die Haller Serie (ehemals Burdigal). In dieser dominieren marine Tonmergel, die im basalen Teil auch Sande aufweisen.

Aufgrund der günstigen Speichereigenschaften stellen diese Sande ebenfalls einen interessanten Aquifer dar. Die Innviertler Serie setzt nach E. BRAUMÜLLER (1959) erst ca. 1,5 km im N von Bad Hall ein.

Bezüglich der Aufklärung der Tektonik haben die seit dem Jahre 1952 durchgeführten reflexionsseismischen Messungen wesentliche Beiträge geleistet. Leithorizonte bilden im Tertiär die Basis der Haller Serie, die Sandstein-Lithothamnienkalkfolge des Eozän, Top Malm und mit unterschiedlicher Qualität die Kristallinoberkante. Der bereits bei der geologischen Kartierung angedeutete asymmetrische Bau des Molassebeckens konnte regional nachgewiesen werden. Bezeichnend ist die Bruchtektonik mit teilweise gekrümmten Brüchen, wobei die W-E-Richtung, im Raum Bad Hall auch die WSW-ENE-Richtung dominieren. Diese syn- und antithetischen Brüche werden als Folge einer Zerrungstektonik angesehen und lassen sich manchmal bis in die Obere Puchkirchener Serie nachweisen. Die Haller Serie ist in unserem Bereich nicht mehr betroffen.

Ein bezeichnendes Bauelement, das im gesamten südlichen Randbereich vor der Flyschüberschiebung auftritt, ist eine mächtige Schuppenzone. In dieser sind im Raum Bad Hall Obere und Untere Puchkirchener Serie in komplizierter Weise verschuppt. Dieser Körper zieht mehrere Kilometer unter den Flysch hinein (E. BRAUMÜLLER & K. KOLLMANN in: R. JANOSCHEK, 1969) und stellt die tektonisch verfrachtete Füllung südlicher Teile des Molassebeckens dar. Tektonische Bewegungen vermutete bereits E. BRAUMÜLLER (1959) bei der Erklärung des Auftretens polygener Breccien des Aquitan 1 (heute Obere Puchkirchener Serie). Im Profil (Fig. 2.4./4) von E. BRAUMÜLLER & K. KOLLMANN (in: R. JANOSCHEK, 1969) ist das schräge Abschneiden der Basis der Schuppenzone klar ersichtlich. Nach L. WAGNER et al. (1986), die den Raum Oberhofen detailliert untersuchten, kommt die Nordbewegung der Schuppenzone an der Wende Eger/Eggenburg zum Stillstand. Nachkarpatisch ist noch eine Steilstellung der Haller Serie erfolgt.

Wesentliche Anhaltspunkte für die Klärung der geologischen Verhältnisse brachte die Tiefbohrung Bad Hall 1 der Rohöl-Aufsuchungs GmbH, über die E. BRAUMÜLLER (1959) berichtete. Zu ergänzen ist die damals gegebene Schichtfolge allerdings durch den Schuppenbau der Oberen und Unteren Puchkirchener Serie (Fig. 2.4./4), der inzwischen in einer Reihe von Tiefbohrungen der RAG bestätigt worden ist. Diese Schuppenzone beginnt in Bad Hall unter der ca. 90 m mächtigen Haller Serie und reicht bis 1.276 m Teufe. Mächtigere klastische Schichten werden in der Unteren Puchkirchener Serie zwischen 347 und 700 m Tiefe angegeben. Bedeutend geringmächtiger sind autochthone Untere Puchkirchener Serie und Rupel.

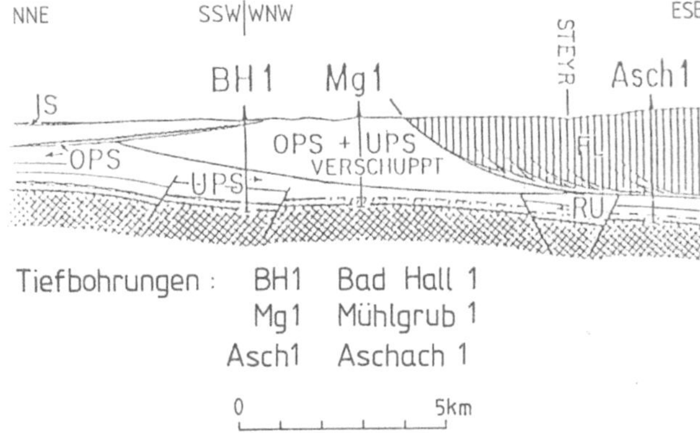

Fig. 2.4./4: Geologisches Profil Bad Hall (nach E. BRAUMÜLLER & K. KOLLMANN in: R. JANOSCHEK, 1969). OPS, UPS = Obere bzw. Untere Puchkirchener Serie, RU = Rupel, FL = Flysch.

Der untere Teil der Schichtfolge besteht aus:

2.020–2.057 m:	Bändermergel,
2.057–2.067 m:	Heller Mergelkalk,
2.067–2.081 m:	Lattorf-Fischschiefer,
2.081–2.138,9 m:	Eozän – limnische Serie und Lithothamnienkalk (2 m),
2.138,9–2.231,5 m:	Oberkreide (Santon-Turon-Cenoman),
2.231,5–2.247 m:	Cordieritgneis der Böhmischen Masse.

In struktureller Hinsicht liegt die Bohrung Bad Hall am östlichen Ende der bruchgegrenzten Voitsdorfer Hochzone. Während aber diese 1984 seismisch – nach dem 3D-Verfahren – neu vermessen und bewertet wurde, ist die genauere Stellung der Bad Hall 1 derzeit, aufgrund des Fehlens neuerer Daten, unsicher.

2.4.4.3. Hydrochemie

2.4.4.3.1. Chemische Analytik

Die erste zusammenfassende Darstellung des Chemismus der Wässer des Raums Bad Hall wird bei A. SCHMÖLZER (1954) gegeben, wobei die Analytik bis auf das Jahr 1940 zurückreicht. Es wird festgestellt, daß es sich um den Typ der jodhältigen Natriumchloridwässer handelt, dessen Gesamtmineralisierung zwischen 14,43 und 23,2 g/l variiert. Besondere Aufmerksamkeit wird dem Jod-Chlor-Verhältnis gewidmet, das zwischen $3{,}32 \times 10^{-3}$ und $4{,}19 \times 10^{-3}$ schwankt. Es wird das Fehlen eines Zusammenhangs mit der Tiefe festgestellt und angenommen, daß die beobachteten Unterschiede auf das Vorhandensein verschiedener isolierter Speicherräume zurückzuführen sind.

Es scheint allerdings ein gewisses Konzentrationsminimum im Bereich des Sulzbachtals vorzuliegen, wo die höchsten Konzentrationen in den Bohrungen bei ca. 15,5 g/l liegen. Dies ist nur wenig höher als der Wert der am südlichen Stadtrand von Bad Hall gelegenen Tassiloquelle (13,6–14,6 g/l).

Aus neuerer Zeit liegen zahlreiche Kontrollanalysen des Paracelsus Instituts, Chemische Abteilung (Leitung: Univ.-Prof. Dr. K. WINSAUER) vor. Abgesehen vom hohen Stand der Analytik sind diese Untersuchungen besonders aussagekräftig und wertvoll, da auch zahlreiche Spurenelemente analysiert und komplette Zeitreihen in Abständen von wenigen Wochen bis zu Jahren vorliegen.

Als Beispiel für ein aus einer Bohrung stammendes Formationswasser sollen die Daten aus der Tiefbohrung Bad Hall 1 dargestellt werden. Diese wurde im Jahre 1957 von der Rohöl-Gewinnungs AG – nach damaliger Vorstellung – auf einer achsialen Antiklinale angesetzt (E. BRAUMÜLLER, 1959) und fördert aus Sandstein- und Konglomeratlagen der Oberen Puchkirchener Serie, die im Intervall von 518–711 m perforiert wurde.

Die Untersuchung vom 15. Juli 1981 zeigte eine Ergiebigkeit von 16 l/min. Andere relevante Daten sind:

Wassertemperatur (am Auslauf) **19,6 °C**
El. Leitfähigkeit (bei 20 °C) 27,6 ms/cm
Dichte (bei 20 °C) 1,0133
pH-Wert 7,67
Trockenrückstand 19,66 g/l

Chemische Analyse der Jodsolewässer der Bohrung Bad Hall 1. (Analytik: Paracelsus Institut des Landes Oberösterreich, Chemische Abteilung, Prof. Dr. K. WINSAUER, Dr. H. DEUTINGER, Ing. P. HUEMER, 15. Juli 1981):

		Massenkonzentration mg/l	Ionenäquivalentkonzentration mmol/l	Äquivalentanteil %
KATIONEN				
Lithium	Li^+	1,0	0,14	0,04
Natrium + Kalium berechn. als	Na^+	7.141,3	310,63	93,28
Ammonium	NH_4^+	27,2	1,51	0,45
Magnesium	Mg^{2+}	121,2	9,97	2,99
Calcium	Ca^{2+}	202,9	10,12	3,04
Strontium	Sr^{2+}	18,8	0,43	0,13
Barium	Ba^{2+}	0,3	0,00	0,00
Mangan	Mn^{2+}	0,2	0,01	0,00
Eisen II	Fe^{2+}	5,1	0,18	0,05
Summe:		7.518,0	332,99	99,98
ANIONEN				
Chlorid	Cl^-	11.574,2	326,46	98,04
Bromid	Br^-	126,5	1,58	0,47
Jodid	J^-	44,6	0,35	0,11
Sulfat	SO_4^{2-}	1,2	0,02	0,00
Nitrat	NO_3^-	0,8	0,01	0,00
Hydrogencarbonat	HCO_3^-	278,6	4,57	1,37
Summe:		12.025,9	332,99	99,99
Summe Elektrolyte:		19.543,9		
Gasförmige Bestandteile:				
Freies Kohlendioxid	CO_2	32,2		
Summe:		19.576,1		

$KMnO_4$-Verbrauch (in alkalischer Lösung) 13,0 mg/l
Nitrit (NO_2^{2-}) nicht nachweisbar

Ein Vergleich der Werte der Jahre 1970, 1976, 1981, durchgeführt ebenfalls vom Paracelsus Institut zeigt, daß praktisch eine Konstanz der Werte vorliegt (siehe Tab. 2.4./2). Eine anschauliche Übersicht ist in einer halblogarithmischen Darstellung nach SCHOELLER gegeben, die für die wichtigsten Ionen der Bohrungen BH1, Sulzbach II, MÜ1, Zehrmühle, Holzner gegeben wird, wobei zu Vergleichszwecken auch die Bohrung V18 des Ölfeldes Voitsdorf herangezogen wurde (Fig. 2.4./5 und 2.4./6).

Die Daten der Bohrung Holzner unterscheiden sich nur geringfügig von denen der Zehrmühle, so daß sie nicht gesondert angegeben wurden. Es zeigt sich, daß die Wässer von Sulzbach II, MÜ1, Zehrmühle sich vor allem durch niedrige Werte der Erdalkalien unterscheiden, während BH1 und V18 trotz erheblicher Distanz große Analogien im Typus aufweisen.

Die Frage nach den Ursachen im Chemismus ist deshalb schwierig zu beantworten, weil die Wässer nicht aus einem einzigen Horizont, sondern vermischt über ein größeres Teufenintervall herrühren. Eine größere Entnahme könnte solche Mischungseffekte von Wässern aus verschiedenen Horizonten und möglicherweise aus verschiedenen Schollen verstärken. Einen gewissen Hinweis in die Richtung ergibt die Darstellung der elektrolytischen Leitfähigkeit als Funktion der Ergiebigkeit (Fig. 2.4./7). Für den Raum Bad Hall würde sich ein Korrelationskoeffizient von 0,57, mit Berücksichtigung von V18 ein Korrelationskoeffizient von 0,67 ergeben. Auch wenn eine lineare Regression bei den wenigen Werten noch keineswegs gesichert ist, scheint es doch wahrscheinlich, daß bei größerer Entnahme Wässer höherer Leitfähigkeit und damit auch höherer Konzentration zufließen.

Die Tassiloquelle ist deshalb interessant, weil sie einerseits aus der Haller Serie stammt und somit aufgrund der geologischen Situation repräsentativ für die-

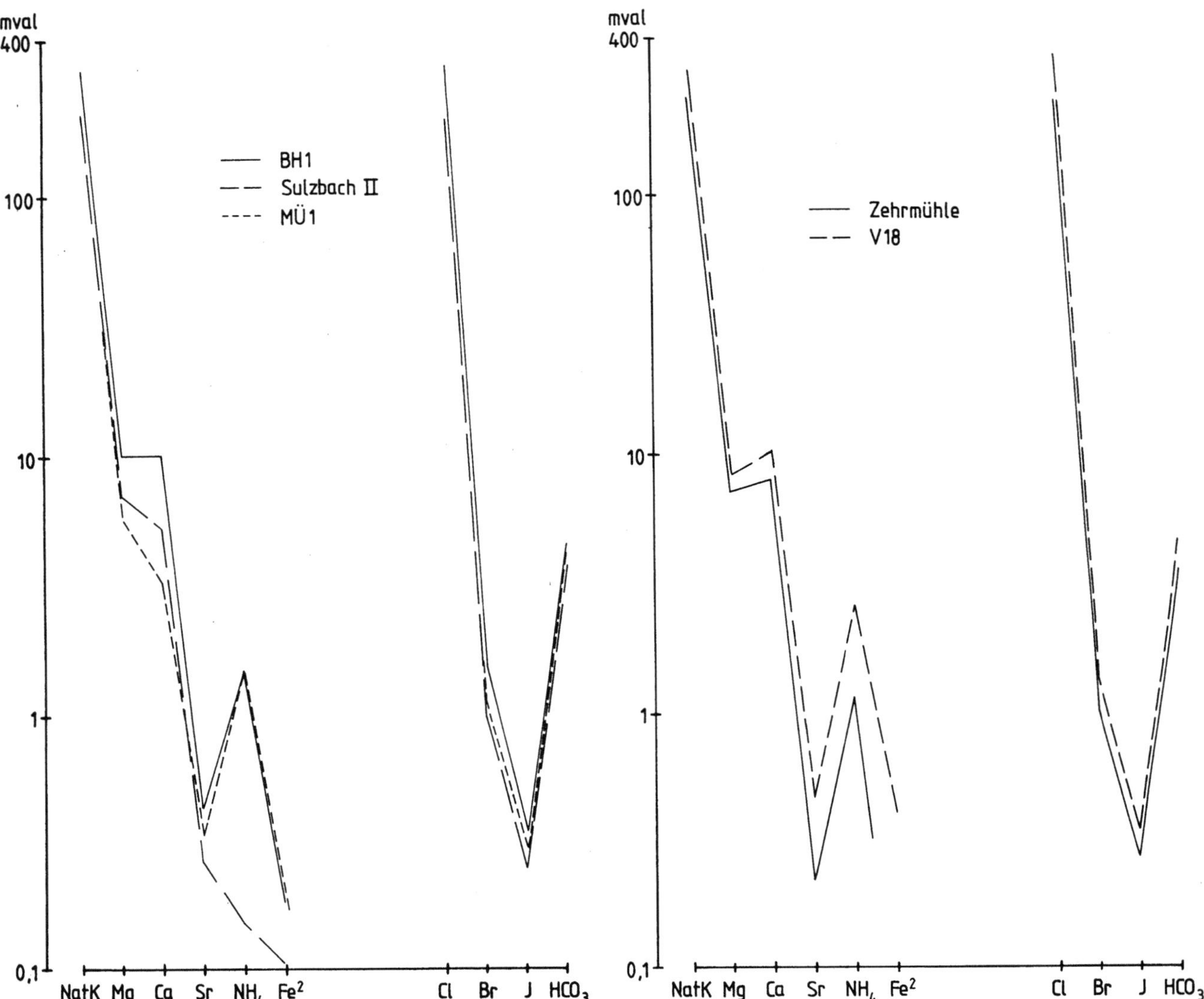

Fig. 2.4./5: Schoellerdiagramm der wichtigsten Kationen und Anionen der Bohrungen BH1, Sulzbach II und MÜ1.

Fig. 2.4./6: Schoellerdiagramm der wichtigsten Kationen und Anionen der Wässer Zehrmühle und V18.

ses Schichtglied sein dürfte. Langzeitbeobachtungen lassen keinen signifikanten Trend erkennen (Tab. 2.4./2). Allerdings wären im Vergleich zum Zeitraum vor 1954 (nach A. SCHMÖLZER, 1954) Chlorid- und Jodgehalt mit 7,964 g/l bzw. 26,3 mg/l gestiegen.

Daß jedoch Vorsicht beim Vergleich von Analysen in Jahresabständen angebracht ist, zeigt eine Analysenreihe aus dem Jahre 1984, wo die Probennahme in Abständen von Wochen erfolgte. Die Daten zeigen zeitliche Variationen in denen gewisse Perioden enthalten sein können, allerdings wäre für eine Klärung dieser Frage ein längerer Beobachtungszeitraum erforderlich (Fig. 2.4./8). Beim Jodgehalt würde der arithmetische Mittelwert bei 33,64 mg/l liegen. Der Versuch einer Regressionsgeraden ($y = 34{,}1 - 0{,}0045\ x$) ist mit einem Korrelationskoeffizienten von 0,44 statistisch wenig gesichert. Beim NaCl-Gehalt ist eine Abnahme der Konzentration im Beobachtungszeitraum dagegen ersichtlich. Das Ergebnis: $y = 15{,}5 - 0{,}023$ erscheint mit einem Korrelationskoeffizienten von 0,60 auch eine gewisse Wahrscheinlichkeit beanspruchen zu können.

Die Analysendaten von J.N. ANDREWS et al. (1987) beinhalten die Tassilo- und Paracelsusquelle, wobei die Konzentrationsunterschiede sich im Rahmen der be-

Tab. 2.4./2: Jodsolebohrbrunnen BH1, Vergleich der Werte 1970, 1976, 1981. Autor: Paracelsus Institut.

	Massenkonzentration mg/l			Ionenäquivalentkonzentration mmol/l			Äquivalentanteil %		
	1970	1976	1981	1970	1976	1981	1970	1976	1981
KATIONEN									
Natrium + Kalium									
berechnet als Na^+	7.257,5	7.110,7	7.141,3	315,69	309,30	310,63	93,39	93,20	93,28
Ammonium NH_4^+	24,8	40,9	27,2	1,37	2,27	1,51	0,41	0,68	0,45
Magnesium Mg^{2+}	121,0	118,7	121,2	9,95	9,76	9,97	2,94	2,94	2,99
Calcium Ca^{2+}	214,2	202,9	202,9	10,60	10,12	10,12	3,16	3,05	3,04
Eisen (II) Fe^{2+}	9,3	4,3	5,1	0,33	0,15	0,18	0,10	0,05	0,05
Summe:	7.626,8	7.477,5	7.497,7	337,94	331,60	332,41	100,00	99,92	99,81
ANIONEN									
Chlorid Cl^-	11.752,0	11.525,0	11.574,2	331,48	325,11	326,46	98,07	98,04	98,04
Bromid Br^-	126,5	114,0	126,5	1,58	1,43	1,50	0,47	0,43	0,47
Jodid J^-	43,4	42,0	44,6	0,34	0,33	0,35	0,10	0,10	0,11
Sulfat SO_4^{2-}	0,4	0,6	1,2	0,00	0,01	0,02	0,00	0,00	0,00
Nitrat NO_3^-	1,7	1,1	0,8	0,03	0,02	0,01	0,00	0,01	0,00
Hydrogencarbonat HCO_3^-	280,7	286,8	278,6	4,59	4,70	4,57	1,36	1,42	1,37
Summe:	12.204,70	11.969,5	12.025,9	338,02	331,60	332,91	100,00	100,00	99,99
Summe Elektrolyte:	19.831,5	19.447,0	19.523,6						
Freies CO_2	20,9	15,2	32,2						
$KMnO_4$-Verbrauch	22,5	8,1	13,0						
NO_2^-	0	0	0						

kannten Schwankungsbreite halten. Darüber hinaus sind Daten aus weiter entfernten Wasser- und Gasbohrungen z.B. die 17 km WNW von Bad Hall 1 gelegenen Bohrungen Gundersdorf H1 und Maierdorf H1 sowie aus dem Gasfeld Eberstalzell gegeben. Diese sind für Vergleichszwecke deshalb bedeutungsvoll, da sie ebenfalls aus der Puchkirchener Serie, und zwar aus Teufenbereichen von 940–1.114 m, also unter mächtiger Überdeckung durch Haller und Innviertler Serie, stammen. Die Gesamtmineralisierung ist mit Werten von 22,1–24,4 g/l etwas höher als die Konzentration aus dem Bad Haller Raum, deren Wässer allerdings aus geringerer Tiefe, ohne Überdeckung durch die mächtigen jüngeren Tonserien, stammen.

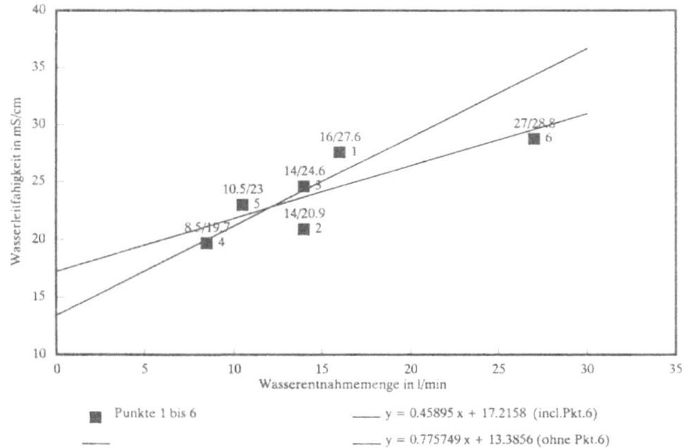

Fig. 2.4./7: Zusammenhang zwischen Wasserentnahmemenge und Wasserleitfähigkeit, lineare Regression.

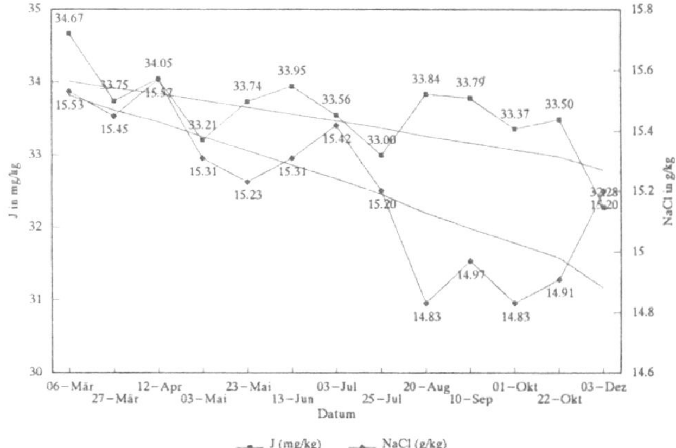

Fig. 2.4./8: Tassiloquelle: Schwankungen des NaCl- und J-Gehalts im Jahre 1984.

2.4.4.3.2. Radioaktive Elemente

In der Tassiloquelle wurden nach K. WINSAUER (1985) folgende radioaktive Elemente nachgewiesen (x = Analyse durch das Institut für Radiumforschung und Kernphysik der ÖAW, xx = Analyse durch die Internationale Atomenergiebehörde, Wien):

Radon^{x}	0,13 nCi/l
Radium^{x}	0,7 pCi/l
Uran^{xx}	0,8 µg/l
Thorium	1,19 µg/l
Radon	1,13 nCi/l

Die Stellung der lokalen Werte im regionalen Rahmen ist in der umfassenden Arbeit von J.N. ANDREWS et al. (1987) und J.E. GOLDBRUNNER (1988) gegeben, die sich auf den Gesamtraum der Molasse von Oberösterreich bezieht. Demnach sind die Urangehalte der Formationswässer, insbesonders der Puchkirchener Serie äußerst niedrig (0,001–0,01 µg/l). Die Radium-226-Gehalte nehmen mit zunehmender Salinität zu, was auch bei Untersuchungen in anderen Gebieten (z.B. S. BLOCH & R.M. KEY, 1981) beobachtet wurde.

2.4.4.3.3. Isotopenuntersuchungen

Aus dem Raum Bad Hall (Tassilo- und Paracelsusquelle) liegen Daten von J.N. ANDREWS et al. (1987) vor, die mit den Daten altersgleicher Schichtglieder der Umgebung in Beziehung gesetzt werden können. Demnach zeigt die Tassiloquelle einen Deuteriumwert von −24 δ‰, einen ^{18}O-Wert von −1,6 δ‰, die Paracelsusquelle Werte von −9 bzw. +1,0 δ‰. Letztere passen nahtlos zu den Werten der nächstgelegenen untersuchten Bohrungen mit Wässern der Puchkirchener Serie (Gundersdorf H1, Maierdorf H1, Eberstalzell H1, H2, H5), die ^{2}H-Gehalte von −9 bis −12, und ^{18}O-Gehalte von +0,18 bis +1,3 δ‰ aufweisen.

Die isotopisch schwersten Wässer finden sich in der Puchkirchener Serie, wobei die Deuteriumanreicherung von J.N. ANDREWS et al. (1987) als Folge der biogenen Methangenese erklärt wird. Der Tritiumgehalt der Tassiloquelle beträgt nach der Analyse der Bundesversuchs- und Forschungsanstalt Arsenal 0,4 ± 0,3 TU und stützt somit die Ausasage einer höheren Verweildauer.

2.4.4.3.4. Genese der Formationswässer

Die noch in der ersten Hälfte des 20. Jahrhunderts lebendige Annahme eines ursächlichen Zusammenhangs der jodhältigen Salzwässer mit einer tektonischen Störungslinie wurde um 1950 von R. GRILL & J. SCHADLER (R. GRILL, 1952) verlassen, die die Natur der Wässer als echte Formationswässer erkannten. Diese Annahme wurde sodann von A. SCHMÖLZER (1955, 1956) durch zahlreiche Argumente, vor allem geochemischer Natur und durch regionalgeologische Vergleiche erhärtet. E. BRAUMÜLLER (1959) erkennt die stratigraphische Stellung der wichtigsten Aquifere in den Haller und Puchkirchener Serien und weist auf die jeweils begrenzten Vorräte hin, die aufgrund der Petrophysik der Speichergesteine und der Tektonik durch eine Bohrung erschlossen werden können.

Aufgrund aller bisherigen Erkenntnisse steht fest, daß die mineralisierten Wässer von Bad Hall genetisch in marinen Sedimentbecken, das das Molassebecken ja gewesen ist, gespeicherten Wässern, entsprechen. Ob man diese Wässer noch als „connate water“ bezeichnen soll, ist eine Frage der Definition, wenn man die weiten Migrationswege und die dabei stattgefundenen Austauschvorgänge und auch Austauschvorgänge mit der Oberfläche in Rechnung stellt. Da nämlich die Schuppenzone im Raum Bad Hall im jüngeren Tertiär bloß gelegen ist und heute zum Teil wieder bloß liegt (Fig. 2.4./3), ist ein Austausch mit der Oberfläche ziemlich wahrscheinlich. Klüfte und kleinere Störungen sind im Bereich der Zehrmühle bekannt. Nach der stratigraphischen Einordnung der Aquifere wäre somit an ein maximales Alter der Wässer von 32 Mio. Jahren zu denken.

Eine hydrogeologische Besonderheit des Molassebeckens besteht darin, daß die tertiären und Oberkreideschichten von Malmkarbonaten unterlagert werden, in denen wesentlich niedriger konzentrierte Wässer auftreten. Theoretisch könnte unter entsprechenden hydrogeologischen Bedingungen im Lauf der geologischen Geschichte auch eine Vermischung über Brüche als Aufstiegswege erfolgt sein. Wenn hingegen wirklich im S des Molassebeckens ein Austausch mit dem Malm, der nach geochemischen Untersuchungen (H. POLESNY, 1983) als Muttergestein der Öllagerstätten der tieferen Stockwerke des Molassebeckens gilt, stattgefunden haben sollte, wären Ölspuren zu erwarten, weil der Austausch entlang von Brüchen sicher auch Cenoman- und Eozänspeicher miteinbezogen hätte. Nur im W (in Oberhofen 1) sind bisher in den tiefsten Schuppen Ölspuren bekannt (laut mündlicher Mitteilung von Herrn Dr. O. MALZER).

W. CARLÉ (1975, p. 442) gibt von Bad Hall die Analysen von 11, vom Raum Wels vier Joddaten zwischen 26 und 58 mg Jod/l Wasser an.

Dank

Für die Zurverfügungstellung von Analysen ist der Autor Herrn Univ.-Prof. Dr. K. WINSAUER (Institut für Analytische, Organische und Physikalische Chemie der Universität Linz) und dem Paracelsus Institut des Landes Oberösterreich zu aufrichtigem Dank verpflichtet. Weiters wird Herrn w.Hofrat Dipl-Ing. G. PFEIL (Landeskuranstalt Bad Hall) für die Genehmigung zur Veröffentlichung und Herrn Dr. O. MALZER (Rohöl-Aufschungs GmbH) für wertvolle fachliche Ratschläge bestens gedankt.

Literatur

ABERER, F. (1958): Die Molassezone im westlichen Oberösterreich und in Salzburg. – Mitt. d. Geol. Ges. in Wien, **50** (**1957**), 23–94, 1 Kte., Wien.

ABERER, F. (1962): Bau der Molassezone östlich der Salzach. – Z. dt. Geol. Ges., **113**, Hannover.

ANDREWS, J.N., M.J. YOUNGMAN, W.G. DARLING, J.E. GOLDBRUNNER, (1987): The Geochemistry of Formation Waters in the Molasse Basin of Upper Austria. – Environ. Geol. Water Sci., Vol. **10**, No. **1**, 43–57.

BLOCH, S. & R.M. KEY (1981): Modes of formation of anomalously high radioactivity in oil-field brines. – AAPG Bull., **65**, 154–159, Tulsa/Oklahoma.

BRAUMÜLLER, E. (1959): Der Südrand der Molassezone im Raume von Bad Hall. – Erdoel-Zeitschrift, **75**, 122–130, 3 Taf., Wien–Hamburg.

BRAUMÜLLER, E. (1961): Die paläographische Entwicklung des Molassebeckens in Oberösterreich und Salzburg. – Erdoel-Zeitschrift, **77**, **11**, 509–520, Wien–Hamburg.

CARLÉ, W. (1975): Die Mineral- und Thermalwässer von Mitteleuropa. – 643 S., 14 Abb., 1.402 Tab., 2 Ktn., Stuttgart (Wiss. Verl. Ges.m.b.H.).

DEL NEGRO, W. (1977): Abriß der Geologie von Österreich. – Geol. B.-A., Wien.

FRIEDL, K. (1924): Geologisches Gutachten über die Möglichkeit oder Wahrscheinlichkeit eines Öl- und Gasvorkommens in der Gegend von Bad Hall in Oberösterreich. – Unveröff. Bericht, Wien.

GOLDBRUNNER, J.E. (1984): Zur Hydrogeologie des Oberösterreichischen Molassebeckens. – Steir. Beiträge z. Hydrogeologie, **36**, Graz.

GOLDBRUNNER, J.E. (1988): Tiefengrundwässer im Oberösterreichischen Molassebecken und im Steirischen Becken. – Steir. Beiträge z. Hydrogeologie, **39**, Graz.

GOLDBRUNNER, J.E. (1990): Altheim, eine Marktgemeinde – Menschen mit Pioniergeist. Nutzung der Geothermie, Teil 1: Die geologische Situation und Erschließung des Heißwassers. – Information Geothermie, Heft **8**, Forschungsgesellschaft Joanneum Ges.m.b.H., Graz.

GRILL, R. (1952): Neue Jodwasserbohrungen in Bad Hall. – Verh. Geol. B.-A., 86–92, Wien.

GWINNER, M.P. (1978): Geologie der Alpen. – **VIII**, 2. ed., Stuttgart (Schweizerbart).

JANOSCHEK, R. (1969): Erdöl und Erdgas in Oberösterreich. – Katalog Geologie und Paläontologie des Linzer Raumes, 91–106, 8 Abb., 2 Tab., Kte. d. O.Ö. Landesmuseums Nr. 64.

JANOSCHEK, W.R. & A. MATURA (1980): Outline of the Geology of Austria. – Abh. Geol. B.-A., **34**, Wien.

KOLLMANN, K. (1977): Die Öl- und Gasexploration der Molassezone Oberösterreichs und Salzburgs aus regionalgeologischer Sicht. – Erdoel-Erdgas Zeitschrift, **93**/Sonderausgabe, 36–49, 19 Abb., Hamburg–Wien.

KOLLMANN, K. & O. MALZER, (1980): Die Molassezone Oberösterreichs und Salzburgs. – In: F. BACHMAYER (Hrsg.): Erdöl und Erdgas in Österreich. – 79–201, Abb., 1 Tab., 3 Beil., Wien.

MALZER, O. (1980): Geologische Charakteristik der wichtigsten Erdöl- und Erdgasträger der oberösterreichischen Molasse. Teil II: Die Konglomerate und Sandsteine des Oligozäns. – Erdoel-Erdgas Zeitschrift, **97**, H. **1**, 20–28, 11 Abb., Hamburg–Wien.

PETTERS, V. (1936): Geologische und mikropaläontologische Untersuchungen der Eurogasco im Schlier Oberösterreichs. – Petroleum, **32**, Nr. **5**, 10–12, Wien.

POLESNY, H. (1983): Verteilung der Öl- und Gasvorkommen in der oberösterreichischen Molasse. – Erdoel-Erdgas Zeitschrift, **99**, Hamburg–Wien.

SCHADLER, J. (1947): Geologie Bad Weinberg. – Unveröff. Bericht.

SCHMÖLZER A. (1954): Zur Geochemie der Jodquellen Bad Halls. – Mitt. d. Geol. Ges. in Wien, **47**, 99–120, Wien.

SCHMÖLZER, A. (1955): Zur Geochemie der Jod-Sole-Quellen von Bad Hall. – Chemie der Erde, **17**, H. **3**, 192–210, 3 Abb., 2 Tab., Jena.

UDLUFT, P. (1981): Die Süß-Salzwassergrenze Süddeutschlands als Ausdruck der Grundwasserdynamik. – Z. dt. Geol. Ges., **132**, 623–636, 6 Abb., Hannover.

WAGNER, L. (1980): Geologische Charakteristik der wichtigsten Erdöl- und Erdgasträger der oberösterreichischen Molasse. Teil I: Die Sandsteine des Obereozän. – Erdoel-Erdgas Zeitschrift, **96**, H. **9**, 338–346, 13 Abb., Hamburg–Wien.

WAGNER, L., K. KUCKELKORN & W. HILTMANN (1986): Neue Ergebnisse zur alpinen Gebirgsbildung Oberösterreichs aus der Bohrung Oberhofen 1 – Stratigraphie, Fazies, Maturität und Tektonik. – Erdöl-Erdgas-Kohle, **102**, H. **1**, Januar 1986.

ZÖTL, J. (1978): Tiefengrundwässer-Nutzung und Beherrschung. – Österr. Wasserwirtschaft, **30**, H. **3/4**, 46–52, 2 Abb., 1 Tab., Wien.

3. Die Provinz der salinaren Heilwässer der Nördlichen Kalkalpen

3.1. Einleitung (J. Zötl)

Die Nördlichen Kalkalpen reichen in Österreich als Obertaggebirge vom Rhein in Vorarlberg bis zum Wiener Becken, ab dessen Nordrand sie sich unter den Sedimenten des Beckens fortsetzen bzw. in äquivalente Einheiten der westlichen Karpaten übergehen.

Die Nördlichen Kalkalpen sind ein ausgesprochenes „Deckengebirge", dessen Einheiten über beträchtliche Entfernungen von S nach N verfrachtet wurden. Für Einzelheiten wird auf die Standardwerke von A. Tollmann (1976, 1977, 1985) verwiesen.

Die Salinarwässer der Nördlichen Kalkalpen sind **schichtgebunden** und würden bei ungestörter Lagerung in folgender Gliederung der alpinen **Trias** und des **Oberperms** vorliegen.

Als Beispiel werden aus den etwas voneinander abweichenden Schichtfolgen jene der Fazies der westlichen und der zentralen Kalkalpen des Raumes Hallein (Hallstätter Fazies) nach W. Del Negro (1977) vorgestellt (Tab. 3.1./1).

In der **Jurazeit** hielten im allgemeinen die geosynklinalen Bedingungen an, den verschiedensten Kalken sind Sandstein- und Mergelbänder eingeschaltet, dunkle Manganschiefer im Saalachgebiet nördlich des Dießbaches gehören dem Lias (oder Dogger) an. Die Malm-Basisschichten sind südöstlich von Hallein sehr mächtig; es ist eine bunte Palette von Mergeln, Kalken, Radiolariten etc. Ähnliches gilt für die Schichten des Kimmeridge.

Die schon früh, besonders aber seit der Kreidezeit einsetzenden **tektonischen Bewegungen** vollzogen sich zunächst als Deckenschübe hauptsächlich an den Grenzen von Faziesbereichen, aber auch Schweregleitungen mögen eingetreten sein.

Die wesentlichsten Bewegungen ergaben sich im Zuge der Orogenese. Heute unterscheidet man aus diesen Gesichtspunkten in den westlichen Kalkalpen die Allgäu-, Lechtal- und Inntaldecke, sie reichen bis in den Bereich westlich von Salzburg, wo sie auf die tektonische Haupteinheit der mittleren Kalkalpen, auf das „Tirolikum" stoßen. Auf oder in den Großeinheiten finden sich nun „Ferndecken" wie die als hochjuvavisch bezeichnete Reiteralm- oder Berchtesgadener Decke und als tiefjuvavisch bezeichnete Schollen, zu denen die Salzgebirge

Tab. 3.1./1: Schichtfolgen der Fazies der westlichen und der zentralen Kalkalpen des Raumes Hallein (Hallstätter Fazies nach W. Del Negro, 1977).

	WESTLICHE KALKALPEN	HALLSTÄTTER FAZIES
Rhät	Rote Schiefertone (Schattwalder Schichten) bzw. Oberrhätkalke, Kössener Schichten (hpts. Mergel, dunkle geschichtete Kalke u. Riffkalke)	Zlambachmergel
Nor	Plattenkalk, Hauptdolomit (z.T. mit Asphaltschiefern)	Graue Kalke, Roter Bankkalk
Karn	Raibler Schichten (Mergel, Kalke, Dolomite, Rauhwacken, Gips)	Roter Knollenkalk, Graue und Rote Kalke, (teilw. Halobienschiefer)
Ladin	Arlbergschichten (graue Kalke m. Mergellagen und Vulkaniten, Wettersteinkalk, geschichtet oder Riffkalk), Partnachschichten (schwarze dünnschichtige Mergel mit Kalkbänken), Reiflinger Kalk	verschiedene Kalke
Anis	Dunkle Kalke mit Hornsteinknollen (Reiflinger Kalk, Gutensteiner Kalk und schwarzgrauer Dolomit, Reichenhaller Schichten	Roter Lercheckkalk, Weißer Riffkalk (Zillkalk), Gutensteiner Dolomit
Skyth	Reichenhaller Schichten, Tonschiefer, Gips, Buntsandstein	Werfener Schichten
Oberperm	Permische Serie (vgl. Grauwackenzone)	Haselgebirge mit Salz

von Berchtesgaden-Hallein (Dürrnberg), Hallstatt, Ischl und Aussee gehören (siehe Lageskizze, Fig. 3.2./1). Dabei ist zu berücksichtigen, daß die Salinare entweder an der Stirn oder an der Basis der (jüngsten?) Decken zu liegen kamen, und, herausgequetscht aus dem ursprünglichen Verband mit Gesteinen verschiedensten Alters und Deckensystemen in Kontakt stehen können.

Diesen Umständen zufolge sind die salinaren Heilwässer durchwegs an Störungen gebundene Kluftquellen, von denen O. SCHAUBERGER (1979), der Altmeister der österreichischen Salinargeologie, annimmt, daß sie „ihren Gehalt an Kochsalz, Sulfaten, Schwefel und anderen Mineralstoffen aus in mindestens 1.000 m Tiefe liegenden Lösungsherden beziehen".

3.2. Die Heilquellen

3.2.1. Hall in Tirol (K. CZURDA)

3.2.1.1. Geologischer Rahmen

Das Steinsalzvorkommen im Haselgebirge bildete sich im Oberperm und ist im südlichen Karwendelgebirge die westlichste österreichische Salzlagerstätte. Sie ist durch das im hinteren Teil E-W-verlaufende Halltal mit der Fortsetzung im Isstal erschlossen. Bis 1967 wurde, fast 700 Jahre lang, der Salzbergbau im Halltal betrieben. Ebenso lange hatte die Haller Saline Bestand, die die Sole über eine 9,6 km lange Holzleitung aus dem Bergwerk bezog. Medizinisch betreute Solekuren gab es allerdings erst seit 1825. Im Jahre 1930 wurde die Stadt Hall dann in Solbad Hall umbenannt. Die Schließung des Bergbaues 1967 erforderte erneut eine Umbenennung in Hall in Tirol.

Die Geologie ist tektonisch geprägt von einer deutlichen Deckengrenze zwischen einem schmalen Streifen von Lechtaldecke, der die Thauerer- und Zunderkopfschuppe angehören, im S und der großen Deckscholle der östlichen Inntaldecke im N. Diese Deckenzuordnung ist schematisch, da gegen E die Zahl der Schuppen beträchtlich zunimmt und eigentlich eine Zuordnung zur Inntal- bzw. Lechtaldecke nicht mehr möglich ist. Die Zunderkopfscholle wird vom NW-SE-streichenden vorderen Halltal durchschnitten. Das salzhaltige Haselgebirge erstreckt sich im Bereich des hintersten Isstales etwa zwischen Karteller Jöchl im E, dem Issanger im N, dem Stempeljoch im W und der Wildlanger Spitze im S. Der E-W-streichende Kettencharakter des Karwendelgebirges kommt auch in diesem Bereich durch den tektonischen Sattel-Muldenbau zum Ausdruck. Die Gleirschkamm-Bettelwurf-Antiklinale geht im S über in die beherrschende und im W bis zur Seefelder Senke ziehenden Gleirschtal Synklinale. Nördlich der Schuppengrenze (Thaurer- und Zunderkopfschuppen) deutet sich durch die Steilstellung der Trias Schichten im Wildlanger und Törl die Fortsetzung der Solstein Antiklinale an.

Der Salzberg selbst, das Haselgebirge, kommt in den tektonischen Bereich der Aufwölbung im Wildanger/Törl und mit seinem nördlichen Teil in die Synklinale des Isstales (Gleirschtal Synklinale) zu liegen. Hier im Isstal steht das Haselgebirge oberflächennah, nur von quartärer Talfüllung überdeckt, an. Es wurde an den abgescherten Muldenflanken vom Wildanger im S bzw. Großen Lafatscher im N aktiv hochgeschleppt und durch Salzdiapirismus zusätzlich verformt. Oberflächlich streicht über dem Salzlager der Wettersteinkalk des Wildanger aus. Die Einhänge vom Wildangergrat zum Isstal sind von mächtigen Wettersteinkalk-Hangschuttmassen bedeckt. Gegen E zum Iss- und Karteller Jöchl hin bildet das Haselgebirge den Hauptanteil am Hangschutt und stellenweise sind Schollen von Reichenhaller Rauhwacke aufgeschlossen.

3.2.1.2. Salz und Sole von Hall in Tirol

Das Steinsalz-führende Haselgebirge ist einleitend angesprochen worden. Sein oberpermisches Alter ist durch Pollen nachgewiesen. Das Bildungsalter ist mit dem Haselgebirge des Oberösterreichischen Salzkammergutes (z.B. Hallstatt, Bad Ischl) gleichzusetzen. Zwei wesentliche Gesteinsgruppen sind in der Salzlagerstätte zu unterscheiden: das Haselgebirge, aus Ton, Steinsalz und Gips bestehend, und mächtige Anhydritlagen.

Das Salzgebirge, so weit es durch Grubenbaue erschlossen war, war im hintersten Halltal in einer Seehöhe zwischen 1.300 und 1.700 m bekannt. Im Isstal gibt es Ausbisse des Anstehenden, doch treten ausgelaugtes Haselgebirge und Gips als stark verwitterter Hangschutt, vornehmlich grünlicher Salzton, in Erscheinung. Das unter dem Wildanger gelegene östliche Feld mit NW-SE-Streichen, wurde als „Vorhaupt" bezeichnet und das Westfeld, mehr gegen das Isstal und das Stempeljoch hin ausgedehnt, als „Hinterhaupt". Dieses Feld ist ebenfalls größtenteils von der Wettersteinkalk-Scholle des Wildanger bedeckt. Das Salzgebirge war durch neun Horizonte erschlossen, wobei der Erzherzogberg mit einer Seehöhe des Stollenmundloches bei 1.422 m die größte bekannte Ausdehnung hatte.

Die nachfolgenden Anmerkungen zum Solbad haben historischen Charakter da – wie erwähnt – der Bergbau 1967 eingestellt und somit auch keine Sole mehr ausgelaugt wurde. Bergbautechnisch folgte die Auslaugung folgendem Schema: Es wurden in bestimmten Abständen jeweils zwei Stollen übereinander vorgetrieben. Der untere Stollen wurde kavernenartig aufgeweitet und vom oberen dann über einen schräg nach unten vorgebohrten Wasserkanal Wasser in die Kaverne geleitet. Dort löste das Wasser das Salz aus dem Gebirge und sättigte sich zur Sole auf, die in Holzleitungen direkt ins Sudhaus in Hall floß. Wie erwähnt war diese Leitung zuletzt 9,5 km lang und führte zur Saline am Unteren Stadtplatz. Nicht immer war das Pfannhaus an dieser Stelle. Es war an verschiedenen Stellen im Halltal errichtet worden und wanderte, der landschaftsverändernden Abholzung wegen, allmählich gegen den Ausgang des Halltales hin, ins sogenannte Aichat, damals (13. Jahrhundert) noch ein Eichenhain. Später wurde das Sudhaus vor allem mit Kohle aus dem Bergbau Häring betrieben, ab 1951 war der Betrieb dann voll elektrifiziert.

Nach mehreren wenig erfolgreichen Versuchen einen Kur- und Badebetrieb aufzubauen, wurde 1927–30 von der Stadt Hall ein modernes Kurmittelhaus errichtet und die Stadt zum Kurort erklärt. Der Hauptstrang der Soleleitung führte zum Sudhaus. Beim Stadtgraben jedoch wurde eine Nebenleitung abgezweigt und ins Kurmittelhaus geführt. Die Sole wurde über ein Reservoir unter dem Straßenniveau in einen Hochbehälter im Kurmittelhaus gepumpt und von dort in die Badekabinen, ins Inhalatorium und zum Trinkkurauslaß geleitet.

Die Sole hatte charakteristischer Weise eine Salzkonzentration von 26,5 Gew.% mit einem Na-Gehalt von 100,4 g und einem Chlorgehalt von 158,1 g/kg Sole. Die Kurmittelanwendung sah Bäder, Unterwassertherapien, Inhalationen und Trinkkuren vor.

Die konzentrierte Sole hatte über Jahrzehnte eine kaum schwankende Zusammensetzung. Als Beispiel sei eine charakteristische Analyse der Probennahme vom 13. Juli 1953 (durchgeführt von E. KOMMA & F. SCHEMINZKY) angeführt. Die Soleprobe entstammte dem Solehahn der Badekabine 12 im Kurmittelhaus (Temperatur!):

Temperatur 23,6 °C

KATIONEN	g/kg Sole	ANIONEN	g/kg Sole
Kalium	0,69	Chlor	158,1
Natrium	100,4	Brom	0,1197
Lithium	0,0022	Jod	0,00013
Ammonium	0,017	Sulfat	2,761
Strontium	0,187	Hydrogencarbonat	0,0844
Calcium	1,499		
Magnesium	0,6499		
Eisen II	0,00025		
Mangan	0,0136		
Aluminium	0,0084		
Summe Elektrolyte:	264,53258		
Kieselsäure, meta	0,0132		
Summe:	264,546		
Freies Kohlendioxid	0,003		
Summe gel. Stoffe:	264,549		

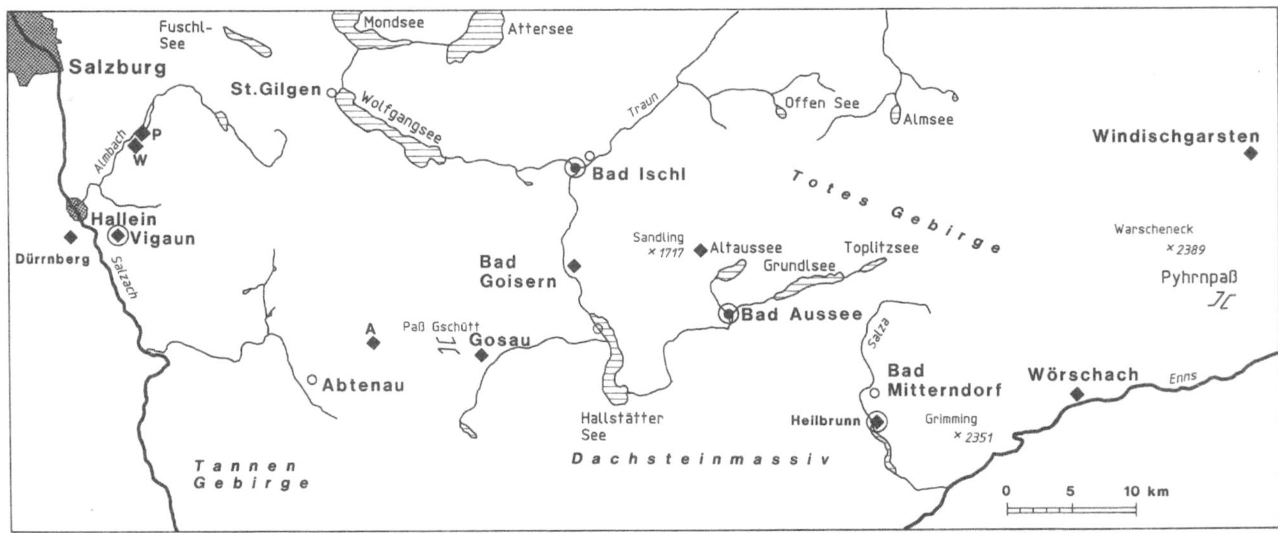

Fig. 3.2./1: Die wichtigsten Salinarquellenbereiche im salzburgisch-oberösterreichisch-steirischen Salzkammergut und in angrenzenden Karbonatgesteinen. Volle Vierecke = Sulfat- und Schwefelquellen, volle Kreise = Solebäder, große Kreise = Thermen. W = Wiestalquelle, P = Paracelsusquelle, A = Abtenau-Bad. Kleine Kreise = Orte.

Qualitativ konnten Spuren von Nitrat und Nitrit nachgewiesen werden, Bromate waren nicht nachweisbar.

3.2.2. Der Salzburgische Salinarbezirk (J. ZÖTL)

3.2.2.1. Die Sole-Schwefelquellen

Der Salzstock von Dürrnberg (Fig. 3.2./1) liegt an der Basis einer juvavischen Decke in einer Mulde des Tirolikums, die sich aus dem Bereich von Berchtesgaden gegen NE heraushebt und mit Oberalmer Kalk und Schrambachschichten beim Salzachtal endet (O. SCHAUBERGER, 1979). Der tektonischen Beanspruchung entspricht der Umstand, daß im Salzgebirge große Schollen von Kalken und Mergeln der Hallstätter Fazies stecken. Diese Schollen treten teilweise zutage, wo sie bewaldete Kuppen bilden, während andere völlig dem Salzgebirge eingebettet sind. Es ist typisch, daß die Sole-Schwefelquellen durch den Bergbau aus einer vom Salz umschlossenen, wasserwegigen Kalkscholle, in diesem Fall als „Lobkowitz-Einlagerung" bezeichnet, erschlossen wurden.

Ursprünglich drei Quellaustritte, die Jakobsquelle, die Quelle QI und die Quelle QIII. Im Zuge der Stollenvortriebe versiegte die Jakobsquelle, was auf einen Zusammenhang der wasserführenden Spalten hinweist.

Die folgenden physikalischen und chemischen Daten entstammen den Messungen und Analysen von E. KOMMA & F. SCHEMINZKY.

Die Schwefelquelle Q/I

Die Zunahme der Schüttung im Jahre 1962 ist auf eine Verbesserung der Fassung zurückzuführen.

Der Radongehalt ist unbedeutend, die Menge des Radium-Elementes hingegen liegt über dem Wert von $1{,}0 \times 10^{-7}$ mg/l.

Eine brauchbare chemische Analyse liegt nur aus dem Jahr 1953 vor:

		Massen-konzen-tration mg/l	Äquiva-lentan-anteil %
KATIONEN			
Natrium	Na^+	6.529,00	82,52
Kalium	K^+	90,60	0,67
Magnesium	Mg^{2+}	265,02	6,33
Calcium	Ca^{2+}	722,90	10,48
Summe:		7.607,52	100,00
ANIONEN			
Chlorid	Cl^-	9.981,00	81,75
Sulfat	SO_4^{2-}	2.841,00	17,17
Hydrogencarbonat	HCO_3^-	220,20	1,05
Hydrogensulfid	HS^-	1,75	0,03
Summe:		13.043,95	100,00
Summe Elektrolyte:		20.651,47	
Gasförmige Bestandteile:			
Freies Kohlendioxid	CO_2	16,0	
Freier Schwefelwasserstoff	H_2S	0,306	
Summe:		20.667,776	

Zweiwertiger titrierbarer Schwefel	2,108 mg/l
Organische Stoffe	15,1 mg/l

Mit > 20 g/l an gelösten Stoffen hatte das Wasser 1953 eine hypertonische Konzentration. Über 20 mval% haben nur das Natrium und Chlorid. Mit 2,1 mg/l an zweiwertigem Schwefel und dem H_2S ist der Charakter einer **Schwefelquelle** gegeben. Durch den hohen Kochsalzgehalt von > 15 g/l ergibt sich die Bezeichnung radiumhältige **Schwefel-Sole-Quelle**. Der Radiumgehalt wird heute allerdings nicht mehr in die Bezeichnung einbezogen, da laut Erlaß des BM für soziale Verwaltung vom 15. Mai 1960 „Radiumwässer" aus der Liste der Heilwässer gestrichen wurden.

Weiße Ausblühungen an den Wänden der Quellfassung erwiesen sich als Calciumsulfat (Gips) mit einem Anteil von Magnesiumsulfat; sie kommen nach O. SCHAUBERGER, l.c. durch die Zersetzung und Umwandlung des dolomitisierten Kalkes unter Einwirkung der Schwefelwasserstoffgase (vielleicht auch unter Mitwirkung von Schwefelbakterien) zustande.

Die Schwefelquelle Q/III

Von der Schwefelquelle Q/III wurde von E. KOMMA & F. SCHEMINZKY nur 1954 eine weitgehend vollständige Analyse durchgeführt:

Schüttung 4,07 l/min (0,06 l/s)
Quelltemperatur 11,2 °C
pH-Wert 6,91
El. Leitfähigkeit (bei 20 °C) 7.299 µS/cm
Gesamtmineralisation: isotonische Konzentration
Trockenrückstand 10.297,5 mg/l

Radon 2,5 ME = 0,9 nCi/l
Radium $0{,}58 \times 10^{-7}$ mg/l
Uran $0{,}06 \times 10^{-6}$ g/l

Chemische Analyse (E. KOMMA & F. SCHEMINZKY) von 1954:

		Massen-konzen-tration mg/l	Äquiva-lent-anteil %
KATIONEN			
Natrium + Kalium	$Na^+ + K^+$	3.363,0	86,23
Magnesium	Mg^{2+}	123,0	5,99
Calcium	Ca^{2+}	263,9	7,77
Eisen II	Fe^{2+}	0,2	0,01
Summe:		3.750,1	100,00

ANIONEN			
Chlorid	Cl^-	4.640,0	77,60
Sulfat	SO_4^{2-}	1.616,0	19,95
Hydrogencarbonat	HCO_3^-	251,0	2,44
Hydrogensulfid	HS^-	0,46	0,01
Summe:		6.507,46	100,00
Summe Elektrolyte:		10.257,56	
Gasförmige Bestandteile:			
Freies Kohlendioxid	CO_2	16,0	
Summe:		10.273,56	

Zweiwertiger titrierbarer Schwefel 0,84 mg/l

Die Quelle ist als Natrium-Chlorid-Sulfat-Quelle bzw. als Kochsalz-Glaubersalz-Quelle zu bezeichnen. Der Gehalt an titrierbarem zweiwertigem Schwefel liegt gegenüber früher unter dem Grenzwert von 1,0 mg/l. Bezüglich der Radioaktivität gilt das bei Q/I Gesagte.

Was die Herkunft des Wassers der beiden Quellen anbelangt, so nimmt O. SCHAUBERGER, l.c. an, daß die Wässer in der nach NE in unbekannte Tiefe abgesunkenen Lobkowitz-Einlagerung hochsteigen. Die in bezug auf die geographische Lage erhöhte Wassertemperatur scheint dies zu bestätigen.

3.2.2.2. Die Sulfatquellen im Wiestal bei Hallein

Die zweite Quellgruppe im Raum Hallein liegt 4 bzw. 5 km nördlich der Stadt im sogenannten Wiestal am rechten Ufer des Almbaches.

Das Wiestal folgt einer SW-NE-streichenden Störungszone, die im Salzachtal die ältere NNW-SSE-streichende „Salzachstörung“ quert.

3.2.2.2.1. Die Wiestalquelle

Physikalische Daten:
Schüttung 3,0 l/min (0,05 l/s)
Wassertemperatur 11,5 °C

Radon 3,8 ME = 1,4 nCi/l
Radium-Element $30{,}7 \times 10^{-12}$ g/l
Uran $0{,}14 \times 10^{-6}$ g/l

Die chemische Analyse der Wiestalquelle nach E. KOMMA & F. SCHEMINZKY, 1962:

		Massen-konzen-tration mg/l	Äquiva-lent-anteil %
KATIONEN			
Natrium	Na^+	1.869,0	59,52
Kalium	K^+	54,5	1,02
Magnesium	Mg^{2+}	277,3	16,69
Calcium	Ca^{2+}	623,2	22,77
Eisen II	Fe^{2+}	0,05	–
Summe:		2.824,05	100,00
ANIONEN			
Chlorid	Cl^-	2.729,0	56,55
Sulfat	SO_4^{2-}	2.726,0	41,72
Hydrogencarbonat	HCO_3^-	141,6	1,70
Hydrogensulfid	HS^-	1,02	0,02
Summe:		5.597,62	99,99
Summe Elektrolyte:		8.421,67	
Schwache Elektrolyte:			
Kieselsäure, meta	H_2SiO_3	24,2	
Summe:		8.445,87	
Gasförmige Bestandteile:			
Freies Kohlendioxid	CO_2	6,0	
Freier Schwefelwasserstoff	H_2S	1,4	
Summe:		8.453,27	

Zweiwertiger titrierbarer Schwefel 2,31 mg/l

Chemische Charakteristik: Radonhältige Natrium-Calcium-Chlorid-Schwefelquelle.

An *Spurenelementen* (in µg/l) wurden vom Arbeitskreis für Spurenanalyse, Univ.-Prof. Dr. G. KNAPP, Graz, 1990 gemessen:

As	Ba	B	Sr	J
38	10	200	**15.400**	41

Mit ca. 8,5 g gelöster Stoffe in 1 l Wasser ist die Wiestalquelle eine Mineralquelle isotonischer Konzentration.

30 m bachaufwärts beschreibt O. SCHAUBERGER (1979) einen „Nebenaustritt“ mit denselben physikalischen Daten des Wassers. Er kann als nicht erfaßter Quellast der Wiestalquelle betrachtet werden.

3.2.2.2.2. Die Paracelsusquelle Hallein

Eine andere Quelle dieses Bereiches ist die sogenannte **Paracelsusquelle** (früher Wallmann-Quelle).

Diese Quelle entspringt im Golsgraben, einem rechten Zubringer des Almbaches 100 m oberhalb seiner Mündung in das Wiestal. Der Quellaustritt liegt in der Katastralgemeinde Oberalm in 485 m NN in Mergelkalkbänken der Kössener Schichten. Das Quellwasser fließt aus einer Spalte der hier steilstehenden Kluftschar, die dem Streichen der Wiestalstörung folgt. Die Quelle wurde 1970 endgültig gefaßt und nach der physikalisch-chemischen Untersuchung mit amtlichem Bescheid 1972 zur Heilquelle erklärt.

Physikalisch-chemische Daten (E. KOMMA & F. SCHEMINZKY):
Schüttung 1,68 l/min (0,03 l/s)
Wassertemperatur 8,6 °C
pH-Wert 7,45
El. Leitfähigkeit 8.000 (1969), 8.700 (1973) µS/cm

Radon 3,65 nCi/l
Radium 50 pCi/l
Uran 0,013 µg/l

Die chemische Analyse ergab 1969 vor, bzw. 1973 () nach der Fassung (O. SCHAUBERGER, 1979, p. 26):

		Massenkonzentration mg/l		Äquivalentanteil %	
		1969	1973	1969	1973
KATIONEN					
Natrium	Na^{+}	1.510,0	(1.760)	56,86	(–)
Kalium	K^{+}	36,7		0,81	(–)
Magnesium	Mg^{2+}	348,2	(276,6)	17,67	(17,49)
Calcium	Ca^{2+}	570,3	(632,9)	24,64	(24,09)
Summe:		2.465,2	2.669,5		
ANIONEN					
Chlorid	Cl^{-}	2.121,0	(2.421)	51,79	(52,10)
Sulfat	SO_4^{2-}	2.572,0	(2.931,0)	46,36	(46,56)
Nitrat	NO_3^{-}	3,24		0,05	
Hydrogencarbonat	HCO_3^{-}	115,6	(107,0)	1,61	(1,34)
Summe:		4.811,84	5.459,0		
Summe Elektrolyte:		7.277,04	8.128,5		

An *Spurenelementen* (in µg/l) ergab sich 1969:

Li	Fe	Mn	F
125	2	2	**2.690**

Strontium wurde nicht gemessen. Der Fluorwert geht über den Tagesbedarf eines Menschen von 1 g/Tag hinaus.

Das Wasser ist als radon- und fluorhältiges Natrium-Calcium-Chlorid-Sulfat-Wasser zu bezeichnen.

Genutzt wird von den Heilquellen im Halleiner Bereich nur die Wiestalquelle, obwohl für die Dürrnberger Mineralwässer sowohl eine klinische Erprobung an der II. Medizinischen Universitätsklinik in Wien durch Professor FELLINGER, als auch durch den Halleiner Internisten Dr. MAYER eine hervorragende Beurteilung vorliegt. Beide Quellen werden „in die wilde Flut" abgeleitet (O. SCHAUBERGER, 1979, p. 21). Auch bezüglich der Schüttung liegen die beiden Quellen Q/I und Q/III beträchtlich über jener der Wiestalquelle.

O. SCHAUBERGER (l.c., p. 28), hat auch die Frage aufgeworfen, ob ein Zusammenhang der Wiestalquellen mit den Mineralquellen in Salzburg Dürrnberg bestehen könnte, da beide an der gleichen SW-NE-streichenden Störungszone liegen und auch einen verwandten Chemismus aufweisen.

Detaillierte Vergleiche sowohl der Ionenverteilung als auch Bestimmungen der Schwefel-Isotope $\delta^{34}S$ ergaben jedoch verschiedene Werte. Ausschlaggebend ist schließlich der Umstand, daß die in den Dürrnberger Quellen gefundenen S-Isotopenwerte typisch für Evaporite des Oberperms (Zechstein) sind, jene vom Wiestal hingegen für Skyth bis Anis (Untertrias). Daraus läßt sich schließen, daß die Dürrnberger Quellen ihr Sulfat aus dem permoskythischen Salinar des Salzstockes von Dürrnberg-Hallein beziehen, das Sulfat der Wiestalquellen aber eher vom anhydritischen Haselgebirge aus dem obersten Werfener Horizont des Tirolikums.

Im Raum Salzburg treten sowohl am linken als auch am rechten Ufer kleine Salz- bzw. Schwefelwasserquellen aus (Ofenau, Fuchshof, Parsch Nationalpark Aigen u.a.), Zeugen von Schuppenresten des tektonisch stark durchbewegten Gebietes der Kalkvoralpen. Die Quellen sind allesamt versiegt oder werden nicht genutzt.

Von Interesse hingegen ist der in jüngerer Zeit durchgeführte Aufschluß durch eine ÖMV-Bohrung ca. 3 km südöstlich von Hallein (Vigaun).

3.2.2.3. Die ÖMV-Bohrung Vigaun (Barbara-Quelle, Kurzentrum Vigaun)

Im Jahre der 1976 brachte die ÖMV in ihrem Konzessionsgebiet bei der Ortschaft Vigaun, 3 km im SE von Hallein die Untersuchungsbohrung Vigaun-U1 nieder, die in einer Teufe von 1.289–1.354 m Mineralwasser erschrotete, das später den Namen „Barbara-Quelle" erhielt. Fig. 3.2./2 zeigt die örtliche Lage und die Situation im alpinen Deckengebirge.

H. KRAMER & A. KRÖLL (1979) ist folgendes **geologisches Profil** zu entnehmen:

In der Beckenfüllung des Salzachtales wurde nach ca. 2 m Nagelfluhkonglomerat und 18 m Flußschotter ein zäher, 18 m mächtiger, graubrauner Seeton angefahren. Dieser bildet das Hangende einer bis 78 m Teufe reichenden Moräne, die wieder von einer Lage Seeton abgelöst wird. Diese Wechsellagerung wiederholt sich bis 338 m Teufe.

Unter dem quartären Sedimentpaket setzen Juragesteine, bräunlichgraue harte Mergelkalke mit Hornsteinlagen (Obermalm) ein. Das Einfallen geht gegen SW bis W (10–20°), die Mächtigkeit beträgt 141 m (Teufe: 338–479 m). Der mittlere Malm (479–615 m Teufe) beginnt mit den sogenannten Tauglbodenschichten, einer in der Bohrung 136 m mächtigen Serie von grünlichen bis graubraunen und schwarzen Tonsteinen und Tonmergelsteinen mit Lagen von Mergel und Radiolariten. Darunter folgen Adneter Kalk (Lias, 615–620 m Teufe) und oberrhätischer Riffkalk (620–765 m). Bei letzterem treten gegen die Sohle zu häufig steile, mit hellgrünem Material erfüllte Klüfte auf.

Die unter dem Riffkalk liegenden Kössener Schich-

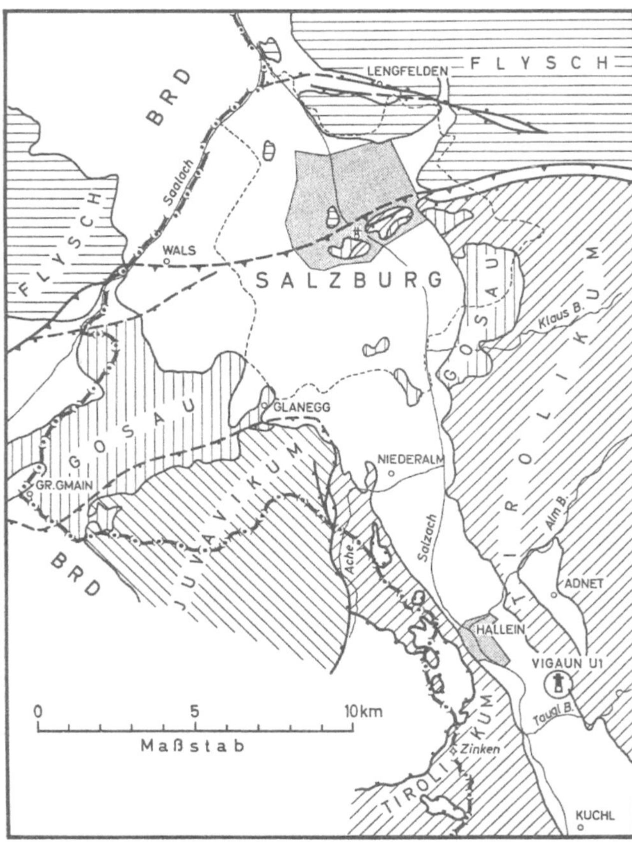

Fig. 3.2./2: Geologische Übersichtskarte und Lage der Bohrung Vigaun (aus: H. KRAMER & A. KRÖLL, 1979). Für das Gebiet unmittelbar bei Hallein wäre zu bemerken, daß bei Dürrnberg südlich Hallein am linken Salzachufer noch ein juvavischer Deckenrest auf dem Tirolikum liegt.

ten (Rhät, 765–785 m Teufe) sind schwarze bis gelbliche Tonsteine in Wechsellagerung, deren Klüfte (Fallen 60–70°) meist mit Calcit verheilt sind.

Die folgende, mächtige Serie bilden Plattenkalke (Nor, 785–1.248 m Teufe). Dunkelgraue bis bräunliche Kalke wechseln mit Dolomiten, die Übergänge sind fließend.

Der liegende Hauptdolomit (Nor, 1.248–1.354 m) reicht bis zur Endteufe der Bohrung. Er ist graubraun, stark zerklüftet, ungeschichtet und wasserführend.

Physikalisch-chemische Daten:

Die Schüttung war 1977 1 l/s artesischer Überlauf, 1978 wurden knapp 2 l/s gepumpt.

Die Wassertemperatur betrug im Plattenkalk 36 °C, im Hauptdolomit 37 °C. Beim artesischen Überlauf wurden 1977 25 °C und während des Pumpversuches 1978 (unbekannter Dauer) 31,9 °C gemessen.

Die Radioaktivität des Wassers äußert sich in einem niedrigen Radongehalt von 1,8 nCi/l, einem hohen Radiumgehalt und einem geringen Thoriumgehalt von < 3 pCi/l.

Der gemessene Gehalt von Tritium (1 ± 1 TU) liegt im Bereich der Nachweisgrenze und kann auch auf eine Kontamination zurückzuführen sein. Die einzige mögliche Folgerung ist, daß das Wasser schon vor mehr als 50 Jahren infiltriert ist (Halbwertszeit des Tritiums 12,3 Jahre). Zu erwähnen sind noch die grenzwertüberschreitenden Gehalte an Strontium (> 10 mg/l) und Fluor (> 2 mg/l), über dessen Schädlichkeit für Trinkkuren in dieser Größenordnung geteilte Meinung besteht. Nach den Ionenanteilen ist die Barbara-Quelle als eine **Natrium-Calcium-Chlorid-Sulfat-(Schwefel-)Therme** zu bezeichnen.

Chemische Analyse der ÖMV, 1976:

		Massen-konzen-tration mg/l	Äquiva-lent-anteil %
KATIONEN			
Natrium	Na^+	1.990,00	62,87
Kalium	K^+	18,00	0,33
Magnesium	Mg^{2+}	213,00	12,73
Calcium	Ca^{2+}	664,00	24,06
Summe:		2.885,00	99,99
ANIONEN			
Chlorid	Cl^-	2.800,00	57,42
Sulfat	SO_4^{2-}	2.732,00	41,46
Hydrogencarbonat	HCO_3^-	95,40	1,12
Summe:		5.627,40	100,00
Summe Elektrolyte:		8.512,40	

Chemische Analyse von A.J. STEHLIK, 1978:

		Massen-konzen-tration mg/l	Äquiva-lent-anteil %
KATIONEN			
Natrium	Na^+	2.004,00	63,71
Kalium	K^+	15,80	0,29
Magnesium	Mg^{2+}	208,80	12,55
Calcium	Ca^{2+}	642,90	23,45
Summe:		2.871,50	100,00
ANIONEN			
Chlorid	Cl^-	2.747,00	56,55
Sulfat	SO_4^{2-}	2.773,00	42,16
Hydrogencarbonat	HCO_3^-	107,70	1,28
Summe:		5.627,70	99,99
Summe Elektrolyte:		8.499,20	

Schwache Elektrolyte:		
Borsäure, ortho	H_3BO_3	1,4
Summe:		8.500,60
Gasförmige Bestandteile:		
Freies Kohlendioxid	CO_2	4,40
Freier Schwefelwasserstoff	H_2S	0,173
Summe:		8.505,173

Die Gasanalyse betrug:

Stickstoff (N_2) einschließlich Edelgase	99,7%
Kohlendioxid (CO_2)	6,3%
Schwefelwasserstoff	Spuren
kein Methan (CH_4)	

Es handelt sich um eine warme Mineralquelle isotonischer Konzentration.

Spurenelemente (in µg/l) gemessen durch die ÖMV, 1976, A.J. STEHLIK, 1978 (Werte in Klammer):

Li	Sr	Ba	Fe
300 (130)	**16.200 (10.700)**	(135)	8.400 (1.530)

Mn	Cu	Pb	F	Br	J	NO_3
(260)	(14)	Sp.	(**3.730**)	**1.100**	(60)	(20)

Strontium und Fluor lassen auf eine beachtliche tiefe Wasserzirkulation schließen.

Während der Bohrung wurden die Wasserzutritte aus dem Plattenkalk (1.126–1.196 m) und dem Hauptdolomit (1.289–1.354 m) getrennt getestet.

Der Wasserzutritt aus dem Plattenkalk hatte eine geringere Mineralisierung (gelöste Stoffe 7.525,6 mg/l) als der Zutritt aus dem Hauptdolomit (8.942 mg/l). Die Unterschiede liegen bei den Kationen im Ca- und Mg-Gehalt und bei den Anionen beim SO_4 und sind demnach gesteinsbedingt. Schwerer zu erklären sind die großen Unterschiede des Spurenelementes Strontium, das im oberen Stockwerk, d.h. im Wasser des Plattenkalkes mit einem Wert von 5.900 µg/l, im Wasser aus dem Hauptdolomit jedoch mit 16.200 µg/l gemessen wurde.

Die Bohrung, die zur Gänze in der Einheit des Tirolikums verblieb, hat keine bituminösen Einlagerungen, wie sie im Wiestal aufgeschlossen sind, angetroffen. Der Strontiumgehalt mit einer Konzentration in doppelter Höhe des Strontiums im Meerwasser ist aber in beiden Wässern nahezu gleich und stützt die Annahme von O. SCHAUBERGER (1979, p. 37), der ein gemeinsames „Nährgebiet“ der Barbara-Quelle von Vigaun mit den Wiestalquellen im Bereich eines anhydritischen Salinars an der Basis des Tirolikums vermutet.

Nach dem geologischen Schnitt in der Abb. 3 bei H. KRAMER & A. KRÖLL (1979) hat die Bohrung das wenige hundert Meter östlich liegende Störungsbündel nicht getroffen.

3.2.2.4. Die Mineralquellen von Abtenau-Bad

Das Quellgebiet von Abtenau-Bad liegt etwa 3,8 km östlich des Ortes Abtenau am Südostrand der von der Lammer durchflossenen Abtenauer Salinarmulde, in der an mehreren Stellen Gips abgebaut wird. Das Lammertal ist hier tief in das ausgelaugte Salzgebirge eingeschnitten, und wird an der linken Talflanke von Rauhwacke, Werfener Schichten, Gutensteiner Kalk und -Dolomit, am rechten Ufer von Gosauschichten und Moränen überlagert.

O. SCHAUBERGER (1979) nennt als bedeutendste Quellaustritte die **St. Rupertusquelle** (I), die am rechten Ufer 142 m südlich des Kurhauses aus kalktuffüberzogener Rauhwacke aufsteigt, die **Annenquelle** (II), die am rechten Ufer 142 m südlich der Rupertusquelle in einer Felsstufe aus dem Gutensteiner Kalk entspringt, und die einige Zehner Meter weiter talein liegenden Quellen III und IV, die ungenutzt in die Lammer abfließen. Die Quellen werden seit Mitte des vergangenen Jahrhunderts genutzt, sie gehören seit 1955 der „Kurhaus-Abtenau-Bad-Ges.m.b.H.“, deren Vertretern ich für die Nutzung der letzten Großen Heilwasseranalyse (A.J. STEHLIK, 1988) und weiterer Gutachten zu Dank verpflichtet bin.

Eine ältere analytisch-balneologische Untersuchung der Quellen I und II erfolgte durch E. KOMMA & F. SCHEMINZKY (1957/58, publ. 1959).

Beide Quellen sind Natrium-Calcium-Chlorid-Sulfat-Wässer (gipsige Kochsalzquellen). Die Schüttung der Rupertusquelle betrug 1957 ca. 1 l/s, jene der Annenquelle 0,4 l/s (1965). Die Wassertemperatur lag bei beiden Quellen um 11,5 °C. Der Gehalt an radioaktiven Spurenelementen liegt unter den Grenzwerten.

Was die Wassertemperatur anbelangt, so handelt es sich zwar um eine „kalte“ Quelle, für die Seehöhe des Austrittes (680 m NN) jedoch wesentlich über dem Jahresmittel liegend.

3.2.2.4.1. Die St. Rupertusquelle

Die Gegenüberstellung der Meßreihen in Tab. 3.2./1 zeigt eindeutig die fallende Tendenz, insbesonders der Kochsalzanteil Na und Cl, aber auch der anderen Kationen und des Sulfates. Dementsprechend ging auch die Gesamtmineralisation zurück. Ausgewogen blieb das Hydrogencarbonat. Bei den Spurenelementen machten das zweiwertige Eisen, das Mangan, der Aluminiumgehalt und Brom diese Tendenz mit, gegenläufig ist der Gehalt an Strontium (Tab. 3.2./2). Die Abnahme

Tab. 3.2./1: Vergleich der physikalischen-chemischen Daten der St. Rupertusquelle von E. LUDWIG et al. (1906), E. KOMMA & F. SCHEMINZKY (1958) und A.J. STEHLIK aus dem Jahre 1988.

	E. LUDWIG et al. 1906		E. KOMMA & F. SCHEMINZKY 1958		A.J. STEHLIK 1988	
Schüttung (l/s)	1,3		1,13		1,26	
Quelltemperatur (°C)	11,6		11,5		12,25	
pH-Wert	7,3		–		7,16	
Dichte (g/ml)	1,0079		1,0045		1,0039	
Abdampfrückstand (mg/l bei 105 °C)	9.000		7.857		6.753	
	Massen-konzen-tration mg/l	Äquiva-lent anteil %	Massen-konzen-tration mg/l	Äquiva-lent-anteil %	Massen-konzen-tration mg/l	Äquiva-lent-anteil %
KATIONEN						
Natrium	2.131,95	63,34	1.720,00	58,80	1.287,5	53,28
Kalium	28,60	0,50	27,80	0,56	23,92	0,58
Magnesium	152,67	8,57	144,60	9,35	137,6	10,77
Calcium	803,05	27,40	798,50	31,30	739,5	35,10
ANIONEN						
Chlorid	3.310,32	63,80	2.689,00	59,60	2.050,2	54,81
Sulfat	2.309,84	32,86	2.228,00	36,45	2.050,4	40,46
Hydrogencarbonat	297,76	3,33	298,60	3,85	302,6	4,70
Summe Elektrolyte:	9.034,19		7906,50		6.591,72	

Tab. 3.2./2: Vergleich der Spurenelemente der St. Rupertusquelle (in µg/l). Analytiker siehe Tab. 3.2./1 (1990 = Arbeitskreis für Spurenanalyse, Graz).

Jahr	Li	Sr	Ba	Fe	Mn	Al	F	Br	J	B
1906	–	10.150	–	1.400	300	50	–	2.600	–	–
1958	Sp.	–	–	330	10	20	–	–	–	–
1988	138	10.560	12	275	4	1	360	2.050	54	26
1990	–	11.400	13	–	–	–	–	–	6	>10

von Na- und Cl-Ionen ist eine Folge der fortschreitenden Auslaugung des Haselgebirges.

3.2.2.4.2. Die Annenquelle

Für die Annenquelle liegen nur einige brauchbare Daten vor, so von F. SCHEMINZKY aus dem Jahre 1957 und H. REISENBICHLER (1966):

Der Gehalt an Radiumelementen Rn, Ra und U blieb unbedeutend. Wichtig ist für beide Quellen, daß die von A.J. STEHLIK veranlaßte **Tritriummessung** der BVFA Arsenal für beide Quellen Werte ergab (51,7 ± 2,3 TU), die eindeutig junges Wasser aus dem gleichen Einzugsgebiet belegen.

Die chemischen Analysen der St. Rupertusquelle und der Annenquelle gleichen einander.

Beide Quellen zeigen sowohl erhöhte Wassertemperaturen als auch hohe Strontiumgehalte.

Auch die hohe Schüttung der Quellen ist außergewöhnlich. Mit > 1 l/s schüttet die Rupertusquelle mehr als das 20fache der Wiestalquelle und auch die anderen Quellen im Salzburgischen Salinar liegen in diesem niedrigen Bereich. Daß hier Karbonat- und Gipskarstphänomene eine hydrologische Funktion innehaben ist augenscheinlich.

3.2.3. Die Salinarquellen des Oberösterreichischen und Steirischen Salzkammergutes (J. ZÖTL)

Von Abtenau erreicht man über den Paß Gschütt den Salinarbezirk des Oberösterreichisch-Steirischen Salzkammergutes. Die Straße durch das Gosautal führt zu ihrer Rechten am Plassen entlang, an dessen Ostflanke die berühmten historischen Bergbaue von Hallstatt in der Blütezeit der keltischen Kulturepoche umgingen.

Eine Reihe von „Sauren Wässern“ tritt rund um das Massiv auf, meist kleinste Gerinne ohne Nutzung, von „Lecken“ für Wild und Weidevieh abgesehen.

Jedem Einheimischen bekannt ist das „Warme Wasser“ am Westufer des nördlichen Teiles des Hallstätter Sees zwischen den Ortschaften Steeg und Gosaumühle (siehe O. SCHAUBERGER, 1979, p. 44 ff.). Bis in das 15. Jahrhundert bestand dort ein Badestollen, der seit dem Aufstau des Sees 1573 unter dem Wasserspiegel liegt. Messungen am Seegrund von 1932–1958 ergaben eine Wassertemperatur von rund 20 °C. F. SCHEMINZKY vermutete eine Ursprungstemperatur von 34–36 °C. Mit großem Einsatz von der Bevölkerung und von Sachverständigen durchgeführte Versuche einer Erschließung durch Stollen scheiterte (O. SCHAUBERGER, l.c.). Unwillkürlich denkt man an die erwähnte erhöhte Wassertemperatur der St. Rupertus- und Annenquelle von Abtenau-Bad, nicht zuletzt bei der Betrachtung der Karte der Landsat-Bildlineamente von M.F. BUCHROITHNER (1984), wo schwere W-E-Störungen just in diesem Bereich auf den Hallstätter See stoßen.

Ebenfalls keinen Erfolg brachte die Erschrotung der **Bohrlochquelle bei Steeg am Hallstätter See** (O. SCHAUBERGER, 1979, p. 50). Im Jahre 1966 wurde durch die ÖMV für die Österreichischen Salinen in der Ortschaft Au bei Steeg am Hallstätter See eine Schürfbohrung auf Salz niedergebracht. Ohne Salzgebirge anzutreffen durchörterte die Bohrung bis 137 m Quartär, worauf bis 490 m Werfener Schichten (zuunterst gipsführend) und bis zur Endteufe von 1.330 m Mergel und Mergelkalke folgten.

Schon beim Bohren ließ sich ein ungewöhnlicher Temperaturgradient erkennen.

3.2.3.1. Bad Goisern

Die Marktgemeinde Bad Goisern bemühte sich um die Nutzung eines allfällig aufgeschlossenen Mineral- oder Thermalwassers. Bohrlochmessungen ergaben in 150 bzw. 450 m Tiefe Temperaturen von 20,5–26,6 °C. Die chemische Analyse ergab ein Natrium-Chlorid-Wasser, auf dessen Nutzung aufgrund einer negativen Beurteilung von F. SCHEMINZKY (und zu geringer Ergiebigkeit) verzichtet wurde. Ein ähnliches Schicksal erlitten drei Schwefelquellen auf der Pötschen.

Auch die **Schwefelquelle von Bad Goisern** (Fig. 3.1./1) wurde durch eine Tiefbohrung erschlossen, die 1872–1878 beim Posererграben am Fuß der Ewigen Wand nördlich von Goisern zwecks Erkundung eines vermutlichen Salzlagers abgeteuft wurde.

Die 30 m über der Sohle des Trauntales angesetzte Bohrung durchörterte bis ca. 64 m Teufe Sand- und Schotterschichten, bis 421,8 m Kalk, streckenweise mit Tonschiefer wechselnd, und anschließend bis zur Endteufe von 656,70 m Dolomit (O. SCHAUBERGER, 1979).

Bei Bohrmeter 308,70 erfolgte aus Hornsteinkalk (Oberjura) der erste Zufluß von Schwefelwasser, angeblich mit CO_2, dann bei 402 m aus „drusigem“ Kalk ein neuerlicher Zutritt mit sprunghafter Temperaturzunahme von 8 auf 14 °C. Bei 574,7 m Bohrteufe erreichte der Schwefelwasserzufluß sein Maximum mit etwa 5 l/s mit einer konstanten Temperatur von 20 °C. Die Schüttung ging dann auf einen gleichbleibenden Wert von 3 l/s zurück. Nach Einstellung der Bohrung wurde zur Freihaltung der Schwefelquelle von zusitzenden Tagwässern bis rund 200 m Teufe in die ursprüngliche Verrohrung eine zweite mit 100 mm lichter Weite eingesetzt und die Zwischenräume mit Zement verfüllt. Anstelle der 1884 errichteten Badeanstalt wurde 1951–1953 ein Kurhotel errichtet. Die Lotung des Bohrloches ergab nur mehr 378 m.

Da durch die zweite Verrohrung nur die aus den Moränenschottern zutretenden Kaltwässer abgesperrt wurden, aber nicht mehr jene aus dem Kalk und Dolomit, haben wir es bei der derzeitigen Schwefelquelle von Goisern mit Mischwasser von drei bis vier Zuflüssen aus verschiedenen Teufen, verschiedener Ergiebigkeit, Temperatur und chemischer Zusammensetzung zu tun, die eine entsprechende Verminderung der Temperatur und Verdünnung des Mineralgehaltes zur Folge hat.

Von 1878–1971 hat sich die Ergiebigkeit von > 2 auf knapp 1 l/s vermindert. Die Wassertemperatur betrug 1928 am Überlauf 18,2 °C (1971: 18,7 °C), in 100 m Teufe 21,07 °C und in 360 m Teufe 24,8 °C, die Temperaturzunahme liegt demnach wie zu erwarten unter dem Mittel von 3 °C/100 m. Zusammen mit der Abnahme der Mineralisierung unter 1 g/l wurde die ursprüngliche Akratotherme zur Akratopege.

Chemische Analyse der Schwefelquelle Bad Goisern (nach J. PESENDORFER & A.J. STEHLIK, 1971):

		Massenkonzentration mg/l	Äquivalentanteil %
KATIONEN			
Lithium	Li^+	0,15	0,22
Natrium	Na^+	205,80	90,81
Kalium	K^+	4,80	1,25
Ammonium	NH_4^+	0,18	0,10
Magnesium	Mg^{2+}	4,10	3,45
Calcium	Ca^{2+}	8,00	4,05
Eisen	Fe^{2+}	0,016	0,01
Aluminium	Al^{3+}	0,10	0,11
Summe:		223,146	100,00

ANIONEN			
Fluorid	F^-	8,60	4,55
Chlorid	Cl^-	178,10	50,44
Bromid	Br^-	0,55	0,07
Jodid	J^-	0,36	0,03
Sulfat	SO_4^{2-}	88,60	18,53
Nitrat + Nitrit	$NO_3^- + NO_2^-$	< 0,01	0,00
Hydrogenphosphat	HPO_4^-	0,038	0,01
Hydrogencarbonat	HCO_3^-	154,30	25,40
Hydrogensulfid	HS^-	3,04	0,92
Thiosulfat	$S_2O_3^{2-}$	0,30	0,05
Summe:		433,898	100,00
Summe Elektrolyte:		657,044	
Schwache Elektrolyte:			
Kieselsäure, meta	H_2SiO_3	13,81	
Borsäure, ortho	H_3BO_3	1,30	
Summe:		672,15	
Gasförmige Bestandteile:			
Freies Kohlendioxid	CO_2	0,00	
Freier Schwefelwasserstoff	H_2S	0,23	
Summe:		672,384	
Zweiwertiger titrierbarer Schwefel		3,20 mg/l	
$KMnO_4$-Verbrauch		6,03 mg/l	

Überlegt wurde die Möglichkeit eines geologischen Zusammenhanges der Schwefelquelle von Goisern mit den Schwefelquellen im Lauffener Erbstollen des Ischler Salzberges, doch wurde der zeitliche Zusammenhang des Rückganges der Schüttung der Goiserer Bohrlochquelle 1895 infolge der Erschließung der Quellen I und II im Erbstollen 1898/99 und später 1928 ein ähnlicher Vorgang nie exakt nachgewiesen.

Interessant ist die **Gasführung**: 1 kg Mineralwasser enthält 24,86 ccm Gas bei 18,2 °C und 715 mm Druck (das ist 22,04 ccm bei 0 °C und 760 mm Druck, H. PESENDORFER & A.J. STEHLIK, 1971). Die Quelle gibt in der Stunde 150 ccm Gas ab, davon in Vol.%: Stickstoff und Edelgase (N_2) 95,58%, Sauerstoff (O_2) 2,6%, Wasserstoff (H_2) 1,0%, Methan (CH_4) 0,7%, Schwefelwasserstoff (H_2S) 0,1%, CO_2-Spuren, Radon 9,8 ME (= 3,6 nCi/l).

Aufgrund der Hauptbestandteile über 20% und der über den Grenzwerten liegenden Nebenbestandteile (zweiwertiger Schwefel > 1 mg/l, Fluor > 2 mg/l) ist die Quelle von Goisern als akratische radon- und fluorhältige Natrium-Chlorid-Hydrogencarbonat-Schwefelquelle zu bezeichnen.

Die Schwefelisotopen-Untersuchung ergab mit ^{34}S (Sulfat) = +14,9 δ‰, einen für die Herkunft des Sulfates aus oberpermischen Salzgesteinen typischen Wert (H. PUCHELT in: O. SCHAUBERGER, 1979).

Die Zusammensetzung des Begleitgases, die Temperatur des Wassers und nicht zuletzt der hohe Fluorgehalt weisen auf einen Kontakt mit großen Tiefen hin.

3.2.3.2. Bad Ischl

Ungefähr 5 km südöstlich von Bad Ischl tritt die Salzlagerstätte des Ischler Salzberges „mit der gipsdurchsetzten Tonmasse ihres Salzhutes" (O. SCHAUBERGER, 1979) zutage. Der Salzstock steckt keilförmig zwischen den Jurakalkschollen des Hohen Rosenkogels im N und der Zwerchwand im S. Die Lagerstätte besteht im Haselgebirge (Steinsalz, Ton, Anhydrit) mit einem durchschnittlichen Salzanteil von 52%. Das hier vorherrschende Rotsalzgebirge unterscheidet sich von anderem alpinem Salinar durch einen größeren Gehalt an Polyhalit, Anhydrit und Natrium-Magnesium-Doppelsulfaten.

Der Salzbergbau wurde seit 1563 in insgesamt zehn Horizonten zwischen 1.000 m und 643 m NN (auf nassem Weg, d.h. durch Laugwerke) erschlossen.

O. SCHAUBERGER, l.c. unterscheidet im **Ischler Salzberg** die Klebesbergquelle, die Stampferquelle, die Schwefelquellen im Kaiserin-Maria-Theresia-Hauptstollen und die Schwefelquellen im Lauffener Erbstollen.

Die im 19. Jahrhundert für den Kurbetrieb bedeutsamen Schwefelquellen im Kaiserin-Maria-Theresia- bzw. Kaiser-Leopold-Hauptstollen, wie die ehemalige Klebelsbergquelle (borsäurehältige Kochsalzquelle), Stampferquelle (akratische Solquelle) und die Leopoldquelle (kalte Schwefelquelle aus Schwefelkieslager), waren bereits zur Zeit der Jahrhundertwende versiegt.

Der **Kaiser-Franz-Josef-Erbstollen** wurde 1895 nördlich von Lauffen im Trauntal in 503 m NN angeschlagen. Innerhalb der 1.700 m langen Mergel- und Kalkstrecke, die den Lauffener Vorhaupt-Salzstock vom Pernecker Salzstock trennt, liegen **zahlreiche Einzelaustritte von Schwefelwasser**, von denen O. SCHAUBERGER eine äußerste, äußere, mittlere und innere Quellenzone unterscheidet. Zwei größere Quellaustritte sind die **Quelle I** („Schaubergerquelle") in der äußersten und die **Quelle II** („Alte Schwefelquelle") in der mittleren Quellenzone. Die äußere und innere Quellenzone sind nur mehr oder minder starke Tropf- und Sickerwässer. 1951 wurde ein weiterer Wasserzutritt, nunmehr **Quelle III** („Nusko-Quelle") mit einer anfänglichen Schüttung von 0,125 l/s aufgeschlossen.

Die Schwefelquellen des Erbstollens entspringen an Klüften, welche die flach gegen W einfallenden Bänke des Malmkalkes diagonal bis rechtwinkelig schneiden. In den Quellzonen folgen die Klüfte sehr knapp aufeinander (Kluftbündel). Das Streichen der mit 60–65° gegen NW und N einfallenden Klüfte verläuft im Erbstollen SW–NE, im Schachtzubau W–E. Die im Erbstollen noch weit auseinandergezogenen Kluftbündel konvergieren gegen E, die Zahl der Quellaustritte ist daher im Schachtzubau geringer als im Erbstollen.

Zur Chemie der Schwefelquellen I, II und III:

In Tab. 3.2./3 werden die chemischen Analysen von Quelle I (Schaubergerquelle) aus den Jahren 1952, 1957 und 1966 gegenübergestellt.

Spurenelemente wurden bei Quelle I nicht gemessen, wohl aber beim Vergleich 1940–1974 der chemischen Analysen von Quelle II. Ausführliche Analysen von den Quellen II und III siehe O. SCHAUBERGER (1979, p. 68/69).

Der Vergleich der Analysenwerte über einen längeren Zeitraum zeigt bei Quelle I eine isotonische und bei Quelle II eine hypotonische Konzentration der Mineralisation mit abnehmender Tendenz, das weist auf eine zunehmende Wirkung der Auslaugung. Es überrascht daher, daß bei Quelle III, einem hypertonischen Wasser, eine deutlich zunehmende Mineralisierung festzustellen ist. Betrachtet man jedoch die Ionenverteilung (mval%) bei I und II, so ist eine eindeutige Abnahme des mval%-Satzes beim Magnesium von 7,12 mval% im Jahre 1951 über 6,02% (1952), 5,79% (1957) auf 5,6 mval% im Jahre 1966 ersichtlich. Der Schluß, daß aus dem Dolomit stammendes Wasser seinen Weg immer mehr in den Evaporit verlegt, liegt auf der Hand. Quelle III zeigt auch mit steigendem Lösungsgehalt einen abnehmenden Magnesiumanteil (%).

Die ursprüngliche Holzfassung von Quelle I wurde 1956 durch einen Betonbehälter, in den das Schwefelwasser direkt aus der Kluft einfließt, ersetzt. Dieselbe Erneuerung erfuhren die Fassungen der Quellen II und III.

Die Ischler Schwefelquellen, insbesondere jene im **Erbstollen**, gehören zu den best – und vor allem wenigen langfristig untersuchten und beobachteten Salinarquellen (Fig. 3.1./1). Für die fachkundige Führung und Hilfe bei der Probennahme haben wir der Kurdirektion zu danken.

In den drei Quellen im Erbstollen entsprechen die Wassertemperaturen einer zu erwartenden geothermischen Tiefenstufe von 45–47 m/°C und die Gesamtschüttung einer weitgehenden Konstanz des Schwefelwasserzuflusses. Alle drei Quellen sind alkalisch. Die Radioaktivität ist bei allen drei Wässern bedeutungslos. Aufgrund der chemischen Zusammensetzung ist I eine **Natrium-Chlorid-Sulfat-Schwefelquelle**, II eine **fluor- und borsäurehältige Natrium-Chlorid-Sulfat-Schwefelquelle**.

Spurenelemente (in µg/l) wurden am Institut für Pharmakologie, Universität Graz, 1974 gemessen:

Li	Sr	Fe	Al	F	J	B
2.500	675	60	270	**4.000**	500	**1.253**

Tab. 3.2./3: Die chemischen Analysen der Quelle I (Schaubergerquelle): Natrium-Chlorid-Sulfat-Schwefelwasser.

	1952		1957		1966	
	Massen-konzen-tration mg/l	Äquiva-lent anteil %	Massen-konzen-tration mg/l	Äquiva-lent-anteil %	Massen-konzen-tration mg/l	Äquiva-lent-anteil %
KATIONEN						
Natrium	3.742,00	92,73	3.662,00	91,55	3.119,00	92,59
Kalium			39,70	0,58		
Calcium	93,80	2,67	111,70	3,20	90,00	3,07
Magnesium	98,31	4,60	94,60	4,47	77,3	4,34
ANIONEN						
Chlorid	4.478,00	71,48	4.360,00	70,68	3.527,00	67,89
Sulfat	2.111,00	25,05	2.085,00	24,95	1.893,00	26,90
Hydrogencarbonat	307,50	2,87	367,90	3,47	368,30	4,12
Hydrosulfid	35,50	0,60	50,60	0,88	52,70	1,09
Gesamtsumme:	10.866,11		10.771,50		9.127,30	
Schwefelwasserstoff	29,21 mg/l		16,80 mg/l		9,78 mg/l	
Zweiw. titr. Schwefel	61,47 mg/l		65,90 mg/l		60,30 mg/l	

Die Quellen im **Stadtgebiet von Bad Ischl** waren altbekannt (Erwähnung 1619, vgl. E. WIENER, 1906). Die sogenannte **Wirer-Quelle** trat unterhalb der Elisabethbrücke unweit des Traunufers aus. Sie wurde in den zwanziger Jahren verschlagen. Die **Maximiliansquelle** ist eine oberhalb der Steinfeldbrücke gefaßte, einfache kalte Calciumbikarbonat-Quelle.

Für den Kurbetrieb wichtiger ist anscheinend die **Maria-Luisen-Quelle**, 1,6 km westlich von Bad Ischl, die in dem alluvialen Schotterkörper des Ischl-Tales aus einem in unbekannter Teufe liegenden Salinar aufsteigt. Schon bei der Errichtung des ersten Solebades in Bad Ischl wurde die Quelle 1840 in einem 2,80 m tiefen Schacht gefaßt und das Wasser durch Pumpen gefördert. Die gepumpte Wassermenge ist nicht bekannt. Die beträchtliche Schwankung der Mineralisierung (hypotonisch bis hypertonisch) hängt von meteorologischen Gegebenheiten und Entnahmebedingungen ab. Es handelt sich um eine kalte Natrium-Chlorid-Quelle (Kochsalzwasser). Nach O. SCHAUBERGER (1979) wurde die Quelle 1967 aus dem Kurbetrieb eliminiert, im „Handbuch der natürlichen Heilmittel Österreichs“ (P. DEETJEN et al., 1985), scheint sie unter den genutzten Kurmitteln auf.

In der weiteren Umgebung von Bad Ischl berichtet O. SCHAUBERGER, l.c. noch von einer erbohrten Kochsalzquelle mit beachtlichem Ca-Mg-SO_4-Gehalt am Fuße des Katergebirges 2,5 km westlich von Bad Ischl im sogenannten „Katerloch“ und fünf Schwefelquellen im Mitterweißenbachtal nördlich von Bad Ischl zwischen dem Leonsberg und dem Höllengebirge.

Ausführliche biologische Untersuchungen und die balneologische Beurteilung und Nutzung der Schwefelquelle und Allgemeines über Schwefelquellen finden sich bei O. SCHAUBERGER (1979, p. 70–74) und in der Literatur.

3.2.3.3. Bad Aussee

Um der noch immer schwelenden Debatte um den Deckenbau im größeren Raum des Salzkammergutes von den Kalkvoralpen mit den nicht näher bekannten Salinarspuren nördlich von Ischl im Weißenbachtal zwischen Leonsberg (1.745 m NN) und Höllengebirge bis zum hochalpinen Herz des Ausseer Salinars in diesem Rahmen auszuweichen, darf grundsätzlich festgehalten werden, daß die Schollen mit Hallstätter Fazies mit den Salinaren von Hallein, Hallstatt, Ischl und Aussee als tiefjuvavisch zu bezeichnen sind. So erhebt sich auch der Altausseer Salzberg als ein aus noch unbekannter Tiefe aufgepreßter Haselgebirgskörper, der gegen W steil unter die Kalkscholle des Sandling eintaucht und im E dem Sockel des Losermassivs aufgeschoben ist. O. SCHAUBERGER, l.c. bezeichnet die Lagerstätte als „Rotsalzgebirge“, bestehend aus rötlichgrauem Steinsalz mit relativ hohem Gehalt an Natrium-Magnesium-Sulfaten, mehr oder weniger durchsetzt von Einschlüssen aus Ton, Anhydrit und Sandstein, Fragmenten fließtektonisch zerrissener Zwischenschichten. Der Salzberg von Altaussee ist die östlichste und ergiebigste der vier nordalpinen Salzlagerstätten.

Der Kurort Bad Aussee bezieht seine Kurmittel (Bergwerksole, Scheibenstollen-Glaubersalzquelle) aus dem Altausseer Salzbergbau.

1938 wurde der **„Scheibenstollen“** vom Augstbachtal aus vorgetrieben. Er stieß in dem hier angefahrenen Hallstätter Kalk auf eine SE-NW-Richtung streichende gegen NE einfallende wasserführende Kluft. Wie J. SCHADLER (1944) festgestellt hat, führte dieses Kluftwasser nur etwa 20% des Salzgehaltes der Bergwerksole, dafür aber die vierfache Menge von Sulfat, die zehnfache Menge an Ca- und die zweieinhalbfache Menge an Mg-Ionen. J. SCHADLER, l.c. folgerte daraus, „daß die Scheibenquelle nicht aus dem Bergbau stammt, sondern ihr Einzugsgebiet in der nordwestlichen Randzone des Salzstockes hat, wo die vom Sandling her eindringenden Tagwässer durch natürliche Verlaugung mit Salzen angereichert werden und an einer Querkluft des Vorhaupt-Liegendrückens in den Scheibenstollen austreten.“ O. SCHAUBERGER & K. THOMANEK (1964) unterteilte die Scheibenstollenquelle in die Austrittsstellen I–IV, von denen III und IV aber nur Tropfwasserzonen sind und II nur ein schwacher Zufluß aus einer Parallelkluft bei Stollenmeter 1.221 ist. Die Hauptquelle (I) wurde 1961 endgültig gefaßt und mehreren chemischen Analysen und balneologischen Begutachtungen unterzogen (E. KOMMA & F. SCHEMINZKY, 1960, H.F. HÄUSLER & St. GREIF, 1961, A.J. STEHLIK & I. EICHLER, 1964, 1970, 1976, H. REISENBICHLER, 1966).

Vergleichende physikalisch-chemische Analysen der Scheibenquelle

Die seit Jahrzehnten durchgeführten Messungen zeigen eine zunehmende Schüttung (1959: 0,5 l/s, 1976: 0,6 l/s) aber eine ständige Abnahme des Mineralgehaltes, wobei ein abnehmender Natrium-Chlorid-Gehalt sowohl in mg als auch mval% einer Zunahme des prozentuellen Anteiles sowohl von Calcium als auch der Sulfat-Ionen gegenübersteht. Unter Berücksichtigung des weit über den Grenzwert von 5 mg/l hinausgehenden Borsäuregehaltes ist das Wasser der Scheibenstollenquelle als hypertonische borsäurehältige Natriumsulfat-Chlorid-Quelle zu bezeichnen. Die Radioaktivität liegt bei allen gemessenen Ionen (Radon, Radium, Uran) weit unter den Grenzwerten.

3.2.3.4. Bad Mitterndorf i. Steir. Salzkammergut

Die Voraussetzung für Mitterndorf als Badeort bilden die Heilbrunner Thermalquellen 2,5 km südlich des Ortes an der Einmündung des Krunglbaches in die Salza. Flußabwärts dieser Örtlichkeit durchbrach die Salza zwischen dem Ostrand des Dachsteinmassivs und dem Grimming auf ihrem Weg ins Ennstal im sogenannten Paß Stein die südliche Umrahmung des Mitterndorfer Beckens. Heute liegt im Paß Stein der etwa 7 km lange Stausee des Salzakraftwerkes. Das bei Heilbrunn E-W-verlaufende Krunglbachtal wird im S von den gegen N einfallenden Trias- und Jurakalken der Ausläufer des Grimmings (Zünkitzkogel), im N durch interglaziale Terrassenschotter und Konglomerate begrenzt.

Die bereits zur Römerzeit genutzten Thermalquellen entspringen im Bereich zweier Störungslinien, der E-W-streichenden „Heilbrunner Linie" (der auch das Krunglbachtal folgt) und der N-S-streichenden „Salza-Linie". Beide Verwerfungen gehören der sogenannten Puchberg-Linie, einer großen übergeordneten tektonischen Störungszone an.

Von den ehemals drei Quellaustritten, Römerquelle, Schaubergerquelle und Wiesnerquelle, besteht heute nur mehr die Römerquelle und die 1969/70 niedergebrachten Tiefbohrungen. Die Schönbergerquelle wurde 1978 im Zuge der Regulierung des Krunglbaches verschüttet, die Wiesnerquellen sind von einem Stausee überflutet.

Die **Römerquelle** wurde 1898 durch einen 3,75 m tiefen Schacht aufgeschlossen. Das aus der zwischen Kieselschiefer und Kalk verlaufenden Quellspalte zufließende Wasser hatte eine Temperatur von 24,6–25 °C, daneben treten aus dem Kalk Kaltwässer mit einer Temperatur von 7–9 °C aus.

Eine bessere Erschließung erfolgte 1956–1962 unter Leitung von O. SCHAUBERGER, dessen systematische Arbeitsweise aber nur teilweise befolgt wurde. Immerhin wurden eine erste großmaßstäbliche topographische und geologische Kartierung des Quellbereiches durchgeführt, sowie die erste physikalische und chemische Untersuchung seit 1895 durch E. KOMMA & F. SCHEMINZKY (1957/58). Im Jahre 1959 wurden sieben Flachbohrungen im Krunglbachtal zum Teil bis 90 m Tiefe niedergebracht, die ein SW-NE-Streichen der Quellkluft und ihr Einfallen von 70–80° gegen NW auf eine Strecke von 200 m nachwiesen.

Diese Grundlagen ermöglichten die erfolgreiche Situierung von zwei Tiefbohrungen (B1 und B2) in den Jahren 1969/1970. Diese Bohrungen durchfuhren zunächst bis 325 m (B1) bzw. 295 m (B2) Jurakalke und Dachsteinkalk, aus denen nur Kaltwässer zuflossen. O. SCHAUBERGER (1979) beschreibt den weiteren Bohrverlauf: „Dann folgte bis 361 m bzw. 355 m eine Störungszone mit eingepreßtem permotriadischem Gipshaselgebirge. Nach der Störungszone wiederholte sich die Kalkserie, und im Dachsteinkalk erreichten die Bohrungen bei 465 bzw. 460,5 m die thermalwasserführende, um N-S-streichende Kluftzone, die wegen ihres steilen Einfallens (70–80° gegen E) auf eine Länge von 42 bzw. 48 m durchteuft wurde". Bohrung 1 wurde bei 520,60 m, Bohrung 2 bei 674,35 m eingestellt.

Die Bohrung 2 durchörterte in einer Teufe von 564–575 m eine weitere Thermalwasserspalte und verblieb dann bis zur Endteufe in trockenem Dachsteinkalk. Beide Bohrlöcher wurden bis 450 m verrohrt und bis 510 m mit Filterrohren von 80 mm Durchmesser ausgestattet.

Das Thermalwasser lief nach Fertigstellung der Bohrungen artesisch (6–6,6 atü) bei Bohrung 1 mit einer Schüttung von 5–7 l/s und 27,5–28 °C, bei Bohrung 2 mit 5,3 l/s und 25–26 °C über. Da bei der Thermalwasserkluft 35,5 °C gemessen wurden, drängt sich der Schluß auf, daß es nicht gelungen ist, sämtliche Kaltwasserzuflüsse auszuschalten.

Ein Pumpversuch in B2 hatte bei der Förderung von 8 l/s eine Absenkung des Wasserspiegels bis auf 59 m u.T. und das völlige Versiegen der Schauberger- und Wiesnerquellen wie auch der benachbarten kalten Hangquellen zur Folge. Damit ist der Zusammenhang aller Quellspalten des Heilbrunner Thermalwasserbereiches bewiesen.

Was die Wasseranalysen anbelangt, liegen die Radioelemente unter den Grenzwerten, der Radongehalt erreicht zum Teil 1 nCi/l. Nach den chemischen Analysen handelt es sich bei der **Römerquelle** um eine **akratische Calcium-Magnesium-Sulfat-Hydrogencarbonat-Therme**.

Die starke Gasführung der Römerquelle wurde bis 1958 zur Gänze dem Kohlendioxid zugeschrieben. Nach E. KOMMA & F. SCHEMINZKY (1958) ergab sich folgende Zusammensetzung der Quellgase: Kohlendioxid 0,6 Vol.%, Sauerstoff 8,4 Vol.% und Stickstoff + Edelgase 91,0 Vol.%, wobei sich Stickstoff und Edelgase folgend zusammensetzten: Stickstoff (N_2)

98,88 Vol.%, Helium und Neon (0,004 Vol.% und Argon 1,02 Vol.%. E. KOMMA hat am 8. Mai 1958 7,5 l ausströmendes Quellgas pro Stunde gemessen.

Die Menge von 36,7 mg/l Stickstoff beträgt nahezu das Doppelte der Menge, die bei 20 °C und normalem atmosphärischen Druck im Wasser gelöst sein kann, d.h., daß die Gasaufnahme unter höherer Temperatur und Überdruck in entsprechender Tiefe vor sich geht.

Bei der **Schaubergerquelle** brachten die Gasmessungen ein ähnliches Ergebnis: in 1 kg Quellwasser 234 ml Gas mit folgender Zusammensetzung (E. KOMMA, 1958): 18,9 Vol.% CO_2, 9,37 Vol.% O_2 und 71,75 Vol.% N_2 + Edelgase. Der Stickstoffüberschuß war hier um rund 50% über dem bei den gegebenen Austrittsbedingungen möglichen Wert, d.h. er wurde ebenso in großer Tiefe unter erhöhtem Druck und erhöhter Temperatur gelöst. Das Wasser ist wie bei der Römerquelle als **akratisches Calcium-Magnesium-Sulfat-Hydrogencarbonat-Wasser** zu bezeichnen.

Für die nunmehr nahezu allein maßgeblichen Bohrlochwässer B1 und B2 (Tab. 3.2./4) ergab ein Vergleich der Analysen mit den Quellen einen engeren Zusammenhang von Römerquelle und B2 und eine Bindung an die „Heilbrunner Störung"; andererseits zeigen die Wässer der Wiesner-Schauberger-Quellen und B1 eindeutig einen chemischen Bezug mit der „Salza-Störungszone". Diese kleinen Unterschiede gehen aber

Tab. 3.2./4.: Die physikalischen Daten und chemischen Analysen der Bohrlöcher B1 und B2 der Therme Heilbrunn von FRESENIUS (1970/71) und E. KOMMA & F. SCHEMINZKY aus dem Jahre 1969.

	B1		B2			
	FRESENIUS 1970/71		E. KOMMA F. SCHEMINZKY 1969		FRESENIUS 1970/71	
Schüttung (l/s)						
artesisch	3,76		–		1,5	
mit Pumpe	16,33		4		5,5	
Temperatur (°C)						
artesisch	27,3 im Mittel		23,0		25,4–26,0	
mit Pumpe	–		25,4		–	
Dichte (g/ml bei 20 °C)	0,9991		–		0,9991	
pH-Wert	8,1		–		7,4	
El. Leitfähigkeit ($Ohm^{-1} \cdot cm^{-1} \times 10^{-5}$)	$1{,}83 \times 10^{-3}$		980 (bei 20 °C)		$1{,}75 \times 10^{-3}$	
Trockenrückstand (mg/l bei 180 °C)	791		–		813	
Radioaktivität:						
Radon (nCi/l)	1		–		1,03	
Uran (mg/l)	ca. 0,003		–		0,002	
	Massen-konzen-tration mg/l	Äquiva-lent-anteil %	Massen-konzen-tration mg/l	Äquiva-lent-anteil %	Massen-konzen-tration mg/l	Äquiva-lent-anteil %
KATIONEN						
Natrium	13,00	4,48	14,90	4,93	13,50	4,55
Kalium	1,24	0,25			1,36	0,27
Magnesium	51,70	33,71	52,25	32,84	52,20	33,27
Calcium	154,10	60,96	164,00	62,23	158,70	61,36
ANIONEN						
Chlorid	12,70	2,84	16,00	3,43	13,72	3,00
Sulfat	459,20	75,74	495,30	78,49	472,90	76,26
Nitrat	1,40	0,18	–	–	1,28	0,16
Hydrogencarbonat	162,30	21,03	145,10	18,08	161,10	20,45
Summe Elektrolyte:	855,64		887,55		874,76	

Tab. 3.2./5: Spurenelemente (in µg/l) der Bohrung 2 (FRESENIUS 1970/71).

Li	Sr	Fe	Mn	Cu	Zn	Pb	Cr	Al	Ag	F	Br	J	B
26	**2.670**	1	2	4,3	6	3	2	9	0,5	330	3	12	13

auf mannigfache Einflüsse, wie etwa die Mischung von Karstwässern, zurück.

Der geringe Gehalt an Spurenelementen (Tab. 3.2./5) entspricht im allgemeinen einem akratischen Wasser. Die Ausnahme des hohen Strontiumwertes bestätigt den schon durch andere Indizien erwiesenen Weg in große Tiefe.

3.2.4. Ungenutzte oder wenig bekannte Schwefel- oder Salinarwässer im Osten der Kalkalpen (J. ZÖTL)

Nur ein Mann wie O. SCHAUBERGER, der sein Wirken dem Studium der Salinargebirge gewidmet hat, hat auch Kenntnis von sonst nur den Einheimischen bekannten Zeugen der unterirdischen Verbreitung desselben.

3.2.4.1. „Kohldümpfl" im Hallgraben

Manche dieser Quellen sind für den Fachmann durchaus interessant. Ein Beispiel hiefür ist die Schwefelquelle **„Kohldümpfl" im Hallgraben** bei Bad Heilbrunn. Ungewöhnlich ist schon der artesische Auftrieb, der auch im Hochwinter mit Plusgraden abfließt. Eine Testanalyse ergab die Konzentration eines Mineralwassers und schon der Geruch von H_2S verrät die später chemisch erwiesene Schwefelquelle.

Die Nutzung solcher Quellen steht und fällt wie in vielen anderen Fällen mit der geringen Schüttung. Dieser könnte nach der Beschreibung allerdings gerade hier durch eine bessere Erschließung abgeholfen werden.

3.2.4.2. Wörschach im Ennstal

Zu hoffen wäre eine Weiterführung der schon altbekannten **Schwefelquelle bei Wörschach** im Ennstal, wo insgesamt 11 kleine Quellen an der tektonischen Grenze Kalk und Salinar austreten, gefaßt sind, und durch eine Sammelleitung dem „Kurhaus Wolkenstein" zugeführt werden. Dabei kommen immerhin etwa 0,1 l/s Calcium-Magnesium-Sulfat-Hydrogencarbonat Schwefelwasser zusammen, die, aufgeheizt, Schwefelbäder und Schlammpackungen in ausreichendem Maße ermöglichen.

3.2.4.3. Windischgarsten

Eine weitere 1978 noch existente sulfathältige Kochsalzquelle soll sich im Markt **Windischgarsten** bei der Hotel-Pension Scheer befinden. Sie bezeugt den Wert solcher „Spuren" insofern, als man bei der Vertiefung auf Steinsalz gestoßen sein soll. Ähnliches gilt für die nahe eines Hotels gelegene sogenannte „Dilly-Quelle".

Genauer beschrieben wird die Scheerquelle. Es folgen die **Egglhofquelle**, die **Lainingerquelle** und die **Fallbachquelle**, meist Schwefelwässer.

Der Raum Windischgarsten weist noch mehrere Vorkommen dieser Art auf. So nennt O. SCHAUBERGER, l.c. weiters die sogenannte **„Troyer-Schwefelquelle"** oberhalb des gleichnamigen Gehöftes und mehrere andere nicht näher untersuchte Schwefelquellen. Eine davon, die sogenannte **Puchrieglerquelle**, ist genauer untersucht und wurde 1959 sogar mit Bescheid der Oberösterreichischen Landesregierung zur Heilquelle erklärt. Es bestand ein Badehaus, der Betrieb wurde aber wieder eingestellt.

Die Nutzung solcher Quellen ist eine Frage der Wirtschaftlichkeit, deren Grenze in Anbetracht der Herstellungs- und Betriebskosten bei reichlichem Heilwasser für mindestens 100 Bäder pro Tag liegt. Da es sich mit Ausnahme des Quelltümpels im Hallgraben um kalte Wässer handelt, wären die Schwierigkeiten im Raum Windischgarsten nur mit einem besonders ideenreichen Management zu überwinden.

3.2.4.4. Quelle in der Noth bei Gams/Hieflau

Unmittelbar am Ufer des Gamsbaches am Ausgang der Klamm östlich von Gams bei Hieflau ist eine seit langem bekannte warme schwefelhaltige Quelle, die zu Anfang des Jahrhunderts sogar für kurze Zeit genutzt wurde.

Den zum Teil aufwendigen Untersuchungen (Bohrungen) fehlen die notwendigen systematischen Messungen, so daß sich die Ergebnisse in wenigen Fakten zusammenfassen lassen:

- Die Schüttung der Quelle ist ebenso wie die Wassertemperatur beachtlichen Schwankungen unterworfen (am 8. Oktober 1975 wurden 10 l/s mit einer Wassertemperatur von 18,8 °C gemessen).
- Bach- und Quellwasser sind in Verbindung, Schüttung und Temperatur hängen vom Mischungsverhältnis ab. Die höchste Temperatur mit 21,2 °C wurde bei Niederwasser gemessen.

- Die höchste Pumpleistung bei den Bohrungen von insgesamt 130 l/s verringerten bei gleichlaufender Wasserspiegelabsenkung die Wassertemperatur auf 14 °C.
- Die geologischen Aufschlußarbeiten und geophysikalische Messungen ergaben, daß das Warmwasser im Bereich der Bohrungen nicht aus der Tiefe aufsteigt, sondern seitlich zufließt.
- Die Art der Wasserführung ist typisch für einen verkarsteten Gebirgskörper, aus dem Warmwasser an verschiedenen Wegen aufsteigt.
- Damit ist auch eine Abhängigkeit der Wassertemperatur von den Niederschlägen gegeben, wie eine Gegenüberstellung des Tritiumgehaltes und der Temperatur von Messungen im Jahre 1977 zeigt (aus: F. EBNER, H. JANSCHEK, H. ZETINIGG & H. ZOJER, 1980, H. ZOJER, 1980, H. ZETINIGG, 1984).

3.2.4.5. Salzerbad/Gemeinde Kleinzell bei Hainfeld

Eine besondere Stellung im Salinar nimmt zum Abschluß das Salzerbad ein.

Der Ort liegt in jenem Teil der Nördlichen Kalkalpen, wo ihr kontinuierliches E-W-Streichen gestört wird und in den sogenannten Weyerer Bögen in die N-S-Richtung umschwenkt. Im Deckenbau treten dabei, abgesehen von neuen Benennungen, im Vergleich zum W keine wesentlichen Änderungen ein (vgl. N-S-Profil, W.R. JANOSCHEK & A. MATURA, 1980, Fig. 18).

Wesentlich für die örtliche Situation ist, daß Einzugsgebiet und Quellen ausschließlich in der triassischen Schichtfolge der Ötscher Decke liegen, ersteres in den teilweise verkarsteten und wasserwegigen Karbonatgesteinen der oberen und mittleren Trias und letzteres in den Werfener Schichten der unteren Trias, in Kontakt mit dem Haselgebirge, einem tonigen Salz- und Gipsgemenge.

Neben einer frei ausfließenden Quelle mit einer Schüttung von ca. 0,25 l/s ist das Salzwasser durch einen 3 m tiefen Schacht aufgeschlossen. Bei letzterem wurde das Wasser für die 1981 vorgenommene Kontrollanalyse entnommen.

Physikalisch-chemische Kontrollanalyse der Bundesstaatlichen Anstalt für Experimentell-Pharmakologische und Balneologische Untersuchungen, Wien, 1981:

Schüttung 2,1 l/min (W. CARLÉ, 1975: 0,26 l/s!)
pH-Wert 6,96
El. Leitfähigkeit (bei 20 °C) 29,43 mS/cm
Trockenrückstand (bei 180 °C) 22.276 mg/l

Radium < 0,3 pCi/l

Chemische Analyse:

		Massenkonzentration mg/l	Äquivalentanteil %
KATIONEN			
Natrium + Kalium			
berechnet als	Na^{+}	6.803,5	82,46
Ammonium	NH_4^{+}	0,55	0,01
Magnesium	Mg^{2+}	220,7	5,06
Calcium	Ca^{2+}	895,2	12,45
Eisen	Fe^{2+}	2,06	0,02
Summe:		7.922,0	100,00
ANIONEN			
Fluorid	F^{-}	1,26	0,02
Chlorid	Cl^{-}	10.275,0	80,76
Jodid	J^{-}	< 0,05	0,00
Sulfat	SO_4^{2-}	3.050,3	17,70
Nitrit	NO_2^{2-}	<0,005	0,00
Nitrat	NO_3^{-}	0,1	0,00
Hydrogencarbonat	HCO_3^{-}	333,6	1,52
Summe:		13.660,3	100,00
Summe Elektrolyte:		21.582,3	
Schwache Elektrolyte:			
Kieselsäure, meta	H_2SiO_3	11,4	
Summe:		21.593,7	
Gasförmige Bestandteile:			
Freies Kohlendioxid	CO_2	41,0	
Summe:		21.634,7	

Charakter des Wassers: Sulfathältige Sole.

Gezielte Untersuchungen von Spurenelementen existieren nicht. Eine Ausnahme bildet die Fluorbestimmung (1,26 mg/l), die öfters im Rahmen der Messung der Hauptelemente erfolgt. Im gegebenen Fall ist die Messung interessant, weil der Wert gerade in der Größenordnung (1 mg/Tag) der medikamentösen Kariesbekämpfung liegt, was freilich bei der hohen Gesamtmineralisierung nicht zum Tragen kommt.

Typisch ist die Übernahme der keltischen Bezeichnung „Hallbach" durch die späteren Siedler. Die Belehnung der Hohenberger und nachfolgender Adelsgeschlechter mit dem Recht der Salzgewinnung (1469) überstand interessanterweise ihre Aufhebung durch das landesfürstliche Salzmonopol (1546–1566). Sie wurde durch Kaiser Maximilian 1571 wieder erneuert. Das ist erstaunlich, wenn man die sonst so strenge Handhabung des Monopols nicht nur gegen die private Salzgewinnung (verschlagen von Solequellen), sondern sogar der Bindung des Salztransportes wahrnimmt. Der Hauptgrund dieses Wohlwollens lag wohl in der geringen Ergiebigkeit der Quellen. Sie setzte schließlich auch diesem Sonderfall im 19. Jahrhundert ein Ende.

Kurze Zeit darauf erfolgte aber bereits die Fassung der Quellen (1884) und die Errichtung des „Salzerbades", das sich über alle Wirren und Weltkriege seinen Aufstieg zu einem bekannten Kurhaus erkämpfte.

3.3. Schlußbemerkung (J. ZÖTL)

Salinarquellen sind das beste Beispiel der Kontaktmineralisierung mit leicht löslichen Gesteinen. Sie erreichen den höchsten Mineralisierungsgrad und Gehalt an Spurenelementen.

Da Gips ebenso zu den gut löslichen Gesteinen gehört wie Steinsalz oder Haselgebirge, erlaubt das Mineralwasser auch Rückschlüsse auf das durchflossene Gestein.

Die meisten Salinarquellen sind Schwefelwässer, was mit den permoskytischen Sedimentationsbedingungen zusammenhängt.

Die normalerweise geringe Schüttung hat ihren Grund hauptsächlich in der Plastizität, die bei einem unter Druck stehenden Salinargebirge nur feinlumige Wasserwege anbietet. Eine stärkere Schüttung hängt meistens mit nahen härteren Hüll- oder Begleitgesteinen (Kalk, Dolomit) zusammen.

Thermalwässer im Salinar stammen aus großen Tiefen. Die geothermische Tiefenstufe liegt numerisch über dem Durchschnitt, meist bei 40–60 m/1 °C. Kalt- und Warmwasserwege liegen in unmittelbarer Nachbarschaft.

Die Wässer sind in größere Tiefen abgewanderte Kreislaufwässer. Bei nahezu allen beschriebenen Quellen wurden von E. KOMMA & F. SCHEMINZKY die Radioelemente gemessen. Der Radongehalt liegt großteils unter 1 nCi/l. Überschritten wird der Wert in der Paracelsusquelle bei Dürrnberg (3,65 nCi/l), in der Bohrung Vigaun (1,8 nCi/l), in der Schwefelquelle von Bad Goisern (3,6 nCi/l) und in den Bohrungen von Heilbrunn (1 bzw. 1,03 nCi/l). Die Herkunft der Wässer aus der Tiefe belegen in Heilbrunn auch die Stickstoffgase, deren Aufnahme im Wasser höhere Temperatur und Überdruck in entsprechender Tiefe annehmen läßt.

Die hohe Löslichkeit des jeweiligen Gesteins bestimmt den Wassertypus. Spurenelemente geben besondere Hinweise. Ein hoher Strontiumgehalt gehört zum Gesteinstypus. Ähnliches gilt für die recht häufig auftretenden Quellgase, die, irrtümlich oft als CO_2 deklariert, sich bei näherer Untersuchung aber eher als Stickstoff oder/und Edelgase erweisen.

Nicht zuletzt sind Salinarwässer von medizinischer Seite gern gesehen, da ihre Stellung als Heilwasser erprobt ist.

Literatur

AIGNER, A. (1881): Die Bohrung in Goisern in ihrem Verhältnis zum Ischler Salzberg. – Österr. Ztschr. Berg- und Hüttenwesen.

AIGNER, A. (1903): Über die Therme von Mitterndorf i. steir. Salzkammergut. – Mitt. natw. Ver. Stmk., Graz.

BALZBERGER, C. (1878): Die Tiefbohrung in Goisern. – Berg- u. Hüttenmänn. Jb. **XXVI**.

BUCHROITHNER, M.F. (1984): Karte der Landsat-Bildlineamente von Österreich, 1 : 500.000. – Geol. B.-A., Wien.

CARLÉ, C. (1975): Die Mineral- und Thermalwässer von Mitteleuropa. – 643 S., 14 Abb., 1.402 Tab., 2 Ktn., Stuttgart (Wiss. Verl. Ges.m.b.H.).

DEETJEN, P., R. GÜNTHER & W. MARKTL (1985): Handbuch der natürlichen Heilmittel Österreichs. – 224 S., Abb., Tab., BM für Gesundheit und Umweltschutz, Wien (Bohmann Verlag).

DEL NEGRO, W. (1977): Abriß der Geologie von Österreich. – Geol. B.-A., Wien.

DIEM, J. (1928): Balneologisches Gutachten über das Jodschwefelbad Goisern. – Wien.

EBNER, F., H. JANSCHEK, H. ZETINIGG & H. ZOJER (1980): Die warme Quelle in der Noth bei Gams/Hieflau und die Untersuchungen in den Jahren 1974–1979. – Unveröff. Bericht, Graz.

FRESENIUS (1971): Große Heilwasseranalyse und Begutachtung des Wassers der Bohrung 1 und Bohrung 2 der Thermal-Römerquelle-Heilbrunn-Ges.m.b.H. – Chemisches Laboratorium Fresenius, Wiesbaden.

GEYER, G. (1915): Aus den Umgebungen von Mitterndorf und Grundlsee. – Jb. geol. RA, **65**, Wien.

HÄUSLER, H.F. & St. GREIF (1961): Die Ausseer Sulfat-Quelle und ihre medizinische Bedeutung. – Wr. Med. Wochenschrift.

HEISSEL, G. (1978): Karwendel – geologischer Bau und Versuch einer tektonischen Rückformung. – Geol. Paläont. Mitt. Innsbruck, **8**, Festschrift W. Heissel, 227–288, 24 Abb., 10 Beil., Innsbruck.

HEISSEL, W. (1959): Zur Tektonik der Nordtiroler Kalkalpen. – Mitt. Geol. Ges. Wien, **50**, 95–132, 2 Abb., 1 Kte., Wien.

JANOSCHEK, W.R. & A. MATURA (1980): Outline of the Geology of Austria. – Abh. Geol. B.-A., **34**, Wien.

KOMMA, E. & F. SCHEMINZKY (1951): Chemische und physikal.-chemische Untersuchung sowie balneologische Beurteilung der Salzberg-Schwefelquelle in Bad-Ischl, November 1951.

KOMMA, E. & F. SCHEMINZKY (1958): Physikalische und chemische Untersuchungen an den Thermalquellen von Mitterndorf i. steir. Salzkammergut. – Unters.-Prot. 443-449/57 und 471-475/58, Forschgs.-Inst. Gastein, Österr. Akad. d. Wiss., Wien.

KOMMA, E. & F. SCHEMINZKY (1959): Physikalische und chemische Untersuchungen der Quellen von Abtenau-Bad und deren balneologische Beurteilung. – Unters.-Prot. 452/57, Forschgs.-Inst. Gastein, Österr. Akad. d. Wiss., Wien.

KOMMA, E. & F. SCHEMINZKY (1960): Erweiterte Kontrollanalyse und balneologische Beurteilung der Solequelle im Scheibenstollen des Altausseer Salzberges. – Unters.-Prot. 522/59, Forschungsinstitut Gastein.

KOMMA, E. & F. SCHEMINZKY (1962): Kleine Heilwasseranalyse der Schwefelquelle im Wiestal bei Hallein mit balneologischer Beurteilung, Wien.

KOMMA, E. & F. SCHEMINZKY (1967): Neuerliche Untersuchung der Schwefelquellen I bis III im Erbstollen bei Bad Ischl. – Forschgs.-Inst. Gastein, Unters.-Prot. 822-824/66 und 872a-c/67.

KRAMER, H. & A. KRÖLL (1979): Die Untersuchungsbohrung Vigaun U1 bei Hallein in den Salzburger Kalkalpen. – Mitt. Österr. Geol. Ges., **70**, Wien.

KUNTSCHNER, H. (1986): Höhlen, Bergwerke, Heilquellen in Tirol und Vorarlberg. – 362 p., Berwang (Steiger Verlag).

LUDWIG, E., Th. PANZER & E. ZDAREK (1906): Über die St. Rupertus-Quelle in Bad Abtenau. – Wiener klim. Wochenschrift, **44**.

MICHEL, G. (1965): Zur Mineralisation des tiefen Grundwassers in Nordrhein Westfalen, Deutschland. – Journal of Hydrology, **3**, Hannover.

MICHEL, G. (1973): Moderne Methoden in der Balneo-Geologie. – Ztschr. f. angewandte Bäder- u. Klimaheilkunde, **20**, Stuttgart.

PESENDORFER, H. & A.J. STEHLIK (1971): Kleine Heilwasseranalyse der Schwefelquelle in Bad Goisern. – BA f. Exper.-Pharmakol. u. Balneol. Untersuchungen, Wien.

PUCHELT, H. (1966): Schwefelisotopenuntersuchungen an österreichischen und deutschen Schwefelquellen. – Archiv f. physikal. Therapie, **19**, Jg. **66**, Sonderheft.

QUENTIN, K.-E. (1970): Die Heil- und Mineralquellen Nordbayerns. – Geol. Bavaria, **62**, München.

QUENTIN, K.-E. & F. PACHMAYR (1964): Die Zusammensetzung der Schwefelquellen und ihre Veränderungen in den technischen Anlagen der Heilbäder. – Fundam. balneo-bioclimatol., **3**, 3–31, Stuttgart.

REINDL, H. (1910): Das Salzgebirge von Grubach und Abtenau. – Österr. Ztschr. f. Berg- u. Hüttenwesen.

REISENBICHLER, H. (1966): Kontrollanalyse der Heilquelle im Scheibenstollen des Salzbergbaues Altaussee. – Forschungslabor Hallein d. Österr. Salinen.

SCHADLER, J. (1944): Die Solequelle im Scheibenstollen des Ausseer Salzberges. – Geol. Gutachten.

SCHAUBERGER, O. (1958): Der Ischler Salzberg und seine Schwefelquellen. – **8**, Balneol. Tagung, Bad Ischl.

SCHAUBERGER, O. (1979): Die Mineral- und Thermalquellen im Bereich des ostalpinen Salinars zwischen Salzach und Enns. – Jb. O.Ö. Musealverein, **9**, 120 S., Tab., 1 Kte., Linz.

SCHAUBERGER, O. & K. THOMANEK (1964): Die Salzlager des Ausseer Raumes und die Herkunft der Ausseer Kurmittel. – Ztschr. f. angewandte Bäder- u. Klimaheilkunde, **6**, Stuttgart.

SCHEMINZKY, F. & O. SCHAUBERGER (1968): Neue Untersuchungen an den Thermalquellen von Mitterndorf i. steir. Salzkammergut, Gastein.

SCHEMINZKY, F. & W. WEISS (1959): Amtliches Österreichisches Bäderbuch, Teil A/2 Solbad Hall in Tirol. – Wien.

SCHEMINZKY, F. (1961): Die neue Kochsalz-Glaubersalzquelle von Bad Ischl. – Wiener Klinische Wochenschrift, **73**.

SCHMIDEGG, O. (1951): Die Stellung der Haller Salzlagerstätte im Bau des Karwendelgebirges. – Jb. Geol. B.-A., 160–184, Wien.

STEHLIK, A.J. (1978): Große Heilwasseranalyse und balneologische Beurteilung der „Barbara-Thermalquelle“ in Vigaun bei Hallein. – BA f. Exper.-Pharmakol. u. Balneol. Untersuchungen, Wien.

STEHLIK, A.J. & I. EICHLER (1970): Erweiterte Kontrollanalyse der Ausseer-Heilquelle. – BA f. Exper.-Pharmakol. u. Balneol. Untersuchungen, Wien.

TOLLMANN, A. (1973): Grundprinzipien der alpinen Deckentektonik. Eine Systemanalyse am Beispiel der Nördlichen Kalkalpen. – Monographie der Nördlichen Kalkalpen, Teil **I**, Wien (Deuticke).

TOLLMANN, A. (1976): Der Bau der Nördlichen Kalkalpen. Orogene Stellung und regionale Tektonik. – Monographie der Nördlichen Kalkalpen, Teil **III**, Wien (Deuticke).

TOLLMANN, A. (1977): Geologie von Österreich I. Die Zentralalpen – 766 S., 200 Abb., 25 Tab., Wien (Deuticke).

TOLLMANN, A. (1985): Geologie von Österreich II. Außerzentralalpiner Anteil. – 710 S., 287 Abb., 26 Tab., Wien (Deuticke).

WALLMANN, H. (1862): Die Heilquellen und Torfbäder des Herzogtums Salzburg. – Wien (Verlag Braumüller).

WEISS, W. (1964): Kontrollanalyse der Schwefelquelle des Jodschwefelbades in Goisern, Oberösterreich. – BA f. Exper.-Pharmakol. u. Balneol. Untersuchungen, Wien.

WIENER, E. (1906): Bad Ischl. – Braumüllers Badebibliothek, Wien–Leipzig. – In: CONRAD, V., K. DIEM, J. KNETT, H.H. MEYER & S. STOCKMAYER (1928): Österreichisches Bäderbuch. Offizielles Handbuch der Mineralquellen, Kurorte und Kuranstalten Österreichs. – 330 S., 1 Kte., Volksgesundheitsamt im Bundesministerium für soziale Verwaltung, Wien.

ZETINIGG, H. (1984): Versuche zur Fassung der temperierten Schwefelquelle von Gams bei Hieflau. – 5. Jahrestagung der Österr. Geol. Ges., Eisenerz.

ZOJER, H. (1980): Interpretation der hydrochemischen und isotopenhydrologischen Messungen an der Quelle in der Noth bei Gams/Hieflau. – Unveröff. Bericht, 9 S., 3 Fig., Graz.

4. Heilquellen im Grenzbereich der Nördlichen Kalkalpen, der Grauwackenzone und im inneralpinen Tertiär

4.1. Seefeld (K. Czurda)

4.1.1. Geologischer Rahmen

Das breite, von flachkuppigem Relief geprägte Hochplateau der „Seefelder Senke“ hat seine jüngste morphologische Formung im Quartär erhalten. Orographisch linke Inngletscher-Teile flossen in einer Mächtigkeit bis zu 1.000 m und einer Breite von 10 km über diese Senke, die Leutasch und über Scharnitz ins Isartal ab. Jedoch nicht das Eis, sondern eine alpinorogenetisch bedingte Achsendepression mit N-S-Streichen ist für die Anlage der Senke verantwortlich.

Die Seefelder Senke ist als relativ kleinräumiges Achsenabtauchen, jedoch als deutliche Querstruktur, in den E-W-streichenden Gebirgskettenbau eingetieft. Bei diesen Ketten handelt es sich meist um steil nordvergente Falten der Inntaldecke. In der unmittelbaren Umgebung von Seefeld ist es die Gleirschtal Synklinale zwischen Gleirsch Antiklinale im N und Solstein-Antiklinale im S, die durch die tektonische Depression und eine in ihr eher NE-SW-verlaufende Blattverschiebung (etwa in der Luftlinie zwischen Seefeld und Scharnitz verlaufend) abgeschnitten werden. Westlich der Seefelder Senke setzt sich der Kettencharakter, d.h. der nordvergente Faltenbau in der Gaistal Synklinale, der Mieminger Antiklinale und der Mieminger Synklinale fort.

Die Frage, inwieweit die erwähnte Inntaldecke als selbständige tektonische Einheit neben der Lechtal- und Allgäudecke Bestand hat, läßt sich wohl nicht schlüssig klären. Unübersehbar sind jedenfalls stratigraphisch-fazielle Zusammenhänge mit der Lechtaldecke und vor allem tektonische Komplikationen am östlichen Rand der Decke, wo die Strukturen steil abtauchen, sie aber im Falle einer fernüberschobenen Decke eigentlich in die Luft ausheben müßten. Möglicherweise ist die Inntaldecke der tektonisch herausgepreßte und durch Blattverschiebungen isolierte Südteil der Lechtaldecke. Auch die Ursache der Quereinsattelung der Seefelder Senke ist noch Gegenstand kontroverser Argumentationen. Ist es das lokale Vorstoßen der Ötztalmasse nach N mit einem Auffahren auf den südlichen Inntaldeckenteil mit der Folge eines Niederbiegens auch nördlich davon gelegener Gebirgsteile (Linie Inntal–Seefeld–Scharnitz)? Ein aktives Hochpressen der östlichen und westlichen Randzonen, unterstützt von einer beidseitig der Seefelder Senke mächtiger werdenden Wettersteinkalk-Abfolge, ist ebenfalls denkbar.

Stratigraphisch ist das Gebiet durch das Auftreten von Obertrias Gesteinen gekennzeichnet, wobei dem Hauptdolomit des Nor als Hauptfelsbildner eine besondere Bedeutung zukommt. Dies bezieht sich auch auf die Heilquelle.

4.1.2. Geologie des Quellenbereiches

Die als Badewasser genutzte Quelle von Seefeld hat eine Ca-Mg-SO_4-HCO_3-Mineralisierung. Sie entspringt einem steilen Hang 15 m hinter dem Kurhotel. Der Hang ist aus Hauptdolomit aufgebaut und von dünnen Grundmoränenresten bedeckt. Die Bänke des Hauptdolomits fallen etwa 40° nach S ein. Die relativ hohe gleichbleibende Temperatur von 11,3 °C und die gleichbleibende geringe Schüttungsmenge von 50 l/min sprechen ebenso wie der verhältnismäßig hohe Gehalt an Radon zwischen 0,9 und 7,0 nCi/l gegen oberflächennahes Wasser. Die Temperatur läßt eine größere Zirkulationstiefe erwarten.

Auf dem Weg aus dieser Tiefe an die Oberfläche passiert das Wasser ausschließlich Hauptdolomit. Der Hauptdolomit ist eine Karbonatplattformbildung („ultra back reef“) im weiten Riffrückseitenbereich zum zeitgleichen Dachsteinkalkriff. Seine gebankte Fazies mit ausschließlich intertidalen bis supratidalen Bildungen ist an vielen Lokalitäten seiner ostalpinen Verbreitung im oberen Drittel von stark bituminösen Dolomiten bis Ölschiefern unterbrochen. Diese Kolkbildungen sind auch im Seefelder Hauptdolomit als **Seefelder Ölschiefer** vorhanden. Der Ölschiefer mit einer reichen Fischfauna, für pharmazeutische Zwecke lange Zeit als „Ichthyol“ abgebaut, führt Spuren von Uran. Die besprochene Quelle und andere Quellen in der Umgebung enthalten in geringer Menge radioaktive Spurenelemente. Die Heilquelle führte $0{,}4 \times 10^{-6}$ g/l Uran, 5,0 pCi/l Radium und 7,0 nCi/l Radon.

4.1.3. Die physikalisch-chemischen Untersuchungen des Heilwassers

1951 wurde von E. Hayek & A. Brandzauner (Chemisches Institut der Universität Innsbruck) unterstützt von E. Pohl eine Kleine Heilwasseranalyse erstellt:

Schüttung 0,8 l/s
Quelltemperatur 11,3 °C
pH-Wert 6,0

Uran 0,4 µg/l
Radium 5 pCi/l
Radon 5 nCi/l

Die chemische Analyse ergab:

		Massen-konzen-tration mg/l	Ionenäqui-valentkon-zentration mmol/l	Äquiva-lent-anteil %
KATIONEN				
Natrium	Na^+	6,00	0,383	3,15
Ammonium	NH_4^+	0,022	0,001	0,01
Magnesium	Mg^{2+}	60,55	4,98	40,96
Calcium	Ca^{2+}	134,40	6,72	55,28
Strontium	Sr^{2+}	3,16	0,072	0,59
Summe:		204,132	12,156	99,99
ANIONEN				
Chlorid	Cl^-	7,94	0,224	1,84
Sulfat	SO_4^{2-}	441,42	9,19	75,54
Nitrat	NO_3^-	1,58	0,032	0,26
Hydrogencarbonat	HCO_3^-	167,75	2,72	22,36
Summe:		618,69	12,166	100,00
Summe Elektrolyte:		822,822		
Schwache Elektrolyte:				
Kieselsäure, meta	H_2SiO_3	13,96		
Summe:		836,782		
Gasförmige Bestandteile:				
Freies Kohlendioxid	CO_2	55,26		
Summe:		892,042		

Charakteristik: Akratisches radonhältiges Calcium-Magnesium-Sulfat-Hydrogencarbonat-Wasser.

4.1.4. Schlußbemerkung

Der geologische Rahmen trägt zunächst die Züge des tektonischen Deckenbaues der westlichen Kalkalpen und des nordalpinen Salinars.

Die Verbreitung der bituminösen Dolomite bis zu Ölschiefern ist stärker dominant als das gelegentliche Auftreten in anderen lokalen Vorkommen und führt Spuren von Uran. Auch andere Quellen in der Umgebung von Seefeld enthalten radioaktive Spurenelemente.

Sowohl die geologische Situation als auch der Chemismus und die Radioaktivität des Wassers stellen den Quellbezirk außerhalb des Randbereiches der Heilwasserprovinz des alpinen Salinars.

4.2. Brixlegg (J. Zötl)

Im Bereich von Brixlegg entspringen zwei Quellgruppen, die Quellen von Bad Mehrn und die Mineralwässer bei Schloß Neu-Matzen.

4.2.1. Die Quellen von Bad Mehrn

Eine Konzentration von Radonwässern finden wir bei Bad Mehrn in Brixlegg (Südseite der Kirche von Mehrn und Quelle an der Alpbachbrücke). Die **Radonwerte** bei der Hauptquelle lagen bei mehreren Messungen zwischen 10,5 und 11,0 ME (= 3,8–4 nCi/l). Bei der Quelle an der Südseite der Kirche wurde ein Radonwert von 2,3 ME (= 0,83 nCi/l), bei der Quelle „Hohlbrunn“ an der Straße von 4,8 ME (= 1,74 nCi/l) gemessen (K. Krüse, 1937). Die Quellen von Bad Mehrn entspringen südlich des Inns aus Kalken an der Grenze zwischen der nordalpinen Trias und den paläozoischen Grauwacken der zentralen Alpen.

Kurzanalyse des Quellwassers (F. Scheminzky, 1963, aus: W. Carlé, 1975):

		Massen-konzen-tration mg/l	Äquiva-lent-anteil %
KATIONEN			
Natrium	Na^+	8,0	1,89
Kalium	K^+	1,0	0,16
Magnesium	Mg^{2+}	52,0	23,10
Calcium	Ca^{2+}	278,0	74,85
Summe:		339,0	100,00
ANIONEN			
Chlorid	Cl^-	8,0	1,24
Sulfat	SO_4^{2-}	643,0	72,24
Hydrogencarbonat	HCO_3^-	300,0	26,52
Summe:		951,0	100,00
Summe Elektrolyte:		1.290,0	

Wassertypus: Radonhältiges Calcium-Magnesium-Sulfat-Hydrogencarbonat-Mineralwasser.

4.2.2. Das Mineralwasser von Schloß Neu-Matzen

Beim Schloß Neu-Matzen nahe Brixlegg entspringen unter ähnlichen geologischen Bedingungen wie in Bad Mehrn mehrere Quellen. Zwei von ihnen (Fassungen der Quelle III und Quelle IV) werden als die sogenannte Theresienquelle zusammengeleitet und als „Theresienquelle-Astoria-Mineralwasser“ vermarktet.

Der erweiterten Kontrollanalyse von P. Deetjen & M. Job-Egger aus dem Jahr 1989 sind folgende Daten zu entnehmen:

El. Leitfähigkeit (bei 20 °C) 1200 µS/cm

Radium 2,7 bzw. 3,1 pCi/l
Radon < 0,05 bzw. 25,5 pCi/l

		Massen-konzen-tration mg/l	Ionenäqui-valentkon-zentration mmol/l	Äquiva-lent-anteil %
KATIONEN				
Natrium	Na^+	3,10	0,135	0,87
Kalium	K^+	1,56	0,040	0,27
Magnesium	Mg^{2+}	38,43	3,160	20,74
Calcium	Ca^{2+}	238,48	11,900	78,11
Summe:		281,57	15,235	99,99
ANIONEN				
Chlorid	Cl^-	3,55	0,100	0,66
Sulfat	SO_4^{2-}	532,67	11,088	72,85
Nitrat	NO_3^-	1,98	0,032	0,21
Hydrogencarbonat	HCO_3^-	244,14	4,001	26,29
Summe:		782,34	15,221	100,01
Summe Elektrolyte:		1.063,91		
Schwache Elektrolyte:				
Kieselsäure, meta	H_2SiO_3	9,45		
Borsäure, ortho	H_3BO_3	0,43		
Summe:		1.073,79		

An *Spurenelemente* (in µg/l) wurden gemessen:

Fe	F	Sr	Ba	B	Zn	Pb
30	150	1.060	27	75	510	< 1
Cd	Cu	Cr	As	Se	Hg	
0,2	1	2	6	< 1	< 1	

Den Hinweis auf Anteile von Tiefengrundwasser gibt vor allem der Strontiumwert.

4.3. Bad Häring (K. Czurda)

4.3.1. Geologischer Rahmen

Das Häringer Tertiär ist Teil des Unterinntaler Tertiärs, das von Voldöpp bei Rattenberg im SW bis Reit im Winkel im NE eine ursprünglich tief in den kalkalpinen Deckenbau hineingreifende Bucht des Molassemeeres abbildet. Gravierende tektonische Ereignisse im Zuge der Alpenauffaltung und Deckenüberschiebung haben diese inneralpine Molasse zerstückelt und eingeengt. Sie wurde zum Teil von kalkalpinen Decken und Schuppen überschoben. Der engere Ablagerungszeitraum des Häringer Tertiärs war das Oligozän, während nördlich des Inn bereits obereozäne Sedimente nachzuweisen sind.

Während die Oberaudorfer Schichten des Obereozän als Bildung eines küsten- und landnahen marinen Milieus mit zeitweiligen terrestrischen Phasen zu charakterisieren ist, müssen die sogenannten Häringer Schichten des höheren Lattorf bis Rupel als marines Ingressionsprodukt eines von N vorgreifenden Meeres angesehen werden. Die Häringer Schichten umfassen die Schichtglieder: Grundkonglomerat, Bitumen-Mergel mit Kohleflöz und Zementmergel (Fig. 4.3./1).

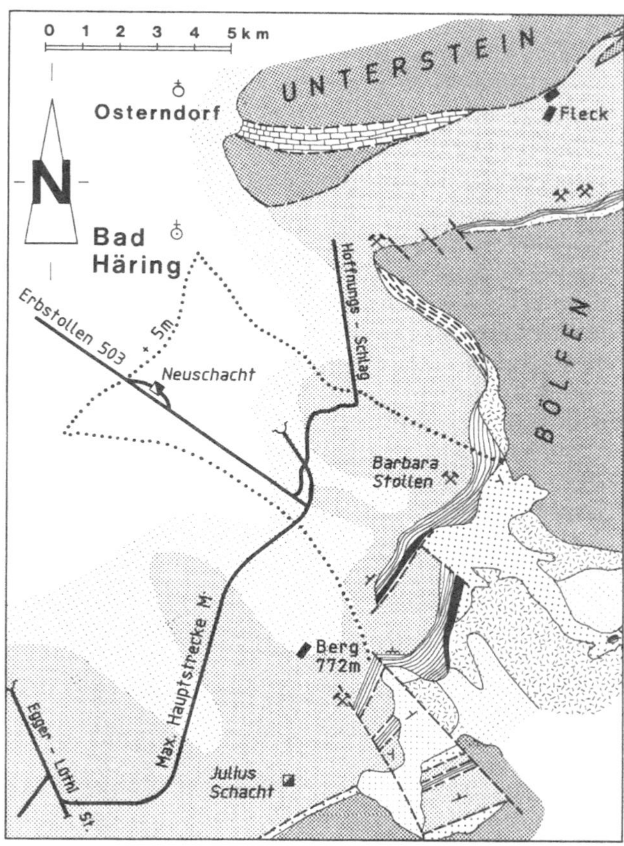

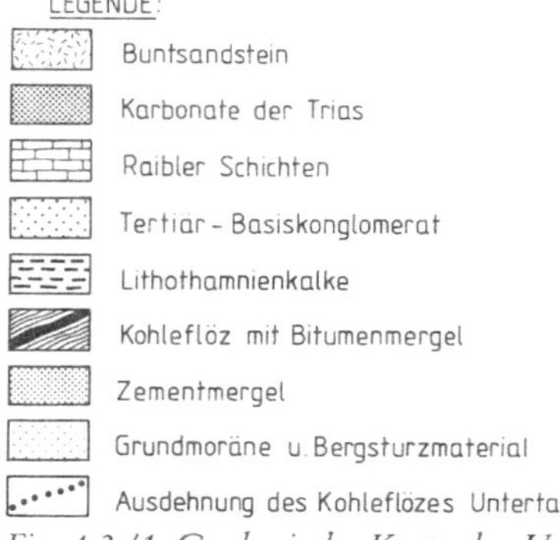

Fig. 4.3./1: Geologische Karte der Umgebung von Häring.

Das **Grundkonglomerat** ist kein typisches Transgressionskonglomerat über Buntsandstein, wie es der Aufschluß im Schuhreißer Graben besonders schön zeigt, sondern mehr eine Flußeinschüttung. Das Konglomerat enthält wenig Buntsandstein-Komponenten doch umsomehr Triaskalke aus dem Schüttungshinterland.

Das Kohleflöz ist in den über dem Konglomerat folgenden **Bitumen-Mergeln** eingeschlossen. Die marinen Mergel zeigen nicht nur durch die Kohle sondern auch durch die zahlreichen Fossilreste eines Land-, Süß- und Brackwasserbiotops stark limnisch-fluviatilen Einfluß an. Eine Moor- und Seenlandschaft ist für die Perioden der Kohlesumpfbildung anzunehmen.

Die mächtige Abfolge der **Zementmergel**, die durch Abnahme des Bitumengehaltes aus den Bitumen-Mergeln hervorgehen, ist rein marin. Ihnen ist im tieferen Abschnitt eine Lithothamnienkalkbank zwischengeschaltet und die bedeutenden Makro- und Mikrofossilfunde belegen den marinen Charakter. Obwohl die sedimentäre Entwicklung damit nicht abgeschlossen ist, läßt sie sich im Häringer Raum nicht weiter verfolgen, sondern in Form der Unter- und Oberangerberg Schichten wieder jenseits des Inn.

Auch wenn für das Häringer Tertiär der Begriff „inneralpin" verwendet wurde, so muß doch die paläogeographische und später die tektonische Öffnung zum nördlichen Alpenvorland gesehen werden. Das alpine Deckengebäude lag als Lechtaldecke im NW und der Inntaldecke mit der Kaisergebirgsscholle im SE als südlicher Küstenrahmen des Molassemeeres vor. Buchtartigen Zutritt hatte das Molassemeer, das sich im wesentlichen auf helvetischem Untergrund entwickelt, offenbar entlang des tektonischen Kontaktes der beiden großen Deckeneinheiten. Die tektonischen Kontakte der oberostalpinen Kalkalpeneinheiten im Häringer Raum begünstigen die Entwicklung des Kluftaquifers.

4.3.2. Die Häringer Schwefelquelle

Schon 1878 wurde in einem Stollen des Braunkohlebergwerkes eine warme schwefelhaltige Quelle entdeckt, etwa 1,5 km außerhalb des Dorfes. Schon damals wurde neben dem Stollen eine einfache Badeanstalt errichtet, die 1880 durch eine neue im Ort selbst ersetzt wurde. Ein weiteres, ergiebigeres Wasservorkommen wurde 1951 erbohrt. Es war das Zufallsergebnis einer Tiefbohrung, die eigentlich der Prospektion von Kohle gegolten hatte. Das Wasser wird bis heute genutzt und versorgt ein Kurmittelhaus und ein Rehabilitationszentrum der Allgemeinen Unfallversicherungsanstalt.

Mit einem Gehalt von 12,86 mg/l zweiwertigem Schwefel und 14,1 mg/l freiem Schwefelwasserstoff, gilt sie als eine der stärksten Schwefelquellen Österreichs. Der Schwefelgehalt entstammt der Braunkohle, und liegt für alle Braunkohlen zwischen 0,6 und 4%. Das tertiäre Kohleflöz ist als limnische Kohlenlagerstätte in einem innerkontinentalen Senkungsbereich durch diagenetische Verfestigung und Entwässerung entstanden. Flözwiederholungen im Schichtverband im Wechsel mit tonigen Sedimenten belegen die Überschüttung der Pflanzenakkumulation in Abhängigkeit von regionalen Senkungsvorgängen. In Krustenstillstandsphasen bzw. bei nur langsamer Absenkung herrschte Versumpfung bei üppiger Vegetation. Die Häringer Braunkohlebildung ist daher bezeichnender Weise an die Krustenbewegungen der alpidischen Orogenese gebunden. Die individuen- und artenreiche Land- und Sumpfpflanzenflora von Häring belegt die Art der Pflanzenbestandteile an der Kohlebildung.

Typisch und von größter Wichtigkeit auch für die Heilquelle ist der Gehalt an Schwefel, der sowohl organisch wie anorganisch als Sulfat- oder Sulfidschwefel gebunden ist. Das Wasser als Lösungsmittel für den Schwefel und die anderen Feststoffe und Gase ist vadoser Herkunft. Die Häringer Schwefelquelle erreicht zeitweise hohe Temperaturen bis zu 38,8 °C, bei relativ geringen Temperatur- und Schüttungsschwankungen, die nicht auf sehr oberflächennahe Quellbildung schließen lassen. Andererseits kann man aus den hohen Wassertemperaturen nicht auf bestimmte Krustentiefe als Temperierungsort schließen. Die Erwärmung ist in Häring jedenfalls auf den **unterirdischen Schwelbrand** in Teilen des Kohleflözes zurückzuführen. Abgesehen von durch die Bergbauaktivität einerseits und Selbstentzündung andererseits immer wieder ausgebrochenen Grubenbränden, schwelt das Flöz im Bereich unter dem Pölven mindestens seit dem 16. Jahrhundert, denn schon der Tiroler Landreim von G. Rösch von 1558 erwähnt diesen Brand. Schon vor der Nutzung der Therme als Heilquelle wurde ein weiteres Beiprodukt des Flözbrandes verwertet, nämlich gebrannter Kalk und die auch im Winter bis heute aperen Gebiete zur Züchtung von Frühgemüse, mit dem die Grafen von Tirol und die Innsbrucker Habsburger Residenz versorgt wurden.

Der Ursprung des thermalen Schwefelwassers ist über eine Tiefbohrung in den Bitumen-Mergeln angefahren. Der Schwefel entstammt der Braunkohle und die erhöhten Temperaturen werden durch den Kohleflöz-Schwelbrand hervorgerufen.

Die **physikalisch-chemischen Daten** der Häringer Schwefeltherme wurden aus in dankenswerter Weise überlassenen Unterlagen der Kurverwaltung entnommen.

Chemische Analyse der Schwefelquelle Bohrung Niederholz I:

		Massen-konzen-tration mg/l	Ionenäqui-valentkon-zentration mmol/l	Äquiva-lent-anteil %
KATIONEN				
Natrium	Na^+	204,61	8,900	59,12
Kalium	K^+	7,04	0,180	1,20
Magnesium	Mg^{2+}	30,96	2,546	16,91
Calcium	Ca^{2+}	68,42	3,414	22,68
Eisen II	Fe^{2+}	0,36	0,013	0,09
Summe:		311,39	15,053	100,00
ANIONEN				
Fluorid	F^-	1,6	0,084	0,55
Chlorid	Cl^-	369,14	10,410	68,77
Sulfat	SO_4^{2-}	73,26	1,525	10,07
Hydrogencarbonat	HCO_3^-	190,32	3,119	20,60
Summe:		634,32	15,138	99,99
Summe Elektrolyte:		945,71		
Schwache Elektrolyte:				
Kieselsäure, meta	H_2SiO_3	34,48		
Borsäure, ortho	H_3BO_3	1,22		
Summe:		981,41		
Gasförmige Bestandteile:				
Freies Kohlendioxid	CO_2	5,99		
Freier Schwefel-wasserstoff	H_2S	12,95		
Summe:		1.000,35		

Der Gehalt von 12,95 mg Schwefelwasserstoff entspricht einem Gehalt von 12,28 mg zweiwertigem titrierbarem Schwefel.

Die *Spurenelemente* (in µg/l) wurden am Ursprung der Schwefelquelle gemessen (n.n. = nicht nachweisbar):

Mn	Cr	Zn	Cu	B	F	J
n.n.	< 20	< 100	< 20	300	1.600	n.n.

As	Se	Hg	Pb	Cd
8	< 5	< 0,1	1	< 0,1

Der hohe Wert des Spurenelementes Fluor spricht für aus größeren Tiefen zufließendes Wasser.

Literatur

AMPFERER, O. (1922): Zur Geologie des Unterinntaler Tertiärs. Mit einem Beitrag von Sander, B: Zur Petrographie der Tertiären Bitumenmergel. – Jb. Geol. B.-A., **72**, Wien.

BRANDNER, R. & W. POLESCHINSKI (1986): Stratigraphie und Tektonik am Kalkalpensüdrand zwischen Zirl und Seefeld in Tirol. – Jb. Mitt. Oberrhein. Geol. Ver., N.F. **68**, 67–92, Stuttgart.

CARLÉ, W. (1975): Die Mineral- und Thermalwässer von Mitteleuropa. – 643 S., 14 Abb., 1.402 Tab., 2 Ktn., Stuttgart (Wiss. Verl. Ges.m.b.H.).

CZURDA, K. (1972): Parameter und Prozesse der Bildung bituminöser Karbonate (Bituminöser Hauptdolomit). – Mitt. Ges. Geol. Bergbaustud., **21**, 235–250, 1 Abb., Innsbruck.

FUCHS, W. (1980): Die Molasse und ihr nichthelvetischer Vorlandanteil am Untergrund einschließlich der Sedimente auf der Böhmischen Masse. – In: OBERHAUSER, R. (Red.): Der geologische Aufbau Österreichs. – 144–176, Geol. B.-A., Wien–New York (Springer Verlag).

FRUTH, J. & R. SCHERREIKS (1984): Hauptdolomit – sedimentary and paleographic models (Norian, Northern Calcareous Alps). – Geol. Rundschau, **73**, 305–318, 14 Abb., Stuttgart.

HEISSEL, G. (1978): Karwendel – geologischer Bau und Versuch einer tektonischen Rückformung. – Geol. Paläont. Mitt. Innsbruck, **8**, Festschrift W. Heissel, 227–288, 24 Abb., 10 Beil., Innsbruck.

HEISSEL, W. (1957): Zur Geologie des Unterinntaler Tertiärgebietes. – Mitt. Geol. Ges. Wien, **48**, Wien.

HEISSEL, W. (1959): Zur Tektonik der Nordtiroler Kalkalpen. – Mitt. Geol. Ges. Wien, **50**, 95–132, 2 Abb., 1 Kte., Wien.

KRÜSE, K. (1937): Beiträge zur Kenntnis der Radioaktivität der Mineralquellen Tirols. – Jb. Geol. B.-A., Wien.

LINDENBERG, H.-G. (1966): Die Bolivinen (Foram.) der Häringer Schichten. Mikropaläontologische Untersuchungen im Alttertiär des Unterinntal-Gebietes. – Boll. Soc. Paleont. Ital., **4**, Modena.

LÜHR, H. (1962): Geologische und mikropaläontologische Untersuchungen im Alttertiär von Häring/Tirol. – Diss., Univ. München.

PLÖCHINGER, B. (1980): Die Nördlichen Kalkalpen. – In: OBERHAUSER, R. (Red.): Der geologische Aufbau Österreichs. – 218–264, Geol. B.-A., Wien–New York (Springer Verlag).

SCHNABEL, W. & I. DRAXLER (1976): Sedimentologische, palynologische und Nannofossil-Untersuchungen in der Inneralpinen Molasse des Unterinntales unter besonderer Berücksichtigung von Umlagerungsfaktoren. – N. Jb. Geol. Paläont. Abh., **151**, Stuttgart.

TOLLMANN, A. (1973): Grundprinzipien der alpinen Deckentektonik. Eine Systemanalyse am Beispiel der Nördlichen Kalkalpen. – Monographie der Nördlichen Kalkalpen, Teil **I**, Wien (Deuticke).

5. Die Heilwasserprovinz Zentralhochalpen

5.1. Allgemeine geologische Grundzüge
(K. Czurda)

Das Vorkommen von zahlreichen Thermalquellen im Bereich des Tauernfensters, also dem zentralen Teil der Ostalpen, läßt auf eine gemeinsame Ursache der Temperierung und des Wasseraufstiegs schließen. Die Quellen entspringen zum Teil im Bereich der Zentralgneise wie z.B. Badgastein und Bad Königsquell oder in den penninischen Rahmengesteinen wie z.B. Hintertux.

Die heutige geothermische Situation in den zentralen Ostalpen war im Verlaufe der Entstehungsgeschichte des Ostalpenkörpers mehrfachen drastischen Änderungen unterworfen und ist nur über die plattentektonische Entwicklung, vor allem während der Zeit zwischen Oberkreide und Jungtertiär, zu erschließen. Ist noch im jüngsten Paläozoikum ein ebener, d.h. erdoberflächenparalleler Verlauf der Moho-Diskontinuität anzunehmen, so traf dies im mittleren Jura mit Sicherheit nicht mehr zu. Eine weiträumige Aufwölbung der Asthenosphäre bis in die höheren Krustenanteile hinein, bildet einen echten basaltischen Meeresboden, der den europäischen Kontinent im N vom insubrischen im S trennt. Es bildet sich der südpenninische Trog aus, der in der Oberkreide Ost- und Südalpin im S von Mittelpenninikum, Nordpenninikum – beide auf kontinentalem Untergrund abgelagert – und Helvetikum im N trennt. Das Südpenninikum lagert auf echter ozeanischer Kruste, die sich auf der Spreizungsachse dieses Ozeans – der Zentraltethys – in Form hochmobiler Laven und zähflüssiger Olivingesteine bildet. Beide Gesteine sind in den Ophiolitdecken des Penninikums zu finden.

Die weitere tektonische Entwicklung wird eingeleitet durch die Ausbildung einer Subduktionszone, die am Südrand des penninischen Ozeans nach S einfallend mehr und mehr Tethysboden unter die insubrische Kontinentalplatte zieht. Fast der ganze Ozeanboden wird subduziert, nur Fragmente blieben in den Ophiolitdecken erhalten. Nach und nach wurden an der Subduktionszone Randgebiete des europäischen Kontinents aufgearbeitet. Es entstehen die mittleren und nördlichen penninischen, die ultrahelvetischen und die helvetischen Decken. Die Subduktion erzeugt Kompression in den Krustenoberteilen. Die beiden Kontinentalplatten kollidieren und während der eigentlichen Orogenese im Tertiär, verfestigen mächtige Sedimentpakete mit Teilen der Oberkruste und werden auf das nördliche Vorland aufgeschoben. So gelangt das Ostalpin aus seiner ursprünglich südlichen Position in seine heutige Lage nördlich des Tauernfensters.

Im Tauernfenster kommen heute die tiefsten tektonischen Elemente innerhalb der Ostalpen zu Tage. In der tieferen Kruste darunter, d.h. an der Lithosphären-Asthenosphären-Grenze macht sich in der Auswertung der Erdbebenwellen eindeutig eine Eindellung der Moho-Diskontinuität bemerkbar. Sie ist zurückzuführen auf die ehemalige penninische Subduktionszone. Lag also zu Beginn der Kreide die Moho noch hoch aufgewölbt zwischen den beiden Kontinentblöcken, so ist sie heute im zentralen Alpenbereich tiefer als in den Alpenvorländern nachzuweisen. Auf die Geothermie hat dies insofern Auswirkungen, als durch das Übereinanderstapeln kalter Sedimentdecken und Altkristallineinheiten über einer nach unten durchgebogenen Kruste/Mantel-Grenze ein relativ hoher geothermischer Gradient entsteht, der einer Thermalquellenaktivität eher abträglich ist. Wenn dennoch der Zentralalpenbereich als Thermalquellenprovinz in Erscheinung tritt, so ist dies auf drei Ursachen zurückzuführen:

1. Das Fensterinnere (der Zentralgneis) und die Fensterrahmengesteine (Penninikum und Unterostalpin) stellen die tiefsten tektonischen Einheiten der Ostalpen dar und der kalte Deckenstapel ist relativ geringer mächtig.
2. Der Radioisotopengehalt der Zentralgneise erzeugt gesteinsimmanente Erdwärme.
3. Steil stehende Störungsflächen erschließen tiefere Krustenteile und Aufstiegswege für das Wasser.

Obige Ausführungen über die plattentektonische Entwicklung des Ostalpenraumes steht der älteren Auffassung über den möglichen Einfluß eines hochliegenden Plutons im Zentralgneisbereich entgegen. Die gegenwärtige geothermische Situation läßt sich nicht mit dem mehrphasigen variszischen Eindringen eines Granitplutons im Perm in das autochthone Altkristallin in Einklang bringen. Eventuelle plutonische Ereignisse wurden jedenfalls von den jüngsten plattentektonischen Bewegungen mit Ausbildung echten Ozeanbodens, einer Subduktionszone und dem Abschürfen und Nordverfrachten von Deckeneinheiten überprägt, weil sie zeitlich später eintreten. Die Eindellung der Moho-Diskontinuität widerspricht einem ortsgleichen Pluton.

5.2. Die Heilwasserbereiche des Tauernfensters

5.2.1. Der Heilwasserbezirk Hochalm-Ankogelmassiv-Reißeckgruppe (J. ZÖTL)

5.2.1.1. Vorbemerkung

Der im östlichsten Teil des Tauernfensters gelegene Heilwasserbezirk Hochalm-Ankogelmassiv-Reißeckgruppe ist an die tiefsten tektonischen Elemente der Ostalpen, d.h. an den Zentralgneis und sein Altes Dach, d.h. die Schieferhülle, gebunden (Fig. 5.2./1).

In diesem Bereich des „Tauernfensters“ liegen zwei zentrale Badeorte, Badgastein am Nordhang und Bad Königsquell in der Gemeinde Trebesing im S. Besteht auch keinerlei Zweifel, daß in der Bedeutung als Badeort, Zentrum der radiologischen und medizinischen Forschung der weltbekannte Kurort Badgastein dominiert, so erbrachten doch jüngste Untersuchungen am Königsquell und dessen weiterer Umgebung Ergebnisse, die neue Gesichtspunkte und eine bessere Abgrenzung des Bezirkes ermöglichten. Für die Abgrenzung waren neben den geologischen Grenzen die geothermischen Verhältnisse, die Radioaktivität der Wässer, die Konzentration der Spurenelemente, die Mineralisierung der Wässer und die Kohlendioxidentgasung leitende Kriterien. Knapp auf halbem Weg zwischen den beiden Badeorten liegt im Bereich von Mallnitz als dritter Schwerpunkt eine beachtliche Konzentration von Radonwässern.

Nicht immer treten alle erwähnten Kriterien gemeinsam auf. Im Gasteiner Raum sind Temperatur, Radon- und Fluorgehalt, die Charakteristika der Tiefenwässer. Sichtbare meßbare Phänomene sind neben den Thermalquellen, dem Boden entweichender Wasser-

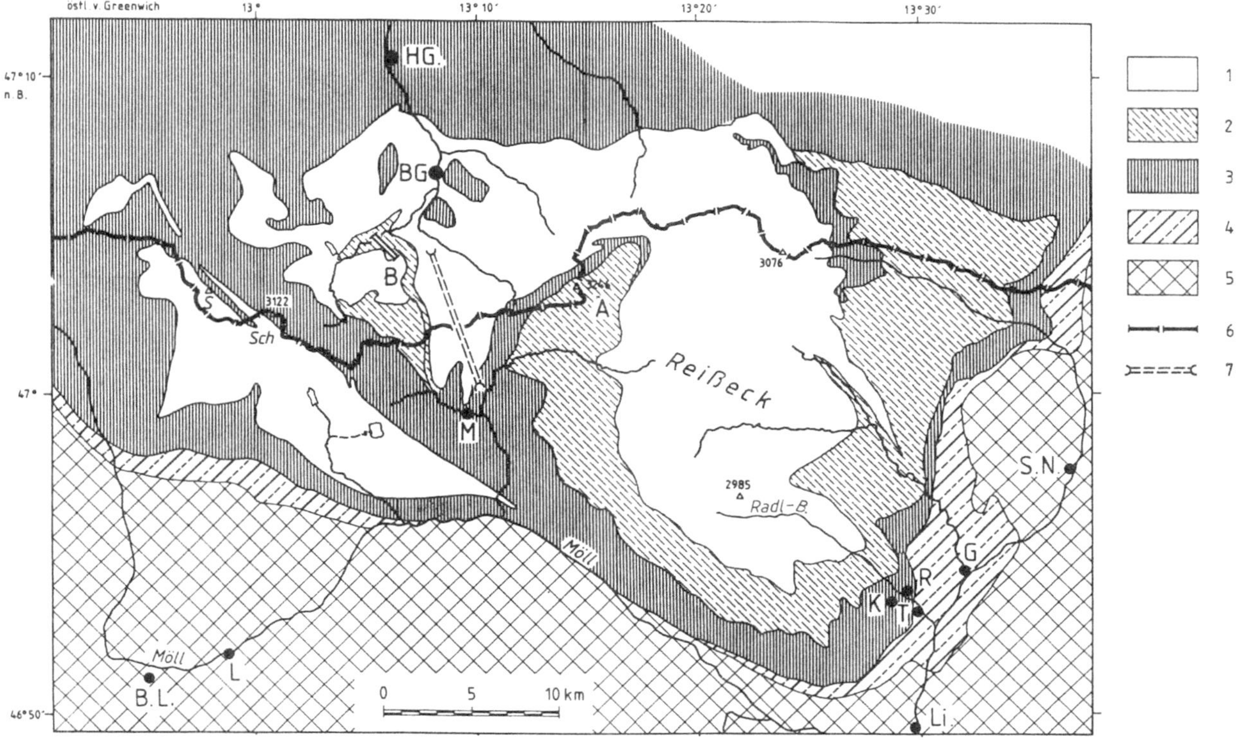

Fig. 5.2./1: Geologische Übersichtskarte Hochalm-Ankogel-Reißeckgruppe. 1 = Zentralgneis, 2 = Altkristallin, 3 = Schieferhülle der Hohen Tauern, 4 = Unterostalpines Deckensystem, 5 = Altkristalline Paragneise, Amphibolite, Glimmerschiefer (Mittelostalpin), 6 = Landesgrenze Kärnten – Salzburg, 7 = Tauerntunnel, HG. = Hofgastein, BG. = Badgastein, B = Böckstein Heilstollen, M = Mallnitz, T = Trebesing (Königsquell), R = Radlbad, G = Gmünd, L. = Lainach (Margarethenbad), Li = Lieseregg, B.L. = Bad Lamnitz (Schmiedbad), S = Hoher Sonnblick, Sch = Schareck, S.N. = Sankt Nikolai, A = Ankogel.

Tab. 5.2./1: Mittelwerte und Standardabweichungen der Mineralisierung und der Austrittstemperaturen der kalten Quellwässer im Gasteiner Raum (nach C. JOB & J. ZÖTL, 1969).

Ort/Bereich	Seehöhe m NN	Zeit der Messung	°C Mittel	Salzgehalt µval/l
Patschgen Evian (Graukogel)	1.090 1.149	Sept. 66 Dez. 66	6,8 4,7	 1.097
Tauerntunnel 350–680 T.m.	1.173	Sept. 68	6,6 ± 0,2	584 ± 72 (12%)
Tauerntunnel 6.960–7.660 T.m.	1.221	Sept. 68	9,0 ± 1,7	436 ± 43 (10%)
Tauerntunnel 4.930–6.060 T.m.	1.220–1.225	Sept. 68	17,0 ± 0,2	1.348 ± 177 (13%)
Radhausberg	2.200–1.280	Sept. 68	4,2 ± 1,3	1.776 ± 1.360 (77%)
Zum Vergleich: Thermalquelle Franz-Josef-Quelle	1.034	Dez. 66	45,6	4.827

dampf im Gasteiner Tal unterhalb der Thermalquellen und im Tal der Naßfelder Ache oberhalb Böckstein. Weltweit bekannt ist die Hitzekluft im Böcksteiner Stollen. Dieser örtlich fixierte Austritt von Erdwärme führt auch Radon (siehe Fig. 5.2./1). Weil die Kenntnis des Gesamtraumes die Voraussetzung dafür ist, das Phänomen Badgastein zu verstehen, bildet die Beschreibung dieser Radonthermen den Abschluß des Heilwasserbezirkes (Kap. 5.2.1.5.).

5.2.1.2. Das Hinterland von Gastein und der Tauerntunnel

Im weiteren Hinterland von Gastein haben Bergbau und Balneologie dieselbe Basis. Die Herkunft von Gold, Silber, Arsen und Eisen ist primär an größere Tiefen gebunden. Die Heißwässer nutzen dieselben Wege. J. STINI (1965) sah keine Schwierigkeit in der Vorstellung, daß Felsklüfte bis in Tiefen von 20 und mehr Kilometern offen bleiben können. Den endgültigen Beweis hiefür brachten die Edelgasuntersuchungen (Helium) im S des Gebirgskammes, durchgeführt mit Hilfe der Kärntner Landesregierung (w.Hofrat Dr. U. HERZOG).

Bei den zirkulierenden Wässern handelt es sich um vadoses Tiefengrundwasser.

Für die Beurteilung des geothermischen Einflusses im Gesamtbereich der Provinz muß man auch die Temperatur der „kalten" Quellen in die Messungen miteinbeziehen. Die Quellenaufnahme ergab die höchste Standardabweichung von Mittelwerten der Temperatur und Mineralisierung (%) am Radhausberg (Tab. 5.2./1).

Im **Graukogelmassiv** liegt über dem thermalwasserführenden Bereich ein „Kaltwassermantel", der den

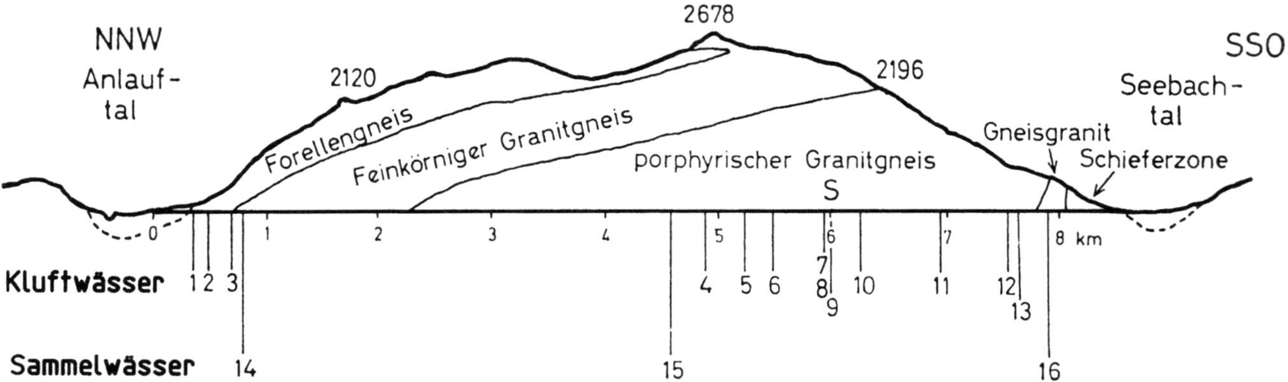

Fig. 5.2./2: Geologisches Profil durch den Tauerntunnel mit Eintragungen der entnommenen Kluftwässer (1–13) und der Sammelwässer aus dem Sohlenkanal (14–16); C. JOB & G. MUTSCHLECHNER (1969).

Tab. 5.2./2: Tauerntunnelwässer: Austrittsstellen der Quellen 1–13 bzw. Entnahmestellen der Sammelwässer 14–16 (aus: C. Job & G. Mutschlechner, 1969). Austrittstemperaturen in °C, Wasserstoff-(pH) und Redox-Exponent (rH) bei 10 °C, Ionenkonzentrationen in µval/l; S_K und S_A bedeuten die Summe der Kationen bzw. Anionen; Kieselsäure (H_2SiO_3) in mg/l.

Nr.	Ring	km	°C	pH	rH	Na	K	Ca	Mg	Fe	S_K	Cl	SO_4	HCO_3	F	S_A	H_2SiO_3
1	50	0,35	7,0	8,4	28,6	48	10	438	76	5	577	0	52	383	14	449	3,6
2	64	0,48	7,0	8,7	28,2	40	6	518	52	3	619	0	26	493	30	549	4,2
3	85	0,68	6,0	7,9	28,1	51	7	579	52	1	690	0	38	559	28	625	5,3
4	509	4,93	17,0	8,4	28,6	473	28	804	82	0	1.387	0	490	715	140	1.345	11,4
5	539	5,26	17,0	8,2	27,7	469	18	836	55	0	1.378	0	580	655	161	1.396	11,3
6	557	5,44	16,0	8,1	28,0	478	25	964	76	0	1.543	0	707	650	168	1.525	10,3
7	608	5,95	12,5	8,2	27,9	81	9	482	27	0	599	0	111	378	54	543	4,5
8	608	5,95	12,5	8,2	27,4	74	7	490	42	0	613	0	145	372	54	571	4,5
9	622	6,09	18,0	8,6	29,7	334	24	695	77	2	1.132	0	464	488	133	1.085	8,3
10	648	6,34	12,0	8,8	31,1	90	9	639	70	3	811	0	274	453	53	780	5,0
11	714	6,99	10,0	9,0	29,5	45	10	422	49	2	528	0	52	363	30	445	3,3
12	777	7,63	10,0	9,1	31,2	31	5	358	41	8	443	0	44	312	27	383	2,8
13	787	7,72	7,0	9,2	31,7	34	5	374	25	0	438	0	30	322	32	384	2,5
14	97	0,80	13,0	7,8	29,2	526	42	1.061	57	3	1.689	0	628	886	161	1.675	12,7
15	477	4,61	16,5	7,8	28,2	478	31	920	59	0	1.488	0	639	750	143	1.532	12,0
16	807	7,93	12,0	8,6	29,3	94	9	518	89	0	710	0	103	428	63	594	4,7

Mischwassercharakter der Gasteiner Thermalquellen mitbestimmt.

Die geothermischen und geochemischen Verhältnisse im **Tauerntunnel** der Österreichischen Bundesbahnen beschreiben C. Job & G. Mutschlechner (1969). Der Tunnel unterfährt den Hauptkamm der Hohen Tauern in 1.173 m (Nordportal) bis 1.221 m NN bei einer örtlichen Höhe des Gebirgskammes von 2.678 m (Lage siehe Fig. 5.2./1 und 5.2./2).

Der Tunnel hat eine Länge von 8.551 m, wurde in den Jahren 1903–1907 erbaut und verbindet die Bahnhöfe Böckstein in Salzburg und Mallnitz in Kärnten. Er schuf die Möglichkeit der Berechnung der **geothermischen Tiefenstufe** und ihre Einwirkung auf das Bergwasser zu beobachten. Die Mächtigkeit der den Tunnel überlagernden Gesteinsmasse beträgt nach J. Stini (1950) maximal 1.567 m. Wie bei anderen Alpendurchstichen wurden auch hier beim Vortrieb steigende Gesteinstemperaturen gemessen, an der Stelle der höchsten Überlagerung 22,4 °C, in der Mitte der Tunnelstrecke (km 402) 23,9 °C. Damit verbindet sich das Auftreten lauwarmer Tunnelwässer (km 4,930–6,060 ca. 18,0 °C). J. Stini, l.c., hat die geothermische Tiefenstufe mit 49 m/°C angegeben.

Unbeantwortet bleiben extreme Unterschiede **geochemischer Daten** der Bergwässer des Tauerntunnels. Tabelle 5.2./2 (C. Job & G. Mutschlechner, 1969) gibt einen Überblick über die Austrittsstellen der Tunnelwässer, das geologische Profil (Fig. 5.2./2) kennzeichnet ihre Lage.

Völlig überraschend finden wir Kluftwässer, die sich sowohl in der Gesamtmineralisierung als auch dem hohen Anteil von Tiefenwasserkomponenten klar von den Wässern des „normalen" Mineralgehaltes abheben. Die Höhenlage der Austritte wird durch den Tunnel bestimmt und bewegt sich unerheblich zwischen 1.173 und 1.225 m NN (= nahe der Scheitelhöhe). Die Kluftrichtungen konnten nicht gemessen werden, da der Tunnel völlig ausgekleidet ist. Die geochemische Bearbeitung war jedoch durch die Einzelfassung der jeweiligen Kluftwässer möglich. Die Verfasser sind sich klar, daß die oberflächennahen Kluftwässer sehr schwach mineralisierte Calcium-Hydrogencarbonat-Wässer sind, die aber bei entsprechenden großlumigen Spalten und raschem Wasserdurchgang in größere Tiefe vordringen können. Mit den ganz anders zusammengesetzten „tiefen Bergwässern" tun wir uns allesamt schwerer. Es bieten sich mancherlei Möglichkeiten an, wie andere Lösungsprozesse, längere Verweildauer der Wässer, Änderungen des Ca- und Hydrogencarbonatgehaltes durch Änderungen des CO_2-Partialdruckes etc. Austritt Nr. 14 paßt weder in der Lage noch im Chemismus in das Konzept. Letzten Endes bezeichnen die beiden Autoren alle Überlegungen als hypothetisch.

Wenn dem so ist, warum sollte nicht ein einst höherliegender Plafond der tiefen Thermalwässer, dem erst durch die mit der Gebirgsbildung und Höherschaltung verbundene, flächenhafte und lineare Abtragung und tiefere Vorflut für die jungen Kluftwege stärkeren Volumens neue Bedingungen aufgezwungen haben, ins Auge gefaßt werden? Wenn die These eines Kaltwassermantels aufrecht bleiben soll, so befinden wir uns hier im Saum dieses Mantels zu den Tiefenwässern.

5.2.1.3. Mallnitz

Die Verhältnisse im S des Hauptkammes geben für diese Annahme Hinweise. Hier liegt nahe dem Südportal des Tauerntunnels der Ort **Mallnitz**. Der Ort hat zwei Quellfassungen zur zentralen Wasserversorgung.

Die alte Quellfassung, das ist die östliche Fassung (M1) am oberen Weg von Mallnitz nach Gutenbrunn, wurde aufgrund des steigenden Wasserbedarfes nach dem Zweiten Weltkrieg durch eine neue Fassung (M2) ca. 1 km westlich M1 ergänzt. Beide Quellen liegen in etwa 1.200 m NN und haben eine geringe Mineralisierung; sie sind akratische Calcium-Hydrogencarbonat-Sulfat-Wässer (siehe Tab. 5.2./3).

Es besteht ein zunächst nicht auffälliger aber doch wesentlicher Unterschied. Der **Fluoridgehalt** von M1 betrug bei der jüngsten Probe am 6. Juli 1989 **1,1 mg/l**, bei M2 nur 0,2 mg/l. Das Wasser von M1 ist eine der ganz wenigen Kaltwasserquellen, dessen F-Gehalt der täglichen Tablettenmedikamentation der Fluorprophylaxe gegen Zahnkaries entspricht. Der Fluorgehalt wird nur von den Gasteiner Thermalwässern überschritten, wo für den Versand als Heilwasser bzw. Tafelwasser eine Entfluorisierung erfolgen muß.

Weitere Unterschiede liegen in der (stark schwankenden) Schüttung der Quellen, die zur Zeit der Probennahme (Mai 1989) bei M1 5–6 l/s, bei M2 > 100 l/s betrug.

Überraschend ist die bei der Probennahme gemessene **Wassertemperatur**: M1: 8,9 °C, M2: 5,3 °C. Bei der großen Schüttung von M2 wäre man versucht, den Temperaturunterschied mit einem höher reichenden Einzugsgebiet zu erklären, die Deuterium- und Oxygen-18-Werte bezeugen jedoch eher das Gegenteil (siehe Tab. 5.2./4). Das Wasser von M1 ist für diese Höhenlage zu warm.

Von Interesse ist, daß zu Beginn der fünfziger Jahre eine sowohl flächenhaft als auch zeitlich wiederholte

Tab. 5.2./3: Vergleich Elektrolyte Bad Königsquell, Mallnitz 1 und 2 (Analyse: Institut für Geothermie und Hydrogeologie, Joanneum Research, Graz.).

Quelle:		Bad Königsquell		Mallnitz 1, alte Fassung		Mallnitz 2	
		Massen-konzen-tration mg/l	Äquiva-lent-anteil %	Massen-konzen-tration mg/l	Äquiva-lent-anteil %	Massen-konzen-tration mg/l	Äquiva-lent-anteil %
KATIONEN							
Lithium	Li^+	0,46	0,27	< 0,1	–	< 0,1	–
Natrium	Na^+	99,0	16,31	3,03	13,68	0,90	4,88
Kalium	K^+	13,4	1,29	0,54	1,05	0,59	2,44
Magnesium	Mg^{2+}	43,4	13,47	0,94	8,42	1,28	12,20
Calcium	Ca^{2+}	364	68,67	14,7	76,84	13,3	80,49
Summe:		520,26	100,01	19,31	99,99	16,17	100,01
ANIONEN							
Fluorid	F^-	1,32	0,26	1,10	6,52	0,20	1,28
Chlorid	Cl^-	20,6	2,12	0,42	1,09	0,32	1,28
Sulfat	SO_4^{2-}	456	34,63	16,1	35,87	8,0	21,79
Nitrat	NO_3^-	0,3	0,01	0,3	1,09	1,3	2,56
Hydrogencarbonat	HCO_3^-	1.054	62,98	33	55,43	35	73,08
Summe Elektrolyte:		2.052,48	100,00	70,23	100,00	60,99	99,99
Wassertypus:		$Ca\text{-}HCO_3\text{-}SO_4$		$Ca\text{-}HCO_3\text{-}SO_4$		$Ca\text{-}HCO_3\text{-}SO_4$	

Tab. 5.2./4: Seehöhe, Wassertemperatur und die D- und ^{18}O-Werte von Quellen an der Südost- und Südwestseite des Ankogel-Reißeck-Gebietes.

Nr.	Quelle	Seehöhe m	Wasser-tempe-ratur °C	δD‰	δ^{18}O‰
1	Mallnitz 1	1.200	8,9	−91,0	−12,09
2	Mallnitz 2	1.200	5,3	−86,9	−12,55
3	Trebesing (Bad Königsquell)	850	11,6	−80,0	−11,35

Messung der Radonwerte in der Umgebung von **Mallnitz** durchgeführt wurde. Nach Unterlagen im Gemeindeamt schwankten die Rn-Werte vom 6. bis 11. September 1952 bei M1 Fassung a zwischen 8,7 und 13,8 nCi/l (Schüttung 4,9–6,8 l/s), bei den Zuleitungen in die gemeinsame Quellkammer zwischen dem Mittel von 12,3 nCi/l und dem Maximum von 26,9 nCi/l (alle Werte umgerechnet von Angaben im Mache-Einheiten). Von 28 weiteren Quellen verschiedener Schüttung gibt es Radonwerte von 1 nCi/l–7,3 nCi/l.

Von den gemessenen Spurenelementen Blei, Cadmium, Kupfer, Zink, Selen, Bor, Aluminium, Arsen, Zinn, Strontium, Caesium, Rubidium und Barium gibt es keine außergewöhnlichen Werte.

Zusammenfassend darf man wohl sagen, daß der Fluorgehalt, die für die Höhenlage zu hohe Temperatur der „kalten" Quelle M1 und die Radonwerte auf Zusammenhänge mit dem Thermalwassersystem des Ankogel-Reißeck-Gebietes schließen lassen.

5.2.1.4. Bad Königsquell und das Liesertal von Gmünd bis Lieserhofen

Den Schlüssel, wo hier im SE die Grenze des Einflusses des Zentralgneiskernes liegt, kann am ehesten eine genauere Untersuchung des Liesertales bei Trebesing liefern.

Nach Ch. Exner (vgl. F. Kahler, 1978) liegt der Ursprung des Wassers von Bad Königsquell in einem Äquivalent der Tschanekschollenzone über der Tauernschieferhülle.

Was den Chemismus des Wassers von Bad Königsquell und Radlbad anbelangt, ist es stärker mineralisiert als die Thermalwässer von Badgastein bzw. Mallnitz, aber in der mval%-Verteilung der Hauptionen ähnlich (Tab. 5.2./3). Beinahe gleich ist die Ionenverteilung in mval% mit dem Wasser von Mallnitz 1. Beide Wässer weisen außerdem denselben Fluorgehalt auf. Der Radongehalt ist bei M1 höher, liegt aber auch bei Bad Königsquell bei 1,25 nCi/l.

Die nahezu lückenlose Übereinstimmung der chemischen und radiologischen Charakteristika wird nur durch den Umstand beeinflußt, daß es sich bei Bad Königsquell und Radlbad um Säuerlinge handelt (1.267 bzw. 1.470 mg/l freies CO_2).

CO_2 finden wir faktisch in allen Quellen, ja selbst im Grundwasser des **Liesertales.** Es ist sicher eine Aushauchung aus der Tiefe, wie sie in der Regel aber an einen jüngeren (tertiären) Vulkanismus bzw. junge magmatische Intrusionen gebunden ist.

Radlbad (Fig. 5.2./1) liegt nach Ch. Exner (siehe F. Kahler, 1978, p. 58) unmittelbar in jener Schollenzone von Serezitquarzit, Dolomitmarmor und Kalkmarmor, die die Fortsetzung der Tschanekschollenzone an der Basis der Katschbergzone ist.

Auszug aus der Probenanalyse des Wassers von Radlbad von E. Komma & F. Scheminzky aus dem Jahre 1963 (F. Kahler, 1978):

Schüttung ca. 0,11 l/s
pH-Wert 6,2
Wassertemperatur 11,0 °C

Uran 0,65 mg/l
Radium 9,5 pCi/l
Radon 1,76 nCi/l

Chemische Analyse:

		Massen-konzen-tration mg/l	Äquiva-lent-anteil %
KATIONEN			
Natrium + Kalium	$Na^+ + K^+$	154,2	26,72
Magnesium	Mg^{2+}	40,6	13,30
Calcium	Ca^{2+}	299,1	59,47
Eisen	Fe^{2+}	3,6	0,51
Summe:		497,5	100,00
ANIONEN			
Chlorid	Cl^-	41,6	4,67
Sulfat	SO_4^{2-}	276,3	22,92
Hydrogencarbonat	HCO_3^-	1.109,0	72,41
Summe:		1.426,9	100,00
Summe Elektrolyte:		1.924,4	
Gasförmige Bestandteile:			
Freies Kohlendioxid	CO_2	1.470,0	
Summe:		3.394,4	

Wassertypus: Radonhältiger Calcium-Natrium-Hydrogencarbonat-Sulfat-Mineralsäuerling.

Der Ort Trebesing liegt am Südostfuß der Reißeck-Gruppe. Die Quellen von **Bad Königsquell** entspringen einige hundert Meter über der Talsohle der Lieser am Hang des Sparberbühels.

Zusammenfassung der in F. KAHLER (1978) enthaltenen Analyse:

Schüttung ca. 1,5 l/s
Wassertemperatur 11,6 °C

Radongehalt 1,25 nCi/l

		Massen-konzen-tration mg/l	Äquiva-lent-anteil %
KATIONEN			
Lithium	Li^+	0,46	0,27
Natrium	Na^+	99,0	16,30
Kalium	K^+	13,4	1,29
Magnesium	Mg^{2+}	43,4	13,47
Calcium	Ca^{2+}	364	68,67
Summe:		520,26	100,00
ANIONEN			
Fluorid	F^-	1,32	0,26
Chlorid	Cl^-	20,6	2,12
Sulfat	SO_4^{2-}	456	34,63
Nitrat	NO_3^-	0,3	0,01
Hydrogencarbonat	HCO_3^-	1.054	62,98
Summe:		1.532,22	100,00
Summe Elektrolyte:		2.052,48	
Gasförmige Bestandteile:			
Freies Kohlendioxid	CO_2	1.267	
Summe:		3.319,48	

Wassertypus: Radonhältiger Calcium-Hydrogencarbonat-Sulfat-Mineralsäuerling.

Als Säuerling und bald auch als Mineralwasser erkannt, wurde die Quelle durch einen Stollen 1915/16 gefaßt, zu einem Behälter im Tal abgeleitet und als Mineralwasser für Lazarette abgefüllt. Sie führte zunächst den Namen „Kriegsquelle".

Bezeichnend für den wirtschaftlichen Niedergang erlag dieser Betrieb in der Zwischenkriegszeit. Erst nach dem Zweiten Weltkrieg wurde ein Badebetrieb aufgebaut, der sich zu dem bekannten Kurhotel „Bad Königsquell" entwickelte (vgl. F. KAHLER, 1978).

Im oberen Bereich des Südosthanges des Reißecks liegen zunächst noch die Zentralgneise des Tauernfensters offen und weite Flächen des Altkristallins sind erhalten, was einen einfachen Gebirsbau vortäuscht. In Wirklichkeit liegt ein komplizierter Stockwerk- und Deckenbau vor, zu dem um Trebesing eine Schollenzone von Serezitquarzit und Marmor gehört, die nach F. KAHLER (1978) die Fortsetzung der Tschanekschollenzone an der Basis der Katschbergzone ist.

Weil in dieser Zone auch jüngere Bewegungen stattfanden, die das Liesergebiet anscheinend beträchtlich zerrütteten, lassen die starken CO_2-Gehalte der Quellen vermuten, daß wir uns im Bereich Königsquell vom Chemismus der Wässer her gesehen im Mischungsbereich der Wässer eines Grenzsaumes befinden, in dem aber anscheinend ein wesentlicher Anteil von Tiefenelementen aus dem Zentralgneiskern besteht.

Die Ergebnisse der Messung der **Spurenelemente** enthalten einmalige Hinweise auf große Tiefenlagen des Wassers (siehe Tab. 5.2./5). Abgesehen vom Fluor ist der hohe **Strontiumgehalt** ein Hinweis. Dasselbe gilt für den Bor- und Zinkwert. Den wichtigsten Beweis für die Verbindung des Wassers von Bad Königsquell und großen Tiefen brachte die Untersuchung der Edelgase.

Die Edelgasmessung von Bad Königsquell (Tab. 5.2./6) wurde von St. WEISE dargestellt und interpretiert:

Die Gehalte an stabilen Isotopen der Edelgase Neon, Argon, Krypton und Xenon könnten generell als Indikatoren für die atmosphärischen Komponenten am Gasgehalt eines Grundwassers dienen. So wurden über Neonmessungen hohe Gehalte atmosphärischer Gase in gespannten Grundwässern nachgewiesen, die sich durch starke Druckspiegelschwankungen auszeichnen (J. RUDOLPH, 1981).

Was das Helium anbelangt, so unterscheidet sich das Verhältnis der einzigen beiden natürlich vorkommenden stabilen Isotope Helium-3 (^3He = Tritiumabkömmling) und Helium-4 (^4He = aus dem

Tab. 5.2./5: Die Ergebnisse der Spurenanalysen (in µg/l) der Wässer von Mallnitz und Bad Königsquell (Arbeitskreis für Spurenanalyse, Univ.-Prof. Dr. G. KNAPP, Graz). n.g. = nicht gemessen.

	Pb	Cd	Cu	Zn	Se	B	Al	As	Sn	Sr	Cs	Rb	Ba	J	F
Mallnitz 1	< 5	< 0,1	< 2	< 20	< 5	< 10	20	< 5	< 10	80	< 20	< 20	< 20	n.g.	**1.100**
Mallnitz 2	< 5	< 0,1	< 2	< 20	< 5	< 10	40	< 5	< 10	90	< 20	< 20	< 20	n.g.	20
Königsquell (Trebesing)	< 2	< 0,1	3	**150**	n.g.	**2.265**	n.g.	n.g.	n.g.	**4.615**	n.g.	n.g.	n.g.	< 20	**950**

Tab. 5.2./6: Meßwerte der Helium- und Neon-Isotopengehalte (gemessen und interpretiert von Dr. St. WEISE, GSF-Institut für Hydrologie, München).

$^3He/^4He$ (10^{-6})	0,483± 0,006
^4He-Menge (10^{-4} Nml)	3,5± 0,6
^{20}Ne-Menge (10^{-7} Nml)	1,43± 0,15
^{21}Ne (%)	−1,4± 0,7
^{22}Ne (%)	4,3± 6,8
Probenmenge (g)	40,7± 0,5
^4He-Überschuß (10^{-8} Nml/q) (berechnet)	860

Uranium- und Thoriumzerfall stammend) um Größenordnungen je nachdem ob das Helium im Wasser durch atmosphärische, Erdkrusten- oder Erdmantel-Einflüsse, d.h. die Dominanz von atmosphärischen, radiogenem bzw. magmatischem Helium beherrscht wird.

Der **Neongehalt** ist von der CO_2-Führung des Wassers beeinflußt.

Die untersuchte Probe zeigt eine ^{20}Ne-Menge, die auf die Probenmenge bezogen nur 2% des Löslichkeitsgehaltes beträgt. Die Ursache für diesen niedrigen ^{20}Ne-Wert ist auf eine Entgasung im Bereich der Quellfassung zurückzuführen, da es sich um einen Kohlensäuerling handelt, dessen bei geringer Druckentlastung sich ausbildenden CO_2-Blasen andere gelöste Gase wie z.B. Neon mitreißen. Der relativ auf ^{20}Ne bezogene Gehalt des Neonisotops ^{21}Ne weicht von den atmosphärischen Verhältnissen ab, was im speziellen Fall als Indiz für Entgasungsvorgänge angesehen werden kann.

Die Probe Königsquell zeigt einen deutlich erhöhten **^{4}He-Gehalt** (etwa das 190fache des Löslichkeitswertes), der zum größten Teil sicherlich radiogenen Ursprungs ist, d.h. sich aus der natürlichen Radioaktivität des Uraniums und Thoriums im umgebenden Gestein der Erdkruste ergibt. Diese große Menge radiogenen Heliums trotz der aus dem Neongehalt und dem freien CO_2 abzuleitenden Entgasung deutet sowohl auf originär extrem hohe ^4He-Überschußgehalte im Kluftwasser als auch auf eine permanente Passage von Helium in Verbindung mit dem CO_2 durch das Grundwasser.

Der $^3He/^4He$-Wert des Mineralwassers Königsquell ist für rein radiogenes Helium untypisch hoch (um etwa eine Größenordnung), was darauf hinweist, daß in geringem Maße (ca. 5%) Helium beigemischt ist, das dem **Erdmantel** entstammt. Damit ist die Verbindung bis in diese Tiefen bewiesen.

5.2.1.5. Der Thermalstollen von Badgastein-Böckstein und die Gasteiner Thermalquellen

Im weiteren Raum um Badgastein tritt der Zentralgneis der Hohen Tauern zutage. Im N, W und S taucht der Granitgneiskörper unter die Schieferhülle der Zentralalpen, deren Gesteine im Gasteiner Gebiet nur mehr als Erosionsreste am Stubner Kogel und weiter im SE erhalten sind (Ch. EXNER, 1956, 1957). Die Schwerpunkte der geothermischen Anomalien liegen im Radhausberg südwestlich vom Böckstein und am Fuße des Graukogels entlang der Gasteiner Ache im Ortsbereich von Badgastein (Fig. 5.2./3).

Die Gesteinsfolgen und den tektonischen Deckenbau des zentralen Granitgneiskörpers des Radhausberges zeigt Fig. 5.2./4.

Die sowohl für die Wasserzirkulation als auch die geothermischen Verhältnisse bedeutenden Kluftsysteme sind durch die über Jahrhunderte betriebenen Goldbergbaue bekannt. Verallgemeinernd kann man aus dem Bündel der N-NE-streichenden **Hauptkluftrichtungen** (J. STINI, 1965) die eher NNE-streichenden meist steil gegen E einfallenden erzführenden Gänge und die mehr in Nordrichtung streichenden gegen W einfallenden tauben Gänge (bergmännisch

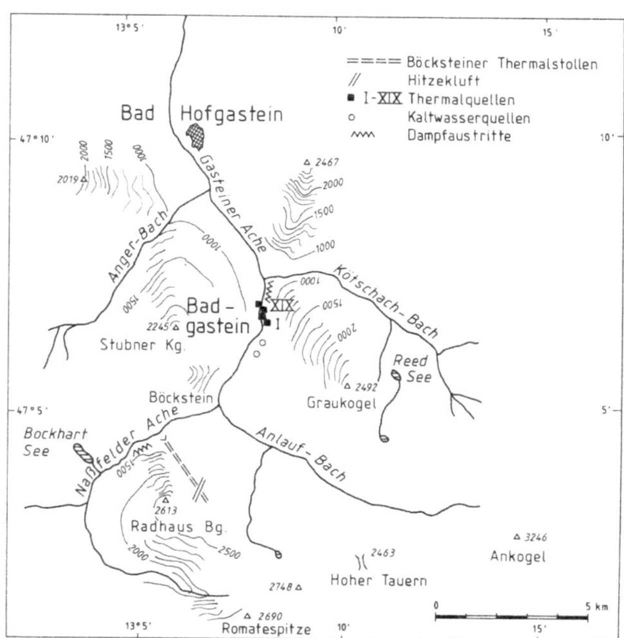

Fig. 5.2./3: Das Gebiet von Gastein. Lage der Thermalquellen von Badgastein (I–XIX) und des Thermalstollens von Badgastein-Böckstein.

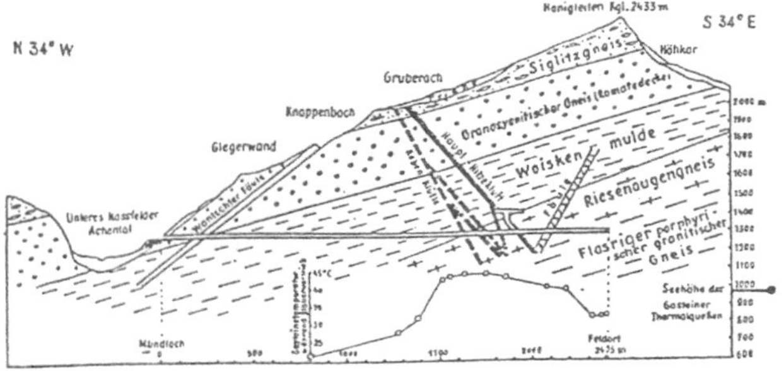

Fig. 5.2./4: Geologisches Profil durch den Radhausberg längs der Achse des Thermalstollens (aus: Ch. Exner, 1965). Unterhalb des Stollens ist der Verlauf der Gesteinstemperatur während des Stollenvortriebes eingetragen. Die rechts eingezeichnete Seehöhe der Gasteiner Quellaustritte bezieht sich auf einen Mittelwert; der höchste Austritt liegt in 1.034 m NN.

„Fäulen") unterscheiden. Den ersteren folgen auch das tief eingeschnittene Erosionstal der Gasteiner Ache mit den Thermalquellen von Badgastein und die beim letzten Stollenvortrieb 1940–1944 im Radhausberg angefahrene Hitzekluft.

Der sogenannte „Pasel-Stollen", heute **„Thermalstollen von Badgastein-Böckstein"** (eingehende Beschreibung F. Scheminzky, 1965, J. Stini, 1965, Ch. Exner, 1965) wurde 1940 südwestlich von Böckstein in 1.280 m NN am Nordwesthang des Radhausberges als letzter Versuch einer Neubelebung des Goldbergbaues angeschlagen.

Schon nach wenigen hundert Metern Vortrieb wurde offentsichtlich, daß im Vergleich zu der für dieses Gebiet der Zentralalpen nach J. Stini (1965) anzunehmenden geothermischen Tiefenstufe von 45 m/°C (Tauerntunnel 49 m/°C) eine beträchtliche „Übertemperatur" vorliegt (vgl. Temperaturkurve in Fig. 5.2./4), deren Maximum bei einem Kluftbündel zwischen Stollenmeter 1.600 und 1.900 (Haupthitzekluft Stollenmeter 1.999) gemessen wurden. Weiter gegen das Berginnere nimmt bis zum Stollenende bei Meter 2.425 die Gesteinstemperatur wieder ab. Die Haupthitzekluft wurde durch einen Querschlag in Richtung NNE und SSW verfolgt, wobei bei der südlichen Auslängung bei Meter 345 die höchste Gesteinstemperatur mit 45 °C gemessen wurde (K. Zschocke in: F. Scheminzky, 1965).

Im Widerstreit verschiedener Hypothesen hat sich die Annahme durchgesetzt, daß die Aufheizung des Gesteins durch Gase aus der Tiefe erfolgt.

Die aus dem System der Haupthitzekluft gezogenen Luftproben hatten auch den höchsten **Radongehalt**. Die entlang der Klüfte aufsteigende Radium-Emanation wird einem stärker radium- bzw. uranhältigen Gestein in größerer Tiefe entstammen. Aber auch im Stollen selbst wurden Uranspuren festgestellt. Im Thermalstollen wurden die ersten Radonmessungen noch 1944 vor der Stillegung des Vortriebes d.h. unter Bedingungen der Bewetterung des Stollens durchgeführt; sie ergaben bereits ca. 0,2 nCi/l Luft. Die ersten Messungen nach Einstellung der Bewetterung erbrachten an verschiedenen Meßstellen 3,62–5,58 nCi/l und 1948 einen Mittelwert von 4,94 nCi/l Luft. Bemerkenswerte Radongehalte treten auch in anderen alten Bergwerksstollen im Bereich Böckstein–Naßfeld auf. Die relative Luftfeuchtigkeit beträgt auch noch im hintersten Bereich des Böcksteiner Thermalstollens an die 95–100%, obwohl ab Stollenmeter 400 außer Tropfstellen keine Wasseraustritte mehr zu verzeichnen sind. Der wesentlichste Kluftwasseraustritt erfolgt bei Stollenmeter 310 aus der sogenannten „Wantschler Fäule" (Fig. 5.2./4).

Die **Gasteiner Thermalquellen** liegen mit drei Ausnahmen (VIII, XIV, XVII) am rechten Hang der steilen Erosionsstufe des Gasteiner Tales innerhalb des Ortsbereiches von Badgastein (siehe Fig. 5.2./5).

Die Quellaustritte weisen auf eine Entfernung von ca. 400 m eine Höhendifferenz von 97 m auf. Die Fassungen erfolgten teilweise durch Stollenvortriebe in den gewachsenen Fels (I = Franz-Josef-Quelle etwa 100 m), teilweise im alten Bergsturzblockwerk und bezeugen in Anlage und Ausführung hohes hydrogeologisches und technisches Gespür. Das unregelmäßige Auftreten offener Wasserwege bedingt eine große Zahl von Einzelaustritten (91), wobei es sich sowohl um Klüfte (I, III, X) als auch Bankungsfugen des Granitgneises (II, VI, IX, XIV) handelt.

1970 begann unter Leitung von F. Kahler die Sanierung des durch Hangdruck gefährdeten Franz-Josef-Stollens durch den sogenannten „Neuen-Franz-Josef-Stollen", die auch Schüttungsveränderungen mehrerer Quellen nach sich zog. Im Zuge der in diesem Zusammenhang durchgeführten seismischen Messungen wurde eine ca. 53 m nordöstlich der Stirn des alten Franz-Josef-Stollens NW-SE-ziehende Schwächezone geortet. Bei fächerartigen Schrägbohrungen wurde die bisher höchste Wassertemperatur Badgasteins (48,46 °C) gemessen (H. Janschek & F. Kahler, 1990). Die Untersuchungen sind noch nicht abgeschlossen.

Tabelle 5.2./7 zeigt, daß Höhenlage und Ergiebigkeit der Quellen kaum einen Bezug haben. Temperaturen von > 40 °C wurden in Wasseraustritten unter

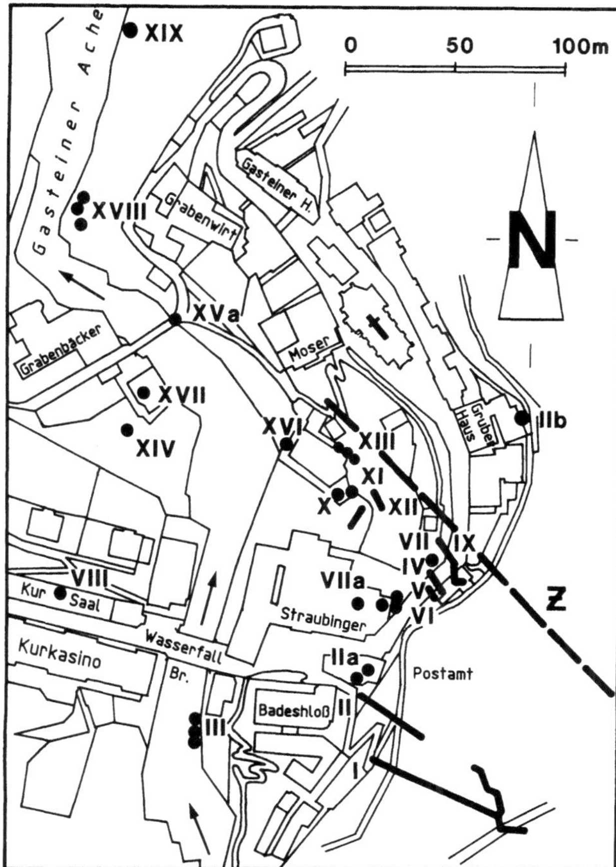

Fig. 5.2./5: Lage der Quellen von Badgastein nach C. Job & J. Zötl (1969): Aufnahme G. Mutschlechner 1954 und die unter der geologischen Beratung von F. Kahler durch seismische Messungen von H. Janschek (H. Janschek & F. Kahler, 1990) geortete „Zerrüttungszone" (Z), in welcher der stärkste Thermalwasserweg Badgasteins vermutet wird.

995 m NN nicht mehr gemessen, andererseits ist, abgesehen von den schon stark verdünnten Wässern XVIII und XIX, der Radongehalt ebenfalls nicht durch die Höhenlage beeinflußt. Nahe beieinander liegende Wasseraustritte unterscheiden sich mitunter um mehrere Wärmegrade. Mehrmals über ein Jahr regelmäßig kontrollierte Thermalquellen zeigten nur geringfügige Temperaturschwankungen.

Die **Gesamtschüttung** der genutzten Thermalquellen beträgt täglich rund 4.500 m³ (ca. 52 l/s). Dazu kommen etwa 400 m³ ungenutztes Thermalwasser und eine unbekannte Menge Verlustwasser. Die Wasserspende der genutzten Thermalquellen unterliegt im Jahresdurchschnitt nur geringen Schwankungen.

Ergiebigkeitsverschiebungen zwischen benachbarten kleineren Austritten deuten ein teilweise kommunizierendes Quellspaltennetz an.

Langfristige Messungen ergaben bei den höchstgelegenen Quellen (I = Franz-Josef-Quelle) einen deutlichen Jahresgang (Minimum April/Mai, Maximum im Zeitraum Dezember bis Februar), dessen Zusammenhang mit dem Schüttungsgang der großen Kaltwasseraustritte Evian-, Scholz- und Patschgen-Quelle unverkennbar ist (Fig. 5.2./6).

Der **Mineralgehalt** der Gasteiner Thermalquellen liegt unter 1.000 mg/l (schwach mineralisiertes, akratisches Wasser, siehe Analyse Badgastein Elisabeth-Quelle). Langfristige Messungen zeigten nur geringfügige Abweichungen der Mineralisierung proportionalen elektrolytischen Leitfähigkeit vom Jahresdurchschnitt. Die ionisierten Bestandteile verteilen sich bei den Kationen in Millival-Prozent auf 73% Na und 23% Ca, auf der Anionenseite auf 55% Sulfat, 22% Hydrogencarbonat, 18% Chlorid und 5% Fluorid. Von den nichtionisierten Stoffen ist der Borsäurewert erwähnenswert.

Was die **Radonkonzentrationen** anbelangt, so zeigt ein Vergleich von Messungen verschiedener Jahre beträchtliche Schwankungen.

Auszug aus der Großen Heilwasseranalyse des Thermalwassers. Analyse Badgastein Elisabeth-Quelle (E. Komma & F. Scheminzky, 1959)

		Massenkonzentration mg/l	Ionenäquivalentkonzentration mmol/l	Äquivalentanteil %
KATIONEN				
Lithium	Li^+	0,14	0,02	0,44
Natrium	Na^+	79,41	3,45	72,74
Kalium	K^+	2,87	0,07	1,55
Magnesium	Mg^{2+}	0,94	0,08	1,63
Calcium	Ca^{2+}	21,92	1,09	23,08
Strontium	Sr^{2+}	0,26	0,01	0,12
Aluminium	Al^{3+}	0,12	0,02	0,44
Summe:		105,66	4,74	100,00
ANIONEN				
Fluorid	F^-	4,20	0,22	4,66
Chlorid	Cl^-	29,60	0,83	17,64
Sulfat	SO_4^{2-}	126,33	2,63	55,49
Hydrogencarbonat	HCO_3^-	63,94	1,05	22,21
Summe:		224,07	4,73	100,00
Summe Elektrolyte:		329,73		
Schwache Elektrolyte:				
Kieselsäure, meta	H_2SiO_3	58,5		
Borsäure, ortho	H_3BO_3	5,1		
Summe:		393,33		

Tab. 5.2./7: Übersicht über die Thermalquellen von Badgastein nach dem Stand von 1966 (aus: C. JOB & J. ZÖTL, 1969).

Nr.	Quelle – Name	Quelle – Austritt	Eigentümer	Seehöhe m	Austritte – Art	Austritte – Zahl	Ergiebigkeit m³/Tag	Temperatur °C	Radongehalt in nCi/l	Anmerkung
I	Franz-Josef-Quelle		Gemeinde	1.034	aus Fels	27	195	45,6	4,8	
II	Rudolf-Quelle		Gemeinde	1.018–1.019	aus Blockwerk	10	432	46,6	5,8	
IIa	Post-Quelle (Warmwasseraustritte im Keller des Postgebäudes, wahrscheinlich Verlustwasser der Quelle II)				aus Blockwerk	2		27,8	1,2	nicht genützt
IIb	Gruber-Haus-Quelle		Gruber-Haus	1.008,2	aus Blockwerk	1	196	14,9	0,4	nicht genützt
III	Wasserfall-Quelle		Gemeinde	1.011–1.015	aus Fels	5	349	36,3	37,8	
IV	Alte Franzens-Quelle		Gemeinde	1.007	aus Blockwerk	1	4	44,5	11,0	
V	Lainer-Quelle		Lainer-Haus	1.006	aus Blockwerk	2	179	46,4	24,8	
VI	Doktor-Quelle	Austritt 1	Gemeinde	1.002	aus Fels	2	99	40,4	20,5	
VI	Doktor-Quelle	Austritt 2	Gemeinde	1.002	aus Fels	2	99	44,4	26,5	
VII	Neue Franzens-Quelle		Gemeinde	1.001	aus Blockwerk	2	18	41,4	0,61	
VIIa	Speisesaal-Quelle	Austritt 1	Straubinger	996,2	aus Blockwerk	2	19	37,4	53,5	nicht genützt
VIIa	Speisesaal-Quelle	Austritt 2	Straubinger	999,5	aus Blockwerk	2	19	19,5	0,042	nicht genützt
VIII	Wandelbahn-Quelle, versiegt (als unterirdischer Thermalwasserriesel wahrscheinlich noch vorhanden)									
IX	Elisabeth-Quelle	Austritt 1 (Portal-Quelle)	Gemeinde	995–996	aus Blockwerk	12	68	42,2	22,0	nicht genützt
IX	Elisabeth-Quelle	Austritte 2–7	Gemeinde	995–996	aus Blockwerk	12	563	46,0	40,3	
IX	Elisabeth-Quelle	Austritte 8–12	Gemeinde	995–996	aus Blockwerk	12	1.887	46,3	51,0	
X	Fledermaus-Quelle	Austritt 1	Gemeinde	983	aus Fels	5	14	33,3	122,7	nicht genützt
X	Fledermaus-Quelle	Austritt 2	Gemeinde	983	aus Fels	5	14	35,2	60,6	nicht genützt
X	Fledermaus-Quelle	Austritt 3	Gemeinde	983	aus Fels	5	14	37,0	75,2	Trinkbrunnen
X	Fledermaus-Quelle	Austritt 4	Gemeinde	983	aus Fels	5	14	34,2	84,5	nicht genützt
X	Fledermaus-Quelle	Austritt 5	Gemeinde	983	aus Fels	5	14	36,6	124,0	nicht genützt
XI	Mitteregg-Quelle	Austritt 1	Gemeinde	976	aus Blockwerk	2	22	38,1	4,4	nicht genützt
XI	Mitteregg-Quelle	Austritt 2	Gemeinde	976	aus Blockwerk	2	2	29,7	55,3	nicht genützt
XII	Reissacher-Quelle		Gemeinde	975	aus Blockwerk und Fels	6	378	39,5	52,8	
XIII	Kanal-Quelle (Austritt 3 versiegt)	Austritt 1	Gemeinde	972	aus Blockwerk	4	37	24,0	7,1	nicht genützt
XIII	Kanal-Quelle (Austritt 3 versiegt)	Austritt 2	Gemeinde	972	aus Blockwerk	4	6	23,6	1,2	nicht genützt
XIII	Kanal-Quelle (Austritt 3 versiegt)	Austritt 4	Gemeinde	972	aus Blockwerk	4	62	35,6	20,3	
XIV	Grabenbäcker-Quelle		Grabenbäcker Kurhaus	968	aus Fels	1	106	36,8	39,6	
XV	Spritzwand-Quelle, versiegt (als unterirdischer Thermalwasserriesel wahrscheinlich noch vorhanden)									
XVa	Brücken-Quelle		Gemeinde	957	aus Blockwerk	1		24,5	18,6	nicht genützt
XVI	Sophien-Quelle		Gemeinde	964	aus Fels	1	107	38,1	58,7	
XVII	Mesnil-Quelle		Grabenbäcker Kurhaus	958	aus Fels	1	119	37,0	59,2	
XVIII	Grabenwirt-Quelle		Gasteiner Hof	954	aus Hangschutt	3	?	23,0	3,5	nicht genützt
XIX	Strochner-Quelle		Gemeinde	937	aus Hangschutt	1	261	16,1	0,19	nicht genützt

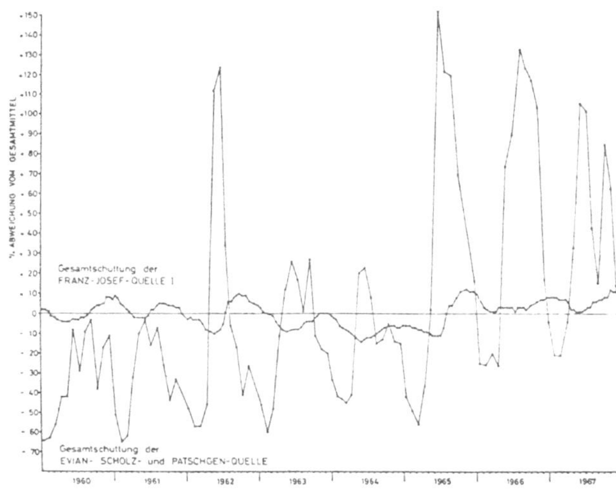

Fig. 5.2./6: Prozentuelle Abweichung der Ergiebigkeit vom Gesamtmittel der achtjährigen Periode bei der Franz-Josef-Quelle und den kalten Quellen. Auf die Eintragung der Elisabeth-Quelle wurde verzichtet, da ihre Schüttung keinen Jahresgang erkennen ließ.

Spurenelemente (in µg/l) gemessen durch den Arbeitskreis für Spurenanalyse, Univ.-Prof. Dr. G. KNAPP, Graz, 1990; Werte in Klammer Heilwasseranalyse (Kurdirektion Badgastein):

Li	Sr	Ba	Fe	Mn
200 (190)	500 (260)	20 (10)	60 (40)	80 (20)

Al	F	B
150 (120)	4.800 (4.200)	960

Die Unterschiede beruhen auf verschiedene Entnahmestellen (Franz-Josef-Quelle bzw. Elisabeth-Quelle), die Tendenz der Gehalte ist sichtlich gleich.

Das Vorliegen von Tiefengrundwässern deutet bereits die für die schwache Mineralisierung erhöhten Lithium-, Strontium- und Borwerte an, die wichtigsten Zeugen sind in diesem Fall der hohe Fluorgehalt und die meta-Kieselsäure (58,7 mg).

Zu den in der Analyse Badgastein Elisabeth-Quelle angeführten **Spurenelementen** wurden in den Gasteiner Thermalquellen Blei, Brom, Cadmium, Caesium, Gallium, Germanium, Kupfer, Molybdän, Nickel, Rubidium, Silber, Zink und Zinn zum Teil nur quantitativ nachgewiesen. Die balneologische Quellenbezeichnung ist **„akratisches Natrium-Calcium-Sulfat-Hydrogencarbonat-Radon-Thermalwasser"**.

Trotz des Umstandes, daß Wasserproben nur aus frei ausfließenden Kluftquellen entnommen werden können, d.h. ein Luftzutritt trotz Einführung eines Schlauches nicht auszuschließen war, und zudem eine Mischung von rezentem jungem Hangwasser und altem Tiefengrundwasser vorliegt, wurde eine Wasserprobe zwecks **Heliumuntersuchung** (Dr. St. WEISE, GSF-Institut für Hydrologie, München) gezogen.

Ein hoher ^{4}He-Gehalt wie auch ein vergleichsweise niedriges ^{3}He/^{4}He-Verhältnis weisen eindeutig große Mengen an Krustenhelium aus, Mantelkomponenten waren aufgrund der schwierigen Probennahme nicht eindeutig nachzuweisen, sind jedoch nicht auszuschließen.

In unregelmäßigen Abständen wurden z.B. im Zeitraum 1955–1978 an Radon gemessen: **Franz-Josef-Quelle** (I), Austritt 33,5 nCi/l. **Elisabeth-Quelle** (IX) Sammelabfluß Austritte 2–7, 1959: 42,6 nCi/l, 1960: 38,9 nCi/l, 1961: 50,6 nCi/l, 1962: 51,6 nCi/l und 1965: 62,6 nCi/l. Die Austritte Nr. 8–12 zeigten bei drei Messungen (1959, 1962, 1965) Werte zwischen 47,3 und 60,8 nCi/l, **Quelle XVI** bei sechs Messungen im Zeitraum 1958–1978 Werte zwischen 55,0 und 75,5 nCi/l. Soweit sich ersehen läßt, hängen die Schwankungen weder mit der Größenordnung der Schüttung und Temperatur noch mit der Lage der Quellen zusammen, auch eine Bindung von Höchst- oder Mindestwerten an bestimmte Jahre ist nicht gegeben (vgl. C. JOB & J. ZÖTL, 1969). Angenommen wird eine Abhängigkeit von der Bildung des Reissacherites, eines schwarzbraunen Quellschlammes, der in den oberen Quellwegen in der Berührungszone des sauerstoffhaltigen Kaltwassers mit dem aus der Tiefe kommenden Thermalwasser entsteht.

Der Quellschlamm adsorbiert das vom Quellwasser herangeführte Radium, das dann das Tochterelement Radon an das vorbeiströmende Thermalwasser abgibt (H. MACHE, 1904). Dieser Quellschlamm ist infolge seiner flockigen Konsistenz mobil und damit in seiner Menge nicht konstant, was der Hauptgrund der Schwankungen des Radongehaltes der einzelnen Wasseraustritte sein dürfte.

Der mit dem Reissacharit auftretende mineralogisch-hydrogeologische Aspekt des Einflusses der Mischungszone von Kalt- und Heißwasser auf den Charakter des Thermalwasser verlockte, dieses Mischungsverhältnis mit Hilfe der Messung des Prozentsatzes von Typenelementen zu lösen. Grenzelemente hiefür waren einerseits solche, die nur oder vorwiegend in dem aus der Tiefe stammenden Heißwasser auftraten, wie vor allem Fluor, andererseits das nur in den Kaltwässern enthaltene Bomben-Tritium (Fig. 5.2./7).

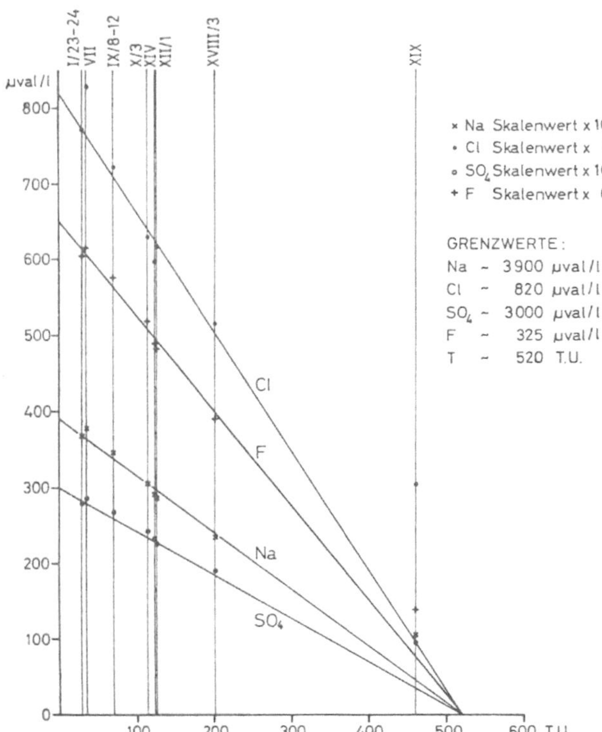

Fig. 5.2./7: Jahresmittelwerte der Na-, Cl-, Sulfat- und Fluoridkonzentration in den Gasteiner Thermalwässern in Abhängigkeit von ihren Tritiumgehalten (aus: C. JOB & J. ZÖTL, 1969). Der Skalenwert der Ordinate ist mit den auf der rechten Seite der Abbildung angegebenen Faktoren zu multiplizieren. Die Ausgleichsgeraden treffen auf der Abszisse in einem Punkt zusammen, der für die Ionenkonzentration = 0 dem Tritiumgehalt des zusitzenden Kaltwassers entspricht (520 TU). Die Schnittpunkte der Ausgleichsgeraden mit der Ordinate markieren die Grenzwerte der Ionenkonzentrationen im reinen, aus der Tiefe aufsteigenden Thermalwasser (Tritiumgehalt = 0).

Als hydrogeologisches Ergebnis resultiert die Annahme, daß über den aufsteigenden Thermalwässern ein Kaltwassermantel liegt, wobei ein mehr oder minder ausgeglichenes hydrostatisches Gleichgewicht besteht, dessen Störung womöglich vermieden werden soll.

Repräsentativ für die Kaltwässer sind die für die Trinkwasserversorgung von Badgastein genutzten Quellen (Messungen 1966/67), wie Evian-Quelle: 1.149 m NN, 55–210 l/s, 4–5 °C, 589 TU (Jahresmittel 1966) und Schachen-Quelle: 1.490 m NN, 14–34 l/s, 4,2–5 °C, 802 TU (Jahresmittel 1966). Detaillierte Analysenvergleiche siehe C. JOB & J. ZÖTL (1969). Die Tritiumgehalte sind mittlerweile sowohl ob der Halbwertszeit (12,3 Jahre) in länger gespeicherten Wässern als auch in erster Linie infolge der niedrigeren T-Konzentration in den Niederschlagswässern wesentlich gesunken.

In Zusammenarbeit mit der Section of Isotope Hydrology, IAEA wurde auch der Versuch einer Altersbestimmung der aufsteigenden Mineralwässer und der Lösung der Frage ihrer vadosen oder juvenilen Herkunft unternommen. Es kann als erwiesen gelten, daß auch die heißen Tiefenwässer zumindest zum größten Teil vadosen Ursprungs sind, wobei eine unterirdische Verweildauer („Alter") von 3.600–3.800 Jahren angenommen wird (C. JOB & J. ZÖTL, 1969).

Das Einzugsgebiet der Heißwässer ist nach den geologischen Gegebenheiten mit aller Wahrscheinlichkeit das Granit-Gneis-Gebiet östlich des Grau- und Hüttenkogels in der weiteren Umgebung des Reed-Sees, das Einzugsgebiet der Kaltwässer der Westhang des Grau- und Hüttenkogels.

5.2.1.6. Lend

Nördlich von Gastein verläuft im untersten Teil der rechten Talflanke des Salzachtales der Bruckstollen zum Kraftwerk Lend im Salzachtal. Der Stollen wurde parallel zum Tal in den sogenannten Klammkalken (Permokarbon über der abtauchenden äußeren Schieferhülle) vorgetrieben. Nahe der Klamm der Gasteiner Ache stieß der Vortrieb auf eine durch Verkarstung stark erweiterte Spalte, was einen Thermalwassereinbruch von 620 l/s zur Folge hatte. Die Stelle konnte nur mit Mühe plombiert werden.

Kurzanalyse des angefahrenen Kluftwassers nach E. KOMMA & F. SCHEMINZKY, 1954:

Wassertemperatur 23,4 °C

Radium 50 pCi/l
Radon 0,47 nCi/l
Uran $3{,}5 \times 10^{-7}$ g/l

		Massenkonzentration mg/l	Ionenäquivalentkonzentration mmol/l	Äquivalentanteil %
KATIONEN				
Natrium	Na^{+}	31,4	1,37	28,07
Magnesium	Mg^{2+}	14,1	1,16	23,77
Calcium	Ca^{2+}	47,2	2,35	48,15
Summe:		92,7	4,88	99,99

ANIONEN				
Fluorid	F^-	1,17	0,06	1,26
Chlorid	Cl^-	11,9	0,34	6,89
Sulfat	SO_4^{2-}	47,9	1,00	20,46
Hydrogencarbonat	HCO_3^-	212,3	3,48	71,39
Summe:		273,27	4,88	100,00
Summe Elektrolyte:		365,97		
Gasförmige Bestandteile:				
Freies Kohlendioxid	CO_2	14		
Summe:		379,97		

Typus: Akratisches Ca-Mg-Na-HCO_3-SO_4-Thermalwasser.

Da die wasserführende Spalte einer von Rauris nach Lend NNE-verlaufenden Bruchzone folgt und weder der Chemismus noch der geringe Radongehalt dem Thermalwasser von Gastein gleicht, wurde angenommen, daß keine direkte Verbindung zwischen den beiden Systemen besteht (J. STINI, 1959). Bei dem verzweigten Kluftnetz des Gebirgskörpers ist aber sehr wohl anzunehmen, daß ein dauernder Abfluß so großer Thermalwassermengen eine Störung des hydrostatischen Gleichgewichtes im Gebirge zur Folge haben würde, was ein langsames Absinken des Thermalwasserspiegels und ein Nachrücken des Kaltwassermantels zur Folge hätte.

5.2.2. Heilwässer der Tuxer und Zillertaler Alpen

5.2.2.1. Die geologischen Verhältnisse (K. CZURDA)

Die Tuxer und Zillertaler Alpen nehmen den Westen des Tauernfensters ein. Auch in diesem Teil der weitgespannten Aufwölbung vom Brenner bis zum Katschberg treten die tiefsten tektonischen Baueinheiten der Ostalpen zutage. Das Fensterinnere zeigt voralpidisches Grundgebirge, das sein „altes Dach" in Form der Unteren Schieferhülle trägt. Von S her aufgeschoben folgen darüber die paläozoischen und mesozoischen Serien der Oberen Schieferhülle.

Innerhalb der Zentralgneiszone lassen sich mehrere Kernbereiche ausgliedern, wobei das westliche Gebiet im engeren Sinne durch den Ahorn-Kern geprägt ist. Er ist vom Zillertaler Hauptkern durch die Schönachmulde, einer jungpaläozoisch-skythischen Synklinae, getrennt. Ahorn-Kern wie Zillertaler Hauptkern setzen sich überwiegend aus Porphyrgranitgneisen (Augengneisen), Flasergneisen und am tektonisch stark beanspruchten Nordrand aus Phylloniten zusammen. Bezeichnend sind die granitischen Intrusionen, deren absolute Altersdaten für einen permischen Magmatismus sprechen, ungefähr dem im deutschen Variszikum zeitgleich. Insbesondere können die basischen Gänge in den Gneisen mit den Lamprophyren des deutschen Variszikums verglichen werden.

Die Untere Schieferhülle liegt als „altes Dach" den Zentralgneisen unmittelbar auf und begrenzt sie im N und S. Im besprochenen Gebiet des hinteren Zillertales greift sie zwischen die beiden Zentralgneisäste des Tuxer- bzw. Zillertaler Hauptkammes ein. Über weite Strecken ist die Grenze zwischen Zentralgneis und Unterer Schieferhülle nicht eindeutig, so daß Orthogneise, Amphibolite, Migmatite, Paragneise, Gneis, Glimmerschiefer, Phyllite und Serpentinite nicht eindeutig zugeordnet werden können. Die jüngere Bedeckung der Kristallinkerne, insbesondere in den westlichen Hohen Tauern – also dem hier betrachteten Gebiet – ermöglichen hier eindeutigere Zuordnungen: der Hochstegenkalk aus dem Oberjura, die kretazische Kaserer Serie, der Angertalmarmor, der Silbereckmarmor, die Brennkogelserie, etc.

Was die Obere Schieferhülle anbelangt, so ist ähnlich der Grenze zwischen Gneiskern und innerer (unterer) Schieferhülle die Grenze zwischen dieser und der äußeren (oberen) Schieferhülle oft unscharf. Nichtsdestotrotz können vielerorts eindeutige Grenzziehungen getroffen werden. Als petrographische Marke kann ganz allgemein das Vorherrschen kalkreicher Schiefer und das Zurücktreten der sauren Orthogneise in den oberen Schieferhüllserien gewertet werden. Die charakteristischste Serie, die Bündner Schiefer, weisen die Obere Schieferhülle eindeutig als variszisch aus, während die untere eher in helvetischer Fazies vorliegt. Faziell unterschiedliche Beckensedimente sind von basischen Vulkaniten durchdrungen. Das Innere des Unterengadiner Fensters und die weite Verbreitung in den penninischen Decken der Westalpen verdeutlichen die paläogeographischen Zusammenhänge.

Der Innsbrucker Quarzphyllit liegt zwischen dem Nordrand der Hüllserien der Zentralgneiszone der Hohen Tauern und der Nördlichen Grauwackenzone. Seine tektonische Stellung ist unterostalpin. Er umfaßt eine große Vielfalt von Gesteinen: Quarzphyllite, Phyllite, Phyllonite, Grünschiefer, Porphyroide, Kalkmarmore, Magnesit. Der Tuxer Dolomit-Magnesit-Komplex hat die erste Altersdatierung für den Quarzphyllit mittels Conodonten geliefert: Grenze Silur/Devon. Der Innsbrucker Quarzphyllit ist bereits variszisch gefaltet und dabei epizonal metamorphosiert worden.

Der unterostalpine Rahmen des Tauernfensters sei der Vollständigkeit halber erwähnt und mit Hochfeindfazies und Pleislingfazies faziell benannt, doch wegen der weiteren Entfernung der Vorkommen zum Tuxertal hier nicht weiter ausgeführt.

5.2.2.2. Die Akratothermen von Hintertux (K. CZURDA)

Das Tuxertal, als westlichster Zubringer zum Zillertal, mündet bei Mayrhofen in das Zillertal. Finkenberg, Lanersbach und Hintertux sind die Gemeinden dieses Seitentales in ihrer Abfolge von NE (Talausgang) nach SW (Talschluß). Im S beherrscht der Olperer die Bergkulisse des Talschlusses.

Das Tuxertal liegt ganz im Bereich der Schieferhüllen des Tauernfensters, dessen Zentralgneiszone mit Ahorn-Kern und Tuxerkern im SE nahe an das Tuxertal herantritt. Die Schieferhüllgesteine grenzen im N an den Innsbrucker Quarzphyllit, den ältesten Gesteinen des besprochenen Gebietes (Fig. 5.2./8).

Die Thermalquellen (Akratothermen) von Hintertux entspringen als 22 laue bis warme Quellen mit Temperaturen zwischen 11,8 °C und 22,2 °C entlang des orographisch rechten Ufers des Tuxerbaches im Wiesenhang und zum Teil unter Hangschuttblöcken.

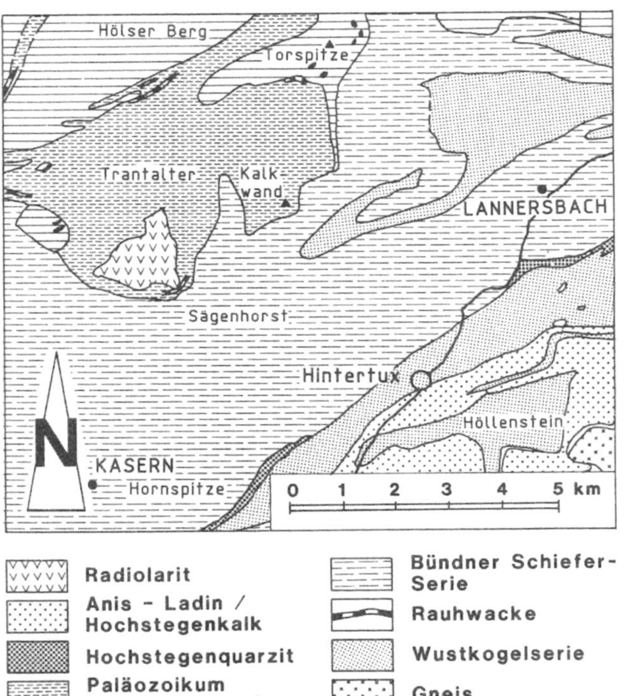

Fig. 5.2./8: Geologische Karte der Umgebung von Hintertux (westliches Tauernfenster).

Die Wasseraustritte wurden von F. SCHEMINZKY, E. KOMMA und G. MUTSCHLECHNER aufgenommen und numeriert. Alle Quellen entspringen im geologischen Sinne als warme Quellen, d.h. alle haben einen höheren Wärmegrad als die Luft. Allerdings entsprechen nur die Quellen 5–12 der balneologischen Mindestanforderung an die Temperatur mit 20 °C. Sie werden als eigentliches Thermalareal bezeichnet und davon werden dann die Quellen Nr. 4, 5, 6, 11 und 12 (die wärmste mit 22,1 °C) für die Freischwimmbäder und die Warmwasserversorgung des Badgasthofes genutzt.

Zusammen mit dem Brennerbad in Südtirol (mit Wassertemperaturen zwischen 21,6 °C und 22,9 °C) ist Hintertux dem geologischen Thermalquellentypus „Tauernhüllgesteine" zuzuordnen. Der geringe Mineralgehalt und die geringe Schüttmenge von 0,02–0,025 l/s lassen Brennerbad hinter Hintertux zurücktreten.

Die Quellaustritte etwa 5 m über dem Tuxerbach Niveau liegen im Schutt, konnten aber mittels eines Schachtes in grünliche Chlorit- bis Serizitphyllite vermutlich der Hochstegenserie (Untere Schieferhülle) zurückverfolgt werden. Die genannten Phyllite streichen N 70° E und fallen steil mit 55°–60° NNW, also etwa hangauswärts, ein. Die Felsaufschlüsse sind vom erwähnten Schacht erst in größerer Teufe angefahren worden und belegen das steile Einfallen der Aufschlüsse über Tage.

Das Aufsteigen der Quellen aus größeren Tiefen, etwa entlang tektonischer Flächen zwischen Unterer und Oberer Schieferhülle ist, analog zu den Brennerbad Thermen, anzunehmen. Im übrigen hat die jüngere geologische Entwicklung des Tuxertales eine Auskolkung durch die quartären Gletschervorstöße bewirkt und zu einer Akkumulation von Lockermassen, neben dem Hangschutt, beigetragen. Durch die Hangschuttkegel treten die Thermalquellen letztlich als Schuttquellen zu Tage.

Von den bestehenden 22 Quellaustritten liegen eine erweiterte Kontrollanalyse der Quellen 4, des Mischwassers der Quellen 5 und 6, sowie der Quellen 11 und 12 von E. KOMMA & F. SCHEMINZKY aus dem Jahr 1952 vor (Tab. 5.2./8).

Die *Spurenelemente* (in µg/l) wurden bei Quelle 4 und 11 () von F. POHL, Institut für biochemische Technologie, TU Graz, 1952 gemessen:

Fe	Cu	Pb	Al	Zn	Mn
19 (16)	36 (12)	5 (6)	6	4	Sp.

Si	B	Ba	Sr
qu.	qu.	qu.	qu.

Tab. 5.2./8: Die physikalisch-chemischen Daten der Quellen Nr.: 4, 5 + 6, 11 und 12 in Hintertux (E. KOMMA & F. SCHEMINZKY, 1952).

	Q 4		Q 5 + 6		Q 11		Q 12	
	Schüttung 8,6 l/s Temperatur 18,1 °C pH-Wert 7,2		Schüttung nicht meßbar Temperatur 20,2 °C pH-Wert 7,2		Schüttung nicht meßbar Temperatur 21,5 °C pH-Wert 7,2		Schüttung 3–4 l/s Temperatur 22,1 °C pH-Wert 7,2	
	Massen-konzen-tration mg/l	Äquiva-lent-anteil %	Massen-konzen-tration mg/l	Äquiva-lent-anteil %	Massen-konzen-tration mg/l	Äquiva-lent-anteil %	Massen-konzen-tration mg/l	Äquiva-lent-anteil %
KATIONEN								
Na + K ber. als Natrium	55,7	90,98	57,7	91,94	56,4	93,51	54,7	91,19
Magnesium	0,5	1,50	0,4	1,1	0,4	1,15	0,3	0,76
Calcium	4,0	7,52	3,8	6,96	2,8	5,34	4,2	8,05
Eisen II	Sp.	–	Sp.	–	Sp.	–	Sp.	–
		100,00		100,00		100,00		100,00
ANIONEN								
Chlorid	7,8	8,27	8,8	9,16	7,7	8,02	7,1	7,66
Sulfat	34,7	27,07	34,5	26,37	34,6	27,48	37	29,50
Hydrogencarbonat	104,9	64,66	107,4	64,47	103,2	64,50	100,1	62,84
Summe Elektrolyte:	207,6	100,00	212,6	100,00	205,1	100,00	203,4	100,00
Freies CO_2	2		5		4		4	
Summe:	209,6		217,6		209,1		207,4	
Radioaktive Elemente:	Uran 2,75 μg/l Radium 50 pCi/l Radon 0,49 nCi/l		Radium 3,7 pCi/l Radon 0,36 nCi/l		Uran 3,0 μg/l Radium 3,6 pCi/l Radon 0,53 nCi/l		Uran 3,0 μg/l Radium 5,3 pCi/l Radon 0,37 nCi/l	

Silicium, Bor, Barium und Strontium konnten mit der damals zur Verfügung stehenden apparativen Einrichtung nur qualitativ (qu.) nachgewiesen werden, höhere Werte sind nicht auszuschließen.

Die physikalisch-chemischen Werte werden folgendermaßen interpretiert:

- alle vier Proben zeigen gering mineralisiertes Wasser,
- der Ionengehalt der Hauptbestandteile Natrium, Calcium, Magnesium, Chlorid, Sulfat und Hydrogencarbonat liegt bei allen vier Proben in gleicher Höhe und im selben Verhältnis (Natrium-Hydrogencarbonat-Sulfat-Wasser),
- die vier Quellaustritte führen Wasser aus dem gleichen Aquifer bzw. Kluftsystem.

Die **Schüttung** der Quellgruppe ist so groß (insgesamt 15–20 l/s), so daß anzunehmen ist, daß das Wasser in erster Linie nicht aus dem Serezitphyllit der Schieferhülle kommt, sondern zum Großteil aus Lagen des sogenannten **Tuxer Marmors**. Es ist auch aus anderen Gebieten bekannt, daß diese Karbonatgesteine durch Lösung erweiterte großlumige Wasserwege anbieten (Karstphänomen). Damit ist aber auch die Frage der **Wassertemperatur** aufgrund des raschen Zuflusses von obertätigen Kaltwässern nicht mehr durch die geothermische Tiefenstufe der Überdeckung zu erklären, sondern eine Erwärmung aus der Tiefe. Eine quantitative Messung der Spurenelemente und die Fassung des Wasseraustrittes im Fels unter der überdeckenden Blockschuttmasse könnten weitere Hinweise liefern.

5.2.2.3. Die Radonquellen von Mayrhofen im Zillertal (P. RAMSPACHER, J. ZÖTL)

Bei der Einmündung des Tuxerbaches in die Ziller liegt der Ort Mayrhofen. Im Ort und seiner näheren Umgebung tritt eine Anzahl von Quellen mit beachtlichem Radongehalt aus.

Der Reihung von K. KRÜSE (1937) folgend ist der stärkste Austritt sowohl betreffend die Schüttung (0,5 l/s) als auch den Radongehalt (11 nCi/l) die Quelle des alten Dorfbrunnens. Quellen mit Radongehalten von > 10 nCi/l sind nach SCHEMINZKY als **Radonquellen** zu bezeichnen, d.h. Radon ist der führende Bestandteil der gelösten Stoffe. Quellen mit einem Rn-

Gehalt von 1–10 nCi/l werden als **„radonführende" Quellen** benannt. Die zahlreichen Wasseraustritte mit Radonwerten in pCi/l werden nicht angegeben.

Chemische Analyse der Quelle des alten Dorfbrunnens von Mayrhofen im Zillertal (Chemisches Labor, Institut für Geothermie und Hydrogeologie, Joanneum Research, Graz, 1991):

		Massen-konzen-tration mg/l	Ionenäqui-valentkon-zentration mmol/l	Äquiva-lent-anteil %
KATIONEN				
Natrium	Na^+	2,84	0,12	3,88
Kalium	K^+	3,92	0,10	3,24
Magnesium	Mg^{2+}	8,41	0,69	22,33
Calcium	Ca^{2+}	43,60	2,18	70,55
Summe:		58,77	3,09	100,00
ANIONEN				
Chlorid	Cl^-	0,59	0,02	0,65
Sulfat	SO_4^{2-}	35,26	0,73	23,86
Nitrat	NO_3^-	2,29	0,04	1,31
Hydrogencarbonat	HCO_3^-	138,52	2,27	74,18
Summe:		176,66	3,06	100,00
Summe Elektrolyte:		235,43		

Typus: Akratisches Calcium-Magnesium-Hydrogencarbonat-Sulfat-Radonwasser.

Spurenelemente (in µg/l) gemessen durch den Arbeitskreis für Spurenanalyse, Univ.-Prof. Dr. G. KNAPP, Graz, 1991:

Li	Sr	Ba	Sr	B	F
< 50	< 10	< 20	450	< 20	180

Zum unmittelbaren Bereich Mayrhofen gehören die Quellaustritte am Hauserberg: „Dunkler Brunn" 5,4 nCi/l (Nr. 2), die Wasserleitungsquelle für „Haus" am Hauserberg 5,15 nCi/l, die Wasserleitungsquelle für „Straß" am Hauserberg 4,8 nCi/l und die Wasserleitung für Mayrhofen in Einöd 2,6 nCi/l.

In weiterer Entfernung, schon im Zentralgneis gelegen, befinden sich die radonhaltigen Quellen im **Silluptal**, die Bachquelle „Lacknerbrunn" mit 5,8 nCi/l, die Quelle auf der Lackneraste mit 5,3 nCi/l und die Bachquelle auf der Birneraste (Fig. 5.2./9) mit 4,1 nCi/l.

Schließlich wurde auch noch beim Trinkwasser des Gasthauses Grabenwand im **Zemmgrund** ein Radongehalt von 4,3 nCi/l gemessen.

Abschließend sei vermerkt, daß auch von den vielen Quellen im **Bereich Hintertux**, deren durchschnittlicher Radongehalt um 0,4 nCi/l beträgt, von einer „äußeren" Quelle eine Messung von 1,1 nCi/l gemeldet wird (F. SCHEMINZKY, 1959).

5.2.2.4. Die Radonquellen des Tauferer und des Antholzer Tales (J. ZÖTL)

Zwischen der Birnlücke und dem Brenner verläuft die Staatsgrenze entlang des Hauptkammes der Zillertaler Alpen.

Der Südrand des Tauernfensters zieht in Form ei-

Tab. 5.2./9: Radonwerte von Quellen der Pustertaler Gneiszone (Antholzer Granitgneis). Lokalitäten vgl. Fig. 5.2./9).

Gebiet	Ortsname	Temperatur °C	Gesteine	Zahl der Messungen	Mittelwert nCi/l	Bemerkungen (Schüttung etc.)
Antholzer Tal	Litzenbrunnen bei Salomonbrunn	8,2	Granitgneis	2	**11,96**	–
	Bad Salomonbrunn Badequelle	8,1	Granitgneis	4	**9,6**	ca. 800 l/min (13 l/s)
	„Kaltbrunn" gegenüber Litzenbrunnen	7,8	Granitgneis	1	4,2	–
	Quelle außerhalb des Kaltbrunns	8,6	Granitgneis	1	3,8	–
	„Magenwasser" gegenüber Salomonbrunn	7,8	–	1	2,6	–
	Wasserleitung Niedertal	7,7	Granitgneis	1	3,2	–
Tauferer Tal	Wasserleitung von Auhofen	6,8	Biotitgneis	2	4,3	–
	Bad Neuhaus bei Gais	5,5	Gneis	1	3,0	Trinkwasser
	Tesselberg bei Dietenheim	6,3	Granit	1	2,6	Quelle bei Gasthaus

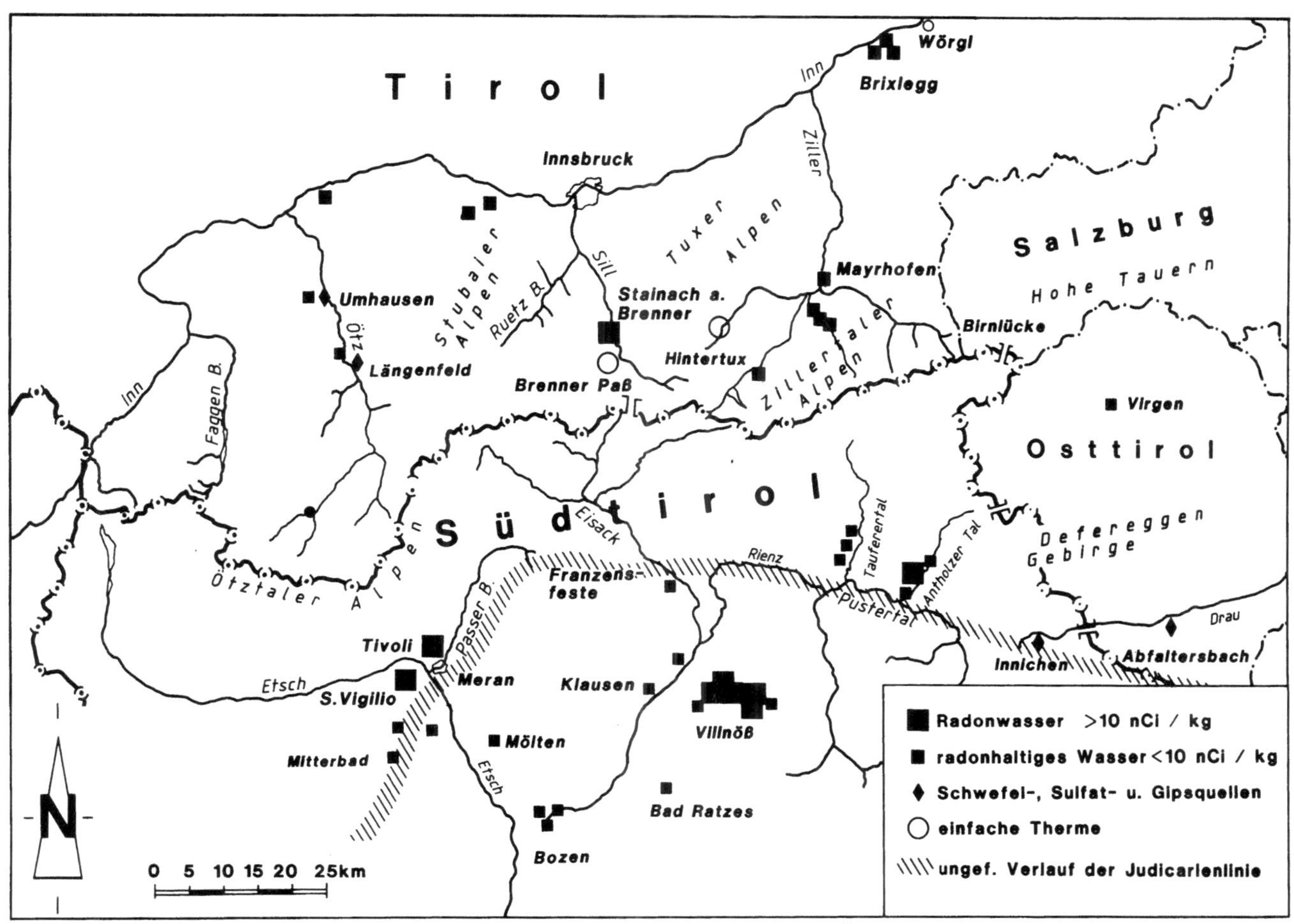

Fig. 5.2./9: Die Heilwässer des westlichen Tauernfensters, der Brenner Furche, der Ötztaler Alpen, des Südhanges der westlichen Zentralhochalpen und der Bozener Porphyroide.

nes Bandes der Matreier Zone von Sterzing im Eisacktal bis Matrei in Osttirol ungefähr W–E in halber Höhe des Südhanges der Zillertaler Alpen. Die Abflüsse sind Zubringer des westlichen Pustertales.

Vom **Tauferer Tal**, dem östlichsten Nebental aus den Zillertaler Alpen, und dem benachbarten **Antholzer Tal** (Fig. 5.2./9) registriert K. KRÜSE (1937) Austritte von radonhältigen Wässern, davon einer Radonquelle mit 11,96 nCi/l (vgl. Tab. 5.2./9). Die Austrittsstelle liegt laut Beschreibung im Granitgneis, weitere Angaben betreffend Schüttung und Chemismus waren nicht zu erheben.

5.3. Die Heilquellen der Brenner Furche

(P. RAMSPACHER, J. ZÖTL)

5.3.1. Die geologisch-geomorphologische Situation

Die Brenner Furche ist sowohl eine tektonisch-geologisch als auch geomorphologisch ausgeprägte Trennlinie. Sie spielt in den Alpen eine in vieler Hinsicht vom Gebirgsbau bis zum geopolitischen Verkehrsweg bedeutsame Rolle.

Die tektonische Vorgabe ist zunächst der Überschiebungskontakt der Silltalstörung. Diese trennt den Westrand des Tauernfensters von Sterzing bis Matrei und anschließend den Innsbrucker Quarzphyllit von dem im W liegenden Altkristallin und Deckenbau der Stubaier und Ötztaler Alpen.

In ihr liegen zwei Quellbereiche.

5.3.2. Die Felperquelle bei Steinach am Brenner

Aus dem Jahre 1937 liegt ein Gutachten des Bakteriologischen Institutes der Universität Innsbruck vor, des Inhalts „Anläßlich der Bestimmung der Radioaktivität des Wassers der Felperquelle wurde am 2. 2. 1937 unter Führung des Herrn Dr. HOLZMANN erhoben, daß die sogenannte Felperquelle zwischen Steinach und

Nößlach neben dem sogenannten Nößlacher Güterweg entspringt". Ihre Ergiebigkeit wird mit 3,5 l/min (0,06 l/s), die Temperatur mit 5,1 °C angegeben. Die Radioaktivität wird mit 90 Mache-Einheiten (ME) ausgewiesen (32,67 nCi/l).

Die Quelle wurde 1936 gefaßt und K. KRÜSE (1937, p. 51) gibt einen Mittelwert (16 Messungen) von 66,2 ME an.

Mit 90 ME, das sind 32,67 nCi/l, galt die Felperquelle als stärkste Radonquelle Tirols. Aber auch mit 66,2 ME, das sind 24 nCi/l, ist die Felperquelle sicher eine der **bedeutendsten Radonquellen** Nordtirols. Sie entspringt aus Quarzphylliten der Schieferhülle.

Die chemische Analyse der Felperquelle bei Steinach am Brenner (Chemisches Labor, Institut für Geothermie und Hydrogeologie, Joanneum Research, Graz, 1991):

		Massenkonzentration mg/l	Ionenäquivalentkonzentration mmol/l	Äquivalentanteil %
KATIONEN				
Natrium	Na^+	1,47	0,06	1,37
Kalium	K^+	0,56	0,01	0,23
Magnesium	Mg^{2+}	20,0	1,64	37,44
Calcium	Ca^{2+}	53,6	2,67	60,96
Summe:		75,63	4,38	100,00
ANIONEN				
Chlorid	Cl^-	1,64	0,05	1,14
Sulfat	SO_4^{2-}	11,57	0,24	5,45
Nitrat	NO_3^-	2,80	0,05	1,14
Hydrogencarbonat	HCO_3^-	247,7	4,06	92,27
Summe:		263,71	4,40	100,00
Summe Elektrolyte:		339,34		

Spurenelemente (in µg/l) gemessen vom Arbeitskreis für Spurenanalyse, Univ.-Prof. Dr. G. KNAPP, Graz, 1991:

Li	Al	Ba	Sr	B	F
< 50	< 10	20	70	< 20	20

Auch in der Umgebung von Steinach gibt es noch eine Reihe von radonhältigen Wässern, wie in einer Trinkquelle nahe der Felperquelle (4,8 nCi/l), die Quelle des Ortsbrunnens von Plon bei Steinach (4,4 nCi/l), die Quelle des Ortsbrunnens von Nößlach (3,6 nCi/l) und zwei Quellen in der Wiese vor Nößlach (3,5 bzw. 2,8 nCi/l).

5.3.3. Brennerbad

Unmittelbar südlich des Brenner Passes entspringt aus Kalkphylliten der penninischen Schieferhülle am Westrand des Tauernfensters eine kleine Thermalquelle (Bagni del Brennero) mit einer Wassertemperatur von 21,6 °C.

Chemische Analyse (nach W. CARLÉ, 1975):

		Massenkonzentration mg/l	Ionenäquivalentkonzentration mmol/l	Äquivalentanteil %
KATIONEN				
Natrium	Na^+	3,3	0,14	2,44
Kalium	K^+	4,0	0,10	1,75
Magnesium	Mg^{2+}	0,9	0,07	1,22
Calcium	Ca^{2+}	108,5	5,42	94,59
Summe:		116,7	5,73	100,00
ANIONEN				
Chlorid	Cl^-	10,3	0,30	6,54
Sulfat	SO_4^{2-}	125,4	2,61	42,57
Hydrogencarbonat	HCO_3^-	190,3	3,12	50,89
Summe:		326,0	6,03	100,00
Summe Elektrolyte:		442,7		
Schwache Elektrolyte:				
Kieselsäure, meta	H_2SiO_3	11,7		
Summe:		454,4		

Typus: Akratisches Ca-HCO_3-SO_4-Thermalwasser.

W. CARLÉ (1975, p. 583) erklärt die erhöhte Wassertemperatur von Hintertux und Brennerbad einfach durch Gebirgsüberlagerung, was im Falle von Brennerbad durch die benachbarten Dreitausender durchaus zutreffen mag.

Eine Heliumuntersuchung des Wassers der Felperquelle ergab ausschließlich atmosphärisches Helium (St. WEISE, 1991).

5.4. Das Eisacktal und Villnöß (J. ZÖTL)

5.4.1. Geologie

Schon bei der Beschreibung des Brenner Passes wurde mit der Einbeziehung von Brennerbad die österreichische Staatsgrenze überschritten. Solche Grenzüberschreitungen bringen geowissenschaftliche Arbeiten häufig mit sich.

Verfolgt man die Geologie der Brennerlinie weiter nach S, so folgt das obere Eisacktal vom Brenner Paß bis Mauls weiterhin der tektonischen Grenze zwischen dem Westende des Tauernfensters und dem Stubaier Altkristallin.

Zwischen Mauls und Franzensfeste (Fig. 5.2./9) durchbricht das Eisacktal den Granitstock von Franzensfeste. Die Festung selbst führt im alten im Granit gelegenen Brunnen radonhältiges Wasser von 3,3 nCi/l (vgl. Tab. 5.4./1 nach K. KRÜSE, 1937).

Hier ist es notwendig, einen Vorgriff einzufügen.

In den folgenden kärntner Provinzen (Drauzug etc.)

Tab. 5.4./1: Villnößtal bei Klausen.

Gebiet	Ortsname	Temperatur °C	Gesteine	Zahl der Messungen	Mittelwert nCi/l	Bemerkungen (Schüttung etc.)
Villnößtal	Gstammerhof erste starke Eisenquelle	6,0	Quarzit-schiefer	4	**14,8**	Schüttung 0,2 l/s
	zweite starke Eisenquelle	7,0	Quarzit-schiefer	2	**10,8**	–
	dritte starke Eisenquelle	6,0	Quarzit-schiefer	1	5,9	–
Villnößtal	Bad Froy „Magenquelle“	7,5	Graphitischer Phyllit	14	**12,8**	Schüttung 0,125 l/s
	Quelle neben der Magenquelle	11,0	Phyllit	1	2,9	–
Villnößtal	Wasserversorgung Badschiederhof	6,0	Phyllit	1	4,0	–
Villnößtal	Villnösser Schlucht, erste starke Eisenquelle	5,5	Quarzit-schiefer	6	**13,2**	–
	zweite starke Eisenquelle	6,0	Graphit-quarzit	14	**29,7**	Höchstwert 36,2 nCi/l

wird uns die sogenannte Periadriatische Naht als bedeutsames hydrogeologisches Element beschäftigen. Dieses tektonisch bedeutsamste, langzeitig belebte Lineament, in Südtirol als **Judicarienlinie** bezeichnet (siehe Fig. 5.2./9), wird als Grenze zwischen Ost- und Südalpen betrachtet. Sie ist von beachtlicher Breite und durch verschiedenzeitliche Intrusionen belebt.

Der Verlauf der Periadriatischen Naht folgt zunächst von E her dem Gail- und Pustertal bis zum Eisacktal bei Mauls. Dort biegt die Judicarienlinie ab und setzt sich dann als Tonale-Linie (siehe Fig. 5.2./9) im Südteil der Westalpen fort.

Im NE Südtirols läuft sie demnach den Südrand des Tauernfensters entlang. Ihre kurz angedeuteten Eigenschaften sind besonders hohe tektonische Sprunghöhe und unterschiedliche Intrusionen. Deren auffallend stark wechselnde lithologische und und stratigraphische Verschiedenheit, insbesonders der basischen und sauren Vulkanite, kommt in der Buntheit der geologischen Karte von H. Vetters (1933) im S und E des Lineaments zum Ausdruck.

Kehren wir zum Eisacktal zurück, so verläuft der Eisackfluß von Franzensfeste bis zum Grödner Tal im Raum um und nördlich von Brixen begleitet von mächtigen, zum Teil umgelagerten jungpleistozänen Moränen und quartären Schotterterrassen auf Quarzschiefern und Phylliten (Brixner Quarzphyllit). Diese Gesteinsfolge wird bei Klausen östlich des Eisacktales im Bereich von Villnöß von den ersten Vorboten sowohl des (sauren) Bozener Quarzporphyrs als auch basischen Tiefengesteinen durchbrochen. Just hier befindet sich die Ballung der Radonwässer von Villnöß (Fig. 5.2./9).

In Tab. 5.4./1 nach K. Krüse (1937) wird der Bezug zwischen Geologie und der Verbreitung von Radonwässern am Südhang der Zentralalpen in Südtirol hergestellt (westliches Pustertal).

Im Großen und Ganzen handelt es sich bei allen in der Tabelle genannten Quellen um einfache kalte, akratische radonhältige Wässer bzw. Radonwässer (> 10 nC/l). Da Angaben über die Höhenlage der Wasseraustritte fehlen, kann auch nicht gesagt werden, ob bei den Wässern aus den Bohrungen im Porphyritsteinbruch bei Bozen überhöhte Temperaturen (laue Quellen) vorliegen.

5.4.2. Villnöß

Die Zusammenstellung nach K. Kruse (1937) in Tab. 5.4./1 weist die Mittelwerte des Radongehaltes der Quellen und das unmittelbar am Wasseraustritt anstehende Gestein aus. Die Schwierigkeiten liegen aber im Detail: Die Quarzitschiefer bzw. Quarzphyllite schließen kohlenstofführende Graphitphyllite ein, die wiederum in Kontakt mit einem Porphyrstock stehen (W. Carlé, 1975).

Auch die Angabe der Mittelwerte von Radonmessungen ist irreführend. W. Carlé weist für Bad Froy in Villnöß′ Wässer mit Radongehalten bis 36,4 nCi/l aus. Auch für ihn ist ungeklärt, ob die Radioaktivität aus den ursprünglich bituminösen Schiefern oder aus dem Porphyr stammt.

5.5. Die Zentralhochalpen zwischen dem Wipptal und dem Engadiner Fenster

(J. ZÖTL)

5.5.1. Allgemeines

Der Bereich umfaßt im Großen die Stubaier und die Ötztaler Alpen. Das Gebiet ist das größte zusammenhängende Areal mit Gipfeln über 3.000 m NN in Österreich.

Das Gebiet wird hauptsächlich vom Stubai-Ötztal-Kristallinkomplex eingenommen. Im W stößt das Kristallin an die penninischen Serien des Engadiner Fensters, die Phyllitgneiszone, die Landecker Phyllitzone und das Silvretta Altkristallin. Petrographisch herrscht ein häufiger Wechsel von Gneisen, Glimmerschiefern und Amphiboliten vor.

Der **Nordhang** der beiden Gebirgsgruppen ist arm an Heilwasservorkommen.

Von den bei K. KRÜSE (1937) registrierten kleinen radonhältigen Quellen im Ötztal und am Nordrand der Stubaier Alpen erreichen um Umhausen und Längenfeld Werte zwischen 5 und 10 nCi/l. Sie sind mit Schwefelwässern gepaart (Fig. 5.2./9).

5.5.2. Längenfeld

Eine Schwefelquelle entspringt aus einer NW-streichenden Kluft einer in den Gneis eingebundenen Amphibolitlage.

Physikalisch-chemische Daten der Kluftquelle Längenfeld nach W. CARLÉ (1975):

Schüttung 1,2 l/s
Temperatur 11,4 °C
Radon > 1 nCi/l

Die chemische Untersuchung nach E. KOMMA & F. SCHEMINZKY , 1953:

		Massenkonzentration mg/l	Ionenäquivalentkonzentration mmol/l	Äquivalentanteil %
KATIONEN				
Natrium	Na^+	18,74	0,81	39,09
Kalium	K^+	0,66	0,02	0,83
Magnesium	Mg^{2+}	2,86	0,23	11,27
Calcium	Ca^{2+}	18,33	0,91	43,88
Eisen II	Fe^{2+}	0,08	–	–
Aluminium	Al^{3+}	0,90	0,10	4,93
Summe:		41,57	2,07	100,00
ANIONEN				
Chlorid	Cl^-	11,31	0,32	15,30
Sulfat	SO_4^{2-}	5,63	0,12	5,61
Hydrogencarbonat	HCO_3^-	100,62	1,65	79,09
Summe:		117,56	2,09	100,00
Summe Elektrolyte:		159,13		
Schwache Elektrolyte:				
Kieselsäure, meta	H_2SiO_3	25,59		
Summe:		184,72		
Gasförmige Bestandteile:				
Freies Kohlendioxid	CO_2	7		
Freier Schwefelwasserstoff	H_2S	1,1		
Summe:		192,82		

Typus: Akratisches Calcium-Natrium-Hydrogencarbonat-Schwefelwasser.

Die Temperatur der analysierten Schwefelquelle ist für die Höhenlage überhöht.

Eine weitere, in einem kleinen Bach austretende Quelle führt 16 mg/l Eisen und 0,5 mg/l H_2S. Die Temperatur beträgt 7,4 °C.

Der Schwefelwasserstoffgehalt stammt aus Pyritvorkommen in Erzschlieren des Kristallins, d.h. ist örtlich lithologisch eingebunden. Dasselbe ist in diesem Fall für das Radon bzw. dessen Mutterelement Radium anzunehmen. Der hohe H_2S-Gehalt und die damit verbundenen reduzierenden Systembedingungen lassen eine tiefe Zirkulation vermuten.

5.5.3. Umhausen

Umhausen, etwa 7 km das Ötztal abwärts von Längenfeld auf einem alten Bergsturz gelegen, wird aus teilweise Quellen gleicher chemischer Zusammensetzung wie sein Oberlieger versorgt. Erhöhte Wassertemperatur und ein merkbarer Schwefel- und Eisengehalt werden auch hier verzeichnet.

Auch der Radongehalt wird von K. KRÜSE höher als 1 nCi/l angegeben.

In letzter Zeit entwickelte sich über das Radonvorkommen in Umhausen eine lebhafte Diskussion. Messungen von aus dem Wasser entwichenem Radon ergaben einen Radongehalt der Luft in Erd- und Kellergeschoßen einiger Häuser von 0,533 nCi/l. Das Einatmen von einem halben nCi pro Liter Luft ist für kurze Zeit wahrscheinlich unbedenklich. Ein dauernder Aufenthalt über Stunden und über Jahre in nicht gut durchlüfteten Räumen dieser Lage scheint jedoch zu einer Aufnahme von Radon in der Lunge und zu stark vermehrten Fällen von Lungenkrebs zu führen.

5.6. Die Südflanke der Ötztaler Alpen (J. ZÖTL)

5.6.1. Allgemeines

So wie im östlichen Tauernfenster ist auch in den westlich anschließenden Gebirgen die Kammlinie keine geologische Grenze.

Die **Südflanke der Ötztaler Alpen** begleitet das obere Etschtal bis zum Passeier Tal bei Murau und die geologisch-petrographischen Gegebenheiten ändern sich erst dort, wo mit dem Südrand der Stubaier Alpen Gesteine der Schieferhülle durch ausgedehnte Einschaltungen von Mamorzügen, Kalkphyllite und Kalkglimmerschiefer bis über die Brenner Furche hinaus an die Südgrenze des Tauernfensters stoßen. Hier werden Klüftung und Kluftwasserführung wesentlich beeinflußt. Aber so sehr diese Situation für die uralten und sorgfältig gepflegten Bewässerungsanlagen der Obstkulturen von Bedeutung sind, die Kurstadt Meran steht nebst den klimatischen Anreizen auf dem Fundament des Heilwasserangebotes.

5.6.2. Meran

Die **geologische Situation** um Meran ist dadurch geprägt, daß die Judicarienlinie, d.h. die Grenze zwischen Süd- und Zentralalpen nach NE umschwenkt und östlich von Meran das Etschtal quert. Den stark verschuppten Ortho- und Paragneisen ist sowohl südlich des Etschtales mit dem Monte San Vigilio als auch im N beim Schloß Tirol eine Schuppe von Augengneisen (Orthogneis) den Paragneisen zwischengeschaltet. Der Augengneis wird als radioaktiver Strahlungskörper betrachtet (W. CARLÉ, 1975).

Da uns weder detaillierte Beschreibungen über Aufschlüsse, noch physikalisch-chemische Daten der Quellwässer zur Verfügung standen, halten sich die folgenden Ausführungen vornehmlich an die von W. CARLÉ, l.c. publizierten Verhältnisse (siehe Tab. 5.6./1 und 5.6./2).

Demnach existieren am Monte San Vigilio 41 radonführende Quellen, von denen 33 durch kurze Stollen gefaßt sind. Sie liefern 10 l/s Wasser mit einem Radongehalt von 32,8–54,6nCi/l. Unter der Bergkuppe befindet sich ein 1.206 m langer begehbarer Stollen, in dem von 120 Wasserzutritten 70 gefaßt sind. Die Ergiebigkeit beträgt 8 l/s, der Radongehalt 41,9–52,8 nCi/l, über eine 9 km lange Leitung wird das Wasser vom Monte San Vigilio nach Meran geleitet.

Das zweite Quellgebiet liegt am Nordhang des Etschtales, 1,2 km südlich von Schloß Tirol. Zwei Stollen mit von 52 bzw. 58 m Länge erschließen hier durch je 18 Zuflüsse 6,3 bzw. 9 l/s von 18,2–109,2 bzw. 18,2–57,0 nCi/l Radongehalt. Auch dieses Wasser fließt über eine 2 km lange Leitung nach Meran. Von einer der radonreichsten Fassungen im Bereich von Schloß Tirol (Martinsquelle) zitiert W. CARLÉ (1975, p. 527) folgende Werte:

Tab. 5.6./1: Temperatur (°C), Chemismus (Angabe der verschiedenen Ionen in mg/l) und Radongehalt (nCi/l) von ausgewählten Wässern des Gebietes von Meran (aus: W. CARLÉ, 1975, p. 528).

Quelle	°C	Na	K	Mg	Ca	Cl	SO_4	HCO_3	H_2SiO_3	Feststoffe	nCi/l
Monte San Vigilio – Einzelquellen											
Azienda	6,5	3,9	1,1	1,6	8,5	0,5	15,1	26,8	29,4	86,9	30,6
Cacciatore	4,3	2,8	0,6	0,8	5,6	0,3	4,2	25,5	15,3	55,1	43,7
Croce	4,6	3,0	0,8	0,3	3,1	0,2	3,8	16,1	21,2	48,5	50,6
Faggio	5,6	3,3	0,7	0,6	3,1	0,3	5,0	16,2	21,6	50,8	50,2
Padella	5,5	3,6	1,1	1,3	5,7	0,2	7,8	25,8	19,9	65,4	80,1
Panca	4,6	3,5	0,9	0,6	3,8	0,3	5,1	19,5	22,7	56,4	31,3
Pastore superiore	5,0	2,6	0,7	0,4	1,9	0,2	4,6	10,2	18,2	38,8	53,1
Pastore inferiore	5,8	5,0	1,3	0,9	4,9	0,4	7,5	25,8	26,4	72,2	40,8
Monte San Vigilio – großer Stollen											
Quelle 27	5,0	3,4	0,9	1,7	6,2		13,0	21,3	21,6	68,1	29,1
Quelle 31 a	7,0	2,9	0,5	0,9	3,6		4,0	18,9	21,7	52,5	36,4
Quelle 31 i	5,0	3,4	0,3	0,6	4,5		5,7	18,9	20,1	53,5	35,7
Quelle 33	6,0	3,6	0,9	0,8	4,0		6,0	19,5	22,4	75,2	34,2
Nordhang des Etschtales											
Tivoli	13,0	12,8	4,8	10,1	60,1	3,8	59,5	194,5	24,7	370,6	94,3

Temperatur 13,0 °C

Radon 94,3 nCi/l
Radium 0,27 × 10^{-10} g/l.

		Massen-konzen-tration mg/l	Ionenäqui-valentkon-zentration mmol/l	Äquiva-lent-anteil %
KATIONEN				
Natrium	Na^+	12,8	0,56	12,34
Kalium	K^+	4,8	0,12	2,64
Magnesium	Mg^{2+}	10,1	0,83	18,28
Calcium	Ca^{2+}	60,1	3,00	66,08
Aluminium	Al^{3+}	0,3	0,03	0,66
Summe:		88,1	4,54	100,00
ANIONEN				
Chlorid	Cl^-	3,8	0,11	2,44
Sulfat	SO_4^{2-}	59,5	1,24	27,52
Hydrogencarbonat	HCO_3^-	194,5	3,19	70,04
Summe:		257,8	4,54	100,00
Summe Elektrolyte:		345,9		
Schwache Elektrolyte:				
Kieselsäure, meta	H_2SiO_3	24,7		
Summe:		370,6		

Tabelle 5.6./1 zeigt, daß am Monte San Vigilio die Unterschiede der chemischen Werte der Einzelquellen und der Wässer aus dem großen Stollen im Rahmen derselben Größenordnung liegen. Bei den Stollenwässern fehlt die Angabe des Chloridgehaltes. Die Einzelquellen

Tab. 5.6./2: Übersicht über Radonwässer der weiteren Umgebung von Meran und im Raum Bozen (nach K. KRÜSE, 1937; vgl. Fig. 5.2./9).

Weitere Umgebung von Meran (Tonalit, Vintschgauer Schieferzone)

Gebiet	Ortsname	Temperatur °C	Gesteine	Zahl der Messungen	Mittelwert nCi/l	Bemerkungen (Schüttung etc.)
Tscherms	Schreiberhof	11,5	Tonalit	10	**13,6**	Schüttung 0,23 l/s
Rateis b. Völlan	Wasserleitung Rateiser Mühle	7,9	Tonalit	2	7,8	–
5 Quellen in weiterer Entfernung	Trinkwasser von Einzelhöfen	4,5–7,6	Tonalit, Schiefer, Grödner Sandstein, Schotter	je 1	2,9–4,9	–

Bozener Quarzporphyrgebiet

Gebiet	Ortsname	Temperatur °C	Gesteine	Zahl der Messungen	Mittelwert nCi/l	Bemerkungen (Schüttung etc.)
Mitterbad, Ulten	Eisen-Arsen-Quelle	7,9	Quarz-porphyr	2	2,5	–
Mölten a. Salten	Kiendlbrunnen bei Pacher	6,7	Quarz-porphyr	1	2,8	–
Bad Ratzes am Schlern	Eisenquelle	6,0	Melaphyr	2	6,5	
Bozen	Porphyrsteinbruch, St. Magdalena, Wasser aus Bohrlöchern		Quarz-porphyr			
	1. Quelle	13,7		4	7,8	–
	2. Quelle	–		1	4,7	–
	3. Quelle	13,8		1	5,2	–
	„Kühles Bründl" am Virgl,	10,5	Quarz-porphyr	61	7,1	Höchstwert 8,0 nCi/l niedrigster Wert 6,3 nCi/l Schüttung 0,12 l/s

haben deutlich höhere Radongehalte. Die ausgewiesene Tivoli-Quelle am Nordhang des Etschtales zeigt einen deutlich höheren Lösungsgehalt, was W. CARLÉ auf eine anlagernde Moräne mit kalkigen Komponenten zurückführt. Die wesentlich höhere Wassertemperatur wird der Lage am südexponierten Hang zugeschrieben.

Die Radonwerte der Quellen in der weiteren Umgebung von Meran und Bozen liegen mit einer Ausnahme (Tscherms) unter 10 nCi/l (Tab. 5.6./2).

5.7. Der Heilwasserbezirk des Unterengadiner Fensters

5.7.1. Geologischer Aufbau (K. CZURDA)

Der geologische Aufbruch des sogenannten Unterengadiner Fensters im oberen Inntal des Unterengadins zeigt penninische Bündner Schiefer, die sehr ähnlich den Gesteinen der Oberen Schieferhülle des Tauernfensters ausgebildet sind, zwischen den Altkristallinblöcken der Silvretta im W und des Ötztales im E. Die tektonische Stellung, nämlich älteres Alkristallin auf jüngeren Sedimenten und Vulkaniten und die teilweise Überlagerung des Silvretta Kristallins durch das Ötztal Kristallin am Fensternordende, machen die Bezeichnung „Scherenfenster" nach B. SANDER, verständlich (Fig. 5.7./1). Im nördlichsten Teil des Fensters liegen die Quellorte Ladis, Obladis und Prutz.

Das Fensterinnere wird überwiegend von den grauen und bunten Bündner Schiefern der Pfunds-Serie aufgebaut. Im SE stehen diese Schiefer zum Teil in direktem Kontakt mit dem Ötztal Kristallin, zum Teil schalten sich Kristallin und Ophiolit-führende mesozoische Sedimente der Zone von Ramosch dazwischen. Der nordwestliche Kontakt zum Kristallinrahmen der Silvretta wird im wesentlichen durch Unterengadiner und Tasna Flysch, bzw. die Zone von Prutz (obere Kreide bis Paleozän) gebildet. Hier liegen also auf den Bündner Schiefern noch penninische Flyscheinheiten, die durch Überschiebungskontakte voneinander getrennt sind. Im SW ist innerhalb des Unterengadiner Flysch der Stammerspitz (3.254 m) zu erwähnen. Halbinselförmig liegt auf den Bündner Schiefern der Flysch, der seinerseits wieder von einer tektonischen Scholle aus fossilführender, karbonatischer oberer Trias und Juragesteinen überlagert wird. Es handelt sich dabei um ein austroalpines Element in zentralalpiner Fazies.

Im südlichen Teil des Kontaktes zur Silvrettamasse schalten sich zwischen den Tasna Flysch und das Kristallin noch die Gesteine der Fimber Einheit dazwischen. Sie stellen ein fragliches Äquivalent zur ebenfalls penninischen Arosa-Schuppenzone dar und zeichnen sich durch Olistolithe aus.

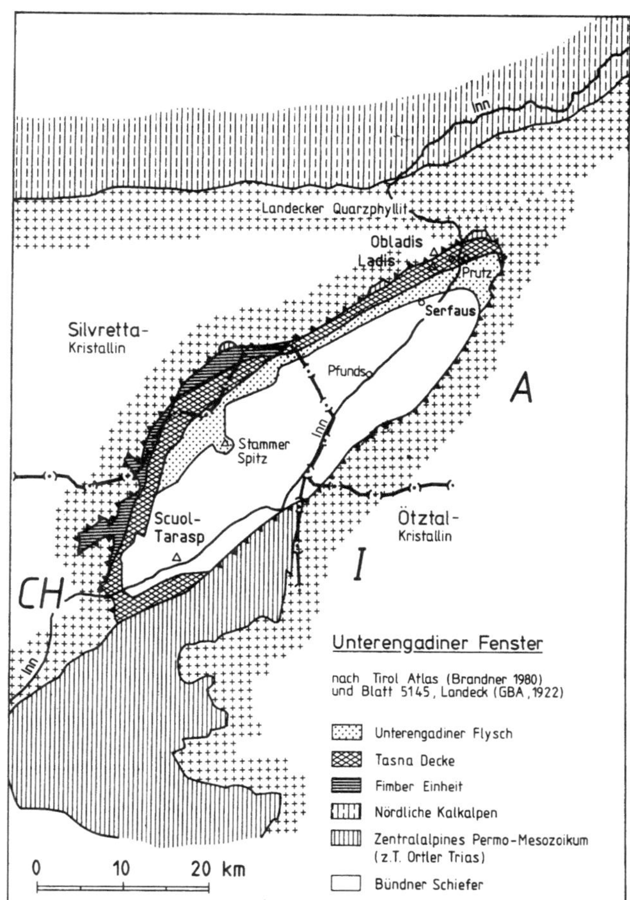

Fig. 5.7./1: Geologische Karte des Unterengadiner Fensters.

5.7.2. Die Quellen von Ladis (K. CZURDA)

5.7.2.1. Allgemeines zur Genese

Zwei Quellen treten aus dem Südwestabhang des 1.216 m hohen Schloßberges aus. Diese Kuppe gehört zum mehrere km langen, NE-SW-streichenden Gesteinszug aus Ladiser Quarzit des Tasna Flysch. Ein kleines Vorkommen karbonatischer Trias schließt nördlich an.

Der Schwefelgehalt der Quellen läßt sich auf zwei Ursachen zurückführen: einerseits auf eine nur wenige Meter mächtige Gipszone in der erwähnten Trias, andererseits aus der Pyritführung der Vererzungen im Quarzit. Die Gipszone ist allerdings bei Ladis nicht aufgeschlossen, steht aber 600 m weiter nordöstlich an. Die Erzführung im Quarzit ist seit langer Zeit bekannt und es hat auch an kleinen Bergbauen nicht gefehlt.

5.7.2.2. Bad Ladis

Von den ursprünglich zwei Quellen wurde Quelle I 1929 neu gefaßt und 1949 als Hotelbad Ladis ausgebaut. Der Gehalt an zweiwertigem Schwefel liegt allerdings unter dem Mindestwert für die Bezeichnung „Schwefelquelle".

Die erweiterte Kontrollanalyse von E. KOMMA & F. SCHEMINZKY von 1955 ergab:

pH-Wert 6,2
El. Leitfähigkeit (bei 20 °C) 197 µS/cm

Radioaktivität:
Uran 0,115 × 10^{-6} g/l
Radium < 0,1 pCi/l
Radon 0,55 nCi/l

Die chemische Untersuchung nach E. KOMMA & F. SCHEMINZKY, 1959:

		Massenkonzentration mg/l	Ionenäquivalentkonzentration mmol/l	Äquivalentanteil %
KATIONEN				
Natrium + Kalium ber. als	Na^+	11,5	0,502	8,03
Magnesium	Mg^{2+}	21,6	1,776	28,41
Calcium	Ca^{2+}	79,6	3,971	63,53
Eisen II	Fe^{2+}	0,05	0,002	0,03
Summe:		112,75	6,251	100,00
ANIONEN				
Chlorid	Cl^-	9,6	0,271	4,34
Sulfat	SO_4^{2-}	108,4	2,257	36,11
Hydrogencarbonat	HCO_3^-	227,0	3,72	59,51
Hydrogensulfid	HS^-	0,1	0,003	0,05
Summe:		345,1	6,251	100,01
Summe Elektrolyte:		457,85		

Charakteristik: Schwefelhaltige einfache kalte Quelle.

5.7.3. Das Quellgebiet von Obladis (K. CZURDA)

5.7.3.1. Einführung

Obladis liegt etwa 200 m über Ladis und nutzt im Kurhotel zwei Quellaustritte. Der erste Säuerling wurde schon im 13. Jahrhundert entdeckt und sowohl von Kaiser Maximilian I. sowie von den Grafen von Tirol geschätzt. Das Wasser wurde auch zweitweise in die Hofburg nach Innsbruck geliefert. Eine zweite Quelle wurde 1825 durch Simon KAPFERER entdeckt und nach ihm benannt. Sie fiel durch ihren Geruch nach Schwefelwasserstoff auf. Der ältere Säuerling steigt im unmittelbaren Hotelbereich aus einem Quellschacht auf, wird in einem Klärbecken gereinigt und fließt dann zur Trinkhalle ab. Die Simon-Kapferer-Quelle entspringt rund 500 m südwestlich des Kurhotels im Wald und wird in einer Leitung zum Kurhotel geführt.

Die Austrittsgesteine des Säuerlings sind durch Gehängeschutt, jene der Simon-Kapferer-Quelle durch Gneis-Blockwerk verdeckt. Beide Quellen entspringen jedoch dem tektonischen Kontakt Tasna Flysch/ Silvretta Alkristallin. Der Schwefelgehalt ist so wie in Ladis den Pyritgehalten des erzführenden Ladiser Quarzits und/oder der Gipsführung der benachbarten Trias-Scholle zuzuschreiben.

5.7.3.2. Bad Obladis

Kleine Heilwasseranalyse E. KOMMA & F. SCHEMINZKY, 1955:

Wassertemperatur 6,6 °C
pH-Wert 5,0
El. Leitfähigkeit (bei 20 °C) 605 µS/cm
Trockenrückstand (bei 105 °C) 1.065 mg/l

Radioaktivität:
Uran 0,6 × 10^{-6} g/l
Radium <0,3 pCi/l
Radon 0,47 nCi/l

		Massenkonzentration mg/l	Ionenäquivalentkonzentration mmol/l	Äquivalentanteil %
KATIONEN				
Natrium	Na^+	3,2	0,139	0,57
Kalium	K^+	0,6	0,015	0,06
Magnesium	Mg^{2+}	51,6	4,244	17,27
Calcium	Ca^{2+}	404,2	20,17	82,10
Summe:		459,6	24,568	100,00
ANIONEN				
Chlorid	Cl^-	2,6	0,073	0,30
Sulfat	SO_4^{2-}	193,8	4,035	16,43
Hydrogencarbonat	HCO_3^-	1.248,0	20,454	83,27
Summe:		1.444,4	24,562	100,00
Summe Elektrolyte:		1.904,0		
Schwache Elektrolyte:				
Kieselsäure, meta	H_2SiO_3	10,4		
Borsäure, ortho	H_3BO_3	0,9		
Summe:		1.915,3		
Gasförmige Bestandteile:				
Freies Kohlendioxid	CO_2	1.695,0		
Summe:		3.610,3		

Wassertypus: Calcium-Hydrogencarbonat-Säuerling.

Für das freie CO_2 ergab eine 1957 durchgeführte Kontrollbestimmung 1.960 mg/l.

Spurenelemente (in µg/l) ergänzt nach G. LIEBER, Innsbruck, 1929:

Fe	Mn	F	B	Cu	Ni	Sr	Al
400	70	30	220	Sp.	Sp.	**1.910**	100

5.7.3.3. Der Säuerling von Prutz

Im Handbuch der natürlichen Heilmittel Österreichs (P. DEETJEN et al., 1985) nicht verzeichnet ist ein unter Obladis bei Prutz austretender Säuerling. Er entspringt aus einer Steilwand am linken Innufer aus einer kleinen Halbhöhle in den Schiefern der Tasna Decke (Fig. 5.7./1).

Die chemische Analyse von E. KOMMA & F. SCHEMINZKY im Jahre 1955 ergab bei einer Wassertemperatur von 9,6 °C:

		Massenkonzentration mg/l	Ionenäquivalentkonzentration mmol/l	Äquivalentanteil %
KATIONEN				
Natrium	Na^+	4,37	0,19	1,15
Magnesium	Mg^{2+}	42,90	3,53	21,40
Calcium	Ca^{2+}	255,50	12,75	77,27
Eisen II	Fe^{2+}	0,80	0,003	0,18
Summe:		303,57	16,473	100,00
ANIONEN				
Chlorid	Cl^-	7,80	0,22	1,33
Sulfat	SO_4^{2-}	281,00	5,85	35,46
Hydrogencarbonat	HCO_3^-	636,40	10,43	63,21
Summe:		925,20	16,50	100,00
Summe Elektrolyte:		1.228,77		
Schwache Elektrolyte:				
Kieselsäure, meta	H_2SiO_3	3,30		
Borsäure, ortho	H_3BO_3	3,30		
Summe:		1.235,37		
Gasförmige Bestandteile:				
Freies Kohlendioxid	CO_2	1.813		
Summe:		3.048,37		

Wassertypus: Calcium-Magnesium-Hydrogencarbonat-Sulfat-Säuerling.

Keine Angabe von Spurenelementen.

5.7.4. Bemerkung zu den Säuerlingen im Engadiner Fenster (J. ZÖTL)

Das Auftreten des Säuerlings Obladis wurde im Torso des Österreichischen Bäderbuches 1959 mit dem Satz „Für die Herkunft der Kohlensäure bestehen verschiedene Möglichkeiten, von denen jedoch keine endgültig geklärt ist" kommentiert.

CO_2 in diesen Mengen kann nur als magmatische Aushauchung aus großer Tiefe gedeutet werden. Die nächstliegenden Bereiche desselben Phänomens liegen im SE, das heißt im schweizerischen Bereich des Unterengadiner Fensters; sie sind aus W. CARLÉ (1975, p. 492 ff.) entnommen.

W. CARLÉ beschreibt die außergewöhnliche Häufung von Säuerlingen und Mofetten bei Scuol-Tarasp im Unterengadin auf engstem Raum im axial nach SW abtauchenden Ende der im Fenster sichtbaren Aufwölbung. Wir befinden uns in einem tektonisch besonders stark beanspruchten Bereich mit tiefreichenden schweren Störungen, die auf der Karte der Landsat Bildlineamente von Österreich (M.F. BUCHROITHNER, 1984) im äußersten SW gerade noch erfaßt sind. Von besonderer Bedeutung sind die quer zum Achsenstreichen liegenden Dehnungsbrüche, chemische Wirkung geht aber auch von der Füllung der Spalten – nicht zuletzt Magnesitgängen – aus. Wie in anderen von Gletschern übersteilten Talhängen (z.B. Gasteiner Tal, C. JOB & J. ZÖTL, 1969) sind die Talhänge von talparallel verlaufenden atektonischen Bergzerreißungsspalten (Talzuschub) gezeichnet. W. CARLÉ ist der Meinung, daß die, den aus jurassischen Bündner Schiefern bestehenden Kern des Fenstergewölbes ummantelnden Trias-Einheiten der Tasna Decke salinare Einschaltungen, vorwiegend Gips, enthalten, die als Deckenbasis und Gleitmittel dienten, aber auch der Auflösung unterliegen.

Die Lösungsprodukte kommen in Tab. 5.7./1 zum Ausdruck.

Aus Kalkbänken der Bündner Schiefer im Inntal bei Scuol-Tarasp und seiner Nordflanke entspringen 23 Quellen und einige Mofetten zwischen 1.160 und 1.300 m NN. Zusätzlich werden Wässer durch drei Bohrungen erschlossen. Die Schüttung ist meist gering, doch bei einigen Quellen (z.B. Vi- und Clozza-Quelle, siehe Tab. 5.7./1) mit einigen l/s beträchtlich. Über Schüttungsschwankungen ist nichts bekannt. Die Wassertemperatur wird mit 6–12 °C angegeben, was teilweise wahrscheinlich auf Mischungsverhältnisse und verschiedene Höhe des Einzugsgebietes zurückzuführen ist.

W. CARLÉ (1975, p. 493) unterscheidet neben den Gasquellen (Mofetten) vier Wassertypen:

- hochkonzentrierte Wässer mit 18–10 g/l, z.B. San Luzius und einen Geysir (beide Jodid führend!),
- mittelkonzentrierte Wässer mit 4–6 g/l in der Innschlucht bei Tarasp und Scuol suot, z.B. Val Fuschna suot, einen eisenhältigen Ca-HCO_3-Säuerling mit 11 mg Fe/l (siehe Tab. 5.7./1) aber geringem CO_2-Gehalt.,
- schwachkonzentrierte Wässer mit 2,5–1 g/l am unteren Teil der nordwärts ansteigenden Talflanke in Scoul (z.B. Val Fuschna sura, Chialzina mit H_2S-Gehalt, Vi u.a.) und

Tab. 5.7./1: Säuerlinge und Mofetten in Scuol-Tarasp (W. Carlé, 1975). Angaben in mg/l.

Quelle	Na	K	Mg	Ca	Fe	Cl	J	SO_4	HCO_3	Feststoffe	CO_2
1 San Luzius	3.968	165	191	646	6	2.474	0,8	1.813	7.294	17.229	2.273
2 Santa Emerita	3.488	150	184	668	6	2.129	0,7	1.568	6.928	15.693	2.295
3 Ursus	2.803	124	166	673	6	1.757		1.282	5.896	12.913	1.965
4 Geysir I	1.904	93	111	769	14	1.218	1,3	726	5.189	10.074	1.960
5 Geysir II	903	51	35	199	12	258		88	2.744	4.306	2.145
6 Bonifazius	505	26	102	808	9	25		204	4.098	5.814	2.179
7 Sfondraz	685	46	95	667	4	502		552	2.844	5.437	1.060
8 Lischana	814	35	399	194	5	100		940	3.527	6.113	2.626
9 Val Fuschna suot	117	9	79	799	11	4		78	3.086	4.237	481
10 Val Fuschna sura	30		52	462	6	4		122	1.611	2.305	478
11 Val Püzza	73	10	49	403	8	3		169	1.491	2.230	426
12 Carola	83	8	37	205	1	73		170	711	1.305	2.144
13 Plaz	0		36	260	0	7		38	854	1.215	1.200
14 Chialzina	20	6	29	293	19	1		72	1.012	1.480	1.773
15 Vi	3	2	26	438	9	1		13	1.481	1.974	2.135
16 Clozza	5	1	37	354	5	1		95	1.175	1.698	2.100
17 Soutsass	5	2	25	520	5	1		38	1.690	2.309	2.281
18 Val Plavna	25	11	1	52	9	47		49	128	365	3.185

– sehr gering konzentrierte Säuerlinge unter 1 g/l, hoch über Scuol (Val Plavna 18 mg/l H_2S!).

Im Mofetten-Feld nördlich des Bahnhofes Scuol entfließen nach Starkregen und Schneeschmelze den Mofetten einfache Säuerlinge.

Der Tab. 5.7./1 entnehmen wir zunächst, daß der CO_2-Gehalt nicht mit dem Grad der Mineralisierung gleichläuft, was besonders in den schwachmineralisierten Wässern und nicht zuletzt im zeitweiligen Wechsel von Mofetten zu einfachen Säuerlingen zum Ausdruck kommt.

Was die Hauptionen anbelangt, so steht das Natrium bei den hochmineralisierten Wässern an der Spitze, sinkt aber bei den schwächer mineralisierten zum Teil unter 5 mg/l ab und wird dort vom bemerkenswert stark vertretenen Calcium und sogar vom Magnesium abgelöst (siehe Tab. 5.7./1). Bei den Anionen dominiert erwartungsgemäß das Hydrogencarbonat (HCO_3), das beide Kationen begleitet.

Um einerseits das Ionenverhältnis der Hauptbestandteile in gewohnter Weise zu gruppieren und andererseits die Größenordnung der Spurenelemente mit anderortigen Verhältnissen zu vergleichen, wurden die umfangreichsten bei W. Carlé ausgewiesenen Analysen entsprechend getrennt.

Die bedeutendsten Aussagen lieferte dabei die Analyse der Quelle San Luzius von O. Gübeli, 1944, zitiert in W. Carlé, l.c.:

Temperatur 4,7 °C

		Massenkonzentration mg/l	Ionenäquivalentkonzentration mmol/l	Äquivalentanteil %
KATIONEN				
Natrium	Na^+	3.968,38	172,56	76,72
Kalium	K^+	164,55	4,21	1,87
Magnesium	Mg^{2+}	190,94	15,70	6,98
Calcium	Ca^{2+}	645,65	32,22	14,33
Eisen II	Fe^{2+}	6,04	0,22	0,10
Summe:		4.975,56	224,91	100,00
ANIONEN				
Chlorid	Cl^-	2.474,02	69,78	30,73
Sulfat	SO_4^{2-}	1.813,15	37,75	16,63
Hydrogencarbonat	HCO_3^-	7.293,66	119,53	52,64
Summe:		11.580,83	227,06	100,00
Summe Elektrolyte:		16.556,39		
Schwache Elektrolyte:				
Kieselsäure, meta	H_2SiO_3	15,68		
Borsäure, ortho	H_3BO_3	590,95		
Summe:		17.163,02		
Gasförmige Bestandteile:				
Freies Kohlendioxid	CO_2	2.273		
Summe:		19.436,02		
Ergebnis der Gasanalyse (Vol.%):				
CO_2		99,66		
N_2		0,34		

Wassertypus: Natrium-Hydrogencarbonat-Chlorid-Säuerling.

Spurenelemente (in µg/l):

Li	Sr	Ba	Mn	Al	F
9.240	10.240	160	20	60	470

Br	J	B
28.010	800	**145.550**

Es ist – wenn richtig gemessen – die ungeheure Menge von Bor bzw. Borsäure, die ein ganzes Bündel offener Fragen aufwirft.

Bor erwies sich im Steirischen Becken als verläßlicher Hinweis auf Verbindung des Wassers mit dem jungtertiären Vulkanismus, doch kommen die dort auftretenden Werte nur an die 10% von San Luzius heran.

W. CARLÉ nimmt an, daß das Bor im Meeressediment des Schiefers angereichert sei. Ob diese Annahme für die Erklärung des örtlich sehr eng begrenzten Phänomens ausreicht – die nahe liegende Quelle Lischana führt nur 300 µg/l Bor – bleibt offen. Die geogenen Hintergründe des hohen Borgehaltes bedürfen weiterer umfassender Forschung, die sich vor allem auch mit den petrologischen Verhältnissen im tieferen Untergrund befassen muß.

Chemische Analyse der Lischana Quelle in Scuol-Tarasp (aus: W. CARLÉ, 1975, p. 493, W. HÄMMERLE, 1945):

		Massenkonzentration mg/l	Ionenäquivalentkonzentration mmol/l	Äquivalentanteil %
KATIONEN				
Natrium	Na^+	814,0	35,4	44,75
Kalium	K^+	35,0	0,9	1,14
Magnesium	Mg^{2+}	399,5	32,9	41,59
Calcium	Ca^{2+}	194,2	9,7	12,26
Eisen II	Fe^{2+}	5,3	0,2	0,25
Summe:		1.448,0	79,1	99,99
ANIONEN				
Chlorid	Cl^-	100,4	2,8	3,49
Sulfat	SO_4^{2-}	940,0	19,6	24,45
Hydrogencarbonat	HCO_3^-	3.527,0	57,8	72,06
Summe:		4.567,4	80,2	100,00
Summe Elektrolyte:		6.015,4		
Schwache Elektrolyte:				
Kieselsäure, meta	H_2SiO_3	94,2		
Borsäure, ortho	H_3BO_3	1,2		
Summe:		6.110,8		
Gasförmige Bestandteile:				
Freies Kohlendioxid	CO_2	2.626		
Summe:		8.736,8		

Wassertypus: Natrium-Magnesium-Hydrogencarbonat-Sulfat-Säuerling.

Spurenelemente (in µg/l):

Sr	J	B
2.500	50	300

W. CARLÉ bringt auch noch je eine Analyse eines schwachkonzentrierten (Vi, Tab. 5.7./1, Nr. 15) und sehr gering konzentrierten Säuerlings (Val Plavna, Tab. 5.7./1, Nr. 18) aus der Quellgruppe Scuol-Tarasp. Ersterer ist ein Calcium-Hydrogencarbonat-Mineralwasser-Säuerling (Ionensumme 1.973,5 mg/l) plus 2.135 mg/l CO_2. Das zweite Beispiel ist die Quelle Val Plavna (Tab. 5.7./1, Nr. 18), ein akratischer schwefelhaltiger Säuerling (18,4 mg H_2S) mit dem beachtlichen CO_2-Gehalt von 3.184,8 mg/l (vgl. Fig. 5.7./2).

Die Reihe des Säuerlings Scuol-Tarasp findet seine Fortsetzung im nahen **Val Sinestra**. Hier befinden wir uns im Zentrum der Decken-Aufwölbung des Unterengadiner Fensters, wo die Antiklinale durch eine zur Innschlucht parallele NNW-Querstörung geschnitten wird, was deutlich in der Karte der Landsat-Aufnahmen von M.F. BUCHROITHNER (1984) hervortritt. Die hier auftretende Quellgruppe hat einen hohen Arsengehalt und starke CO_2-Führung. Das Arsen entstammt Klüften mit Arsenkies, der starke Borgehalt widerspiegelt die im Fall Scuol-Tarasp besprochene Problematik. Das Kohlendioxid entströmt der Querverwerfung. In W. CARLÉ (1975, p. 494) findet sich eine Tabelle von fünf arsenhaltigen Quellen des Na-Ca-HCO_3- bzw. Ca-Na-HCO_3-Typus mit den Hauptionen und CO_2-Gehalt, der ziemlich gleichmäßig ist (2.214–2.584 mg/l). Eine erweiterte Analyse der sogenannten Adolf-Quelle wird im folgenden getrennt in

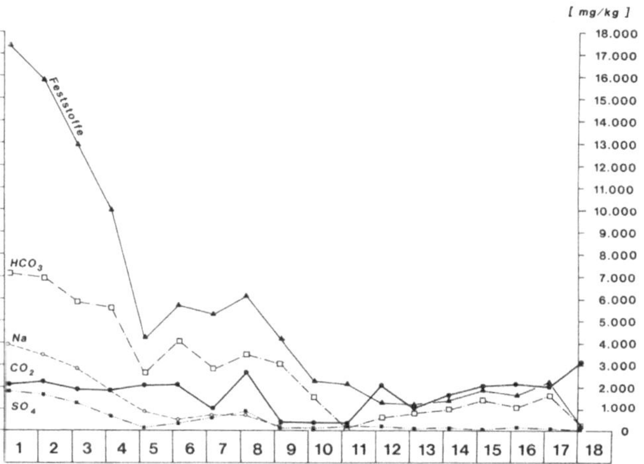

Fig. 5.7./2: Vergleich der wichtigsten Elektrolyte und der Summe der gesamten gelösten Feststoffe mit dem CO_2-Gehalt der Quellen von Scuol-Tarasp, Tab. 5.7./1.

Haupt- und Nebenbestandteile zum Vergleich mit dem Quellgebiet von Scuol-Tarasp wiedergegeben.

Chemische Analyse der Adolf-Quelle in Val Sinestra von O. GÜBELI (aus: W. CARLÉ, 1975, p. 495):

		Massen-konzen-tration mg/l	Ionenäqui-valentkon-zentration mmol/l	Äquiva-lent-anteil %
KATIONEN				
Natrium	Na^+	1.155,50	50,25	51,03
Kalium	K^+	84,10	2,15	2,18
Magnesium	Mg^{2+}	123,68	10,17	10,33
Calcium	Ca^{2+}	713,32	35,59	36,14
Eisen II	Fe^{2+}	9,05	0,32	0,32
Summe:		2.085,65	98,48	100,00
ANIONEN				
Chlorid	Cl^-	1.002,48	28,27	28,39
Sulfat	SO_4^{2-}	422,43	8,79	8,83
Hydrogencarbonat	HCO_3^-	3.815,17	62,52	62,78
Summe:		5.240,08	99,58	100,00
Summe Elektrolyte:		7.325,73		
Schwache Elektrolyte:				
Kieselsäure, meta	H_2SiO_3	21,24		
Borsäure, ortho	H_3BO_3	140,24		
Arsenige Säure	As_2O_3	6,59		
Summe:		7.493,80		
Gasförmige Bestandteile:				
Freies Kohlendioxid	CO_2	2.269		
Summe:		9.762,80		

Spurenelemente (in µg/l):

Li	Sr	Ba	Al	F	Br	J	B
3.730	6.120	7	170	890	3.180	290	**34.627**

Innabwärts treffen wir auf die Quellen von Obladis und Prutz, dem Ausganspunkt unserer Betrachtung der Säuerlinge des Unterengadiner Fensters.

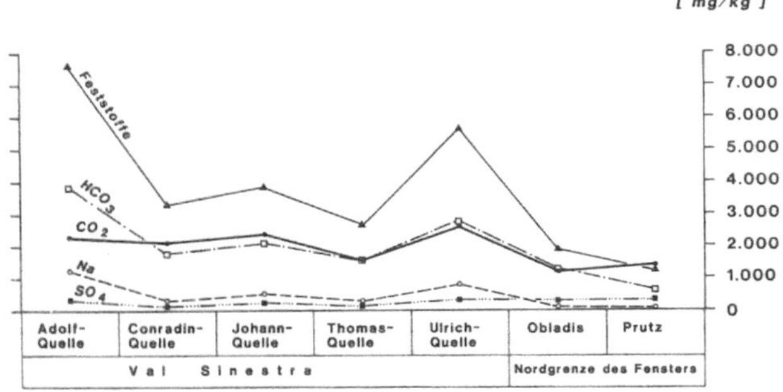

Fig. 5.7./3: Vergleich der wichtigsten Elektrolyte und der gelösten Feststoffe mit dem CO_2-Gehalt der Quellen in Val Sinestra und Obladis-Prutz.

Figur 5.7./3 vergleicht die wichtigsten Kationen, Anionen, Summen der gelösten Feststoffe mit dem CO_2-Gehalt der fünf Quellen von Val Sinestra (Nr. 1 = Adolf-Quelle) mit den Daten von Obladis und Prutz.

Der Vergleich zeigt, daß die Natrium-, Sulfat- und CO_2-Werte in erstaunlichem Maße parallel laufen. In Obladis und Prutz läßt sich aufgrund des Borgehaltes der Einfluß dieser Fazies noch erkennen. Die Verbindung in großen Tiefen bestätigt der CO_2-Gehalt.

5.8. Schlußbemerkung (J. ZÖTL)

Die Beschreibung der Heilwasservorkommen in den Zentralhochalpen beginnt mit dem Hochalm-Ankogel-Reißeckgebiet im E des Tauernfensters. Der Stand der Forschung erlaubte hier die Abgrenzung eines nach verschiedenen Kriterien der Geologie, Geothermie, Hydrochemie, Radiologie und Balneologie verbundenen Bereiches mit den beiden Kurzentren Badgastein und Bad Königsquell und dem Radonschwerpunkt Mallnitz.

Wenn sich der anschließende W des Tauernfensters mit der befriedigenden Situation im Gasteiner Bereich nicht messen kann, so liegt das einerseits am geringeren Angebot der Natur an attraktiven Ressourcen, andererseits aber auch an einem geringeren Engagement, gegebene offene Fragen – wie etwa um die Thermalquellen von Hintertux – genauer zu untersuchen. Auffällig ist, daß neben den eher raren Beobachtungen von hauptsächlich an Erzgänge gebundenen Mineralquellen geringer Schüttung radonhältige Wässer dominieren. Figur 5.2./9 zeigt diese Dominanz obwohl erst Wässer mit einem Radongehalt über 1 nCi/l ausgewiesen wurden.

Mit den Radonwasserzentren von Villnöß und insbesonders Meran könnte man den Südhang dieses Abschnittes der Zentralhochalpen geradezu als Radonwasserprovinz bezeichnen. Die Rn-Werte einzelner Meraner Aufschlüsse kommen an Gasteiner Quellen heran, entscheidend ist freilich, daß es sich durchwegs um kalte Wasseraustritte handelt.

Bei genaüerer Betrachtung kommt die Frage auf, ob und warum die Thermalwässer der Zentralalpen vornehmlich am Nordhang der Zentralhochalpen liegen, wo doch die topographische Höhenlage der Quellorte am Südhang wesentlich tiefer liegt (Meran 324 m NN, Bozen 265 m NN, Badgastein 1.000–1.100 m NN, Hintertux 990 m NN). Diese Überlegung gilt nur für das Gebiet innerhalb der Abgrenzung der Heilwasserprovinz Zentralalpen, im W mit dem Südhang der Zillertaler und Ötztaler Alpen bzw. in Südtirol mit dem Pustertal und dem Vintschgau.

Anders ist die Situation bei Einbeziehung des noch in den Ostalpen gelegenen Bereiches der Ortlergruppe. Dort liegen südlich des Stilfser Joches (2.757 m NN) die hochinteressanten Quellen von Bormio. Die komplizierten geologischen Verhältnisse umgehend, kann gesagt werden, daß dort an der Basis der ostalpinen Decke situierten Gipse radioaktive Thermalsäuerlinge (insgesamt ca. 20 l/s) entspringen. W. CARLÉ (1975, p. 500) weist von fünf Quellen die chemische Analyse aus. Alle von sehr ähnlicher Zusammensetzung, sind es „radonhältige Magnesium-Sulfat-Hydrogencarbonat-Thermalsäuerlinge" mit einem sehr hohen SO_4-Gehalt (Mittel 13.956 mg/l) bei einer durchschnittlichen Elektrolytsumme von 24.407 mg/l und einem CO_2-Gehalt von 1.269–2.680 mg/l. Die Radonwerte (bis 152,8 nCi/l) sind faktisch gleich jenen von Marienbad in Böhmen, wobei die Frage offen bleibt, ob das Radon des Wassers oder der bereits entwichenen Quellgase gemessen wurden. Die Wassertemperatur liegt zwischen 38,2 und 40,6 °C.

Die Rolle der Gesteinsgebundenheit des Radiums bzw. der radonhältigen Wässer ist zwar örtlich augenscheinlich aber keineswegs völlig geklärt (siehe Ausführungen Villnöß).

Daß genauere Untersuchungen noch manche Überraschungen versprechen, zeigen die Verhältnisse im Unterengadiner Fenster.

Hätte sich – dem Thema entsprechend – die Betrachtung der Daten auf das österreichische Staatsgebiet beschränkt, so wären die Wässer von Ladis und Prutz von lokalem Interesse geblieben. Erst der Vergleich mit dem im Schweizer Engadin auftretenden exzessiven Bedingungen und die Erkenntnis ihrer Ausstrahlung bis an den Nordrand des Engadiner Fensters wirft im Zusammenhang mit den Spurenelementen ein ganzes Bündel völlig offener Fragen auf. Dies sollte ein Anreiz für weitere Untersuchungen heimischer und auswärtiger Forscher sein.

Literatur

BRANDNER, R. (1980): Tektonische Übersichtskarten von Tirol, 1 : 300.000 und 1 : 600.000. – Tirol-Atlas, Innsbruck (Univ.-Verl. Wagner).

BUCHROITHNER, M.F. (1984): Karte der Landsat-Bildlineamente von Österreich, 1 : 500.000. – Geol. B.-A., Wien.

CARLÉ, W. (1975): Die Mineral- und Thermalwässer von Mitteleuropa. – 643 S., 14 Abb., 1.402 Tab., 2 Ktn., Stuttgart (Wiss. Verl. Ges.m.b.H.).

DEETJEN, P., R. GÜNTHER & W. MARTKL (1985): Handbuch der natürlichen Heilmittel Österreichs. – 224 S., Abb., Tab., BM f. Gesundheit und Umweltschutz, Wien (Bohmann Verlag).

DIETRICH, V.J. (1976): Alpidische Gebirgsbildung in den Ostalpen: ein plattentektonisches Modell. – Geol. Rundschau, **65**, Stuttgart.

EXNER, Ch. (1956): Geologische Karte der Umgebung von Gastein. – Geol. B.-A., Wien.

EXNER, Ch. (1957): Erläuterungen zur Geologischen Karte der Umgebung von Gastein. – Geol. B.-A., Wien.

EXNER, Ch. (1965): Berg- u. Hüttenmännische Monatshefte, **95**, 1950. – In: SCHEMINZKY, F. (1965).

EXNER, Ch. (1965): Die Geologie des Thermalstollens und seiner Umgebung. – In: SCHEMINZKY, F. (1965): Der Thermalstollen von Badgastein-Böckstein. – Innsbruck.

FLORKOWSKI, T. & C. JOB (1969): Origin and Underground Flow Time of Thermal Waters in Crystallin Basement Complexes. – Steir. Beitr. z. Hydrogeologie, **21**, Graz.

FRASL, G. (1958): Zur Seriengliederung der Schieferhülle in den mittleren Hohen Tauern. – Jb. Geol. B.-A., **101**, 323–472, Wien.

FRISCH, W. (1982): Geologische Studien im Unterengadiner Fenster. – Jahresber. Hochschulforschungsschwerpunkt, Leoben.

HOLUB, B. & R. MARSCHALLINGER (1989): Die Zentralgneise im Hochalm-Ankogel-Massiv (östliches Tauernfenster). Teil I: Petrographische Gliederung und Intrusionsfolge. – Mitt. Österr. Geol. Ges., **81**, Wien.

JANSCHEK, H. & F. KAHLER (1990): Unveröff. Gutachten. – Klagenfurt.

JOB, C. & G. MUTSCHLECHNER (1969): Zur Geochemie der Wässer im Tauerntunnel. – Steir. Beitr. z. Hydrogeologie, **21**, 117–128, Graz.

JOB, C. & J. ZÖTL (1969): Zur Frage der Herkunft des Gasteiner Thermalwasser. – Steir. Beitr. z. Hydrogeologie, **21**, Graz.

KAHLER, F. (1978): Die natürlichen Heilvorkommen Kärntens. – Raumordnung in Kärnten, **10**, Klagenfurt.

KNEIDL, V. (1971): Geologische Untersuchungen am NW-Rand der Hohen Tauern im Gebiet zwischen Gerlos und Hintertux (Tirol, Österreich). – Diss., Univ. Erlangen.

KRÜSE, K. (1937): Beiträge zur Kenntnis der Radioaktivität der Mineralquellen Tirols. – Jb. Geol. B.-A., Wien.

LAUBSCHER, H.P. (1983): Der Bau der Alpen. – In: Ozeane und Kontinente. – Spektrum der Wissenschaft Verlagsges., Heidelberg.

MACHE, H. (1904): Über die Radioaktivität der Gasteiner Thermen. – Sitzber. Kais., Akad. Wiss., mathem.-naturwiss. Kl., Abt IIa, **23**, **13**, Wien.

OBERHAUSER, R. (1980): Der geologische Aufbau Österreichs. – 699 S., Geol. B.-A., Wien–New York (Springer Verlag).

RAASE, P. (1973): Petrographie und Geologie des oberen Zillergrundes (Tirol, Österreich). – Diss., Univ. Kiel.

RUDOLPH, J. (1981): Edelgastemperaturen und Heliumalter ^{14}C-datierter Paläowässer. – Diss., Univ. Heidelberg.

SCHEMINZKY, F. (1959): Blatt Hintertux, Torso Bäderbuch 1959 ff.

SCHEMINZKY, F. (1961, 1962, 1967, 1968): Mitt. aus dem Forschungsinst. Gastein, **216**, 1961; **239**, 1962; **315**, 1967; **338**, 1968.

SCHEMINZKY, F. (1965): Der Thermalstollen von Badgastein-Böckstein. – Innsbruck (Verlagsanstalt Tyrolia Ges.m.b.H.).

STINI, J. (1950): Tunnelbaugeologie. – Wien (Springer Verlag).

STINI, J. (1959): Gastein und der Warmwassereinbruch in den Lender Druckstollen. – Geologie und Bauwesen, **24**, Wien.

STINI, J. (1965): Badgasteiner Badeblatt, 1951; 1953. – In: SCHEMINZKY, F. (1965).

STINI, J. (1965): Hitzekluft im Radhausberg, Störungen des Gebirgsbaues und Gasteiner Heilquellen. – In: SCHEMINZKY, F. (1965).

THIELE, O. (1951): Beobachtungen am Tauernnordrand im Bereich von Gerlos (Tirol). – Mitt. Ges. Geol. Bergbaustud. Wien, **2**, 1–21, Wien.

THIELE, O. (1980): Das Tauernfenster. – In: OBERHAUSER, R. (Red.): Der geologische Aufbau Österreichs. – 300–314, Geol. B.-A., Wien–New York (Springer Verlag).

THUM, I. (1970): Neuere Daten zur Geologie des Unterengadiner Fensters. – Mitt. Geol. Ges. Wien, **62**, Wien.

TOKSÖZ, M.N. (1983): Die Subduktion der Lithosphäre. – Spektrum der Wissenschaft Verlagsges., Heidelberg.

TOLLMANN, A. (1975): Ozeanische Kruste im Pennin des Tauernfensters und die Neugliederung des Deckenbaues der Hohen Tauern. – N. Jb. Geol. Paläont. Abh., **148**, Stuttgart.

TOLLMANN, A. (1976): Plattentektonische Fragen in den Ostalpen und der plattentektonische Mechanismus des mediterranen Orogens. – Mitt. Österr. Geol. Ges., **69**, Wien.

TOLLMANN, A. (1977): Geologie von Österreich I. Die Zentralalpen – 766 S., 200 Abb., 25 Tab., Wien (Deuticke).

TRÜMPY, R. (1972): Zur Geologie des Unterengadins. – Erg. d. wiss. Untersuchung im Schweiz. Nationalpark, **XII**, Chur.

VETTERS, H. (1933): Geologische Karte von Österreich und seinen Nachbargebieten, 1 : 500.000. – Geol. B.-A., Wien.

ZSCHOCKE, K. (1965): Der Goldbergbau in den Hohen Tauern und die Auffahrung des Radhausberg-Unterbaustollens (Pasel-Stollen, Thermalstollen, Heilstollen) in Böckstein bei Badgastein. – In: SCHEMINZKY, F. (1965).

6. Die Heilwässer Vorarlbergs (K. Czurda)

6.1. Einleitung

Vorarlberg ist das einzige Bundesland, das innerhalb seiner Grenzen alle geologischen Zonen von den Zentralhochalpen bis zur Molasse aufweist. Die hier genannten Vorkommen von Heil- und Mineralwässern dienen daher in erster Linie der Dokumentation der hydrogeologischen Differenzierung.

Nur wenige Quellen in Vorarlberg werden den amtlichen Vorschriften für Heilwässer gerecht. Alle Vorkommen sind nur von lokaler Bedeutung, **Thermalquellen fehlen gänzlich**. Viele Badeorte in Vorarlberg sind Orte mit einfachen kalten Quellen (Akratopegen), d.h. ihre Mineralisation beträgt < 1 g/l Wasser und sie enthalten auch keine balneologisch besonders wirksamen Stoffe. Dazu zählen z.B. die Orte **Andelsbuch** und **Diezlings**, im Bereich der Vorarlberger Molasse, **Innerlaterns** im südlichen Vorarlberger Flysch und **Hopfreben** an der Grenze Nördlicher Vorarlberger Flysch und Kalkalpen. Die vier erwähnten kalten Quellen entspringen durchwegs einem Schuttvorkommen, d.h. Wildbachschutt, Hangschutt, Terrassenschottern und Moränen. Ihre Zuordnung zum anstehenden Gestein ist nicht möglich, die Beeinflussung des Chemismus des Wassers durch das Anstehende ist jedoch vielfach anzunehmen. Die Akratopegen werden im Folgenden nicht weiter behandelt.

6.2. Vorkommen in den geologischen Großeinheiten

6.2.1. Kalkalpin

Aus dem Bereich der kalkalpinen Decken im südlichen Vorarlberg sind nur zwei Quellbereiche erwähnenswert und auch sie haben mehr durch die im Zuge der Quellnutzung entwickelte Gastronomie als durch die Heilwirkung des Wassers eine gewisse Bekanntheit erlangt: Bad Rotenbrunnen im hintersten Großen Walsertal und Bad Sonnenberg bei Nüziders (siehe Fig. 6.2./1).

Der Vorarlberger Anteil der Nördlichen Kalkalpen enthält alle typischen Schichtglieder vom oberen Perm bis in die Oberkreide wie sie die sogenannte Hauptdolomitfazies auszeichnen. Die Besonderheit des nur für Vorarlberg zutreffenden Unterfazies-Begriffes „Vorarlberger Fazies", liegt in der Ausbildung der Arlbergschichten im Ladin. Die Sedimente reflektieren die wechselhafte Entwicklung der Tethys mit vor allem Flachwasserbildungen in der Trias und ausgeprägten Schwellen bzw. Beckenbereichen im Jura und in der Kreide. Hauptfelsbildner ist der namengebende Hauptdolomit des Nor. Dieses Plattformsediment mit Mächtigkeiten bis zu 2.200 m hatte im Gezeiten beeinflußten Meeresbereich sein Ablagerungsmilieu. Im weitesten Sinne stellt er das „ultra back reef" zum zeitgleichen Riff des Dachsteinkalkes und seiner gebankten Lagunenfazies dar.

Hält man sich an die klassische Deckeneinteilung, so müssen die Vorarlberger kalkalpinen Einheiten – abgesehen von der kleinen Krabachjoch-Decke – der Allgäu-Decke zugeordnet werden. Diese nördlichste und unterste tektonische Einheit des Kalkalpins (zusammen mit dem Silvretta Kristallin das Oberostalpin bildend) zerfällt in Randschuppen, die vom Kleinen Walsertal bis zum Montafon über dem südlichen Vorarlberger Flysch verloren gehen. Vom NE (Kleines Walsertal) nach SW (Nüziders, Hangender Stein) sind dies: Bärenweide-, Gräshorn-, Künzelspitz-, Zitterklapfen-, Wandfluh-, Brauenarlspitz- und Hangender Stein-Schuppe. Dabei geht auf der genannten Entfernung die Hälfte der Kalkalpenbreite verloren. Der Rätikon, südlich und westlich dieser Randschuppen, ist eine Fortsetzung des Gebirges südlich der großen Lechtaler Kreidemulde Zürs–Spuller See–Formarin See–Rote Wand.

6.2.2. Helvetikum

6.2.2.1. Tektonik

Das auffallend stark verfaltete Gebirge zwischen Dornbirn und Feldkirch, sowohl östlich (Vorarlberg) wie auch westlich (Schweiz) des Alpenrheins, gehört der sedimentären Großeinheit „Helvetikum" an. Kleine Teile der nördlichsten Helvetikumeinheiten sind als „Ultrahelvetikum" der Liebensteiner Decke zuzuordnen. Das Helvetikum ist – wie die Kalkalpen und der Flysch – allochthon, d.h. in Deckeneinheiten aufgelöst. Das Vorarlberger Helvetikum gehört der Säntisdecke an. Der Faltenbau beiderseits des Rheins läßt sich über diesen breiten Taleinschnitt hinweg parallelisieren. Allerdings tauchen die Faltenachsen auf der Vorarlberger Seite einheitlich nach SW ab und steigen auf der Schweizer Seite in Südwestrichtung wieder auf. Diese Achsendepression ist begleitet von synthetischen Abschiebungen, die das Achsenfallen auf beiden Seiten des Rheintals verstärken. Die auffallendste tektonische Struktur ist die zentral im Vorarlberger Helvetikum liegende Mulde von Fraxern–Bizau–Riezlern, die

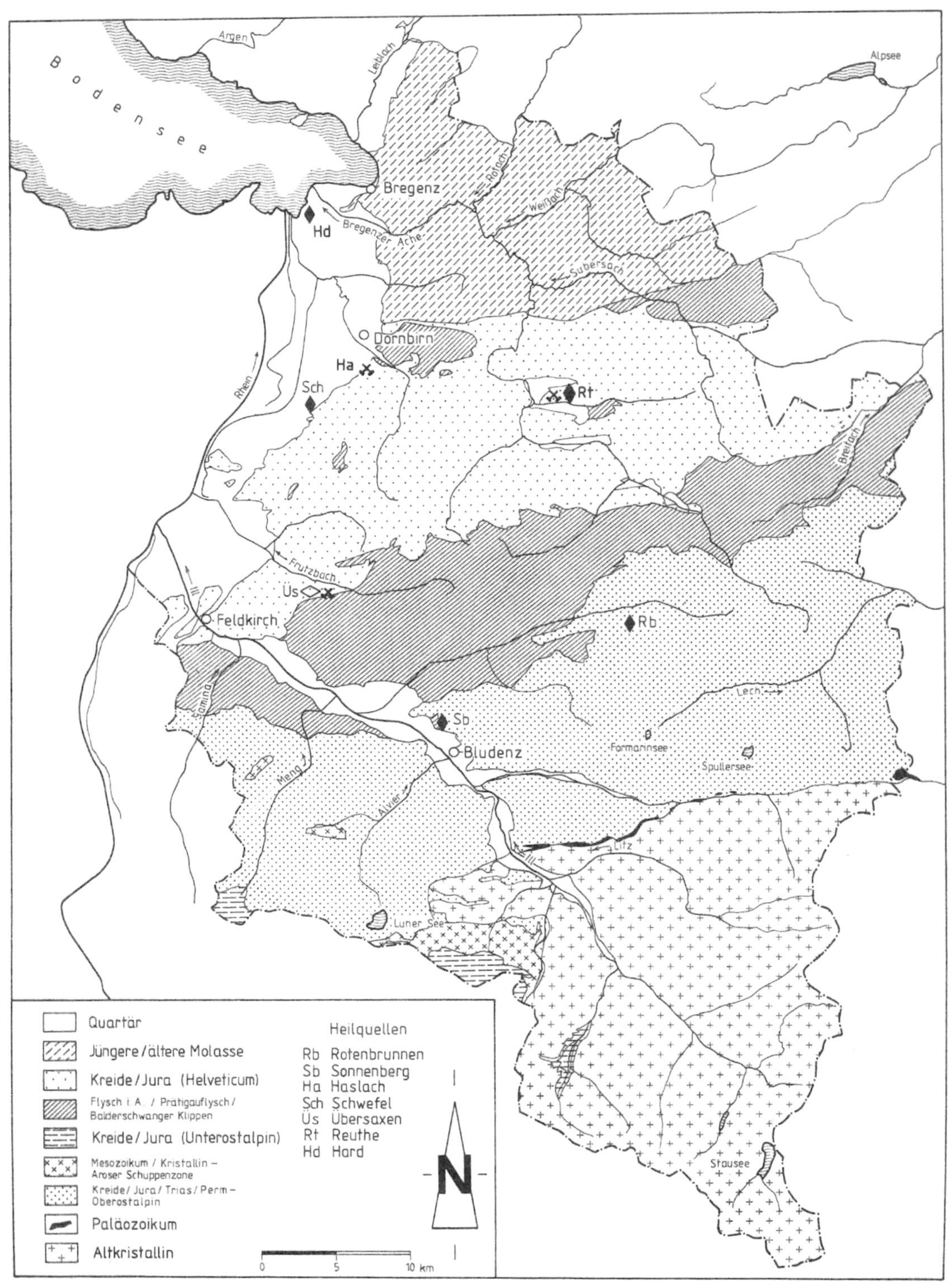

Fig. 6.2./1: Die zonale geologische Gliederung Vorarlbergs und seine Heilquellen. Schwefel = Ortsteil von Hohenems.

ebenfalls abtaucht und im W wieder als Wildhauser Mulde ihre Fortsetzung findet. Achsenverbiegungen und Bruchstrukturen verdanken die helvetischen Inselberge wie der Schellenberg bei Feldkirch oder der Kummenberg bei Götzis ihre Entstehung.

6.2.2.2. Stratigraphie

Von ausschlaggebender Bedeutung für die Art der Heilquellen aus dem Helvetikum ist der Gesteinsbestand der einzelnen Schichtglieder. Da es sich hierbei ausschließlich um Eisen- oder Schwefelquellen handelt, ist die Herkunft dieser Ionen von besonderem Interesse.

Im fensterartigen Aufbruch des Kanisfluh-Mittagsfluh-Gewölbes im mittleren Bregenzer Wald treten die ältesten helvetischen Schichtglieder zu Tage: die Schiltschichten, der Quintner Kalk und die Zementsteinschichten. Diese drei Schichtglieder gehören dem Malm an. Der Faltenbau beiderseits des Rheins wird von Einheiten der Kreide, des Paläozän und des Eozän geprägt. Von älter zu jünger sind dies: Kieselkalk, Drusberg Mergel, Schrattenkalk, Gault Seewerkalk, Amdener Mergel, Wang Schiefer, Nummuliten Schichten und Globigerinen Schiefer. Die Petrographie dieser Einheiten, die durchwegs in tropischen bis subtropischen Meeren sedimentierten, ist ausschließlich durch Kalke, Sandsteine und Mergel geprägt. In den Mergeln widerspiegelt das wechselnde Verhältnis von Kalk und Ton einerseits den mehr marinen Einfluß (Kalk), andererseits die starke terrestrische Einschwemmung bei meist größeren Wassertiefen (Ton). Bildungen im Riffmilieu, vor allem der Schrattenkalk, und dazu zeitgleiche Beckenbildungen, die Drusberg Mergel, bestimmen maßgeblich das Bild der helvetischen Falten am Rheintalrand, in der Illschlucht bei Feldkirch und im mittleren Bregenzer Wald. Im Nordhelvetikum sind Riffbildungen gegenüber mergeligen Gesteinen vorherrschend. Gegen S zu treten die Mergel mehr und mehr in den Vordergrund bis sie im südlichen Helvetikum die Schichtabfolge bestimmen. Im Gebiet Fellifluh–Didamskopf–Hoher Freschen und südlich Rankweil ist diese Vermergelung in der gesamten Schichtabfolge dominierend und wird als „Argenfazies“ bezeichnet.

Der Eisengehalt vieler Heilquellen aus dem Helvetikum rührt von schichtgebundenen Eisenkarbonatvorkommen oder von gewissen Hämatitgehalten her. Die in frischen Quellwässern enthaltenen Eisen II-Ionen stellen dabei die im Körper leicht resorbierbare Form dar, die als essentielles Element zur Behandlung der Eisen-Anämie geschätzt wird. Der Schwefel ist in den entsprechenden Wässern als Schwefelwasserstoff enthalten. Der Pyrit, FeS_2, liefert im allgemeinen das Schwefelion. Der Schwefelwasserstoff ist das häufigste bakterielle Abbauprodukt von Sulfationen im Mineralwasser und tritt in unterschiedlichen Mengen, von Spuren bis zu sehr starkem Geruch, auf. Beim bakteriellen Abbau der Sulfate durch das anaerobe Bakterium Desulvufibrio entstehen eine Vielzahl von Schwefelverbindungen: Thiosulfate, Polythionate, Hydrosulfide, Schwefelwasserstoff und schließlich elementarer Schwefel in meist kolloidaler Form. Die akratischen Eisen- und Schwefelquellen in Vorarlberg behandelt Kap. 6.3.2.

6.2.3. Flysch

Der Vorarlberger Flysch hat bei der Beschreibung von Heilquellen nur insofern eine Bedeutung, als er im Fenster von Nüziders unter kalkalpinen Einheiten zu Tage tritt und an diesem Kontakt eine Quelle – Bad Sonnenberg – entspringt (siehe Kap. 6.2.1. und 6.3.1.2.).

Der Flysch als synorogenes Sediment ist gekennzeichnet durch Konglomerate, Sandsteine, Tonschiefer und Sandkalke. Großfossilien sind kaum vorhanden, jedoch zeugen Fährten, Kriechspuren, Schlammbauten etc. von einer individuenreichen Schlammbewohnenden Fauna. Der Vorarlberger Flysch ist der westlichste Ausläufer des Rhenodanubischen Flysch. Er wird ins Penninikum gestellt.

Die penninischen Decken sind im oberen Tertiär nach N geglitten. Die tiefste Einheit ist die nicht überall vorhandene Feuerstätter Decke. Sie ist vielfach zerlegt, zum Teil tektonisch ausgedünnt aber stellenweise auch tektonisch angehäuft. Sie war Träger der Überschiebung der Hauptflyschdecke. Sie muß in eine Nordfazies, eine in Vorarlberg kaum vorhandene Südfazies und in die Fazies der Üntschen-Decke (südliche Flyschzone) gegliedert werden. Jene Einheiten, die Anteil am Fenster von Nüziders haben, gehören allerdings einer wiederum eigenen tektonischen und faziellen penninischen Untereinheit an: der Falknis-Decke. Sie bildet zusammen mit der Sulzfluh-Decke eine Schwellenregion, die Nord- von Südpenninikum trennt. Die Hauptmasse der Falknis-Decke, mit überwiegend Sedimenten aus dem Malm, liegt allerdings auf der West- und Südseite des Rätikon.

6.2.4. Molasse

Ebenfalls von untergeordneter Bedeutung für das Auftreten von Heilquellen ist die Molasse. Die beiden zu erwähnenden Heilquellen dieser Region (Hard und

Krumbach) entspringen Talalluvionen bzw. quartären Terrassensedimenten und zeigen wenig Beziehung zum anstehenden Molassegestein. Das Vorkommen Hard wird in Kap. 6.3.3. besprochen.

Die ungefaltete aber asymmetrisch gehobene Vorlandsmolasse und die gefaltete subalpine Molasse, haben Anteil an Vorarlbergs nördlichster und jüngster geologischen Einheit. Der langgestreckte E-W-orientierte nordalpine Molassetrog bezog seine Sedimente aus dem im S bereits herausgehobenen Alpenkörper, insbesondere von den unmittelbar benachbarten Flyschketten, untergeordnet und aus dem N, vom Schwarzwald und vom Böhmischen Massiv. Die Sedimentationsgeschichte wurde wiederholt durch Verbindungen zu bzw. Abschnürungen von den Weltmeeren beeinflußt: über das Rhônetal transgredierte das Mittelmeer in das Molassebecken, über den Oberrheintalgraben und die Hessische Senke bestand zeitweise eine Verbindung zum Meer, das Norddeutschland bedeckte, und ein mehrfacher Wechsel von Transgression und Regression verursachte den wechselhaften Einfluß des pannonisch-pontischen Binnenmeeres.

Untere Meeresmolasse, Untere Süßwassermolasse und Obere Meeresmolasse haben Anteil am Schichtstapel der Vorarlberger Molasse. Konglomerate mit der Bezeichnung „Nagelfluh“, Sandsteine, Mergel und ein Kohleflöz (Wirtatobel) bilden das lithologische Inventar. Radiale Schuttfächer der Alpenflüsse und küstenparallele Längsströme, die durch Gezeiten und primäre Meeresströmungen hervorgerufen werden, lieferten und verteilten die Sedimentfracht. Die Molasseablagerungen erreichen in Vorarlberg insgesamt eine Mächtigkeit bis zu 4.500 m. Sie haben oligozänes bis miozänes Alter.

6.3. Geologie ausgewählter Quellen

Die nachfolgend beschriebenen Quellen sind nur die relativ wichtigsten Mineralquellen und schließen die Orte mit einfachen kalten Quellen aus. Die Einteilung erfolgt nach dem Auftreten in den geologischen Großeinheiten, so wie in Kap. 6.2. vorgegeben.

6.3.1. Mineralquellen im Kalkalpin

6.3.1.1. Bad Rotenbrunnen

Bad Rotenbrunnen liegt im gleichnamigen Tal, einem Seitental des hintersten Großen Walsertales. Die Quelle entspringt am Fuße einer großen Schutthalde und überzieht mit einer auffallend roten Sinterkruste die Gerölle der Umgebung. Die Rotfärbung ist dem Gehalt an basischem Eisenoxid zuzuschreiben. Beträchtliche Gipsgehalte lassen den Ursprung der Quelle in gipsführenden Raibler Schichten (Karn) der hier stark verschuppten Allgäudecke vermuten. Das Wasser ist mit insgesamt 1.457,1 mg/l gelösten Stoffen als Mineralwasser zu bezeichnen.

Zur Zeit der Probennahme für die chemische Untersuchung des Quellwassers wurden von einer Anzahl von Wasseraustritten zwei untiefe Beckenfassungen, die sogenannte Augenquelle und die Badequelle, ausgewählt.

Die Grundwerte für die Badequelle betrugen 1960 nach der Analyse von E. KOMMA & F. SCHEMINZKY:

Schüttung 1 l/s
Wassertemperatur 11,9 °C

		Massen-konzen-tration mg/l	Äquiva-lent-anteil %
KATIONEN			
Natrium	Na^+	5,0	1,06
Kalium	K^+	1,0	0,12
Magnesium	Mg^{2+}	76,0	30,40
Calcium	Ca^{2+}	282,0	68,41
Summe:		364,0	99,99
ANIONEN			
Chlorid	Cl^-	5,0	0,68
Sulfat	SO_4^{2-}	840,0	84,51
Hydrogencarbonat	HCO_3^-	187,0	14,81
Summe:		1.032,0	100,00
Summe Elektrolyte:		1.396,0	

Das Wasser ist als eisenhältiges Calcium-Magnesium-Sulfat-Mineralwasser zu bezeichnen.

An *Spurenelementen* (in µg/l) wurden gemessen (Arbeitskreis für Spurenanalyse, Univ.-Prof. Dr. G. KNAPP, Graz, 1991):

Li	Ba	Sr	B	F	J
100	15	11.000	25	1.500	< 20

Der auffallend hohe Strontiumgehalt hängt wohl mit gipsführenden Raibler Schichten zusammen. Das gleiche gilt für den hohen Fluorgehalt.

6.3.1.2. Bad Sonnenberg bei Nüziders

Buchtförmig in die kalkalpine Schuppe des Hangenden Stein eingeschnitten, liegt das Halbfenster von Nüziders 2 km im NW von Bludenz. Umrahmt von Muschelkalk (Skyth) im E und Rhäto-Lias Kalken und Mergeln im N und W liegt im Fensterinnern penninische Falknis-Decke und südpenninische Arosazone. Am Kontakt zwischen Penninikum und Oberostalpin entspringen oberhalb Bad Sonnenberg drei Quellen aus dem Gehängeschutt bzw. aus Moräne. Der hohe Calcium- und Sulfatgehalt legt den Quellursprung in den nordöstlich der Austrittstellen anstehenden Raibler Schichten nahe.

Die drei ungefaßten Quellen vereinigen sich zu einem Bach, der nach kurzem Lauf in einen Teich oberhalb des Badegasthofes mündet. Aus der Südecke des Teiches wird das Wasser durch eine Eisenrohrleitung entnommen und wahlweise einem der beiden Reservoire mit je 16 m^3 Fassungsvermögen zugeführt, von wo der Badegasthof versorgt wird.

Die Schüttung der zusammengeleiteten Quellaustritte war mit ca. 15 l/s beträchtlich und erlaubte einen vom Jahresgang der Niederschläge unabhängigen Badebetrieb. 1956 ist die Quelle durch Sprengarbeiten versiegt (Erhebung P. Ramspacher, 1991).

Chemische Analyse nach E. Komma & F. Scheminzky, 1951:

Wassertemperatur 14,2 °C (höher als der Lage entsprechend)
pH-Wert 7,2

		Massenkonzentration mg/l	Äquivalentanteil %
KATIONEN			
Natrium	Na^+	43,53	6,82
Kalium	K^+	5,10	0,47
Magnesium	Mg^{2+}	23,93	7,12
Calcium	Ca^{2+}	474,70	85,59
Summe:		547,26	100,00
ANIONEN			
Chlorid	Cl^-	2,91	0,3
Sulfat	SO_4^{2-}	1.103,50	82,82
Hydrogencarbonat	HCO_3^-	287,70	16,88
Summe:		1.394,11	100,00
Summe Elektrolyte:		1.941,37	
Schwache Elektrolyte:			
Kieselsäure, meta	H_2SiO_3	15,46	
Summe:		1.956,83	
Gasförmige Bestandteile:			
Freies Kohlendioxid	CO_2	10,00	
Summe:		1.966,83	

Wassertypus: Calcium-Sulfat-Mineralwasser (Gipswasser).

Die frühere Bezeichnung „Schwefelbad“ war unberechtigt und beruhte offenbar auf der balneologisch nicht richtigen Gleichsetzung von sechswertigem Sulfatschwefel mit zweiwertigem Schwefel in Sulfiden und Schwefelwasserstoff (F. Scheminzky & W. Weiss, 1959).

6.3.2. Mineralquellen im Helvetikum

6.3.2.1. Bad Haslach

Eine kalte, akratische Eisenquelle entspringt am Fuße des Kühberges, dem nördlichen Ausläufer des Breitenberges unmittelbar südlich Hallerdorf bei Dornbirn. Der Breitenberg erhebt sich als Sattelstruktur, aufgeschoben über den Sattel von Hohenems. Zwischen den beiden Sätteln liegt die tiefe Mulde von Haslach, die von Hohenems unter dem Breitenberg bis zum Gütle, südlich Dornbirn am Eingang zur Rappenlochschlucht durchzieht.

Die Quelle entspringt dem Hangschutt, hatte aber sicher Kontakt vor allem mit dem untereozänen Nummulitenkalk. Dieser Kalk ist deutlich rotbraun gefärbt und führt reichlich Nummuliten. Die Färbung verdankt er hohen Hämatitgehalten. Der Hämatit verleiht dem Quellwasser den Eisengehalt. Das Eisen wurde seit dem 16. Jahrhundert in mehreren Stollen abgebaut, wobei der größte, der Maxstollen, bis nahe an das ehemalige Badhaus heranreichte. Der Eisenbergbau, so klein er war, hatte wohl auch stets mehr Bedeutung als der inzwischen ebenfalls aufgelassene Badebetrieb.

6.3.2.2. Hohenems – Bad Schwefel

In Hohenems-Schwefel, etwa 2 km nördlich des Ortskernes von Hohenems, entspringt etwa an der Grenze des Abtauchens der helvetischen Falten unter die Rheintal-Alluvionen eine akratische Schwefelquelle. Sie tritt aus dem Seewerkalk aus und ihre gleichmäßige Temperatur von 15,6 °C und ihr gleich bleibender Schwefelgehalt von 10,66 mg/l als Sulfat spricht für eine größere Zirkulationstiefe. An der Mineralisation des Wassers ist sicher auch der liegende Gault-Sandstein beteiligt. Beide Schichtglieder, Seewerkalk und Gault-Sandstein, sind reich an Pyrit (FeS_2), der zum Teil fein verteilt, zum Teil in Nestern auftritt. Der Gault-Sandstein (Gault = oberes Apt + Alb) ist das jüngste Schichtglied der Unterkreide, so daß mit dem Seewerkalk (Cenoman/Turon) die Oberkreide beginnt. Die Kreideschichten tauchen am Schwefel steil als westlicher Schenkel einer kleinen Falte unter das Niveau der Rheinebene ab.

Das Hohenemser Schwefelbad erfreute sich bereits im 15. Jahrhundert großer Beliebtheit, die es bis gegen Ende des vorigen Jahrhunderts beibehielt. Das ursprüngliche Badhaus wurde 1841 zur Baumwollspinnerei umgebaut und ein neues Badhaus errichtet. Heute wird die Quelle, die über einer Verwerfung etwa 100 m vom ehemaligen Badhaus, heute Gasthaus, entspringt, über eine Rohrleitung zu einem im Freien stehenden

Brunnenbecken geleitet. Die Quelle liegt direkt an der Bundesstraße von Dornbirn nach Hohenems–Feldkirch. Das Bad wurde 1990 in eine Gastarbeiterunterkunft umfunktioniert und die Quelle im Zuge des Ausbaues eines Parkplatzes verschüttet (festgestellt durch P. RAMSPACHER, 1991).

Der Kleinen Heilwasseranalyse von E. KOMMA & F. SCHEMINZKY aus dem Jahre 1958 entnehmen wir die folgenden physikalisch-chemischen Daten:

Schüttung 0,4 l/s
Wassertemperatur 15,6 °C
pH-Wert 7,2

Radon 0,55 nCi/l

		Massenkonzentration mg/l	Äquivalentanteil %
KATIONEN			
Natrium	Na^+	25,49	19,20
Kalium	K^+	2,30	1,04
Magnesium	Mg^{2+}	17,65	25,09
Calcium	Ca^{2+}	63,39	54,67
Summe:		108,83	100,00
ANIONEN			
Chlorid	Cl^-	9,32	4,56
Sulfat	SO_4^{2-}	10,66	3,85
Hydrogencarbonat	HCO_3^-	318,70	90,65
Hydrogensulfid	HS^-	1,85	0,94
Summe:		340,53	100,00
Summe Elektrolyte:		449,36	
Schwache Elektrolyte:			
Kieselsäure, meta	H_2SiO_3	15,594	
Summe:		464,954	
Gasförmige Bestandteile:			
Freies Kohlendioxid	CO_2	11,0	
Freier Schwefelwasserstoff	H_2S	0,32	
Summe:		476,274	

Nach E. KOMMA & F. SCHEMINZKY betrug der Gehalt an zweiwertigem Schwefel in der badefertig gefüllten Wanne 0,94 mg/l und erreichte so faktisch den amtlich festgelegten Mindestwert von 1 mg/l für die Bezeichnung „Schwefelbad“

Das Wasser kann demnach als „Calcium-Magnesium-Hydrogencarbonat-Schwefelwasser“ bezeichnet werden.

6.3.2.3. Übersaxen

Die Eisenkarbonatquelle tritt im Bereich des südlichsten Vorarlberger Helvetikums, im schmalen Sattel Übersaxen–Satteins zu Tage. Die genaue Lokalität „Gulm“ war schon 1822 bekannt. Die Gulm Alm liegt östlich Übersaxen, südlich des Gröller Kopfes. Die früher zu Therapiezwecken aufgesuchte Quelle dürfte in der Moränenbedeckung entspringen, ihren Ursprung jedoch in der Wildflyschzone haben. Ein Kontakt des Wassers mit den Tonen und Quarziten der paleozänen Rinderbachschichten ist anzunehmen.

6.3.2.4. Bad Reuthe (Bregenzer Wald)

Bad Reuthe ist mit seiner akratischen Eisenquelle und dem Moorbad das einzige offizielle Heilbad Vorarlbergs.

Auf halber Strecke zwischen Bezau und Bizau weitet sich die Ebene des Bizauer Baches. Sie führt die Bezeichnung „Im Moos“, was schon auf mooriges Gelände und Torfvorkommen hindeutet. „Im Moos“ erstreckt sich zwischen Reuthe im W und Bizau im E. Die Talebene ist geologisch vorgegeben durch eine Muldenstruktur im helvetischen Faltenbau. Die E-W-streichende Mulde bildet die ihr entsprechenden Sättel im N im Hügelzug Exhalder–Am Berg und im S im Hang des Gopfberges bzw. im Gopfberg-Gipfel selbst, aus. Die von der beschriebenen Faltenstruktur erfaßten Schichtglieder am Übergang von der Unter- zur Oberkreide sind die Drusbergschichten, der Schrattenkalk, Gault-Sandstein und Seewerkalk. Im Becken von Reuthe-Bizau hat sich postglazial ein See ausgebildet, der durch die Sedimentfracht des Bizauer Baches allmählich verlandete, wobei sich Moore bilden konnten.

Ergebnis der Kontrollanalyse von E. KOMMA & F. SCHEMINZKY, 1950:

Schüttung 1,5 l/s
Wassertemperatur 12,3 °C
pH-Wert 6,5

Radon 0,14 nCi/l (nach K. KRÜSE, 1913)

		Massenkonzentration mg/l	Äquivalentanteil %
KATIONEN			
Natrium + Kalium berechnet als	Na^+	1,3	0,78
Magnesium	Mg^{2+}	7,3	8,29
Calcium	Ca^{2+}	122,3	84,45
Eisen II	Fe^{2+}	13,2	6,48
Summe:		144,1	100,00
ANIONEN			
Chlorid	Cl^-	1,2	0,47
Sulfat	SO_4^{2-}	1,9	0,54
Hydrogencarbonat	HCO_3^-	436,4	98,99
Summe:		439,4	100,00
Summe Elektrolyte:		583,5	

Gasförmige Bestandteile:		
Freies Kohlendioxid	CO_2	62
Summe:		645,5

Typus: Eisen-Moorwasser.

Die Bedeutung des Bades liegt in der medizinischen Nutzung eines mit Flachmoorpflanzen vermengten mittelzersetzten Hochmoortorfes (Mirchtorf).

Die Fassung der Eisenquelle liegt etwa 50 m südöstlich des Badehotels im Ried abseits der Straße nach Bizau und wird über eine Rohrleitung ins Badehotel geleitet. Die Wässer stammen größtenteils von der Nordseite des Tales, wo pyrithaltige Gault-Sandsteine hangparallel einfallend anstehen und für den Eisengehalt verantwortlich sind. Der Sulfatgehalt geht ebenfalls auf die Gault-Sandsteine und den Pyrit des Seewerkalkes zurück.

Der für die Moorbäder erforderliche Torf wird dem benachbarten Torflager entnommen, das Mächtigkeiten bis zu 2 m aufweist. Das sich in den Stichgräben ansammelnde Moorwasser ist verhältnismäßig reich an Eisen.

6.3.3. Mineralquellen in der Molasse

6.3.3.1. Hard am Bodensee

Als einziges Beispiel einer Heilquelle im Bereich der Molasse sei Hard bei Bregenz erwähnt. Hard liegt unmittelbar am Bodensee in der Alpenrheinebene. Die E-W-streichende Vorarlberger Molassezone ist in eine südliche „gefaltete“ und eine nördliche „aufgerichtete“ Subzone zu trennen. Hard liegt im Bereich der aufgerichteten Vorlandmolasse. Die aus den Kiesen und Sanden des Bregenzer Ach- bzw. Rheindeltas entspringende Quelle hat als Talquelle keinen Bezug zum Molassegestein, das erst in einigen 100 m Tiefe unter den Talalluvionen ansteht. Die akratische Schwefelquelle mit > 10 mg Fe/l Wasser bezieht ihren Schwefelgehalt vermutlich aus der Zersetzung von Pflanzenresten und nicht aus dem Gestein. Die Wässer wurden früher mit Moorzusätzen versehen. Das Bad ist heute aufgelassen.

Literatur

BM FÜR GESUNDHEIT UND UMWELTSCHUTZ (1975, Hrsg.): Österreichisches Heilbäder- und Kurortebuch. – Wien (Bohmann Verlag).

DEETJEN, P., R. GÜNTHER & W. MARKTL (1985): Handbuch der natürlichen Heilmittel Österreichs. – 224 S., Abb., Tab., BM f. Gesundheit und Umweltschutz, Wien (Bohmann Verlag).

WIESBÖCK, I. (1966): Übersichtskarte der Mineral- und Heilquellen in Österreich, 1 : 500.000. – Geol. B.-A., Wien.

KUNTSCHNER, H. (1986): Höhlen, Bergwerke, Heilquellen in Tirol und Vorarlberg. – Berwang (Steiger Verlag).

OBERHAUSER, R. (1980): Der geologische Aufbau Österreichs. – 699 S., Geol. B.-A., Wien–New York (Springer Verlag).

RICHTER, M. (1969): Vorarlberger Alpen. – Sammlung geologischer Führer, **49**, Stuttgart (Gebr. Borntraeger).

SCHEMINZKY, F. & W. WEISS (1959): Amtliches Österreichisches Bäderbuch. – Bundesministerium für soziale Verwaltung, Wien.

VALLASTER, Chr. (1984): Kleines Vorarlberger Heilbäderbuch. – Ländle Bibliothek, Bd. **2**, Bregenz.

7. Das östliche Pustertal und die Heilwässer der Kreuzeckgruppe

(F. Kahler, J. Zötl)

7.1. Das östliche Pustertal

Östlich der Birnlücke liegt der Südhang der Zentralalpen wieder innerhalb der Grenzen Österreichs. Eine Ausnahme bildet die Talwasserscheide des Toblacher Feldes. Hier, wo die Drau von ihrem Ursprung dem **östlichen Pustertal** in Osttirol zustrebt, liegen die Mineralwässer von Innichen (Fig. 7.1./1).

7.1.1. Innichen

An der Basis einer mächtigen gipsführenden Trias entspringen mehrere sulfatische, zum Teil nach Schwefelwasserstoff riechende Quellen. W. Carlé (1975) zitiert von drei Quellen die in Tab. 7.1./1 angegebenen Basiswerte.

Die genauen Ionensummen lassen sich aus den unvollständigen Angaben nicht berechnen, doch ist ersichtlich, daß es sich um Calcium-Sulfat-Hydrogencarbonat- und Calcium-Magnesium-Sulfat-Hydrogencarbonat-Mineralwässer handelt.

Das östliche Pustertal wird im N vom Defereggger Gebirge begleitet, dessen Wasserscheide gegen W vom Pustertal bis zur Birnlücke nach dem Ersten Weltkrieg der italienischen Grenzziehung diente. Im N werden die Defereggger Alpen durch das Virgental begrenzt.

Mit Ausnahme eines schmalen Streifens an der Südseite des Virgentales gehören die Defereggger Alpen dem ostalpinen Kristallin südlich des Tauernfensters an.

In Nutzung stehende Heilwässer gibt es in den Defereggger Alpen nicht mehr, wie Auskünfte betref-

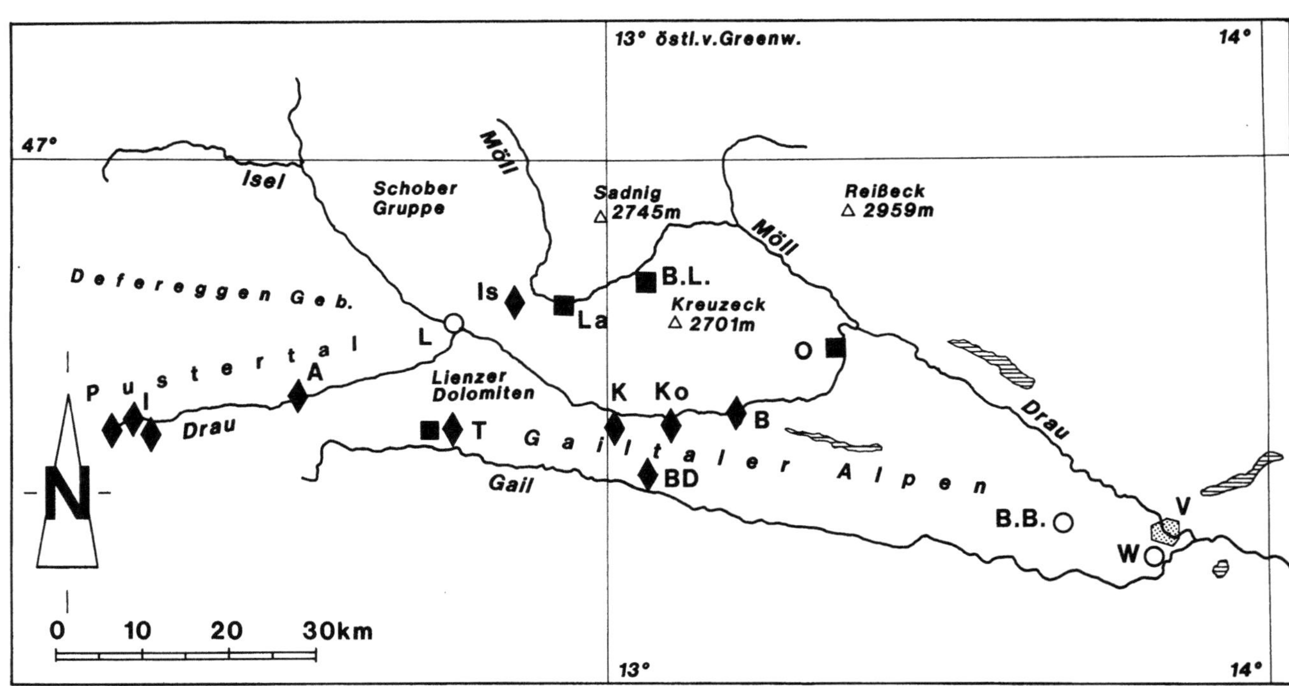

Fig. 7.1./1: Lage der Quellen im östlichen Pustertal, um die Schober-, Sadnig- und Kreuzeckgruppe und den Drauzug. Innichen (I) und Abfaltersbach (A) sind schwefelige Sulfat-, bzw. Sulfatquellen, die in einem politisch amputierten Landschaftsbereich liegen. Sie wurden ebenso wie die Schober-, Sadnig- und Kreuzeckgruppe mit den Quellen des Drauzuges zusammen dargestellt. Die Quellen am Iselsberg (Is) liegen oberhalb Lienz zwischen der Schober- und der Sadniggruppe. Das freie CO_2 reicht nicht zur Bezeichnung Säuerling, ist aber anderseits nicht zu übersehen. Die Quellen Lainach (La), Bad Lamnitz (B.L.) und Obergottesfeld (O) im N bzw. E der Kreuzeckgruppe sind akratischer Natur, führen aber alle > 1 nCi/l Radon. Von den folgenden Quellen des Drauzuges sind K (Konrad in Stein), Ko (Kolm) und B (Bruggen) Gipsquellen, von denen letztere die wasserreichste kalte Mineralquelle Österreichs ist. Am Südhang der Gailtaler Alpen liegen im W das Tuffbad St. Lorenzen (T) und Bad St. Daniel (BD), beide sind Gipswässer. Im E schließt die Villacher Alpe mit den Thermen Bad Bleiberg (B.B.) und Warmbad Villach (W), bzw. Stadt Villach (V) ab.

Tab. 7.1./1: Chemische Parameter (in mg/l) der Quellen Solfurea, Ferruginosa und Magnesiaca (aus: W. CARLÉ, 1975).

Quelle	Na	Mg	Ca	Cl	SO_4	HCO_3	HS	Feststoffe
Solfurea	30	115	465	1	1.233	505	0,5	2.351
Ferruginosa	22	72	473		1.189	350		2.129
Magnesiaca	30	68	344		865	369		1.682

fend Virgen (radonführendes Kaltwasser), Mitteldorf und Kalkstein ergaben (siehe Karte von I. WIESBÖCK, 1966).

Das östliche Pustertal selbst trennt die Defereggger Alpen von den Lienzer Dolomiten. Diese, bereits ein Teil des Drauzuges, keilen hier zwischen den großen Störungen des Gail- und Drautales gegen W aus (siehe Fig. 7.1./1).

An einer kurzen Querstörung, die rechtwinkelig zum Hauptlineament des Drautales stößt, liegt Abfaltersbach.

7.1.2. Abfaltersbach

W. CARLÉ (1975) bleibt in der Möglichkeitsform, wenn er schreibt (p. 534), bei **Niederndorf** nahe Toblach, sowie bei **Abfaltersbach** „sollen" Säuerlinge ausfließen.

Säuerlinge wären der bisher fehlende schlüssige Beweis für eine Verbindung in große Tiefen in der Südtiroler Radonprovinz und in Osttirol.

Nach freundlicher Auskunft des Besitzers von Schwefelbad Aigner in Abfaltersbach handelt es sich um keinen Säuerling. Die etwas ungewöhnliche chemische Analyse des Wassers aus dem Jahre 1977, im folgenden wiedergegeben, weist auch kein freies CO_2 aus. Die Bezeichnung „Mineralwasser" ist berechtigt, weil der Gehalt an gelösten Stoffen 1.000 mg/l übersteigt, beruht aber auf dem hohen Calcium- und Sulfatwert aus Lösungprodukten des Oberflächengesteins der Umgebung.

Physikalisch-chemische Analyse entnommen aus dem vom Besitzer des Schwefelbades zur Verfügung gestellten Gutachten des chemisch-biologischen Institutes Villach:

Bezeichnung der Probe: Wasser der Bade-Quelle von Abfaltersbach, Auslauf des Plastikrohres in den hölzernen Brunnentrog Nr. 4364
Entnommen am 12. Oktober 1977, 9.15 Uhr
Lufttemperatur 6 °C
Wassertemperatur 7,4 °C
Wetter: trockenes Herbstwetter seit einigen Wochen
Schüttung ca. 0,5 l/s
Sinnesprüfung:
Aussehen: klar, nach einem Tag Stehzeit Spur Bodensatz
Farbe: farblos
Geruch: ohne
Geschmack: Spur salzig-erdig-bitter

Physikalisch-Chemische Untersuchung:

El. Leitfähigkeit	1.679 µS/cm
pH-Wert	7,42
Abdampfrückstand	2.300 mg/l
Glühverlust	1.384 mg/l
Glührückstand	1.916 mg/l
SVB (m-Wert)	4,06 mval/l
Gesamthärte	87,1 °dH
Karbonathärte	11,4 °dH
Bleibende Härte	75,7 °dH
Gebundene Kohlensäure (HCO_3)	247,7 mg/l
Zugehörige Kohlensäure (CO_2)	16,9 mg/l
Aggressive Kohlensäure (CO_2)	0 mg/l
Kaliumpermanganatverbrauch	2,1 mg/l
Sauerstoffgehalt (O_2)	9,27 mg/l
Sauerstoffsättigung	> 79,6%
Calcium (Ca)	534,0 mg/l
Magnesium (Mg)	53,7 mg/l
Natrium (Na)	3,3 mg/l
Eisen (Fe)	n.n.
Nitrat (NO_3)	0,45 mg/l
Nitrit (NO_2)	n.n.
Ammonium (NH_4)	n.n.
Chlorid (Cl)	0,7 mg/l
Sulfat (SO_4)	1.218 mg/l
Phosphat (PO_4)	3 µg/l
Schwefelwasserstoff	n.n.

n.n. = nicht nachweisbar

Typus: Calcium-Magnesium-Sulfatwasser.

7.2. Die Schober-, Sadnig- und Kreuzeckgruppe

7.2.1. Allgemeines

Die Region südlich des Tauernfensters östlich der italienischen Grenze ist viel stärker gegliedert als der Nordhang der Zentralhochalpen.

Geographisch folgen den schon genannten Defereggger Alpen die Schobergruppe, die Sadniggruppe und die Kreuzeckgruppe. Im S werden diese Hochgebirgseinheiten vom Drauzug (Lienzer Dolomiten und Gailtaler Alpen) begleitet.

Aus geologischer Sicht wird dieser Bereich von N nach S in die dem Tauernfenster folgende Matreier Schuppenzone und den Austroalpinen Kristallinkomplex gegliedert.

Die Schobergruppe schließt ohne geologische Grenze östlich des Iseltales an das Kristallin der Defereggger Alpen an.

Die Kreuzeckgruppe liegt zwischen dem Mölltal im N und NE und dem oberen Drautal im S. Im NW schiebt sich die Sadniggruppe zwischen die Schober- und Kreuzeckgruppe.

Eine wichtige geologische Grenze zwischen den Glimmerschiefern und Schiefergneisen der Kreuzeckgruppe und der Schieferhülle bzw. dem Zentralgneis der im Tauernfenster liegenden Reißeckgruppe ist das Mölltal zwischen Möllbrücke und Obervellach.

7.2.2. Die Quellen am Iselsberg

An der Grenze zwischen Osttirol und Kärnten liegt der eiszeitlich überformte Paß Iselsberg. Die Paßhöhe folgt einer tektonischen Querstörung durch E-W-streichende Biotitgneise und Glimmerschiefer mit pyritführenden Hornblende-Gesteinen (W. CARLÉ, 1975). Die westlichsten Ausläufer der Sadniggruppe bilden die Ostflanke des Passes.

Von den in Paßhöhe aus den eiszeitlichen Ablagerungen und kleinen Mooren nach N abfließenden Wässern sind nach F. KAHLER (1978) drei Quellen gefaßt, von denen zwei akratische, gering mineralisierte Wässer führen. Die dritte wird als „Schwefelwasser" bezeichnet.

KAHLER (1978) schätzte die Schüttung der **Schwefelquelle** auf 0,02 l/s (ca. 1,73 m^3/Tag).

Neben älteren chemischen Analysen aus den Jahren 1863, 1880 und 1912 liegt von der „Schwefelquelle" eine Kleine Heilwasseranalyse des Forschungsinstitutes Gastein aus dem Jahr 1940 und eine Untersuchung von F. SCHEMINZKY von 1955/56 vor. Ein Beispiel der beiden letztgenannten Analysen gibt die folgende Tabelle:

		1940	1950
		Massen-konzen-tration mg/l	Massen-konzen-tration mg/l
KATIONEN			
Natrium + Kalium berechnet als	Na^+	17,7	19,8
Calcium	Ca^{2+}	13,6 (?)	16,0
Eisen II	Fe^{2+}	0,7	0,7
Summe:		32,0	36,5
ANIONEN			
Chlorid	Cl^-	6,7	7,7
Sulfat	SO_4^{2-}	19,5	16,0
Hydrogencarbonat	HCO_3^-	51,6	88,8
Summe:		77,8	112,5
Summe Elektrolyte:		109,8	149,0
Gasförmige Bestandteile:			
Freies Kohlendioxid	CO_2	59,3	**102,0**
Freier Schwefelwasserstoff	H_2S	0,0	**1,8**
Summe:		169,1	252,8

Angaben über die Nichtelektrolyte und Spurenelemente liegen nicht vor. Eine spätere Analyse weist beim Calcium (Ca) 61,5 mg/l aus. Der auffallende Unterschied der beiden Analysen betreffend den Schwefelwasserstoffgehalt dürfte durch eine in der Zwischenzeit erfolgte Neufassung begündet sein.

Die Werte der **Radioaktivität** des Wassers (Radium 0,4 pCi/l, Radon 13 pCi/l) sind sehr gering.

Von Interesse ist der Gehalt an freiem CO_2 von über 100 mg/l. Die Deutung von F. SCHEMINZKY geht auf eine Entstehung aus organischen Substanzen zurück. Sollte sich jedoch eher ein Zusammenhang mit der tektonischen Störung herausstellen, würde sich der Bereich in die Kette der tiefreichenden offenen Wegigkeit einreihen.

7.2.3. Margarethenbad bei Lainach und Bad Lamnitz

Lage und geologische Situation

Glimmerschiefer und Übergänge zum Schiefergneis begleiten als Talhänge das Mölltal zwischen Winklern und der Mündung des Fragantbaches. Das Mölltal bildet hier durch eine auffallende Änderung der Laufrichtung von N–S zu SW–NE die Grenze zwischen der Südabdachung der Hohen Tauern (Goldberggruppe) zur Kreuzeckgruppe und folgt im Bereich zwischen Lainach und Bad Lamnitz einer schweren Störung (M.F. BUCHROITHNER, 1984).

Die Quellen

Auf der Übersichtskarte der Mineral- und Heilquellen in Österreich von I. WIESBÖCK (1966) sind die Quellen als **eisenhältige, radioaktive Wässer** ausgewiesen. Den Analysen von F. SCHEMINZKY für Bad Lamnitz und Obergottesfeld sind Radongehalte von > 1 nCi/l zu entnehmen.

Die Quellaustritte liegen etwa 50–70 m über dem Talboden.

Die Quellen des **Margarethenbades** entspringen einer Schichtfuge (1990 zusammen > 1 l/s), eine Wasseranalyse lag nicht vor.

Die Messung der *Spurenelemente* (in µg/l) ergab (Arbeitskreis für Spurenanalyse, Univ.-Prof. Dr. G. KNAPP, Graz, 1990):

Pb	Cu	Zn	B	Sr	Cd	J	F
< 2	< 1	< 20	< 10	131	< 0,1	< 20	215

Die Quellen von **Bad Lamnitz** (Schmiedbach) treten oberhalb einer wenig ausgeprägten Hangterrasse aus Blockwerk (Altmoräne?) aus, die Schüttung ist nicht meßbar. Das Anstehende bilden quarzreiche Schiefer und Schiefergneis. Die Quellfassung ist nicht zugänglich. F. KAHLER (1978, Nr. 5) sind folgende Daten nach E. KOMMA & F. SCHEMINZKY zu entnehmen:

Wassertemperatur (15. Juli 1958) 7,6 °C
Schüttung 0,133 l/s (11.500 l/Tag)
pH-Wert 6,5
Trockenrückstand (bei 105 °C) 131,5 mg/l

Radioaktive Spurenelemente:
Uran < 0,01 × 10^{-6} g/l
Radium 0,8 × 10^{-12} g/l
Radon 3,0 ME = 1,1 nCi/l

Chemische Analyse:

		Massen-konzen-tration mg/l	Ionenäqui-valentkon-zentration mmol/l	Äquiva-lent-anteil %
KATIONEN				
Natrium + Kalium berechnet als	Na^+	8,53	0,371	17,08
Magnesium	Mg^{2+}	6,80	0,559	25,74
Calcium	Ca^{2+}	22,80	1,137	52,35
Mangan II	Mn^{2+}	0,14	0,005	0,23
Eisen II	Fe^{2+}	2,80	0,100	4,60
Summe:		41,07	2,172	100,00
ANIONEN				
Chlorid	Cl^-	4,3	0,121	5,57
Sulfat	SO_4^{2-}	42,5	0,885	40,75
Hydrogencarbonat	HCO_3^-	71,2	1,166	53,68
Summe:		118,0	2,172	100,00
Summe Elektrolyte:		159,07		
Gasförmige Bestandteile:				
Freies Kohlendioxid	CO_2	10,0		
Summe:		169,07		

Die Messung von *Spurenelementen* (in µg/l) ergab (Arbeitskreis für Spurenanalyse, Univ.-Prof. Dr. G. KNAPP, Graz, 1990):

Pb	Cu	Zn	B	Sr	Cd	J	F
< 2	< 2	20	12	169	< 0,1	< 20	315

Schlußfolgerungen

Die Ähnlichkeit der Spurenanalysen und die Nähe der Quellen von Margarethenbad und Bad Lamnitz im gleichen geologischen Milieu lassen annehmen, daß die Wässer des Margarethenbades den gleichen Elektrolytgehalt wie die Quelle von Bad Lamnitz haben.

Für beide Quellbereiche ist ersichtlich, daß sie nur oberflächennahe Kluftwässer des Nordwesthanges der Kreuzeckgruppe und keine Tiefengrundwässer führen. Die für den Talverlauf maßgebliche tektonische Störung hat demnach keine hydrologische Funktion. Diese Schlußfolgerung wird auch durch denselben Gehalt an schweren Sauerstoff- und Wasserstoffisotopen – Margarethenbad −11,62 $\delta^{18}O$‰ und −83,4 δD‰, Bad Lamnitz −11,50 $\delta^{18}O$‰ und −82,4 δD‰ (Messung: P. TRIMBORN, GSF-Institut für Hydrologie, München) – unterstrichen.

7.2.4. Obergottesfeld

Lage und Geologie

Das schon im Bäderbuch 1914 von K. DIEM genannte „Bad" liegt am Ostfuß der Kreuzeckgruppe, wo der Draufluß seiner eigenwilligen Nordrichtung zur Sachsenburger Schleife folgt. Die geologischen Verhältnisse ähneln jenen am Nordhang des Gebirgsstockes, Granatglimmerschiefer und Quarzite bestimmen den Aufbau. Die Geomorphologie trägt die Züge der glazialen Überformung, Schutthalden und Moränen verzahnen sich an den Talhängen.

Die Quelle

Nach F. KAHLER (1978) ist die Quelle durch einen 2 m tiefen Schlitz erschlossen und hat eine gemauerte Fassung. Die physikalisch-chemischen Gegebenheiten werden wie folgt angegeben:

Wassertemperatur:
8 °C (nach MITTEREGGER, 1873)
8,8 °C (F. SCHEMINZKY, Juli 1965)
Schüttung 3 l/s
pH-Wert 7,7
El. Leitfähigkeit (bei 20 °C) 402,9 µS/cm
Trockenrückstand (bei 105 °) 272 mg/l

Radioaktive Elemente:
Uran 1,0 × 10^{-6} g/l
Radium 9,42 pCi/l
Radon 1,25 nCi/l

Die chemische Analyse ergab:

		Massen-konzen-tration mg/l	Ionenäqui-valentkon-zentration mmol/l	Äquiva-lent-anteil %
KATIONEN				
Natrium + Kalium berechnet als	Na^+	19,9	0,866	14,36
Magnesium	Mg^{2+}	38,3	3,149	52,21
Calcium	Ca^{2+}	40,4	2,016	33,43
Eisen II	Fe^{2+}	Spuren		
Summe:		98,6	6,031	100,00

ANIONEN				
Chlorid	Cl^-	22,6	0,637	10,56
Sulfat	SO_4^{2-}	36,2	0,754	12,50
Hydrogencarbonat	HCO_3^-	283,1	4,640	76,94
Summe:		341,9	6,031	100,00
Summe Elektrolyte:		440,5		
Gasförmige Bestandteile:				
Freies Kohlendioxid	CO_2	8,7		
Summe:		449,2		

Wassertypus: Akratisches radonhältiges Magnesium-Calcium-Hydrogencarbonat-Wasser.

An *Spurenelementen* (in µg/l) wurden gemessen (Arbeitskreis für Spurenanalyse, Univ.-Prof. Dr. G. KNAPP, Graz):

Pb	Cu	Zn	B	Sr	Cd	J	F
< 2	1	40	15	315	0,1	< 20	110

7.3. Schlußbemerkung

F. KAHLER (1978, p. 66) betont, daß im Vergleich zu den Quellen von Margarethenbad und Bad Lamnitz das Wasser von Obergottesfeld wesentlich höher mineralisiert ist. Das ist richtig, doch scheint vom Gesamtbereich des Gebirgsstockes her betrachtet die Differenz durchaus durch lokale Verschiedenheiten im Mineralbestand der Gesteine erklärbar.

Die beste Vergleichsbasis der Quellwässer bieten die Spurenelemente. Bei allen drei Quellen liegen mit Ausnahme von Strontium und Fluor die Werte der untersuchten Spurenelemente bei 20 bzw. < 20 µg/l. Strontium und Fluor haben die für Glimmerschiefer und Schiefergneise ohne tiefreichende Wasserwege typischen Werte von einigen hundert Mikrogramm. Typisch ist auch der leicht erhöhte Radongehalt der Spaltenwässer von knapp > 1 nCi/l. Sonst ist der Südabhang der Kreuzeckgruppe mit Ausnahme des Gebietes um Oberdrauburg, wo Karbonatgesteine der Lienzer Dolomiten bzw. der Gailtaler Alpen auch auf das linke Drauufer übergreifen, eher arm an stärkeren Wasseraustritten. Im Gesamtkomplex der Kreuzeckgruppe sind keine Vorkommen von Tiefengrundwässern bekannt.

Literatur

BUCHROITHNER, M.F. (1984): Karte der Landsat-Bildlineamente von Österreich, 1 : 500.000. – Geol. B.-A., Wien.

CARLÉ, W. (1975): Die Mineral- und Thermalwässer von Mitteleuropa. – 643 S., 14 Abb., 1.402 Tab., 2 Ktn., Stuttgart (Wiss. Verl. Ges.m.b.H.).

DIEM, K. (1914, Hrsg.): Österreichisches Bäderbuch. Offizielles Handbuch der Bäder, Kurorte und Heilanstalten Österreichs. – 816 S., 2 Ktn. im Anh., Berlin–Wien (Urban & Schwarzenberg).

JANOSCHEK, W.R. & A. MATURA (1980): Outline of the Geology of Austria. – Abh. Geol. B.-A., **34**, Wien.

KAHLER, F. (1978): Die natürlichen Heilvorkommen Kärntens. – Raumordnung in Kärnten, **10**, Klagenfurt.

WIESBÖCK, I. (1966): Übersichtskarte der Mineral- und Heilquellen in Österreich, 1 : 500.000. – Geol. B.-A., Wien.

8. Lienzer Dolomiten, Gailtaler Alpen und die Periadriatische Naht

8.1. Lage und geologische Grundzüge (J. Zötl)

Die Lienzer Dolomiten und die Gailtaler Alpen werden gelegentlich als Drauzug zusammengefaßt. Im südlichen Teil ist ihre Basis das Gailtalkristallin, das durch die dem Gailtal folgende Periadriatische Naht von den Südalpen getrennt wird (Fig. 8.1./1). Das Gailtalkristallin besteht vorwiegend aus Glimmerschiefern, Gneisen und im E aus Phylliten.

Die **Periadriatische Naht** ist sicher das bedeutendste Lineament in den südlichen Alpen. Es trennt im E Kärntens die Karawanken in der Längsrichtung bis in den Bereich südlich von Villach in die Nord- und Südkarawanken und setzt sich dann, die Villacher Alpe in einem leichten Bogen umgehend, durch das Gailtal und Pustertal bis zum Eisack fort, wo sie in der sogenannten Judicarienlinie nach SW abbiegt (siehe Fig. 5.2./9).

Die große Verwerfung ist sicher ein langlebiges tektonisches Element über geologische Zeiträume. Auf ihren Einfluß auf die Orogenese der Alpen wird hier nicht eingegangen. Hydrogeologisch bedeutsam sind die alten bis jungen Granit- und Tonalitintrusionen. Insbesonders letztere wirken als Dichtungsschürze und erwiesen sich bei technischen Aufschlüssen als trocken (mündliche Mitteilung Prof. E. Clar).

Es ist ein hydrogeologisches Phänomen, daß große überregionale Störungen zwar in große Tiefen reichen, durch wiederholte Zerreibung und Verschmierung aber keineswegs Wege für Tiefengrundwässer darstellen müssen. Wohl aber bilden sie durch eine weitreichende Zerrüttung ihrer flankierenden Gesteine mehr oder minder offene Begleitstörungen. Diese können zu Wegen der gelösten Stoffe und thermischer Begünstigung für zirkulierende Grundwässer werden.

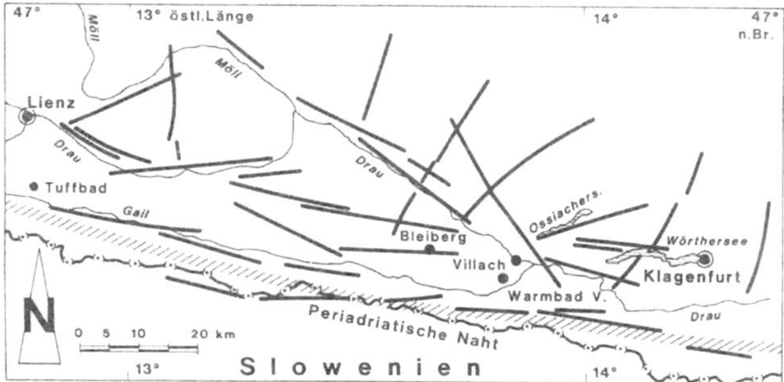

Fig. 8.1./1: Die Lage der Gailtaler Alpen und der Periadriatischen Naht und die Situierung der schweren tektonischen Störungen (Lineamente nach M.F. Buchroithner, 1984).

Auf die durch das Lineament verursachten Spannungen reagieren die begleitenden Gesteinskomplexe verschieden, auch mit S-N-gerichteten Brüchen, die zwar eine quer zur Richtung der Periadriatischen Naht stehende Zerrüttung, aber bis zur jungtertiären Tektonik des Eisenkappel-Lavantgebietes im E und dem Störungsbündel bei Eisenkappel keinen Durchbruch der Dichtungsschürze der Naht erzielen.

Die im folgenden beschriebenen Gipswässer sind Schichtgrenzquellen am Südhang der Gailtaler Alpen knapp nördlich des Lineamentes. Der Bezirk der Säuerlinge im östlichen Bereich der Periadriatischen Naht in Südkärnten ist die Kreuzung des alten Systems mit dem jungen, tiefreichenden N-S-Störungsbündel im Raum Eisenkappel.

Die **Lienzer Dolomiten** sind ein Hochgebirge, eine mit schroffen Graten und Spitzen beeindruckende Kulisse. Sie keilen an den großen Störungslinien des Gail- und Drautales aus. Der Kern der Lienzer Antiklinale besteht aus Wettersteindolomit mit Carditaschichten und dem mächtigen Hauptdolomit der Nordflanke (F. K. Bauer, 1980).

Die Gailtaler Alpen erstrecken sich vom Gailbergsattel bis Villach. Ihr östlichster Teil, die Villacher Alpe mit dem Dobratsch nimmt hydrogeologisch eine besondere Stellung ein. Der Hauptkamm der Gailtaler Alpen ist ein teilweise schroffes Kalkhochgebirge, das im W vorwiegend aus einer Folge von Hauptdolomit, Plattenkalk und Kössener Schichten besteht, im E tritt Wettersteinkalk mit Carditaschichten in den Vordergrund.

Die unter den Gesteinen der anisischen Stufe liegenden Rauhwacken sind teilweise stark gipsführend, was in entsprechenden Mineralquellen zum Ausdruck kommt.

8.2. Die nördlichen Gailtaler Alpen und die Gipsquellen im Drautal östlich von Oberdrauburg und im Gailtal

8.2.1. Konrad in Stein (F. Kahler)

Austritt von drei Quellen mit starkem Tuffabsatz südlich der Ortschaft Stein aus triassischem Muschelkalk. Die Gipslagerstätte ist nicht aufgeschlossen. Die Quellen sind nicht gefaßt, ihre gemeinsame Schüttung wird auf > 10 l/s geschätzt (F. Kahler, 1978). Vollständige Analysen liegen nicht vor (Lage siehe Fig. 7.1./1).

Ein Vergleich mit den alten Analysendaten von 1937 zeigt, daß die nur wenige Meter voneinander entfernten Quellen verschiedene Lösungsinhalte aufweisen:

	Quelle I	Quelle II	Quelle III
Abdampfrückstand bei 180 °C (mg/l)	1.212,0	756,4	2.161,2
Gesamthärte (°dH)	45,4	26,8	78,1
vorübergehende Härte	9,4	9,5	9,1
pH-Wert	7,8	7,8	7,8
Chlorid (mg/l)	6,3	5,2	8,1
Sulfat (mg/l)	425,1	228,2	862,2
gebundenes CO_2 (mg/l)	73,7	74,8	71,5

Die Wässer übertreffen die Mindestanforderung für Mineralwasser beträchtlich.

8.2.2. Kolm bei Dellach (F. Kahler)

Das mineralisierte Wasser entspringt einem alten Bergbau in erzführendem Muschelkalk, die liegenden Partien enthalten Gips. Eine genaue Analyse fehlt, die Schüttung wird auf 0,75 l/s geschätzt.

8.2.3. Bruggen bei Greifenburg (F. Kahler, J. Zötl)

Südlich des Marktes Greifenburg und des Drauflusses liegt die Ortschaft Bruggen. F. Kahler (1978) beschreibt zunächst drei Quellaustrittsbereiche:

a) im Wiesengelände hinter dem Brückenwirt (Gasthof Altfunder),
b) ca. 500 m östlich, südlich der Brundesstraße ein versintertes Mühlengerinne, welches das Wasser einer „Staufassung“ zum alten Badwirt leitet, und
c) nach weiteren 200 m bei einem ehemaligen Kloster, später Schule, deren Anlage auf Kalktuff steht.

Was die örtlichen geologischen Verhältnisse anbelangt, bezieht sich F. Kahler l. c. auf einen südlich von Greifenburg gelegenen Muldenbau, der von Bruggen nach E bis südlich von Techendorf verfolgbar ist und dessen Kern auf Jaukenkalk und Dolomit liegender Hauptdolomit ist. Das Gipsvorkommen stellt R. van Bemmelen in die Karnische Stufe; F. Kahler vermutet höheres Skyth und unteren Muschelkalk. Aufschlüsse fehlen wegen dichter Moränenbedeckung. Nur dort, wo der mächtige Schwemmkegel von Greifenburg die Drau ganz an den Südrand des Tales drückt, hat sie stellenweise das Grundgebirge und auch eine Gipslage freigelegt. Eine stratigraphische Einstufung fehlt. Östlich der Quellaustritte stehen graue Rauhwacken von vermutlich größerer Mächtigkeit an.

Die Wässer fallen durch besondere Eigenschaften auf:

F. Kahler sieht in den zu verschiedenen Jahreszeiten gemessenen Werten zwischen 11,7 °C und 12,0 °C (bei Lufttemperaturen zwischen –1 und 18,5 °C) eine überhöhte Wasserwärme. Das scheint durchaus möglich und hängt wahrscheinlich mit exothermen Reaktionen bei der Gipslösung zusammen.

Die Schüttung der Quellen a und c ist relativ gering. Sie reichte aber immerhin in der Vergangenheit für die Abwicklung eines Badebetriebes.

Quelle b ist die **wasserreichste kalte Mineralquelle Österreichs** (Messung vom 17. Dezember 1948: 150 l/s, 16. Dezember 1949: 260 l/s). Ein Vergleich der physikalisch-chemischen Messungen der „Versuchsanstalt“ (?) aus den Jahren 1948/49 zeigt einen mit Abstand geringeren Lösungsgehalt der Quelle c. Ob bei der „Mühl“-Quelle im Zusammenhang mit den beträchtlichen Schüttungsschwankungen Änderungen des Lösungsgehaltes verbunden sind, wäre zu überprüfen. Immerhin liegt von dieser Quelle von E. Komma & F. Scheminzky aus dem Jahre 1965 eine Analyse vor:

pH-Wert 7,2
El. Leitfähigkeit (bei 20 °C) 1.369 µS/cm
Trockenrückstand (bei 105 °) 1.444 mg/l

		Massenkonzentration mg/l	Äquivalentanteil %
KATIONEN			
Natrium + Kalium berechnet als	Na^+	13,08	2,73
Magnesium	Mg^{2+}	65,40	25,81
Calcium	Ca^{2+}	298,40	71,46
Summe:		376,88	100,00
ANIONEN			
Chlorid	Cl^-	7,70	1,04
Sulfat	SO_4^{2-}	796,90	79,62
Hydrogencarbonat	HCO_3^-	245,90	19,34
Summe:		1.050,50	100,00
Summe Elektrolyte:		1.427,38	
Gasförmige Bestandteile: Freies Kohlendioxid	CO_2	25,20	
Summe:		1.452,58	

Wassertypus: Calcium-Magnesium-**Sulfat**-(Hydrogencarbonat)-Mineralquelle.

In Ergänzung zu den drei beschriebenen Gipsquellen bringt F. Kahler (1978) einen Nachtrag über weitere Gipsquellen beim **Gasthof Wulz**, Bruggen Nr. 8, mit Daten aus dem Jahre 1972. Es handelt sich um drei Fassungen in einer Nische am Fuß eines durch eine Wiese verkleideten Moränenhanges.

Die drei Quellen haben eine Ergiebigkeit von ca.

25 l/s. Die völlig gleichen Analysenwerte (Unterschiede von Leitfähigkeit, Sulfat- und Chloridgehalt praktisch innerhalb der Meßfehlergrenzen) liegen in der Größenordnung der vorher beschriebenen Quellen.

8.2.4. Das Tuffbad St. Lorenzen im Lesachtal
(G. PROBST)

Lage

Das Tuffbad St. Lorenzen im Lesachtal liegt am Südostabfall der Lienzer Dolomiten in 1.262 m Seehöhe. Es besteht aus dem alten „Almgasthof Tuffbad", einer kleinen Kapelle und einem in jüngster Zeit errichteten Kurhaus. Die Baulichkeiten sind knapp oberhalb der Vereinigung des aus W kommenden **Tuffbaches** und des aus NE zufließenden **Wildensenderbaches** situiert, die als **Radegunderbach** unterhalb des Ortes **Wiesen** in die Gail münden. Im Bereich der Gebäude und östlich davon entspringt eine Reihe von Quellen, die als „untere Quellgruppe" oder „**Quellgruppe II**" bezeichnet wird. Etwa 370 m nördlich des Bades treten in ca. 1.320 m Seehöhe die „oberen Tuffbadquellen" als „**Quellgruppe I**" zutage. Der Austritt mit der Bezeichnung I/3 wurde im Jahre 1971 gefaßt und versorgt nun die beiden Kurhäuser (G. PROBST, 1991).

Die geologischen Verhältnisse

Das Tuffbad liegt im Bereich einer großen W-E-Störung, welche die Lienzer Dolomiten von dem im S anschließenden, stark angehobenen Grundgebirge trennt. Über dem Basement des variszischen Gailtal-Kristallins lagert der bis zu 200 m mächtige Permoskyth-Sandstein oder Grödener Sandstein, der mit steil nordfallenden Schichten WNW–ESE streicht (siehe geologische Skizze, Fig. 8.2./1 und L. BICHLMANN, 1980).

Im Hangenden der Grödener Schichten schließen Werfener Schichten (Unter-Trias) mit einer Mächtigkeit von 100–150 m an. In der beschriebenen Abfolge sind Gipsvorkommen bekannt. So wurde im benachbarten Magen-Graben eine größere Gipslinie noch nach dem Zweiten Weltkrieg abgebaut (F. KAHLER, 1978). An die Werfener Schichten stoßen entlang der im Graben verlaufenden N-S-streichenden Störung Trias- und Juragesteine der Lienzer Dolomiten.

Die Quellgruppe I

Die Wasseraustritte liegen am Osthang des Hochsteins (Fig. 8.2./2) und sind genetisch Stau- bzw. Überlaufquellen. Den Kern der stauenden Schürze könnte nach der Beschreibung eine alte Mure bilden, bedeckt

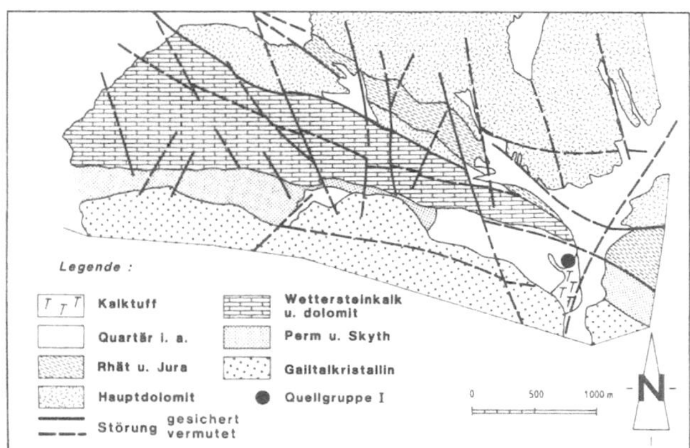

Fig. 8.2./1: Geologisch-tektonische Situation im Bereich des Einzugsgebietes der Tuffbadquellen (vereinfacht nach L. BICHLMANN, 1980).

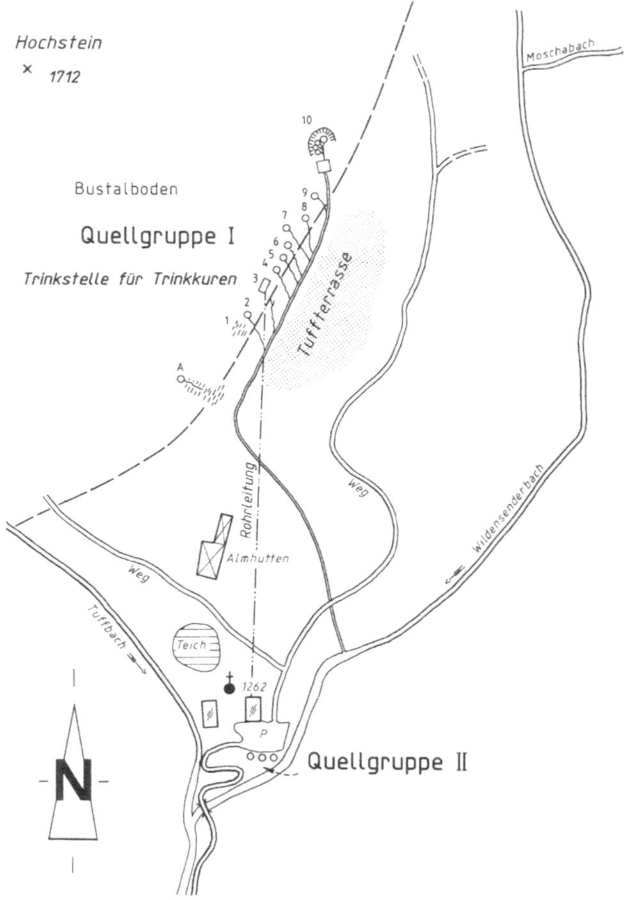

Fig. 8.2./2: Skizzenhafte Darstellung der Quellgruppe I und II der Tuffbadquellen (nicht maßstabsgetreu).

durch Kalkkonglomerate, auf denen ein mächtiger quartärer Kalksintermantel sitzt. Am Rand dieses Produktes des reversiblen chemischen Verkarstungsprozesses treten die Quellen aus. Ältere Sinter lassen sich bis zur Quellgruppe II verfolgen.

Der Austritt A ist eine kleine kalte Quelle mit einer Temperatur von 7,3 °C, einer elektrolytischen Leitfähigkeit von 352 µS/cm/25 °C und einer Schüttung von < 0,1 l/s. Er liegt in 1.310 m Höhe westlich oberhalb der Almhütten und hat ein lokal begrenztes Einzugsgebiet in dem von Moränen bedeckten Hang. Er steht in keiner Verbindung zu den Austritten der oberen Quellgruppe.

Der Quellast I/3 wurde im Jahre 1971 gefaßt und versorgt heute die beiden Badehäuser. Die Fassung ist nicht zugänglich, Messungen und Probennahme erfolgten am Überlauf, wo am Aufnahmetag im Herbst 1989 ca. 3,5 l/s Wasser abflossen. Das Wasser von I/10 wurde provisorisch gefaßt und wird für die Beheizung des neuen Kurhauses genutzt. Beim Versuch, diesen Quellast durch Nachgraben besser zu erfassen, zeigte sich eine Aufsplitterung der Wasseradern, je weiter man diesen nachging. Das Wasser tritt direkt aus dem Schuttkegel aus, wobei sich an der Basis ein sehr hartes, chemisch durch Sinter gebundenes Konglomerat zeigte, das mit dem Bagger nicht durchbrochen werden konnte. Die übrigen Quellaustritte fließen frei aus und werden in einem künstlich angelegten Abflußgerinne zusammengefaßt, das entlang des Hangknickes angelegt ist. Auf Höhe des Austrittes A quert das Gerinne den Schuttfächer und wird östlich des neuen Badehauses in den Wildensenderbach geleitet.

Am 18. Oktober 1989 wurde der Gesamtabfluß der oberen Quellgruppe mit 18,4 l/s gemessen. Eine zweite Messung oberhalb der Einmündung des Gerinnes in den Wildensenderbach ergab 14,8 l/s. Die Differenzmenge versickert auf der flacheren Fließstrecke im Schuttkegel und tritt als ein Teil der unteren Quellgruppe wieder zutage.

Im Bereich westlich des Tuffbades, am Steilhang zum Tuffbach hin, treten unterhalb des Weges zur Wiesneralm flächenhafte Vernässungszonen mit höher temperiertem Wasser auf. Die Messungen am 18. Oktober 1989 ergaben in diesem Bereich eine Wassertemperatur von 10 °C und eine elektrolytische Leitfähigkeit von 705 µS/cm/25 °C. Weiters kann angenommen werden, daß südlich des Tuffbades höher temperiertes Wasser direkt in die Vorfluter übergeht. Nach Aussagen von Einheimischen sind in diesen Bereichen im Winter schneefreie Flecken zu beobachten.

Etwa 250 m nördlich der oberen Quellgruppe entspringt in dem von NW kommenden Tal eine Quelle, die früher als sogenanntes **„Magenwasser"** für Trinkkuren Verwendung fand. Untersuchungen durch E. KOMMA & F. SCHEMINZKY (1956) und C. JOB (1972) bestätigten sie als einfache kalte Quelle mit einer Temperatur von 6,3 °C bzw. 7,0 °C und einer elektrolytischen Leitfähigkeit von 217 µS/cm/20 °C. Die Schüttung betrug ca. 2 l/s. Auffallend bei diesem Austritt ist ein Quellsediment, das chemisch und mineralogisch als Dolomit erkannt wurde (C. JOB, 1972). Es handelt sich vermutlich um stark mylonitisierten Hauptdolomit, der hier entlang der NE-SW-streichenden Störung zerrieben wurde. Im Hinblick auf die benachbarten Gipsquellen ist bemerkenswert, daß dieses Wasser fast keinen Sulfatgehalt aufweist. In jüngster Zeit wurde dieser aus zwei Quellästen bestehende Austritt gefaßt und dem Wildensenderbach zugeleitet. Die Fassung ist mit Erdmaterial überschüttet und nicht mehr zugänglich.

Physikalisch-chemische Parameter

Hinsichtlich der chemischen Eigenschaften des Quellwassers gibt es eine Reihe von Untersuchungen von verschiedenen Institutionen (siehe Literatur). Sie betreffen den gefaßten Austritt I/3. Die Unterschiede im Lösungsinhalt der einzelnen Analysen sind minimal.

Tabelle 8.2./1 bringt Angaben über die elektrolytische Leitfähigkeit, die geschätzte Schüttung und die Höhenlage der einzelnen Quellaustritte der oberen Quellgruppe. Besonders ersichtlich ist eine Abnahme der Mineralisierung von S nach N, während die Temperatur annähernd gleich bleibt. Der gefaßte Austritt I/3 weist die höchste Temperatur und Mineralisierung auf und ist gleichzeitig einer der ergiebigsten Quelläste.

Die Kontrollanalyse nach D. DEETJEN & M. EGGER (1988) zeigt, daß **die Wassertemperatur mit 12,6 °C rund 6 °C über dem Normalwert kalter Quellen in**

Tab. 8.2./1: Meßwerte der oberen Quellgruppe am 18. Oktober 1989 (Lage siehe Fig. 8.2./2).

Nr.	t (in °C)	LF in µS/cm (25° C)	Q in l/s (geschätzt)	H (m NN)
I/2	12,1	1.256	0,3	1.318
I/3	12,2	1.254	3,5 am Ü.	1.318
I/4	12,1	1.243	0,6	1.318
I/5	12,1	1.239	3	1.318
I/6	12,1	1.234	0,4	1.319
I/7	12,1	1.230	0,5	1.320
I/8	12,1	1.230	1,7	1.320
I/9	12,0	1.223	3	1.320
I/10	11,9	1.202	4	1.328

dieser Höhenlage liegt. Der Wasserstoffexponent ist mit 7,4 im schwach alkalischen Bereich. Der Sauerstoffgehalt von 6,8 mg/l zeigt an, daß das Quellwasser nicht völlig mit Sauerstoff gesättigt ist, denn ein luftgesättigtes Wasser würde mit 12,6 °C in derselben Höhenlage 8,9 mg Sauerstoff im Liter enthalten.

Physikalisch-chemische Parameter der Quelle I/3, Kontrollanalyse nach D. DEETJEN & M. EGGER (1988):

Quellschüttung mindestens 3,5 l/s
Quelltemperatur 12,6 °C
pH-Wert (bei Quelltemperatur) 7,4
El. Leitfähigkeit im Labor (bei 20 °C) 114 mS/m
Trockenrückstand (bei 105 °C) 1,064 mg/l

Radioaktive Spurenelemente:
Radium $1{,}9 \times 10^{-12}$ Ci/l = 69 Bq/m³
Radon $1{,}6 \times 10^{-9}$ Ci/l = 59 kBq/m³ = 1,6 nCi/l
Cäsium < $0{,}01 \times 10^{-9}$ Ci/l

		Massen-konzen-tration mg/l	Ionenäqui-valentkon-zentration-mmol/l	Äquiva-lent-anteil %
KATIONEN				
Natrium	Na^+	0,92	0,04	0,26
Kalium	K^+	0,43	0,01	0,07
Magnesium	Mg^{2+}	39,88	3,28	21,34
Calcium	Ca^{2+}	241,28	12,04	78,33
Summe:		282,151	15,37	100,00
ANIONEN				
Fluorid	F^-	0,53	0,03	0,19
Chlorid	Cl^-	0,43	0,01	0,06
Sulfat	SO_4^{2-}	610,44	13,27	83,61
Nitrat	NO_3^-	0,28	0,001	0,01
Monophosphat	$H_2PO_4^-$	< 0,01	–	–
Hydrogencarbonat	HCO_3^-	156,39	2,56	16,13
Summe:		768,07	15,871	100,00
Summe Elektrolyte:		1.050,58		
Schwache Elektrolyte:				
Kieselsäure, meta	H_2SiO_3	4,73		
Borsäure, meta	HBO_2	0,20		
Summe:		1.055,51		
Gasförmige Bestandteile:				
Freies Kohlendioxid	CO_2	15,84		
Sauerstoff	O_2	6,8		
Summe:		1.078,15		

Gesamthärte (Ca und Mg) = 42,9 °dH (deutsche Härtegrade)

Nicht nachgewiesen werden konnten:
Ammonium (NH_4) Nachweisgrenze 0,02 mg/l
Nitrit (NO_2) Nachweisgrenze 0,005mg/l
Eisen (Fe) Nachweisgrenze 0,01 mg/l

Wassertypus: Calcium-Magnesium-Sulfat-(Hydrogencarbonat)-Mineralwasser.

Spurenelemente (in µg/l) nach D. DEETJEN & M. EGGER (1988). n.n. = nicht nachweisbar:

F	Mn	J	B	Pb	Cd	Cr	Zn
53	< 50	n.n.	50	< 50	< 5	< 20	< 200

Cu	As
< 50	n.n.

Die Analysen des Mineral-Trinkwassers und des Badewassers zeigten erwartungsgemäß keine nennenswerten Unterschiede. Die Quelle I/3 enthält 1.055,51 mg gelöste feste Stoffe im Liter Wasser und ist demnach ein **Mineralwasser.**

E. KOMMA & F. SCHEMINZKY, l.c. führten im Zuge ihrer Untersuchungen bei der Badequelle eine vergleichende Analyse einiger Parameter des Austrittes I/1 der oberen Quellgruppe durch und fanden praktisch eine gleiche chemische Zusammensetzung vor.

Ein Vergleich mit älteren Untersuchungen zeigt, daß die frühere Badequelle des Tuffbades wesentlich mehr Hydrogencarbonat und wesentlich weniger Sulfat enthielt, daß aber die Quelle I/3 der oberen Tuffquellgruppe seit dem Jahre 1955 eine praktisch gleichbleibende Temperatur und eine konstante chemische Zusammensetzung mit dem Charakter eines **Calcium-Magnesium-Sulfat-Mineralwassers** aufweist. Die Abnahme des Natriumchlorides und Zunahme des Sulfatgehaltes ist als günstig zu beurteilen. Hydrogeologisch betrachtet ergibt sich der **Schluß eines zunehmenden Kontaktes des Wassers mit Gips.** Der Kontakt mit Gips ist auch der Grund für das Auftreten der Sinterablagerungen, die eine Folge der Übersättigung an Calcit und die Equilibrierung mit dem Partialdruck des Kohlendioxids der Luft bei Austritt des Wassers aus der Quelle ist.

Der hohe Sulfatgehalt von 610 mg/l in der oberen Quellgruppe deutet auf den Kontakt des Infiltrationswassers mit gipsführenden Gesteinen in den Werfener Schichten oder im unteren Anis hin. Dies weist auf eine tieferreichende Zirkulation hin, die in weiterer Folge mit einer längerfristigen Speicherung des Wassers im Untergrund einhergehen kann, womit auch die erhöhte Quellwassertemperatur erklärbar wäre, die mit 12,2 °C etwa 5–6 °C über dem Erfahrungswert in dieser Höhenlage austretenden Quellwässer (Austritt A: 7,3 °C, Magenwasser: 6,3 bzw. 7,0 °C, Trinkwasserquelle: 5,5 °C) liegt. Allerdings muß darauf hingewiesen werden, daß auch bei der Lösung von Gips Energie frei wird, die eine Erwärmung des Wassers bewirkt.

Als weiterer Hinweis auf eine entsprechende lange Verweilzeit des Wassers im Untergrund kann der im Februar 1974 im Austritt I/3 gemessene **Tritiumgehalt** von 49 TU angesehen werden. Als Vergleich wurde eine Probe aus dem Wieserbach gezogen, in der 108 TU gemessen wurden (F. KAHLER, 1975). Betrachtet man den langjährigen Trend der Tritiumkonzentrationen im Niederschlag, so ist im Zeitraum von 1964–1973 eine deutliche Abnahme in der Konzentration festzustellen.

Der gewichtete Mittelwert des Tritiums im Niederschlag des Jahres 1973 nähert sich dem des Bachwassers, welches als Oberflächenwasser rasch abgeführt wird. Die 49 TU im Quellwasser sind nicht, wie F. KAHLER (1975) meinte, als prozentueller Anteil aus dem Bachwasser zu verstehen, sondern als ein infolge der Halbwertszeit erniedrigter Wert.

Aufgrund der geologischen Situation liegt das Einzugsgebiet der Quellen vornehmlich in dem sich nach W erstreckenden Wettersteindolomit und -kalk. Ein Vorschlag für die Dimensionierung der Quellschutzgebiete liegt vor (G. PROBST & H. ZOJER, 1989).

8.2.5. Bad St. Daniel im Gailtal (F. KAHLER, J. ZÖTL)

Das Wasser von Bad St. Daniel ist eine kalte Calcium-Magnesium-Sulfat-Hydrogencarbonat-Quelle. Sie wird von einem Badegasthof oberhalb des Ortes genutzt.

Das Bad wird von F. KAHLER (1978, Nr. 29) im Rahmen der Gipsquellen am Südrand der Lienzer Dolomiten und der Gailtaler Alpen eingehend beschrieben (l.c., p. 74–76). Es handelt sich um mehrere Quellaustritte aus Kalktuff, von denen die „Bäderquelle" im Juli 1978 eine Schüttung von 1,31 l/s aufwies.

Den geologischen Befund beschreibt F. KAHLER (l.c., p. 74) als einen „höchst seltsamen Verband" einer Gipslinse", eingeklemmt zwischen dem Altkristallin des Gailtales". Möglicherweise stammt das Wasser aus der überlagernden unteren Trias, was auch der erhöhten Lage am linken Talhang entspräche.

Die schwankende, auf Niederschläge stark ansprechende Schüttung entspricht den günstigen Versickerungsbedingungen im Tuff, zeigt aber im Schüttungsrückgang Verzögerungen, die eine Mischung der direkten Sickerwässer mit länger gespeichertem Wasser vermuten läßt. Dafür spricht auch die Tatsache, daß die Tritiumwerte der Quellen 1975 höher waren als jene des Bachwassers.

Neben den als Bäderquelle gefaßten Austritten existiert eine Reihe von Nebenquellen (siehe F. KAHLER, 1978).

Die **Bäderquelle** hatte bei den im Juli 1958 von E. KOMMA & F. SCHEMINZKY durchgeführten Messungen eine **Wassertemperatur** von 9,0 °C, die Nebenquellen wiesen Temperaturen zwischen 9,2 und 12,6 °C auf, wobei vermutet wird, daß es sich bei den wärmsten um Folgequellen handelt.

Neben älteren chemischen Analysen ergaben die von E. KOMMA & F. SCHEMINZKY durchgeführten Messungen folgende Werte:

Sinnesprüfung:
geruchlos, ohne besonderen Geschmack, farblos, klar
pH-Wert 6,5 in der Quellkammer 1, elektrometrisch gemessen

El. Leitfähigkeit (bei 20 °C) 1.028 µS/cm
Trockenrückstand (bei 105 °) 852,0 mg/l

Radioaktive Spurenelemente:
Uran $0{,}7 \times 10^{-6}$ g/l
Radium $0{,}24 \times 10^{-12}$ g/l
Radon $0{,}15 \times 10^{-9}$ Ci/l

Chemische Kontrollanalyse: in 1 l Wasser waren enthalten:

		Massenkonzentration mg/l	Äquivalentanteil %
KATIONEN			
Natrium + Kalium berechnet als	Na^+	9,80	3,15
Magnesium	Mg^{2+}	35,00	21,41
Calcium	Ca^{2+}	203,20	75,42
Eisen II	Fe^{2+}	0,05	0,02
Summe:		248,05	100,00
ANIONEN			
Chlorid	Cl^-	8,60	1,81
Sulfat	SO_4^{2-}	404,90	62,70
Hydrogencarbonat	HCO_3^-	291,10	35,49
Summe:		704,60	100,00
Summe Elektrolyte:		952,65	
Gasförmige Bestandteile:			
Freies Kohlendioxid	CO_2	23,00	
Summe:		975,65	

Keine Spuren von Ammoniak, Nitrit und Nitrat
Kaliumpermanganatverbrauch 1,6 mg/l

Wassertypus: Akratisches Calcium-Magnesium-Sulfat-Hydrogencarbonat-Wasser.

Vergleiche mit den älteren Messungen ergaben keine gravierenden Unterschiede, wenn man von den etwas unsicheren Werten von 1962 absieht.

Interessant ist eine von F. KAHLER 1972 veranlaßte Prüfung einer Nebenquelle durch den hohen Sulfatwert von 516 mg/l (F. KAHLER, 1978).

Im Vergleich zum Tuffbad St. Lorenzen zeigt das Wasser von Bad St. Daniel eine geringer aber ebenfalls erhöhte Temperatur doch keinen nennenswerten Radongehalt.

Das Ergebnis einer vom Arbeitskreis für Spurenanalyse (Prof. Dr. G. KNAPP, Graz) durchgeführten Messung ausgewählter Spurenelemente zeigt einen erhöhten Strontiumwert (3.800 µg/l). Bor (15 µg/l), Barium (< 10 µg/l) und Fluor (280 µg/l) waren unbedeutend.

8.3. Die Villacher Alpe

Östlich von St. Daniel bleibt das Karbon von Nötsch nördlich der Periadriatischen Naht, die von hier weg das Gailtal verläßt und – der Villacher Alpe ausweichend – die Karawanken in ihrer Längsrichtung durchzieht.

Im Bereich von Nötsch wird der relativ einfache Bau der Gailtaler Alpen durch eine komplizierte Stratigraphie und vielfältige Tektonik abgelöst. Finden wir schon in den mächtigen Wettersteinmassiven eine Überschiebung gleichartigen Gesteins, so bildet die Basis der Trias eine durch ihren Fossilreichtum bekannte lithologische Vielfalt tektonisch beanspruchter paläozoischer Gesteine.

Daraus ergibt sich eine Wasserwegigkeit in große Tiefen, die in ihrer Dynamik noch viele Fragen offen läßt. Dies gilt vor allem für die komplizierten Bedingungen der Thermalwasserzirkulation von Bleiberg und Warmbad Villach.

8.3.1. Bad Bleiberg (F. KAHLER, J. ZÖTL)

Der im Bereich Bleiberg umgehende Bergbau erschloß bereits im Jahre 1908 an einer NW-streichenden Kluft in Seehöhe 673 m NN Warmwasser, dessen Temperatur je nach der Witterung zwischen 11 und 17 °C lag. Das Wasser entspringt einer Wettersteinkalkscholle, am sogenannten „Markus Vierer", die Schüttung betrug 3,3 l/s (F. KAHLER, 1978, Nr. 24). Die von den Niederschlägen abhängige Temperatur weist auf eine Mischung von Thermal- und Kaltwasser hin. Auch an anderen Stellen wurden ähnliche subthermale Wässer aufgeschlossen, darunter im Stefanie-Blindschacht in 29,9–34,2 m Teufe (= 257,8–262,1 m NN) vier Quellen von insgesamt 1,3 l/s Schüttung und 15,7 °C Wassertemperatur.

Der für das spätere Bad initiative Wassereinbruch erfolgte am 9. März 1951 in der sogenannten Rudolfsgrube ca. 1.150 m östlich des Blindschachtes. Die anfängliche Schüttung betrug ca. 47 l/s, der Druck an der Austrittsstelle 56–57 bar.

Durch den Einbruch (ca. 4.000 m³/d) soffen zunächst 200 Höhenmeter der Schachtanlage ab. Erst ein Jahr später war die Quelle abgedämmt, der Schließdruck betrug im Oktober 1952 54,8 bar, im Sommer 1955 57 bar (F. KAHLER, 1978, p. 68).

Im Jahre 1969 wurde die provisorische Ableitung mit Beton verdämmt und gefaßt und damit die Gewinnung des Thermalwassers vom Bergbaubetrieb unabhängig gemacht. Eine wärmeisolierte Leitung führt heute das Thermalwasser zur Pumpstation am Rudolf-Hauptschacht und wird von dort bei Bedarf 254 m nach obertag gepumpt. Wassermenge und Temperatur betrugen 1975 15 l/s bzw. 29,1 °C. Die Schwankungen von Schüttung und Temperatur lagen in den Jahren 1971/72 am Auslauf der Steigleitung (361 m über dem Quellaustritt) zwischen 27,0 und 27,9 °C bzw. 16 und 17 l/s.

Als Übersicht über die Ergebnisse chemischer Analysen dient der folgende Auszug aus der Kleinen Heilwasseranalyse vom 25. Oktober 1956:

pH-Wert 7,87 bei Quelltemperatur, elektrometrisch gemessen
El. Leitfähigkeit (bei 20 °C) 350 µS/cm
Trockenrückstand (bei 105 °) 204 mg/l

Radioaktive Spurenstoffe:
Uran 1×10^{-6} g/l
Radium $0{,}9 \times 10^{-12}$ Ci/l = $0{,}9 \times 10^{-12}$ g/l
Radon < $0{,}15 \times 10^{-9}$ Ci/l = 0,15 nCi/l

Chemische Untersuchung: in 1 l Wasser waren enthalten:

		Massenkonzentration mg/l	Äquivalentanteil %
KATIONEN			
Natrium	Na^+	12,5	12,98
Kalium	K^+	2,3	1,41
Magnesium	Mg^{2+}	20,1	39,50
Calcium	Ca^{2+}	38,6	46,11
Summe:		73,5	100,00
ANIONEN			
Chlorid	Cl^-	1,3	0,88
Sulfat	SO_4^{2-}	14,2	7,05
Hydrogencarbonat	HCO_3^-	233,0	92,07
Summe:		248,5	100,00
Summe Elektrolyte:		322,0	
Schwache Elektrolyte:			
Kieselsäure, meta	H_2SiO_3	28,9	
Borsäure, ortho	H_3BO_3	2,2	
Summe:		353,1	
Gasförmige Bestandteile:			
Freies Kohlendioxid	CO_2	11,0	
Summe:		364,1	

Die Charakteristik des Wassers ist akratische Calcium-Magnesium-Hydrogencarbonat-Therme.

An *Neben- und Spurenelementen* (in µg/l) waren gemessen:

Fe	Mn	Al	F	Zn	Cu
30	10	15	100	nur qual. angegeben	

Fervoreffekt: Auskeimungsversuch (Univ.-Prof. Dr. AICHINGER): eindeutige biologische Wirkung im Phytotest.

Tritiumwert um 2 TU; es tritt demnach nur wenig junges Wasser zu.

Bei einer Kontrollanalyse wurde von C. JOB am Entnahmeort ein Sauerstoffgehalt von 6,6 mg/l gemessen, das kommt der Sättigung beim Kurhaus (7,4 mg/l) so nahe, daß von einer $^{3}He/^{4}He$-Messung abgesehen wurde.

Der Vollständigkeit halber wäre eine Messung der Spurenelemente Li, Cd, B, Sr und Rb zu empfehlen.

Den Ursprung der Wärme sieht F. KAHLER im nordöstlichen Raum der Heiligengeister Hochscholle am Ausgang des Bleiberger Grabenbruches, die etwa 1 km weiter östlich mit der gewaltigen Mölltalverwerfung gegen das Hochkristallin endet.

Stimmt die bei F. KAHLER (1978, p. 80) zitierte Erwägung von H. HOLLER (1976), daß sich der Bleiberger Erzberg unter der Villacher Alpe fortsetzen könnte, ergibt sich ein vortrefflicher Übergang zur Beschreibung der Quellen von Warmbad Villach.

8.3.2. Warmbad Villach (H. ZOJER, J. ZÖTL)

Die Bedeutung der Thermalquellen von Warmbad Villach wird durch eine lückenlose Besiedlung ihrer unmittelbaren Umgebung seit dem Ende der jüngeren Steinzeit dokumentiert. In der Römerzeit wurde der sogenannte „Römerweg“ angelegt, der über die Hochterrasse der Napoleonwiese führend die früher oft überschwemmte Talaue der Gail meidet.

Urkundlich wird das „Warme Bad“ erstmals 1445 genannt, wobei seine Heilwirkung vorerst unterschiedlich bewertet wurde. Heute stellt es einen bedeutenden volkswirtschaftlichen Faktor im Großraum Villach dar.

Geologie

Voraussetzung für die hydrogeologische Interpretation von geowissenschaftlichen Daten ist die Kenntnis der Genese des Untersuchungsgebietes. Dies spielt gerade im Gailtal bei Warmbad Villach eine Rolle, weil die Gesamtanlage dieses Talabschnittes östlich des Dobratsch entlang tektonischer Lineamente zwischen Fürnitz und dem Senkungsfeld von Villach geologisch gesehen sehr jung ist und die Gail ursprünglich über das Gebiet des Faaker Sees der Drau im Rosental zuströmte.

Der Ostabfall des aus triadischen Karbonatgesteinen aufgebauten Dobratsch wird durch mehrere N-S-Störungen zerlegt, von denen eine SSE-NNW-gerichtete tektonische Linie besonders bedeutend ist. An ihr liegen die Thermalwasseraustritte von Warmbad Villach, und sie bewirkt das endgültige Abtauchen der Triasgesteine unter die jungen Anlandungen des Villacher Beckens.

Etwas nördlich von Warmbad Villach, im Quellgraben des Hungerbaches, sind verkittete Lehme aufgeschlossen. Dieselben Lockersedimente wurden 1977 durch vier Bohrungen südsüdöstlich des Warmbader Kurbezirkes unter quartären Gailablagerungen angefahren. Nimmt man nun die Rotlehmführung der Sedimente als Kriterium für eine Einstufung in das Jungtertiär (F. KAHLER, 1983), ergeben sich auf einem kleinen Raum beachtliche Höhenunterschiede der heutigen Tertiäroberkante. Die Ursache für diese Niveauunterschiede (Hungerbachgraben im N, Bohrungen im S) liegt entweder in einem Einschneiden der am Ostrand der Triaskalke abfließenden Thermalwässer oder in einer Ausräumung durch die Gail selbst.

In diese Erosionsrinnen wurden Kiese, Sande und auch feinklastische Sedimente eingeschüttet. Relikte der pleistozänen Ablagerungen sind z.B. in der Schotterterrasse der Napoleonwiese zu erkennen. Demnach läßt sich folgender Entwicklungszyklus im Quartär rekonstruieren:

- Erosion jungtertiärer Schichten (i.a. Feinklastika) örtlich bis mindestens 45 m unter die heutige Taloberfläche;
- Aufschüttung bis auf das heutige Niveau der Napoleonwiese;
- neuerliches Einschneiden der Gail durch Tieferlegung der Vorflut (Drau);
- Aufschüttung jüngster Sedimente bis zum heutigen Talboden. Diese Sedimente zeigen eine stark unterschiedliche Kornzusammensetzung. Sie sind im allgemeinen nicht besonders stark wasserführend, nur örtlich sind Kieslinsen mit beschränkter Ausdehnung in die meist feinsandig-schluffige Matrix eingepackt. Die besonders im NE großflächig auftretenden Schluffe dürften eventuell Reste von Stauseeablagerungen sein, die immer wieder im Vorfeld der sich zurückziehenden Gletscher entstanden.
- Schließlich wird die eher geringe Durchlässigkeit der Talsedimente dadurch dokumentiert, daß sie beim **Überlauf der Warmbader Quellen eine Staufunktion** ausfüllen. Bei einem gröberen Kornaufbau

würde in hohem Maße eine direkte Anreicherung des Grundwasserkörpers durch aus der Tiefe aufsteigende Thermalwässer eintreten, ohne daß damit ein freies Überlaufen in Form von Quellen einhergeht. Die Genese der Thermalwässer ist daher mit der Beurteilung der Grundwasserverhältnisse eng verknüpft.

Quellaustritte

Die heute gefaßten Hauptaustritte (Fig. 8.3./1) liegen vom Hallenbad des Warmbader Hofes ausgehend entlang der Kadischen Allee in einer Linie nach S.

Direkt am Boden des Kurbeckens tritt die **Hallenbadquelle** aus. Sie entspringt nicht punktförmig, sondern aus einer Sandüberlagerung, obwohl auch hier bevorzugte Aufströmungsbereiche festzustellen sind. Allerdings kann die Lockersedimentüberlagerung nicht bedeutend sein, zumal die bergseitige Wand des Hallenbades auf Festgestein gegründet wurde. In diesem Bereich entspringt auch die sogenannte Außenquelle aus einer minimal mächtigen sandigen Deckschicht.

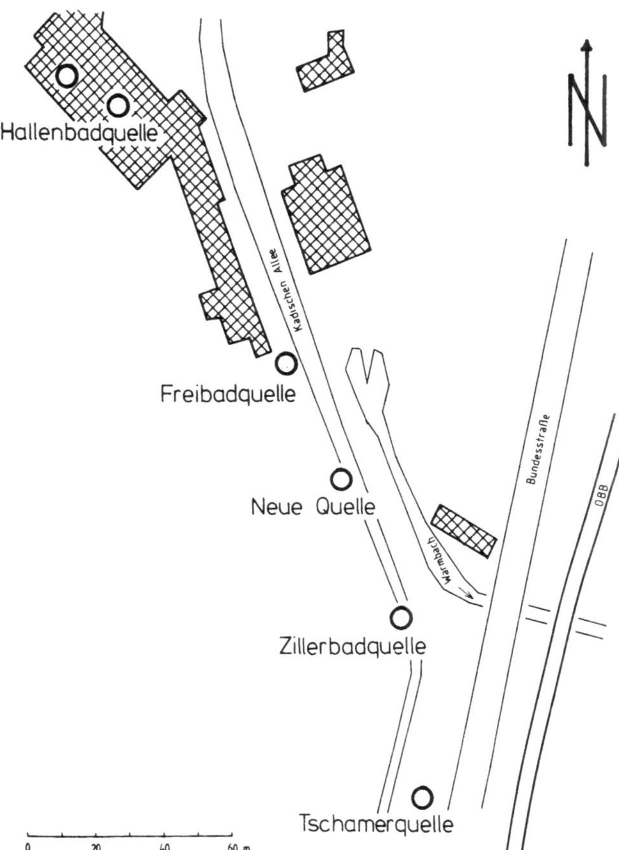

Fig. 8.3./1: Die Lage der gefaßten Thermalquellen von Warmbad Villach.

Auch sie wird dem Hallenbad zugeleitet. Die **Freibadquelle** entspringt direkt aus dem Wettersteinkalk. Sie wird durch einen Schacht erschlossen, an dessen Basis sich Sand abgelagert hat. Nur wenige Meter weiter südlich liegt die gefaßte **Neue Quelle**. Sie entspringt aus einer steil in die Tiefe abtauchenden Felsscholle. Durch einen Schacht aufgeschlossen ist die **Zillerbadquelle**. Auch sie tritt direkt aus dem Fels aus, der hier neben dem steilen Abtauchen gegen E in seiner Oberfläche auch – wie die seismischen Messungen gezeigt haben – leicht nach S einfällt.

Die südlichste der dauernd fließenden Thermalquellen ist die **Tschamerquelle**, die in einem im Feinsand errichteten Schacht gefaßt ist. Zwar wurden die Wettersteinkalke nicht erreicht, doch ist der Quellaustritt sicher – wie die anderen auch – an die N-S-Störung gebunden, die jedoch durch das Einfallen der Kalke unter der Napoleonwiese nach S an der Oberfläche nicht mehr sichtbar ist.

Im weiträumigen Parkbereich liegen noch die „Walterhofquelle“ und die „Parklöcher“, die jedoch durch ihre nur periodische Aktivität keine große Bedeutung erlangen.

Die gefaßten Quellen fließen als sogenannter **Warmbach** ab, dessen mittlere Wasserführung knapp unter 100 l/s liegt. Die Hauptaustrittsstellen dieser **Wassermenge** sind sicherlich die Hallenbad- und Freibadquelle, während die anderen drei Quellen zusammen kaum 10 l/s erreichen. Wie aus nachfolgender Aufstellung hervorgeht, ist die **Wassertemperatur** bei den einzelnen Quellen unterschiedlich, was sowohl auf die verschiedene Kaltwasserbeimengung als auch auf den direkten Oberflächeneinfluß zurückzuführen ist. Die Messungen beziehen sich auf den Zeitraum zwischen Mai 1986 und Juli 1987 (monatliche Serien):

Hallenbadquelle	28,1–28,7 °C
Freibadquelle	25,7–26,7 °C
Neue Quelle	25,1–26,0 °C
Zillerbadquelle	23,9–26,7 °C
Tschamerquelle	24,2–25,5 °C

Die Nordbegrenzung der Napoleonwiese und Schießstätte bildet der Steinbruchgraben, wo episodisch warme Quellen – in den Randlagen auch kalte – austreten und als sogenanntes **Maibachl** abfließen. Sie wurden erstmals von J. STINI (1937) aufgenommen. Er kartierte über 40 Austritte und unterzog ausgewählte von ihnen in der ersten Aprilhälfte 1936 einer Dauerbeobachtung von Temperatur und Schüttung. Die Quellen springen auf die Schneeschmelze und auf heftige Niederschläge an und erreichen zusammen eine Schüttung von ca. 200 l/s, im Extremfall bis 450 l/s, wobei die Temperatur bei einigen Austritten 28 °C übersteigen kann. Die wärmsten und gleichzeitig mengenmäßig stärksten Zutritte liegen im Bereich der beiden Quelltümpel.

Sehr selten ist der Hungerbach aktiv, der weiter im N aus konglomeratischen Schichten entspringt. Er kann kurzfristig eine Schüttung von knapp 100 l/s erreichen. Die schwankende Temperatur (20–27 °C) geht mit den Fluktuationen der Schüttung einher.

Genese der Thermalwässer

Für die Erfassung der hydrodynamischen Vorgänge und die Ursachen des Auftretens der Thermalwässer von Warmbad muß über den Dobratsch hinaus die hydrogeologische Situation der gesamten Villacher Alpe inklusive des Bleibergmassivs und seiner Randbereiche herangezogen werden.

Dies beginnt mit der Klärung des gesamten engeren und weiteren Einzugsgebietes des Kaltwasseranteils und der Kaltwasserinfiltration. Die nächste Frage betrifft Lage, Ausmaß und Gesteinstemperatur der tiefenbürtigen Warmwasserzutritte und des Mischwasserbereiches.

Auch die geologisch-tektonischen Gegebenheiten bedürfen noch näherer Untersuchungen. Ein erster Schritt zur Klärung von Einzelheiten am Ostrand des Dobratsch sind die seismischen Profile. H. JANSCHEK versuchte im Jahre 1977 den von jungen Lockerablagerungen abgedeckten Verlauf der Felsoberkante im weiteren Bereich von Warmbad Villach zu verfolgen. Sehr deutlich kommt dabei der durch die Bruchstörung bedingte Steilabfall an der Ostkante des Dobratsch-Massivs zur Geltung, ebenso die allgemeine Verflachung der Felsoberfläche im Südteil der Napoleonwiese gegen das Zillerbad hin, während im N die Wettersteinkalke wohl etwas zu abrupt und zu tief abtauchen, um durch die seismischen Profile erfaßt zu werden. Somit ergibt sich gegen NE, gegen das Zentrum des Villacher Beckens hin, eine beachtliche Einsenkung der Basis. Außerdem scheinen sich die Staffelbrüche vom Dobratsch zum Villacher Becken gegen E auch in der Tiefe fortzusetzen.

Eine wesentliche geologische Leitlinie für die Vorstellung des Versickerungs-(„Input"-)Vorganges und des Mischungsvorganges gibt die schon früh geäußerte Annahme der Dobratschüberschiebung (Fig. 8.3./2).

Schon von G. GEYER (1901) erkannt, wurde sie später von N. ANDERLE (1950) und 1974 von E. COLINS & W. NACHTMANN faziell bearbeitet. Von großer Bedeutung sind die schon genannten N-S-Störungen, die eine Abtreppung des Dobratsch nach E bedingen. Unmittelbar bei Warmbad Villach sind zwei solche Störungen angelegt, von denen eine den Abfall des Pungart zur Napolenwiese markiert und eine weitere an ihrem Ostrand den Auftrieb von Thermalquellen verursacht.

Eine weitere tektonische Zerlegung geht auf W-E-Störungen zurück (F. KAHLER, 1983), von denen eine nördliche den Ausgang des Maibachlgrabens bestimmt und eine südliche entlang des sogenannten Kaltbaches verläuft. Der Austritt kalter Quellen, wie der Römerquelle und der periodischen Studenzaquelle unmittelbar südwestlich des Thermalwasseraustrittes weist auf die komplizierten hydrodynamischen Verhältnisse am Osthang des Dobratsch hin.

Die Wässer der Warmbader Thermen sind Mischwässer verschiedener Temperatur und verschiedenen Alters. Beide Komponenten sind vadoser Herkunft.

Was die Warmwässer betrifft, so dachte J. STINI (1937) an einen Zufluß von NW her. F. KAHLER (1978, p. 80) neigt dazu, „die ständig fließenden Thermalquellen einem eigenen System beizuordnen".

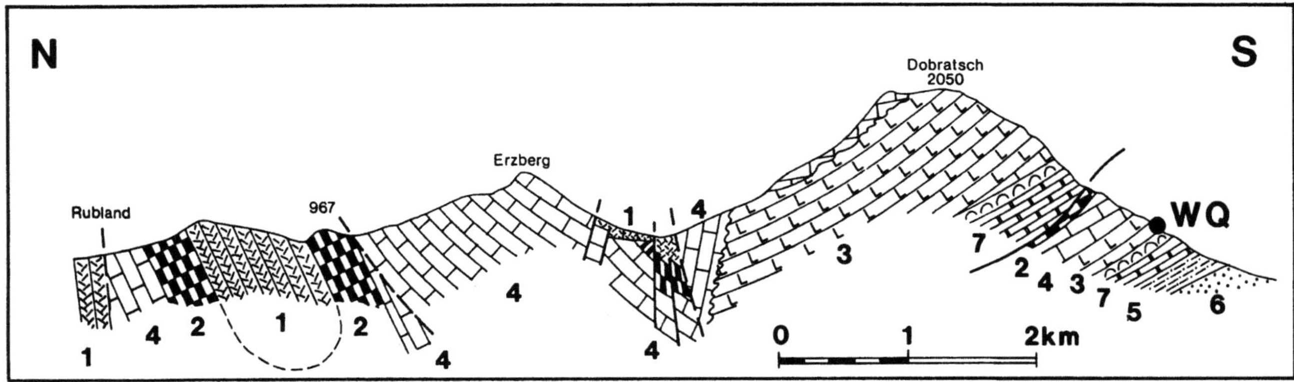

Fig. 8.3./2: Profil durch die Villacher Alpe (nach E. COLINS & W. NACHTMANN, 1974). 1 = Hauptdolomit, 2 = Cardita-Schichten, 3 = Wettersteinkalk, 4 = Dachsteinkalk, 5 = Werfener Schichten, 6 = Permoskyth, 7 = Alpiner Muschelkalk (Dolomit), WQ = Warmbader Quellen.

Denkt man an die Erwärmung durch die natürliche Temperaturzunahme mit der Tiefe, so setzt dies (wie im verkarsteten Gebirge üblich) eine große geothermische Tiefenstufe voraus, die sich in großer Tiefe allerdings in der Nachbarschaft von Nichtkarbonatgesteinen verringern kann.

Die Ergänzung des unterirdischen Wassers erfolgt durch den Niederschlag, der durch großlumige Wege rasch in die Tiefe sinkt.

Durch die Neubildung ergibt sich eine Schichtung des Wassers in tektonisch vorgeprägten Einheiten. Der tiefliegende Wasserkörper ist sehr mächtig, verfügt über eine längere Verweildauer und über eine höhere Mineralisierung. Infolge von Konvektionsströmungen entsteht eine sich ständig erneuernde Übergangszone von der jungen oberen Kaltwasserzone zum bereits erwärmten Tiefengrundwasser. Die Kaltwasserbereiche, welche ebenfalls durch tektonische Grenzen gegliedert sind, widerspiegeln stark unterschiedliche Speichereigenschaften. Im Fall der Unionquelle, die auch eine relative geringe Schwankungsamplitude der Schüttung aufweist, überschreitet die mittlere unterirdische Verweildauer der Wässer, berechnet nach dem Exponentialmodell, den Betrag von fünf Jahren (H. ZOJER, 1980), während die Studenzaquelle nur ein System geringer Speicherung entwässert.

Die chemische Beschaffenheit der Thermalwässer von Warmbad Villach steht schon seit über 100 Jahren im Interesse der Kurverwaltung und bildet eine der Grundlagen für die Wassernutzung. Neuere Analysen, vornehmlich von F. SCHEMINZKY stammend, wurden von F. KAHLER (1978) zusammengefaßt. Dazu kommen noch monatliche Reihenuntersuchungen der Forschungsgesellschaft Joanneum Ges.m.b.H. aus den Jahren 1986 und 1987.

Die Wässer der Warmbader Thermalquellen zeigen grundsätzlich keine gravierenden chemischen Unterschiede. Sie sind durchwegs vom **Calcium-(Magnesium)-Hydrogencarbonat-Typ**, wobei das HCO_3^- mit > 90% der Anionensumme besonders auffällt. Die mittlere Ca/Mg-Relation zwischen 3,69 und 3,84 mval/l, läßt ein Einzugsgebiet in den Wettersteinkalken der Villacher Alpe vermuten, wobei in einer Zeit geringen Bergwassernachschubes (Winter) durchaus die Calcit- und Dolomitsättigung durch den längeren Kontakt des Wassers mit dem Gestein erreicht werden kann.

Tatsächlich zeigt der Jahresgang der Calciumkonzentration einen Anstieg in den Wintermonaten, während der Gehalt an Magnesium annähernd gleich bleibt. Dies bewirkt ein Ansteigen des Ca/Mg-Verhältnisses im Jahresgang, sonst bleibt es nahezu konstant. Generell reagieren alle Thermalaustritte, am wenigsten noch die Hallenbadquelle, auf Einflüsse durch rezente kalte Wässer, die nach längeren heftigen Niederschlagsereignissen dem aus der Tiefe kommenden warmen Wasser beigemischt werden. Die Schneeschmelze zeigt unterschiedliche Auswirkungen in zeitlicher Hinsicht, sie wird unter anderem durch ein Fallen der Wassertemperatur, besonders bei den Quellen mit geringer Schüttung, dokumentiert. Die jahreszeitlichen Schwankungen chemischer Parameter bei der Hallenbadquelle zeigt Tab. 8.3./1. Sie sind bemerkenswert gering.

Tab. 8.3./1: Ergebnis der Langzeitmessung des Chemismus der Hallenbadquelle.

Entnahme-datum	KATIONEN				ANIONEN				Ionen-summe mg/l
	Na	K	Mg	Ca	HCO_3	Cl	NO_3	SO_4	
860506	4,60	1,30	17,10	105,40	396,61	4,27	1,00	18,30	548,58
860606	4,50	1,30	16,90	103,60	379,53	3,96	1,20	17,32	528,31
860703	4,30	1,30	16,40	103,80	378,31	3,90	1,29	17,16	526,46
860724	4,07	1,23	17,56	98,40	373,42	4,13	1,19	16,31	516,31
860827	4,23	1,24	18,16	98,40	374,64	4,93	0,27	17,47	519,34
861018	4,33	1,31	18,16	108,72	400,27	4,63	2,30	16,92	556,64
861119	4,37	1,34	17,48	105,36	395,39	4,47	1,47	17,82	547,70
861217	4,47	1,35	18,12	110,24	403,32	4,14	1,45	18,19	561,28
870114	4,46	1,37	17,52	110,60	394,79	4,45	2,21	18,64	554,04
870210	4,54	1,42	17,20	108,52	391,73	4,37	0,80	18,34	546,92
870325	4,86	1,49	16,96	114,32	414,92	4,12	1,33	16,53	574,53
870415	5,07	1,89	17,44	112,08	397,83	7,41	1,59	17,81	561,12
870514	4,48	1,32	16,92	104,44	370,98	3,49	0,40	16,57	518,60
870701	4,30	1,30	17,10	101,80	373,42	3,62	0,40	16,88	518,82
870728	4,32	1,37	17,30	101,60	380,75	3,95	1,69	16,98	527,96

Mit der Schichtung des unterirdischen Wasserkörpers stellt sich die Frage nach der Verweildauer im Untergrund. Im Fall der Warmbader Wässer lassen sich aus Tritiumuntersuchungen durchaus brauchbare Schlüsse ziehen. Zwischen 1971 und 1976 wurden von der Hallenbadquelle 40 Wasserproben gezogen, der Tritiumgehalt gemessen und mit Werten der großen Kaltwasseraustritte der Nötschbach- und Unionquelle verglichen (Fig. 8.3./3).

Die Kaltquellen zeigen die in diesen Wässern übliche Tritiumspanne der Karstwässer Südkärntens zwischen 80 und 200 TU.

Das Wasser der Hallenbadquelle zeigte Werte zwischen 50 und 130 TU. Dies resultiert aus der Tatsache der Zumischung einer länger gespeicherten Komponente, deren Tritiumgehalt aufgrund der Halbwertszeit des Tritiums von 12,3 Jahren bereits reduziert ist. Wir haben es auch diesbezüglich mit Mischwasser zu tun, das vom Mengenverhältnis der beiden Komponenten abhängt. Auf der Grundlage der Mischungsfunktion wurde unter Verwendung der Inhaltsstoffe Tritium und Chlorid der Kaltwasseranteil berechnet, er liegt zwischen 69 und 78% (H. ZOJER, 1980).

Betrachtet man den jahreszeitlichen Gang des stabilen Sauerstoff-18 bei den Warmbader Quellen (Fig. 8.3./4), so entspricht die Bandbreite dem Mittel der Kaltwässer mit Ausnahme einer starken Aprilschwankung von V 131 (Schmelzwassereinbruch). Die O-18-Bandbreite der Thermalwässer von Warmbad Villach läßt keine Unterschiede in der Alimentation einzelner Quellen erkennen.

Die Systembedingungen können modellhaft folgendermaßen dargestellt werden:

– Zone 1a = oberste Kaltwasserzone, erneuert sich jährlich mit jahreszeitlicher Verzögerung; Kaltwasserquellen mit großen Schüttungsschwankungen.
– Zone 1b = Kaltwässer mit längerer unterirdischer Speicherung.
– Zone 2 = Mischungszone mit ständiger Erneuerung, konvektiver Austausch mit dem tiefer liegenden Heißwasser, weitgehende Temperatur-, Schüttungs- und Lösungskonstanz, Austritt als Thermalquellen.
– Zone 3 = tiefer Karst, langsames Fließen, längerer Gesteins- bzw. Lösungskontakt, stärkere Mineralisierung

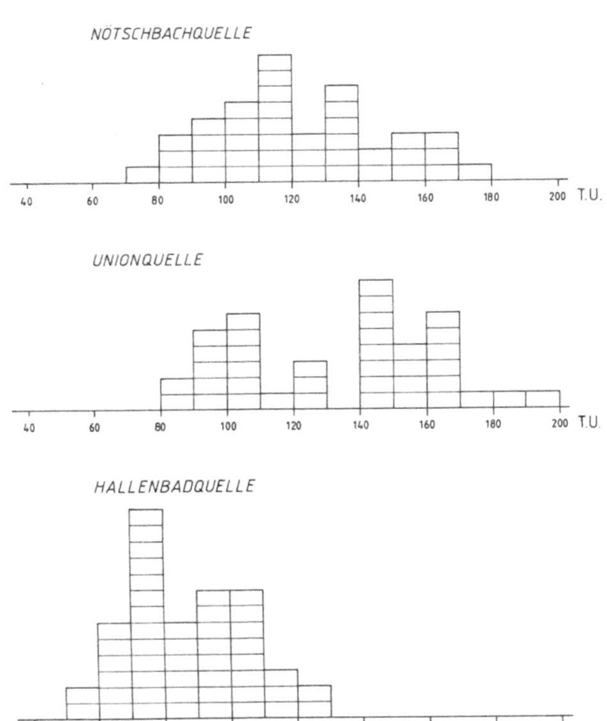

Fig. 8.3./3: *Häufigkeitsdiagramme von ³H-Gehalten 1971–1976.*

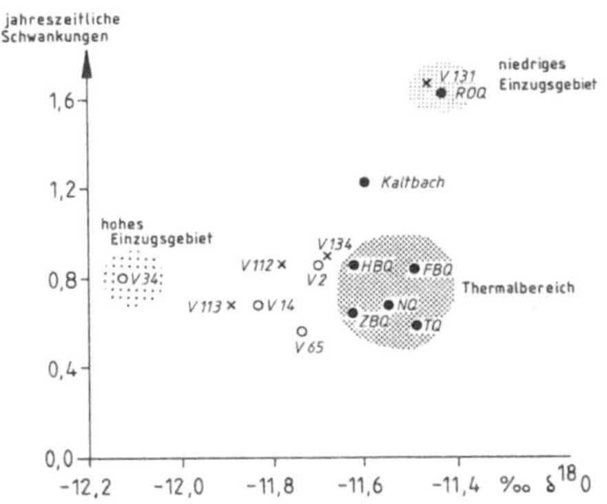

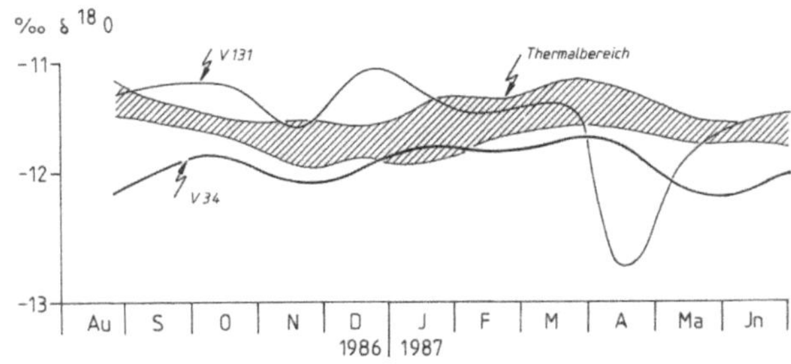

Fig. 8.3./4: Die O-18-Bandbreite des Thermalwassers von Warmbad Villach im Vergleich zu den Werten benachbarter Kaltwasserquellen.

(stark abhängig von etwaigen Änderungen der lithologischen Situation), erhöhte Temperatur. Konvektionsströmung, höheres Alters, Lieferant von Spurenelementen (Tab. 8.3./2) und Gasen (CO_2, unter Umständen Transport von Radon).

Aus Fig. 8.3./4 sind auch Hinweise auf die mittlere Höhenlage des Einzugsgebietes der Warmbader Thermalquellen abzuleiten. Sie ist im Bereich der Pungartscholle anzunehmen. Dies wird durch die Ergebnisse eines Markierungsversuches bestätigt, wo der in einen Schacht am Pungart eingegebene Fluoreszenztracer zumindest im Maibachl in Spuren nachgewiesen wurde.

Tab. 8.3./2: Quantitative Angaben von Spurenelementen (in µg/l).

A: Aus Angaben von F. KAHLER, 1978, p. 85, 86				
Ort	Rb	Pb	Cu	Sr
Neue Quelle	< 100	< 1	< 1	250
Tschamerquelle	< 100	< 1	< 1	270
Ort	Zn	As	J	Br
Neue Quelle	5,0	0,4	1,4	39
Tschamerquelle	7,0	0,4	0,7	29

B: Messungen (Arbeitskreis für Spurenanalyse, Prof. Dr. G. KNAPP, Graz, 1990) im Vergleich zu Kaltquellen						
Ort	Rb	Pb	Cu	Sr	Zn	As
Maibachl	–	< 2	< 1	**315**	< 20	–
Thomasquelle	–	2	1	92	30	–
Hallenbadquelle	–	2	2	**346**	20	–
Ort	J	Br	Cd	B	F	
Maibachl	< 20	–	< 0,1	**70**	**160**	
Thomasquelle	< 20	–	0,1	11	38	
Hallenbadquelle	< 20	–	< 0,1	**78**	**152**	

Die gemessenen Gase sind schwer zu interpretieren, weil die Edelgase nicht vom Stickstoff getrennt wurden. Bemerkenswert ist, daß der Volumsanteil von Sauerstoff (O_2) nur im Hallenbad 10% überschreitet und meist nur ca. 5% beträgt. Bezüglich der Radongehalte muß auf die wesentlich geringeren Werte der Rudolfstherme Bleiberg verwiesen werden (Rn < 0,15 nCi/l).

Was die Spurenelemente anlangt, ist die **Thomasquelle** (Trinkwasserversorgung von Villach) eine reine kalte Karstquelle der Villacher Alpe mit der üblichen geringen Mineralisierung und geringen Werten von Spurenelementen. Der Habitus ist typisch für Karstwasserquellen aus untiefen Speicherräumen. Im Gegensatz dazu stehen die Werte Strontium, Bor und Fluor im Thermalwasser (Tab. 8.3./2). Das ist ein Hinweis auf Verbindung mit größeren Tiefen. Es sind typische Mittelwerte von Mischwässern mineralarmer Karstwässer mit Tiefenwässern.

Was noch fehlt ist ein Vergleich der Temperaturen (Tab. 8.3./3) und der Lösungskonzentration der Thermalwässer von Bleiberg und Warmbad Villach. Der Analyse von Bleiberg sei daher die Analyse von Warmbad Villach gegenübergestellt:

		Warmbad Villach		Bleiberg	
		Massen-konzen-tration mg/l	Äquiva-lent-anteil %	Massen-konzen-tration mg/l	Äquiva-lent-anteil %
KATIONEN					
Natrium	Na^+	6,55	4,62	12,5	12,98
Kalium	K^+	3,87	1,93	2,3	1,41
Magnesium	Mg^{2+}	15,12	18,46	38,6	46,11
Calcium	Ca^{2+}	103,42	74,99	20,1	39,50
Summe:		128,96	100,00	73,5	100,00

Tab. 8.3./3: Schwankungen, Schwankungsbreite und Mittelwert der Temperatur der Quellwässer von Warmbad Villach und Bad Bleiberg.

Name der Quelle	Temperatur zwischen Mai 1986 und Juli 1987 °C	Schwankungs-breite °C	Mittelwert °C	Freies CO_2 mg/l
Rudolfsquelle Bleiberg Juli bis Dezember 1970	27,3–28,2	0,9	27,75	11
Warmbad Villach				
Hallenbadquelle	28,1–28,7	0,6	28,4	38
Freibadquelle	25,7–26,7	1,0	26,2	36
Neue Quelle	25,1–26,0	0,9	25,55	29,5
Zillerbadquelle	23,9–26,7	2,8	25,3	33
Tschamerquelle	24,2–25,5	1,3	24,85	37,3
Maibachl	? bis 31,0	?	?	?

ANIONEN					
Chlorid	Cl^-	4,33	1,32	1,3	0,88
Sulfat	SO_4^{2-}	16,24	5,41	14,2	7,05
Hydrogencarb.	HCO_3^-	388,43	93,27	233,0	92,07
Summe:		409,00	100,00	248,5	100,00
Summe Elektrolyte:		537,96		322,0	

Literatur

Amt der Kärntner Landesregierung (1971): Bewilligungsbescheid zur Errichtung einer Trink- und einer Mineralwasserversorgungsanlage für das Tuffbad in St. Lorenzen. – Bescheid vom 13.08.1971, Zahl: WA-1314/3/71 und 1315/4/71, Klagenfurt.

Amt der Kärntner Landesregierung (1972): Bescheid zum Heilvorkommen der Quelle I der oberen Tuffquellengruppe. – Bescheid vom 28.08.1972, Zl.: 14-SV-4062/72, Klagenfurt.

Amt der Kärntner Landesregierung (1974): Bescheid über die Indikationen und therapeutischen Anwendungsformen der Quelle I der oberen Tuffquellengruppe. – Bescheid vom 12.09.1974, Zl.: 14-SV-4226/3/74, Klagenfurt.

Anderle, N. (1950): Zur Schichtfolge und Tektonik des Dobratsch und seine Beziehung zur alpin-dinarischen Grenzzone. – Jb. Geol. B.-A., **94**, Wien.

Bauer, F.K. (1980): Der Bau der Lienzer Dolomiten und der Gailtaler Alpen. – In: Oberhauser, R. (Red.): Der geologische Aufbau Österreichs. – Geol. B.-A., Wien–New York (Springer Verlag).

Bichlmann, L. (1980): Geologie und Tektonik des Oberalpl – Riebenkofelgebietes in den zentralen Lienzer Dolomiten. – Unveröff. Diplomarbeit, 132 S., München.

Buchroithner, M. F. (1984): Karte der Landsat-Bildlineamente von Österreich, 1:500.000. – Geol. B.-A., Wien.

Colins, E. & W. Nachtmann (1974): Die permotriadische Schichtfolge der Villacher Alpe (Dobratsch) Kärnten. – Geol. Paläont. Mitt. Innsbruck, **4**, **2**, Innsbruck.

Deetjen, P. & M. Egger (1982): Kleine Heilwasseranalyse und balneologische Beurteilung der Quelle I/3 der oberen Tuffquellgruppe (KG 762/3) des Tuffbades bei St. Lorenzen im Lesachtal, BH. Hermagor, Kärnten. – Unters. Prot. Nr.: 92a,b,c/81, 20 S., Innsbruck.

Deetjen, P. & M. Egger (1988): Erweiterte Kontrollanalyse der Quelle I/3 der oberen Tuffquellgruppe des Tuffbades bei St. Lorenzen im Lesachtal, BH. Hermagor, Kärnten. – Unters. Prot. Nr.: 145a,b,c,d/87, 22 S., Innsbruck.

Friedmann, H. (1989): Untersuchung über die Ursachen von Radonkonzentrationsschwankungen in Quellwässern unter Berücksichtigung der Seismizität. – Sitzungsberichte Österr. Akad. Wiss., mathem.-naturwiss. Kl., Abt. I, 197/5.-10., Wien.

Geyer, G. (1901): Zur Tektonik des Bleiberger Tales in Kärnten. – Verh. Geol. RA, Wien.

Goldbrunner, J. E., P. Ramspacher, F. Riepler & H. Zojer (1984): Endbericht über das Projekt „Erkundung unterirdischer Wasservorkommen in Kärnten: Hydrogeologie der zentralen Gailtaler Alpen (Weißensee)“. Projektsjahr 1983, KA 24 (HÖ 19). – Unveröff. Bericht, Institut für Geothermie und Hydrogeologie, Forschungsgesellschaft Joanneum Ges.m.b.H., 58 S., Graz.

Holler, H. (1976): Gedanken zum Bau des Dobratsch in den östlichen Gailtaler Alpen. – Carinthia II, **166/86**, Klagenfurt.

IAEA (1964–1973): Environmental Isotope Data No. 2–6: World Survey of Isotope Concentration in Precipitation. – Technical Reports Series No. 117, 129, 147, 165, 192, Vienna.

Janschek, H. (1977): Bericht über die refraktionsseismischen Messungen in Warmbad Villach. – Unveröff. Bericht, Ferlach.

Job, C. (1972). Kleine Heilwasseranalyse und balneologische Begutachtung der oberen Tuffquelle (Quelle I/3) des Tuffbades bei St. Lorenzen im Lesachtal, B. H. Hermagor/Kärnten. – Unters. Prot. Nr.: 2a-i/1971, 10 S., Innsbruck.

Kahler, F. (1975): Teilergebnisse aus Untersuchungen natürlicher Heilvorkommen Kärntens. – Carinthia II, **165/85**, 127–141, Klagenfurt.

Kahler, F. (1978): Die natürlichen Heilvorkommen Kärntens. – Raumordnung in Kärnten, **10**, Klagenfurt.

Kahler, F. (1983): Beobachtungen und Probleme im Thermalgebiet von Warmbad Villach. – Neues aus Alt-Villach, Jb. des Stadtmuseums, **20**, 159–213, Villach.

Komma, E. & F. Scheminzky (1956): Untersuchung und balneologische Beurteilung der Tuffquellen und des Magenwassers vom Tuffbad b. St. Lorenzen/Lesachtal/Ktn. – Unters. Prot. Nr.: 386/55 und 386a bis 386j/55, 34 S., Innsbruck.

Kostelka, L. (1971): Beiträge zur Geologie der Bleiberger Vererzung und ihrer Umgebung. – Carinthia II, **28** (Festschrift Kahler), Klagenfurt.

Niedermayer G., R. Seemann & E. Scheriau-Niedermayer (1977): Die Perm-Trias Grenze im westlichen Drauzug, Kärnten-Osttirol. – Ann. Naturhist. Mus. Wien, **81**, Wien.

Pesendorfer, H. (1972): Kleine Heilwasseranalyse des Quellaustrittes I der oberen Tuffquellengruppe auf der Parzelle Nr. 762/3 der K. G. St. Lorenzen im Lesachtal, B. H. Hermagor in Kärnten, und balneologische Beurteilung des Quellwassers. – Zahl: 225/72, 22 S., Wien.

Prey, S. (1980): Die Geologie Österreichs in ihrem heutigen geodynamischen Entwicklungsstand sowie die geologischen Bauteile und ihre Zusammenhänge. – In: Oberhauser, R. (Red.): Der geologische Aufbau Österreichs. – Geol. B.-A., Wien–New York (Springer Verlag).

Probst, G. (1991): Das Tuffbad St. Lorenzen im Lesachtal. – Carinthia II, **181/101**, 415–428, Klagenfurt.

Probst, G. & H. Zojer (1987): Karstwasserreserven der Villacher Alpe, Teil II. – Unveröff. Bericht, Institut für Geothermie und Hydrogeologie, Forschungsgesellschaft Joanneum Ges.m.b.H., Graz.

Probst, G. & H. Zojer (1989): Vorschlag für ein erweitertes Quellschutzgebiet für die „obere Quellgruppe“ im Tuffbad St. Lorenzen im Lesachtal. – Unveröff. Gutachten am Institut für Geothermie und Hydrogeologie, Forschungsgesellschaft Joanneum Ges.m.H., 21 S., Graz.

SCHEMINZKY, F. & W. WEISS (1959): Amtliches Österreichisches Bäderbuch. – Bundesministerium für soziale Verwaltung, Wien.

SCHEMINZKY, F. & G. ZEITLINGER (1971): Neuerliche Untersuchung der Thermalquellen von Warmbad Villach. – Unveröff. Bericht, Badgastein.

STINI, J. (1937): Zur Geologie der Umgebung von Warmbad Villach. – Jb. Geol. B.-A., **87**, Wien.

ZOJER, H. (1980): Beitrag zur Kenntnis der Thermalwässer von Warmbad Villach. – Steir. Beitr. z. Hydrogeolgie, **32**, Graz.

9. Die Zentralalpen östlich der Katschberglinie

9.1. Die allgemeine geologische Situation
(J. Zötl)

Wo die Gesteine der Schieferhülle am Ostrand des Tauernfensters unter das Unterostalpin der Linie Katschberg–Gmünd, markiert durch auf der Karte von M.F. Buchroithner (1984) ausgewiesene Hauptstörungen, abtauchen, liegt auch die Ostgrenze der Heilwasserprovinz Zentralhochalpen.

Im kristallinen Gebiet zwischen dem Tauernfenster und dem Gurktaler Altpaläozoikum dominiert ein Paket von Gneisen, auf dem im E diskordant das permomesozoische Stangalm-Mesozoikum liegt (Fig. 9.1./1). Dieses ist nach A. Tollmann (1977) nur im Liegenden der darüber geschobenen Gurktaler Decke erhalten geblieben (vgl. A. Tollmann, 1977).

Das Stangalm-Mesozoikum besteht vorwiegend aus verkarsteten Karbonatgesteinen, vornehmlich Dolomit, auf denen das aufgeschobene mächtige Paläozoikum der Gurktaler Decke ruht.

Die Wasserbewegung im Stangalm-Mesozoikum gehorcht den Gesetzen der Karstwasserzirkulation und ist daher betreffend Lösungsgehalt, Spurenelemente und Verfügbarkeit von Thermalwassermengen der einzelnen Quellaustritte mit den Bereichen des Zentralgneises nicht zu vergleichen.

9.2. Bad Kleinkirchheim (E. Clar)

9.2.1. Lage und Geologie des Quellgebietes

Der Quellbereich, bzw. die Gewinnungsorte des Thermalwassers liegen im Gebiet der Kurgemeinde Bad Kleinkirchheim im tieferen Teil des Nordhanges über dem Ortsteil „Bach“ (Blatt Radenthein 183 der Österreichischen Karte 1 : 50.000). Hier ist die spätgotische

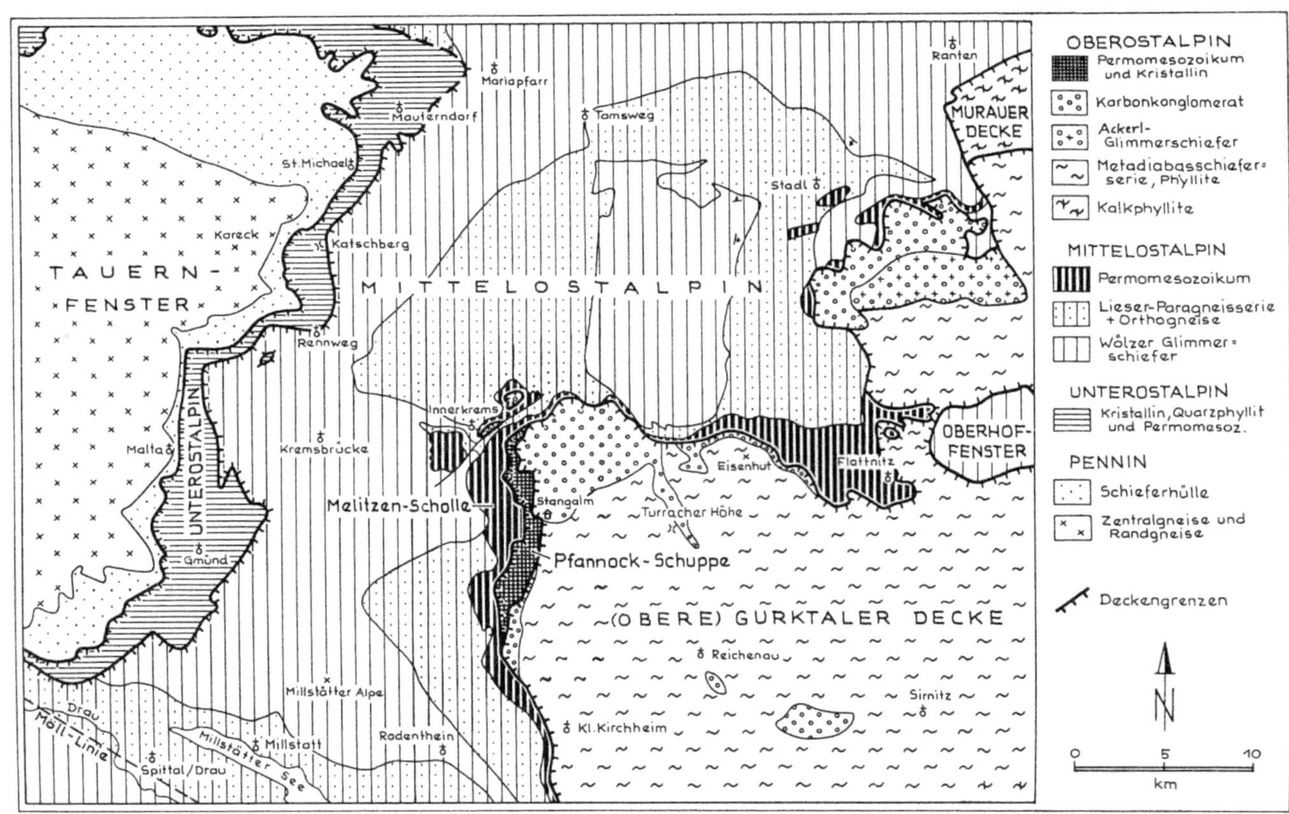

Fig. 9.1./1: Geologische Situation zwischen Tauernfenster und Gurktaler Decke (nach A. Tollmann, 1977).

Filialkirche St. Katharina (Kote 1.054, geweiht 1493) über dem ältesten, wohl bereits künstlich gefaßten Austritt einer Thermalquelle erbaut, die vor der rezenten Neuerschließung aus einer Naturstein-Rinne in einer Nische der Unterkirche ausfloß (genannt „Augenquelle"). Offenbar durch die Verwilderung der ursprünglichen alten Fassung war die Kirche außerdem bis zur modernen Neufassung von thermalem „Wildwasser" unterspült, dessen stärkster Austritt spätestens zu Beginn unseres Jahrhunderts seitlich der Kirche getrennt als „Katharinenquelle" in einem seichten Brunnenschacht und 1911 unter einem Bildstock gefaßt und dem mindestens seit dem 16. Jahrhundert betriebenen „Badhaus" (Ursprung des Kurhotels Ronacher) zugeleitet worden ist (Fig. 9.2./1).

Geologisch ist das Thermalwasservorkommen an die tektonische Einschaltung des sogenannten „Stangalm-Mesozoikums" gebunden; dieses ist als ein etwa 25 km N-S-streichender Zug mit mittelsteilem Einfallen gegen Osten dem Gneisgebirge des Altkristallins („Mittelostalpin" nach A. TOLLMANN, 1975) mit durchbewegtem Transgressionsverband aufgelagert und wird im E von Oberkarbon und altpaläozoischen Phyllitserien der „Gurktaler Decke" („Oberostalpin" nach A. TOLLMANN) überschoben. Der Zug des Mesozoikums hat im S bei Kleinkirchheim nur rund 400 m Ausbißbreite und wächst von da gegen N auf 2, im Schnitt Peitlernock sogar etwa 3 km Breite an. Das Mesozoikum ist durch eine als „Phyllonit" beschriebene Bewegungszone aus paläozoischen (und mesozoischen?) Schiefergesteinen in zwei Stockwerke geteilt; das höhere (mit dem fossilführenden Rhät der Eisentalhöhe) keilt noch nördlich von Kleinkirchheim aus, so daß die Thermalwasserführung wohl nur aus dem tieferen, deutlich etwas höher metamorphen Stockwerk und hier aus seinen mächtigen und verkarsteten, vermutlich vorwiegend mitteltriadischen Dolomiten stammt.

Der Quelltypus bzw. die Art des Wassertypus ergaben aus dieser geologischen Position und der geringen Mineralisierung (siehe unten) bereits recht zwin-

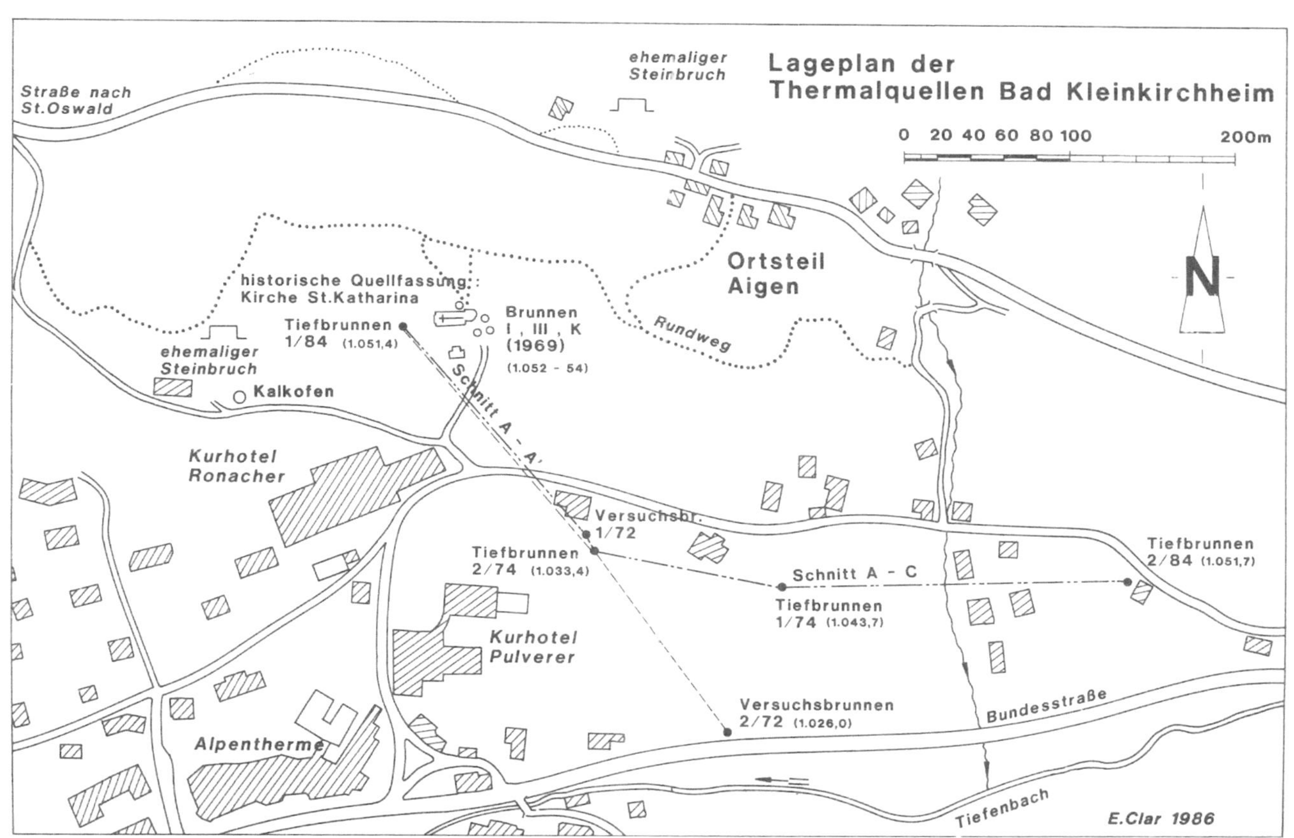

Fig. 9.2./1: Lageplan der Thermalquellen Bad Kleinkirchheim. Schnitte A–A' und A–C siehe Fig. 9.2./2 und 9.2./3.

gend die Vorstellung, daß es sich um Niederschlagswasser handelt, das auf den zum Teil deutlich verkarsteten Dolomitflächen der Höhen nördlich Kleinkirchheim (über 2.000 m Höhe!) versickert, den Kluftraum der tieferen, von den Gurktaler Phyllitmassen überschobenen Fortsetzung des Triaszuges erfüllt und dort entsprechend der geothermischen Tiefenstufe erwärmt wird. Das Tal von Kleinkirchheim ist der tiefste, den Triaszug verquerende Taleinschnitt, an dem sich außerdem die Dolomitplatte deutlich verschmälert; hier wird der Überschuß ihrer nun erwärmten Bergwasserfüllung zum Austritt gezwungen.

Dieser vergleichsweise klar überblickbare und im geologischen Raumbild recht scharf abgrenzbare Entstehungsweg des Thermalwassers ergab die Anregung, in einem multidisziplinären, von der Geologischen Bundesanstalt in Wien geführten Forschungsvorhaben die Charakteristik des Vorkommens im Zusammenhang mit dem Wasserhaushalt der gesamten Umgebung zu untersuchen, um so zu einem Überblick der Mengen- und Energiebilanz, der Verweildauer, des Alters usw. zu gelangen, was auch für praktische Entscheidungen der Nutzung maßgebend werden kann (Projekt „Thermalwassermodell Bad Kleinkirchheim"). Das Vorhaben steht im dritten Jahr seiner Durchführung, so daß Ergebnissen nicht vorgegriffen werden soll.

Die Einsicht in die geologische Position hat ab 1965 schrittweise eine gründlichere Erschließung durchführen lassen. Innerhalb der hier etwa 400 m breit ausbeißenden Dolomitplatte strömen die wärmsten Anteile des von N kommenden Thermalwasserzustromes etwa in seiner Mitte entlang einer geologisch erkennbaren, N-S-streichenden Bruchstörung (Bruch von Aigen) heran und erreichten im Rückstau bei der Erschließung etwa 36 °C nach nun über 10jähriger Dauerentnahme noch rund 33 °C (Bohrbrunnen 1/74 der Lageskizze Fig. 9.2./1). Nach W (Kirche St. Katharina und Bohrbrunnen 2/74 sinkt die Temperatur durch Zuströmen von jüngerem Rand-Kaltwasser, aber auch gegen E sinkt nach heutiger Kenntnis die Temperatur trotz Abtauchen der Dolomitplatte unter die dichtenden Gurktaler Phyllite (Fig. 9.2./2 und 9.2./3).

Für den **Austrittsmechanismus** der Thermalquellen ist eine maßgebende Bedingung, daß der Felstrog des Kleinkirchheimer Tales unter einer jüngeren, von Seeschlamm und Schottern gebildeten Verfüllung durch

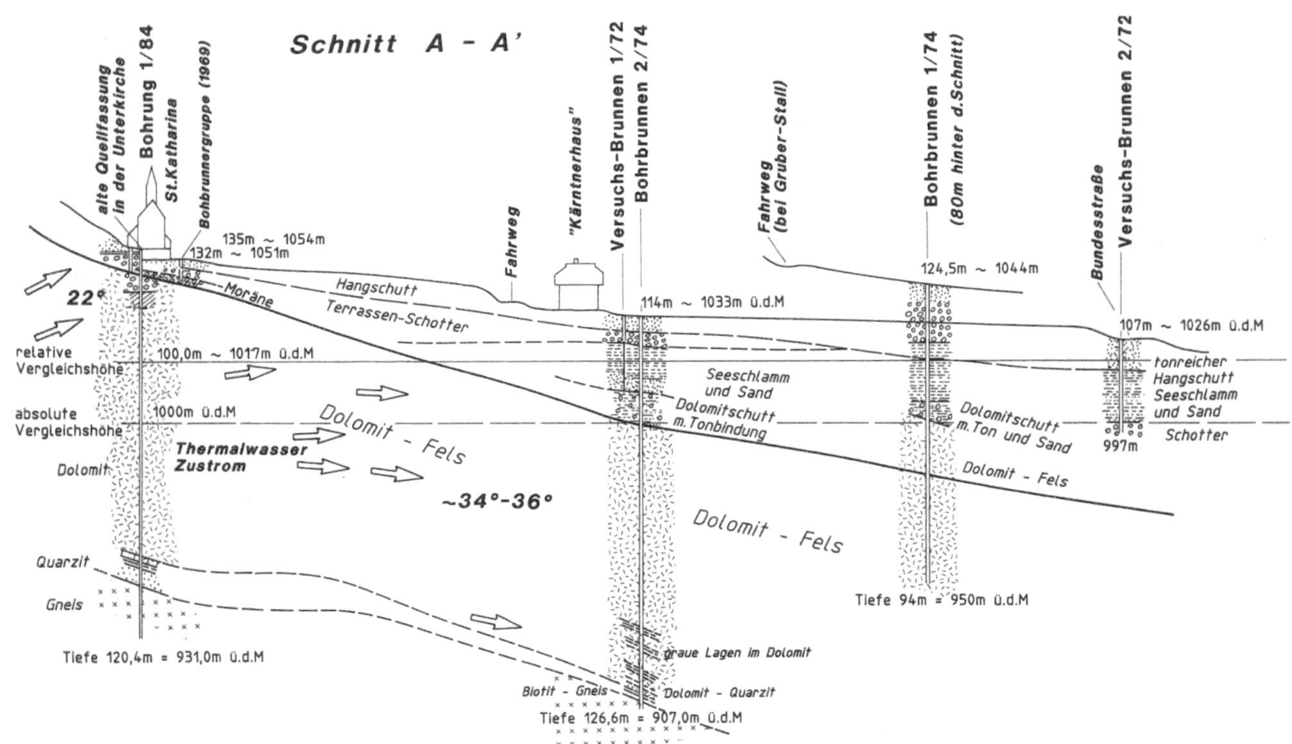

Fig. 9.2./2: Vereinfachter geologischer Schnitt (A–A') durch die Thermalquellen – Fassungen von Bad Kleinkirchheim.

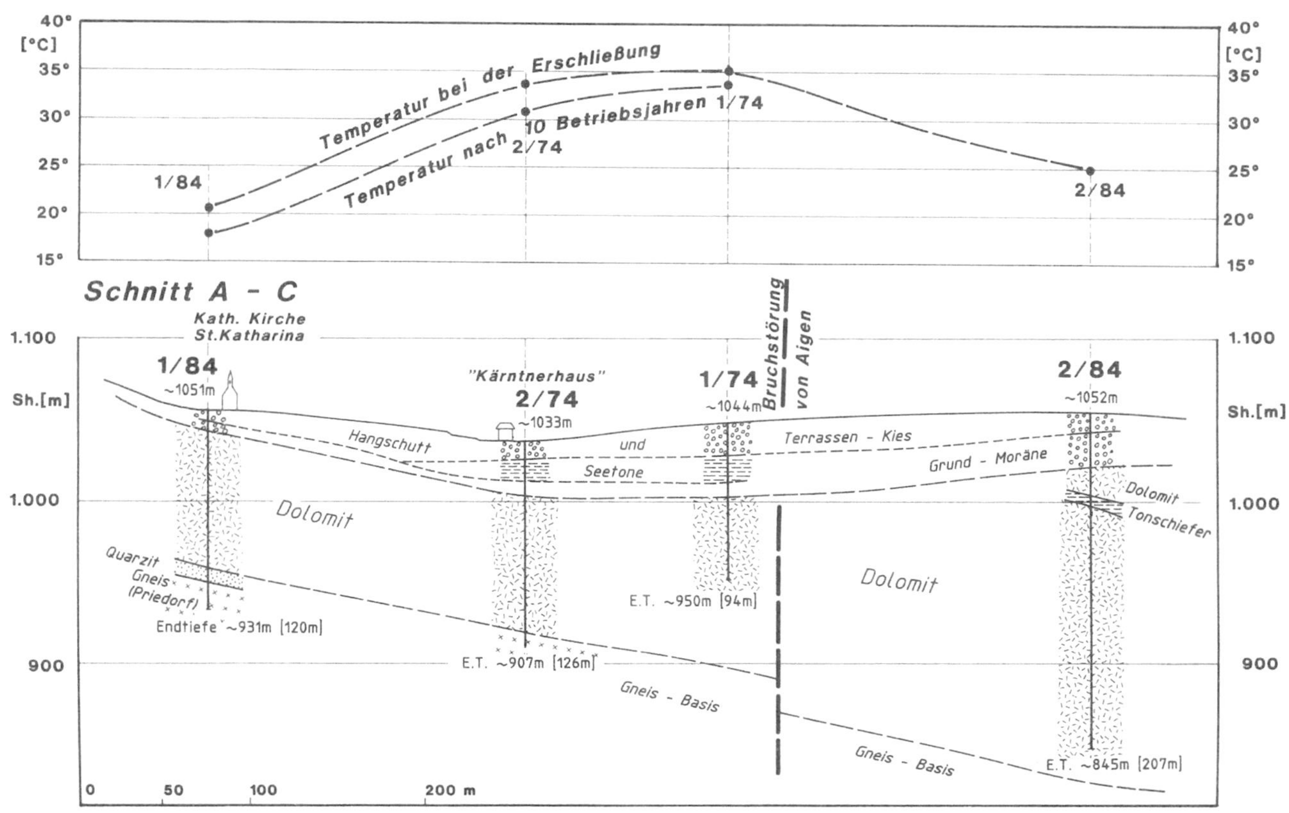

Fig. 9.2./3: Geologisches Profil (A–C) und Querschnitt durch den Thermalwasserstrom.

eine Decke eiszeitlicher Grundmoränen verklebt und nicht ganz vollständig abgedichtet ist. Dadurch wird das im Dolomitfels von N anströmende Thermalwasser hinter der Moränendecke rückgestaut und trat – soweit es nicht teilweise zu einem abnormal warmen Hangwasser durch sie durchsickern konnte – am Oberrand der Moränendecke als natürliche Überlaufquelle aus. Das war die originale Thermalquelle der Katharinenkirche (1.054 m, einige Zehnermeter über Talsohle), seitlich des oben erwähnten zentralen Zustromes mit kälterem Hangwasser vermengt und daher mit freiem Austritt bis rund 4 l/s und 21 bis etwas über 22 °C nur knapp über der gesetzlichen Thermalwassergrenze, so daß für den Kurbetrieb ein Aufheizen nötig war.

Die neuere Erschließung bestand nach seichten Bohrungen und Rohrbrunnen bis zum Dolomitfels im nächsten Quellbereich der kleinen Kirchenparzelle aus einem Netz von Bodentemperaturmessungen, Reflexionsseismik, Magnetik, auf die Überlagerung beschränkten Versuchsbrunnen (1/72, 2/72, siehe Fig. 9.2./1) im Verband mit geologischer Kartierung aus der Aufschließung des tieferen Dolomituntergrundes mit zwei Gewinnungs-Bohrbrunnen 1/74 (94 m) und 2/74 (126 m); aus ihnen werden derzeit zusammen stationär (bisher etwa 15 Jahre) etwa 22–23 l/s mit knapp unter 30 und 33 °C gepumpt. Die Bohrbrunnen 1/84 (120 m) nächst der Kirche und 2/84 (207 m) weiter im E (Fig. 9.2./1) sind derzeit ungenützt und markieren nur kühlere Ränder des verwerteten Thermalwasserzustromes. Es ist bemerkenswert, daß sich der Rückstauspiegel des Thermalwassers im Dolomituntergrund infolge von dessen extremer Verkarstung ohne die Pumpentnahme über die ganze Breite des Dolomitkörpers von etwa 400 m fast exakt auf die Höhe der einstigen Überlaufquellen bei der Kirche einregelt.

Die älteren Nutzungsrechte der Kirche St. Katharina, bzw. der Diözese Gurk als Grundeigentümer der originalen Quelle sind vertraglich übernommen von der Kurgemeinde, die damit als alleiniger Träger der Neuerschließung die notwendige einheitliche Bewirtschaftung des Gesamtvorkommens gewährleistet. Das Thermalwasser versorgt derzeit die Thermalbad-Anlage der Kurgemeinde („Alpentherme“, seit 1991 „Katharinentherme“) mit Freibecken, Hallen- und Kurbädern, die Hallen-, Frei- und Kurbäder der beiden Kurhotels, auf deren Grundbesitz die beiden produktiven Gewinnungsbrunnen arbeiten (Kurhotels Ronacher und Pulverer), sowie die Anlage „Römerbad“ (der „Bad Kleinkirchheimer Bergbahnen, Sport- und Kuranlagen G.m.b.H.“). Die Restenergie wird in Wärmepumpenanlagen abgearbeitet und in den genannten Betrieben genutzt. Nach heutigem Einblick läßt die Begrenztheit des natürlichen Angebotes keine Verbreiterung der Nutzung in Aussicht nehmen.

9.2.2. Charakterisierung der Wässer

Seit der ersten Erschließung der natürlichen Quellen bei der Kirche durch seichtere Rohrbrunnen am Felsuntergrund (Labor FRESENIUS, 1971), liegen noch „Große Heilwasseranalysen“ aus neuerer Zeit – aus den Gewinnungs-Pumpbrunnen 1/74 und 2/74 aus dem Jahre 1976 (Bundesstaatliche Anstalt für Experimentell-Pharmakologische und Balneologische Untersuchungen, Wien) ergänzt durch eine Kontrollanalyse 1988 (Bundesanstalt für chemische und pharmazeutische Untersuchungen, Wien) – vor.

Hier die Daten aus dem Gewinnungsbrunnen 1/74 im ersten Dauerbetrieb 1976:

pH-Wert 7,65
El. Leitfähigkeit 0,309 mS/cm

Radioaktive Spurenstoffe:
Radium 0,15 pCi/l
Radon 0,1 nCi/l

Chemische Analyse: in 1 l Wasser waren enthalten:

		Massenkonzentration mg/l	Äquivalentanteil %
KATIONEN			
Natrium	Na^+	5,1	6,28
Kalium	K^+	1,65	1,20
Magnesium	Mg^{2+}	14,96	34,84
Calcium	Ca^{2+}	40,68	57,51
Eisen II	Fe^{2+}	0,053	0,05
Kupfer	Cu^{2+}	0,0114	0,01
Zink	Zn^{2+}	0,0165	0,01
Blei	Pb^{2+}	0,00415	0,00
Cadmium	Cd^{2+}	0,00011	0,00
Quecksilber	Hg^{2+}	0,000016	0,00
Aluminium	Al^{3+}	0,032	0,10
Summe:		62,50	100,00
ANIONEN			
Fluorid	F^-	0,60	0,90
Chlorid	Cl^-	4,10	3,29
Jodid	J^-	0,06	0,01
Sulfat	SO_4^{2-}	52,95	31,37
Nitrit	NO_2^{2-}	0,18	0,11
Nitrat	NO_3^-	0,62	0,29
Hydrogenphosphat	HPO_4^-	0,012	0,01
Hydrogencarbonat	HCO_3^-	137,3	64,02
Hydrogenarsenat	$HAsO_4^{2-}$	0,0052	0,00
Summe:		195,83	100,00
Summe Elektrolyte:		258,33	
Schwache Elektrolyte:			
Kieselsäure, meta	H_2SiO_3	29,2	
Borsäure, ortho	H_3BO_3	0,28	
Summe:		287,81	
Gasförmige Bestandteile:			
Freies Kohlendioxid	CO_2	4	
Summe:		291,81	

Ferner N_2 entweicht bei Druckentlastung

Frei aufsteigende Quellgase (Vol.%):
(nur Richtwert, ca. 0,1 l Gas/20 l Wasser, Neubestimmung nötig)

Stickstoff	94,32
Sauerstoff	5,25
Kohlendioxid	0,41

Weder Methan noch Schwefelwasserstoff nachweisbar

Die Daten aus dem Gewinnungsbrunnen 2/74 im ersten Dauerbetrieb 1976:

pH-Wert 7,65
El. Leitfähigkeit 0,291 mS/cm

Radioaktive Spurenstoffe:
Radium 1,1 pCi/l
Radon 0,75 nCi/l

Chemische Analyse: in 1 l Wasser waren enthalten:

		Massenkonzentration mg/l	Äquivalentanteil %
KATIONEN			
Natrium	Na^+	4,1	5,45
Kalium	K^+	1,48	1,16
Magnesium	Mg^{2+}	13,92	35,03
Calcium	Ca^{2+}	38,12	58,18
Eisen II	Fe^{2+}	0,083	0,09
Kupfer	Cu^{2+}	0,0057	0,01
Zink	Zn^{2+}	0,0121	0,01
Blei	Pb^{2+}	0,00138	0,00
Cadmium	Cd^{2+}	0,00013	0,00
Aluminium	Al^{3+}	0,021	0,07
Summe:		57,74	100,00

ANIONEN			
Fluorid	F^-	0,33	0,54
Chlorid	Cl^-	2,85	2,49
Sulfat	SO_4^{2-}	44,58	28,77
Nitrat	NO_3^-	0,64	0,32
Hydrogenphosphat	HPO_4^-	0,010	0,01
Hydrogencarbonat	HCO_3^-	133,6	67,87
Hydrogenarsenat	$HAsO_4^{2-}$	0,0069	0,00
Summe:		182,02	100,00
Summe Elektrolyte:		239,76	
Schwache Elektrolyte:			
Kieselsäure, meta	H_2SiO_3	25,9	
Borsäure, ortho	H_3BO_3	0,17	
Summe:		265,83	
Gasförmige Bestandteile:			
Freies Kohlendioxid	CO_2	3	
Summe:		268,83	

Frei aufsteigende Quellgase (Vol.%):
0,17 l Gas/28 l Wasser

Stickstoff	81,32
Sauerstoff	18,37
Kohlendioxid	0,30

Der Wassertypus beider Quellen ist eine akratische Calcium - Magnesium - Hydrogencarbonat - Sulfat-Therme" oder kurz „Akratotherme".

Spurenelemente (in µg/l) Betriebsbrunnen 1/74 Bad Kleinkirchheim (Analyse: Dr. J. GRUBER, Amt der Kärntner Landesregierung, Abt. 15 U, 3. November 1987):

Pb	Cd	Cu	Mn	As	Ni	Al	Co
4	0,1	1,0	1,0	< 2	< 2	42	< 1,0

Mo	Ag	V	Sr	Ba	F	Be
109	< 0,1	< 2	232	102	1.600	< 2

Bemerkenswert ist der niedrige Mineralisierungsgrad, wobei qualitativ kaum markante Gegensätze gegen die kalten Quellen aus Karbonatgesteinen der Umgebung herauszuheben sind. Gegenüber den bei der Kirche 1968 erschlossenen Überlauf-Thermen (durch Kaltwasserbeimengung abgekühlt und vermischt) ist eine geringe Erhöhung der Mineralisierung und Leitfähigkeit bei sonst ähnlicher Zusammensetzung zu vermerken; Ausnahme ist eine doch wesentliche Erhöhung von SO_4 und der niederen Nichtkarbonat-Härte, was wohl dadurch motiviert ist, daß die Kirchenquellen nur höchste Elemente des Thermalwasserzustromes freigeben, während die Tiefbrunnen auch Wasser fördern, das die permoskythische, möglicherweise noch schwach gipsführende Basis der Triasschichtfolge bespült. Ähnliches gilt für die höheren Werte an radioaktiven Spurenstoffen in 2/74, für die zu vermuten ist, daß diese Bohrung im Gegensatz zur wärmeren 1/74 den permoskythischen Basisquarzit aufgeschlossen, bzw. durchörtert hat; auch Uran als Spurenstoff (fluorimetrisch bestimmt) erreicht in 2/74 4,5 gegen nur 2,5 µg/l in 1/74.

Die Kontrollanalysen von 1988 (Probennahmen Oktober 1983, also nach nicht ganz 10jährigem Betrieb) stellen fest, daß sich die Thermalquellen im Vergleich zu den Großen Heilwasseranalysen 1977 nicht wesentlich verändert haben. Neben dem erwähnten und noch zu behandelnden geringen Rückgang der Temperatur ist auch eine Verminderung der Gesamtmineralisierung um 15% bzw. 7% ermittelt worden. Diese Minderung geht jedoch nicht dem wohl durch Zudringen von kaltem Bergwasser verursachten Temperaturrückgang parallel, sondern der doppelte Wert kombiniert mit dem halben Temperaturrückgang. Teilweise wirkt anscheinend das Anregen der Strömungen im Untergrund durch die Pumpentnahme bereits in diesem Sinne mit.

9.2.3. Örtliche Problematik

Der oben erwähnte Rückstauspiegel des Warmwassers in Höhe der glazialen Abdichtung des Hanges wird durch die Pumpentnahme nur in deren Absenkungstrichter, nicht in voller Breite des Zustromes abgesenkt (der Kontrollbrunnen 2/72 an der Bundesstraße behält seine geringe artesische Förderung bei); das erweckt den Eindruck, daß die Entnahme gleichsam beliebig gesteigert werden könnte. Die Betriebsergebnisse belegten aber schon ohne die bestätigende Isotopenkontrolle, daß die Entnahme aus dem W kaltes Bergwasser in den Gewinnungsbrunnen einsaugt und so durch Beimengung den Temperaturrückgang erzeugt, der zwar durch Maßnahmen der Bewirtschaftung ermäßigt, aber noch nicht beendet werden konnte. Die Entnahme steht daher in ihrem Grenzbereich und wird zur Sicherung eines Gleichgewichtes im Kreislauf weiter gedrosselt werden müssen, ohne daß damit eine ausreichende Versorgung im derzeitigen Umfang gefährdet wäre. Seit langem werden daher Pläne erörtert, diesen eingeleiteten Kaltwasserzustrom der Westseite durch eine Vorentnahme mit „Kaltwasserabwehrbrunnen" zu mindern oder auszuschalten.

Ungeklärt sind noch die Bedingungen der Temperaturabnahme im Untergrund gegen E, wo die schwach artesisch aufspiegelnde Bohrung, bzw. Brunnen 2/84 mit einer in der Herkunft noch ungeklärten Kaltwasserbeimengung nur 25 °C erreicht und daher derzeit noch ungenützt bleibt (Fig. 9.2./4). Doch sinkt die thermalwasserbringende Dolomitplatte hier unter der jedenfalls gegen Tagwasser abdichtenden Überschiebung der mächtigen Phyllite weiter gegen E ab und wird man-

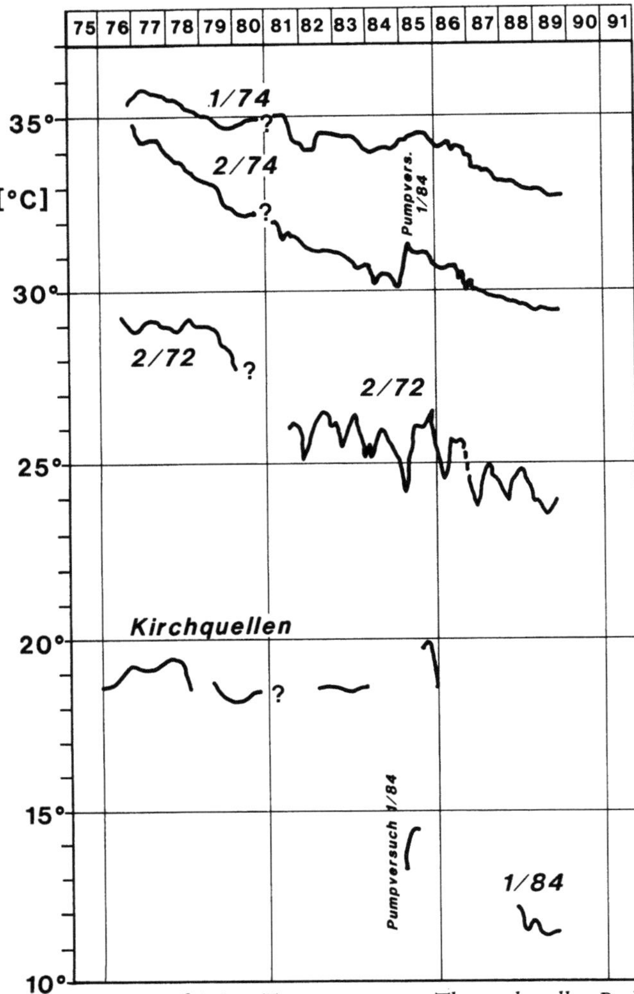

Fig. 9.2./4: Langfristiger Temperaturgang Thermalquellen Bad Kleinkirchheim.

gels geologischer Begrenzung die Fortführung tieferer Aufschlußversuche in diese Richtung motivieren. Jedenfalls enthält dieser Bereich ähnlich dem Hangfuß unter den genützten Brunnen mit der Durchsickerung durch die unvollkommene Glazialabdichtung (mit Kontrollbrunnen 2/74 als Beispiel) noch ungenutzte thermale Energie.

9.2.4. Das Schutzgebiet

Mit der Erweiterung der früheren Nutzung durch die neuere Erschließung haben sich auch die bisherigen **Schutzgebiets-Provisorien** bis zum derzeit verhandelten, aber noch nicht erlassenen Schutzgebietsvorschlag entwickelt, der in üblicher Abstufung die bisherige geologische Einsicht verwertet. Dieser Schutzgebietsvorschlag kann jedoch nicht den ganzen Oswaldgraben und das sich weit nach N, vermutlich bis über den Leobengraben ausdehnende gesamte Einzugsgebiet der den Thermalwasserherd nährenden Niederschläge in den verkarsteten Hochlagen zureichend einbeziehen; daher wird in dieser Richtung zur Vorbeugung gegen mögliche unkontrollierte Verunreinigungen oder andere gefährdende Eingriffe die geologisch begründete Abgrenzung eines wesentlich weiträumigeren Schongebietes eingerichtet werden müssen.

Literatur

BUCHROITHNER, M.F. (1984): Karte der Landsat-Bildlineamente von Österreich, 1:500.000. – Geol. B.-A., Wien.

TOLLMANN, A. (1975): Die Bedeutung des Stangalm-Mesozoikums in Kärnten für die Neugliederung des Oberostalpins in den Ostalpen. – N. Jb. Geol. Paläont. Abh., **148**, 286–319, 1 Abb., Stuttgart.

TOLLMANN, A. (1977): Geologie von Österreich I. Die Zentralalpen. – 766 S., 200 Abb., 25 Tab., Wien (Deuticke).

10. Die Heilwasserprovinz der tektonischen Störungssysteme Ostkärntens

Der E Kärntens ist durch eine Bündelung bedeutender, hauptsächlich meridional streichender Störungen gekennzeichnet, an die Heilwasseraustritte gebunden sind, die sich nach Herkunft, Mineralisierung und CO_2-Gehalt in Heilwasserbezirke gliedern lassen, deren gemeinsamer Nenner Wegigkeiten bis in tiefe Bereiche der Erdkruste sind.

10.1. Der Heilwasserbezirk Lavanttal

(F. KAHLER, J. ZÖTL)

10.1.1. Einleitung

Das sich vom N nach S zum Becken erweiternde Lavanttal liegt zwischen der Koralpe im E und der Saualpe im W (Fig. 10.1./1). Das Tal folgt einer NW-SE-verlaufenden Störung, die besonders im W mit zum Teil spitzwinkelig zulaufenden Brüchen ein Störungsbündel bilden. Das Alter der Störungen geht sicher bis in das Karpat zurück (W. JANOSCHEK & A. MATURA, 1980) und ist bis in das oberste Tertiär zu verfolgen.

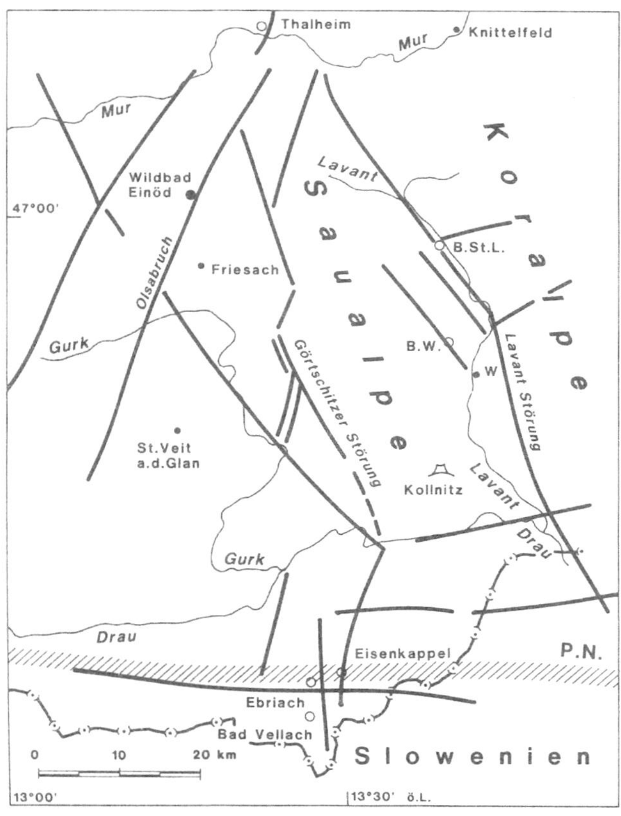

Fig. 10.1./1: Hauptstörungen Ostkärntens. Störungsverlauf nach M.F. BUCHROITHNER (1984). B.St.L. = Bad St. Leonhard im Lavanttal, W. = Wolfsberg, P.N. = Periadriatische Naht.

Zwischen Karpat und Unterem Baden kamen dabei lakustrine Schotter, Sande und Tone zur Ablagerung. Die Weitung zum Lavanttaler Becken im S beginnt entlang N-S-verlaufender Störungen und bildete sich erst im Mittleren Baden mit einer starken Absenkung. Diese öffnete der marinen Ingression den Weg aus dem Steirischen Becken noch vor der Aufwölbung der Koralpe. Weitere Meerwasservorstöße erfolgten im mittleren Sarmat, verbunden mit einer Absenkung des Beckens von 4.000–5.000 m. Die oberste Beckenfüllung endet mit etwa 400 m mächtigen Tonen, Sanden und Schottern pannonischen Alters.

Die Ursachen dieser Entwicklung liegen in großen Tiefen und sind verbunden mit der geologischen Geschichte des Westrandes des Pannonischen Beckens, wo die Kruste ausdünnt und die Mohorovicic-Grenze von ca. 35 km Tiefe um 10 km ansteigt.

An dieses Phänomen gebunden ist auch der westliche Beginn des großen westpannonischen Vulkanbogens mit dem Andesitbasalt von Kollnitz bei St. Paul im Lavanttal, der als einziger inneralpiner Basaltdurchbruch die miozänen Ablagerungen der Lavanttaler Senke durchbrochen hat (vgl. F. KAHLER, 1938). Der Andesitbasalt von Kollnitz wird von A. WINKLER-HERMADEN in das Oberpliozän (Daz) gestellt und mit noch in dieser Zeit aktiven Schollenbewegungen in der Lavanttaler Störungszone begründet. Auch P. BECK-MANNAGETTA (1980) bringt den Andesitbasalt von Kollnitz mit pliozänen Bruchbewegungen im Lavanttal in Zusammenhang. Erst die neuesten Untersuchungen haben ein dem Shoshonit von Weitendorf (Weststeiermark) gleiches Alter (ca. 15 Mio. Jahre) und damit die Zugehörigkeit zur miozänen Vulkanperiode ergeben (W. FUCHS, 1980).

Die hydrogeologischen Folgen sind das Auftreten postvulkanischer Erscheinungen wie der CO_2-Gehalt des Wassers und Mofetten.

Für die CO_2-Austritte im nördlichen Teil des Lavanttales ist kein Zusammenhang mit einem obertägigen Vulkanismus bekannt. Es handelt sich wohl um einfache magmatische Entgasungen aus großer Tiefe.

Die Lage der Säuerlinge ist entweder an die Lavanttaler Hauptstörung oder rechtsseitig spitzwinkelig zulaufende Bruchsysteme gebunden (Fig. 10.1./2).

Daß die Wasseraustritte selbst unverkennbar mit Vorliebe Marmorausbissen entspringen, hängt mit der besseren Wegsamkeit der zum Teil auch durch Lösung erweiterten Fugen der Marmorserien im Hochkristallin der östlichen Zentralalpen zusammen.

10.1.2. Die Heilwässer

10.1.2.1. Der Kelzer Sauerbrunn (bei St. Peter ob Reichenfels)

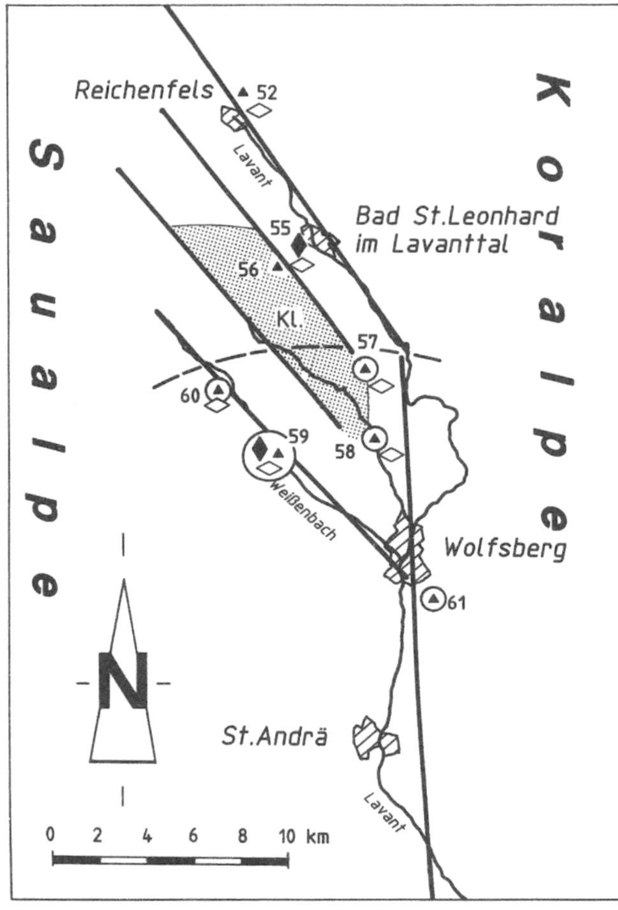

Fig. 10.1./2: Lage der Heilwasser-Orte im Lavanttal (Nummern nach F. KAHLER, 1978). 52 = Kelzer Sauerbrunn, 55 = Schwefelquelle St. Leonhard im Lavanttal, 56 = Klieninger Sauerbrunn, 57 = Paracelsusquelle, 58 = Auenquelle, 59 = Bad Weißenbach, 60 = Säuerling bei Schröcker, 61 = St. Johann. Strichliert: Nordgrenze der extrem hohen Werte der Spurenelemente Sr, Li, Ba und des hohen Borgehaltes der Wässer. Kl. = Klieninger Fenster. Dreiecke mit Kreis zeigen Sauerwasser mit erhöhter Wassertemperatur. Rhombus = Schwefelquelle. Großer Kreis Thermalbad.

In einer Waldlichtung, durch einen derzeit kaum befahrbaren Karrenweg erreichbar, stand bis 1975 ein hölzerner Schachtbrunnen mit einer Handpumpe (Nr. 52., F. KAHLER, 1978, siehe Fig. 10.1./2). Man förderte einen Säuerling, der nur von Einheimischen gelegentlich genutzt wurde (ca. 925 m NN).

Am Nordrand der Waldlichtung steht Marmor des Altkristallins an. Die Quelle muß nach den chemischen Eigenschaften des Wassers aus einem größeren Marmorkörper kommen.

Oberhalb der Quelle liegt ein geneigtes Hangmoor, sichtlich ein Quellmoor, das auffallend mit einer Lage von Fichtenzapfen beginnt. Eine C-14-Bestimmung ergab die Entstehung vor 6.660 ± 75 Jahren. Es ist bemerkenswert, daß die Moorbildung so spät begann, selbst wenn man die Höhenlage des Vorkommens berücksichtigt.

Die Heilwasseranalyse Kelzer Sauerbrunn nach F. KAHLER (1978):

Wassertemperatur 5,6 °C
pH-Wert 6,5
Abdampfrückstand (bei 105 °C) 1.392 mg/l

Radon < 1 nCi/l

		Massenkonzentration mg/l	Ionenäquivalentkonzentration mmol/l	Äquivalentanteil %
KATIONEN				
Natrium	Na^+	8,3	0,212	0,759
Kalium	K^+	5,1	0,222	0,784
Ammonium	NH_4^+	1,7	0,094	0,332
Magnesium	Mg^{2+}	27,0	2,222	7,853
Calcium	Ca^{2+}	497,4	24,820	87,719
Mangan II	Mn^{2+}	0,25	0,009	0,032
Eisen II	Fe^{2+}	20,0	0,716	2,531
Summe:		559,75	28,295	100,000
ANIONEN				
Chlorid	Cl^-	5,6	0,158	0,561
Sulfat	SO_4^{2-}	20,8	0,433	1,537
Hydrogenphosphat	HPO_4^-	0,2	0,002	0,007
Hydrogencarbonat	HCO_3^-	1.683,0	27,582	97,895
Summe:		1.709,6	28,195	100,000
Summe Elektrolyte:		2.269,35		
Schwache Elektrolyte:				
Kieselsäure, meta	H_2SiO_3	66,2		
Borsäure, ortho	H_3BO_3	0,02		
Summe:		2.335,37		
Gasförmige Bestandteile:				
Freies Kohlendioxid	CO_2	2.170,0		
Sauerstoff	O_2	< 0,1		
Summe:		4.525,37		

Wassertypus: Calcium-(Eisen II)-Hydrogencarbonat-Mineralsäuerling.

An *Spurenelementen* (in µg/l) wurden vom Amt der Kärntner Landesregierung, Abt. 15, Dr. GRUBER, am 5. September 1990 gemessen:

Pb	Cd	Cu	Mn	Hg	Zn	Cr	Al
2,0	0,2	33,0	629,0	< 0,5	0,08	< 20	< 100

Li	Bi	Co	Ni	As	Mo	Ba	Sr
260	< 1,0	< 20	< 50	< 1,0	< 50	100	595

B	V
< 50	< 50

Der Chloridgehalt ist mit 5,6 mg/l sehr gering, desgleichen die Borsäure. Mit diesen beiden Werten ist der Chemismus des Säuerlings genetisch deutlich von den übrigen Säuerlingen des Lavanttales abgehoben. Der Kelzer Sauerbrunn ist in seinem Chemismus nur vom Marmorkörper beeinflußt.

10.1.2.2. Die Schwefelquelle von Bad St. Leonhard im Lavanttal

Ein älteres Badehaus nahe der Lavant (Lage siehe Fig. 10.1./2, Nr. 55 nach F. Kahler, 1978) erhält mit einer nur 115 m langen Gefällsleitung aus einem Hochbehälter das Heilwasser. Es ist das Grubenwasser aus dem Andreas-Unterbaustollen, dem älteren der beiden Unterbaustollen, die vom Osthang des Kreuzberges, den tiefsten Ansatzpunkt ausnützend, am Oberrand der eiszeitlichen Ablagerungen angeschlagen worden sind. Der Stollen erreichte die goldführenden Gänge in der Kliening. Infolge eines winkeligen Vortriebes, der vermutlich den weicheren Gesteinspartien folgte, hatte er nur eine unzureichende Bewetterung. Der Stollen ist am Mundloch und sicherlich auch im Gebirge verbrochen, so daß die Wasserführung nicht sehr groß ist.

Die unregelmäßigen Messungen zeigen eine Schüttung zwischen 18.800 und 23.900 l/Tag. Sie reicht bei entsprechender Speicherung für 95 bis 120 Bäder und gestattet damit einen nutzbringenden kleineren Badebetrieb.

Die **Geologie** des Quellgebietes ist kompliziert. Es liegt eine relativ wenig umkristallisierte Gesteinsmasse unter einer stärker umgewandelten. An der Überschiebungsbahn ist die obere mit der unteren Scholle verschweißt worden. Die Ereignisse fallen in die Zeit der variszischen Gebirgsbildung.

Dem heutigen Alpenbau entsprechen Störungen am Ostfuß des Kreuzberges und im Gebiet von Kliening an seinem Westfuß im Klieningtal. Sie gehören zu dem großen Bruchsystem der Lavanttaler Störung. Die gleiche Richtung haben die Klüfte, die teilweise Golderze führen.

Was den **Chemismus** des Wassers anbelangt, so hat F. KAHLER (1978) Analysen von E. KOMMA & F. SCHEMINZKY und F. HÖLZL aus dem Jahr 1958 bzw. 1968 zusammengefaßt. Die Unterschiede sind so gering, daß von einer Konstanz der chemischen Eigenschaften des Heilwassers gesprochen werden kann.

Allgemeine Eigenschaften im Durchschnitt:
Wassertemperatur 10,5 °C
pH-Wert 6,9

geringe Werte an den radioaktiven Spurenstoffen Uran, Radium und Radon (jeweils < 1 nCi/l)

Chemische Untersuchung 1958: in 1 l Wasser waren enthalten:

		Massenkonzentration mg/l	Ionenäquivalentkonzentration mmol/l	Äquivalentanteil %
KATIONEN				
Natrium + Kalium	$Na^+ + K^+$	20,3	0,884	23,39
Ammonium	NH_4^+	–	–	–
Magnesium	Mg^{2+}	2,9	0,238	6,30
Calcium	Ca^{2+}	53,2	2,655	70,24
Mangan II	Mn^{2+}	–	–	–
Eisen II	Fe^{2+}	0,08	0,003	0,07
Summe:		86,48	3,298	100,00
ANIONEN				
Chlorid	Cl^-	1,2	0,034	0,90
Sulfat	SO_4^{2-}	31,2	0,650	17,20
Nitrat	NO_3^-	–	–	–
Hydrogencarbonat	HCO_3^-	184,9	3,030	80,16
Hydrogensulfid	HS^-	2,18	0,066	1,74
Summe:		219,48	3,780	100,00
Summe Elektrolyte:		305,96		
Gasförmige Bestandteile:				
Freies Kohlendioxid	CO_2	10,0		
Freier Schwefelwasserstoff	H_2S	3,26		
Summe:		319,22		

Chemische Untersuchung 1968: in 1 l Wasser waren enthalten:

		Massenkonzentration mg/l	Ionenäquivalentkonzentration mmol/l	Äquivalentanteil %
KATIONEN				
Natrium + Kalium	$Na^+ + K^+$	20,7	0,90	24,07
Ammonium	NH_4^+	0,1	0,006	0,16
Magnesium	Mg^{2+}	2,8	0,23	6,15
Calcium	Ca^{2+}	52,1	2,6	69,53
Mangan II	Mn^{2+}	0,03	0,001	0,03
Eisen II	Fe^{2+}	0,06	0,0022	0,06
Summe:		75,79	3,7392	100,00

ANIONEN				
Chlorid	Cl^-	3,9	0,11	2,94
Sulfat	SO_4^{2-}	35,0	0,73	19,54
Schwefeltrioxid	$S_2O_3^{2-}$	0,2	0,004	0,11
Nitrat	NO_3^-	0,36	0,006	0,16
Hydrogencarbonat	HCO_3^-	171,0	2,80	74,95
Hydrogensulfid	HS^-	2,85	0,086	2,30
Summe:		213,31	3,736	100,00
Summe Elektrolyte:		289,10		
Gasförmige Bestandteile:				
Freies Kohlendioxid	CO_2	25,5		
Freier Schwefelwasserstoff	H_2S	2,57		
Summe:		317,17		

Der Typus der genutzten Schwefelquelle ist: Kaltes akratisches Calcium-Natrium-Hydrogencarbonat-(Sulfat)-Schwefelwasser mit 5,2 mg/l titrierbarem Schwefel.

Der Versuch einer Reaktivierung einer nahegelegenen alten Eisenquelle wurde aufgegeben.

An *Spurenelementen* (in µg/l) wurden vom Amt der Kärntner Landesregierung, Abt. 15, Dr. GRUBER, am 5. September 1990 gemessen:

Pb	Cd	Cu	Mn	Hg	Zn	Cr	Al
34	1,8	< 20	29	< 6,5	< 0,05	< 20	133

Li	Bi	Co	Ni	As	Mo	Ba	Sr
180	1,0	< 20	< 50	2,3	28,0	28,0	949

B	V
50	< 50

Das Schwefelwasser ist ein Abkömmling der sulfidischen Begleiterze des Goldes. Es ist anzunehmen, daß auch der geringe CO_2-Gehalt der Schwefelquelle auf die Reduktion des Sulfats zurückzuführen ist.

Die Schwefelquelle fällt damit als lokale Erscheinung aus der Lavanttaler Heilwasserprovinz heraus (vgl. Kap. 10.1.3.).

10.1.2.3. Der Klieninger Sauerbrunn

Der ehemalige, zeitweise reiche Goldbergbau Kliening mit seiner Hochblüte um 1600 hat in seinem für die damalige Zeit großen Grubengebäude mehrfach Säuerlinge aufgeschlossen. Der Bergbau ist zumindest zeitweise sehr kundig geführt worden, dafür sprechen sowohl der bei der Schwefelquelle von St. Leonhard im Lavanttal angeführte lange Fürsten-Unterbaustollen als auch ein kurzer Aufschlußstollen im Bereich des Klieninger Sauerbrunns, der rasch einen Erzgang fand und ausbeutete.

Der Säuerling (Lage siehe Fig. 10.1./2, Nr. 56 nach F. KAHLER, 1978) hat 1950 durch ein Hochwasser schwer gelitten, als sich hier der Klieningbach stark eintiefte. Allerdings kamen dabei auch vorher unbekannte CO_2-Auftriebe zutage.

Was die geologische Situation anbelangt, so entspringt die Säuerlingsgruppe mit den Quellen I, II und III (Numerierung in der zeitlichen Reihenfolge des Aufschlusses) am NE-Rand des sogenannten „Klieninger Fensters“. Die Gesteine in der Umgebung der Quellaustritte sind weniger metamorph als die darüberliegenden Saualpengesteine. Die Überschiebung der letzteren erfolgte im Karbon.

Am Ostrand verläuft eine junge Störung, die zum Lavanttaler Bruchsystem gehört. Östlich von ihr, im Hügelzug gegen St. Leonhard, stehen Schiefergneis- und Disthengneis-Serien an, mit Gesteinen, die unter wesentlich höheren Temperatur- und Druckverhältnissen umkristallisiert wurden.

In gleicher Position zu dieser Randstörung sind dieselben Gesteine auch bei der Paracelsus- und bei der Auenquelle aufgeschlossen.

Um die Quelle I waren – wie erwähnt – zeitweise weitere Auftriebe von Sauerwasser geringen Ausmaßes zu beobachten. Sie zeigen in erster Linie an, daß der Bereich von CO_2-Aushauchungen einen verhältnismäßig großen Umfang hat.

Als Beispiel des **Chemismus** der Wässer um Kliening soll die Analyse nach E. KOMMA & F. SCHEMINZKY aus dem Jahre 1958 von Quelle I dienen:

Sinnesprüfung:
geruchlos, säuerlingsartiger Geschmack, farblos, klar

pH-Wert 6,2 elektrometrisch bei Quelltemperatur
El. Leitfähigkeit 762,13 µS/cm
Trockenrückstand (bei 105 °C) 818,0 mg/l

Radioaktive Spurenstoffe:
Uran $0{,}025 \times 10^{-6}$ g/l
Radium $1{,}6 \times 10^{-12}$ g/l
Radon $0{,}685 \times 10^{-9}$ Ci/l

Chemische Untersuchung: in 1 l Wasser waren enthalten:

		Massenkonzentration mg/l	Ionenäquivalentkonzentration mmol/l	Äquivalentanteil %
KATIONEN				
Natrium + Kalium als Natrium	Na^+	52,6	2,287	12,41
Magnesium	Mg^{2+}	46,6	3,832	20,79
Calcium	Ca^{2+}	235,0	11,724	63,60
Eisen II	Fe^{2+}	16,5	0,591	3,20
Summe:		350,7	18,434	100,00

ANIONEN				
Chlorid	Cl^-	8,6	0,243	1,32
Sulfat	SO_4^{2-}	18,1	0,377	2,04
Hydrogencarbonat	HCO_3^-	1.087,0	17,814	96,64
Summe:		1.113,7	18,434	100,00
Summe Elektrolyte:		1.464,4		
Gasförmige Bestandteile:				
Freies Kohlendioxid	CO_2	1.774,0		
Summe:		3.238,4		

Typus der Quelle Kliening I: Kalter Calcium-Magnesium-Hydrogencarbonat-Eisen-Mineralsäuerling.

Die *Spurenelemente* (in µg/l) wurden am Amt der Kärntner Landesregierung, Abt. 15, Dr. GRUBER, im September 1990 gemessen:

Pb	Cd	Cu	Mn	Hg	Zn	Cr	Al
6,0	0,4	< 20	696,0	0,5	0,08	< 20	188
Li	Bi	Co	Ni	As	Mo	Ba	Sr
450	< 1,0	< 20	< 50	5,7	< 50	78	661
B	V						
< 50	< 50						

Sowohl bei dem Versuch der Wiedergewältigung eines alten Erzbaues als auch in anderen schmalen Stollen kamen wiederholt Säuerlinge hoch. Sie ergaben schließlich eine beträchtliche Wassermenge. Vorschläge betreffend eine großzügige Aufschließung siehe F. KAHLER (1978, p. 121).

Bei weiteren Aufschlüssen müßte aber sowohl auf den hohen Eisengehalt, den die moderne Balneologie nicht schätzt, als auch auf Arsen geachtet werden, weil die Vererzung Arsenerze enthält. Es wäre allerdings möglich, daß der natürliche Ausfall von Eisenocker das Arsen mitnimmt und so auf natürliche Weise den Vorgang erreicht, den die Methode von A.J. STEHLIK zur Entarsenierung besorgt.

10.1.2.4. Die Paracelsusquelle, Gemeinde Bad St. Leonhard im Lavanttal (Versandsäuerling)

In einem Seitental des Lavanttales (siehe Fig. 10.1./2, Nr. 57 nach F. KAHLER, 1978) liegt nördlich von Prebl in 792 m NN das Quellenhaus: Hier sind in einer unterirdischen Quellfassungsanlage zahlreiche Gas- und Wasserauftriebe zusammengefaßt. Der Badebetrieb erlag im Ersten Weltkrieg.

Der **Flaschenversand** wurde nach der Neufassung der Quellen 1921–1928 durch moderne Anlagen aktiviert und beansprucht die gesamte Wassermenge. Die Gesellschaft Brunnenversendung Preblauer Sauerbrunn schließt auch den Flaschenversand der Auen- und Ebriachquelle ein.

F. KAHLER (1978) beschreibt als geologische Hauptbereiche der weiteren Umgebung das relativ tief eingesenkte Tertiärbecken von Wiesenau mit den im W steil herausgehobenen Schiefergneisen und der anschließenden Wechselfolge von Bändergneis und Marmor. Die Golderzgänge der Kliening, der dort entspringende Sauerbrunn von Kliening, die Paracelsusquelle und die südlich liegende Auenquelle treten an der Ostbegrenzung des sogenannten „Klieninger Fensters", einem Produkt des variszischen Deckenbaues, aus (Fig. 10.1./2). Die Ostbegrenzung folgt der jungtertiären Lavanttaler Störungszone.

Im unmittelbaren Quellgebiet sind die Gesteine stark verschuppt und zerbrochen. In der unteren Quellgruppe ist der Marmor stark verkarstet. Die Quellen entspringen sowohl im Hangenden des Marmors als auch in ihm. F. KAHLER (1978, p. 122) beschreibt eine Mofette, teilweise aus dem liegenden Schiefer, und verweist auf auffällig verlaufende Klüfte von 295° Streichen, praktisch parallel zur Hauptkluft im Quellgebiet (285°).

Die Temperatur des Quellwassers wird mit 9,85 °C angegeben. Dies ist für die topographische Höhenlage zu hoch. Der **Chemismus** des Wassers ist dem folgenden Auszug aus der Großen Heilwasseranalyse von F. SCHEMINZKY aus dem Jahre 1956 zu entnehmen; Entnahme am 6. Oktober 1956:

pH-Wert 5,5 elektrometrisch bei Quelltemperatur
El. Leitfähigkeit (bei 20 °C) $345{,}77 \times 10^{-5}$ $Ohm^{-1} \cdot cm^{-1}$
Trockenrückstand (bei 105 °C) 2.701,0 mg/l

Radioaktive Spurenelemente:
Uran $0{,}08 \times 10^{-6}$ g/l
Radium $0{,}023 \times 10^{-9}$ Ci/l
Radon $0{,}30 \times 10^{-9}$ Ci/l

Chemische Untersuchung: in 1 l Wasser waren enthalten:

		Massenkonzentration mg/l	Ionenäquivalentkonzentration mmol/l	Äquivalentanteil %
KATIONEN				
Natrium	Na^+	916,2	39,840	79,29
Kalium	K^+	48,94	1,252	2,49
Magnesium	Mg^{2+}	23,79	1,956	3,89
Calcium	Ca^{2+}	144,3	7,201	14,33
Summe:		1.133,23	50,249	99,99
ANIONEN				
Fluorid	F^-	1,2	0,0622	0,12
Chlorid	Cl^-	71,12	2,0058	3,97
Sulfat	SO_4^{2-}	101,3	2,109	4,17
Hydrogencarbonat	HCO_3^-	2.828,0	46,35	91,73
Summe:		3.001,62	50,527	99,99
Summe Elektrolyte:		4.134,85		

Schwache Elektrolyte:		
Kieselsäure, meta	H_2SiO_3	71,68
Borsäure, ortho	H_3BO_3	6,44
Summe:		4.212,97
Gasförmige Bestandteile:		
Freies Kohlendioxid	CO_2	2.214,0
Sauerstoff	O_2	1,364
Stickstoff + Edelgase		1,597
Summe:		6.429,931

Bezeichnung des Wassers: Natrium-Hydrogencarbonat-Mineralsäuerling.

Von den *Spurenelementen* (in µg/l) sind die Werte von Lithium, Strontium, Bor und Silizium überdurchschnittlich hoch und neben dem hohen CO_2-Gehalt ein Hinweis auf einen wenigstens teilweisen Aufstieg der Elemente aus dem Bereich des Erdmantels (Daten Gesellschaft Preblauer Sauerbrunn):

Li	Sr	Fe	Mn	Al	Br	J	F
1.500	410	1.710	340	90,0	90,0	2,0	1.200

B	Si
1.587	25.780

Die Reihe der bereits bekannten Spurenelemente wurde durch Messungen der Abt. 15 der Kärntner Landesregierung, Frau Ing. E.M. WAGNER, ergänzt (Angaben in µg/l):

Pb	Cd	Cu	Hg	Zn	Cr	Bi	Co
8,0	0,3	21,0	< 0,5	< 0,05	< 20	1,5	< 20

Ni	As	Mo	Ba	V
< 50	1,3	< 50	45	< 50

10.1.2.5. Die Auenquelle nordwestlich von Wolfsberg (Versandsäuerling)

Durch das Auental, das bei Wolfsberg in das weite Becken des Unteren Lavanttales mündet, zieht am orographisch rechten Hangfuß eine starke Störung durch, und eine zweite in gleicher Richtung bildet im Oberhang der linken Flanke eine Hangstufe, die die Südautobahn für den Abstieg nach Wolfsberg benützt.

Was die örtliche Geologie betrifft, ist zu sagen, daß das Quellhaus teilweise auf einen Pegmatit gebaut ist, der in kleinen Aufschlüssen bei der Errichtung einer Zusatzhalle sichtbar wurde. In einer schräg abwärts gerichteten Bohrung innerhalb der Auftriebe wurde ein überaus mineralreicher Marmor seltener Art angetroffen, in dessen Bereich wahrscheinlich der Auftriebsweg des Säuerlings liegt.

Für die Fassung war der Umstand kritisch, daß der knapp über dem Austritt der Quelle beginnende Hang mit einer älteren Rutschung in den Quellaufschluß hereinreicht.

In der zunächst versuchten schräg nach unten gerichteten Bohrung wurde ein sehr hoch mineralisierter Säuerling (siehe Fig. 10.1./2, Nr. 58 nach F. KAHLER, 1978) mit einem hohen Gasanteil angetroffen, der das Wasser in kurzen Abständen mit großer Wucht als Geysir auswarf. Dieser Vorgang entsprach nicht den Betriebserfordernissen. Die Fassung wurde daher auf die bis an die Oberfläche kommenden Auftriebe konzentriert und unter bedeutenden Schwierigkeiten erfolgreich abgeschlossen, wobei mehrere auf engem Raum austretende Auftriebe miteinander verbunden wurden.

Der Chemismus des Wassers ist der Großen Heilwasseranalyse von E. KOMMA & F. SCHEMINZKY aus dem Jahre 1957 zu entnehmen:

pH-Wert 6,3 elektrometrisch bei Quelltemperatur
El. Leitfähigkeit (bei 20 °C) 3.124 µS/cm
Trockenrückstand (bei 105 °C) 2.431,0 mg/l

Radioaktive Spurenelemente:
Uran $0{,}06 \times 10^{-6}$ g/l
Radium $9{,}6 \times 10^{-12}$ Ci/l
Radon $0{,}2 \times 10^{-9}$ Ci/l

		Massenkonzentration mg/l	Ionenäquivalentkonzentration mmol/l	Äquivalentanteil %
KATIONEN				
Natrium	Na^+	512,0	22,263	46,70
Kalium	K^+	47,0	1,202	2,52
Magnesium	Mg^{2+}	132,9	10,929	22,92
Calcium	Ca^{2+}	266,1	13,280	27,86
Summe		958,0	47,674	100,00
ANIONEN				
Chlorid	Cl^-	138,5	3,906	8,11
Sulfat	SO_4^{2-}	27,7	0,577	1,20
Hydrogenphosphat	HPO_4^-	0,57	0,012	0,02
Hydrogencarbonat	HCO_3^-	2.666,0	43,692	90,67
Summe:		2.832,77	48,187	100,00
Summe Elektrolyte:		3.790,77		
Schwache Elektrolyte:				
Kieselsäure, meta	H_2SiO_3	58,4		
Borsäure, ortha	H_3BO_3	6,7		
Summe:		3.855,87		
Gasförmige Bestandteile:				
Freies Kohlendioxid	CO_2	2.056,0		
Freier Schwefelwasserstoff	H_2S	0,6		
Stickstoff + Edelgase		4,05		
Summe:		5.916,52		

Typus des Heilwassers: Natrium-Calcium-Magnesium-Hydrogencarbonat-Säuerling.
Handelsname des Versandwassers: Preblauer Auenquelle.

Spurenelemente (in µg/l) gemessen durch den Arbeitskreis für Spurenanalyse, Univ.-Prof. Dr. G. KNAPP, Graz:

Li	Sr	Fe	Mn	Al	Br	J
2.100	**2.060**	480	480	230	600	11

F	B
570	**1.652**

Ergänzende Messungen (in µg/l) wurden vom Amt der Kärntner Landesregierung, Abt. 15, Frau Ing. E.M. WAGNER durchgeführt:

Pb	Cd	Cu	Hg	Zn	Cr	Bi
< 1,0	< 0,1	29	< 0,5	< 0,05	< 20	< 1,0

Co	Ni	As	Mo	Ba	V
< 20	< 50	20	< 50	289	< 50

10.1.2.6. Bad Weißenbach (Thermalsäuerling Stadtgemeinde Wolfsberg)

Ein zumeist sehr schmales Tal führt von St. Margarethen bei Wolfsberg gegen NW in die Saualpe.

In einer Erweiterung des Tales liegt am Fuß der Saualpe das Thermalbad Weißenbach (siehe Fig. 10.1./2, Nr. 59 nach F. KAHLER, 1978).

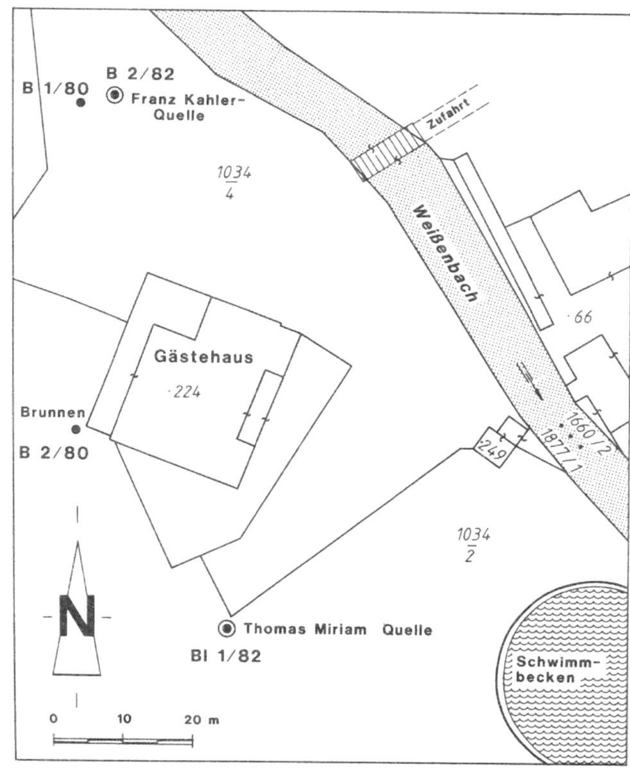

Fig. 10.1./3: Lageplan Bad Weißenbach.

Der Lageplan (Fig. 10.1./3) zeigt die örtliche Situation, das Gästehaus und die wichtigsten Brunnenbohrungen B1/80 und B2/80, sowie die **Thomas-Miriam-Quelle** (Bl 1/82) und die **Franz-Kahler-Quelle** (Bl 2/82). Die Seehöhe der Örtlichkeiten liegt zwischen 604 und 606 m NN.

Die zahlreichen über die ganze Fläche verteilten untiefen Bohrungen dienten geophysikalischen Messungen.

Das geologische Bild der weiteren Umgebung wird durch eine große, gegen NW gerichtete Störung bestimmt, die tief in den Körper der Saualpe hineinreicht.

Ein sehr großer Marmorkörper baut hier den sonnseitigen Hang auf. Geophysikalisch ergab sich, daß eine sehr ausgedehnte Terrasse nur eine schwache Kiesbedeckung hat. Der Marmorkörper reicht bedeckt bis in die Nähe des Bades, das am Fuß des schattseitigen Hanges liegt. Eine breite Mylonitzone ist hier durch Bohrungen in der Fortsetzung gegen NW geophysikalisch nachgewiesen.

Der Höhenrücken zwischen dem Weißenbach und dem Auental besteht aus Bändergneis vom Typus Preims und einer mächtigen Marmorfolge, die an der Störung im sonnseitigen Hang endet. Südlich der Störung liegt Schiefergneis vom Typus Geierkogel. Die größere Wasserwegigkeit des Mamors ist für das Aufsteigen des thermalen Säuerlings von Bedeutung. F. KAHLER (1978, p. 126) nimmt an, daß die Wasseraustritte an Tiefpunkte des Untergrundes der Talfüllung gebunden sind, deren Mächtigkeit unbekannt ist. Ein großer, flacher Schwemmkegel bei St. Margarethen läßt auf eine größere Tiefe schließen.

Bis 1980 stützte sich die Nutzung des Thermalsäuerlings im wesentlichen auf die sogenannte „Bäderquelle", ausführlich beschrieben in F. KAHLER (1978, p. 126 ff.) Gepumpt wurde aus einem 3,10 m tiefen Schacht von 1,95 m lichter Weite, die Grenze der Ergiebigkeit lag bei ca. 3 l/s. Im Zuge der Großen Heilwasseranalyse, durchgeführt 1967 von F. HÖLZL (F. KAHLER, l.c. p. 127), wurde neben der Messung einiger Spurenelemente (Sr 2.400 µg/l, Br 680 µg/l) auch die Zusammensetzung der gelösten Quellgase bestimmt. Es ergab sich, daß nur 54,4 Vol.% CO_2 einem Gehalt von N_2 + Edelgasen von 44,4 Vol.% und 1,2% Sauerstoff gegenüberstanden.

1980 begannen die planmäßigen systematischen Schritte zu einer Verbesserung der Kenntnis der hydrogeologischen Situation. H. JANSCHEK erarbeitete mittels einer großen Zahl kleinkalibriger untiefer Bohrungen einen Bodenwärmeplan, der leider nicht zur Publikation freigegeben wurde. Darauf wurden 1980/81 zwei Bohrungen niedergebracht (Fig. 10.1./3, B 1/80 und B 2/80), die bereits eine Verbesserung insbesondere der Wassertemperatur im Vergleich zu der alten Fassung brachten. 1982 wurden unter der Leitung von F. KAHLER mit geringer Lagekorrektur zwei weitere erfolgreiche Bohrungen abgestoßen. Diese Bohrbrunnen wurden ausgebaut und sind heute als Thomas-Miriam-Quelle und Franz-Kahler-Quelle die Standbeine der Versorgung des Thermalbades.

Die **Thomas-Miriam-Quelle** (vorher Bl 2/82) befindet sich auf Parzelle 1034/2 der Katastralgemeinde Weißenbach. Der Abstand zum Gästehaus beträgt ca. 20 m. Sie liegt nahe dem günstigsten Punkt des Wärmeplanes von H. JANSCHEK, der genau unter dem Gelände geortet wurde. Das Schwimmbecken befindet sich ca. 40 m östlich der Bohrung.

Die Erbohrung der Thomas-Miriam-Quelle erfolgte in der Zeit vom 18. Mai bis 23. Juni 1982 unter der Leitung von F. KAHLER. Nach Durchörterung der Überlagerung (Blockwerk, Kies etc.) wurden von 9,00–47,00 m Mylonit und Schiefergneis (zum Teil pyrithältig) durchbohrt, ab 47 m Tiefe traf man stark zerbrochenen Marmor und Sandstein an. In einer Teufe von 93,00 m wurde die Bohrung beendet.

Der erste artesische Wasserüberlauf trat bei einer Bohrtiefe von 35,5 m auf (0,04 l/s, 20 °C) und steigerte sich bis zu der Bohrtiefe von 57,00 m auf 2,5 l/s mit 31 °C. Bei Fortsetzung der Bohrung wurde ein tieferes großlumiges Karstsystem angefahren, was zu einem totalen Spülungsverlust und Abfluß des Karstwassers auf das Niveau des Lavanttales führte. Der Abfluß wurde plombiert, worauf das Thermalwasser wieder artesisch überfloß. Der Endausbau der Bohrung erfolgte mit einer Verrohrung (Durchmesser 178 mm) bis –55 m.

Zur Zeit der Wasserentnahme für die Große Heilwasseranalyse durch die Bundesstaatliche Anstalt für Experimentell-Pharmakologische und Balneologische Untersuchungen, Wien, im März 1985 wurde bei der Thomas-Miriam-Quelle ein artesischer Überlauf von 2,2 l/s gemessen, die Schüttung der frei aufsteigenden Quellgase betrug 0,36 l/s, das sind 31 m³/Tag. Die Wassertemperatur betrug 32,25 °C, der pH-Wert 6,1.

An radioaktiven Elementen wurden gemessen:

Radon 0,15 nCi/l
Radium 3,1 pCi/l
Thorium 35 µg/l
Uran 0,12 µg/l
Tritium (^3H) tritiumfreies Wasser

Die Analyse der Hauptinhaltsstoffe ergab:

		Massenkonzentration mg/l	Ionenäquivalentkonzentration mmol/l	Äquivalentanteil %
KATIONEN				
Natrium	Na^+	265,80	11,56	43,29
Kalium	K^+	33,50	0,86	3,22
Magnesium	Mg^{2+}	31,12	2,56	9,59
Calcium	Ca^{2+}	234,90	11,72	43,90
Summe:		565,32	26,70	100,00
ANIONEN				
Fluorid	F^-	0,87	0,05	0,18
Chlorid	Cl^-	129,10	3,64	13,30
Sulfat	SO_4^{2-}	152,60	3,18	11,62
Hydrogencarbonat	HCO_3^-	1.223,40	20,50	74,90
Summe:		1.505,97	27,37	100,00
Summe Elektrolyte:		2.071,29		
Schwache Elektrolyte:				
Kieselsäure, meta	H_2SiO_3	61,1		
Borsäure, ortho	H_3BO_3	17,6		
m-Arsenige Säure	$HAsO_3$	0,14		
Gasförmige Bestandteile:				
Freies Kohlendioxid	CO_2	1.001		
Freier Schwefelwasserstoff	H_2S	0,99		
Summe:		3.152,12		

Die Gasanalyse ergab (Vol.%):

CO_2	82,841
N_2	16,930
Ar	0,134
He	0,052
CH_4	0,022
H_2S	0,017

Wassertypus: Calcium-Natrium-Hydrogencarbonat-Mineral-Thermalsäuerling.

An *Spurenelementen* (in µg/l) wurden gemessen:

Pb	Cd	Cu	Zn	Hg	Se	Cr	J
2	2	< 30	< 30	0,3	< 1	< 20	70
NO_3	NH_4	Li	Sr	Ba	Fe	Mn	B
42	300	670	2.270	500	15	380	3.100

Bei der **Franz-Kahler-Quelle** wurde die Bohrung ohne Kerngewinnung ausgeführt. Die Endteufe der Bohrung liegt bei 40 m. Nach dem Einbau des PVC-Kiesbelagfilters und einer Betonplombe zur Abdichtung gegen das freie Grundwasser ergab sich bei der Wasserentnahme für die Kleine Heilwasseranalyse im Juni 1984 ein freier Überlauf von 0,75 l/s, die Gasschüttung betrug 5,7 m³/Tag, die Wassertemperatur 31,5 °C. Der pH-Wert betrug 6,03, die elektrolytische Leitfähigkeit 1.971 µS/cm.

An radioaktiven Spurenstoffen wurden gemessen:

Radon 0,38 nCi/l
Radium 0,003 nCi/l

Die Analyse der Hauptinhaltsstoffe ergab:

		Massen-konzen-tration mg/l	Ionenäqui-valentkon-zentration mmol/l	Äquiva-lent-anteil %
KATIONEN				
Natrium	Na^+	250,0	10,874	42,32
Kalium	K^+	31,0	0,793	3,09
Magnesium	Mg^{2+}	28,6	2,553	9,94
Calcium	Ca^{2+}	229,9	11,472	44,65
Summe:		539,5	25,692	100,00
ANIONEN				
Chlorid	Cl^-	119,60	3,373	13,20
Sulfat	SO_4^{2-}	145,50	3,029	11,85
Hydrogencarbonat	HCO_3^-	1.168,50	19,150	74,94
Summe:		1.433,60	25,552	99,99
Summe Elektrolyte:		1.973,10		
Schwache Elektrolyte:				
Kieselsäure, meta	H_2SiO_3	59,0		
Borsäure, ortho	H_3BO_3	15,7		
m-Arsenige Säure	$HAsO_3$	0,17		
Summe:		2.047,97		
Gasförmige Bestandteile:				
Freies Kohlendioxid	CO_2	1.000		
Freier Schwefel-wasserstoff	H_2S	0,87		
Summe:		3.048,84		

Wassertypus: Calcium-Natrium-Hydrogencarbonat-Mineral-Thermalsäuerling.

Die Gasanalyse ergab (Vol.%):

CO_2	76,45
N_2	23,29
Ar	0,08
He	0,03
CH_4	0,03
H_2S	1,30

Die Analyse der *Spurenelemente* (in µg/l) durch die Bundesstaatliche Anstalt für Experimentell-Pharmakologische und Balneologische Untersuchungen, Wien, Dir. HR Dr. I. EICHLER, ergab:

Pb	Cd	Cu	Zn	Hg	Cr	Se	J
2	2	30	< 30	0,3	< 20	< 1	35
NH_4	Li	Sr	Ba	Fe	Mn	F	
370	606	2.080	480	250	310	850	

Ergänzung der Analyse durch das Amt der Kärntner Landesregierung, Abt. 15, Dr. GRUBER, 1990:

Al	Bi	Co	Ni	As	Mo	B	V
< 100	1,9	< 20	< 50	33	< 50	**3.468**	< 50

Der Arsengehalt überschreitet die Toxizitätsgrenze und Trinkwasserkuren sind nur nach Entfernung des Arsens und Schwefelwasserstoffes möglich.

Die dritte genutzte Thermalquelle ist die **Bohrung B 2/80.**

Die Bohrung B 2/80 (früher II/80) liegt nur wenige Meter westlich der Westecke des Gästehauses (vgl. Fig. 10.1./3). Die Tiefe der Bohrung beträgt 50 m, das Wasser fließt artesisch aus und wird zu einem 18 m entfernten Sammelschacht geleitet. Von hier aus fließt ein Teil des Wassers in das große Thermal-Freibadbecken und ein Teil (je nach Bedarf) wird für die Füllung von Wannen in das Badehaus gepumpt.

Zur Zeit der Probennahme am 8. Juni 1984 betrug die Schüttung 0,25 l/s. Die Gasschüttung war relativ gering (0,6 l/min) und auf eine Gasanalyse wurde verzichtet.

Die Wassertemperatur betrug 30,5 °C, der pH-Wert 6,2. Die Messung der elektrolytischen Leitfähigkeit (bei 20 °C) ergab 2.110 µS/cm.

Als Wasseruntersuchung liegt eine Analyse der Kationen und Anionen sowie der schwachen Elektrolyte und der gasförmigen Bestandteile vor:

		Massen-konzen-tration mg/l	Ionenäqui-valentkon-zentration mmol/l	Äquiva-lent-anteil %
KATIONEN				
Natrium + Kalium als Natrium	Na^+	304,6	13,25	48,30
Magnesium	Mg^{2+}	31,1	2,56	9,33
Calcium	Ca^{2+}	232,9	11,62	42,36
Summe:		568,6	27,43	99,99
ANIONEN				
Fluorid	F^-	0,85	0,045	0,16
Chlorid	Cl^-	131,00	3,69	13,46
Sulfat	SO_4^{2-}	177,50	3,70	13,47
Hydrogencarbonat	HCO_3^-	1.221,00	20,01	72,91
Summe:		1.530,35	27,445	100,00
Summe Elektrolyte:		2.098,95		
Schwache Elektrolyte:				
Kieselsäure, meta	H_2SiO_3	69,8		
Borsäure, ortho	H_3BO_3	17,9		
m-Arsenige Säure	$HAsO_3$	0,17		
Summe:		2.186,82		
Gasförmige Bestandteile:				
Freier Schwefel-wasserstoff	H_2S	0,73		
Summe:		2.187,55		

Anteil von CO_2 am Quellgas > 65%

Schlußbemerkung zu Bad Weißenbach

Vergleicht man die Wasseranalysen der drei für Bad Weißenbach genutzten Wässer, so ist deren Mineralisierung praktisch gleich, d.h. es handelt sich um einen artesischen Überlauf aus ein und demselben unterirdischen Wasserkörper. Beachtenswert ist, daß auch die maßgeblichen Spurenelemente Sr = 2.080–2.270 µg/l, Ba = 480–500, Li = 606–670 und B = 3.100–3.468 µg/l nahezu dieselben Werte ausweisen, was eine einheitliche Herkunft der Wässer bestätigt.

Die Spurenelemente weisen darauf hin, daß wir bereits im Einflußgebiet des Kollnitzer Vulkanites liegen.

10.1.3. Schlußbemerkung zum Heilwasserbezirk Lavanttal

Die Quellen des Heilwasserbezirkes Lavanttal sind mit einer Ausnahme (Schwefelbad St. Leonhard) **Säuerlinge**.

Das Wasser von Bad St. Leonhard ist praktisch frei von CO_2 (1958: 10 mg/l, 1968: 25,5 mg/l).

Der Gehalt an Schwefel bzw. Schwefelwasserstoff ist auf sulfidische Begleiterze des Goldes zurückzuführen. Wasserwegigkeit in größeren Tiefen ist aufgrund der gemessenen Spurenelemente unwahrscheinlich (siehe Kap. 10.1.2.2.).

Die anderen Heilwasseraustritte des Bezirkes lassen folgende grundsätzliche Aussagen und Tendenzen zu:

- Die Quellen sind Säuerlinge mit einem CO_2-Gehalt von > 1.000 mg/l.
- Eine Tendenz eines von N nach S zunehmenden CO_2-Gehaltes tritt nicht ein, da die erhöhten Wassertemperaturen von Bad Weißenbach und Umgebung die Tatsache widerspiegeln, daß wärmeres Wasser weniger CO_2 aufnimmt.
- Was den Gehalt an Spurenelementen im Wasser anbelangt, so liegt eine deutliche Grenze zwischen den Austritten vom Klieninger Sauerbrunn (F. Kahler 1978, Nr. 56) und der Paracelsusquelle (Nr. 57, Fig. 10.1./2) bei Bad St. Leonhard. Die nördlich von dieser Linie liegenden Heilquellen haben zwar erhöhte Werte der Spurenelemente Strontium, Lithium, Barium und Mangan, aber ab der Paracelsusquelle treten erst die extrem hohen, für Tiefenwasser typischen Werte auf.
- Besonders interessant sind die ab der Paracelsusquelle großen und gegen S bemerkenswert ansteigenden Borgehalte von 1.507–3.468 µg/l. Im N, bis zum Klieninger Sauerbrunn bleiben die Borwerte unter 50 µg/l.
- Daß die hohen Borgehalte der Heilwässer bereits auf den Vulkanismus von Kollnitz zurückzuführen sind, könnte zunächst bei der Tiefe der Lavanttaler Beckenfüllung angezweifelt werden. Vergleiche mit den Gegebenheiten im Steirischen Becken und den Verhältnissen im Heilwasserbezirk Eisenkappel schließen jedoch diesen Zweifel aus.
- Die Radonwerte aller Quellen liegen unter 1 nCi/l.

Schließlich wäre noch auf offene Fragen betreffend die Wassertemperatur in weiteren Bereichen des Lavanttaler Beckens zu verweisen. Die Thermalwässer von Bad Weißenbach sind artesische Brunnen, die Bohrungen aber haben nur geringe Tiefen von 40–93 m. Es ist nicht bekannt, aus welcher Tiefe das Heißwasser stammt, mit der für diesen Gebirgskörper normalen geothermischen Tiefenstufe würde man zu extremen Versenkungstiefen gelangen. Ob in diesem Fall eine Tiefenwasserzirkulation wie in Gastein vorliegt oder ein Zusammenhang mit dem Vulkanismus von Kollnitz besteht, wäre eine Untersuchung wert.

F. Kahler hat in der Umgebung von Bad Weißenbach noch andere warme und laue Wässer gemessen. St. Johann im S von Wolfsberg hat mit 13,2 °C eine deutlich überhöhte Wassertemperatur (F. Kahler, 1978, Nr. 61) und die Situation der nicht genutzten Solquelle aus der Kohlengrube von Wolkersdorf (angeblich seinerzeit (?) mit 39,2 °C das wärmste Thermalwasser Kärntens) ist noch völlig offen. Betont wird nochmals, daß auch das „kalte“ Wasser der Paracelsusquelle mit 9,85 °C bei 792 m NN schon über der Norm des Jahresmittels dieser Höhenlage liegt.

10.2. Der Heilwasserbezirk Eisenkappel
(F. Kahler, J. Zötl)

10.2.1. Einleitung

In der westlichen und mittleren Region der Periadriatischen Naht in Südkärnten (Karnische Alpen, westliche Karawanken) münden schwächere tektonische N-S-Brüche entweder in bedeutendere Begleitstörungen der Naht (z.B. Gailtal Störung) oder in Randstörungen des Klagenfurter Beckens (östlicher Dobratsch), ohne das alte Lineament zu durchbrechen. Die damit verbundene Staufunktion für die unterirdische Wasserführung im Bereich des Dobratsch wurde bereits erwähnt.

Östlich von Klagenfurt ändert sich die Situation. Gewaltige, jungtertiäre Bruchsysteme wie das Görtschitztaler und Lavanttaler Störungsbündel (siehe Fig. 10.1./1) zerbrachen den Ostteil der Karawanken in mächtige Blöcke, die sich sogar morphologisch abzeichnen. F. KAHLER verweist auf den hoch aufragenden Villacher Storschitz mit seinen leicht metamorphen devonischen Kalken und den altbekannten „Seeberger Aufbruch“, der quer zur Generalstruktur der Karawanken Südkette steht. Den magmatischen Intrusionen im Zuge dieser Tertiärtektonik verdankt das Lavanttal den Kollnitzer Vulkanit, im Bereich der Periadriatischen Naht gingen sie mit orogenetischen Bewegungen einher. In diesem Aufbruchsbereich gibt es zahlreiche vulkanitische Vorgänge, die jedoch nicht auf eine einzige Spalte beschränkt sind, sondern einer Vielzahl von kleineren und größeren wasser- und gaswegigen Klüften folgen. Im Gefolge treten neben den Säuerlingen von Bad Vellach die bekannten Muriquellen im Schollengraben aus. Wie beim Säuerling von Eisenkappel und anderen sind es Wässer aus offenen Spalten und Kluftkreuzungen, wobei oft selbst knapp benachbarte Austritte einen verschiedenen Chemismus zeigen. Werden diese Quellen geringer Schüttung in eine Fassung zusammengeleitet, so können sich chemische Prozesse (Aggressivität, Ausfällungen) ergeben.

Wurden Ausfällungen wie z.B. Krusten von Eisenocker entfernt, so floß gelegentlich nach einem Stauschwall eine ansehnliche Wassermenge aus. Seinerzeit wurden im Schollengraben beträchtliche und brauchbare Wassermengen erschlossen, bis ein katastrophaler Erdrutsch das Bild völlig veränderte.

Bei der Einmündung des Schollengrabens befindet sich direkt in der Vellach, die dort aus dem weiten Talschluß der Vellacher Kotschna kommt, ein Austritt am Rand des Flußbettes, der anzeigt, daß die verschieden hoch liegenden Austritte entscheidend von der aufsteigenden Kohlensäure abhängen, was der Fassung erhebliche Mühe bereitet.

Wir haben im Raum von Bad Vellach augenscheinlich eine beträchtliche räumliche Durchgasung, die mit einer Ausnahme nur dort erkannt wurde, wo sich das Wasser im Gesteinskörper schon vor dem Austritt mit dem Gas verbunden hat. Leider sind die steilen Hänge des Vellachtales und die engen Gräben, die ihm zustreben, für eine systematische Untersuchung des Gasgehaltes der Bodenluft schlecht geeignet. Eine Ausnahme ist ein ehemaliger, heute trockener Austritt von Sauerwasser, wo freie Kohlensäure in beträchtlichem Maße in die Schuttumhüllung der Hänge weiterhin unbemerkt ausfließt. Es handelt sich um die **Mofette** an der Seebergstraße (Nr. 42, siehe F. KAHLER, 1978).

Diese Entgasung füllte während der Nacht eine Baugrube von ca. 10 m^3 Inhalt und floß, wie sich später bei der Untersuchung zeigte, als mehrere Zentimeter hohe Gasschicht über den Asphalt der geneigten Straße ab. Ein ahnungslos in die Grube einsteigender Arbeiter erstickte, ein zweiter konnte gerade noch gerettet werden.

In der Baugrubenwand fand sich im stark zermürbten anstehenden Schiefer ein größerer Fleck aus Eisenocker.

Solche Entgasungen sind, obwohl schwerer als Luft, sehr wohl imstande, in wasserlosen Schuttbedeckungen von Hängen hochzusteigen und können, wie das Bauunglück zeigt, eine beträchtliche Gefahr darstellen. Bei Kellerbauten oder anderen Baugruben sollte man sich in diesem Gebiet dieser Gefahr bewußt sein.

CO_2 und Spurenelemente prägen die Wasseraustritte in hohem Maße: Es sei vorweggenommen, daß die Carinthia-Lithion-Quellen in Eisenkappel mit 13.200 µg/l Bor den höchsten Borgehalt der Kärntner Mineralwässer führen (siehe Eisenkappel; Messung Umweltschutzlabor des Landes Kärnten, Leiter: Univ.-Doz. Dr. H. SAMPL)

10.2.2. Die Heilwässer

10.2.2.1. Bad Vellach

Knapp vor dem Beginn des engen Durchbruchtales der Vellach liegen an ihrem rechten Ufer in einer Seehöhe von 850 m die Gebäude des ehemaligen Bades Vellach.

Das 1821 gegründete und gut frequentierte Heilbad war bis zur barbarischen Zerstörung während und am Ende des Zweiten Weltkrieges ein bedeutender wirtschaftlicher Faktor für diese Gegend.

Geologisch gesehen liegt der Ort in der vom Seeberg gegen NE ziehenden Sattelachse des schon genannten „Seeberger Aufbruchs“ (F. KAHLER, 1978). Tief im Kern dieses Gewölbes sind Bänderkalke im S und W von Bad Vellach aufgeschlossen. In der kurzen Schlucht der Vellach ober dem Kurort werden sie durchbrochen. Innerhalb dieser Einheit liegen vorwiegend Schiefer mit kleinen Kalklinsen. Diese scheinen hier den Aufstieg des Sauerwassers in den stark zerrütteten Gesteinen zu erleichtern. Die Auftriebe liegen häufig in den Grenzbereichen gegen den Schiefer.

Die Quellen liegen am rechten Ufer der Vellach, es sind vier alte Zylinderfassungen, eine fünfte Quelle entsprang im Bach, in dem vor der Regulierung auch weitere Kohlensäureauftriebe zu sehen waren.

F. KAHLER unterscheidet eine Quellgruppe von fünf Säuerlingen und zwei Nebenquellen (1978, p. 96). Die bedeutendste scheint der sogenannte Brunnen IV, ein erdalkalischer Säuerling, bekannt seit 1825 als „Stahl-Quelle“, gewesen zu sein, sie war auch die frühere Badequelle.

Die Wassertemperatur wird mit 7,2–7,6 °C angegeben (bei F. SCHEMINZKY, 1952: 8,1 °C). Bei den Quellen I und III liegt die Temperatur zwischen 6,45 und 6,8 °C, was der gegebenen Höhenlage entspricht.

Die Ergiebigkeit von Quelle IV (Stahlquelle) betrug bei der Kontrollanalyse von E. KOMMA & F. SCHEMINZKY 1952 4,8 l/min, das sind ca. 6.000 l/Tag.

Die obgenannte chemische Analyse ergab einen pH-Wert von 6,5 und folgende Ionenverteilung:

		Massenkonzentration mg/l	Ionenäquivalentkonzentration mmol/l	Äquivalentanteil %
KATIONEN				
Natrium + Kalium als Natrium	Na^+	1.035,7	45,03	64,05
Magnesium	Mg^{2+}	42,6	3,50	4,98
Calcium	Ca^{2+}	429,1	21,42	30,47
Eisen II	Fe^{2+}	9,8	0,35	0,50
Summe:		1.517,2	70,30	100,00
ANIONEN				
Chlorid	Cl^-	185,9	5,24	7,41
Sulfat	SO_4^{2-}	195,6	4,07	5,75
Hydrogencarbonat	HCO_3^-	3.747,0	61,41	86,84
Summe:		4.128,5	70,72	100,00
Summe Elektrolyte:		5.645,7		
Gasförmige Bestandteile: Freies Kohlendioxid	CO_2	2.335,0		
Summe:		7.980,7		

Die Benennung des Edelwassers ist daher Natrium-Calcium-Hydrogencarbonat-Mineralsäuerling.

10.2.2.2. Eisenkappel (früher „Carinthia-Lithion-Quelle")

An der Südgrenze des Marktes Eisenkappel, etwa gegenüber dem Schloß Hagenegg und südlich des von E kommenden, in das Vellachtal mündenden Leppengraben, kreuzt der Eisenkappeler Granitzug das Vellachtal. Nach S reicht er bis an die Mündung des östlichen Tales, das gegen die österreichisch-jugoslawische Grenze zu auf seinem schattseitigen Hangfuß Tonalitaufschlüsse zeigt.

Beim Beginn des Gebirgsbaues kam es bei der Intrusion zum Eindringen stark basischer Magmen in die Schieferhülle, die heute als Diorit vorliegen. Erst danach kam der Granit, der den Diorit und zum Teil auch Hüllgesteine teilweise wieder aufschmolz. Die dabei entstandenen Mischgesteine werden Rednitzite genannt.

Am orographisch linken Ufer der Vellach hatte 1879 ein verheerendes Hochwasser eine unter den Kiesen des Talbodens liegende Granitschwelle freigespült und gezeigt, daß hier aus dem Granit Säuerlinge austreten.

Im aufgeschlossenen Auftriebsgebiet der Säuerlinge ist Diorit der ersten Intrusionsphase in einer stark zersetzten Scholle aufgeschlossen worden, die relativ kluftarm ist und nur eine geringe Wasserspende ergab. Der weitaus größere Teil des Gebietes wird vom Granit eingenommen. Eine besonders schöne Abart des Granits ist eine porphyrische Varietät.

Wie die Bohrkerne der zweiten Aufschlußperiode zeigten, haben die aufdringenden Säuerlinge das Gestein stark zersetzt, doch blieb das Korngefüge erhalten und das Gestein selbst kernfähig. Die Proben der Kernbohrungen harren noch einer wissenschaftlichen Bearbeitung.

Der Weg zur ersten Aufschlußperiode wurde von F. KAHLER (1978) geschildert. In dieser Zeit bediente man sich zur Kontrolle der Wässer besonders der Beobachtung des Lithiumgehaltes (H. SAMPL).

Vor der ersten Neufassung war die Ergiebigkeit zweier genutzter Quellen rund 3.300 l/Tag, nach der Neufassung, die insbesondere eine Tieferlegung der Austritte war, rund 9.000 l/Tag.

Bei der folgenden Errichtung eines Kurhauses stieß man auf eine mäßig breite Mylonitzone im Granit. Es handelt sich um eine fast genau E-W-streichende, senkrecht stehende dichte Störungszone. In den schräg zu dieser Zone laufenden Klüften war erfahrungsgemäß mit Wasserauftrieben zu rechnen.

Es wurde den Hinweisen folgend eine zweite Aufschlußphase beschlossen. Geophysikalische Messungen von H. JANSCHEK ergaben, daß die Felsschwelle sich unter sehr groben Kiesen der Vellach bis gegen den Fluß zieht. Es liegt demnach keine verdeckte Felsschlucht vor. Wohl aber zeigte sich, daß die Schwelle unter der Kiesüberlagerung steiler nach N abfällt als das neue Bett des Flusses. Damit war die Abhängigkeit des Flußbegleitgrundwassers von Eintiefungen geklärt. Die Bohrungen verblieben im Granit, ohne den Mylonitstreifen zu treffen. Durch die Tieferlegung des Sauerwasserweges wurde dieses vom Begleitgrundwasser weitgehend unabhängig gemacht und die nötige Ergiebigkeit des Säuerlings für das Bad gesichert.

Die Abhängigkeit der Ergiebigkeit von Witterungsverhältnissen zeigt, daß die Säuerlinge hauptsächlich Berg- oder Grundwässer sind, die nach ihrer Versickerung das aus großen Tiefen aufsteigende CO_2 aufnehmen.

Dieser Zusammenhang widerspiegelt sich auch in den Wassertemperaturen, die im Sommer (August 1973) zwischen 8,4 und 10,7 °C und im Frühling (Schneeschmelze, April 1973) zwischen 4,4 und 6,2 °C lagen.

Der Chemismus der Wässer ist den nachstehenden Auszügen aus den Großen Heilwasseranalysen nach E. KOMMA & F. SCHEMINZKY aus dem Jahre 1951 (in: F. KAHLER, 1978) zu entnehmen.

Quellauftrieb Nr. 1 (Annemarie)

Sinnesprüfung:
farblos, klar, vereinzelt anorganische Bodenkörper, ohne besonderen Geruch

Schüttung am 28. August 1973 nachmittag 4.075 l/Tag
Schüttung am 31. August 1973 nachmittag 3.830 l/Tag
Wasserwärme 8,4 °C
pH-Wert 6,5
El. Leitfähigkeit (bei 20 °C) 6,62 mS/cm
Trockenrückstand:
bei 105 °C 4.957 mg/l
bei 180 °C 4.920 mg/l

Radioaktive Spurenelemente:
Uran 0,02 mg/l
Radium $4{,}7 \times 10^{-12}$ Ci/l = $4{,}7 \times 10^{-3}$ nCi/l
Radon $8{,}0 \times 10^{-9}$ Ci/l = **8,0 nCi/l**

Chemische Analyse Annemarie-Quelle:

		Massen-konzen-tration mg/l	Ionenäqui-valentkon-zentration mmol/l	Äquiva-lent-anteil %
KATIONEN				
Lithium	Li^+	2,0	0,288	0,33
Natrium	Na^+	1.628,00	70,314	81,52
Kalium	K^+	32,50	0,831	0,96
Ammonium	NH_4^+	1,57	0,087	0,10
Magnesium	Mg^{2+}	77,30	6,360	7,32
Calcium	Ca^{2+}	162,50	8,110	9,34
Strontium	Sr^{2+}	0,90	0,021	0,02
Barium	Ba^{2+}	0,44	0,0064	0,01
Mangan	Mn^{2+}	0,40	0,015	0,02
Eisen II	Fe^{2+}	7,30	0,261	0,30
Aluminium	Al^{3+}	0,60	0,067	0,08
Summe:		1.913,51	86,3604	100,00
ANIONEN				
Fluorid	F^-	0,3	0,016	0,02
Chlorid	Cl^-	633,50	17,870	20,68
Bromid	Br^-	5,5	0,069	0,08
Jodid	J^-	0,12	–	–
Sulfat	SO_4^{2-}	171,60	3,573	4,13
Nitrat	NO_3^-	0,05	–	–
Hydrogenphosphat	HPO_4^-	0,13	–	–
Hydrogencarbonat	HCO_3^-	3.960,00	64,900	75,09
Summe:		4.771,20	79,282	100,00
Summe Elektrolyte:		6.684,71		
Schwache Elektrolyte:				
Kieselsäure, meta	H_2SiO_3	54,8		
Borsäure, ortho	H_3BO_3	55,4		
m-Arsenige Säure	$HAsO_2$	4,32		
Summe:		6.799,23		

Gasförmige Bestandteile:		
Freies Kohlendioxid	CO_2	2.318
Summe:		9.117,23

Menge der frei aufsteigenden Quellgase:
ca. 0,25 l/min. = 360 l/Tag
In den Quellgasen sind enthalten (Vol.%):

Kohlendioxid	CO_2	99,90
Stickstoff	N_2	0,10
Sauerstoff	O_2	0,03

Zn, Cd, Pb, Hg, Se, Spuren

Wassertypus: Radonhältiger Natrium-Hydrogencarbonat-Chlorid-Mineralsäuerling.

Quellauftrieb Nr. 5 (Helenen-Quelle)

Sinnesprüfung:
farblos, klar, ohne besonderen Geruch, säuerlingsartig

Quellschüttung am 28. August 1973 5.371 l/Tag
Quellschüttung am 31. August 1973 5.227 l/Tag
Wasserwärme 8,0 °C
pH-Wert 6,3
El. Leitfähigkeit (bei 20 °C) 2,41 mS/cm
Trockenrückstand:
bei 105 °C 1.643 mg/l
bei 180 °C 1.630 mg/l
Radioaktive Spurenelemente:
Uran $7{,}10^{-4}$ mg/l
Radium $5{,}6 \times 10^{-12}$ Ci/l = $5{,}6 \times 10^{-3}$nCi/l
Radon $2{,}5 \times 10^{-9}$ Ci/l = **2,5 nCi/l**

Chemische Analyse Helenen-Quelle:

		Massen-konzen-tration mg/l	Ionenäqui-valentkon-zentration mmol/l	Äquiva-lent-anteil %
KATIONEN				
Lithium	Li^+	0,60	0,086	0,29
Natrium	Na^+	503,00	21,879	73,96
Kalium	K^+	11,90	0,304	1,03
Ammonium	NH_4^+	0,40	0,022	0,07
Magnesium	Mg^{2+}	38,20	3,140	10,61
Calcium	Ca^{2+}	80,70	4,030	13,62
Strontium	Sr^{2+}	0,40	0,0091	0,03
Barium	Ba^{2+}	0,31	0,0045	0,02
Mangan	Mn^{2+}	0,23	0,0084	0,03
Eisen II	Fe^{2+}	1,60	0,057	0,19
Aluminium	Al^{3+}	0,40	0,044	0,15
Summe:		637,74	29,5840	100,00
ANIONEN				
Fluorid	F^-	0,7	0,037	0,13
Chlorid	Cl^-	176,20	4,970	16,88
Bromid	Br^-	1,7	0,021	0,07
Jodid	J^-	0,052	0,0004	0,00
Sulfat	SO_4^{2-}	26,60	0,554	1,88
Hydrogenphosphat	HPO_4^-	0,34	0,004	0,01
Hydrogencarbonat	HCO_3^-	1.455,30	23,850	81,02
Summe:		1.660,892	29,4364	99,99
Summe Elektrolyte:		2.298,632		

Schwache Elektrolyte:		
Kieselsäure, meta	H_2SiO_3	33,1
Borsäure, ortho	H_3BO_3	17,1
m-Arsenige Säure	$HAsO_2$	1,08
Summe:		2.349,912
Gasförmige Bestandteile:		
Freies Kohlendioxid	CO_2	1.115,0
Summe:		3.464,912

Menge der frei aufsteigenden Quellgase: etwa 141,0 l/Tag

In den Quellgasen sind enthalten (Vol.%):

Kohlendioxid	CO_2	69,86
Stickstoff	N_2	27,72
Sauerstoff	O_2	0,43

Wassertypus: Radonhältiger Natrium-Hydrogencarbonat-Mineralsäuerling.

Auf die Verschiedenheit der Zusammensetzung mit dem Auftrieb 1 sei hingewiesen, Kohlenwasserstoffe waren auch hier nicht nachweisbar.

Das aufsteigende CO_2 ist von einem nennenswerten **Radongehalt** begleitet (8 bzw. 2,5 nCi/l). Die hohe Mineralisierung zeigt, daß die jungen Sickerwässer mit Wässern längerer Verweildauer gemischt sind. Die hohen Natrium-, Calcium-, Magnesium- und Chloridwerte erfordern längere Lösungszeiten. Die **gelösten Gase** zeigen trotz geringer Entfernung der Quellen Unterschiede im prozentuellen Anteil: Quellauftrieb Nr. 1 = 99,9 Vol.% CO_2, Quellauftrieb Nr. 5 = 69,86 Vol% CO_2, 27,72 Vol.% N_2. Dementsprechend verschieden ist auch der Mittelwert der gelösten freien Kohlensäure und die Verbindung zur Atmosphäre.

Die bei der Heilwasseranalyse angegebenen Gehalte an *Spurenelementen* unterscheiden sich zum Teil erheblich von jenen der in den Speziallabors ermittelten Werten nur halbquantitativ als „kleine wägbare Mengen“ Zn, Cd, Pb, Hg, Se erwähnt.

Die ergänzenden Neuuntersuchungen der *Spurenelemente* (in µg/l) durch das Umweltschutzlabor des Landes Kärnten, Doz. Dr. H. Sampl (Probennahme Dr. J. Schlamberger) ergab zum Teil außergewöhnliche Werte:

Li	Mn	Ba	Sr	B
2.900	289	420	1.291	13.200

10.2.2.3. Die Paulitschquelle (Kohlensäuerling in der Marktgemeinde Eisenkappel-Vellach)

Am Hang des Paulitsch-Kogels zwischen Eisenkappel und Bad Vellach liegen in 1.010 m NN drei Sauerwasseraustritte.

Geologisch gehört der Bereich zum Nordostrand des Christophorus-Felsens, der ein Teil einer großen östlich des Vellachtales anstehenden fossilreichen Bänderkalkmasse ist, die zum Kerngebiet des sogenannten „Seeberger Aufbruchs“ gehört.

Die Gruppe von drei Quellen hatte in den zwanziger Jahren durch zwei Fassungen eine Ergiebigkeit von zusammen etwa 680 l/Tag. Das Wasser wurde kurze Zeit durch einen Flaschenversand unter der Bezeichnung „Karawankenquelle“ genutzt.

Schon im Jahre 1955 fand F. Kahler die Fassungen in schlechtem Zustand und den Vertrieb eingestellt. F. Kahler schlug vor, die Fassung tiefer zu legen, wodurch die Ergiebigkeit soweit gesteigert werden könnte, die Nutzung dieses geologisch interessanten Vorkommens wieder zu ermöglichen.

Der Chemismus zeigte nach der Analyse von E. Komma & F. Scheminzky aus dem Jahre 1953 einen pH-Wert von 6,6, Spuren von Uran; Radium, Radon wurden leider nicht gemessen.

		Massenkonzentration mg/l	Ionenäquivalentkonzentration mmol/l	Äquivalentanteil %
KATIONEN				
Lithium	Li^+	1,02	0,14	0,20
Natrium + Kalium als Natrium	Na^+	916,66	39,85	54,41
Magnesium	Mg^{2+}	104,80	8,62	11,77
Calcium	Ca^{2+}	493,20	24,61	33,60
Eisen II	Fe^{2+}	0,50	0,02	0,02
Summe:		1.516,18	73,24	100,00
ANIONEN				
Chlorid	Cl^-	51,80	1,46	2,0
Sulfat	SO_4^{2-}	259,70	5,41	7,38
Hydrogencarbonat	HCO_3^-	4.050,50	66,38	90,62
Summe:		4.362,00	73,25	100,00
Summe Elektrolyte:		5.878,18		
Gasförmige Bestandteile:				
Freies Kohlendioxid	CO_2	1.655,0		
Summe:		7.533,18		

Nitrit und Nitrat waren nachweisbar.

Der Wassertypus ist ein „Natrium-Calcium-Hydrogencarbonat-Mineralsäuerling“.

10.2.2.4. Ebriach (Versandsäuerling in der Marktgemeinde Eisenkappel-Vellach)

Parallel zur Periadriatischen Naht verläuft, etwas versetzt, das Ebriachtal in W-E-Richtung und mündet am Nordrand von Eisenkappel in das Vellachtal (Lage siehe Eisenkappel Fig. 10.1./1).

Von geologischer Bedeutung ist ein im E des Schaidsattels auftretender Granitzug, der mehr oder weniger geschlossen nach E zieht. Die Sauerwasserauftriebe sind im allgemeinen an Kontakte des Ebriach-Baches mit dem Granit gebunden.

Die Auftriebe gruppieren sich am rechten und linken Bachufer, wurden aber nicht nur auch im Bachbett erschlossen, sondern letztendlich auch beim Aushub zum Bau des Abfüll- und Versandgebäudes, und daselbst auch gefaßt. Dies alles zeigt, daß wir es mit zahlreichen kleinlumigen Wasserwegen eines tektonisch zerrütteten Bereiches zu tun haben.

Die Fassung der aus den Klüften aufsteigenden Sauerwässer war schwierig. So wurden mehrere Kluftwässer zu einer Quellfassung zusammengeführt und diese mit den technisch bedingten Bezeichnungen Quelle Nr. I, II, III benannt.

Betreffend die bautechnischen Schwierigkeiten und geologische Details wird auf F. KAHLER (1978) verwiesen.

Die chemischen Eigenschaften des Wassers entnehmen wir der Großen Heilwasseranalyse von E. KOMMA & F. SCHEMINZKY aus dem Jahr 1969 (Originaldaten, Haupt- und Spurenelemente nicht getrennt):

		Massenkonzentration mg/l	Ionenäquivalentkonzentration mmol/l	Äquivalentanteil %
KATIONEN				
Lithium	Li^+	1,88	0,27	0,33
Natrium	Na^+	1.069,00	46,50	56,73
Kalium	K^+	28,30	0,72	0,88
Magnesium	Mg^{2+}	213,10	17,52	21,37
Calcium	Ca^{2+}	336,40	16,79	20,48
Strontium	Sr^{2+}	7,60	0,17	0,21
Summe:		1.656,28	81,97	100,00
ANIONEN				
Fluorid	F^-	1,30	0,07	0,09
Chlorid	Cl^-	39,50	1,11	1,35
Sulfat	SO_4^{2-}	77,60	1,62	1,98
Hydrogencarbonat	HCO_3^-	4.834,00	79,22	96,59
Summe:		4.952,40	82,02	100,01
Summe Elektrolyte:		6.608,68		
Schwache Elektrolyte:				
Kieselsäure, meta	H_2SiO_3	74,9		
Borsäure, ortho	H_3BO_3	11,3		
Summe:		6.694,88		
Gasförmige Bestandteile:				
Freies Kohlendioxid	CO_2	2.210,00		
Stickstoff + Edelgase		1,65		
Summe:		8.906,53		

Fe (II, III), Mn, HPO_4 und $HAsO_4$, Angabe nur „Spuren" < 0,4 mg/l.

Der Typus des Wassers ist ein **Natrium-Magnesium-Calcium-Hydrogencarbonat-Mineralsäuerling.**

Die *Spurenelemente* (in µg/l) wurden durch das Umweltschutzlabor des Landes Kärnten, Univ.-Doz. Dr. H. SAMPL, Klagenfurt, 1990 analysiert. In Klammer Werte der großen Heilwasseranalyse 1969:

Li	Sr	Ba	Mn	F	B
1.840 (1.880)	2.234 (7.600)	59	251	(1.300)	2.166

Die Ergiebigkeit der gefaßten Quellen betrug 1969 zusammen 8.100 l/Tag. Das Wasser wird ausschließlich durch Flaschenversand genutzt.

10.2.5. Zusammenfassung

Auf die außergewöhnliche tektonische Situation des Quellbezirkes wurde bereits einleitend hingewiesen.

Aus Fig. 10.1./1 in der Beschreibung des Heilwasserbezirkes Lavanttal ist das Zusammentreffen starker meridionaler Störungen mit dem periadriatischen Lineament exakt in diesem Raum ersichtlich, was eine sehr tiefreichende Wegigkeit andeutet und einen Kontakt mit den vielfältigen Bauelementen des Eisenkappeler Paläozoikums vermuten läßt. Diese Annahme wird bestärkt durch die hohe Mineralisierung der Wässer, die starke Entgasung aus der Tiefe und nicht zuletzt durch den nennenswerten Radongehalt.

Das besondere Phänomen aber bleibt der hohe Gehalt an Spurenelementen der Carinthia-Lithion-Quelle, insbesondere der exzessiv hohe Borgehalt dieser und anderer Quellen. Wo liegt die zwingenderweise anzunehmende Verbindung mit dem Vulkanismus?

Zunächst stellt sich die Frage, inwieweit vulkanogene Gesteine in der mächtigen Grünschieferserie der unmittelbaren Umgebung eine Rolle spielen könnten. Es handelt sich immerhin um Einschaltungen von Aschentuffen bzw. -tuffiten mit „spilitischer", d.h. basaltischer Zusammensetzung. Massige Spilite bzw. Spilitgänge gehören zur Palette der Gesteine des Eisenkappeler Paläozoikums, wobei H.P. SCHÖNLAUB (1980) ein Ausgangsmagma von „alkali-olivin-basaltischer Zusammensetzung" vermutet. Wie steht es aber mit dem Alter dieser Gesteinsfolgen?

Es ist wohl einleuchtend in dieser Situation auch an die Möglichkeit einer Verbindung mit dem ausgedehnten jungen andesitisch-dazitischen Vulkanismus knapp 12 km südöstlich in den oberkrainischen Bergen zu denken. Oder ist dies, nur von den Spurenelementen des Wassers ausgehend, ein zu frivoler Gedanke? Auch ein Einfluß vom Kollnitzer Vulkanismus wurde diskutiert, scheint jedoch aus verschiedenen Gründen unwahrscheinlich.

10.3. Wildbad Einöd (V. MAURIN)

10.3.1. Vorbemerkung

Dieser Quellort im Olsatal liegt zwar knapp nördlich der Grenze zur Steiermark, muß aber genetisch noch der Heilwasserprovinz der tektonischen Störungssysteme Ostkärntens zugerechnet werden.

Die direkt am uralten Handelsweg zwischen Kärnten und dem oberen Murtal als Waller aufstoßenden thermalen Mineralsäuerlinge waren sicher schon in vorrömischer Zeit bekannt. Während des 1. bis 4. Jahrhunderts n. Chr. bestand in dieser Gegend eine römische Poststation an der „Norischen Hauptstraße". Einen ersten schriftlichen Hinweis auf diese Heilquellen finden wir in dem mittelalterlichen Lobgedicht des St. Lambrechter Abtes RUDOLF V. LIECHTENECK (1387–1419): „Inde flunt calido sanantes sulfure thermae, hic erit sanus, serius aeger Ocyus". Der berühmte Naturforscher und Arzt PARACELSUS V. HOHENHEIM (1493–1541) berichtet später: „Hat auch im alten Kärnten eine Meil von Friesach in der Ainoed ein sawrer Brunn, der von Natur selbst warm ...". Und in der VISCHER'schen Karte des Herzogtum Steiermark (1680) ist bereits „Bad Ainoed" eingezeichnet.

Der Naturzustand dieser Thermen – als frei aufsteigende Waller – blieb bis in die Mitte des 19. Jahrhunderts bestehen, und noch 1860 führt M. MACHER aus: „Leider werden diese Quellen mit dem Mooswasser, welches sie umgibt, gemischt und dadurch bedeutend abgekühlt". In der Folgezeit versuchten die öfter wechselnden Betreiber des Bades die Quellenverhältnisse durch Bohrungen und Brunnenfassungen zu stabilisieren, sowie Temperatur und Lösungsgehalt der Wässer zu heben. Im Jahre 1965 ging die Badeanstalt in den Besitz der Deutschordensschwestern aus Friesach über, die eine grundlegende Modernisierung der Kuranlagen und eine Neufassung der Quellen veranlaßten.

10.3.2. Der geologische Rahmen

Die wissenschaftliche Erforschung der thermalen Mineralsäuerlinge von Wildbad Einöd beginnt mit der Gutachtertätigkeit von Prof. CRANTZ aus Wien im Jahre 1772. Die Abklärung der **geologischen Rahmenbedingungen** erfolgte vor allem durch A. THURNER in den Jahren 1959–1971 (Kartenblatt Neumarkt, 1 : 50.000, A. THURNER & D. VAN HUSEN, 1978). Eine eingehende Bearbeitung der „Geologie und Hydrogeologie der näheren Umgebung von Wildbad Einöd" fand von 1980–1983 im Rahmen einer Diplomarbeit am Lehrstuhl für Angewandte Geologie an der Universität Karlsruhe (Vorstand Prof. Dr. V. MAURIN) durch B. GALL statt. Diese Untersuchungen bilden eine wesentliche Grundlage für die folgende Darstellung.

Für die Genese der thermalen Mineralsäuerlinge von Wildbad Einöd sind sowohl der geologische Bau des Untergrundes (Schichtbestand und Tektonik) als auch die junge morphologische Entwicklung dieses Bereiches bestimmend. Regionalgeologisch gehört das Gebiet von Wildbad Einöd dem Murauer Paläozoikum und damit der großen tektonischen Einheit der oberostalpinen Gurktaler Decke an. Diese ist dem Kristallin, zum Teil auch sedimentären Gesteinen des Mittelostalpin aufgeschoben. Der gesamte Komplex wird außerdem noch von tiefreichenden und zum Teil bis in geologisch jüngste Zeit aktiven Störungen zerstückelt und verstellt. Die bedeutendsten davon haben eine meridionale Orientierung. An solchen Brüchen sind z.B. das Krappfeld und das Jungtertiär des Lavanttales eingesenkt. Derartige tiefreichende Störungen sind auch für die Existenz zahlreicher Mineralsäuerlinge in Ostkärnten und im oberen Murtal von entscheidender Bedeutung (Kap. 10.1., Fig. 10.1./1).

Auch das Olsatal folgt im Bereich von Wildbad Einöd einer solchen NNE-streichenden Störung, die A. THURNER (1970) als Olsabruch bezeichnet hat. Sie trennt eine Serie paläozoischer, meist flachliegender Gesteine (Graphit-Phyllite, Kalk-Serizit-Chlorit-Quarz-Phyllite mit Kalkbänken und -linsen sowie untergeordnet Metadiabase und Serizit-Quarzite), die den Osthang des Groberberges (1.360 m NN) aufbauen, von der östlichen Talseite. Hier wird der bis etwa 1.300 m NN hinaufreichende Hang in seiner ganzen Höhe vom Kristallin eingenommen (Graphit-Granat-Glimmerschiefer mit steilstehenden E-W-streichenden Quarzitzügen).

Um zu verstehen, warum der an den Olsabruch gebundene thermale Mineralsäuerling gerade im Bereich des heutigen Kurhauses (740 m NN) zutage tritt, bedarf es noch einer kurzen Erläuterung der jüngsten geologischen Entwicklung. Während des Pleistozäns wurde die Paßlandschaft von Neumarkt mehrmals von Eismassen des Murgletschers überfahren. In der jüngsten Vereisungsperiode reichte im Hochwürm der Gletscher im Olsagebiet bis etwa 1.300 m NN, also bis knapp unter den Gipfel des Groberberges. Dabei kam es zu einer starken Übertiefung der Talsohle und im Bereich des Olsabruches zu einer Übersteilung der rechten Flanke. In einer auf das Würm-Maximum folgenden Wärmeschwankung zog sich der Murgletscher aus dem Olsagebiet weitgehend zurück. Und nun kam es, als die übersteilte Talflanke ihres durch das Eis gebildeten Widerlagers beraubt war, am Groberbergosthang zu einer ausgedehnten, sich über zwei Kilometer erstreckenden und 600 bis 700 Höhenmeter erfassenden Felsgleitung. Die in zum Teil sehr große Schollen zerlegte Sackungsmasse stützt sich südlich des Bahnhofes von Wildbad Einöd am Gegenhang ab. Ein nach einem neuerlichen Gletschervorstoß in diesem Bereich verbliebenes Zungenbecken wurde in der Folgezeit mit limnischen und fluviatilen Ablagerungen aufgefüllt. In ihnen konnten sich Grundwasserhorizonte entwickeln, die im W mit dem Hangwasser der tiefgründig zerrütteten Flanke des Groberberges in einem unmittelbaren Kontakt stehen.

Diese aufgelockerte Sackungsmasse – die im Bereich des Kurhauses der Olsatalstörungszone wahrscheinlich direkt aufsitzt – ermöglicht es aber auch dem Thermalwasser hier in breiter Front aufzusteigen (siehe Fig. 10.3./1 und 10.3./2). Es handelt sich an der Oberfläche also um Mischwässer, die nach älteren Berichten im Laufe der Zeit an verschiedenen Stellen sowie in wechselnder Anzahl und Temperatur aufstießen. Erst durch die Fassungsarbeiten der letzten Jahrzehnte wurde die Nutzung des Heilwassers auf vier „Quellen“ konzentriert; aber auch in diesen scheinen sich langfristige wie auch jahreszeitliche Schwankungen bemerkbar zu machen.

Zwischen Kurhaus und Bundesstraße (B 83) sind zur Zeit eng aneinanderliegend die Michael-, die Georgs- und die Ignazquelle gefaßt (Fig. 10.3./3). Während die Neubohrung der Georgsquelle bis auf 53 m abgeteuft wurde, reichen die Filterrohre der beiden anderen Quellen nur bis 8 m unter Gelände. In allen drei Bohrrohren steigen die Wässer bis knapp unter das Niveau der B 83 (740,4 m NN) artesisch auf. Für die etwa 50 m entfernte, 12 m tiefe Bohrung der Hallenbadquelle gilt das gleiche. Eine Messung der Quellschüttungen ist wegen der unter Gelände befindlichen und miteinander kommunizierenden Sammelbecken derzeit nicht möglich. Die Schüttung der zur Zeit genutzten Thermalwasseraustritte wurde während der letzten Ausbauarbeiten auf > 10 l/s geschätzt, wobei die Hallenbadquelle mit 7,3 l/s die weitaus stärkste ist. Die Gesamtergiebigkeit des thermalen Mineralwasseraufbruches muß aber weit größer sein, da erhebliche Anteile sicher direkt in das Talgrundwasser übertreten.

Dafür sprechen auch die von B. GALL durchgeführten Bodengasmessungen im Talboden je 1,5 km oberhalb und unterhalb der Kuranstalt (Fig. 10.3./1). Dabei wurde in über 140 Flachbohrungen in 1 m Tiefe der prozentuelle Anteil von CO_2 in der Bodenluft registriert. Es zeigte sich, daß nur beiderseits der Kurhausbrunnen, auf insgesamt 1 km Länge, erhöhte CO_2-Werte bis maximal 10,7 Vol.% der Bodenluft auftraten (normaler Background 0,1 bis maximal 2 Vol.%). Der auf Fig. 10.3./1 ausgeschiedene Streifen erhöhter CO_2-Konzentrationen setzt am Hangfuß der über die Olsatalstörung geglittenen Sackungsmasse des Groberberges an. Die in die Talmitte ziehenden Konzentrationsfahnen werden wohl durch kontaminiertes, zum Vorfluter hin abfließendes Hangwasser verursacht.

10.3.3. Die Fassungen der thermalen Mineralwassersäuerlinge von Wildbad Einöd

Die zur Zeit genutzten Mineralwasserfassungen (Fig. 10.3./3 und 10.3./4) wurden Mitte der sechziger Jahre neu gebohrt und nachgebohrt. Es handelt sich dabei im engen Bereich zwischen Kurhaus und Bundesstraße (von N nach S) um die **Alte** und **Neue Michaelquelle**, die **Georgsquelle II** und die **Alte** und **Neue Ignazquelle** sowie etwa 50 m weiter südlich um die sogenannte **Hallenbadquelle**.

Vor Übernahme der Badeanstalt durch die Deutschordensschwestern wurden nur mehr die (Alte) Michaelquelle für Trinkkuren sowie die Hallenbadquellen für Badezwecke therapeutisch genutzt. 1966 erfolgte eine Reinigung der bestehenden je 8 m tiefen Bohrungen an der Michael- und der Ignazquelle (Durchmesser 95 mm, bis 6 m Vollrohr, darunter 2 m Filterstrecke). Außerdem wurden unmittelbar neben diesen alten Brunnenrohren ebenfalls 8 m tiefe Bohrungen niedergebracht (Durchmesser 150 mm, geschlitzte Filterrohre bis 2 m u.G.). Aus den alten und neuen Rohren fließt das Thermalwasser bei beiden Fassungen in je ein unter Gelände befindliches Sammelbecken frei aus.

Die zwischen diesen beiden Fassungen liegende Georgsquelle wurde 1966 völlig neu bis auf 53,1 m abgeteuft (Georgsquelle II). Der Bohrdurchmesser betrug 216 mm. Endausbau: durchgehende verkieste Verrohrung (Durchmesser 150 mm), Filterstrecke zwischen 41 und 51 m Tiefe. Das Thermalwasser tritt auch hier frei in ein Sammelbecken unter Gelände aus.

Nach den nicht sehr aufschlußreichen Bohrprotokollen fanden sich bei allen drei, eng aneinanderliegenden Bohrungen unter einer geringmächtigen Aufschüttung bis etwa 5 m u.G. stark humose, anmoorige, zum Teil sandige Hochflutlehme, darunter eine Wechselfolge von Hangschutt, Schotter und Kies mit größeren Steinen; bis 12 m mit Holzresten. In der Sonde der Georgsquelle II wurde in 52,6 m Fels erreicht – in diesem aber nur noch 0,5 m mittels Meißel weitergebohrt. Aller Wahrscheinlichkeit nach handelt es sich aber nur um einen Block der Sackungsmasse des Groberberges.

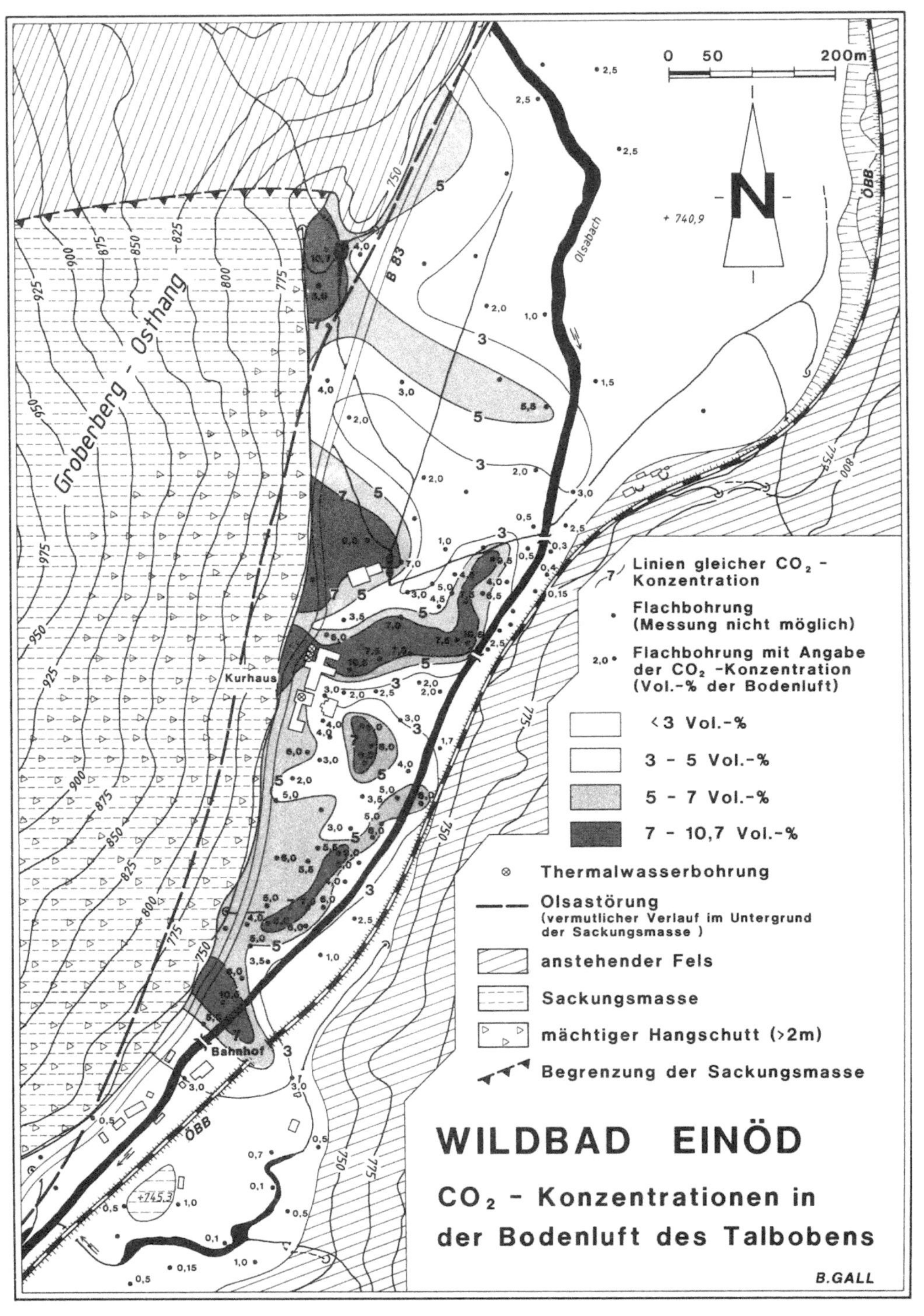

Fig. 10.3./1: Darstellung der CO_2-Konzentrationen in der Bodenluft des Olsatales bei Wildbad Einöd. Zweimalige Messung in über 140 ein Meter tiefen Flachbohrungen. Die erhöhten CO_2-Werte setzen am Fuße der Sackungsmasse des Groberbergosthanges ein. Die nach E weisenden Fahnen markieren die Abflußrichtung des Hangwassers zum Vorfluter.

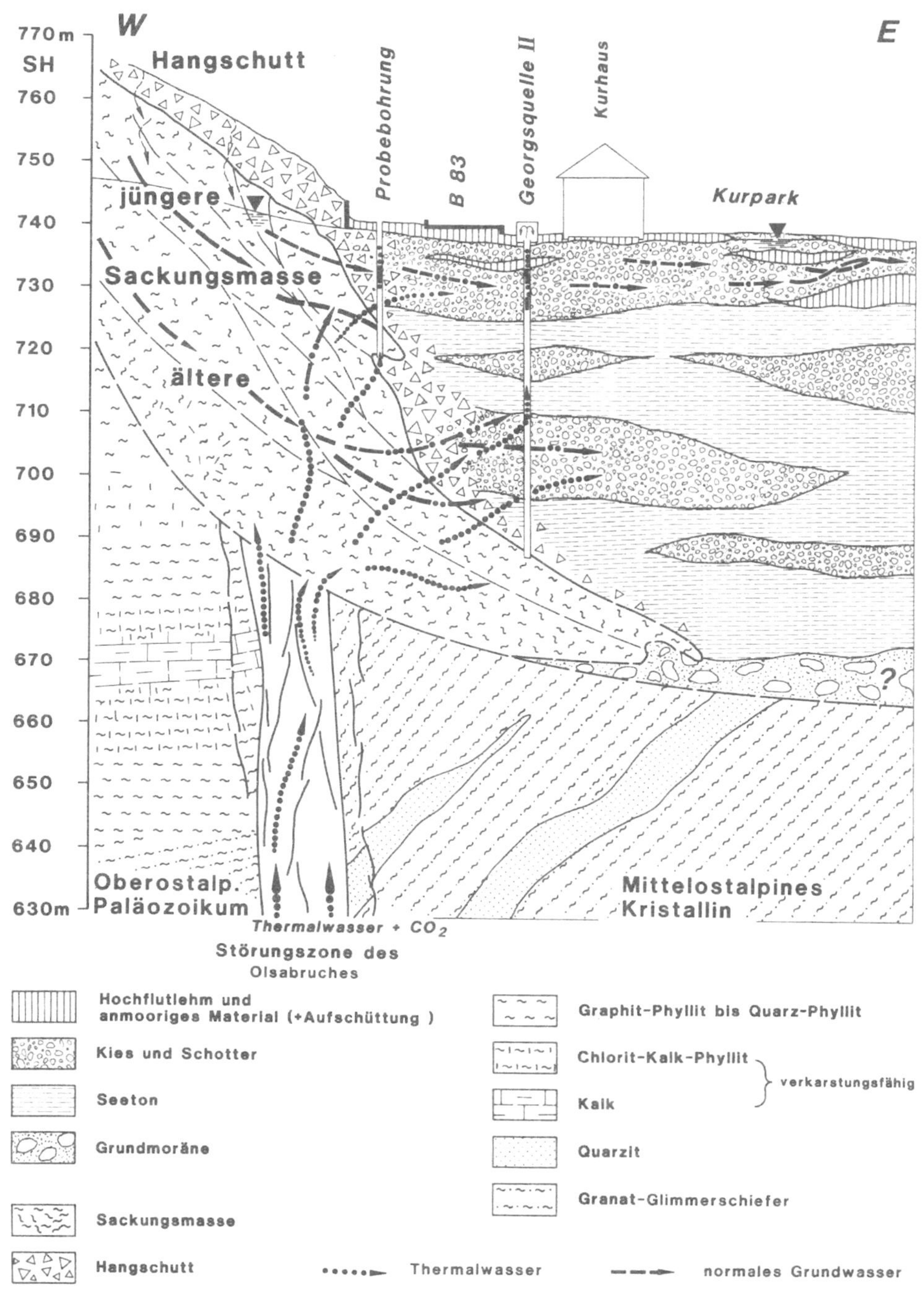

Fig. 10.3./2: Schematische Darstellung der Aufstiegswege und der Mischungszone der thermalen Mineralsäuerlinge von Wildbad Einöd. Die weit in den vom Eis ausgeschürften Taltrog vorgeschobene Sackungsmasse des Groberbergosthanges überdeckt die Ausstrichlinie der Störungszone des Olsabruches, so daß diese hier von den abdichtenden Seesedimenten ausgespart blieb. In der aufgelockerten Sackungsmasse, im Hangschuttmaterial sowie in den nach oben immer mehr dominierenden grobklastischen Kies- und Schotterhorizonten der Talfüllung kommt es zur Vermischung des Thermalwassers mit den normalen Grundwässern (Hangwasser und Talgrundwasser), die dann gemeinsam in Richtung Vorfluter (Olsabach) abfließen. Der oberste Talgrundwasserhorizont ist an vielen Stellen gespannt.

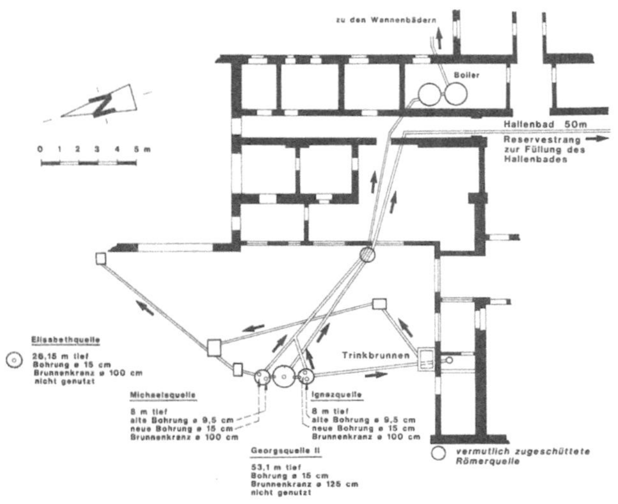

Fig. 10.3./3: Lageplan der Thermalwasserbohrungen im Bereich zwischen Bundesstraße (B 83) und Kurhaus.

In allen drei Bohrungen kam es nach dem Durchteufen der lehmig-sandigen moorhaltigen Deckschichten zu einem artesischen Aufstieg von Thermalwasser bis über Geländehöhe. Bei der Georgsquelle II nochmals aus 46 m Tiefe. Die höheren Horizonte wurden bei dieser Fassung aber durch ein Vollrohr abgesperrt.

Als schädlich erwies sich der Einbau von bis 2 m u.G. reichenden Filterrohren bei den Neubohrungen der Michael- und der Ignazquelle, da dadurch eine Vermischung mit oberflächennahem Grundwasser begünstigt wird. Dies wurde auch mittels vergleichender Temperaturmessungen durch B. GALL am 29. Oktober 1980 bestätigt (Tab. 10.3./1).

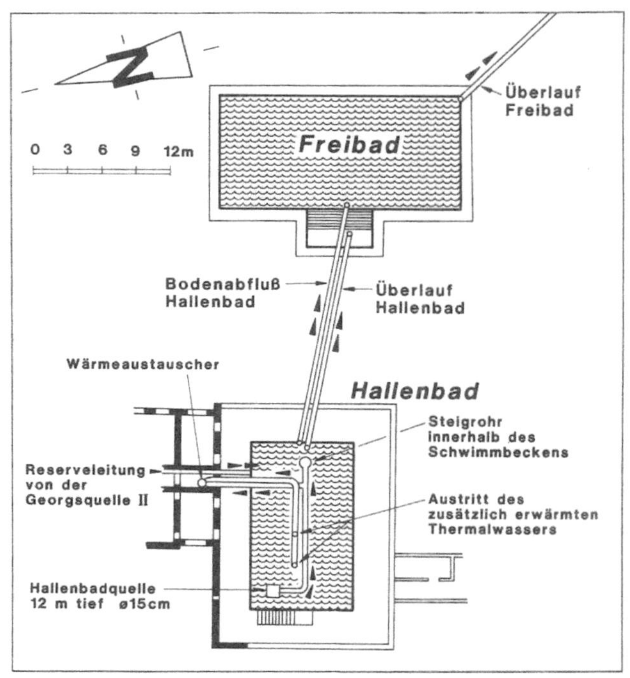

Fig. 10.3./4: Lageplan des Hallen- und des Freibades sowie der Hallenbadquelle.

Analog wurde auch der Gesamtlösungsinhalt der aufsteigenden Wässer herabgesetzt (elektrolytische Leitfähigkeit in µS/cm bei 20 °C):

Alte Michaelquelle	2.507,
Neue Michaelquelle	1.835,
Alte Ignazquelle	2.135,
Neue Ignazquelle	1.840.

Tab. 10.3./1: Vergleichende Temperaturmessungen in den alten und neuen Bohrungen der Michael- und Ignazquelle. Teufe in m ab Rohroberkante, Temperatur in °C.

Teufe	Alte Michaelquelle	Neue Michaelquelle	Alte Ignazquelle	Neue Ignazquelle
1,0	26,0	21,8	25,0	21,4
1,5	26,0	22,2	25,3	21,9
2,0	26,1	22,6	25,8	22,6
2,5	26,1	22,8	25,9	23,0
3,0	26,1	23,0	26,0	23,7
3,5	26,1	23,2	26,1	24,3
4,0	26,1	23,5	26,1	24,8
4,5	26,1	23,8	26,1	25,0
5,0	26,1	24,1	26,1	25,3
5,5	26,1	24,2	26,1	25,5
6,0	26,1	24,4	26,1	25,6
6,5	26,1	24,9	26,1	25,7
7,0	26,1	25,8	26,1	25,8
7,5	26,1	25,8		

Die sogenannte **Hallenbadquelle** in der Nordwestecke des heutigen Hallenbades bezieht ihr Wasser aus drei eng aneinanderliegenden Bohrungen. Über die zwei älteren sind keine auswertbaren Unterlagen vorhanden. Die dritte wurde im Rahmen der Neugestaltung des Kurhauses 1966 abgeteuft. Alle drei Bohrungen münden in eine gemeinsame Kammer unterhalb des Hallenbadbodens. Von hier wird das Thermalwasser zur Ostseite des Schwimmbeckens geleitet und tritt dort über ein Steigrohr als freier Überfall in das Bassin ein. Der maximale artesische Anstieg reicht bis 223 cm über den Beckenboden und entspricht so etwa der Druckspiegelhöhe der drei Bohrungen westlich des Kurhauses.

Eine Besonderheit der Hallenbadquelle sind gelegentliche geysirartige Ausbrüche, bei denen das Wasser aus dem Steigrohr bis an die Decke des Bades geworfen wird. Ursache hiefür sind wohl zeitweise verstärkte Entgasungsvorgänge, wobei sich die Quellgase entweder im Boden oder in der unzugänglichen Fassung der drei Bohrungen sammeln und bei bestimmten atmosphärischen Bedingungen zu einer Eruption führen. Exakte Untersuchungen liegen nicht vor.

Das Profil der 1966 abgeteuften Bohrung kann ab Bassinsohle (etwa 2 m unter Urgelände) folgend interpretiert werden:

- bis 1,2 m Gesteinsschuttlage,
- bis 2,8 m Schotter mit Kies und Sand,
- bis 5,2 m größere Blöcke in kiesig-sandiger Grundmasse,
- bis 12,0 m verschieden dicht gelagerter Schotter, Kiese und Sande.

In die bis –12 m reichende Verrohrung (Durchmesser 150 mm) ist zwischen 4 und 7 m Teufe eine Filterstrecke eingebaut.

10.3.4. Der Chemismus des Heilwassers

Für die am Steigrohr frei austretenden Wässer wurden die in Tab. 10.3./2 angegebenen Kennwerte ermittelt:

Da zwischen dem Steigrohr und den primären Quellaustritten rund 18 m Leitungsrohre passiert werden müssen, kann man voraussetzen, daß die Quelltemperatur ganzjährig über 20 °C liegt und damit der Grenzwert für die Definition als Thermalwasser überschritten wird.

10.3.5. Zur Genese der thermalen Mineralsäuerlinge von Wildbad Einöd

Art, Herkunft und junge Entwicklung der thermalen Mineralsäuerlinge von Wildbad Einöd lassen sich am besten durch ihren Chemismus charakterisieren. Eine Reihe auführlicher Analysen stehen für die Zeit von 1967 (nach der Neugestaltung der Kuranlagen) bis 1981 zur Verfügung (siehe Tab. 10.3./3–10.3./6). Von der Michaelquelle auch eine aus dem Jahre 1960; sie war damals die einzige, noch als Trinksäuerling genutzte Quelle.

Von F. HÖLZL stammen außerdem aus dem Jahre 1968 Angaben über den spektralanalytischen Nachweis von Strontium, Kupfer, Zink und Nickel in einer Wasserprobe aus der Michaelquelle. Arsen wurde in allen Quellaustritten in Form von m-Arsen(III)-Säure ($HAsO_2$) in geringen Mengen nachgewiesen, ebenso die radioaktiven Spurenelemente Radon und Radium.

Weiters enthalten die Thermalwässer von Wildbad Einöd die Elemente Bromid, Jodid und Fluorid (siehe Tab. 10.3./7).

Wichtige Hinweise auf einen eventuellen Einfluß von Tiefenherden im Krusten-Mantel-Bereich brachten

Tab. 10.3./2: Gegenüberstellung einiger physikalisch-chemischer Werte der neuen Fassung der Hallenbadquellen. Probennahme aus dem Steigrohr mit Tag der Beprobung. *) *= 1,8 nCi/l.*

	Heilwasseranalyse F. HÖLZL 7. 12. 1967	Kontrollanalyse A.J. STEHLIK 30. 11. 1973	Analyse B. GALL 30. 9. 1980
Schüttung (l/s)	11,7	7,3	
Wassertemperatur (°C)	21,0	20,0	19,5
pH-Wert	6,45	6,3	6,5
El. Leitfähigkeit (µS/cm bei 20 °C)	1.560	1.700	1.740
Gesamthärte (°dH)	68	56	51
Radioaktivität (ME Radon)	5,2*)		
Kohlendioxid (mg/l Wasser)	706	660	620
Abdampfrückstand (mg/l bei 180 °C)	1.775	1.380	
Summe der gelösten Stoffe (mg/l)	2.983	2.442	2.303

Tab. 10.3./3: Gegenüberstellung einiger Wasseranalysen der ***Michaelquelle*** *aus den Jahren 1960–1981 (gelöste Stoffe in 1 l Wasser). 1960: Alte Bohrung vor der Regenerierung und Neugestaltung. 1967: Schachtwasser = Sammelbecken der Alten und der Neuen Bohrung. A.J. STEHLIK gibt 1973 für den gemeinsamen Abfluß 0,95 l/s an. 1973–1981: verschiedene Analysen der getrennt aus den Rohren der Alten und der Neuen Bohrung entnommenen Wässer.*

		(Alte) Bohrung		Alte Bohrung						Neue Bohrung		Schachtwasser	
		A.J. STEHLIK 18. 2. 1960		A.J. STEHLIK 30. 11. 1973		B. GALL 29. 9. 1980		B. GALL 12. 12. 1981		B. GALL 29. 9. 1980		F. HÖLZL 7. 12. 1967	
		Massen-konzen-tration mg/l	Äquiva-lent-anteil %	Massen-konzen-tration mg/l	Äquiva-lent-anteil %	Massen-konzen-tration mg/l	Äquiva-lent-anteil %	Massen-konzen-tration mg/l	Äquiva-lent-anteil %	Massen-konzen-tration mg/l	Äquiva-lent-anteil %	Massen-konzen-tration mg/l	Äquiva-lent-anteil %
KATIONEN													
Natrium	Na^+	135,01	16,00	143,1	17,73	122	16,76	145,0	17,93	86	15,33	87,2	12,84
Kalium	K^+	54,5	3,83	50,0	3,66	58	4,69	54,5	3,97	37	3,88	50,8	4,40
Ammonium	NH_4^+	0,25	0,03	0,16	0,03	9,15	1,61	3,8	0,60	6,1	1,39	0,45	0,084
Magnesium	Mg^{2+}	60,92	13,75	58,37	13,68	113	29,37	81,98	19,16	69	23,56	54,0	15,04
Calcium	Ca^{2+}	468,5	64,10	455,3	64,77	301	47,38	401,0	58,18	273	55,75	400	67,57
Mangan	Mn^{2+}	0,6	0,05	–	–	1,6	0,18	1,5	0,16	1,9	0,29	0,44	0,054
Eisen (ges.)	Fe	2,29	2,24	1,32	0,13	0,05	0,01	0,01	0,00	–	–	0,14	0,016
Summe Kationen:		722,07	100	708,25	100	604,8	100	687,79	100	473,0	100	593,03	100
ANIONEN													
Chlorid	Cl^-	88,75	6,75	83,3	6,70	93	8,30	78,87	6,35	62	7,30	61,7	5,89
Sulfat	SO_4^{2-}	805,3	46,00	769,2	45,65	470	30,94	808	47,35	492	38,40	597	42,10
Nitrat	NO_3^-	–	–	0,3	0,01	0,0	0,00	1,9	0,09	–	–	0,15	0,007
Hydrogencarbonat	HCO_3^-	1.055,3	47,25	1.018,7	47,61	1.171,0	60,76	1.000	46,21	793	54,30	932	51,75
Summe Anionen:		1.949,35	100	1.871,5	100	1.734,0	100	1.888,77	100	1.347	100	1.590,85	100
Summe Kationen + Anionen:		2.671,42		2.579,75		2.338,80		2.576,56		1.820		2.183,88	
Schwache Elektrolyte:													
Kieselsäure, meta	H_2SiO_3	37,1		59,8		36,5		40,5		22,0		40,6	
Borsäure, ortho	H_3BO_3	12,1		15,1		–		–		–		9,75	
Summe Elektrolyte:		2.720,62		2.654,65		2.375,3		2.617,06		1.842		2.234,23	
Gasförmige Bestandteile:													
Freies Kohlendioxid	CO_2	1.210		1.145		880		920		620		1.236	
Stickstoff	N_2	–		–		–		–		–		12	
Gesamtsumme:		3.930,62		3.799,65		3.255,30		3.537,06		2.462,00		3.482,23	
Temperatur (°C)		24,8		25,9		26,0		25,7		21,8		–	

Tab. 10.3./4: Gegenüberstellung einiger Wasseranalysen der ***Ignazquelle*** *nach der Neugestaltung der Fassung aus den Jahren 1967–1981 (gelöste Stoffe in 1 l Wasser). 1973: Schachtwasser = Sammelbecken der Alten und der Neuen Bohrung; gemeinsamer Abfluß 0,85 l/s. Die übrigen Angaben beziehen sich auf getrennte Analysen aus der Alten oder der Neuen Bohrung.*

		Neue Bohrung						Alte Bohrung				Schachtwasser	
		F. HÖLZL 7. 12. 1967		B. GALL 29. 9. 1980		B. GALL 12. 12. 1981		B. GALL 29. 9. 1980		B. GALL 12. 12. 1981		A.J. STEHLIK 30. 11. 1973	
		Massen-konzen-tration mg/l	Äquiva-lent-anteil %	Massen-konzen-tration mg/l	Äquiva-lent-anteil %	Massen-konzen-tration mg/l	Äquiva-lent-anteil %	Massen-konzen-tration mg/l	Äquiva-lent-anteil %	Massen-konzen-tration mg/l	Äquiva-lent-anteil %	Massen-konzen-tration mg/l	Äquiva-lent-anteil %
KATIONEN													
Natrium	Na^+	141	16,38	85	13,97	100	15,20	107,0	15,91	100,0	15,07	102,2	15,37
Kalium	K^+	52	3,55	33	3,19	35	3,13	47,0	4,12	37,5	3,32	36,0	3,19
Ammonium	NH_4^+	0,1	0,013	8,35	1,75	3,8	0,74	8,05	1,52	3,15	0,61	0,16	0,03
Magnesium	Mg^{2+}	67	14,73	113	32,49	86,48	24,85	119,0	33,49	101,18	28,82	51,56	14,66
Calcium	Ca^{2+}	489	65,21	257	48,36	316,83	55,26	263	44,76	300,84	52,02	386,4	66,67
Mangan	Mn^{2+}	0,74	0,072	1,7	0,24	1,43	0,18	1,5	0,19	1,14	0,14	–	–
Eisen (ges.)	Fe	0,42	0,04	–	–	5,1	0,64	0,16	0,02	0,02	0,02	0,65	0,08
Summe Kationen:		750,26	100	498,05	100	548,64	100	545,71	100	543,83	100	576,97	100
ANIONEN													
Chlorid	Cl^-	85,10	6,42	63	13,97	58,17	5,65	75,0	7,58	61,13	5,82	63,1	6,16
Sulfat	SO_4^{2-}	840	46,78	450	36,51	628,0	45,01	465,0	34,66	640,0	44,95	586,5	42,22
Nitrat	NO_3^-	0,3	0,013	–	–	1,3	0,07	7,5	0,43	1,8	0,10	1,6	0,09
Hydrogencarbonat	HCO_3^-	1.060	46,49	884	50,56	871,95	49,27	975,0	57,33	887,19	49,13	908,9	51,52
Summe Anionen:		1.985,4	100	1.397	100	1.559,42	100	1.522,5	100	1.590,12	100	1.560,1	100
Summe Kationen + Anionen:		2.735,66		1.895,05		2.108,06		2.068,21		2.133,95		2.137,07	
Schwache Elektrolyte:													
Kieselsäure, meta	H_2SiO_3	70,8		24,3		18,75		29,7		18,85		39,7	
Borsäure, ortho	H_3BO_3	14,5		–		–		–		–		10,9	
Summe Elektrolyte:		2.820,96		1.919,35		2.126,81		2.097,91		2.152,80		2.187,67	
Gasförmige Bestandsteile:													
Freies Kohlendioxid	CO_2	1.120		530		620		660		760		1.010	
Stickstoff	N_2	13		–		–		–		–		–	
Gesamtsumme:		3.953,96		2.449,35		2.746,81		2.757,91		2.913,80		3.197,67	
Temperatur (°C)		23,13		21,4		22,6		25,0		25,6		–	

Tab. 10.3./5: Gegenüberstellung einiger Wasseranalysen der 1966 auf 53 m abgeteuften Bohrung der ***Georgsquelle II*** *(gelöste Stoffe in 1 l Wasser). Als Ergiebigkeit des artesisch aufsteigenden Thermalwassers gibt F. Hölzl 0,56 l/s und A.J. Stehlik 1,3 l/s an.*

		F. Hölzl 7. 12. 1967		A.J. Stehlik 30. 11. 1973		B. Gall 29. 9. 1980		B. Gall 12. 12. 1981	
		Massen-konzen-tration mg/l	Äquiva-lent-anteil %	Massen-konzen-tration mg/l	Äquiva-lent-anteil %	Massen-konzen-tration mg/l	Äquiva-lent-anteil %	Massen-konzen-tration mg/l	Äquiva-lent-anteil %
KATIONEN									
Natrium	Na^+	93,1	14,54	90,4	14,61	84,0	15,55	90,0	14,16
Kalium	K^+	34,1	3,12	32,0	3,04	34,0	3,71	34,3	3,18
Ammonium	NH_4^+	0,12	0,025	0,12	0,03	5,35	1,26	3,4	0,68
Magnesium	Mg^{2+}	50,8	15,01	48,64	14,79	88	30,66	41,46	12,33
Calcium	Ca^{2+}	375	67,16	365,5	67,46	228	48,56	384,7	69,45
Mangan	Mn^{2+}	0,92	0,11	–	–	1,8	0,28	1,46	0,19
Eisen (ges.)	Fe	0,28	0,035	0,49	0,07	0,00	0,00	0,05	0,01
Summe Kationen:		554,32	100	537,15	100	441,15	100	555,37	100
ANIONEN									
Chlorid	Cl^-	61,3	6,21	57,8	6,03	68,0	8,12	56,2	5,60
Sulfat	SO_4^{2-}	560	41,84	527,6	40,63	370	32,59	604,0	44,39
Nitrat	NO_3^-	0,1	0,007	1,3	0,08	–	–	0,4	0,02
Hydrogencarbonat	HCO_3^-	879	51,71	878,4	53,26	854	59,29	862,8	49,99
Summe Anionen:		1.500,4	100	1.465,1	100	1.292,0	100	1.523,4	100
Summe Kationen + Anionen:		2.054,72		2.002,25		1.733,15		2.078,77	
Schwache Elektrolyte:									
Kieselsäure, meta	H_2SiO_3	38,6		48,1		16,2		18,17	
Borsäure, ortho	H_3BO_3	11,5		9,3		–		–	
Summe Elektrolyte:		2.106,82		2.059,65		1.749,35		2.096,94	
Gasförmige Bestandteile:									
Freies Kohlendioxid	CO_2	720		730		620		680	
Stickstoff	N_2	13,2		–		–		–	
Gesamtsumme:		2.838,02		2.789,65		2.369,35		2.776,94	
Temperatur (°C)		22,9		21,6		21,0		21,2	

Tab. 10.3./6: Gegenüberstellung einiger Wasseranalysen der ***Hallenbadquelle*** *(gelöste Stoffe in 1 l Wasser). Die Wasserproben wurden dem Steigrohr im Hallenbad entnommen und stammen aus dem gemeinsamen Ablauf dreier Quellaustritte. Als Schüttung wurde von A.J. STEHLIK 1973 7,33 l/s gemessen, von F. HÖLZL 1967 11,6 l/s berechnet.*

		F. HÖLZL 7. 12. 1967		A.J. STEHLIK 30. 11. 1973		B. GALL 30. 9. 1980	
		Massen-konzen-tration mg/l	Äquiva-lent-anteil %	Massen-konzen-tration mg/l	Äquiva-lent-anteil %	Massen-konzen-tration mg/l	Äquiva-lent-anteil %
KATIONEN							
Natrium	Na^+	102	14,89	65,7	12,12	75	14,56
Kalium	K^+	34,8	2,99	28,0	3,05	32	3,86
Ammonium	NH_4^+	0,04	0,008	0,05	0,01	4,3	1,06
Magnesium	Mg^{2+}	55,0	15,15	44,26	15,44	45	16,40
Calcium	Ca^{2+}	400	66,93	327,85	69,37	291	64,22
Mangan	Mn^{2+}	0,54	0,03	–	–	0,25	0,00
Eisen (ges.)	Fe	0,01	0,002	0,08	0,01	–	–
Summe Kationen:		592,39	100	465,94	100	447,55	100
ANIONEN							
Chlorid	Cl^-	61,0	5,77	46,1	5,51	55	6,88
Sulfat	SO_4^{2-}	596	41,61	444,3	39,22	470	43,34
Nitrat	NO_3^-	0,3	0,02	1,9	0,13	1,80	0,13
Hydrogencarbonat	HCO_3^-	952	52,34	793,0	55,13	683	49,65
Summe Anionen:		1.609,3	100	1.285,3	100	1.209,8	100
Summe Kationen + Anionen:		2.201,69		1.751,24		1.657,35	
Schwache Elektrolyte:							
Kieselsäure, meta	H_2SiO_3	50,3		23,4		26,1	
Borsäure, ortho	H_3BO_3	10,6		7,2		–	
Summe Elektrolyte:		2.262,59		1.781,84		1.683,45	
Gasförmige Bestandteile:							
Freies Kohlendioxid	CO_2	706		660		620	
Stickstoff	N_2	13		–		–	
Gesamtsumme:		2.981,59		2.441,84		2.303,45	
Temperatur (°C)		21,0		20,0		19,5	

neuere Analysen (Tab. 10.3./8). Besonders die hohen Strontium- und Fluorwerte lassen sich in diesem Sinne deuten.

Mit Fluorgehalten von zum Teil > 2 mg/l ist ein Versand als unbehandeltes Tafelwasser – wie um die Jahrhundertwende – heute nicht mehr zulässig. Kurzzeitige Trinkkuren während eines Kuraufenthaltes sind aber unbedenklich.

Für die Definierung als Säuerling ist der Gehalt an gelöstem freien Kohlendioxid maßgebend. Ab 250 mg/l spricht man von einem „Trinksäuerling", ein Wert von >1.000 mg/l wird für einen „Badesäuerling" gefordert. Dieser obere Grenzwert wurde nur bei älteren Analysen in der Michael- und der Ignazquelle überschritten (siehe Tab. 10.3./3 und 10.3./4), so daß alle genutzten Quellen derzeit als Trinksäuerlinge einzustufen sind.

Auch der geforderte Mindestgehalt von 1 g gelösten Feststoffen in 1 l Wasser für die Bezeichnung als Mineralwasser wird von allen in Wildbad Einöd genutzten Quellen weit übertroffen.

Nach den geltenden Bestimmungen für die balneochemische und balneo-physikalische Charakterisierung von Heilquellen (BGBl. Nr. 272/1958 bzw. Stmk. LGBl. Nr. 161/1962, LGBl. Nr. 168/1969) sind alle in Wildbad Einöd zur Zeit in Nutzung befindlichen Wäs-

Tab. 10.3./7: Bromid, Jodid und Fluoridgehalte (in mg/l) in den thermalen Mineralsäuerlingen von Wildbad Einöd (F. Hölzl, 1968).

	Ignazquelle		Georgsquelle II	Michaelquelle	Hallenbadquelle
	Schacht	neue Bohrung	Schacht		
Bromid Br^-	0,2	0,2	0,12	0,1	0,23
Jodid J^-	0,01	0,015	0,065	0,005	0,003
Fluorid F^-	2,2	2,03	1,21	1,45	1,42

Tab. 10.3./8: Spurenelemente in den thermalen Mineralsäuerlingen von Wildbad Einöd (in µg/l); Analyse: Arbeitskreis für Spurenanalyse, Univ.-Prof. Dr. G. Knapp, Graz, Juli 1990). Probennahme und Messung erfolgten auf Veranlassung der Schriftleitung.

	Al	Ba	B	Sr	Zn	F	J
Ignazquelle	23	20	1.900	7.500	20	1.710	< 40
Georgsquelle	28	20	2.200	9.000	25	2.370	< 40

ser als Thermale Calcium-Hydrogencarbonat-Sulfat-Trinksäuerlinge zu definieren.

Die vier, heute therapeutisch verwendeten Quellen (mit insgesamt acht Bohrungen) wurden von der Steiermärkischen Landesregierung (Besch. von 4. Februar 1971, GZ: 12-188 Ei 1/24-1971) als Thermalheilquellen Wildbad Einöd anerkannt.

Um den Rahmen der Mineralquellen von Wildbad Einöd besser erfassen zu können, hat B. Gall (1983) die nähere Umgebung nicht nur einer geologischen Detailkartierung, sondern auch einer hydrogeologischen Analyse unterzogen. Dazu gehörte die Aufnahme aller natürlichen Wasseraustritte sowie die Untersuchung von etwa einem Dutzend Oberflächengewässern. Die Ergebnisse hat er in Form von Kartogrammen (Udluftdiagramme) dargestellt wie auch in einem Quellenkataster dokumentiert.

Es handelt sich dabei durchwegs um kleine Quellen, die mit wenigen Ausnahmen meist weit unter 2 l/s schütten. Bei ihrem Chemismus läßt sich einheitlich eine Ca-Mg-Vormacht bei den Kationen sowie eine Hydrogencarbonat-Dominanz mit wechselnd hohem Sulfatgehalt bei den Anionen feststellen. Genetisch sind es Hangschutt-, Kluft- und Schichtfugenquellen; an den Talrändern zum Teil auch Stauquellen.

In unserem Zusammenhang verdient nur eine Quelle am westlichen Talrand, etwa 300 m südlich des Kurhauses, erhöhte Aufmerksamkeit. Sie weist von allen untersuchten nichtthermalen Quellwässern die höchste Temperatur (10,3 °C) und Leitfähigkeit (902 µS/cm) sowie auch den größten Feststoffgehalt (846,5 mg/l) auf. Hier könnte sich noch eine geringe Beeinflussung durch aufsteigende Mineralwässer bemerkbar machen.

Die Vorbedingung für das Auftreten der thermalen Mineralsäuerlinge von Wildbad Einöd sind:

1. die tiefreichende Störungszone des Olsabruches und
2. die ihm aufsitzende aufgelockerte Sackungsmasse an der Ostseite des Groberberges.

Das natürliche Austrittsniveau wird durch die Höhenlage der jungen Ablagerungen des Taltroges bestimmt (siehe Fig. 10.3./2).

Ursprünglich handelte es sich um Wallerquellen, welche die geringmächtige, abdichtende und stauende Auelehmdecke in Quelltöpfen durchbrochen haben. Ihre schon viele Jahrhunderte verbürgte Existenz läßt darauf schließen, daß sich die aufsteigenden Thermalwässer im Laufe langer Zeiträume günstige Aufstiegsbahnen in den Lockermassen ausgespült hatten. Ältere Berichte über höhere Quelltemperaturen – bis 34 °C (?) – sind daher nicht von der Hand zu weisen.

Leider fehlen uns Angaben über die damaligen Schüttungsverhältnisse. Auch im heutigen, ausgebauten Zustand ist die Ergiebigkeit der einzelnen Bohrungen schwer erfaßbar. Von älteren, während der Neubohrungen tätigen Gutachtern (A.J. Stehlik) wird die Gesamtschüttung aller artesisch aufsteigenden Quellen für November/Dezember 1973 mit 10,5 l/s angegeben.

Den thermalen Anteil der Quellwässer sowie das CO_2 muß man zweifellos einem Aufstieg aus der Störungszone des Olsabruches zuschreiben. Hydraulisch ist hiefür in einem wahrscheinlich sehr komplizierten und vielleicht auch sehr ausgedehnten System kommunizierender Klüfte und Ruschelzonen ein wesentlich höheres Eintrittsniveau der Sickerwässer erforderlich. In den höheren Abschnitten der Wiederaufstiegswege mag auch der Gaslift eine gewisse Rolle spielen.

Die erhöhten Temperaturen lassen sich leicht durch die Erwärmung der absinkenden Wässer in tiefere Erdschichten erklären (bei normaler geothermischer Tiefenstufe um 1 °C/33 m; an tiefreichenden Störungszonen ist aber oft ein verstärkter Erdwärmestrom zu beobachten). Der Tiefgang der hier austretenden Thermalwässer wäre damit – unter Berücksichtigung der Vermischung mit kalten Wässern in der oberflächennahen Zone – mit weit über 1.000 m anzusetzen. Auch die bisher vorliegenden Ergebnisse der noch in Gang befindlichen Untersuchungen an stabilen und instabilen Isotopen lassen ein sehr lange (sich mindestens über Jahre erstreckende) unterirdische Wanderung des thermalen Anteils der Quellwässer erkennen.

Auch der Kohlensäureaufstieg ist an den Olsabruch gebunden. Das CO_2 könnte aus einem tiefliegenden Magmaherd, wahrscheinlich aber aus der Entgasung des oberen Erdmantels stammen. Eine ganze Anzahl ähnlicher Mineralsäuerlinge sind sowohl im benachbarten Lavanttal als auch im oberen Murtal an analoge Querstörungen gebunden.

Der chemische Charakter der thermalen Mineralsäuerlinge von Wildbad Einöd entspricht weitgehend jenem der nichtthermalen Quellen der näheren Umgebung, nur beträgt die Gesamtmineralisation der Säuerlinge ein Vielfaches der normalen Wässer. Der erhöhte Feststoffgehalt läßt sich zwanglos aus dem langen Lösungweg, dem CO_2-Angebot und der höheren Wassertemperatur erklären und aus dem Gesteinsbestand des Untergrundes (paläozoische und kristalline Schiefer mit Kalken und Marmoren) ableiten. Ob auch der in Val% erhöhte Sulfat- und Chloridgehalt der Thermalwässer allein darauf zurückgeführt werden kann oder ob hier mögliche salinare Ablagerungen innerhalb des Deckenbaues des tieferen Untergrundes eine Rolle spielen, wäre noch durch Untersuchung der Schwefelisotope zu klären.

Jedenfalls kann festgestellt werden, daß durch die Mischung der Tiefen- und Oberflächenwässer nicht ihr Charakter, sondern nur ihre Temperatur sowie der Gesamtlösungsgehalt an Feststoffen und der CO_2-Gehalt wesentlich verändert werden. Das Mischungsverhältnis ist zeitlichen (sowohl langfristig als auch jahreszeitlich) wie auch räumlichen Veränderungen unterworfen. Nur so sind die unterschiedlichen Werte an den nahe aneinander liegenden Bohrungen erklärbar.

Als Einzugsgebiet für das oberflächennahe Grundwasser kommt einmal der durch die jungquartären Massenbewegungen aufgelockerte Osthang des Groberberges in Frage. Er weist bei fast 2 km² Niederschlagsfläche praktisch auch bei stärkeren Niederschlägen keinen oberirdischen Abfluß auf. Dies ist auf die starke Zerrüttung des Untergrundes, das Auftreten von offenen Spalten – auch noch oberhalb der Abrißkante – die Bildung von antithetischen Rückfallkuppen und vor allem die vielfach sehr mächtige Schuttüberdeckung zurückzuführen. In der direkten Fallinie oberhalb des Kurhauses konnten sich in solchen Rückfallmulden in den hier in etwa 900 m NN anstehenden Kalken richtige Karstschwinden entwickeln. Diese Wässer fließen mit hoher Sicherheit direkt dem Bereich der Mineralquellen zu.

Im Talniveau und vor allem darunter stehen diese Hangwässer in breiter Front in einem direkten Kontakt mit den Talgrundwässern, da sich hier die gut wasserdurchlässigen Ablagerungen lateral verzahnen. In Fig. 10.3./2 sind diese Zusammenhänge schematisch dargestellt.

Der mit jungen klastischen Sedimenten sehr heterogen aufgefüllte Taltrog bildet einen in sich geschlossenen Grundwasserkörper. Während die feinkörnigen Ablagerungen (Seetone, Grundmoräne, Hochflutlehme und stark organisch belastete Schluffe und Tone; k_f-Werte unter 10^{-5} m/s) praktisch als Wasserstauer anzusehen sind, erreichen die grobkörnigen Kies- und Schotterschüttungen der Olsa und der Seitengräben Durchlässigkeitskoeffizienten von weit über 10^{-3} m/s. In diesen Horizonten fließt das Talgrundwasser ab und kann sich hier auch mit dem aufsteigenden Thermalwasser mischen.

Wegen der Verengung der Talweitung unterhalb der Bahnstation kommt es in der Südhälfte des Beckens, besonders an der linken Talseite, zu Stauquellen. Aber schon in der Höhe des Kurhauses stützt sich der oberste Grundwasserhorizont auf der Auelehmdecke ab, so daß es bei Grabungen oder Bohrungen zu einem artesischen Aufstieg des Wassers kommt. Dies gilt auch für den Bereich der Mineralquellen. Damit kann aber jede Veränderung der augenblicklichen Verhältnisse auch auf die thermalen Mineralsäuerlinge von Einfluß sein.

10.4. Zusammenfassung (J. ZÖTL)

Figur 10.1./1 zeigt die bestimmenden tektonischen Grundzüge des Gebietes. Bei der Abgrenzung gegen N könnte man zunächst noch erwägen, inwieweit auch Thalheim noch eine Verbindung mit dem Olsabruch hat. Das Oberflächeneinzugsgebiet der beiden Quellen ist sicherlich nicht dasselbe. Auch die Mineralisierung ist verschieden (vgl. Kap. 12.2.1.). Die Spurenelemente zeigen, soweit vergleichbar, ähnliche Tendenzen, die Vorkommen haben jedoch verschiedene Größenkategorien.

Im **Lavanttal** besteht eine natürliche Zunahme des zunächst geringeren CO_2-Gehaltes gegen S zum Herd der Tiefenelemente bei Bad Weißenbach. Unterbrochen wird die Reihe durch das Findelkind der Schwefelquelle von St. Leonhard im Lavanttal.

Bad Weißenbach ist ein sich auf mehrere Bohrungen stützender Thermalsäuerling. Die Spurenelemente sprechen gegen eine Herkunft der Wässer aus der tertiären Beckenfüllung (geringe Jodwerte) im E, sie deuten auf eine Beeinflussung seitens des Kollnitzer Vulkanites.

Die um Bad Weißenbach konzentrierte geothermale Prägung reicht gegen N bis zum Säuerling beim Schröcker (Lage siehe Fig. 10.1./2, Nr. 60, nicht anerkanntes Heilwasser) und zur Paracelsusquelle. Die Grenze des geothermalen Einflusses ist in Fig. 10.1./2 eingezeichnet.

Kleinräumig aber von großem geologischem Interesse sind die Säuerlinge im Heilwasserbezirk **Eisenkappel**. Die extreme Stellung des Gebietes kann mit gutem Grund als eigenständiger, auf vulkanischen Spurenelementen begründeter Eckpfeiler der Provinz betrachtet werden.

Desgleichen gilt für den nordwestlichen Bezirk um **Wildbad Einöd**, dessen Wässer den an Spurenelementen reichsten Kärntens zuzurechnen sind.

Abschließend sei mehr der Warnung zur Vorsicht halber erwähnt, daß der Georgsquelle von Wildbad Einöd kurzfristig die Ehre zufiel, die an Strontium reichste Quelle Österreichs zu sein. Herr Kollege H. ZETINIGG machte mich auf die diesbezügliche Publikation von J. KNETT (1924) aufmerksam: Die Angabe des Strontiumgehaltes ist dort 0,188 g/l (sic!). Bei der erbetenen Messung der Spurenelemente der Georgsquelle wurde vom Arbeitskreis für Spurenanalyse (Univ.-Prof. Dr. G. KNAPP, Graz, 1990) ein Strontiumwert von 9.000 µg/l gemessen (das sind 0,009 g/l). Das ist noch immer ein sehr hoher Wert, der die Bedeutung der Messung, sonst nur in Spuren vorhandener Elemente, unterstreicht.

Literatur

BECK-MANAGETTA, P. (1980): Krappfeld, Saualpe und Seetaler Alpe, St. Pauler Berge. – In: OBERHAUSER, R. (Red.): Der geologische Aufbau Österreichs. – Geol. B.-A., Wien–New York (Springer Verlag).

BUCHROITHNER, M.F. (1984): Karte der Landsat-Bildlineamente von Österreich, 1 : 500.000. – Geol. B.-A., Wien.

FUCHS, W. (1980): Das Inneralpine Tertiär. – In: OBERHAUSER, R. (Red.): Der geologische Aufbau Österreichs. – 144–176, Geol. B.-A., Wien–New York (Springer Verlag).

GALL, B. (1983): Geologie und Hydrogeologie der näheren Umgebung von Wildbad Einöd (Stmk.) mit besonderer Berücksichtigung der Entstehung der thermalen Mineralsäuerlinge. – Diplomarbeit, Univ. Karlsruhe.

JANOSCHEK, W.R. & A. MATURA (1980): Outline of the Geology of Austria. – Abh. Geol. B.-A., **34**, Wien.

KAHLER, F. (1938): Die Kohlenlagerstätten der Karawanken und ihres Vorlandes. – Berg- u. Hüttenmänn. Jb., **16**, Wien.

KAHLER, F. (1978): Die natürlichen Heilvorkommen Kärntens. – Raumordnung in Kärnten, **10**, Klagenfurt.

KNETT, J. (1924): Die geologischen und chemischen Verhältnisse der Heilquellen Österreichs. – Sonderabhandlung aus Jg. **1924** v. Österr. Kurorten und Heilquellen. Beil. zu d. mit d. Volksgesundheitamtes im Bundesminist. f. Soz. Verwaltung in Wien.

MAURIN, V. (1981): Gutachten zum Ausbau der B 83 im Bereich der Thermalsäuerlinge von Wildbad Einöd. – Karlsruhe.

MAURIN, V. (1983): Hydrogeologische Stellungnahme zur Schutzgebietsfrage für die thermalen Mineralsäuerlinge von Wildbad Einöd (Stmk.). – Unveröff. Bericht, Karlsruhe.

SCHÖNLAUB, H.P. (1980): Das Paläozoikum der Karnischen Alpen, der Westkarawanken und des Seeberger Aufbruchs. – In: OBERHAUSER, R. (Red.): Der geologische Aufbau Österreichs. – Geol. B.-A., Wien–New York (Springer Verlag).

THURNER, A. (1970): Geologie des Gebietes von Neumarkt/Steiermark – Mühlen. – Jb. Geol. B.-A., **133**, Wien.

THURNER, A. & D. VAN HUSEN (1978): Geologische Karte der Republik Österreich, 1 : 50.000, Bl. 160 Neumarkt i.d. Steiermark. – Geol. B.-A., Wien.

THURNER, A. & D. VAN HUSEN (1980): Erläuterungen zu Blatt 160 Neumarkt i.d. Steiermark. – Geol. B.-A., Wien.

TOLLMANN, A. (1977): Die Bruchtektonik Österreichs im Satellitenbild. – N. Jb. Geol. Paläont. Abh., **153**, **1**, Stuttgart.

11. Die Heilwasserprovinz des Steirischen Beckens und der Landseer Bucht

11.1. Einleitung (J.E. GOLDBRUNNER, J. ZÖTL)

Das Steirische Becken und die Landseer Bucht sind jungtertiäre, auf alpinem Boden gelegene Senkungsfelder. Sie werden vom Pannonischen Becken, dessen Randentwicklung sie darstellen, durch die Südburgenländische Schwelle getrennt.

Das Sedimentationsgeschehen vom Ottnang bis in das Pliozän wird durch synsedimentäre Tektonik, Vorstöße des Meeres im Karpat und Baden, dem anschließenden Meeresrückzug und Verbrackung im Sarmat und der nachfolgenden Aussüßung der Restseen geprägt. Wesentlich für das Auftreten der Mineralwässer und Säuerlinge ist neben der Fazies und Geochemie der Sedimente der in drei zeitlich getrennten Phasen auftretende Vulkanismus.

Nach den neuen geotektonischen Vorstellungen (diskutiert in F. EBNER & R.F. SACHSENHOFER, 1991; cum lit.) wird für die Anlage des Steirischen Beckens die am Ende des jungalpidischen Orogenesegeschehens einsetzende, nach E gerichtete Extensionstektonik als wesentlich angesehen. Sie wird in Zusammenhang mit dem Vorschieben der östlichen Zentralalpen („Fluchtbewegung“, „continental escape“) entlang überregionaler Bewegungszonen (Strike-Slip-Zonen) gebracht. Die für die strukturelle Gliederung des Beckens wichtigen, ± N-S-verlaufenden Brüche sind Ausdruck dieser E-W-gerichteten Krustendehnung. Die vornehmlich im Fürstenfelder Becken mit großer Sprunghöhe auftretenden NE-SW-Störungen werden als Störungen 2. Ordnung als Folge einer Extension in NNE-SSW-Richtung betrachtet (F. EBNER & R.F. SACHSENHOFER, l.c.).

Einen Überblick über die stratigraphischen Verhältnisse der tertiären Beckenfüllung und des Beckenuntergrundes und ihre hydrogeologische Wertigkeit gibt Fig. 11.1./1; Fig. 11.1./3 zeigt verschiedene geologische Schnitte durch das Steirische Becken.

Unter der tertiären Beckenfüllung liegen abgesenkte Karbonatgesteine bzw. Phyllite des oberostalpinen Grazer Paläozoikums auf dem mittelostalpinen (austroalpinen) Kristallin. Örtlich bilden auch Gesteine des Penninikums und des Unterostalpins das Basement. Mesozoische Sedimentgesteine sind nur aus dem südöstlich der Südburgenländischen Schwelle gelegenen Senkungsraum von Radkersburg bekannt.

Im Zusammenhang mit der Tektonik steht auch der im Steirischen Becken, der Landseer Bucht und dem Lavanttal in drei zeitlich getrennten Eruptionsphasen auftretende Vulkanismus. Im Karpat/Unterbaden wurden saure bis intermediäre kaliumbetonte Vulkanite (Trachyte, Trachyandesite) gefördert. Sie bauen die mit Ausnahme des Bereiches von Bad Gleichenberg großteils unter Sedimentbedeckung liegenden Schildvulkane auf. Die größte Ausdehnung erreicht mit ca. 600 km^2 das Vulkangebiet von Mitterlabill-Gleichenberg, kleinere Körper stellen der Schildvulkan von Kalsdorf-Ilz und das Vorkommen von Weitendorf-Wundschuh dar. Örtliche Zeugen vulkanischer Tätigkeit sind der Andesitgang von Retznei (A. HAUSER, 1951) und der von A. WINKLER-HERMADEN (1951) beschriebene Andesit von Aschau, der heute nicht mehr auffindbar ist, jedoch durch die Säuerlinge von Bad Tatzmannsdorf als postvulkanisches Erbe bestätigt wird (siehe Kap. 11.3.3.1.).

Der zweiten Phase vulkanischer Tätigkeit sind die basaltischen Eruptionen der Landseer Bucht im Bereich Oberpullendorf-Stoob und Pauliberg zuzuordnen. Radiometrische Datierungen fixierten ein Alter von 10,5 ± 1,0–12,3 ± 1,1 ma (K. BALOGH et. al., 1989, zitiert in: F. EBNER & R.F. SACHSENHOFER, 1991), was dem Grenzbereich Sarmat/Pannon entspricht. An Gesteinen treten Alkaliolivinbasalte, Trachydolerite und Olivintholeiite auf.

Die jüngsten vulkanischen Gesteine des Steirischen Beckens sind altersmäßig dem Grenzbereich Pliozän/Pleistozän zuzuordnen. Es handelt sich um natriumbetonte Basalte. Die wichtigsten Vorkommen stellen die Lavadecke des Hochstraden, das Klöcher Massiv und der Steinberg bei Feldbach dar. Mit den Lavaergüssen ist auch das Auftreten von Tuffen verknüpft. Die Verbreitung der jungtertiären Vulkanite kann Fig. 11.1./2 entnommen werden.

K. KOLLMANN, 1965 (und unpublizierte Berichte der RAG), erkannte aufgrund der Auswertungen von Gasmessungen in den KW-Aufschlußbohrungen Mitterlabill, Paldau und Walkersdorf, welche jeweils Vulkanite der ältesten vulkanischen Phase des Steirischen Beckens über größere Strecken erbohrt bzw. durchbohrt haben, daß das rezente Auftreten des Kohlendioxids mit dem plio-/pleistozänen Vulkanismus in Zusammenhang steht. Zu ähnlichen Schlußfolgerungen kam A. SCHOUPÉ (1952) aufgrund hydrogeochemischer Überlegungen im Raume von Bad Gleichenberg. Das Kohlendioxid ist als Gas den Tiefengrundwässern bei-

					Mächtigkeit	AQUIFER	Temperatur °C
	QUARTÄR	Holozän Pleistozän		sandig-kiesige Terrassenablagerungen und Alluvionen	0-100m		
tertiäre Beckenfüllung	PLIOZÄN	DAZ		Schotter, Basalte und Tuffe	0-200m		
tertiäre Beckenfüllung	MIOZÄN	PANNON	Ober-	Tone, Sande, Schotter, Lignit	0-?		
tertiäre Beckenfüllung	MIOZÄN	PANNON	Mittel-		0-?		
tertiäre Beckenfüllung	MIOZÄN	PANNON	Unter-	Schotter: Karnberger Niveau, Kirchberger N., Kapfensteiner N.; Tonmergel, Lignit	0-500m		
tertiäre Beckenfüllung	MIOZÄN	SARMAT	Ober- und Mittel-	Oolithischer Kalksandstein; Tonmergel, Sande, Braunkohle; "Karinthischer Schotter"	0-750m		20-60
tertiäre Beckenfüllung	MIOZÄN	SARMAT	Unter-	Tonmergel, Sande, Schotter, Braunkohle	0-300 m		20-60
tertiäre Beckenfüllung	MIOZÄN	BADEN	Ober-	Tonmergel, Sandstein	0-150m		
tertiäre Beckenfüllung	MIOZÄN	BADEN	Mittel-	Kohlige Lagen, Tonmergel, Nulliporenkalk, Sande und Sandsteine	0-600m		40-80
tertiäre Beckenfüllung	MIOZÄN	BADEN	Unter-	Nulliporenkalk, Tonmergel, Sandsteine, Basiskonglomerat, Vulkanite: Latite und Tuffe	0-160 m		45-80
tertiäre Beckenfüllung	MIOZÄN	KARPAT "Ober Helvet"		Konglomerate, Sandsteine; Vulkanite: Latite und Tuffe			45-100
tertiäre Beckenfüllung	MIOZÄN	KARPAT "Ober Helvet"		Tonmergel und Sandsteine "Tonmergelgruppe"	0-230m		
tertiäre Beckenfüllung	MIOZÄN	KARPAT "Ober Helvet"		"Konglomeratreiche Gruppe": Konglomerate, Sandsteine, Tonmergel, Rotlehme; Latite und Tuffe, Dazite ?	Konglomeratreiche Gruppe 0-700 m, Vulkanite ges.: 0-800 m		
tertiäre Beckenfüllung	MIOZÄN	OTTNANG Helvet s.str.		Mergelsandsteine, Tonmergel, Glanzkohle	0-160 m		
tertiäre Beckenfüllung	MIOZÄN	OTTNANG Helvet s.str.		Bituminöse Mergel, Glanzkohle	0 - 65m		
tertiäre Beckenfüllung	MIOZÄN	OTTNANG Helvet s.str.		Brekzien, lateritische Tonsteine, Glanzkohle	0 - 60m		
vortertiärer Beckenuntergrund	MESOZOIKUM	TRIAS	Anis	Kalke, Dolomite, Sandstein (Raum Radkersburg)	0-70m		60-90
vortertiärer Beckenuntergrund	MESOZOIKUM	TRIAS	Skyth	Sandstein (Raum Radkersburg)	0-30m		
vortertiärer Beckenuntergrund	PALÄOZOIKUM	DEVON	Unter- bis Mittel-	Dolomite und Bänderkalke	0-340m		50-140
vortertiärer Beckenuntergrund	PALÄOZOIKUM	ORDOVICIUM?	Unter Devon- Ob. Ordovicium	Tonschiefer und Phyllite, Tuffitschiefer	0-700m		
	KRISTALLIN, METAMORPHER UNTERGRUND			Granatgneis, Amphibolit, Marmor	?	?	?

Fig. 11.1./1: Stratigraphisches Schema der Schichtfolgen im Oststeirischen Becken mit den wichtigsten Thermalwasserleitern und den erzielbaren Temperaturen (nach J.E. GOLDBRUNNER, 1987).

gemischt, deren überwiegend meteorische Herkunft durch Messungen der stabilen Isotope Deuterium und Sauerstoff-18 nachgewiesen ist. Reine CO_2-Gasaushauchungen sind selten (Brodelsulz südlich von Bad Gleichenberg).

Besonders bedeutsam ist die Frage des Einflusses des jungtertiären Vulkanismus auf die chemische Zusammensetzung der Wässer und auf den Gehalt an den Spurenelementen. Die vorhandene CO_2-Fazies und der daraus resultierende hohe Partialdruck des CO_2 führt zu hohen Bicarbonatgehalten, erhöht die Lösungsfähigkeit für Karbonat- und Silikatmineralien und ermöglicht so hohe Lösungsinhalte der Wässer. Bei den Spurenelementen waren die örtlich sehr hohen Borkonzentrationen (bis 20 mg/l als B in den Wässern von Bad Tatzmannsdorf und Piringsdorf) auffallend (siehe

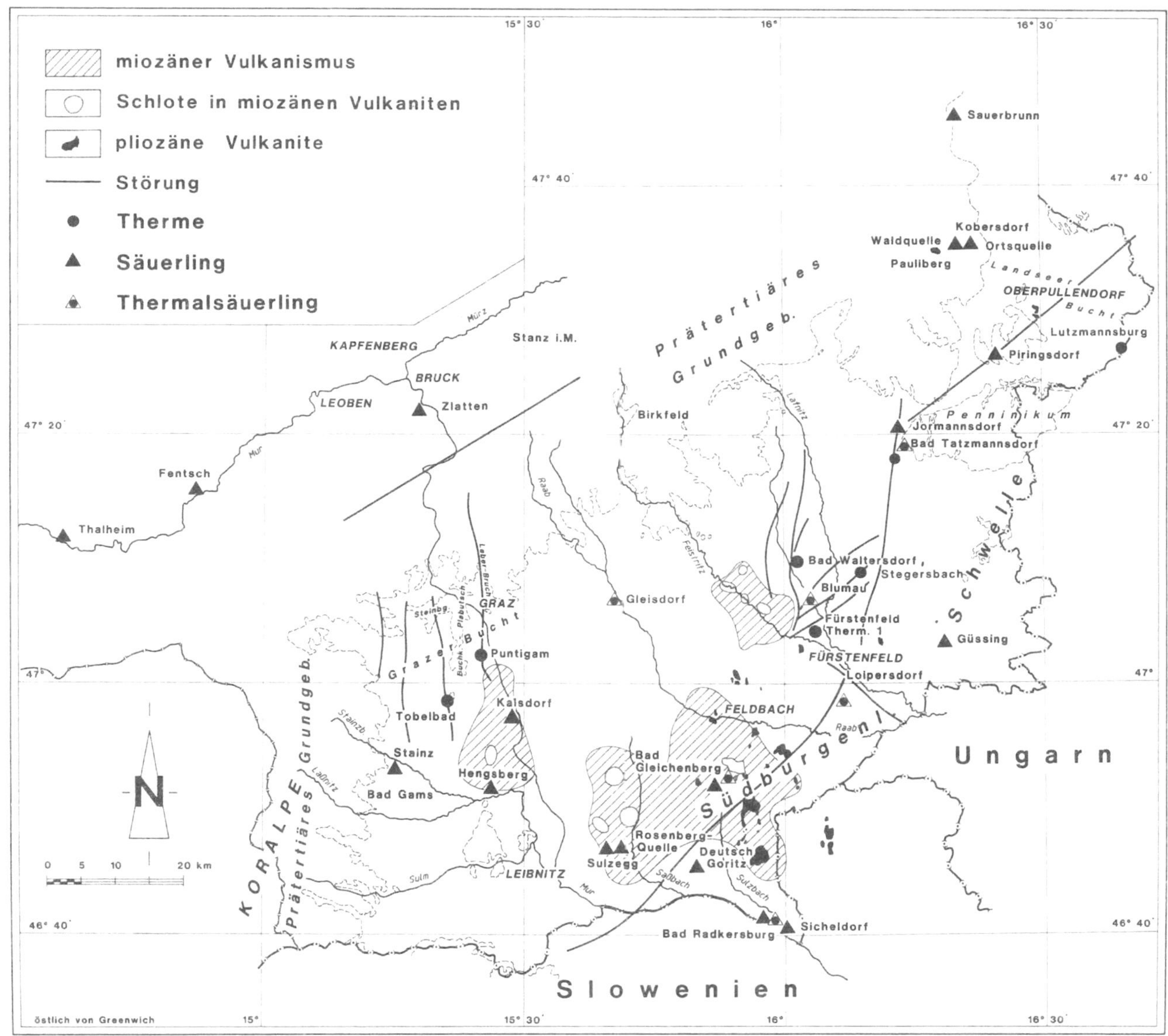

Fig. 11.1./2: Geologische Karte des Steirischen Beckens und der Landseer Bucht mit der Lage der geologischen Profile und der Position der einzelnen Mineral- und Thermalwasservorkommen. Geologie nach A. KRÖLL et al. (1988).

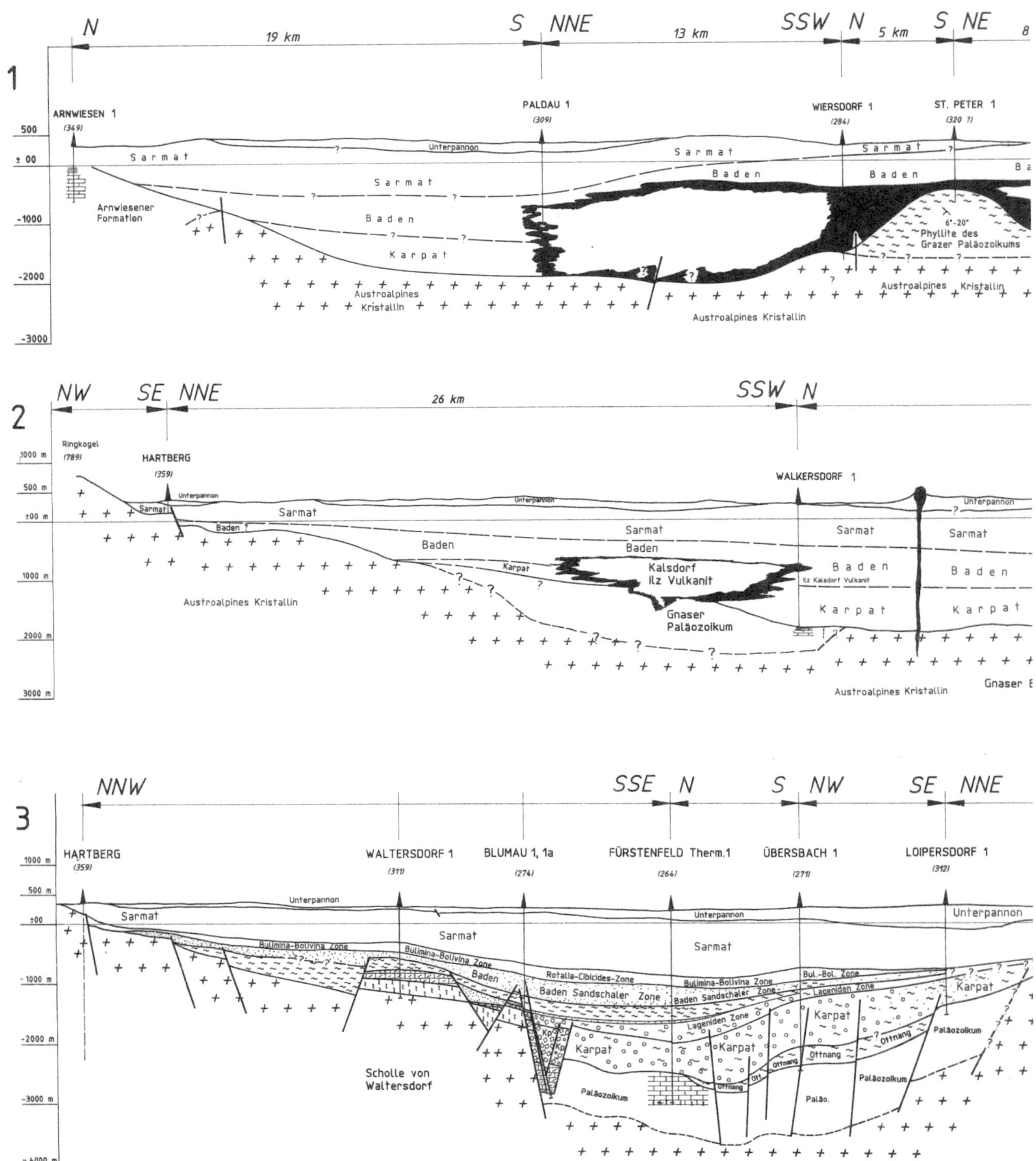

Fig. 11.1./3: Geologische Schnitte durch das Steirische Becken. *Fortsetzung S. 178–179.*

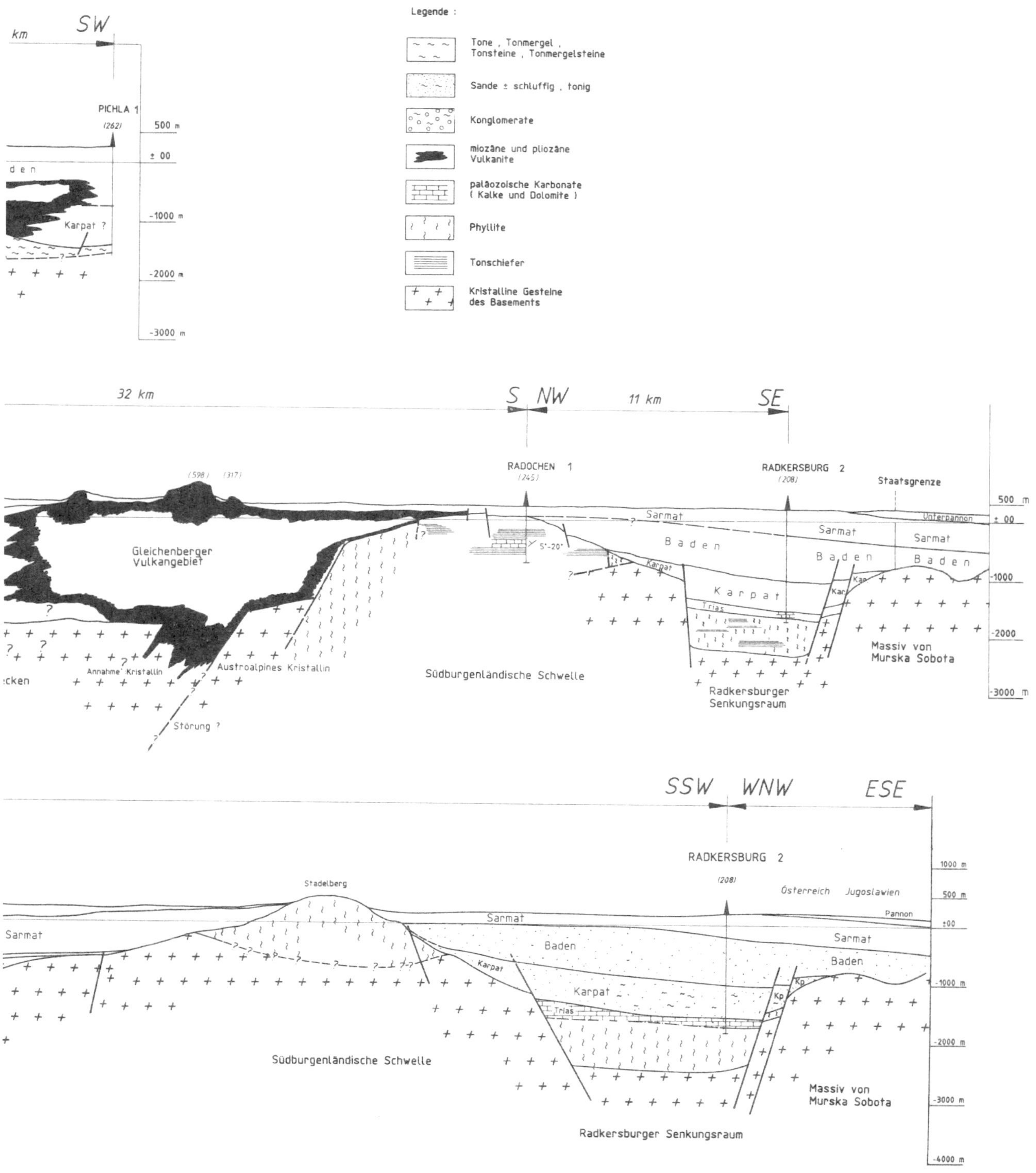

Legende :
Tone , Tonmergel , Tonsteine , Tonmergelsteine
Sande ± schluffig , tonig
Konglomerate
miozäne und pliozäne Vulkanite
paläozoische Karbonate (Kalke und Dolomite)
Phyllite
Tonschiefer
Kristalline Gesteine des Basements
km
SW
PICHLA 1
(262)
500 m
± 00
-1000 m
-2000 m
-3000 m
Karpat ?
32 km
S
NW
11 km
SE
RADOCHEN 1
(245)
RADKERSBURG 2
(208)
Staatsgrenze
(598)
(317)
Sarmat
Unterpannon
Baden
Karpat
Trias
5°-20°
Gleichenberger Vulkangebiet
Annahme Kristallin
Austroalpines Kristallin
Südburgenländische Schwelle
Störung ?
Radkersburger Senkungsraum
Massiv von Murska Sobota
SSW
WNW
ESE
Stadelberg
Österreich
Jugoslawien
Pannon
1000 m
-4000 m

4

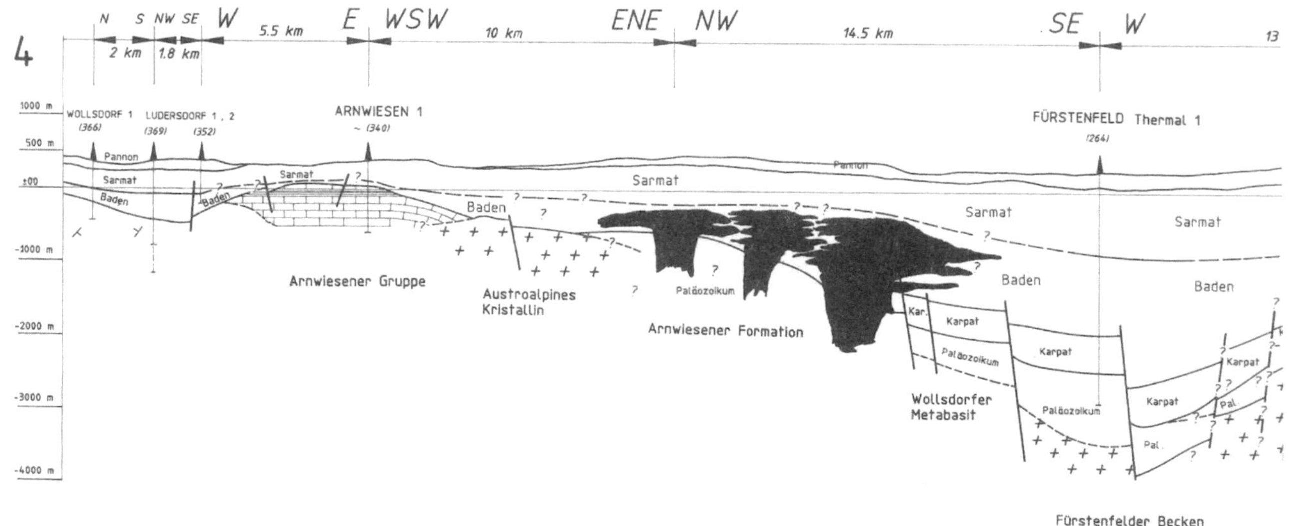

N
S
NW
SE
W
5.5 km
E
WSW
10 km
ENE
NW
14.5 km
SE
W
2 km
1.8 km
WOLLSDORF 1
LUDERSDORF 1, 2
ARNWIESEN 1
FÜRSTENFELD Thermal 1
Pannon
Sarmat
Baden
Karpat
Paläozoikum
Arnwiesener Gruppe
Austroalpines Kristallin
Arnwiesener Formation
Wollsdorfer Metabasit
Fürstenfelder Becken

5

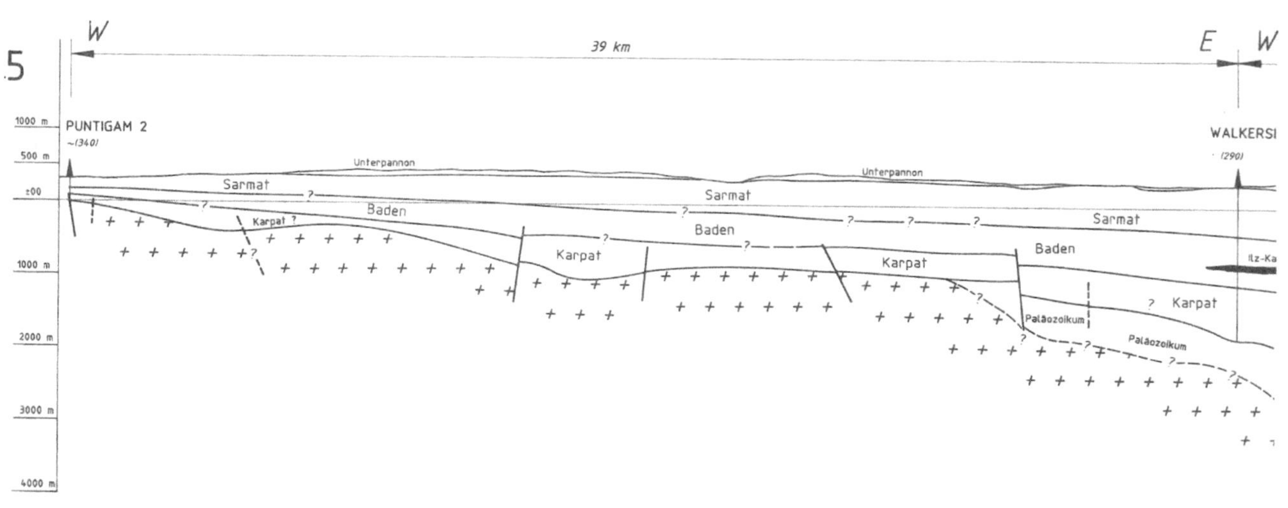

W
39 km
E
W
PUNTIGAM 2
WALKERSI
Unterpannon
Sarmat
Baden
Karpat
Paläozoikum

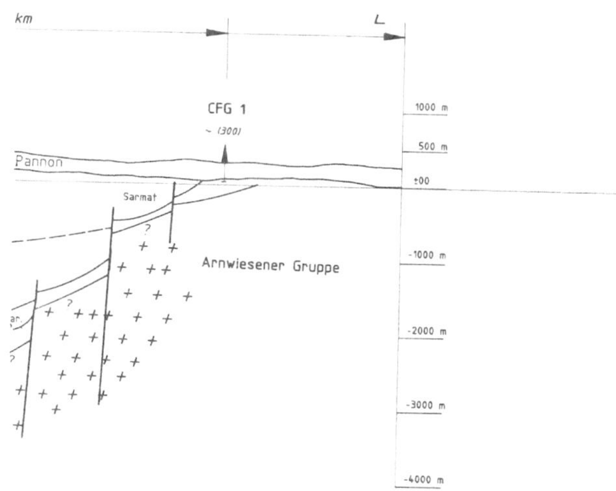
km
L
CFG 1
~ (300)
1000 m
500 m
Pannon
±00
Sarmat
Arnwiesener Gruppe
-1000 m
-2000 m
-3000 m
-4000 m

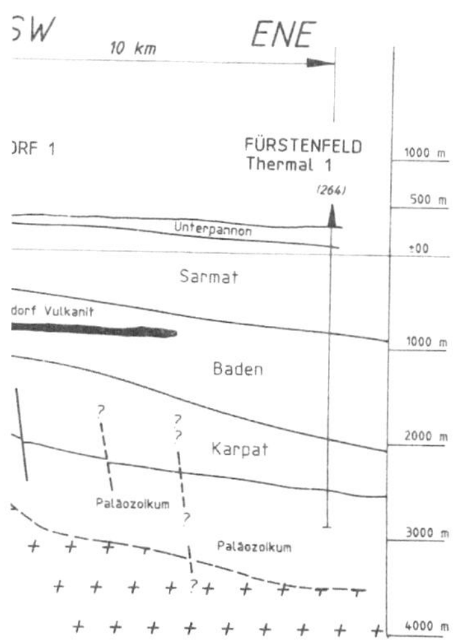
SW
10 km
ENE
FÜRSTENFELD
Thermal 1
(264)
1000 m
500 m
Unterpannon
±00
Sarmat
dorf Vulkanit
1000 m
Baden
Karpat
2000 m
Paläozoikum
Paläozoikum
3000 m
4000 m

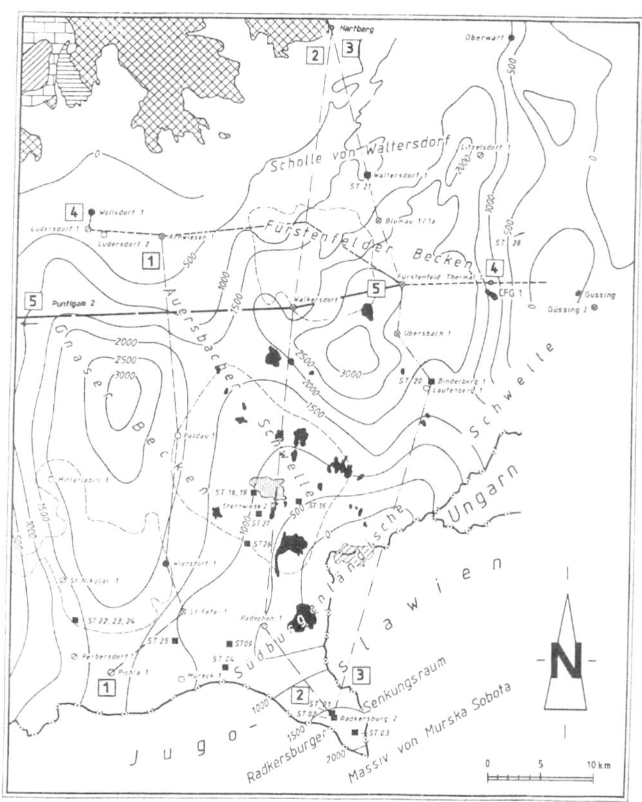
Hartberg
Oberwart
Scholle von Waltersdorf
Waltersdorf 1
Blumau 1/1a
Fürstenfelder Becken
Fürstenfeld Thermal 1
CFG 1
Güssing
Güssing 1
Wollsdorf 1
Ludersdorf 1
Ludersdorf 2
Arnwiesen 1
Puntigam 2
Walkersdorf
Übersbach 1
Binderberg 1
Laufenberg 1
Gnaser Becken
Auersbacher Schwelle
Paldau 1
Südburgenländische Schwelle
Ungarn
Jugoslawien
Radkersburger Senkungsraum
Massiv von Murska Sobota
Radkersburg 2
St. Peter 1
Pichla 1
Mureck 1
N
0 5 10 km

Fig. 11.1./4). Bei einigen Wässern liegt das B/Cl-(Gewichts-)Verhältnis in der Größenordnung von 0,1, welches als signifikant für vulkanisch beeinflußte Wässer angesehen wird (St.N. DAVIES & R.J.M. DE WIEST, 1967). Dies trifft für einige Wässer von Bad Tatzmannsdorf und die beiden Bohrungen in Piringsdorf zu. Die Zuordnungen sind regional jedoch nicht eindeutig durchzuführen, da z.B. die in unmittelbarer Nähe zu den Vulkaniten erschlossenen Wässer von Bad Gleichenberg bedeutend geringere B/Cl-Verhältnisse aufweisen, die sich von jenem des Meerwassers nicht signifikant unterscheiden (beachte auch das B/Cl-Verhältnis des Formationswassers der Bohrung Fürstenfeld Thermal 1). Die hohen Gehalte an Bor in den Wässern des Steirischen Beckens und der Landseer Bucht können somit wie in den Wässern des Lavanttales als Indikator für einen Zusammenhang mit der postvulkanischen Fazies angesehen werden, jedoch ist der Einfluß von marinen Faziesbedingungen durch Heranziehung der Spurenelemente Jodid und Bromid zu quantifizieren. Neben den Borwerten sind bei den CO_2-reichen Tiefengrundwässern oftmals auch die Gehalte an Barium und Lithium erhöht.

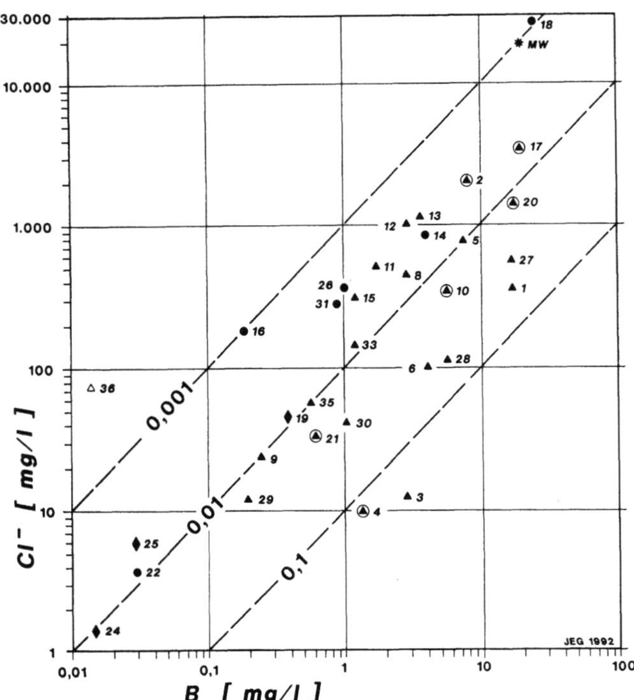

Fig. 11.1./4: Gegenüberstellung der Chlorid- und Borkonzentrationen (in mg/l) von Wässern des Steirischen Beckens. 1 = Marienquelle Bad Tatzmannsdorf, 1967, 2 = Loipersdorf, Bohrung Binderberg 1, 3 = Franzquelle Bad Tatzmannsdorf, 4 = Therme 72 Bad Tatzmannsdorf, 5 = Hengsberg, 6 = Sulzegg, Styrianquelle, 8 = Sicheldorf, Josefsquelle, 9 = Stadtquelle Bad Radkersburg, 10 = Radkersburg 2, 11 = Bad Gleichenberg, Emma-Quelle, 12 = Bad Gleichenberg, Konstantinquelle, 13 = Bad Gleichenberg, Maria-Theresien-Quelle, 14 = Bad Gleichenberg, Bohrung Sternwiese II, 15 = Bad Gleichenberg (Hof) = Johannisbrunnen, 16 = Waltersdorf 1, 17 = Blumau 1a, 18 = Fürstenfeld Thermal 1, 19 = Stegersbach Thermal 1, 20 = Gleisdorf Thermal 1, Horizont 513–527 m, 21 = Gleisdorf Thermal 1, 200–360 m, 22 = Bad Gams, St. Hubertusquelle, 23 = Stainz, Johannesquelle, 24 = Tobelbad, Ferdinandsquelle, 25 = Puntigam 2, 26 = Tatzmannsdorf Thermal 1, 27 = Piringsdorf 1, 1967, 28 = Piringsdorf 2, 1980, 29 = Kobersdorf, Waldquelle, 30 = Bad Sauerbrunn, Paulquelle, 31 = Waltersdorf 2a, 34 = Lutzmannsburg Thermal 1, 35 = Bad Schönau III, 36 = Rosenbergquelle, MW = Meerwasser. Die gestrichelten Linien bezeichnen B/Cl-(Gewichts)Verhältnisse.

Schon früh ist die örtlich und regional erhöhte geothermische Tiefenstufe im Steirischen Becken und der Landseer Bucht aufgefallen. So errechnete A. WINKLER-HERMADEN (1949, zitiert in: F. RONNER, 1980) durch Messungen an einem artesischen Brunnen bei Eisenhüttl im Burgenland eine geothermische Tiefenstufe von 17 m/°C. R.F. SACHSENHOFER (1990) konnte durch Inkohlungsuntersuchungen nachweisen, daß die paläogeothermische Entwicklung des Steirischen Beckens wesentlich durch den karpatisch/badenischen Vulkanismus geprägt wurde, während der plio-/pleistozäne Vulkanismus keinen Einfluß auf das regionale Inkohlungsbild zeigt. Die rezenten thermischen Verhältnisse des Beckens werden ganz wesentlich durch die geophysikalisch nachgewiesene Hochlage des Erdmantels geprägt. So wurde durch R. SCHMÖLLER (1991) nordwestlich von Fürstenfeld die Tiefenlage der Mohorovicic-Diskontinuität (Grenzfläche zwischen Unterer Kruste und Oberem Mantel) bei einer Tiefe von nur 19 km festgestellt. Der rezente Wärmefluß erreicht nach den Angaben von R. CERMAK (1979) und P. DÖVENY & F. HORVATH (1988) im Fürstenfelder und Fehringer Becken Werte von bis zu 100 mW/m².

In diesem Zusammenhang muß auf die von F. RONNER (1980) publizierte 1.000-m-Isothermenkarte des Steirischen Beckens eingegangen werden. Grundlage hiefür war die von H. ZOJER (1977) aufgrund von Obertage-Temperaturmessungen an seichten artesischen Brunnen entworfene Karte der geothermischen Tiefenstufe. Nachdem grundsätzlich methodische Kritik an der Extrapolation der durch unterschiedliche Aufstiegszeiten in den Brunnen beeinflußten Temperaturwerte (siehe dazu J.E. GOLDBRUNNER, 1988) geäußert wurde, stehen die Tiefentemperaturen aus den in der zweiten Hälfte der achtziger Jahre durchgeführten Tiefbohrungen teilweise in krassem Gegensatz zur Isothermenkarte F. RONNER, so daß diese für weite Bereiche des Beckens als nicht mehr gültig angesehen werden muß.

Figur 11.1./5 zeigt die Teufen-Temperaturbeziehung der durchgeführten Tiefbohrungen. Für die im Zentralbereich des Fürstenfelder Beckens gelegene Bohrung Fürstenfeld Thermal 1 geht daraus ein geothermischer Gradient von 4 °C/100 m bzw. eine 1.000-m-Temperatur von ca. 50 °C hervor, die Karte von F. RONNER weist hier Temperaturen von bis zu 70 °C aus. Wie die Daten der Bohrung Blumau 1a und Stegersbach Thermal 1 zeigen, dürfte für die tieferen Beckenteile ein Gradient von 4 °C/100 m realistisch sein. Erhöhte geothermische Gradienten sind an Hochstrukturen gebunden und sind durch den konvektiven Wärmetransport beeinflußt. Ein Beispiel hiefür ist die an der Südburgenländischen Schwelle gelegene Bohrung Binderberg 1 (Loipersdorf). Durch die 1991 niedergebrachte Bohrung Gleisdorf Thermal 1 wurde ein weiteres konvektives System erschlossen, das wahrscheinlich mit der Vorflutwirkung der Raab und dem damit verbundenen Aufstieg von Tiefengrundwässern zusammenhängt (siehe Kap. 11.2.3.4.).

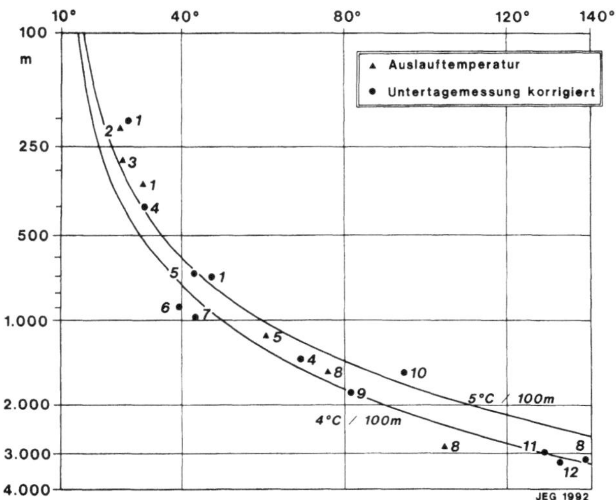

Fig. 11.1./5: Teufen-Temperaturbeziehung von Tiefbohrungen und ausgewählten artesischen Brunnen des Steirischen Beckens und der Landseer Bucht. 1 = Gleisdorf Thermal 1, 2 = Bad Tatzmannsdorf Therme 72, 3 = Unterschützen bei Tatzmannsdorf, artes. Brunnen, 4 = Waltersdorf 2a, 5 = Waltersdorf 1, 6 = Tatzmannsdorf Thermal 1, 7 = Lutzmannsburg Thermal 1, 8 = Fürstenfeld Thermal 1, 9 = Radkersburg 2, 10 = Binderberg 1 (Loipersdorf), 11 = Blumau 1a, 12 = Stegersbach Thermal 1.

Im Gegensatz zum Oberösterreichischen Molassebecken bestehen für das Steirische Becken aufgrund der geringeren Datendichte noch keine klaren Vorstellungen über die regionalen Tiefengrundwasser-Zirkulationssysteme. Es ist davon auszugehen, daß die strukturellen Verhältnisse, besonders die Schwellen, erheblichen Einfluß auf die Zirkulation der Tiefengrundwässer ausüben. Dies trifft besonders auf die Mittelsteirische Schwelle und die Südburgenländische Schwelle zu.

11.2. Die Heilwässer im Beckenbereich

11.2.1. Trinksäuerlinge (J.E. GOLDBRUNNER, H. ZETINIGG, J. ZÖTL)

Der im Bereich der Mittelsteirischen Schwelle gelegene Vulkanit von Weitendorf-Wundschuh, der nach B. KRAINER (1987) unterbadenisches Alter besitzt, hat nach der Darstellung von A. KRÖLL et al. (1988) eine N-S-Erstreckung von 18 km und reicht bis 2 km südlich der Bohrung Puntigam 2. Die mit ihm verbundene CO_2-Fazies hat wesentlichen Einfluß auf die hier erschlossenen Säuerlinge und Heilwässer.

11.2.1.1. Der Säuerling Hengsberg

Die Bohrung liegt ziemlich genau an der Südgrenze des Vulkanits von Weitendorf-Wundschuh und steht in klastischen Ablagerungen des Badeniens. Die Abfüllungsstation befindet sich im Untergeschoß (Keller) des Hauses Schrötten 38. Angeblich wurde die Bohrung im Jahre 1844 als Prospektionsbohrung auf Kohle bis in eine Tiefe von 125 m niedergebracht und dabei in 75 m Tiefe der Säuerling erschrotet.

Dem Handblatt des Besitzers ist laut Vollanalyse vom Juli 1974 zu entnehmen:

		Massenkonzentration mg/l	Äquivalentanteil %
KATIONEN			
Natrium	Na^+	1.628,0	89,16
Kalium	K^+	25,5	0,82
Ammonium	NH_4^+	1,6	0,11
Magnesium	Mg^{2+}	54,5	5,64
Calcium	Ca^{2+}	67,3	4,23
Mangan II	Mn^{2+}	0,1	0,00
Eisen II	Fe^{2+}	0,96	0,04
Summe:		1.777,96	100,00

ANIONEN			
Fluorid	F^-	1,4	0,09
Chlorid	Cl^-	798,0	28,34
Sulfat	SO_4^{2-}	2,0	0,05
Nitrit	NO_2^{2-}	0,0	0,00
Nitrat	NO_3^-	0,2	0,00
Hydrogencarbonat	HCO_3^-	3.466,0	71,52
Summe:		4.267,6	100,00
Summe Elektrolyte:		6.045,56	
Schwache Elektrolyte:			
Kieselsäure, meta	H_2SiO_3	24,1	
Summe:		6.069,66	
Gasförmige Bestandteile:			
Freies Kohlendioxid	CO_2	1.210	
Summe:		7.279,66	

Wassertypus: Natrium-Hydrogencarbonat-Mineralsäuerling.

Die *Spurenanalyse* (in µg/l) durchgeführt vom Arbeitskreis für Spurenanalyse, Univ.-Prof. Dr. G. KNAPP, Graz, im Juli 1990 ergab:

Al	Ba	B	Sr	Zn	F	J
16	760	7.400	750	18	1.490	110

Der Borgehalt ist in seiner Höhe ein Anzeiger des postvulkanischen Einflusses. Der Strontiumwert ist nur mäßig erhöht. Der Fluorgehalt ist wieder ein eindeutiges Tiefenelement und mit > 1 mg/l über der medikamentös verabreichten Menge zur Kariesbekämpfung. Bemerkenswert ist der hohe Chloridgehalt, dem als möglicher Anzeiger mariner Faziesbedingungen jedoch nur ein geringer Gehalt an Jodid gegenübersteht. Man wird daher auch den Chloridgehalt der postvulkanischen Aktivität zuzuschreiben haben.

11.2.1.2. Kalsdorfer Sauerbrunn

Im südwestlichen Grazer Feld liegt in der rechtsufrigen holozänen Flur der Mur der Säuerling von Kalsdorf. Im Zeitraum von 1872–1970 wurde Flaschenabfüllung betrieben. Die in der Katastralgemeinde Großsulz gelegene Fassung bestand aus zwei Schachtbrunnen von 4–5 m Tiefe, bei denen es aufgrund ihrer Lage im Überschwemmungsgebiet der Mur immer wieder zu Keimeinbrüchen kam. Ein Hochwasser im August 1970 führte schließlich zur Einstellung der Flaschenabfüllung und Stillegung der Brunnen. Der Säuerling war im Jahre 1920 als Heilwasser anerkannt worden. Die Rücknahme der Anerkennung erfolgte im Jahre 1971.

Zur Charakteristik des Wassers soll die Analyse der Untersuchungsanstalt für Lebensmittel, Graz, aus dem Jahre 1920 wiedergegeben werden, wie sie im Österreichischen Bäderbuch 1928 aufscheint:

		Massen-konzen-tration mg/l	Äquiva-lent-anteil %
KATIONEN			
Natrium	Na^+	1.067,7	70,38
Kalium	K^+	89,7	3,47
Ammonium	NH_4^+	4,07	0,35
Magnesium	Mg^{2+}	71,95	8,97
Calcium	Ca^{2+}	219,9	16,63
Mangan II	Mn^{2+}	0,29	0,02
Eisen II	Fe^{2+}	3,06	0,17
Aluminium	Al^{3+}	0,07	0,02
Summe:		1.456,74	100,01
ANIONEN			
Chlorid	Cl^-	522,5	22,41
Bromid	Br^-	0,79	0,02
Jodid	J^-	0,07	0,00
Sulfat	SO_4^{2-}	333,1	10,55
Hydrogenphosphat	HPO_4^-	0,36	0,02
Hydrogencarbonat	HCO_3^-	2.690,1	67,01
Summe:		3.546,92	100,01
Summe Elektrolyte:		5.003,66	
Gasförmige Bestandteile:			
Freies Kohlendioxid	CO_2	1.789	
Summe:		6.792,66	

Wassertypus: Natrium-Hydrogencarbonat-Chlorid-Mineralsäuerling.

Daneben wurden Spuren von Lithium-, Barium-, Strontium- und Nitrat-Ionen nachgewiesen.

Bereits bei der Errichtung des ersten gemauerten Brunnens im Jahre 1872 wurde vermerkt, daß der Säuerling aus steinartigem Congerienlehm und -tegel, also aus tertiären Schichten im Liegenden der quartären Lockergesteine des Grazer Feldes aufsteigt. Da die Mächtigkeit der quartären Lockergesteine (Kiese, Sande) hier nur wenige Meter beträgt, resultiert daraus auch die geringe Tiefe der Fassungen. Nach A. THURNER (1975) handelt es sich bei den tertiären Schichten um Kalksandsteine. Nach den gelösten Stoffen ist eine Herkunft des Wassers aus den quartären Sand-Kiesen auszuschließen. Besonders auffällig ist der hohe Natrium- und Chloridgehalt, der neben Kationenaustauschvorgängen auch den Einfluß mariner Faziesbedingungen bzw. durch den CO_2-Gehalt (als Bicarbonat und freie Kohlensäure) eine Beziehung zum jungtertiären Vulkanismus anzeigt. Die Karte von A. KRÖLL et al. (1988) zeigt, daß der Vulkanit von Weitendorf-Wundschuh das Gebiet Kalsdorf im Untergrund noch erreicht.

11.2.1.3. Sulzegg

Von noch größerer Ausdehnung ist der bisher mächtigste bekannte miozäne Deckenerguß im Raum Feldbach–Gleichenberg–Straden–St. Nikolai–Mitterlabill, in dessen Bereich sich die beprobten Bäder und Versandsäuerlinge Sulzegg, Rosenbergquelle und Bad Gleichenberg mit Klapping und Brodelsulz befinden (Fig. 11.1./2).

Zwei im mittleren Schwarzau Tal am linken Talhang 150 bzw. 200 m tief in Sarmatschichten niedergebrachte Bohrungen (Silverquelle, Styrianquelle) sind die Basis eines gut florierenden Sauerwasservertriebes (Flaschenversand Styrianquelle).

Die **Silverquelle** hat nach der Analyse des Institutes für Anorganische Chemie der Universität Graz (J. RABER) vom 2. März 1984 eine Austrittstemperatur von 20,1 °C, einen pH-Wert von 6,31 und eine elektrolytische Leitfähigkeit von 6,70 mS/cm bei 20 °C.

Die chemische Analyse ergab:

		Massenkonzentration mg/l	Ionenäquivalentkonzentration mmol/l	Äquivalentanteil %
KATIONEN				
Lithium	Li^+	1,19	0,17	0,27
Natrium	Na^+	1.151	50,07	78,93
Kalium	K^+	55,3	1,41	2,22
Ammonium	NH_4^+	0,08	0,004	0,01
Magnesium	Mg^{2+}	52,3	4,30	6,78
Calcium	Ca^{2+}	149,1	7,44	11,73
Mangan II	Mn^{2+}	0,15	0,006	0,01
Eisen II	Fe^{2+}	1,02	0,037	0,06
Summe:		1.410,14	63,44	100,01
ANIONEN				
Fluorid	F^-	0,65	0,034	0,05
Chlorid	Cl^-	834,3	23,53	37,04
Bromid	Br^-	1,42	0,018	0,03
Jodid	J^-	0,42	0,003	0,00
Sulfat	SO_4^{2-}	93,2	1,941	3,06
Nitrit	NO_2^{2-}	0,00	0,000	0,00
Nitrat	NO_3^-	0,30	0,005	0,01
Hydrogenphosphat	HPO_4^-	0,30	0,003	0,00
Hydrogencarbonat	HCO_3^-	2.318	37,99	59,81
Summe:		3.248,59	63,52	100,00
Summe Elektrolyte:		4.658,73		

			Neutralteilchenkonzentration mmol/l
Schwache Elektrolyte:			
Kieselsäure, meta	H_2SiO_3	48,2	0,62
Borsäure, ortho	H_3BO_3	77,8	1,26
Summe:		4.784,73	

Gasförmige Bestandteile:	
Freies Kohlendioxid CO_2	1.477
Summe:	6.261,73

Das Wasser ist als Natrium-Hydrogencarbonat-Chlorid-Mineralsäuerling (Therme) hypotonischer Konzentration zu charakterisieren.

Zusammenstellung der *Spurenelemente* (in µg/l) aus der Analyse des Jahres 1984:

Al	B	Zn	F	J	Br
450	13.625	1.330	650	420	1.420

Li	Cu	Cd	Ba
1.190	0,1	0,02	12

Die Bohrung Silverquelle wurde nach J. RABER (1984) im Jahre 1979 durch Vertiefung der bereits seit 1975 bestehenden Sonde „Jellerquelle" auf eine Endteufe von 201 m niedergebracht.

Die „Jellerquelle" hatte aus einem von 88,5–97,0 m anstehenden Sandhorizont einen Calcium-Hydrogencarbonat-Säuerling geliefert, dessen Konzentration jedoch im Laufe der Fördergeschichte absank, wobei sich jedoch der Fluoridgehalt erhöhte. Dies machte die Vertiefung notwendig.

Nach den vorliegenden Zeichnungen der Versandfirma wurde zwischen 173,20 und 190,0 m ein Horizont, bestehend aus grobem Quarzsand, aufgeschlossen, welcher den Hauptaquifer darstellt. Die genaue Lage der Filterstrecken geht aus der technischen Zeichnung nicht hervor.

Der hohe CO_2- und Borgehalt zeigen den Zusammenhang mit dem jungtertiären Vulkanismus. Auffallend ist weiters die niedrige geothermische Tiefenstufe von 18 m/°C.

Im Jahre 1985 wurde außerhalb der fünfjährigen Kontrollperiode die chemische Zusammensetzung der Silverquelle überprüft und dabei ein Anstieg des Lösungsinhaltes vorgefunden. Der Grund für die Änderung der Mineralisierung dürfte in der Verlagerung einzelner Filterstrecken gelegen sein. Die Förderung erfolgt mit UW-Pumpe.

Durch das Institut für Analytische Chemie der Universität Graz (J. RABER) wurde folgende Analyse erstellt:

Sinnesprüfung:
blank, farblos, klar
geruchlos
säuerlich, schwach adstringierend

El. Leitfähigkeit (bei 20 °C) 7,4 mS/cm
pH-Wert 6,47

		Massen-konzen-tration mg/l	Ionenäqui-valentkon-zentration mmol/l	Äquiva-lent-anteil %
KATIONEN				
Natrium	Na^+	1.780	77,43	83,52
Kalium	K^+	80,5	2,06	2,22
Ammonium	NH_4^+	0,04	0,00	0,00
Magnesium	Mg^{2+}	64,4	5,30	5,72
Calcium	Ca^{2+}	158,1	7,89	8,51
Eisen II	Fe^{2+}	0,79	0,03	0,03
Summe:		2.083,83	92,71	100,00
ANIONEN				
Fluorid	F^-	0,70	0,04	0,04
Chlorid	Cl^-	972,9	27,44	29,56
Jodid	J^-	0,49	0,00	0,00
Sulfat	SO_4^{2-}	107,9	2,25	2,42
Nitrit	NO_2^{2-}	0,00	0,00	0,00
Nitrat	NO_3^-	0,26	0,00	0,00
Hydrogencarbonat	HCO_3^-	3.852	63,13	67,98
Summe:		4.934,25	92,86	100,00
Summe Elektrolyte:		7.018,08		
Gasförmige Bestandteile:				
Freies Kohlendioxid CO_2		1.778		
Summe:		8.796,08		

Die balneologische Charakterisierung lautet: „Natrium-Hydrogencarbonat-Chlorid-Mineralsäuerling" hypotonischer bis isotonischer Konzentration.

Somit hatte sich innerhalb von 20 Monaten die Elektrolytsumme um 66% erhöht, vor allem aufgrund des Anwachsens des Natrium- und Hydrogencarbonatgehaltes und des CO_2-Partialdruckes. Der Jodidgehalt blieb praktisch konstant.

Aufgrund seiner geringen Mineralisierung gelangt vor allem das Wasser der **Styrianquelle** zur Abfüllung.

Die Bohrung wurde im Jahre 1978 auf eine Teufe von 150 m u.G. niedergebracht und mit Voll- und Filterrohren aus PVC mit einem Durchmesser von 100 mm komplettiert. Permeable, sandige Horizonte wurden laut einer technischen Zeichnung der Sulzegger Heil- und Mineralwasser Ges.m.b.H. zwischen 75 und 91 m, zwischen 95 und 120 m und zwischen 130 und 138 m aufgeschlossen. In diesen Horizonten liegen vermutlich auch die Filterstrecken. Die Unterwasserpumpe wurde auf einer Teufe von 135 m eingebaut. Nachdem im Jahre 1979 durch die Bundesstaatliche Anstalt für Experimentell-Pharmakologische und Balneologische Untersuchungen (A.J. STEHLIK) festgestellt worden war, daß die Zusammensetzung des Mineralwassers der Styrianquelle stark von der Förderrate und der Dauer der Entnahme abhängt, wurde die Entnahme auf ein Maß von 1,25 l/s eingestellt und so eine gleichbleibende chemische Beschaffenheit des Wassers erzielt, wie dies aus einem Gutachten der oben zitierten Bundesanstalt aus dem Jahre 1983 (Probennahme 1980) hervorgeht (A.J. STEHLIK, 1983). Hiebei wurde folgende chemische Analyse erstellt:

		Massen-konzen-tration mg/l	Ionenäqui-valentkon-zentration mmol/l	Äquiva-lent-anteil %
KATIONEN				
Lithium	Li^+	0,40	0,0576	0,42
Natrium	Na^+	243,0	10,570	77,03
Kalium	K^+	16,8	0,430	3,13
Ammonium	NH_4^+	1,58	0,0876	0,64
Magnesium	Mg^{2+}	6,4	0,525	3,83
Calcium	Ca^{2+}	40,8	2,035	14,83
Strontium	Sr^{2+}	0,2	0,0046	0,03
Eisen II	Fe^{2+}	0,33	0,0118	0,09
Summe:		309,51	13,7216	100,00
ANIONEN				
Fluorid	F^-	5,1	0,268	1,96
Chlorid	Cl^-	29,6	0,835	6,11
Sulfat	SO_4^{2-}	7,2	0,150	1,10
Nitrat	NO_3^-	0,14	0,0023	0,02
Hydrogencarbonat	HCO_3^-	756,6	12,400	90,81
Summe:		798,64	13,6553	100,00
Summe Elektrolyte:		1.108,15		
Schwache Elektrolyte:				
Kieselsäure, meta	H_2SiO_3	36,5		
Borsäure, ortho	H_3BO_3	14,9		
Summe:		1.159,55		
Gasförmige Bestandteile:				
Freies Kohlendioxid CO_2		181	4,113 = 91,56 ml (bei 0 °C und 760 Torr)	
Summe:		1.340,55		

Oxidierbarkeit (Kaliumpermanganatverbrauch): 0,86 mg $KMnO_4$/l (im sauren Medium nach KUBEL; das ursprünglich gelöste zweiwertige Eisen war vor der Bestimmung schon als Eisen-III-Hydroxid ausgefallen).

Neben der generell geringeren Minealisierung ist der niedere Chloridgehalt und und geringe Anteil an freiem CO_2 gegenüber der nur 170 m entfernten Silverquelle auffallend. Den Zusammenhang mit dem jungtertiären Vulkanismus bezeugt der mit 5,1 mg/l stark erhöhte Fluoridgehalt, der vor Abfüllung des Versandwassers selektiv entfernt wird.

Die im Jahre 1979 niedergebrachte Bohrung St. Christophorusquelle ähnelt in ihrer chemischen Beschaffenheit der Styrianquelle. Auch bei ihr ist eine starke Schwankung der Mineralisierung in Abhängigkeit von der Förderrate festzustellen.

11.2.1.4. Rosenbergquelle

Am rechten Ufer des Saßbaches, östlich der Ortschaft Rohrbach am Rosenberg (Gemeinde Mettersdorf) liegt die Rosenbergquelle, deren Sauerwasser im Jahre 1983 als Heilwasser anerkannt wurde. Seither wird dieser Säuerling in Flaschen abgefüllt und als Tafelwasser verwendet.

Die Anerkennung als Heilwasser erfolgt allein aufgrund des Kohlensäuregehalts, der jedoch unter 1.000 mg/l liegt. Auch die geringe Tiefe der Bohrung entspricht einer Bohrung auf artesisches Trinkwasser. Der Gehalt an Bor ist gering.

Im Zuge der Erdölprospektion wurde im Jahre 1944 eine Bohrung (Cf Rohrbach 1) bis in 216 m Tiefe niedergebracht und anschließend nicht mehr verschlossen. Seit damals wurde ein Ausfließen artesischen Wassers mit merkbarem Kohlensäuregehalt konstatiert. Endlich wurde in der Absicht, das Wasser zu nutzen, im Jahre 1980 eine chemische Analyse durchgeführt, sodann aufgrund des günstigen Ergebnisses im Jahre 1982 in die Bohrung eine Verrohrung eingebaut und so das Sauerwasser gefaßt. Die Filterstrecken liegen in Tiefen von 78–80 m und 100–103 m.

Im Bohrprofil ist bis 2 m Tiefe Quartär und sodann bis zur Endteufe Jungtertiär (Baden) in einer Wechsellagerung von Tegel, Sand, Quarzschotter, Sandstein und einigen Kohlenschmitzen angegeben. Die Wasserführung ist an Sandschichten gebunden. Die Zufuhr von Kohlensäure kann aus der Lage im Bereich des Vulkankörpers von Landorf erklärt werden.

Über die Beschaffenheit des Wassers liegt die Analyse des Institutes für Anorganische und Analytische Chemie der Universität Graz vom 22. November 1980 vor, die folgendes ergab:

pH-Wert 5,72
El. Leitfähigkeit (bei 20 °C) 728,2 µS/cm
Temperatur 14,1 °C

Radonaktivität 0,22 nCi/l
Radiumaktivität 0,9 pCi/l

		Massenkonzentration mg/l	Ionenäquivalentkonzentration mmol/l	Äquivalentanteil %
KATIONEN				
Natrium	Na^+	57,73	2,51	35,2
Kalium	K^+	0,01	0,00	0,0
Ammonium	NH_4^+	0,11	0,01	0,1
Magnesium	Mg^{2+}	13,72	1,13	15,8
Calcium	Ca^{2+}	69,30	3,46	48,6
Mangan II	Mn^{2+}	0,02	0,00	0,0
Eisen II	Fe^{2+}	0,52	0,02	0,3
Summe:		141,41	7,13	100,0
ANIONEN				
Fluorid	F^-	0,90	0,05	0,7
Chlorid	Cl^-	73,03	2,06	28,7
Jodid	J^-	0,0078	0,00	0,0
Sulfat	SO_4^{2-}	0,2	0,00	0,0
Nitrit	NO_2^{2-}	0,00	0,00	0,0
Nitrat	NO_3^-	1,722	0,03	0,4
Hydrogencarbonat	HCO_3^-	306,9	5,03	70,2
Summe:		382,7598	7,17	100,0
Summe Elektrolyte:		524,1698		
Schwache Elektrolyte:				
Kieselsäure, meta	H_2SiO_3	4,1		
Borsäure, ortho	H_3BO_3	0,08		
Summe:		528,3498		
Gasförmige Bestandteile:				
Freies Kohlendioxid	CO_2	807,3		
Sauerstoff	O_2	< 0,1		
Summe:		1.335,6498		

Frei aufsteigende Quellgase < 10 ml/min

Mit dieser Analyse wird das Quellwasser als Calcium-Natrium-Hydrogencarbonat-Trinksäuerling akratischer Konzentration charakterisiert.

Spurenelemente (in µg/l):	B	As	J	F
	14	5,5	7,8	900

Nach der Neufassung im Jahre 1982 nahm allerdings der Gehalt an freiem Kohlendioxid und die Gesamtmineralisierung ab, wogegen der freie Überlauf zunahm (H.P. LEDITZKY, 1982).

11.2.1.5. Peterquelle Deutsch-Goritz

Kurz vor der Ausmündung des Gnasbachtales in das Murtal liegt der Abfüllungsbetrieb „Peterquelle". Im Jahre 1958 gab ein von der Bevölkerung genutzter, seichter sauerwasserführender Schachtbrunnen Anlaß, eine Bohrung von 22,4 m Tiefe abzuteufen um dieses Sauerwasser so zu fassen, daß es in Flaschen abgefüllt werden kann. Diese neben dem Gnasbach gelegene Bohrung durchörtert die quartären Lockergesteine des Tales (wenige Meter) und erfaßt in der tertiären Schichtfolge unter Tonmergeln in 15–22 m Tiefe einen sauerwasserführenden Kieshorizont.

Da einerseits im Zuge der Nutzung eine ständige Abnahme der Konzentration des Sauerwassers zu beobachten und andererseits eine Erhöhung der Produktion gewünscht war, wurde im Jahre 1971 ein zweiter Filterrohrbrunnen (B II) errichtet. Dieser Brunnen erfaßt in Tiefen von 48–67 m und 80–96 m zwei Sauerwasserhorizonte. Der ca. 230 m vom ersten Brunnen entfernte Aufschlagspunkt für die zweite Bohrung wurde aufgrund von Untersuchungen des Kohlendioxidgehaltes der Bodenluft fixiert. Dieser Brunnen brachte zufriedenstellende Ergebnisse. Um die Fördermenge abermals zu erhöhen wurde im Jahre 1976 ein dritter Filterrohrbrunnen (B III) in ca. 350 m Entfernung vom Brunnen I errichtet. Die Filterstrecken dieses Brunnens liegen zwischen 53 und 65 m sowie 71 und 83 m Tiefe.

Die Anerkennung als Heil- und Mineralwasser erfolgte im Jahre 1960 für den Brunnen I. Später wurde diese Anerkennung auf die Brunnen II und III übertragen und heute gilt das Wasser des Brunnens I aufgrund seiner stark abgesunkenen Konzentration als Tafelwasser (Minaris-Tafelwasser).

Zur Charakterisierung der Peterquelle soll die Kontrollanalyse in Tab. 11.2./1 für die Brunnen II und III wiedergegeben werden. Andere relevante Daten sind:

	B II	B III
pH-Wert	6,36	6,31
El. Leitfähigkeit bei 20 °C (mS/cm)	3,14	2,16
Trockenrückstand bei 105 °C (mg/l)	2.329	1.569
Temperatur (°C)	13,2	13,4
Freie Kohlensäure CO_2 (mg/l)	2.009	1.100

Das Wasser beider Brunnen ist als „Natrium-Calcium-Hydrogencarbonat-Mineralsäuerling“ zu bezeichnen.

Die Bohrungen erschließen mineralwasserführende, sandig-kiesige und karbonatische (B I) Schichten im Sarmat des Steirischen Beckens. Diese Horizonte sind nach den geologischen Verhältnissen mit den weit verbreiteten süßwasserführenden Horizonten vergleichbar. Die Spurenanalyse läßt den Tiefeneinfluß deutlich erkennen. Auch zeigt sich eine unterschiedliche Mineralisierung und Imprägnation der einzelnen Horizonte mit Kohlensäure. Hervorzuheben ist die Abnahme der Mineralisierung des Wassers von B I durch lange und intensive Förderung. Wahrscheinlich wurde hiedurch gering mineralisiertes Wasser aus artesischen Horizonten aktiviert und so die Abnahme der Konzentration verursacht. Daraus läßt sich ableiten, daß für höhere Konzentrationen besonders durchlässige Bereiche, wahrscheinlich Störungen, maßgeblich sind, die Aufstiegswege aus der Tiefe bieten und so nur eine beschränkte Ausdehnung dieser Bereiche innerhalb der wasserführenden Schichten darstellen.

11.2.1.6. Sicheldorfer Josefsquelle

Rund 3,5 km östlich der Radkersburger Stadtquelle liegt auf breiter Terrassenflur des Murtales der Säuerling von Sicheldorf. Er ist ebenfalls im Flankenbereich

*Tab. 11.2./1: Kontrollanalysedaten des Institutes für Pharmazeutische Chemie der Universität Graz vom 30. Juli 1990 für die Brunnen II und III. * Berechnet als Summe von Natrium- und Kalium-Ion aus der Differenz der Anionen- und Kationensumme als Natrium-Ion.*

		Massenkonzentration mg/l		Ionenäquivalentkonzentration mmol/l		Äquivalentanteil %	
		BII	BIII	BII	BIII	BII	BIII
KATIONEN							
Natrium*	Na^+	663,5	443,2	28,86	19,28	68,03	67,70
Ammonium	NH_4^+	1,6	1,4	0,09	0,08	0,21	0,28
Magnesium	Mg^{2+}	51,5	31,6	4,24	2,60	10,00	9,13
Calcium	Ca^{2+}	182,8	129,9	9,12	6,48	21,50	22,75
Mangan	Mn^{2+}	0,2	0,3	0,01	0,01	0,02	0,04
Eisen II	Fe^{2+}	2,8	1,4	0,10	0,03	0,24	0,11
Summe:		902,4	607,8	42,42	28,48	100,00	100,01
ANIONEN							
Chlorid	Cl^-	249,0	154,3	7,02	4,35	16,55	15,27
Jodid	J^-	0,2	0,2	–	–	–	–
Sulfat	SO_4^{2-}	0,4	6,5	–	0,14	–	0,49
Nitrit	NO_2^{2-}	0,00	0,00	–	–	–	–
Nitrat	NO_3^-	0,06	0,76	–	0,01	–	0,04
Hydrogencarbonat	HCO_3^-	2.160	1.463	35,40	23,98	83,45	84,20
Summe:		2.410	1.625	42,42	28,48	100,00	100,00

des Westpannonischen Beckens positioniert. Dieser Säuerling wurde im Jahre 1923, also annähernd zur gleichen Zeit wie die Radkersburger Stadtquelle, im Zuge einer Strukturbohrung für die Erdölprospektion in ca. 43 m Tiefe gefunden. Erst im Jahre 1939 erfolgte die Fassung durch Einbau einer Verrohrung. Der in der pannonen Schichtfolge gelegene Mineralwasserhorizont (ca. 27–39 m u.G.) besteht angeblich aus Grobsanden. Die Anerkennung dieses Mineralwassers als Heilwasser und die Bewilligung zur Flaschenabfüllung unter dem Namen „Sicheldorfer Josefsquelle" erfolgte im Jahre 1956. Seither wird dieser jodhältige Natrium-Hydrogencarbonat-Mineralsäuerling mit Erfolg vertrieben.

Über den Chemismus soll die Kontrollanalyse der Bundesstaatlichen Anstalt für Experimentell-Pharmakologische und Balneologische Untersuchungen, Wien, vom 3. August 1981 Aufschluß geben:

pH-Wert 6,3
El. Leitfähigkeit (bei 20 °C) 5,01 mS/cm
Temperatur 12,3 °C

		Massen-konzen-tration mg/l	Ionenäqui-valentkon-zentration mmol/l	Äquiva-lent-anteil %
KATIONEN				
Natrium	Na^+	1.161,8	50,534	72,61
Kalium	K^+	110,5	2,8259	4,06
Ammonium	NH_4^+	9,95	0,5516	0,79
Magnesium	Mg^{2+}	85,6	7,04	10,12
Calcium	Ca^{2+}	170,3	8,50	12,21
Eisen II	Fe^{2+}	4,05	0,1451	0,21
Summe:		1.542,20	69,5966	100,00
ANIONEN				
Fluorid	F^-	0,71	0,0374	0,05
Chlorid	Cl^-	450,0	12,693	18,24
Jodid	J^-	0,95	0,0075	0,01
Sulfat	SO_4^{2-}	0,70	0,0146	0,02
Nitrit	NO_2^{2-}	0,004	0,0001	0,00
Nitrat	NO_3^-	0,25	0,0040	0,01
Hydrogencarbonat	HCO_3^-	3.468,2	56,84	81,67
Summe:		3.920,814	69,5966	100,00
Summe Elektrolyte:		5.463,014		
Schwache Elektrolyte:				
Kieselsäure, meta	H_2SiO_3	65,3		
Borsäure, ortho	H_3BO_3	15,5		
Summe:		5.543,814		
Gasförmige Bestandteile:				
Freies Kohlendioxid CO_2		2.460		
Summe:		8.003,814		

Arsen (als As angegeben) < 0,002 mg/l

Gasanalyse (Zusammensetzung der frei aufsteigenden Quellgase in Vol.%):

Kohlendioxid	49,50
Stickstoff	5,26
Methan	45,16
Äthan	0,06
Propan	0,01
Butan und höhere KWe	0,01
Edelgase	0,003
Schwefelwasserstoff	< 0,0001
Summe:	100,003

Die Analyse der *Spurenelemente* (in µg/l) durchgeführt im Juli 1990 vom Arbeitskreis für Spurenanalyse, Univ.-Prof. Dr. G. KNAPP, Graz, ergab:

Al	Ba	B	Sr	Zn	F	J
18	460	2.900	2.000	27	780	910

Im Chemismus unterscheidet sich dieser Säuerling vor allem durch einen höheren Bor-, Chlorid-, Natrium-, Kalium- sowie einen niedereren Magnesiumgehalt von der Radkersburger Stadtquelle. Nicht zuletzt dürften dafür die lithologischen Verhältnisse als Ursache gelten. Als Aufstiegswege für die Kohlensäure können auch hier Brüche angenommen werden, die durch geophysikalische Untersuchungen im Zuge der Erdölprospektion aufgefunden wurden. Für den Aufstieg von Wässern spricht unter anderem die Auslauftemperatur, die einer geothermischen Tiefenstufe von ca. 17 m/°C entspricht.

11.2.2. Kurorte im Beckenbereich

11.2.2.1. Bad Radkersburg (H. ZETINIGG, J. ZÖTL)

Der zweite bedeutende Badeort mit Trinkwasserversand im steirischen Vulkangebiet ist die in jüngster Zeit sehr aktive Stadt Radkersburg im äußersten SE der Steiermark.

Der Beginn der Nutzung des Tiefengrundwasser lag in der Übernahme einer 1924 abgeteuften erfolglosen Prospektionsbohrung nach Erdöl, die nach heutigem Wissen zumindest 280 m, wahrscheinlich aber 400 m Tiefe erreichte und später als **„Stadtquelle"** bezeichnet wurde. Nach dem Bohrprofil der nahe gelegenen Therme Bad Radkersburg erschließt diese Bohrung die sarmatische Schichtfolge in Form einer Wechselfolge von feinsandigem Schluffton und sandigen Kiesen, die als Porengrundwasserleiter fungieren.

Im Jahre 1987 wurde die Anlage erneuert und die Bohrung mit Chrom-Nickel-Stahlrohren bis zu einer Tiefe von 225 m neu verrohrt. Diese Verrohrung ist im Abschnitt von 195,4–225 m als Filterstrecke ausgebildet. Dieser Teufenabschnitt befindet sich noch im Sarmat.

Die Probennahme für die folgende chemische Untersuchung des unter dem Namen „long life" vertriebenen Versandmineralwassers entstammen die hier zitierten Analysen (durchgeführt 1988 vom Institut für Pharmazeutische Chemie der Universität Graz) mit Ausnahme der Spurenanalysen.

Die Produktion der Sonde betrug zur Zeit der Probennahme 2,3 l/s, die Wassertemperatur 16,4 °C und die elektrolytische Leitfähigkeit 2,30 mS/cm bei 20 °C.

Bei dieser im Pumpbetrieb geförderten Wassermenge ergaben sich folgende Analysenwerte:

		Massen-konzen-tration mg/l	Ionenäqui-valentkon-zentration mmol/l	Äquiva-lent-anteil %
KATIONEN				
Natrium	Na^+	98,4	4,28	12,57
Kalium	K^+	6,5	0,17	0,50
Ammonium	NH_4^+	2,0	0,11	0,32
Magnesium	Mg^{2+}	197,4	16,25	47,72
Calcium	Ca^{2+}	263,3	13,14	38,59
Eisen II	Fe^{2+}	2,9	0,10	0,29
Summe:		570,5	34,05	99,99
ANIONEN				
Chlorid	Cl^-	24,0	0,68	1,99
Sulfat	SO_4^{2-}	7,2	0,15	0,44
Hydrogencarbonat	HCO_3^-	2.035,5	33,36	97,57
Summe:		2.066,7	34,19	100,00
Summe Elektrolyte:		2.637,2		
Gasförmige Bestandteile: Freies Kohlendioxid CO_2		2.372		
Summe:		5.009,2		

Wassertypus: Magnesium-Calcium-Hydrogencarbonat-Mineralsäuerling.

Die *Spurenanalyse* (in µg/l), durchgeführt vom Arbeitskreis für Spurenanalyse, Univ.-Prof. Dr. G. KNAPP, Graz, im August 1990, ergab:

Al	Ba	B	Sr	Zn	F	J
23	750	150	6.000	26	70	< 40

In der Zeit von September 1977 bis Oktober 1978 wurde am westlichen Stadtrand von Bad Radkersburg die **Thermalbohrung Bad Radkersburg** (Bezeichnung Radkersburg 2) mit einer Tiefe von 1.930 m niedergebracht und im Bereich von 1.791,5–1.856,5 m ein Heißwasserhorizont erschlossen. Der Ansatzpunkt der Bohrung wurde aufgrund umfangreicher geophysikalischer Prospektionsarbeiten der Prakla-Seismos Ges.m.b.H. festgelegt.

Die Bohrung durchteufte die tertiäre Schichtfolge im Randbereich des Westpannonischen Beckens, bestehend aus Sarmat, Badener Serie, Karpatischer Serie und Ottnang. Darunter folgen mesozoische Kalke und Sandsteine über in Form von Schwarz- und Tonschiefern vorliegendem Paläozoikum. Durch die Bohrung wurden zahlreiche wasserführende Horizonte, darunter auch der Horizont der Radkersburger Stadtquelle (Säuerling) in 225–229 m Tiefe durchörtert. Die Thermalwasserführung konzentriert sich auf Karbonate des Anis (1.789–1.853 m), wobei neben der Kluftporosität wegen der großen Ergiebigkeit auch Karsterscheinungen vermutet werden. Die mesozoischen Karbonate wurden bisher nur durch die Bohrung Radkersburg 2 erschlossen. Der Senkungsraum von Radkersburg liegt bereits südlich der Südburgenländischen Schwelle.

Der großen Heilwasseranalyse 1979 (Institut für Pharmazeutische Chemie der Universität Graz) wurden die folgenden Angaben entnommen:

pH-Wert 6,9
Austrittstemperatur des Wassers 78 °C

		Massen-konzen-tration mg/l	Ionenäqui-valentkon-zentration mmol/l	Äquiva-lent-anteil %
KATIONEN				
Natrium	Na^+	2.238,0	97,35	88,98
Kalium	K^+	170,1	4,35	3,98
Ammonium	NH_4^+	5,9	0,33	0,30
Magnesium	Mg^{2+}	42,2	3,47	3,17
Calcium	Ca^{2+}	78,2	3,91	3,57
Summe:		2.534,4	109,41	100,00
ANIONEN				
Chlorid	Cl^-	347,4	9,80	8,96
Sulfat	SO_4^{2-}	422,7	8,80	8,05
Nitrat	NO_3^-	Spur	–	–
Hydrogenphosphat	HPO_4^-	1,98	0,02	0,02
Hydrogencarbonat	HCO_3^-	5.534,3	90,70	82,96
Summe:		6.306,38	109,32	99,99
Summe Elektrolyte:		8.840,78		
Gelöste mineral. Stoffe:		8.924,6 mg/l		

Der CO_2-Gehalt des Wassers wird in der Kurzinformation mit 770 mg/l angegeben.

Wassertypus: „Natrium-Hydrogencarbonat-Therme isotonischer Konzentration".

Die *Spurenanalyse* (in µg/l), durchgeführt vom Arbeitskreis für Spurenanalyse, Univ.-Prof. Dr. G. KNAPP, Graz, im August 1990, ergab:

Al	Ba	B	Sr	Zn	F	J
11	70	5.200	640	50	2.760	440

11.2.2.2. Bad Gleichenberg (H. ZETINIGG)

Bad Gleichenberg ist der traditionsreichste Kurort des steirischen Vulkanbereiches. Neben der interessanten geschichtlichen Entwicklung gab es schon im 19. Jahrhundert eine rege Diskussion der geologischen Situation (K. REISSACHER, 1867, C. CLAR, 1880, 1881, 1895, 1896).

Wenn wir vom doch recht eigenständigen Weitendorfer Shoshonit, der altersmäßig dem miozänen Vulkanismus zugehört, absehen, tritt der weit verbreitet bedeckte miozäne Magmaerguß nur in den „Gleichenberger Kogeln" als freigelegte Kuppe von Trachyt und Trachyandesit zutage. Im Südsaum der Trachytaufschlüsse, wo in der Sternwiese die letzte Bohrung noch völlig im Trachyandesit verblieb, liegt der Kurort Bad Gleichenberg.

Die als Säuerlinge und Mineralwässer erkannten Quellen wurden schon frühzeitig genutzt.

In der Reihenfolge von NNE nach SSW stoßen wir zuerst auf die **Emma-Quelle.**

Sie entspringt mit einer Schüttung von < 1 l/min direkt aus einer Kluft des durch einen seichten Schacht aufgeschlossenen Trachytes.

Im folgenden wird die im Jahre 1986 durch das Institut für Analytische Chemie der Universität Graz (J. RABER) erstellte Analyse wiedergegeben:

Wassertemperatur 10,4 °C
pH-Wert (bei 10,4 °C) 6,31
El. Leitfähigkeit 0,605 mS/cm

		Massenkonzentration mg/l	Ionenäquivalentkonzentration mmol/l	Äquivalentanteil %
KATIONEN				
Natrium	Na^+	372,2	16,19	80,51
Kalium	K^+	23,2	0,59	2,93
Ammonium	NH_4^+	2,18	0,12	0,60
Magnesium	Mg^{2+}	16,00	1,32	6,56
Calcium	Ca^{2+}	37,1	1,85	9,20
Mangan	Mn^{2+}	0,00	0,00	0,00
Eisen	Fe^{2+}	1,00	0,04	0,20
Summe:		451,68	20,11	100,00
ANIONEN				
Fluorid	F^-	0,72	0,04	0,20
Chlorid	Cl^-	160,1	4,52	22,56
Sulfat	SO_4^{2-}	85,7	1,78	8,89
Nitrit	NO_2^{2-}	0,0	0,00	0,00
Nitrat	NO_3^-	0,6	0,01	0,05
Hydrogencarbonat	HCO_3^-	834,6	13,68	68,30
Summe:		1.081,72	20,03	100,00
Summe Elektrolyte:		1.533,40		

Diese Analyse zeigte einen starken Rückgang in der Mineralisierung. Gegenüber der Analyse von 1977 (Große Heilwasseranalyse zitiert in A.P. FUKSAS, 1979) war die Mineralisierung um 60% zurückgegangen. Im Jahre 1989 wurde die Emma-Quelle aus hygienischen Gründen liquidiert.

Die **Konstantinquelle,** eine seichte Schachtbohrung, wurde im Jahre 1990 aus hygienischen Gründen durch eine Vertiefung neu aufgeschlossen. Hiezu wurde ab der Sohle des alten Schachtes eine Bohrung bis auf eine Teufe von 34 m im Trachyandesit abgestoßen. Mit Ausnahme der oberflächennahen Strecke und klüftigem, teilweise zerbrochenem Gestein in 9,30–12,00 m, 14,20–15,00 m, 19,00–20,20 m und 21,00–22,00 m zeigt diese Bohrung kompaktes dichtes Gebirge.

Mit der Unterwasserpumpe wurden 2 l/s entnommen, die Wassertemperatur betrug 15,0 °C.

Die chemische Zusammensetzung der Konstantinquelle (alte Fassung) wird durch die im Jahre 1976 durch das Institut für Analytische Chemie der Universität Graz (J. RABER) durchgeführte Große Heilwasseranalyse repräsentiert:

		Massenkonzentration mg/l	Ionenäquivalentkonzentration mmol/l	Äquivalentanteil %
KATIONEN				
Lithium	Li^+	0,31	0,045	0,048
Natrium	Na^+	1.785	77,64	82,62
Kalium	K^+	38,7	0,990	1,054
Ammonium	NH_4^+	0,77	0,046	0,046
Magnesium	Mg^{2+}	121,8	10,02	10,66
Calcium	Ca^{2+}	103,0	5,140	5,470
Strontium	Sr^{2+}	0,16	0,004	0,004
Barium	Ba^{2+}	0,02	0,000	0,000
Mangan	Mn^{2+}	0,07	0,001	0,001
Eisen II	Fe^{2+}	2,41	0,086	0,092
Summe:		2.052,24	93,972	99,995
ANIONEN				
Fluorid	F^-	0,778	0,041	0,044
Chlorid	Cl^-	1.056	29,797	31,96
Bromid	Br^-	19,80	0,248	0,266
Jodid	J^-	0,67	0,005	0,005
Sulfat	SO_4^{2-}	21,94	0,457	0,490
Nitrat	NO_3^-	22,2	0,358	0,384
Hydrogenphosphat	$HPO4^{2-}$	19,77	0,412	0,442
Hydrogencarbonat	HCO_3^-	3.767	61,74	66,22
Carbonat	CO_3^{2-}	0,978	0,033	0,035
Dihydrogenphosphat	$H_2PO_4^-$	13,68	0,141	0,151
Hydrogensilikat	$HSiO_3^-$	0,081	0,001	0,001
Metaborat	BO_2^-	0,087	0,002	0,002
Summe:		4.922,993	93,235	100,000
Summe Elektrolyte:		6.975,233		

Schwache Elektrolyte:		
Kieselsäure, meta	H_2SiO_3	81,5
Borsäure, ortho	H_3BO_3	16,2
Summe:		7.072,933
Gasförmige Bestandteile:		
Freies Kohlendioxid	CO_2	2.440
Summe:		9.512,933

Wassertypus: Natrium-Hydrogencarbonat-Chlorid-Mineralsäuerling.

Spurenelemente (in µg/l). Die aus der Wasserprobe der neuen Fassung gewonnenen Daten stehen in Klammer:

Li	Ba	Sr	Fe	Mn	F	Br
310	20 (145)	160 (3.300)	2.410	70	778	19.800

J	Al	Cd	Zn	B
670	(21)	(< 0,2)	(35)	(2.830)

Nebenbemerkung: Der hohe Bromidgehalt resultiert wahrscheinlich aus einem Angabefehler.

Von der „Werléquelle“ waren keine Analysen verfügbar.

Die **(Maria-)Theresien-Quelle** ist die nächste gegen SSW anschließende Fassung.

Das hier in einem 11 m tiefen Schacht gefaßte Wasser hatte zur Zeit der 1977 durchgeführten Heilwasseranalyse eine Temperatur von 18,8 °C. Laut Profil verblieb die Fassung in den den Trachyandesit überlagernden Tonmergeln.

Die Werte der Grundanalyse betragen laut Heilwasseranalyse 1977:

		Massenkonzentration mg/l	Ionenäquivalentkonzentration mmol/l	Äquivalentanteil %
KATIONEN				
Natrium	Na^+	1.856,0	80,73	81,13
Kalium	K^+	39,7	1,02	1,03
Ammonium	NH_4^+	0,57	0,03	0,03
Magnesium	Mg^{2+}	133,4	10,18	10,23
Calcium	Ca^{2+}	151,1	7,54	7,58
Summe:		2.180,77	99,50	100,00
ANIONEN				
Chlorid	Cl^-	1.106,0	31,20	31,09
Sulfat	SO_4^{2-}	56,7	1,18	1,18
Nitrat	NO_3^-	17,9	0,29	0,29
Hydrogenphosphat	HPO_4^-	0,4	0,01	0,01
Hydrogencarbonat	HCO_3^-	4.129,0	67,67	67,43
Summe:		5.310,0	100,35	100,00
Summe Elektrolyte:		7.490,77		
Schwache Elektrolyte:				
Kieselsäure, meta	H_2SiO_3	90,2		
Borsäure, ortho	H_3BO_3	4,62		
Summe:		7.585,59		
Gasförmige Bestandteile:				
Freies Kohlendioxid	CO_2	1.920		
Sauerstoff	O_2	0,1		
Summe:		9.505,69		

Wassertypus: Natrium-Hydrogencarbonat-Chlorid-Mineralsäuerling.

Spurenelemente (in µg/l), die Meßinstitution ist unbekannt:

Li	Fe	Mn	F	Br	J	B
1.200	1.600	140	840	2.440	490	881

Die nur etwa 7 m entfernte **Gleichenberger Römerquelle** ist in ihren Analysenwerten der Theresien-Quelle so konform, daß die Unterschiede in den Meßfehlerbereich fallen.

Die Werte in Tab. 11.2./2 lassen im Vergleich erkennen, daß die Emma-Quelle durch den raschen Zufluß oberflächennaher Hangwässer geringer mineralisiert ist.

Ersichtlich ist auch, daß die Temperatur der Mineralsäuerlinge gegen SSW, d.h. gegen die Grenze zum Basaltvulkanismus zunimmt.

Das Ziel, in diesem Kurort auch noch einen Thermalsäuerling anbieten zu können, ist verständlich.

Aus diesem Grund wurde in den Jahren 1972 und 1973 im Kurpark neben dem Hallenbad eine Bohrung bis 223 m Tiefe niedergebracht. Diese Bohrung durchfährt bis 44,6 m Tiefe tertiäre Sedimente in Form von Tonen und Sanden, sodann folgen bis zur Endteufe Vulkanite verschiedenster Ausbildung. In diesen Vulkaniten wurden mit einem Temperaturlog mehrere Ther-

Tab. 11.2./2: Ionenvergleich von Quellgruppen (Angaben in mg/l).

	Na	K	Mg	Ca	Cl	SO_4	HCO_3	Temp. °C
Emma-Quelle	908	28	69,6	112,2	519,7	100,8	2.188	14,3
Konstantinquelle	1.785	38,7	121,8	103,0	1.056,0	21,94	3.767	15,8
Theresien-Quelle	1.856	39,7	134,4	151,1	1.106,0	56,7	4.128	18,8
Römerquelle	1.832	43	133,3	145,1	1.115,0	59,6	4.048	17,0
Thermalquelle I	815	19,2	53,3	116,6	343,3	43,6	2.179	23,1

malwasser Horizonte festgestellt und daher der Teufenabschnitt von 143 m–212 m verfiltert. Bereits 1975 wurde das Wasser unter der Bezeichnung „**Bad Gleichenberger Thermalquelle**“ als Heilvorkommen anerkannt.

1979 zitiert A.P. FUKSAS eine chemische Analyse dieser Therme unter der Bezeichnung „Gleichenberger Thermalquelle I“ aus dem Jahr 1974 mit einer Wassertemperatur von 23,1 °C. Die chemischen Vergleichswerte sind Tab. 11.2./2 zu entnehmen. Das Wasser ist bedeutend geringer mineralisiert, als die seit altersher genutzten Quellen.

Da mit dieser Therme der Bedarf nicht gedeckt werden konnte, wurde bereits 1979 mit einer weiteren Bohrung zur Erschließung von Thermalwasser auf der Sternwiese (Bohrung Sternwiese II) im Kurpark begonnen. Diese Bohrung wurde, um den Kurbetrieb nicht zu stören, nur in den Wintermonaten weitergeführt und erreichte im Jahre 1983 eine Tiefe von 1.043 m. Aufgrund eines abgebrochenen und verkippten Bohrrohres erfolgte der Ausbau der Bohrung nur bis zu einer Tiefe von 432 m. Im Teufenabschnitt von 234–420 m sind sechs Filterrohrstrecken eingebaut, um thermalwasserführende Bereiche der vulkanischen Gesteine zu fassen. Die Bohrung durchfährt bis 113,8 m Tiefe Tone, Sande und Kiese des Tertiärs, dann folgt bis 900 m eine geschlossene Vulkanitmasse von Latiten, die von H. HERITSCH (1982) petrographisch bearbeitet wurden. Von 900 m bis zur Endteufe sind verschiedene Vulkanite unterschiedlichen Zersetzungsgrades verzeichnet.

Über die Beschaffenheit des Thermalwassers liegt eine Analyse des Institutes für Analytische Chemie der Universität Graz vom 3. Juni 1983 vor, die folgendes zeigt:

Wassertemperatur 27,4 °C

		Massenkonzentration mg/l	Ionenäquivalentkonzentration mmol/l	Äquivalentanteil %
KATIONEN				
Natrium	Na^+	1.504	65,42	77,50
Kalium	K^+	30,5	0,78	0,92
Ammonium	NH_4^+	1,7	0,09	0,11
Magnesium	Mg^{2+}	126,5	10,41	12,33
Calcium	Ca^{2+}	154,5	7,71	9,13
Summe:		1.817,2	84,41	99,99
ANIONEN				
Chlorid	Cl^-	837,1	23,61	27,89
Sulfat	SO_4^{2-}	36,8	0,77	0,91
Nitrat	NO_3^-	–	–	–
Hydrogencarbonat	HCO_3^-	3.677,0	60,26	71,20
Summe:		4.550,9	84,64	100,00
Summe Elektrolyte:		6.368,1		
Schwache Elektrolyte:				
Kieselsäure, meta	H_2SiO_3	67,1		
Borsäure, ortho	H_3BO_3	22,2		
Summe:		6.457,4		
Gasförmige Bestandteile:				
Freies Kohlendioxid	CO_2	702		
Summe:		7.159,4		

Gasanalyse (%):

CO_2	88,6
N_2 + Edelgase	11,4

Wassertypus: Natrium-Hydrogencarbonat-Chlorid-Mineraltherme hypotonischer Konzentration.

Spurenelemente (in µg/l) nach J. RABER l.c.:

Li	Fe	Mn	F	Br	J	B
1.030	1.400	10	390	1.700	200	3.880

Die Messung von *Spurenelementen* (in µg/l), durchgeführt vom Arbeitskreis für Spurenanalyse, Univ.-Prof. Dr. G. KNAPP, Graz, im Juli 1990, ergab:

Al	Ba	B	Cd	Sr	Se	Zn	J	F
140	340	2.100	< 0,2	3.250	< 5	90	240	160

Der Gehalt an Spurenelementen kommt jenem der Emma-Quelle am nächsten.

Im Jahre 1984 wurde diese Therme unter der Bezeichnung „**Therme Mariannenquelle**“ als Heilvorkommen anerkannt.

Ungefähr 10 km südlich von Bad Gleichenberg liegt im Sulzbachtal in der Ortschaft Hof bei Straden der **Johannisbrunnen**. Der Säuerling ist durch zwei Brunnen und zwar einen alten Schachtbrunnen von wenigen Metern Tiefe (Johannisbrunnen I) und einen Filterrohrbrunnen (Johannisbrunnen II) gefaßt. Der Filterrohrbrunnen von 41 m Tiefe wurde im Jahre 1971 aufgrund einer Versuchsbohrung von 184 m Tiefe, die bereits im Jahre 1968 ausgeführt wurde, errichtet. Bei der Versuchsbohrung wurden angeblich vier Mineralwasserhorizonte angetroffen. Die Kriterien, die zur Fassung des Horizontes in 32,2–36,7 m Tiefe (Filterstrecke) im Johannisbrunnen II führten, sind nicht mehr bekannt. Der Brunnen befindet sich in jungtertiären Sedimentgesteinen. Der Mineralwasserhorizont besteht aus Sanden und Kiesen.

Die physikalisch-chemischen Messungen ergaben:

pH-Wert 5,78
El. Leitfähigkeit (bei 20 °C) 4,310 mS/cm

Radon-222 0,40 nCi/l
Radium-226 1,1 pCi/l

		Massen-konzen-tration mg/l	Ionenäqui-valentkon-zentration mmol/l	Äquiva-lent-anteil %
KATIONEN				
Lithium	Li^+	0,32	0,05	0,08
Natrium	Na^+	1.038	45,15	69,96
Kalium	K^+	41,2	1,05	1,63
Ammonium	NH_4^+	2,8	0,16	0,25
Magnesium	Mg^{2+}	111,2	9,15	14,17
Calcium	Ca^{2+}	175,2	8,74	13,54
Mangan II	Mn^{2+}	0,08	0,00	0,00
Eisen II	Fe^{2+}	6,73	0,24	0,37
Summe:		1.375,53	64,54	100,00
ANIONEN				
Fluorid	F^-	2,31	0,12	0,19
Chlorid	Cl^-	298,5	8,41	13,18
Bromid	Br^-	1,17	0,01	0,02
Jodid	J^-	0,18	0,00	0,00
Sulfat	SO_4^{2-}	0,64	0,01	0,02
Nitrit	NO_2^{2-}	0,00	0,00	0,00
Nitrat	NO_3^-	0,63	0,01	0,02
Phosphat	PO_4^{3-}	0,22	0,00	0,00
Hydrogencarbonat	HCO_3^-	3.367	55,18	86,57
Summe:		3.670,65	63,74	100,00
Summe Elektrolyte:		5.046,18		
Schwache Elektrolyte:				
Kieselsäure, meta	H_2SiO_3	31,2		
Borsäure, ortho	H_3BO_3	8,13		
Summe:		5.085,51		
Gasförmige Bestandteile:				
Freies Kohlendioxid	CO_2	1.219		
Summe:		6.304,51		

Wassertypus: Natrium-Hydrogencarbonat-Mineral-säuerling hypotonischer Konzentration.

Spurenanalyse (in µg/l):

Li	Zn	Fe	Mn	As	Cd	Pb
320	40	6.730	80	47	2	0,7

Cu	Ag	B	J	Br
21	16	1.420	180	1.170

Vergleicht man das Ionenverhältnis mit dem der Quellen von Bad Gleichenberg, so ist doch ein wesentlicher Unterschied zu vermerken.

11.2.2.3. Loipersdorf Thermalbad (J.E. GOLDBRUNNER)

Nordöstlich von Bad Gleichenberg entstand als eines der jüngeren steirischen Bäder das **Thermalbad von Loipersdorf.**

Die Bohrung Loipersdorf 1 (Binderberg 1) wurde 1972 durch die Rohöl-Aufsuchungs Ges.m.b.H. als Gasaufschlußbohrung niedergebracht. Ihr Ansatz erfolgte im Bereich der Südburgenländischen Schwelle, das ist jene Untergrundstruktur, die das Steirische Becken vom Pannonischen Becken trennt (siehe Fig. 11.1./3, Profil 3). Die Bohrung erreichte eine Endteufe von ca. 1.730 m und wurde im Phyllit des paläozoischen Beckenuntergrundes eingestellt. Im Rahmen umfangreicher Testarbeiten in der karpatischen Serie wurden hochmineralisierte Wässer (bis > 60 g/l) mit hohem Anteil von CO_2-Gas produziert. Die Expansion des Gases am Sondenkopf führte bei hochsommerlichen Temperaturen zum Gefrieren. Diese Tatsache und die hohe Salinität der geförderten Wässer erforderte es, für die geplante balneologische Nutzung teufenmäßig höhere Horizonte heranzuziehen.

Da die Schichten des Badenien in der Bohrung Binderberg 1 fast durchwegs tonmergelig entwickelt sind, wurde nach längeren Untersuchungen die Strecke von 1.047–1.117 m im Bereich des sandig-schluffigen Mittelsarmat durch Schußperforation geöffnet und anschließend ein Filterrohr eingebaut. Bei dem aus den brackischen Schichten erschroteten Wasser handelt es sich um einen Natrium-Chlorid-Bicarbonat-Typ mit einer Mineralisierung von 5,4 g/l. Das frei aufsteigende Gas wurde mit 820 ml/min bei einer Förderung von 250 m³/24 h bestimmt, es besteht aus Kohlendioxid (39,4%), Methan (38,7%) und Stickstoff + Edelgase (21,9%). Die im Bereich Loipersdorf nachgewiesene Temperaturanomalie (geothermische Tiefenstufe von ca. 18 m/°C) ist durch den Aufstieg von Wässern (und auch CO_2 als postvulkanisches Produkt) aus dem tieferen Teil des Fürstenfelder Beckens zu erklären (J.E. GOLDBRUNNER, 1988).

Aufgrund der relativ schlechten Durchlässigkeit der schluffig-sandigen Schichten (k_f-Werte ca. 3×10^{-7} m/s) und angesichts des steigenden Bedarfs des Kur- und Erlebnisbades war man gezwungen, im Jahre 1977 eine zweite Bohrung, die Sonde Lautenberg 1, niederzubringen. Diese Bohrung wurde bis auf eine Tiefe von 1.177 m abgeteuft und von 1.111–1.172 m mit einer Filterrohrstrecke ausgebaut. Die horizontale Entfernung zwischen den beiden Bohrungen beträgt nur ca. 500 m, so daß sie sich in ihrem Absenkungsgeschehen gegenseitig beeinflussen. Der dynamische Spiegel liegt in beiden Bohrungen bei einer Förderung von ca. 5 l/s bei 530 m unter Gelände, was auf die relativ schlechten Durchlässigkeitsverhältnisse zurückzuführen ist. Aufgrund von Isotopenanalysen (Deuterium und Sauerstoff-18) kann die meteorische Herkunft der Wässer als gesichert angenommen werden, die Regenerationsgebiete sind jedoch nicht bekannt.

Loipersdorf als Erlebnis- und Kurbad stellt einen bedeutenden Wirtschaftsfaktor in der Südoststeiermark dar. Die maximale Besucherfrequenz liegt bei über 3.000 Personen pro Tag. Mehrere Hotelbetriebe ermöglichen die Absolvierung von Kuraufenthalten. Für die Erweiterung des Bades wird es in nächster Zeit notwendig sein, eine dritte Bohrung niederzubringen.

Chemische Untersuchung der Sonde Binderberg 1 (Loipersdorf 1); Analyse durch das Institut für Anorganische und Analytische Chemie, Graz (J. RABER), 1976:

		Massen-konzen-tration mg/l	Ionenäqui-valentkon-zentration mmol/l	Äquiva-lent-anteil %
KATIONEN				
Natrium	Na^+	2.518	109,5	97,16
Kalium	K^+	66,6	1,70	1,51
Ammonium	NH_4^+	11,2	0,097	0,09
Magnesium	Mg^{2+}	5,94	0,489	0,44
Calcium	Ca^{2+}	16,2	0,808	0,72
Barium	Ba^{2+}	0,72	0,010	0,01
Mangan II	Mn^{2+}	0,33	0,012	0,01
Eisen II	Fe^{2+}	1,86	0,067	0,06
Summe:		2.620,85	112,683	100,00
ANIONEN				
Fluorid	F^-	**2,76**	0,145	0,12
Chlorid	Cl^-	2.002	56,47	50,10
Bromid	Br^-	5,90	0,074	0,06
Jodid	J^-	0,31	0,002	0,00
Sulfat	SO_4^{2-}	4,21	0,088	0,07
Hydrogenphosphat	HPO_4^-	0,902	0,019	0,01
Hydrogencarbonat	HCO_3^-	3.414	55,95	49,64
Summe:		5.430,082	112,748	100,00
Summe Elektrolyte:		8.050,932		
Schwache Elektrolyte:				
Kieselsäure, meta	H_2SiO_3	30,0		
Borsäure, ortho	H_3BO_3	45,12		
Summe:		8.126,052		
Gasförmige Bestandteile:				
Freies Kohlendioxid	CO_2	335		
Summe:		8.461,052		

Wassertypus: Natrium-Chlorid-Hydrogencarbonat-Mineralsäuerling.

Auf den Einfluß von Wässern aus dem Verbreitungsbereich des jungtertiären Vulkanismus spricht neben der reichlichen CO_2-Führung der hohe Borgehalt.

11.2.2.4. Bad Waltersdorf 1 (J.E. GOLDBRUNNER, H. ZETINIGG)

Die Tiefbohrung Waltersdorf, aus der die Thermalwasserproduktion stammt, wurde im Jahre 1975 durch die Rohöl-Aufsuchungs Ges.m.b.H. bis auf eine Endteufe von 1.553 m niedergebracht. Sie ist eine der wenigen Bohrungen im Steirischen Becken, welche den paläozoischen Untergrund vollkommen durchörtert haben und bis in das kristalline Basement vorgedrungen sind. Regional geologisch gesehen liegt die Bohrung im Bereich der Hochscholle von Waltersdorf, welche durch die Störung von Blumau, einem Verwurf mit einer Sprunghöhe von nahezu 1.000 m vom Fürstenfelder Becken getrennt ist. Im Bereich der Bohrung, die gemäß ihrem Zweck als Gasaufschlußbohrung auf eine seismisch auskartierte Hochstruktur im Untergrund angesetzt war, fehlen die Schichten des Karpat, die im Fürstenfelder Becken Mächtigkeiten von über 1.000 m erreichen. Auch die Schichten des Badenien, die infolge des Ausfalls des Karpat direkt über dem paläozoischen Grundgebirge transgredieren, sind in ihrer Mächtigkeitsentwicklung erheblich reduziert. Die Gesamtmächtigkeit der tertiären Beckenfüllung, bestehend aus Schichten des Unterpannon, des Ober- und Mittelsarmats und des Badeniens beträgt ca. 1.100 m. Nach Durchörterung dieser Schichtfolgen, die insgesamt als schlechter durchlässig eingestuft werden müssen, drang die Bohrung in das karbonatische Paläozoikum des Beckenuntergrundes, hier als devonische Dolomite vorliegend, ein und durchfuhr dieses bis in eine Teufe von 1.239 m, wo die Liegendserie des Paläozoikums des Beckenuntergrundes, Phyllite der vulkano-klastischen Serie, erreicht wurde. Bei 1.515 m liegt die Oberfläche des Kristallins der Raabalpen (Austroalpines Kristallin).

Infolge des Auftretens von sekundären Porositäten (Klüftung, unter Umständen Verkarstung) stellen die aufgeschlossenen Karbonate des Paläozoikums den wichtigsten Aquifer der Bohrung Waltersdorf dar. Die Kluftporositäten gehen auf die Wirkung einer Störung zurück, welche die Bohrung offensichtlich am Top der karbonatischen Schichtfolge durchörtert hat. Sie bewirkt eine engmaschige, intensive Klüftung des Dolomits und damit seine gute Permeabilität. Nach den Auswertungen eines Langzeitpumpversuchs durch H. BERGMANN (in: H. BERGMANN & H. ZOJER, 1982) liegt die Durchlässigkeit des Karbonataquifers bei 3×10^{-6} m/s. Dieser Wert repräsentiert Gebietsdurchlässigkeiten, in die infolge der strukturellen Komplikationen im Bereich der Hochscholle von Waltersdorf sicherlich auch die schlechter durchlässigen Schichten der tertiären Beckenfüllung einbezogen sind. Infolge der starken Zerbrechung des Dolomits mußte nachträglich eine Filterstrecke eingebaut werden.

Die wasserrechtlich genehmigte Fördermenge mit Unterwasserpumpe beträgt 17 l/s. Bei dieser Förderrate liegt die Wassertemperatur bei 61 °C.

Waltersdorf war im Jahre 1979 die erste geothermische Anlage Österreichs. Die ausgebaute thermische Kapazität liegt derzeit bei 2,5 MW, wobei zwei Hotels mit ca. 210 Betten, die Volks- und Hauptschule der Gemeinde Bad Waltersdorf, ein Privathaus, die Badeanlage samt Restaurant und ein Versuchs-Gewächshaus mit dem geförderten Thermalwasser ohne Verwendung von Wärmepumpen direkt beheizt werden. Das Thermalbad von Bad Waltersdorf selbst hat eine Besucherfrequenz von 800 Gästen pro Tag. Das Thermalwasser ist vom Na-HCO_3-Cl-Typus mit einer Gesamtmineralisierung von 1,4 g/l. Nach Analysen der stabilen Isotope Deuterium und Sauerstoff-18 ist es rein meteorischen Ursprungs. Die Aufenthaltsdauer des Thermalwassers ist aufgrund der klimatischen Aussagen der Isotopenanalysen mit weniger als 10.000 Jahren anzugeben. Genauere Daten über Einzugs- und Entlastungsgebiete sind derzeit noch nicht vorhanden; aufgrund der Pumpversuchsergebnisse beträgt der Durchmesser des Einzugsbereiches mindestens 30 km (H. BERGMANN, in: H. BERGMANN & H. ZOJER, 1982).

Chemische Analyse des Institutes für Analytische Chemie der Universität Graz, J. RABER, 1978:

		Massenkonzentration mg/l	Ionenäquivalentkonzentration mmol/l	Äquivalentanteil %
KATIONEN				
Lithium	Li^+	0,09	0,013	0,07
Natrium	Na^+	375,4	16,33	92,70
Kalium	K^+	7,25	0,185	1,05
Ammonium	NH_4^+	2,07	0,115	0,65
Magnesium	Mg^{2+}	4,08	0,336	1,91
Calcium	Ca^{2+}	12,02	0,600	3,41
Eisen II	Fe^{2+}	1,04	0,037	0,21
Summe:		401,95	17,616	100,00
ANIONEN				
Fluorid	F^-	1,07	0,056	0,31
Chlorid	Cl^-	179,8	5,072	28,48
Sulfat	SO_4^{2-}	7,20	0,15	0,84
Nitrit	NO_2^{2-}	0,000	–	–
Nitrat	NO_3^-	0,002	–	–
Hydrogencarbonat	HCO_3^-	764,8	12,534	70,37
Summe:		952,872	17,812	100,00
Summe Elektrolyte:		1.354,822		
Schwache Elektrolyte:				
Kieselsäure, meta	H_2SiO_3	92,3		
Borsäure, ortho	H_3BO_3	1,01		
Summe:		1.448,132		

Wassertypus: Natrium-Hydrogencarbonat-Chlorid-Mineraltherme.

Spurenelemente (in µg/l):

J	Ag	Mg	Pb	As	Zn	Al
0,16	0,04	0,15	18,1	8,41	20,4	0,16

Von den untersuchten Spurenelementen entspricht das Fluor etwa der medikamentös angewandten Menge. Der geringe Borgehalt (176 µg/l) deutet an, daß der nahe westlich gelegene miozäne Vulkanit von Kalsdorf-Ilz nur mehr wenig Einfluß ausübt. Dafür spricht auch das Fehlen von gelöstem freien Kohlendioxid und der hohe pH-Wert.

An radioaktiven Elementen wurden gemessen:

Radon-222 $6{,}5 \times 10^{-11}$ Ci/l = 65 pCi/l
Radium-226 $8{,}6 \times 10^{-12}$ Ci/l = 8,6 pCi/l

11.2.3. Bohrungen im Becken (J.E. GOLDBRUNNER)

11.2.3.1. Die Tiefbohrung Blumau 1a

Die Entdeckung des Thermalwasservorkommens Blumau in den tief abgesenkten Karbonaten des Beckenuntergrundes im Fürstenfelder Becken geht auf die im Jahre 1979 von der Rohöl-Aufsuchungs Ges.m.b.H. niedergebrachte Gas-Aufschlußbohrung Blumau 1/1a zurück. Das Profil in Fig. 11.2./1 zeigt, daß die strukturhoch angesetzte Bohrung Blumau 1 noch am südöstlichen Ende der Scholle von Waltersdorf gelegen ist. Sie hat das gleiche, nur im Baden etwas mächtigere Tertiärprofil wie die 4,7 km nordnordöstlich gelegene Bohrung Waltersdorf 1 angetroffen. Das Tertiär liegt jedoch im Gegensatz zu Waltersdorf auf phyllitisch entwickeltem Paläozoikum, das sowohl erdöl- als auch hydrogeologisch nicht von Interesse ist.

Nach einer Neuinterpretation der reflexionsseismischen Profile wurde aufgrund der nunmehr erkannten schollenrandnahen Position der Bohrung eine Ablenkung bei einer Teufe von 1.000 m in Richtung des tieferen Fürstenfelder Beckens durchgeführt.

Die Gesamtabweichung der Ablenkung 1a beträgt bei der Endteufe von 3.046 m 646 m mit einem Azimuth von 146° (Fig. 11.2./1) Sie hat ein gegenüber Blumau 1 bedeutend mächtigeres Tertiärprofil mit den in Waltersdorf und Blumau 1 fehlenden karpatischen Schichten auf der Tiefscholle der Blumauer Störung, einer bedeutenden Randstörung des „Growth-fault"-Typs mit einer Sprunghöhe von über 1.000 m, angetroffen.

Als Liegendes der mächtigen karpatischen Konglomeratentwicklung wurden bei einer Bohrteufe von 2.664 m (2.563 m Vertikalteufe) paläozoische Dolomite aufgeschlossen, welche durch Kluftporositäten ausgezeichnet waren, die mehrmals zum Auftreten von totalen Spülungsverlusten führten. Die Bohrung konnte

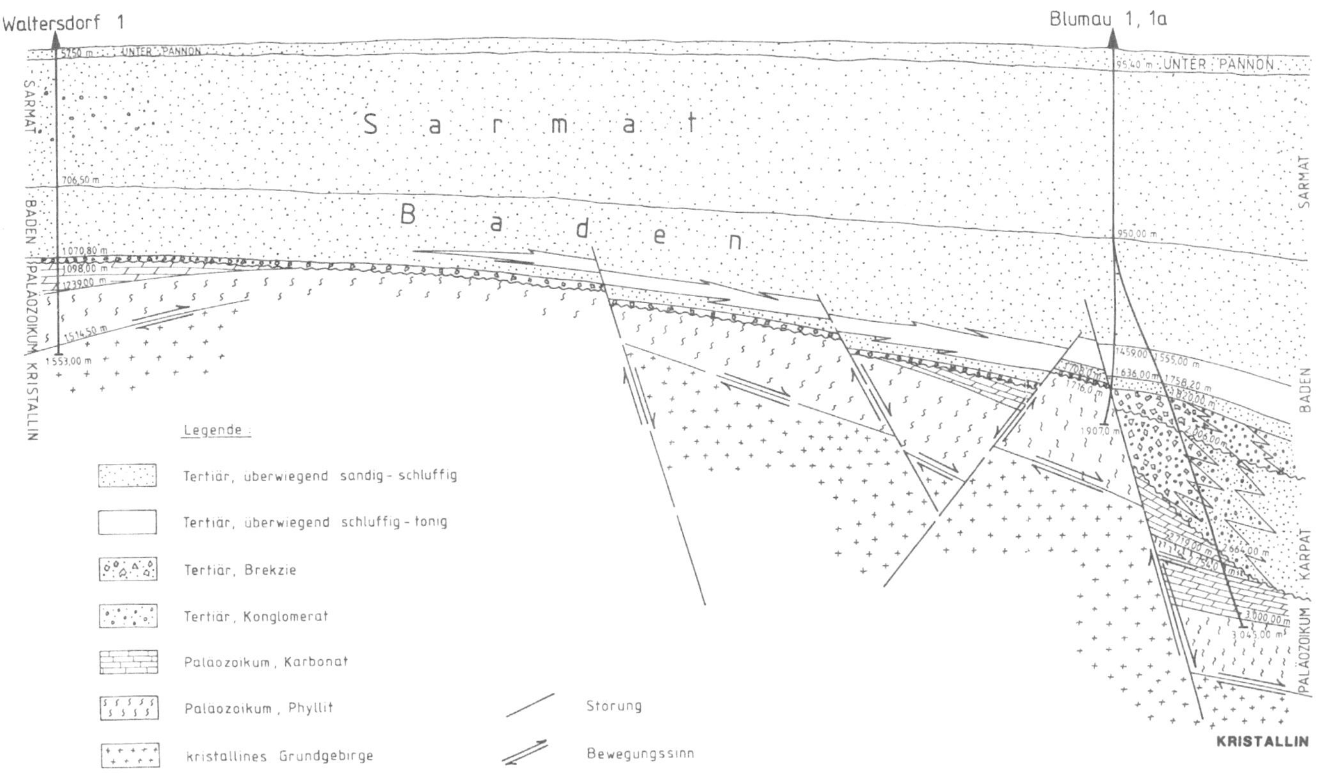

Fig. 11.2./1: Geologisches Profil durch die Bohrungen Waltersdorf 1 und Blumau 1, 1a (Struktur Blumau).

nur unter großen Schwierigkeiten weitergeführt werden und wurde in 3.046 m eingestellt und nachfolgend aufgrund der bergbehördlichen Vorschriften teilliquidiert.

Die Sonde wurde im Jahre 1989 unter Leitung des Verfassers wiedergewältigt und ein einmonatiger Auslaufversuch durchgeführt.

Hiebei wurden folgende Daten ermittelt:

maximale Überlaufmenge (Wasser) 19 l/s
Temperatur 100,5 °C
Schließdruck 12 bar
Fließdruck4–6 bar
Gas-Wasser-Verhältnis 60 : 1 (Gas überwiegend CO_2)

Durch die Verringerung des CO_2-Partialdruckes beim Austritt des Wassers und der damit verbundenen Equilibrierung mit der Atmosphäre besteht starke Tendenz zur Ausfällung von Calcit in Form von kreidigen Ablagerungen.

Die chemische Analyse des Wassers ergab folgende Werte (Analyse: Institut für Geothermie und Hydrogeologie, Joanneum Research, 1989):

		Massenkonzentration mg/l	Ionenäquivalentkonzentration mmol/l	Äquivalentanteil %
KATIONEN				
Lithium	Li^+	3,17	0,46	0,19
Natrium	Na^+	5.377	233,88	97,64
Kalium	K^+	161,5	4,13	1,72
Ammonium	NH_4^+	7,0	0,38	0,16
Magnesium	Mg^{2+}	1,15	0,09	0,04
Calcium	Ca^{2+}	11,62	0,58	0,24
Eisen II	Fe^{2+}	0,30	0,01	0,00
Summe:		5.561,74	239,53	99,99
ANIONEN				
Fluorid	F^-	11,0	0,58	0,24
Chlorid	Cl^-	3.485	98,31	41,15
Bromid	Br^-	11,95	0,15	0,06
Jodid	J^-	0,9	0,007	0,00
Sulfat	SO_4^{2-}	532,0	11,08	4,64
Nitrat	NO_3^-	< 0,5	–	–
Hydrogencarbonat	HCO_3^-	7.859	128,80	53,91
Hydrogensulfid	HS^-	n.n.	–	–
Summe:		11.900,35	238,927	100,00
Summe Elektrolyte:		17.462,09		

			Neutralteilchenkonzentration mmol/l
Schwache Elektrolyte:			
Kieselsäure, meta	H_2SiO_3	122,9	1,57
Borsäure, ortho	H_3BO_3	110,0	1,78
Summe gelöste feste Stoffe:		17.694,99	
Gasförmige Bestandteile:			
Freies Kohlendioxid CO_2		107,8	2,44
Summe:		17.802,79	

Balneologische Charakteristik: Natrium-Hydrogencarbonat-Chlorid-(Jod)-Thermal-Sole.

11.2.3.2. Die Tiefbohrung Fürstenfeld Thermal 1

Die im Jahre 1985 niedergebrachte Tiefbohrung Fürstenfeld Thermal 1 war die erste Geothermiebohrung Österreichs. Sie hatte die Aufgabe, Heißwässer aus dem karbonatischen Untergrund des Fürstenfelder Beckens für die Fernwärmeversorgung der oststeirischen Kleinstadt Fürstenfeld zu erschließen. Der Festlegung des Standortes der Bohrung waren umfangreiche geophysikalische Untersuchungen und Auswertungen bestehender Unterlagen durch das Institut für Geophysik der Montanuniversität Leoben (F. WEBER & G. WALACH, 1981), Identifizierungen von Störungszonen durch Bodengasmessungen der Geologischen Bundesanstalt in Wien und Bestimmungen des geothermischen Gradienten durch Niederbringen seichter Meßsonden (H. ZOJER & J. ZÖTL, 1981) vorangegangen.

Der Ansatzpunkt der Bohrung liegt im Zentralbereich des Fürstenfelder Beckens auf einer allseitig durch Brüche begrenzten Scholle des paläozoischen Beckenuntergrundes. Die Brüche erreichen teilweise Sprunghöhen von bis zu 500 m, wie jener NNE-SSW-streichende Bruch, der ungefähr auf Höhe der Grenze zum Burgenland liegt. Gegen SE wird die Struktur durch einen Bruch geringerer Sprunghöhe, jedoch mit deutlichen Anzeichen einer Horizontalverschiebung begrenzt (J.E. GOLDBRUNNER, 1988). Der unmittelbare Bereich um die Bohrung ist frei von Störungen.

Die Bohrung erreichte nach Durchteufen der neogenen Schichtfolge den Top des karbonatischen Paläozoikums bei ca. 2.748 m und durchfuhr bis zu ihrer Endteufe bei 3.145 m eine Folge von Dolomiten, Dolomitsandsteinen und Kalken mit Einschaltungen geringmächtiger Lagen von Tuffiten. Die hangende dolomitische Entwicklung wird aufgrund von lithologischen Vergleichen mit der Dolomit-Sandsteinfolge des Grazer Paläozoikums parallelisiert. Aufgrund nahezu völlig fehlender Kluftporositäten erwies sich die Karbonatfolge des Paläozoikums als unproduktiv. Ein über die gesamte offene Strecke durchgeführter Open-Hole-Test erbrachte nur minimalen Zufluß eines hoch mineralisierten Wassers. Die ungestörte Gebirgstemperatur bei Endteufe der Bohrung läßt sich mit Hilfe von Extrapolationen mit dem Horner-Plot mit 140 °C angeben.

Nach Log-Interpretationen und den Untersuchungen der Spülproben waren reiche Nettomächtigkeiten in Sanden und Sandsteinen des Mittelbaden im Tiefenabschnitt zwischen 1.500 und 1.635 m erkannt worden. Im Jahre 1987 erfolgte die Perforation der 9 5/8" auf eine Länge von 80,5 m, der sich ein mehrwöchiger Pumpversuch anschloß. Dieser zeigte günstige Durchlässigkeitsverhältnisse, die bei Betrieb mit einer Unterwasserpumpe Produktionsraten bis zu 50 l/s erwarten lassen (J.E. GOLDBRUNNER, 1987).

Im Jahre 1991 wurden bei einem freien Überlauf der Sonde von rund 3 l/s die folgenden konduktometrischen Daten ermittelt und eine Probe für hydrochemische Untersuchungen entnommen (Analyse: Institut für Geothermie und Hydrogeologie, Joanneum Research):

pH-Wert 6,65
El. Leitfähigkeit (korr. 25 °C) 63,5 ms/cm
Eh-Wert –239 mV
TOC 179 mg/l

		Massenkonzentration mg/l	Ionenäquivalentkonzentration mmol/l	Äquivalentanteil %
KATIONEN				
Lithium	Li^+	2,06	0,30	0,04
Natrium	Na^+	16.450	715,53	93,28
Kalium	K^+	119,5	3,06	0,40
Ammonium	NH_4^+	10	0,54	0,07
Magnesium	Mg^{2+}	94,5	7,77	1,01
Calcium	Ca^{2+}	765,6	38,20	4,98
Strontium	Sr^{2+}	60,24	1,38	0,18
Barium	Ba^{2+}	0,45	0,01	0,00
Mangan	Mn^{2+}	1,78	0,06	0,01
Eisen II	Fe^{2+}	6,5	0,23	0,03
Summe:		17.510,63	767,08	100,00
ANIONEN				
Fluorid	F^-	15,5	0,82	0,11
Chlorid	Cl^-	26.300	741,89	96,96
Bromid	Br^-	60,8	0,76	0,10
Jodid	J^-	8,0	0,06	0,01
Sulfat	SO_4^{2-}	577,5	12,03	1,57
Nitrit	NO_2^-	0,08	0,002	0,00
Nitrat	NO_3^-	n.n.	–	–
Hydrogencarbonat	HCO_3^-	179	2,94	0,38
Hydrogensulfid	HS^-	< 0,02	–	–
Azetat	CH_3COO^-	364	6,17	0,81
Propionat	$CH_3CH_2COO^-$	37	0,51	0,07
Summe:		27.541,90	765,182	100,01
Summe Elektrolyte:		45.052,53		

Schwache Elektrolyte:		
Kieselsäure, meta	H_2SiO_3	50,13
Borsäure, ortho	H_3BO_3	129,8
Summe:		45.232,46

Balneochemisch ist das Wasser als Natrium-Chlorid-Jod-Therme (Sole) zu bezeichnen.

Besonders auffallend ist neben der hohen Konzentration an Natriumchlorid der hohe Gehalt an den Ionen Strontium, Ammonium, Bromid und Jodid sowie die hohe Borsäurekonzentration. Der Gehalt an gelöstem organischen Kohlenstoff und das Vorkommen von Azetat- und Propionat-Ionen unterstreicht den Formationswassercharakter. Besonders letztere Ionen zeigen an, daß in den erschlossenen Sanden im Bereich struktureller Hochlagen Möglichkeiten für die Akkumulation von gasförmigen Kohlenwasserstoffen gegeben sind.

Die Zusammensetzung des Begleitgases (in Vol.%) wird nach einer im Jahre 1991 durchgeführten Analyse von J. RABER wie folgt angegeben:

Methan	88 (mit untergeordneter Konzentration an Homologen)
Stickstoff	10
Sauerstoff	2 (probennahmebedingt)
Wasser-Gas-Verhältnis	6,5 : 1

Bemerkenswert ist das Fehlen von CO_2.

Die Bestimmung von radioaktiven Inhaltsstoffen durch H. FRIEDMANN brachte folgende Ergebnisse (Probennahme 1991):

Radon-222:	im Wasser	0,11 nCi/l
	im Gas	0,64 nCi/l
Radium-226:	im Wasser	49 pCi/l

11.2.3.3. Die Tiefbohrung Stegersbach Thermal 1

Die Bohrung Stegersbach Thermal 1 wurde im Jahre 1989 auf eine reflexionsseismisch auskartierte antithetische Struktur des Beckenuntergrundes niedergebracht. Erstes Aufschließungsziel waren die Karbonate des Grazer Paläozoikums, die in einer Tiefe von 2.600–2.700 m in ähnlicher Ausbildung wie in der 11 km westlich gelegenen Bohrung Blumau und somit heißwasserführend erwartet wurden. Nebenziele waren Sandsteine des Mittelbaden bzw. Sande und Sandsteine des Sarmat.

Die im Zeitraum 11. Mai bis 19. Juli 1989 niedergebrachte Bohrung Stegersbach erreichte eine Endtiefe von 3.200 m und ist somit der tiefste Aufschluß des Steirischen Beckens. Sie hat die jungtertiären Schichten mit einem stratigraphischen Umfang vom Pannon bis zum Karpat mit einer Mächtigkeit von 3.077 m durchteuft, wobei allein die Karpatische Serie (Sandsteinentwicklung, Kohletonserie und Konglomeratgruppe) eine Mächtigkeit von über 1.100 m erreicht. Als Liegendes des Jungtertiärs wurden muskovitreiche Phyllite erbohrt, welche aufgrund von lithologischen Vergleichen der vulkano-klastischen Liegendfolge des Grazer Paläozoikums zugeordnet werden. Karbonate wurden wider Erwarten nicht angetroffen. Auch in der hangenden grobklastischen Entwicklung des Karpat wurden nur untergeordnet Karbonatkomponenten beobachtet.

Die Sandsteine des Karpat und des Mittleren Baden erwiesen sich bei Tests und Pumpversuchen als weitestgehend dicht, wobei die hydraulischen Auswertungen das Vorhandensein eines „limited reservoirs“ anzeigen. Die zufließenden Wässer waren hoch mineralisiert.

Die Thermalwasserproduktion der Sonde Stegersbach wurde durch Schußperforation der 9 5/8“-Casing im Bereich sandig-kiesiger Intervalle des Sarmat und von Sandsteinen des Oberen Baden sichergestellt. Die Perforationsstrecken befinden sich zwischen 1.390 und 1.476 m (Buliminen-Rotalienzone des Baden) sowie 832 und 1.030 m (Sarmat, insgesamt 134,9 m).

Bei Kurzpumpversuchen wurde bei einer Einbautiefe des Luftrohres von 200 m und von 230 m des Förderrohres mit Air-Lift eine Produktionsrate von 4,4 l/s (16 m^3/h) erzielt. Die Temperatur betrug am Auslaßrohr 46 °C. Ein Dauerpumpversuch ist noch ausständig.

Der artesische Überlauf der Sonde betrug nach Einsetzen der Förderrohrkomplettierung aus Edelstahl 0,8 l/s bei einem Kopfschließdruck von 4 bar. Die Auslauftemperatur beträgt bei dieser Rate 35,5 °C.

Am 28. und 29. Mai 1990 erfolgte durch A. J. STEHLIK die Probennahme für die Große Heilwasseranalyse. Diese erbrachte folgende Werte:

Färbung: ganz schwach gelblich
Aussehen: schwach opaleszent
Geruch: nach Schwefelwasserstoff, Polysulfiden, benzinartigen Kohlenwasserstoffen und nach Organoschwefelverbindungen
Freier artesischer Überlauf 48 l/min H_2O, 6 l/min Gas
Radon-222 0,91 nCi/l = 0,0337 Bq/l

		Massen-konzen-tration mg/l	Ionenäqui-valentkon-zentration mmol/l	Äquiva-lent-anteil %
KATIONEN				
Lithium	Li^+	0,131	0,018873	0,055
Natrium	Na^+	781,6	33,9989	98,225
Kalium	K^+	4,34	0,11100	0,32
Ammonium	NH_4^+	5,12	0,28385	0,82
Magnesium	Mg^{2+}	0,84	0,06912	0,20
Calcium	Ca^{2+}	2,09	0,10429	0,30
Strontium	Sr^{2+}	0,228	0,005204	0,015
Eisen II	Fe^{2+}	0,14	0,00501	0,015
Aluminium	Al^{3+}	0,157	0,017456	0,05
Summe:		794,6	34,6137	100,000

ANIONEN				
Fluorid	F^-	3,83	0,20160	0,58
Chlorid	Cl^-	46,2	1,3031	3,75
Bromid	Br^-	0,825	0,010325	0,03
Jodid	J^-	0,237	0,001868	0,005
Sulfat	SO_4^{2-}	12,3	0,2561	0,735
Nitrat	NO_3^-	1,62	0,02613	0,075
Hydrogenphosphat	HPO_4^-	0,52	0,01084	0,03
Hydrogencarbonat	HCO_3^-	1.998,3	32,750	94,205
Hydrogensulfid	HS^-	6,74	0,20379	0,59
Summe:		2.070,6	34,764	100,000
Summe Elektrolyte:		2.865,2		

			Neutralteilchenkonzentration mmol/l
Schwache Elektrolyte:			
Kieselsäure, meta	H_2SiO_3	27,3	0,3496
Borsäure, ortho	H_3BO_3	2,17	0,0351
Summe gelöster Stoffe:		2.894,67	
Gasförmige Bestandteile:			
Freies Kohlendioxid	CO_2	15,0	0,3408
Freier Schwefelwasserstoff	H_2S	0,655	0,019219
Summe:		2.910,325	

Titrierbarer zweiwertiger Schwefel
(aus H_2S, HS^-, $S_2O_3^{2-}$) 7,15 mg S^{II}/l

Gasanalyse Vol.%:		
CO_2		2,21
N_2		26,04
CH_4		71,62
C_2H_6		0,08
C_3H_8		0,02
i-C_4H_{10}		0,01
He		0,02
	vpm =	Vol.‰
n-C_4H_{10}	19	0,019
i-C_5H_{12}	30	0,030
n-C_5H_{12}	3	0,003
H_2S		0,075

11.2.3.4. Gleisdorf Thermal 1

Die Tiefbohrung Gleisdorf Thermal 1 wurde im Auftrag der Statdgemeinde Gleisdorf im Zeitraum 6. bis 15. September 1990 von der ÖMV AG niedergebracht. Geologisches Aufschließungsziel waren die in der ca. 1.200 m nordwestlich gelegenen Gas-Aufschlußbohrung Ludersdorf 2 strukturhöher erschlossenen Leithakalke der Badener Serie, die in der Bohrung Gleisdorf wasserführend erwartet wurden.

Die Bohrung erreichte den Top des Leithakalkes bei 633 m bei einer Mächtigkeit von 25 m als Hangendes der aus Grünschiefern des Grazer Paläozoikums aufgebauten Basisbrekzie des Baden, in der die Bohrung bis zu ihrer Endteufe von 700 m verblieb.

Ein Stütz-Anker-Test (Open-Hole-Test) im Intervall 633–700 m erbrachte nur einen Gesamtzufluß von 180 l, was die aus den geophysikalischen Bohrlochmessungen abzuleitende geringe Gebirgsdurchlässigkeit der Leithakalke (Fehlen sekundärer Porositäten) bestätigte.

Nach Verrohrung und Zementation der 7"-Casing wurde ein kiesig-sandiges Intervall im Badenien zwischen 513 und 527 m perforiert und seine Ergiebigkeit durch zwei mehrwöchige Pumpversuche mit Raten von 0,5–0,6 l/s untersucht.

Das erschlossene Tiefengrundwasser ist aufgrund des für die geringe Teufe hohen Natrium-Chlorid-Gehaltes bei einem Gesamt-Lösungsinhalt von ca. 15 g/l bemerkenswert. Hydraulisch ist der erschlossene Aquifer als ein System mit lateral stark wechselnden Durchlässigkeiten zu charakterisieren (Channel-Typus). Als limitierender Faktor für die Ergiebigkeit treten feinklastisch dominierte Abschnitte des Aquifers mit Durchlässigkeiten in der Größenordnung von $k_f = 10^{-8}$ m/s in Erscheinung, so daß von einem sogenannten „begrenzten Reservoir" gesprochen werden muß, dessen Dauernutzung nicht möglich ist.

Das erschlossene Thermalwasser ist aufgrund seiner chemischen Zusammensetzung von Interesse (Analyse: Institut für Geothermie und Hydrogeologie, Joanneum Research):

Probennahme 16. Oktober 1990
Perforationsstrecke 513–527 m
Temperatur 30,5 °C
Schüttung ca. 0,6 l/s

Konduktometrische Daten:
pH-Wert 7,12
El. Leitfähigkeit (bei 25 °C) 14,75 mS/cm
Eh-Wert –36 mV
TOC 10,7 mg/l

		Massenkonzentration mg/l	Ionenäquivalentkonzentration mmol/l	Äquivalentanteil %
KATIONEN				
Natrium	Na^+	4.140	180,15	98,55
Kalium	K^+	60,4	1,54	0,84
Magnesium	Mg^{2+}	5,74	0,47	0,26
Calcium	Ca^{2+}	12,6	0,63	0,34
Strontium	Sr^{2+}	0,63	0,007	0,00
Barium	Ba^{2+}	0,55	0,004	0,00
Summe:		4.219,92	182,801	99,99

ANIONEN				
Fluorid	F^-	7,5	0,39	0,21
Chlorid	Cl^-	1.430	40,37	21,81
Bromid	Br^-	5,0	0,06	0,03
Jodid	J^-	0,82	0,006	0,00
Sulfat	SO_4^{2-}	n.n.	–	–
Hydrogencarbonat	HCO_3^-	8.805	144,27	77,94
Summe:		10.248,32	185,096	99,99
Summe Elektrolyte:		14.468,24		
Schwache Elektrolyte:				
Borsäure, ortho	H_3BO_3	97,24		
Summe:		14.565,48		
Gasförmige Bestandteile:				
Freies Kohlendioxid	CO_2	427		
Summe:		14.992,48		

Von besonderem Interesse ist der hohe Chlorid- und Borsäuregehalt.

Nach diesem negativen Ergebnis wurden sandig-kiesige Abschnitte in der sarmatischen Schichtfolge zwischen 336 und 346 m und zwischen 204 und 262 m unter der Beratung des Verfassers perforiert und mehrere Leistungspumpversuche durchgeführt. Absenkungen in der Größenordnung von 20 m bei Entnahmeraten bis zu 6 l/s zeigten günstige Durchlässigkeitsverhältnisse an.

Die chemische Analyse des erschlossenen Tiefengrundwassers ist der nachfolgenden Tabelle zu entnehmen. Zu beachten ist der geringe Chloridgehalt, der neben den Werten der stabilen Isotope Deuterium und Sauerstoff-18 den meteorischen Charakter des Wassers vor Augen führt.

Probennahme 4. September 1991
Temperatur 24,7 °C

Konduktometrische Daten:
pH-Wert 6,52
El. Leitfähigkeit (bei 25 °C) 1,75 mS/cm
Eh-Wert +204 mV

		Massenkonzentration mg/l	Ionenäquivalentkonzentration mmol/l	Äquivalentanteil %
KATIONEN				
Lithium	Li^+	0,95	0,14	0,54
Natrium	Na^+	314	13,66	52,55
Kalium	K^+	30,0	0,77	2,96
Ammonium	NH_4^+	5,5	0,30	1,15
Magnesium	Mg^{2+}	55,0	4,52	17,39
Calcium	Ca^{2+}	131	6,54	25,16
Barium	Ba^{2+}	0,53	0,008	0,03
Mangan	Mn^{2+}	0,19	0,007	0,03
Eisen	Fe^{2+}	1,4	0,05	0,19
Summe:		538,57	25,995	100,00
ANIONEN				
Fluorid	F^-	0,57	0,03	0,12
Chlorid	Cl^-	36,0	1,02	4,06
Bromid	Br^-	0,19	0,002	0,01
Jodid	J^-	0,02	0,00	0,00
Sulfat	SO_4^{2-}	< 0,02	–	–
Nitrit	NO_2^-	4,2	0,09	0,36
Nitrat	NO_3^-	< 0,05	–	–
Hydrogencarbonat	HCO_3^-	1.465	24,00	95,46
Hydrogensulfid	HS^-	< 0,02	–	–
Summe:		1.506,07	25,142	100,01
Summe Elektrolyte:		2.044,64		
Schwache Elektrolyte:				
Kieselsäure, meta	H_2SiO_3	59,2		
Borsäure, ortho	H_3BO_3	3,5		
Summe:		2.107,34		
Gasförmige Bestandteile:				
Freies Kohlendioxid	CO_2	605		
Sauerstoff	CO_2	0,8 (probennahmebedingt)		
Summe:		2.713,14		

Wassertypus: Natrium-Calcium-Hydrogencarbonat-Mineralsäuerling.

Durch den Aufschluß von Gleisdorf wurde eine thermische Anomaliezone entdeckt, die mit aller Wahrscheinlichkeit mit der Ausbildung eines Tiefengrundwasser-Entlastungsgebietes im Raabtal zusammenhängt. Bei Temperaturlogs wurde bei der Endteufe von 700 m eine Temperatur von 46 °C festgestellt, was einer geothermischen Tiefenstufe von 19,4 m/°C entspricht; nach Perforation der Horizonte zwischen 200 und 350 m betrug die Überlauftemperatur 26 °C. Geht man davon aus, daß der Horizont bei 240 m der produktivste ist, so resultiert daraus eine geothermische Tiefenstufe, die nahezu 15 m/°C beträgt. Bei Temperaturmessungen nach Erreichen der Teufe 201 m wurde auf Sohle eine Temperatur von 26,4 °C gemessen (F. MARSCH, 1991). Diese Verbesserung der geothermischen Tiefenstufe gegen seichtere Teufen ist typisch für aufsteigende Systeme. Ähnliche Werte liegen aus der Bohrung Ludersdorf 2 vor (R. PAVUZA, 1989). In dieses Bild paßt auch das Auftreten hoch mineralisierter Wässer in Teufen, die im Fürstenfelder Becken nach Loginterpretationen der Tiefbohrungen noch eindeutig gering mineralisierte Süßwässer führen.

11.2.3.5. Die Bohrung Waltersdorf 2a

Die Bohrung Waltersdorf 2 wurde 1990 in 1.650 m Entfernung von der Bestandsbohrung Waltersdorf 1 niedergebracht (Fig. 11.2./2). Sie hat den Top des paläozoischen Dolomits bei einer Teufe von 1.152,2 m angetroffen. Bei 1.164 m traten totale Spülungsverluste ein, als deren Folge der Bohrstrang fest wurde. Da bei

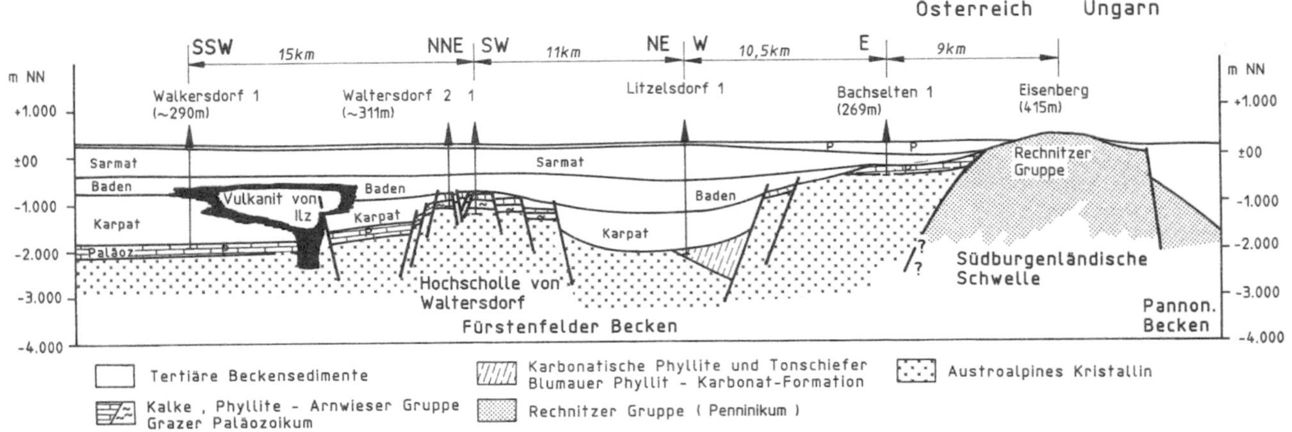

Fig. 11.2./2: Geologisches Profil durch die Bohrungen Waltersdorf 1, Waltersdorf 2, 1, Litzelsdorf 1, Bachselten 1 und den Eisenberg.

den Havariearbeiten der partielle Ausfall eines Lastanzeigegerätes nicht bemerkt wurde, kam es zu einer Überbeanspruchung und Beschädigung des Bohrmastes.

Daraufhin wurde das Bohrfahrzeug ausgetauscht, der nicht wiedergewinnbare Teil des Bohrstranges im Bohrloch belassen und nach Rückzementation die Bohrung bei einer Teufe von 850 m in Richtung W abgelenkt. Die 9 5/8" Rohrtour wurde vor Erreichen des paläozoischen Dolomits bei 1.125,8 m am Top der Basisbrekzie abgesetzt und zementiert. Der letzte Abschnitt des Bohrloches wurde anschließend mit 8 1/2"-Bohrwerkzeug bis 1.420 m abgeteuft.

Die Ablenkung 2a hatte im Gegensatz zu Waltersdorf 2 keine Spülungsverluste im Dolomit und konnte diesen in seiner gesamten Mächtigkeit von 158 m ohne Probleme durchfahren. Das Liegende der Dolomite wurde in Form von rötlichen bis grünlichen paläozoischen Phylliten mit örtlichen Einschaltungen schwarzer Kalkphyllite angetroffen. Die Bohrung wurde planmäßig bei 1.420 m im Phyllit eingestellt.

Die Horizontalentfernung der Aufschlüsse 2 und 2a beträgt im Bereich der Spülungsverlustzone bei 1.164 m ca. 25 m. Nach Logbefunden war eine Klüftigkeit der Dolomite anzunehmen. Zur Verbesserung der sondennahen Durchlässigkeit und zur Herstellung einer hydraulischen Verbindung zur hochpermeablen Spülungsverlustzone der „Waltersdorf 2" wurde eine Säuerung durchgeführt. Hiefür wurden 50 m³ 15%ige Salzsäure-Essigsäure eingesetzt und bei hoher Pumprate und hohem Zirkulationsdruck in den klüftigen Dolomit verpreßt.

Der große Erfolg der Stimulationsmaßnahmen zeigte der mit Hilfe einer Mammutpumpe durchgeführte Zuflußtest. Dabei wird Luft über einen Injektionsstrang in das Bohrloch eingebracht, diese tritt an einem Verwirbelungsstück mit dem Wasser in Kontakt und trägt es über einen Förderstrang aus. Durch die Variation von Kompressorleistung und Injektionsdruck kann die Förderrate gesteuert werden. Im Ringraum zwischen dem Förderrohrstrang und der Ankerrohrtour ist die Lagebestimmung des dynamischen Spiegels mittels Lichtlot möglich.

Bei der Bohrung „Waltersdorf 2a" wurde der Pumpversuch in drei Stufen durchgeführt: 15 l/s, 25 l/s und 40 l/s. Die maximale Absenkung betrug bei dem über den Zeitraum von fünf Tagen durchgeführten Pumpversuch nur 20 m. Eine Beeinflussung der Sonde Waltersdorf 1, aus der während des Pumpversuches eine Fördermenge von 13 l/s bei einer durchschnittlichen Absenkung von 60 m unter Gelände entnommen wurde, konnte nicht festgestellt werden. Allerdings muß diese Aussage durch einen Dauerpumpversuch von mindestens zwei Monaten untermauert werden. Die Wassertemperatur betrug während des Versuches 65 °C, somit 5 °C mehr als bei Waltersdorf 1; Temperaturmessungen in der Lagerstätte lassen bei Förderbetrieb mit einer Unterwasserpumpe Kopf-Temperaturen von 67 °C erwarten. Das Wasser ist nach seiner chemischen Beschaffenheit als „Natrium-Hydrogencarbonat-Chlorid-Typus" mit einem Gesamtlösungsinhalt von 1,6 g/l zu charakterisieren.

Analyse 1990, Institut für Geothermie und Hydrogeologie, Joanneum Research, Graz:

Konduktometrische Daten:
pH-Wert 7,96
El. Leitfähigkeit (korr. 25 °C) 2,02 mS/cm

		Massen-konzen-tration mg/l	Ionenäqui-valentkon-zentration mmol/l	Äquiva-lent-anteil %
KATIONEN				
Lithium	Li^+	0,18	0,03	0,14
Natrium	Na^+	413	17,96	85,56
Kalium	K^+	13,9	0,36	1,72
Ammonium	NH_4^+	1,3	0,07	0,33
Magnesium	Mg^{2+}	12,44	1,02	4,86
Calcium	Ca^{2+}	31,0	1,55	7,38
Mangan II	Mn^{2+}	< 0,1	–	–
Eisen II	Fe^{2+}	< 0,05	–	–
Summe:		471,82	20,99	99,99
ANIONEN				
Fluorid	F^-	1,63	0,09	0,44
Chlorid	Cl^-	276	7,79	37,80
Bromid	Br^-	1,13	0,01	0,05
Jodid	J^-	0,041	–	–
Sulfat	SO_4^{2-}	7,2	0,15	0,73
Nitrit	NO_2^{2-}	< 0,05	–	–
Nitrat	NO_3^-	< 0,02	–	–
Hydrogencarbonat	HCO_3^-	767	12,57	60,99
Phosphat	PO_4^{3-}	< 0,06	–	–
Summe:		1.053,001	20,61	100,01
Summe Elektrolyte:		1.524,821		
Schwache Elektrolyte:				
Kieselsäure, meta	H_2SiO_3	67,7		
Borsäure, ortho	H_3BO_3	4,98		
Summe:		1.597,501		

Wassertypus: Natrium-Hydrogencarbonat-Chlorid-Mineral-Thermalwasser.

Die gegenüber Waltersdorf 1 erhöhte Mineralisierung und der erhöhte Borgehalt zeigen zusammen mit der Temperatur einen Einfluß von Wässern aus dem Becken an.

11.3. Säuerlinge und Thermalwässer am Westrand des Steirischen Beckens

11.3.1. Säuerlinge (H. Zetinigg, J. Zötl)

Bei den Wässern handelt es sich um Quellaustritte aus Festgesteinen der Umrahmung oder Buchten des ehemaligen Tertiärmeeres.

Die Umrahmung des Steirischen Beckens bildet im W vom Radlpaß bis zum Köflacher Becken das mittelostalpine Kristallin, im gegebenen Fall vorwiegend Gneise mit nur gelegentlich eingebundenen geringmächtigen Marmorlagen.

Die geothermische Tiefenstufe zeigt nicht mehr die geringen Werte des Tertiärbeckens. Störungen in unmittelbarer Nähe der Säuerlinge sind in der geologischen Karte nicht ausgewiesen, müssen aber wohl vorhanden sein, weil der CO_2-Gehalt Wege aus der Tiefe braucht.

Aus Spalten des Gneises entspringen die Säuerlinge von **Stainz** und **Gams ob Frauental**.

11.3.1.1. Bad Gams ob Frauental

Am Südrand des Ortes Gams ob Frauental, ca. 30 m vom rechten Ufer des Gamsbaches entfernt, liegt die **Michelquelle.** Diese Quelle wurde im Jahre 1952 bei der Herstellung eines Schachtbrunnens (6,5 m Tiefe) für die Wasserversorgung gefunden. Im Jahre 1985 erfolgte eine Neufassung in Form eines Schachtbrunnens von 8 m Tiefe. Die Entfernung zur alten Fassung beträgt ca. 5 m.

Die physikalisch-chemischen Untersuchungen ergaben:

pH-Wert 6,09
El. Leitfähigkeit 0,86 mS/cm

Radon-222 0,2 nCi/l

		Massen-konzen-tration mg/l	Ionenäqui-valentkon-zentration mmol/l	Äquiva-lent-anteil %
KATIONEN				
Natrium	Na^+	1,2	0,10	2,15
Kalium	K^+	0,02	0,00	0,00
Ammonium	NH_4^+	0,33	0,02	0,43
Magnesium	Mg^{2+}	4,54	0,37	7,94
Calcium	Ca^{2+}	40,1	2,00	42,92
Mangan II	Mn^{2+}	0,32	0,01	0,21
Eisen II	Fe^{2+}	60,2	2,16	46,35
Summe:		106,71	4,66	100,00
ANIONEN				
Fluorid	F^-	0,24	0,01	0,21
Chlorid	Cl^-	0,70	0,02	0,43
Sulfat	SO_4^{2-}	13,7	0,29	6,22
Nitrit	NO_2^{2-}	0,02	0,00	0,00
Nitrat	NO_3^-	0,00	0,00	0,00
Hydrogencarbonat	HCO_3^-	264,9	4,34	93,14
Summe:		279,56	4,66	100,00
Summe Elektrolyte:		386,27		
Schwache Elektrolyte:				
Kieselsäure, meta	H_2SiO_3	74,6		
Summe:		460,87		
Gasförmige Bestandteile:				
Freies Kohlendioxid	CO_2	700		
Summe:		1.160,87		

Danach ergibt sich die Charakteristik: Eisen-Calcium-Hydrogencarbonat-Säuerling.

Der Eisengehalt war in der neuen Fassung so angestiegen, daß Komplikationen erwartet wurden. Wie die jährlichen Analysen aber zeigen, trat nach Inbetriebnahme der neuen Fassung eine rasche Konzentrationsabnahme ein. In der Analyse des Hygiene Institutes der Universität Graz (Protokoll Nr. 822/90) vom 17. April 1990 ist nur mehr ein Eisengehalt (gesamt) von 38,5 mg/l ausgewiesen.

Die Analyse der *Spurenelemente* (in µg/l), durchgeführt im Juli 1990 vom Arbeitskreis für Spurenanalyse, Univ.-Prof. Dr. G. KNAPP, Graz, ergab:

Al	Ba	B	Sr	Zn	F	J
17	85	30	210	70	80	< 40

Die geringen Werte von Bor und Strontium sind in Verein mit dem unwesentlichen CO_2-Gehalt kein ausreichender Beweis für einen direkten Zusammenhang mit tiefreichenden Wasserwegen.

Nach A. THURNER (1957) stammt der Eisensäuerling aus den quartären Lockerablagerungen des Gamsbachtales, die nur wenige Meter Mächtigkeit besitzen. Die Grundwassersohle bilden hier jungtertiäre Schlufftone. Da südlich und westlich der Quelle bereits das Kristallin der Koralpe ansteht (Stainzer Plattengneise) ist die Mächtigkeit der jungtertiären Sedimente auf wenige Zehnermeter anzuschätzen. Bei der Neufassung der Quelle erfolgte leider keine geologische Aufnahme des Bohrprofiles. Aufgrund der Lage und Tiefe der Fassung erhebt sich aber die Frage, ob der Zulauf des Sauerwassers nicht aus sandigen Bereichen der tertiären Schichtfolge erfolgt. Auffällig ist in diesem Zusammenhang die geringe Ergiebigkeit der Fassung, die nur mit 1.400 l/Tag angegeben wird. Aus geologischer Sicht könnte daher für den Kohlensäuregehalt und einige Spurenelemente eine Störung im Kristallin als Erklärung dienen, die durch die geringmächtigen tertiären Sedimentgesteine in ihrer Auswirkung zwar verringert, aber nicht völlig unterbunden wird. Als Hinweis auf die Auswirkungen solcher Störungen im Koralpenkristallin kann die Johannesquelle von Stainz in ca. 6 km Entfernung geltend gemacht werden.

Rund 650 m nördlich der Michelquelle liegt in der ansteigenden linken Talflanke des Mittereggbaches die **St. Hubertus Quelle**. Diese Quelle ist durch Drainagestränge in Tiefen von 2,4–4,1 m gefaßt, die in einen Schacht münden. Die Anerkennung als Heilquelle erfolgte im Jahre 1961 aufgrund einer Analyse von Univ.-Prof. Dr. F. HÖLZL, hier soll die Kontrollanalyse des Institutes für Analytische Chemie der Universität Graz vom 30. August 1986 wiedergegeben werden:

El. Leitfähigkeit (bei 20 °C) 0,16 mS/cm
Abdampfrückstand (bei 105 °C) 227,4 mg/l
Oxidierbarkeit 4,1 mg $KMnO_4$/l

		Massenkonzentration mg/l	Ionenäquivalentkonzentration mmol/l	Äquivalentanteil %
KATIONEN				
Natrium	Na^+	6,21	0,27	6,5
Ammonium	NH_4^+	0,08	0,00	0,0
Magnesium	Mg^{2+}	7,36	0,61	14,6
Calcium	Ca^{2+}	46,7	2,33	55,9
Eisen II	Fe^{2+}	26,8	0,96	23,0
Summe:		87,15	4,17	100,0
ANIONEN				
Fluorid	F^-	0,25	0,01	0,2
Chlorid	Cl^-	3,66	0,10	2,4
Sulfat	SO_4^{2-}	7,86	0,16	3,8
Nitrit	NO_2^{2-}	0,00	0,00	0,0
Nitrat	NO_3^-	0,28	0,00	0,0
Hydrogencarbonat	HCO_3^-	238	3,90	93,6
Summe:		250,05	4,17	100,0
Summe Elektrolyte:		337,20		
Gasförmige Bestandteile:				
Freies Kohlendioxid	CO_2	146		
Summe:		483,20		

Danach ist die Quelle als Calcium-Hydrogencarbonat-Eisenquelle akratischer Konzentration zu bezeichnen.

Vor allem im hohen Eisengehalt, der jedoch beträchtlichen Schwankungen unterliegt, ist eine Ähnlichkeit mit der Michelquelle zu bemerken. Der niedere Kohlensäuregehalt läßt eine Bezeichnung als Säuerling nicht zu. Dieser Chemismus gibt, ebenso wie die Bestimmung der Spurenelemente, keinen Hinweis auf einen Einfluß aus der Tiefe. Derartige Wässer mit hohem Eisengehalt sind in den Randbereichen des Kristallins häufig anzutreffen. Das Grundwasser der quartären Lockerablagerungen in den weststeirischen Tälern zeichnet sich häufig gerade dadurch aus.

Das Tal des Mittereggbaches ist von holozänen Ablagerungen sandig-kiesig-lehmiger Natur aufgefüllt. Es kann aus Vergleichen mit ähnlichen Tallandschaften angenommen werden, daß diese Lockergesteine nur wenige Meter Mächtigkeit besitzen (bis ca. 6 m) und ein ständiger Wechsel zwischen lehmig-sandigen und kiesigen Anteilen herrscht. Der präquartäre Untergrund dieses Tales wird von tertiären Schichten gebildet. Er ist als weitgehend wasserundurchlässig anzusehen, da diese Schichten vorwiegend aus Schlufftonen und Sanden, also überwiegend nur schlecht wasserdurchlässigen Gesteinen bestehen. Im Bereich der Talflanken werden diese Schichten von mächtigen Verwitterungslehmen bedeckt, die zwar Wasser aufnehmen, aber nur langsam weiterleiten.

11.3.1.2. Die Stainzer Johannesquelle

Am rechten Ufer des Falleggbaches, ca. 300 m vor seiner Einmündung in den Stainzbach (Sauerbrunngraben), noch im Verbreitungsgebiet des Koralpenkristallins, liegt die Johannesquelle. Diese Quelle wurde im Jahre 1870 bis in den Plattengneis verfolgt und in ein Bassin geleitet. Damals wurden römische Münzen aus der Zeit von 292–408 p.C. gefunden. Hieraus wird auf eine Nutzung in jener Zeit geschlossen. Eine brunnenartige Fassung wurde sodann 1875 hergestellt. Ab 1883 erfolgte eine balneologische Nutzung in einem Kur- und Badehaus zu der später eine Flaschenabfüllung hinzukam. Diese wurde vor ca. 10 Jahren eingestellt. Seither steht das Quellwasser über einen Auslaufbrunnen der Bevölkerung zur freien Entnahme zur Verfügung. Eine neuerliche balneologische Nutzung ist aber geplant.

Die heutige Fasssung stammt aus dem Jahre 1933. Sie wurde bis in eine Tiefe von 2,5 m unter Gelände in die Plattengneise vorgetrieben, aus deren Klüften das Quellwasser aufsteigt.

Nach der Analyse des Institutes für Anorganische und Analytische Chemie der Universität Graz vom 5. November 1984 zeigt das Quellwasser folgende Beschaffenheit:

pH-Wert 5,39
El. Leitfähigkeit 2,24 mS/cm
Temperatur 10,2 °C

		Massenkonzentration mg/l	Ionenäquivalentkonzentration mmol/l	Äquivalentanteil %
KATIONEN				
Alkalien (berechnet aus Analysendifferenz als Natrium)		166,2	7,23	28,52
Ammonium	NH_4^+	0,08	0,00	0,00
Magnesium	Mg^{2+}	34,4	2,83	11,16
Calcium	Ca^{2+}	300,6	15,00	59,18
Mangan II	Mn^{2+}	0,28	0,01	0,04
Eisen II	Fe^{2+}	7,88	0,28	1,10
Summe:		509,44	25,35	100,00
ANIONEN				
Chlorid	Cl^-	144,9	4,09	16,13
Sulfat	SO_4^{2-}	0,99	0,02	0,08
Nitrit	NO_2^{2-}	0,00	0,00	0,00
Nitrat	NO_3^-	0,18	0,00	0,00
Hydrogencarbonat	HCO_3^-	1.296	21,24	83,79
Summe:		1.442,07	25,35	100,00
Summe Elektrolyte:		1.951,51		
Titrierbarer Schwefel		0,18		
Summe:		1.951,69		
Gasförmige Bestandteile:				
Freies Kohlendioxid CO_2		2.308		
Summe:		4.259,69		

Nach dieser Analyse ist das Quellwasser als „schwefelhaltiger Calcium-Natrium-Hydrogencarbonat-Säuerling hypotonischer Konzentration" zu bezeichnen.

Bei der Untersuchung des Wassers durch das gleiche Institut im Jahre 1979 wurde eine Radonaktivität von 0,62 nCi/l und eine Radiumaktivität von 2 pCi/l gemessen. Weiters wurden damals 0,54 mg/l Lithium und 0,29 mg/l Fluorid festgestellt. Die gleichzeitige Messung der frei aufsteigenden Quellgase ergab 88,6% CO_2, 11,4% Restgas (N_2, Edelgase) und 0,0% Sauerstoff.

Die Analyse der *Spurenelemente* (in µg/l), durchgeführt im Juli 1990 vom Arbeitskreis für Spurenanalyse, Univ.-Prof. Dr. G. KNAPP, Graz, ergab:

Al	Ba	B	Sr	Zn	F	J
16	70	1.200	1.000	24	310	> 40

Der Plattengneis, in dem der Säuerling gefaßt ist, wird von zwei Hauptkluftscharen durchschlagen. Es kann daher in diesem Gesteinskörper eine Kluftwasserführung angenommen werden. Der Stainzbach zeigt mit seinem Verlauf eine Störungszone an, die wahrscheinlich den Aufstieg von Kohlensäure aus der Tiefe ermöglicht. Für den auffallend hohen Ca-Gehalt des Quellwassers könnte ein in den Plattengneis eingeschalteter Marmorzug die Ursache sein. Die Werte für Bor und Strontium weisen auf einen Einfluß aus der Tiefe hin. Der Eisen- und Schwefelgehalt könnten auf Pyritlagen in den kristallinen Gesteinen zurückgeführt werden.

11.3.2. Thermalwässer der Grazer Bucht (J. ZÖTL)

11.3.2.1. Allgemeines

Das stark gegliederte Randgebirge mit kleineren Becken und Buchten (Thaler Becken, Mantscha Bucht, Becken von Voitsberg-Köflach) und das Auftreten mariner, limnischer und fluviatiler Tertiärsedimente bezeugen die bewegte Geschichte eines klimatischen und tektonischen Kräftespiels im Bereich der Grazer Bucht.

Im mittleren Miozän überragte der Plabutsch-Buchkogelzug seine nähere Umgebung noch wesentlich höher als heute (V. MAURIN, 1978), andererseits bezeugen Sedimentreste im Kammbereich des Höhenzuges seine völlige Überdeckung im Pliozän. Exhumierungsphasen im Plio-/Pleistozän wiederum dokumentieren Dolinenreihen am Westhang des Bergzuges.

Seismische Messungen (F. WEBER, 1978) weisen auf ein unruhiges Relief im Untergrund des Tertiärs im weiteren Umfeld von Tobelbad-Pirka, das begrabene Formen eines tropischen Karstes vermuten läßt. Diese Vorstellung kommt auch schon früher geäußerten Annahmen ehemaliger Poljen als Altformen des Passailer und Thaler Beckens (H. BOCK, 1913, J. ZÖTL, 1964, H. PASCHINGER, 1965) entgegen. Der flachere Sockel Pirka-Puntigam in rund 250 m Tiefe (Seismische Messung F. WEBER, 1970) wäre als Karstrandebene zu deuten.

Die beiden Thermalwässer in Tobelbad und die Bohrungen Puntigam 1 und 2 (Herrgottwiesquelle) werden aus dem karbonatischen Grazer Paläozoikum (Plabutsch, Buchkogel, Steinberg) gespeist.

Schwierigkeiten für eine klare Vorstellung der hydrogeologischen Zusammenhänge bringt der Deckenbau in diesem Teil des Grazer Berglandes mit sich. Die bisher genannten Bereiche im weiteren Umkreis der beiden Thermalquellen, nämlich der Plabutsch-Buchkogelzug, aber auch der Göstinger Burgberg, der Frauenkogelzug, die Hohe Rannach, der Schloßberg in Graz, sowie der Kalvarienberg und die Platte bei Graz sind ein Teil der Rannach Decke, die hier der tektonisch tieferen Schöckeldecke aufgeschoben ist.

Stark vereinfacht ergibt sich aus hydrogeologischer Sicht eine Gliederung der Rannach Decke in wasserführende (verkarstungsfähige) und wasserstauende, dichte (nicht verkarstungsfähige) Schichtfolgen. Letztere sind (zum Teil) die Dolomit-Sandstein-Bank und vor allem das unterste Schichtglied der Rannach Decke, die Schieferserie der Schichten von Kher (Ordovicium, Silur).

Für die Thermalwässer von Tobelbad ist die Zugehörigkeit des wasserführenden Gesteinskomplexes zur Rannach Decke und damit auch des Einzugsgebietes, das ist zumindest teilweise der südliche Abschnitt des Buchkogelzuges zurück bis zum Steinberg und das auftauchende Paläozoikum in Tobelbad, geklärt.

Schwieriger zu beantworten ist die Frage des Einzugsgebietes der Herrgottwiesquelle, d.h. der beiden Bohrungen Puntigam 1 und 2. H. FLÜGEL (1978) läßt die Frage offen, ob die von Puntigam 2 erbohrten paläozoischen Gesteine schon der tieferen Schöckeldecke oder noch der Rannach Decke des Plabutsch-Buchkogelzuges angehören. Für den ersteren Fall würde zwischen dem Buchkogelzug und dem Thermalwasserkörper von Puntigam das unterste Schichtglied der Rannach Decke, die wasserstauenden Schichten von Kher, liegen. V. MAURIN (1978) sieht aus diesem Grund das Einzugsgebiet im N von Graz und bezieht sich dabei auf die Wirksamkeit der stärksten N-S-Störung des Raumes, den sogenannten „Leberbruch“, dessen genauer Verlauf im Raum Graz allerdings nicht bekannt ist (Fig. 11.3./1).

Besser bekannt sind durch begleitende Untersuchungen zum Bau des Autobahntunnels die geologischen Verstellungen und Störungslinien im Plabutsch-Buchkogelzug (H. FLÜGEL, 1978). Der ganze N-S-verlaufende Bergzug wird durch zahlreiche, mehr oder weniger W-E-streichende Störungen in gegeneinander versetzte Blöcke gegliedert. Am Plabutsch-Nordhang durchschneidet ein WSW-ENE-streichender Bruch die Grünschiefer/Dolomit-Sandstein-Folge, also die untersten Schichten der Rannach Decke. Gegen S folgt eine ganze Reihe von (mit Abweichungen) W-E-streichenden Störungen, bei denen Versetzungen von 100 m und mehr beobachtet wurden. Die dabei mit Gegenbewegungen im großen nach S erfolgte Absenkung der Schichtfolge bezeugen sowohl der Übergang von Kanzel-Kalken nördlich des Gaisbergsattels in die südlich anstehenden Steinberg-Kalke bzw. Sanzenkogel-Schichten (Karbon) im Kammbereich als auch die am Fuß des Buchkogels aufgeschlossenen Barrandei-Schichten.

Was die Beziehung des Bergwassers im karbonatischen Randgebiet des Grazer Berglandes mit der Mur betrifft, so haben die Flußwasserschwankungen keinen Einfluß auf den Druckwasserspiegel der Bohrung Puntigam 2.

Durch das Abpumpen des Wassers aus dem bei der ehemaligen Bründlquelle am Ostrand des Buchkogelzuges liegenden abgesoffenen Richt- bzw. Fensterstollens beim Bau des Autobahntunnels, wurde eine Beeinflussung des Druckwasserspiegels der Bohrung Puntigam 2 bei mittlerem Hochwasser-Bergspiegel, nicht aber bei Niederwasserstand festgestellt (vgl. auch Edelgasmessungen und Spurenelemente).

Zusammenfassend ist zu sagen, daß die Thermalwässer von Tobelbad auch gegenwärtig durch Bergwässer aus Karbonatgesteinen der Rannach Decke im Bereich des südlichen Buchkogels und der Umgebung des Ortsgebietes alimentiert werden. Für die Bohrungen Puntigam ist ebenfalls das Einzugsgebiet in den Karbonatgesteinbereichen des Grazer Berglandes, und zwar wahrscheinlich im Gesteinsverband der Rannach Decke, möglicherweise aber auch der Schöckeldecke (oder in beiden ?) zu suchen. Wie weit dieser Einfluß gegen das Innere des Beckens reicht, ist derzeit nicht abzugrenzen.

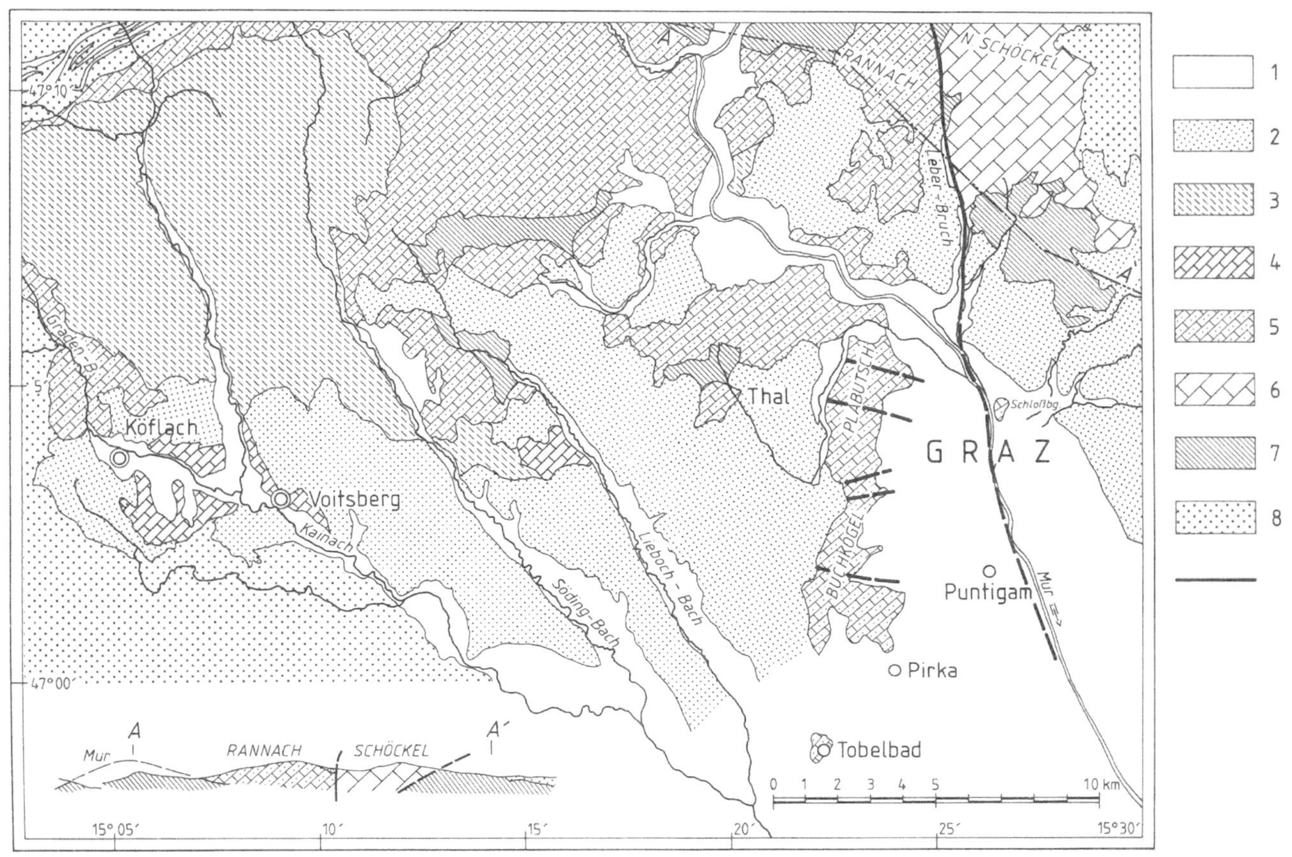

Fig. 11.3./1: Geologische Karte des Grazer Berglandes im Raum Graz – Voitsberg mit der Lage von Tobelbad und Puntigam. 1 = Quartär, 2 = Tertiär des Steirischen Beckens, 3 = Gosau von Kainach, 4 = Karbonate der Raasbergfolge, 5 = Dolomit-Sandsteinfolge, 6 = Schöckel-Kalk, 7 = Tonschiefer, Grünschiefer, 8 = Kristalline Schiefer, durchgezogene Linie = Störung (strichliert vermutet). Geologie vereinfacht nach H. FLÜGEL (1960).

11.3.2.2. Tobelbad

Im Rehabilitationszentrum und Silikosekrankenhaus der Allgemeinen Unfallversicherungsanstalt in Tobelbad bei Graz werden zwei Thermalquellen, die sogenannte Ludwigs- und die Ferdinandquelle, für die Warmwasserversorgung und für Therapiezwecke genutzt. Die Fassungen in Form von untiefen Schächten befinden sich in einem Gebäude der Kuranstalt (Ludwigsquelle) bzw. im Kurpark (Ferdinandsquelle).

Die Wässer steigen aus paläozoischen Kalken hoch, die im Bereich von Tobelbad klippenförmig in die überlagernden jungtertiären Sedimente aufragen und durch das Erosionstal des Doblbaches angeschnitten wurden.

Direkte Schüttungsmessungen sind infolge der Verbauung schwierig. Nach einem am 25. November 1910 vom Revierbergamt Graz in Tobelbad aufgenommenen Protokoll betrug die Ergiebigkeit 3,5 bzw. 2,5 l/s. Die Temperatur des Quellwasserabflusses betrug bei Messungen des Verfassers am 22. Juli 1974 27 °C bei der Ludwigsquelle und 24 °C bei der Ferdinandsquelle.

Die ersten und praktisch bis heute gültigen geologischen Gutachten betreffend die Herkunft der Wässer wurden 1911 von F. HERITSCH & B. GRANIGG erstellt (Archiv der Kuranstalt). Abgesehen von unwesentlichen verschiedenen Formulierungen kamen F. HERITSCH & B. GRANIGG zu folgenden Ergebnissen:

a) Die Aufbuckelung der bei Tobelbad durch die Bacherosion angeschnittenen paläozoischen Kalke stellt eine Fortsetzung der Karbonatgesteine des Plabutsch-Buchkogelzuges dar.
b) Die im W und S den Buchkogelzug umsäumenden

und schließlich seine Fortsetzung überdeckenden jungtertiären Schichten bestehen überwiegend aus wasserundurchlässigem, kohleführendem Miozän und darüberliegenden fluviatilen Ablagerungen (sogenannten Belvedere-Schottern). Quartäre Ablagerungen sind Flußterrassen in den Talungen und Becken.

c) Das Thermalwasser von Tobelbad hängt nicht mit einem in der Tiefe liegenden Eruptivgestein zusammen (etwa mit dem Basalt von Weitendorf), sondern entstammt dem Karbonatgestein des Plabutsch-Buchkogelzuges bzw. dessen überdeckter Fortsetzung nach S.

d) Das Wasser muß aus einer Tiefe von mindestens 666 m (B. GRANIGG) bis über 800 m Tiefe (F. HERITSCH) aufsteigen, um mit der bei den Quellen gegebenen Temperatur auszutreten.

e) B. GRANIGG berichtet, daß eine im Frühjahr 1909 zwecks Reinigung des Quellschachtes der Ferdinandsquelle vorgenommene Pumpung zum Aussetzen des Abflusses aus der Ludwigsquelle führte. Dieser Zusammenhang wurde 1974 durch einen Pumpversuch bestätigt. Bei der Baugründung der über den Tobelbach führenden Brücke wurde im April 1911 laut B. GRANIGG bereits 30 cm (!) unter dem Niveau der Bachsohle Thermalwasser angefahren, was bis zur Plombierung der Baugrube eine Beeinträchtigung der Ergiebigkeit der Ferdinandsquelle zur Folge hatte.

Chemische Analysen des Wassers der Tobelbader Thermen werden in Abständen durchgeführt. Schwankungen sind unerheblich, die folgende Analyse der Ludwigsquelle stammt von Prof. C. JOB (Gutachten 1972):

		Massenkonzentration mg/l	Ionenäquivalentkonzentration mmol/l	Äquivalentanteil %
KATIONEN				
Lithium	Li^+	0,00	0,000	0,00
Natrium	Na^+	4,40	0,191	2,31
Kalium	K^+	2,31	0,059	0,71
Magnesium	Mg^{2+}	35,22	2,896	35,03
Calcium	Ca^{2+}	102,64	5,122	61,95
Eisen II	Fe^{2+}	0,00	0,000	0,00
Summe:		144,57	8,268	100,00
ANIONEN				
Fluorid	F^-	0,59	0,031	0,37
Chlorid	Cl^-	3,05	0,086	1,03
Sulfat	SO_4^{2-}	126,97	2,643	31,65
Nitrat	NO_3^-	0,00	0,000	0,00
Hydrogencarbonat	HCO_3^-	341,10	5,590	66,95
Summe:		471,71	8,350	100,00
Summe Elektrolyte:		616,28		
Schwache Elektrolyte:				
Kieselsäure, meta	H_2SiO_3	11,96		
Summe:		628,24		

Charakteristik: Akratische Calcium-Magnesium-Hydrogencarbonat-Sulfat-Therme.

Die Analyse der Ferdinandsquelle ergab:

		Massenkonzentration mg/l	Ionenäquivalentkonzentration mmol/l	Äquivalentanteil %
KATIONEN				
Natrium	Na^+	4,40	0,191	2,31
Kalium	K^+	2,31	0,059	0,71
Magnesium	Mg^{2+}	35,22	2,896	35,03
Calcium	Ca^{2+}	102,64	5,122	61,95
Eisen II	Fe^{2+}	0,00	0,000	0,00
Summe:		144,57	8,268	100,00
ANIONEN				
Fluorid	F^-	0,51	0,027	0,33
Chlorid	Cl^-	1,42	0,040	0,50
Sulfat	SO_4^{2-}	121,54	2,530	31,33
Nitrat	NO_3^-	n.n.	–	–
Hydrogencarbonat	HCO_3^-	334,33	5,479	67,84
Summe:		457,80	8,076	100,00
Summe Elektrolyte:		602,37		
Schwache Elektrolyte:				
Kieselsäure, meta	H_2SiO_3	11,96		
Summe:		614,33		

Charakteristik: Akratische Calcium-Magnesium-Hydrogencarbonat-Sulfat-Therme.

An den Tobelbader Thermen wurden auch der Gehalt an den Umweltisotopen Tritium und Deuterium gemessen.

Tritiummessungen wurden zu verschiedenen Zeiten (26. Juni 1972 und 22. Juli 1974) gezogenen Proben vorgenommen. Sie brachten überraschender Weise verschiedene Werte: 1972 Ludwigsquelle 2 TU, 1974 Ludwigsquelle 25 TU, Ferdinandsquelle 23 TU.

Bei den Messungen des **Deuteriumgehaltes** ergab sich im Jahre 1972 bei der Ludwigsquelle ein Wert von –65,2 δ‰ SMOW, 1974 bei der Ludwigsquelle –68,3 und der Ferdinandsquelle –68,9 δ‰ SMOW. Unter Berücksichtigung einer Toleranz von ± 3‰ liegen die Werte nahe dem Jahresmittel des Deuteriumgehaltes des Niederschlages dieser Gegend. Die Meßdaten zeigen ebenso wie die T-Werte, daß die Ludwigs- und Ferdinandsquelle ihr Wasser aus dem gleichen unterirdischen Reservoir beziehen. Die Gleichheit mit dem Niederschlagswasser beweist die Richtigkeit der bisherigen Annahme, daß es sich nicht um Wasser aus dem jungtertiären Vulkanismus sondern um versickertes Niederschlagswasser handelt. C. JOB (1972) gibt für die Ludwigsquelle einen Carbon-14-Gehalt von 16,95% modern an, was einem unkorrigierten Alter des Wassers von ca. 14.500 Jahren entsprechen würde.

Für die Beurteilung der Stellung von Tobelbad im Randgebiet des Steirischen Beckens erwies sich die Kenntnis des Gehaltes an *Spurenelementen* (in µg/l) von Bedeutung (Werte aus dem Archiv der Heilanstalt):

Spurenelemente	Ludwigsquelle	Ferdinandsquelle
Strontium	**5.900**	**5.500**
Eisen	1.037	926
Mangan	120	100
Fluor	590	510
Bromid	64	60
Bor	17	14

Zwei Werte geben einen entscheidenden Hinweis: Verglichen mit den Säuerlingen des Steirischen Beckens sind die **Borwerte** minimal und schließen eine Einwirkung der Vulkanite des Beckens aus (siehe auch Gase!). Der sehr **hohe Wert** des Strontiums ist jedoch ein wichtiger Tiefenindikator und unterstreicht die Interpretation der Heliumwerte.

An **gelösten Gasen** wurden bei der Ludwigsquelle 42,6 mg/l, bei der Ferdinandsquelle 44,8 mg/l gemessen, ebenfalls kein ausreichender Wert auf einen Einfluß der Vulkanprovinz.

Auf Anregung des Verfassers wurden **Helium-** und **Neonisotopenanalysen** des Wassers der Ludwigsquelle am GSF-Institut für Hydrologie, München, durchgeführt. Dr. St. WEISE gibt dazu folgende Interpretation:

„Der ^{4}He-Gehalt ($1,3 \times 10^{-6}$ Nml He pro Gramm Wasser) übertrifft denjenigen von Oberflächenwasser um das knapp 30fache. Zu einem kleinen Teil kann diese Überhöhung im ^{4}He-Gehalt auf Gasüberschüsse atmosphärischer Zusammensetzung zurückgeführt werden, da auch der ^{20}Ne-Gehalt den Löslichkeitswert übertrifft, jedoch nur um ca. 30‰. Dieser Gasüberschuß kann prinzipiell aus probenahmetechnischen Problemen resultieren, kann aber auch durch die Verhältnisse während der Infiltration oder im Aquifer bedingt sein. Insbesondere bei umfangreicher Verkarstung und stark schwankendem Grundwasserspiegel (hierfür können die mit Niederschlagsereignissen korrelierenden Tritiumgehalte ein Zeichen sein) kann im Grundwasser Luft im Überschuß gelöst werden.

Der ^{3}He/^{4}He-Wert von $(2,02 \pm 0,05) \times 10^{-7}$ ist mit einer Dominanz von Helium aus der natürlichen Radioaktivität des Gesteins zu verstehen (Krustenhelium), **wobei zusätzlich ein geringer Anteil (< 1%) Mantelhelium** auftritt (vgl. Ausführungen zu Puntigam 2). Der geringe Anteil an Mantelhelium beweist jedoch bereits eine Wegigkeit über Klüfte bzw. Störungen in eine entsprechende Tiefe."

Das Niederschlagswasser aus dem Einzugsgebiet im Bereich Buchkogel–Bockkogel–Florianiberg–Seiersberg muß in beachtliche Tiefen absinken, wobei F. HERITSCH mit seiner Annahme von 800 m sicherlich der Wahrheit näher kommt als B. GRANIGG: Geologisch ist die Tiefenlage der paläozoischen Kalke durchaus begründet, da die im Plabutsch-Buchkogelzug aus dem Mantel tertiärer Sedimente exhumierten Karbonatgesteine tektonisch stark zerhackt sind, wobei die Blöcke gegen S immer mehr in die Tiefe absinken (H. FLÜGEL, 1975). Die Quellen entspringen einem größeren Kluftwasserkörper, was durch den Zusammenhang der beiden Quellen betont wird. Ein noch weiter zurückreichendes Einzugsgebiet (bis zum Steinberg?) ist nicht auszuschließen.

Schon B. GRANIGG dachte an das Vorliegen eines Mischwassers, wobei er allerdings eine Beimengung von „wildem Wasser" aus den seichtliegenden Grundwässern der überdeckenden Tertiärsedimente im Auge hatte. Unter Berücksichtigung der erst nach 1950 zur Anwendung gekommenen Isotopenuntersuchungen muß diese Annahme dahingehend korrigiert werden, daß die Komponenten dieses „Mischwassers" aus wechselnd starken Anteilen des tiefliegenden „alten" Kluftwassers und Schüben junger (rezenter) Infiltrationswässer bestehen. Den eindeutigen Beweis für diese Gegebenheit liefern die verschiedenen Tritiumgehalte der Proben von 1972 und 1974. Würde nur eine „Wildwasserbeimengung" aus den Tertiärsedimenten bestehen, so wäre ein so wesentlicher Unterschied nicht zu erklären. Der Unterschied zeigt vielmehr, daß in den außergewöhnlich niederschlagsreichen Monaten Mai und Juli 1974 ein verstärkter Anteil von Infiltrationswasser aus dem Buchkogelgebiet in der Tobelbader Therme austrat. Da keine Änderung der Wassertemperatur zu verzeichnen war, muß diese Mischung schon in größerer Tiefe erfolgt sein. Die Tatsache eines zeitweise mengenmäßig bedeutsamen Anteiles rezenter Versickerungswässer ist für die Beurteilung notwendiger Schutzmaßnahmen von entscheidender Bedeutung.

11.3.2.3. Puntigam (J. ZÖTL, H. ZETINIGG, St. WEISE)

Im Bereich der Brauerei Puntigam der Brüder Reininghaus Brauerei AG wurden 1968 bzw. 1971 je eine Tiefbohrung niedergebracht (Bohrung P 1, bzw. P 2), von denen der Tiefbrunnen Puntigam 2 (P 2) nach dem Ergebnis der Großen Heilwasseranalyse als akratische Calcium-Magnesium-Hydrogencarbonat-Sulfat-

Therme mit Heilwassercharakter namens Herrgottwiesquelle anerkannt wurde.

Die beiden Bohrungen befinden sich am Rand der Würmterrasse des Grazer Feldes. Die Bohrung P 2 (Herrgottwiesquelle) liegt noch auf dem Gelände der Brauerei Puntigam in 340 m NN. Sie durchörterte nach der etwas über 20 m mächtigen Quartärterrasse bis zur Teufe von 202,80 m eine Wechselfolge von mächtigen tertiären Tonen und geringmächtigen wasserführenden Sand- und Kieslagen. Nach weiteren 2 m im liegenden, geklüfteten und wasserführenden Leithakalk wurde die Bohrung eingestellt. H. FLÜGEL (1975) stellte fest, „es besteht die Möglichkeit, daß die Bohrung Puntigam 1 an ihrer Basis eine geringmächtige Leithakalkplatte angetroffen hat, die über einem paläozoischen Karbonatrelief liegt, welches in Puntigam 2 angetroffen wurde" (p. 73).

Dieses Karbonatgestein wurde in der 300 m nordöstlich der Puntigam 1 im Jahre 1971 niedergebrachten Bohrung Puntigam 2 in 251,5 m Tiefe angetroffen, die darin bis zur Endteufe in 269,0 m verblieb.

Die 1972 hergestellte Bohrung 2 ist mit einem zementierten Sperrohr von 475 mm Durchmesser bis 25 m Tiefe ausgebaut. In dieses ist ein Rohrstrang von 250 mm verloren eingebaut. Der Rohrstrang besteht bis 246 m Tiefe aus Vollrohren an die bis 258 m Tiefe ein Kiesbelagsfilter anschließt. Von 258–260 m Tiefe folgt ein Sumpfrohr gleichen Kalibers.

Die **Wassertemperatur** der artesisch aufsteigenden Wässer wird in den Bohrberichten für P 1 mit 27,0 °C, für P 2 mit 27,2 °C angegeben. Der Unterschied dürfte sich – falls er nicht innerhalb der Meßgenauigkeit liegt – darin begründen, daß die Bohrung P 1 auch die (geringfügigen) aus den tertiären Sand- und Kieslagen zutretenden Wässer erfaßt, während P 2 durchgehend bis zur Tertiärbasis verrohrt ist.

Was die Schüttung der Bohrungen anbelangt, so besteht eine wasserrechtliche Genehmigung einer Pumpenförderung von 10 l/s aus P 1 und 15 l/s aus P 2. Die tatsächlich erschrotbare Wassermenge dürfte geringer sein.

Die Messung der **stabilen Umweltisotope**, gemessen 1976 an P 2, ergab einen Deuteriumgehalt D = –86,4 δ‰ und ^{18}O = –10,19 δ‰ SMOW. Diese Werte der stabilen Umweltisotope entsprechen zunächst nicht jenen des Grazer Beckens und seiner Umgebung. Die Erklärung hiefür geben die **Carbon-14-Messungen** (1972), die nach 100 Stunden Pumpzeit an einer aus 231–251 m Tiefe entnommenen Probe durchgeführt wurden (BVFA Arsenal, April 1972). Der ^{14}C-Meßwert betrug 8,27 ± 1,46% modern, das bedeutet ein nicht korrigiertes Alter des Wassers von ca. 20.000 Jahren. Obwohl der Wert von 7 ± 2 TU für das gleichzeitig gemessene **Tritium** nahelegt, daß es sich um Mischwasser handelt, ist doch mit Sicherheit anzunehmen, daß ein Großteil des Wassers zur Zeit des Hochglazials Würm II infiltrierte, d.h. in einer Zeit, in der das Jahresmittel der Lufttemperatur um 8–10 °C tiefer lag als gegenwärtig.

Setzt man dem Carbon-14-Alter entsprechend für das stabile Isotop Deuterium einen Temperatureffekt von 2‰/°C an, so erreicht man ungefähr die rezenten Werte der Niederschläge im Grazer Becken, d.h. der Temperatureffekt ist in diesem Fall kein Höhen- sondern ein Klimaeffekt.

Die Analyse der Ionenverteilung des Wassers von Puntigam 2 ergab:

		Massen-konzen-tration mg/l	Ionenäqui-valentkon-zentration mmol/l	Äquiva-lent-anteil %
KATIONEN				
Natrium	Na^+	9,04	0,39	5,51
Kalium	K^+	3,37	0,09	1,27
Magnesium	Mg^{2+}	29,76	2,45	34,60
Calcium	Ca^{2+}	83,06	4,15	58,62
Summe:		125,23	7,08	100,00
ANIONEN				
Fluorid	F^-	0,95	0,05	0,71
Chlorid	Cl^-	5,97	0,17	2,40
Sulfat	SO_4^{2-}	150,03	3,13	44,21
Nitrat	NO_3^-	0,025	–	–
Hydrogencarbonat	HCO_3^-	227,6	3,73	52,68
Summe:		384,575	7,08	100,00
Summe Elektrolyte:		509,805		

Wassertypus: Calcium-Magnesium-Hydrogencarbonat-Sulfat.

Der SiO_2-Gehalt beträgt 15,2 mg/l, an CO_2 wurden nur 6,6 mg/l gemessen. Im Jahre 1990 wurde eine Heliumuntersuchung durch Dr. St. WEISE am GSF-Institut für Hydrologie, München, durchgeführt und wie folgt interpretiert:

„Das hohe Modellalter, das aus den Carbon-14-Meßwerten resultiert, findet in ebenfalls hohen ^4He-Gehalten (9,2 × 10^{-6} Nml ^4He/Gramm Wasser, d.h. etwa das 200fache des Gehaltes von Oberflächenwasser) seine Entsprechung. Daß es sich hierbei nicht um Luftkontamination handeln kann, zeigen zum einen der nahe der Löslichkeit liegende Wert für den ^{20}Ne-Gehalt (1,9 × 10^{-7} Nml ^{20}Ne/Gramm Wasser) und zum anderen der $^3He/^4He$-Wert von (1,56 ± 0,03) × 10^{-7}, der markant niedriger als der atmosphärische Wert (ca. 1,4 ×

10^{-6}) ist. Dieser $^3He/^4He$-Wert deutet darauf hin, daß der hohe Heliumgehalt hier nicht ausschließlich eine Folge des Uranium- und Thoriumzerfalls im Gestein ist, sondern daß auch eine – wenn auch sehr kleine – Mantelheliumkomponente vorliegt. Eine ähnliche Situation wurde auch bei einer Probe der nahen Bohrung Tobelbad angetroffen. Eventuell sind diese Mantelheliumkomponenten Ausläufer einer Dehnungstektonik, die in Grundwässern beispielsweise aus dem Wiener und dem Pannonischen Becken zu noch deutlich höheren $^3He/^4He$-Werten führt.“

An *Spurenelementen* (in µg/l) wurden durch den Arbeitskreis für Spurenanalyse, Univ.-Prof. Dr. G. KNAPP, Graz, gemessen:

Se	Zn	Cu	Cr	Pb	As	B	Al
< 5	< 20	< 1	< 1	3	< 5	28	80

Li	Br	J	F
52	21	17,5	480

Der geringe Borwert und der obgenannte CO_2-Wert schließen einen Kontakt mit den postvulkanischen Erscheinungen des Beckens aus.

Der durch die Heliummessungen bewiesene offene Weg bis zum Erdmantel ist wohl (ohne Verbindung mit dem Vulkanismus) durch eine tiefreichende tektonische Öffnung der „Leberstörung“ zu erklären.

11.3.3. Die Heilwasservorkommen im nördlichen Randbereich des Steirischen Beckens und der Landseer Bucht

Die in diesem Bereich austretenden Wässer von Bad Tatzmannsdorf bis Sauerbrunn entspringen zwar ebenso wie die Quellen der westlichen Randgebiete teilweise schon aus den Gesteinen des Grundgebirges, sind aber noch deutlich von den Elementen der Tiefengrundwässer des zentralen Beckens geprägt. Der Hauptgrund hiefür ist wohl darin zu suchen, daß Spuren des jungen Vulkanismus bis weit in den N (Pauliberg bei Kobersdorf) zu verfolgen sind. Der bedeutendste Kurort dieser Reihe ist Bad Tatzmannsdorf.

11.3.3.1. Bad Tatzmannsdorf (J.E. GOLDBRUNNER)

Der Kurort Bad Tatzmannsdorf im Südlichen Burgenland kann auf eine lange Tradition zurückblicken. So ist nachgewiesen, daß einzelne Quellen seit der frühen Bronzezeit bekannt waren (A.J. OHRENBERGER, 1962).

Für das Gebiet Bad Tatzmannsdorf ist vorerst kein unmittelbarer räumlicher Zusammenhang mit obertägig anstehenden Vulkaniten herzustellen. Die geologisch-tektonische Übersicht (Fig. 11.3./2) zeigt jedoch, daß der weitere Bereich um den Kurort durch eine Reihe über mehrere Zehnerkilometer verfolgbare Störungen gekennzeichnet ist. An diese tiefgreifenden Störungen ist auch der Basalt von Oberpullendorf, welcher der jüngeren Phase des Vulkanismus des Steirischen Beckens angehört, gebunden. Weitere Vorkommen von Vulkaniten finden sich bei Stoob und am Pauliberg, im letzten Fall bereits innerhalb des prätertiären Grundgebirges.

Im Einflußbereich der deutlich ausgeprägten, SW-NE-streichenden Störungslinie liegt auch der Säuerling von Piringsdorf (siehe Kap. 11.3.3.2.), der aufgrund seiner hohen CO_2-Gasgehalte und Borsäurewerte deutlich noch die Anzeichen einer postvulkanischen Beeinflussung zeigt.

In Verlängerung der Störung Richtung SW liegt der auffällige Tertiärkorridor von Grodnau zwischen den penninischen Rechnitzer und Bernsteiner Fenstern, welcher eine Brücke zwischen dem Steirischen Becken und der Landseer Bucht bildet. Untersuchungen der Vitrinitreflexion, d.h. der Reife der im Sediment enthaltenen organischen Substanz (R.F. SACHSENHOFER, 1991) haben gezeigt, daß in den karpatischen Sedimenten des Tertiärkorridors bereits das „Ölfenster“ (Vitrinitreflexion R_r zwischen 0,5 und 1,3%) erreicht wird. Dieser ungewöhnliche Effekt wird von A. SCHWENDT (1990, zitiert in: R.F. SACHSENHOFER, l.c.) mit einem karpatischen Subvulkan oder mit thermischen Effekten beim Aufstieg des Penninikums am Alpenostrand erklärt.

Neueste Untersuchungen von Flüssigkeitseinschlüssen in Gesteinen bestätigen auch die bereits sehr früh geäußerte Vermutung, daß die epithermale Genese der Antimonerzlagerstätte von Schlaining auf einen miozänen andesitischen Vulkanismus zurückzuführen ist (R. BELOCKY, R.F. SACHSENHOFER & W. POHL, 1991). A. WINKLER-HERMADEN (1951, p. 456) beschreibt bei Aschau nordwestlich des Tauchener Kohlereviers einen Andesitgang, der die karpatischen Sedimente unter Frittungserscheinungen durchschlagen hat.

Es gibt daher gute Gründe, auch die in Tatzmannsdorf auftretenden Säuerlinge in eine genetische Beziehung zu dem tiefgreifenden Störungssystem zu stellen und sie als postvulkanisches Phänomen des aus den zitierten Untersuchungen abzuleitenden Subvulkans aufzufassen.

Das Auftreten dieser einstmals natürlich als Quellen an die Oberfläche dringenden Säuerlinge ist an die Grenze zwischen zwei geologischen Einheiten gebunden. Zum ersteren ist dies das kristalline penninische Grundgebirge, das in der Umgebung von Bad Tatzmannsdorf in erster Linie durch gering durchlässige Grünschiefer und Phyllite charakterisiert ist. Sie bilden den Wasserstauer für die darüberliegenden bzw. anlagernden Sedimente der tertiären Beckenfüllung des

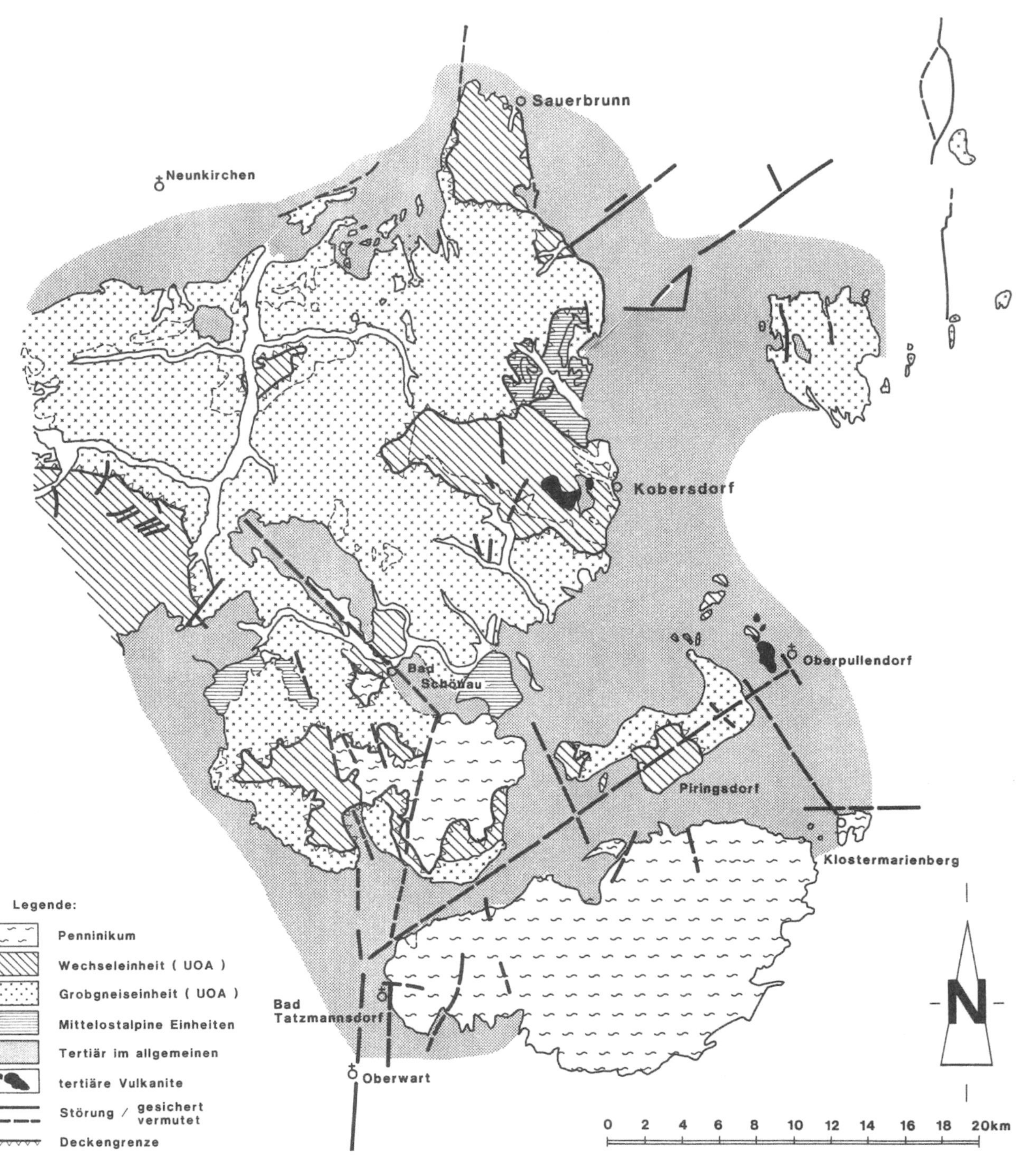

Fig. 11.3./2: Geologisch-tektonische Übersicht im Bereich des Südostsporns der Zentralalpen.

Steirischen Beckens. In diesen meist klastischen Sedimenten (Tone, Sande, Kiese) treten wasserführende Horizonte auf. Aufgrund der Verengung des Querschnittes der Grundwasserleiter an der Grenze kristallines Grundgebirge zu der tertiären Beckenfüllung werden Wässer zum Aufsteigen und Austreten gezwungen. Es liegt eine Tiefengrundwasser-Entlastungszone vor.

Begünstigt wird dieser hydraulische Zustand noch durch den sogenannten Gaslift-Effekt des postvulkanischen Kohlendioxid, das sich im Bereich von Störungen großer Sprunghöhe („Randbrüche") den hier zirkulierenden Grundwässern zumischt.

Im Laufe der Nutzung des Vorkommens wurden die ersten primitiven Quellfassungen im 19. Jahrhundert durch untiefe Schachtungen und in den sechziger und siebziger Jahren des 20. Jahrhunderts durch insgesamt sieben Tiefbohrungen unterschiedlicher Tiefe ersetzt. Durch diesen technischen Eingriff kam der Überlauf der seichten Brunnen zum Erliegen.

Bezüglich der chemischen Zusammensetzung fallen die großen Unterschiede in der Mineralisierung, der Ionenzusammensetzung und der Größenordnung der begleitenden CO_2-Gasphase auch eng benachbarter Bohrungen ins Auge. Als Beispiel wurden in Tab. 11.3./1 die Analysenergebnisse der beiden grundgebirgsnahe gelegenen Bohrungen Marienquelle (B1), Franzquelle (B2) und der auf einer bereits tieferen Scholle stehenden Bohrung Therme 72 (B3) zusammengefaßt (Lage siehe Fig. 11.3./3), wobei die Marienquelle und Franzquelle voneinander nur einen Abstand von 160 m aufweisen.

Die hohen Gehalte an gelöster freier Kohlensäure von > 2.000 mg/l, die auftretende CO_2-Gasphase bei einem Gas-Wasser-Verhältnis von 5 : 1 und der Gehalt an Borsäure von nahezu 100 mg/l zeigen an, daß die Bohrung Marienquelle im Einflußbereich einer der produktivsten Störungen loziert wurde. Auch der hohe Chloridgehalt von über 360 mg/l ist nicht allein durch Einflüsse mariner Schichten, die im Badenien (im Ortsbereich Tatzmannsdorf und Jormannsdorf nicht erschlossen) vorkommen, zu erklären, sondern ist ein weiterer Hinweis auf eine zumindest teilweise vulkanische Genese. In dieses Bild paßt auch die geothermische Tiefenstufe, die mit einem Wert von 15,5 m/°C gegenüber der in den grundgebirgsferneren Bereichen des Steirischen Beckens auftretenden Tiefenstufe von 20–25 m/°C stark erhöht ist.

Zieht man die Mineralisierung der Franzquelle als Vergleich heran, so liegt die Gesamtmineralisierung nur bei ca. der Hälfte der Marienquelle, der Chloridgehalt entspricht mit ca. 13 mg/l jenem von unbeeinflußten seichtliegenden Grundwässern, ebenso ist der Bor-

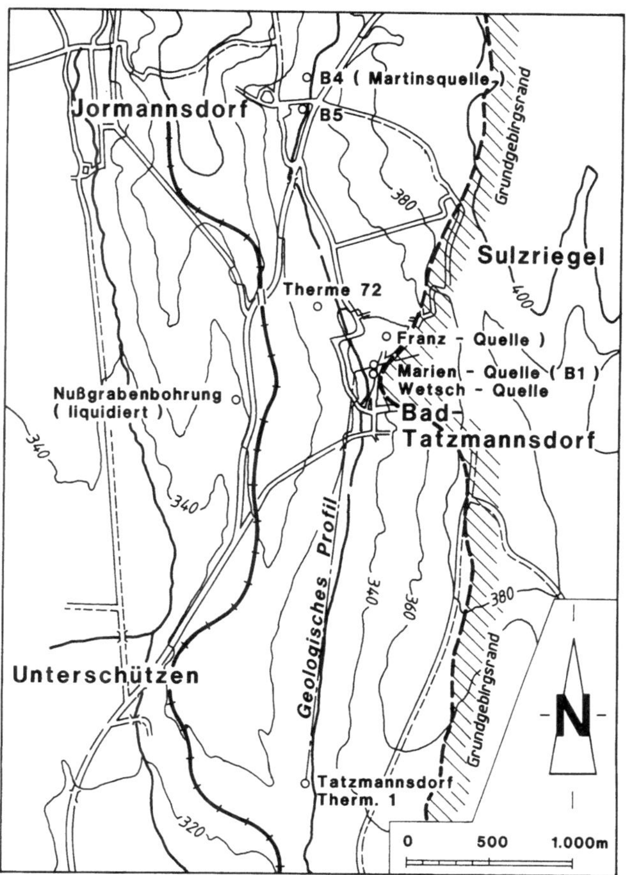

Fig. 11.3./3: Lage der Mineral- und Thermalwässer in Bad Tatzmannsdorf – Jormannsdorf.

säuregehalt stark reduziert. Auch die Therme 72, die durch erhebliche CO_2-Gasführung auffällt, ist ein reiner Calcium-Hydrogencarbonat-Typus mit geringen Natrium- und Chloridgehalten, während die Marienquelle einen Natriumgehalt von über 900 mg/l aufweist.

Die unterschiedliche hydrochemische Fazies eng benachbarter Bohrungen kann nur durch die unterschiedliche Art der Zumischung des gasförmigen CO_2 zu der Wasserphase in der Tiefe erklärt werden, wobei das Gas-Wasser-Volumsverhältnis am Ort der Vermischung entscheidend ist. Der daraus resultierende Partialdruck der Kohlensäure ist maßgebend für die ablaufenden Wasser-Gesteins- bzw. Wasser-Gas-Reaktionen, die neben den physiko-chemischen Prozessen wie Ionenfiltration, Ionenaustausch, Adsorption und Desorption ganz wesentlich den hydrochemischen Wassertypus prägen, der dem Ursprung der Wasserphase nach einem lokalen Grundwasser-Zirkulationssystem entspricht.

Tab. 11.3./1: Vergleich der chemischen Zusammensetzung (in mg/l) von Wässern in Bad Tatzmannsdorf (Marienquelle und Franzquelle, nach E. KOMMA & F. SCHEMINZKY, 1967; Therme 72 nach G. MACHATA, 1973). n.n. = nicht nachweisbar.

		Marienquelle	Franzquelle	Therme 72
KATIONEN				
Lithium	Li^+	1,88	0,33	0,01
Natrium	Na^+	906,2	49,3	30,7
Kalium	K^+	32,3	5,0	4,2
Ammonium	NH_4^+	0,25	0,69	0,06
Magnesium	Mg^{2+}	127,3	53,0	34,3
Calcium	Ca^{2+}	430,8	334,2	561,8
Strontium	Sr^{2+}	3,95	2,25	1,0
Mangan	Mn^{2+}	0,87	0,38	1,9
Eisen (II)	Fe^{2+}	4,0	33,2	n.n.
ANIONEN				
Fluorid	F^-	0,76	0,46	0,87
Chlorid	Cl^-	365,5	12,6	10,0
Bromid	Br^-	1,80	–	n.n.
Jodid	J^-	0,165	–	0,03
Sulfat	SO_4^{2-}	504,9	5,6	6,36
Nitrit	NO_2^{2-}	0	0	0,012
Nitrat	NO_3^-	3,5	0,65	n.n.
Hydrogenphosphat	HPO_4^-	0,13	0,037	6,10
Hydrogencarbonat	HCO_3^-	3.160	1.472,0	1.818,80
Hydrogenarsenat	$HAsO_4^{2-}$	Spuren < 0,005	Spuren < 0,005	–
Carbonat	CO_3^-	0,29	0,084	–
meta-Borat	BO_2^-	0,08	0,069	–
Hydrogensulfid	HS^-	–	0,069	–
Summe:		5.544,675	1.969,919	2.476,142
Schwache Elektrolyte:				
Kieselsäure, meta	H_2SiO_3	66,6	112,2	26,0
Borsäure, ortho	H_3BO_3	97,43	5,34	2,54
Summe:		5.708,705	2.087,459	2.504,682
Gasförmige Bestandteile:				
Freies Kohlendioxid	CO_2	2.191	1.639	1.787
Gesamtsumme:		7.899,705	3.726,459	4.291,682
Wassertypus:		Na-Ca-HCO_3	Ca-HCO_3-Fe	Ca-HCO_3
Gaszusammensetzung (in %):				
Kohlendioxid	CO_2	99,80	98,89	94
Sauerstoff	O_2	0,04	–	1,5
Stickstoff (N2) + Edelgase		0,16	1,06	4,5
Schwefelwasserstoff	H_2S	–	0,05	–
Radioaktive Spurenstoffe:				
Radium-226		16,12 pCi/l	10,27 pCi/l	keine Angabe
Radon-222		0,178 nCi/l	0,214 nCi/l	keine Angabe

Auf der Höhe von Bad Tatzmannsdorf überlagern die limnisch-fluviatilen Sedimente des Pont und Pannon die sarmatischen Ablagerungen, wobei generell gegen S und W die Mächtigkeit der einzelnen Schichtfolgen zunimmt. Bedingt durch die auftretenden Bruchstrukturen erfolgt die Mächtigkeitsänderung teilweise sprunghaft. Dies zeigte besonders deutlich die nur 2,5 km vom Grundgebirgsrand stehende Aufschlußbohrung Tatzmannsdorf Thermal 1 (Profil Fig. 11.3./4), welche bei ihrer Endteufe bei 896 m noch in tertiären Lockerse-

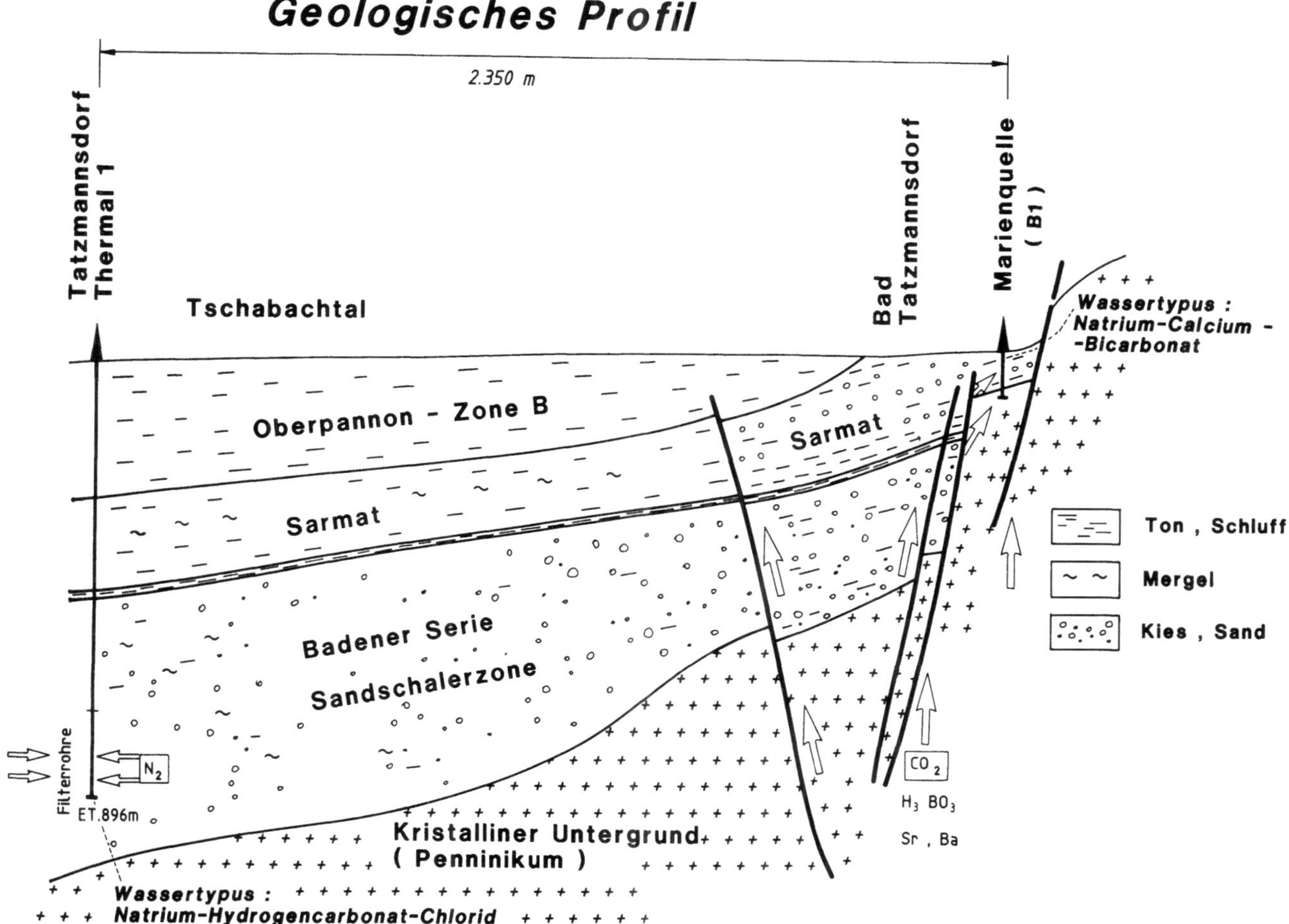

Fig. 11.3./4: Geologisches Profil Marienquelle–Tatzmannsdorf Thermal 1. Lage siehe Fig. 11.3./3.

dimenten (Kiese der Sandschalerzone) verblieb. Die Bohrung hat gezeigt, daß die Temperatur- und Kohlensäureanomalie von Tatzmannsdorf eng begrenzt ist.

Die geothermische Tiefenstufe liegt bei nur 28 m/°C. Als Begleitgas des am Sondenkopf mit einer Temperatur von 38 °C austretenden Wassers tritt Stickstoff auf, Kohlendioxid wurde nicht festgestellt.

Auch der hydrochemische Wassertypus (Natrium-Bicarbonat-Chlorid) weicht von den übrigen Wässern ab und zeigt das Erscheinungsbild von Tiefengrundwässern tieferer Zirkulationssysteme des Steirischen Beckens.

Analysendaten der Bohrung Tatzmannsdorf Thermal 1 vom 12. Juli 1989 (Institut für Geothermie und Hydrogeologie, Joanneum Research, Graz):

Aussehen: klar
Geruch: nach H_2S

pH-Wert 7,70
El. Leitfähigkeit (bei 20 °C) 3,2 mS/cm
Eh-Wert –214 mV
Radon-222 70 pCi/l = 2,6 kBq/m^3
(Institut für Radiumforschung und Kernphysik der Universität Wien)

		Massen-konzen-tration mg/l	Ionenäqui-valentkon-zentration mmol/l	Äquiva-lent-anteil %
KATIONEN				
Lithium	Li^+	0,31	0,04	0,12
Natrium	Na^+	760	33,14	91,02
Kalium	K^+	9,75	0,25	0,68
Magnesium	Mg^{2+}	28,50	2,34	6,44
Calcium	Ca^{2+}	12,34	0,62	1,69
Strontium	Sr^{2+}	0,79	0,01	0,02
Mangan II	Mn^{2+}	0,04	0,00	0,00
Eisen II	Fe^{2+}	0,20	0,01	0,02
Summe:		811,93	36,41	99,99

ANIONEN				
Fluorid	F^-	1,01	0,05	0,15
Chlorid	Cl^-	373	10,52	28,90
Bromid	Br^-	1,27	0,02	0,04
Sulfat	SO_4^{2-}	182	3,79	10,41
Nitrat	NO_3^-	1	0,02	0,04
Hydrogencarbonat	HCO_3^-	1.343	22,01	60,44
Hydrogensulfid	HS^-	0,20	0,01	0,02
Summe:		1.901,48	36,42	100,00
Summe Elektrolyte:		2.713,41		
Schwache Elektrolyte:				
Kieselsäure, meta	H_2SiO_3	84,50		
Borsäure, ortho	H_3BO_3	3,84		
Summe:		2.801,75		
Gasanalyse (Vol.%):				
Stickstoff		94,1		
Methan		4,0		
Sauerstoff		1,9 (probennahmebedingt)		

Im Zuge der Herausgabe des Buches wurde eine Analyse von *Spurenelementen* an Wässern von Bad Tatzmannsdorf durchgeführt (Tab. 11.3./2).

Die hohen Bor- und Strontiumwerte unterstreichen die Zumischung tieferer Komponenten. Wie die Darstellung in Fig. 11.1./4 zeigt, ist der Einfluß der postvulkanischen Fazies in den Wässern von Bad Tatzmannsdorf am deutlichsten ausgeprägt.Der Rückgang der Borkonzentration in der Marienquelle (B1) ist auf die Brunnenalterung zurückzuführen.

11.3.3.2. Piringsdorf (J.E. GOLDBRUNNER)

Eindrucksvoll ist die Bohrung von Piringsdorf ca. 22 km nordöstlich von Bad Tatzmannsdorf. Das artesisch überlaufende Wasser ist in einem Pavillon gefaßt. Das Wasser muß ständig entgast werden, bevor es in eine Leitung außerhalb des Pavillons fließt, wo es an Hähnen der Bevölkerung zur freien Entnahme zugänglich ist.

Genetisch gesehen hängt das Piringsdorfer Mineralsäuerlingvorkommen, welches aufgrund verschiedener Merkmale als absolute Besonderheit anzusehen ist, mit der bereits in Kap. 11.3.3.1. beschriebenen, ungefähr NW-SE-streichenden, tiefreichenden Störung im Gebirgsbau zusammen. An diese Störung sind auch die pliozänen bis ? dazischen Alkaliolivinbasalte von Oberpullendorf und Stoob gebunden. Man kann mit Recht auch den Piringsdorfer Mineralsäuerling als postvulkanische Erscheinung deuten.

Im Bereich von Piringsdorf-Unterrabnitz tauchen unter der Bedeckung der klastischen, pliozänen bis ? dazischen Rabnitz-Formation Gesteine des Unterostalpins auf, und zwar werden hier Schiefer und Graphitquarzite der Wechsel-Einheit von der ebenfalls unterostalpinen Grobgneiseinheit, bestehend aus den sogenannten „Hüllschiefern“ (Glimmerschiefer mit Lagen von Gneis und Amphibolit) überlagert.

Mineralsäuerlinge treten im Raum Piringsdorf direkt in Form von Quellen (Sulz) bzw. als Zumischungen zum seichtliegenden Grundwasser auf. W. KOLLMANN (in: P. HERRMANN & A. PAHR, 1988) erwähnt ein Vorkommen von gesäuertem, seichtliegendem Grundwasser, das bei Brückenfundamentierungsarbeiten an der östlichen Ortseinfahrt von Piringsdorf aufgeschlossen wurde.

Im Jahre 1964 wurde die **Bohrung Piringsdorf 1** im Trocken-Schlagbohrverfahren mit nachgeführter Verrohrung niedergebracht. Der Aufschluß erreichte bei einer Teufe von 78,80 m das prätertiäre Grundgebirge in Form von verwitterten und tektonisch aufgelockerten Graphitquarziten.

F. TAUBER (1980) unterscheidet drei Mineralwasserstockwerke, welche durch ± dichte Lagen hydraulisch voneinander getrennt sind (siehe Fig. 11.3./5).

Das erste Stockwerk mit Natrium-Calcium-Bicarbonat(Eisen)-Säuerlingen gliedert in sich drei Horizonte, wobei der erste und zweite Horizont bereits in 2,90 m, unter einer quartären Lehmbedeckung auf-

Tab. 11.3./2: Spurenelemente (in µg/l) in Wässern von Bad Tatzmannsdorf (Analyse: Arbeitskreis für Spurenanalyse, Prof. Dr. G. KNAPP, Graz).

Lokation	Al	Ba	B	Cd	Sr	Se	Zn	J	F
Tatzmannsdorf Thermal 1	17	50	1.000	< 0,1	740	< 5	< 20		1.010
Wetsch-Quelle	22	78	2.300	< 0,2	1.320	< 5	50	< 40	500
Marienquelle (B1)	43	65	7.500	< 0,2	2.400	< 5	80	110	1.450
B4 (Martinsquelle)	23	50	1.450	< 0,2	3.450	< 5	20	170	40
B4 (Süßwasser)	13	55	380	< 0,2	1.900	< 5	25	60	50
B5 A	22	80	520	< 0,2	1.800	< 5	40	40	60
Therme 72 (B3)	21	1.470	360	< 0,2	1.200	< 5	100	< 40	830
Franzquelle (B2)	17	830	900	< 0,2	1.500	< 5	40	< 40	450

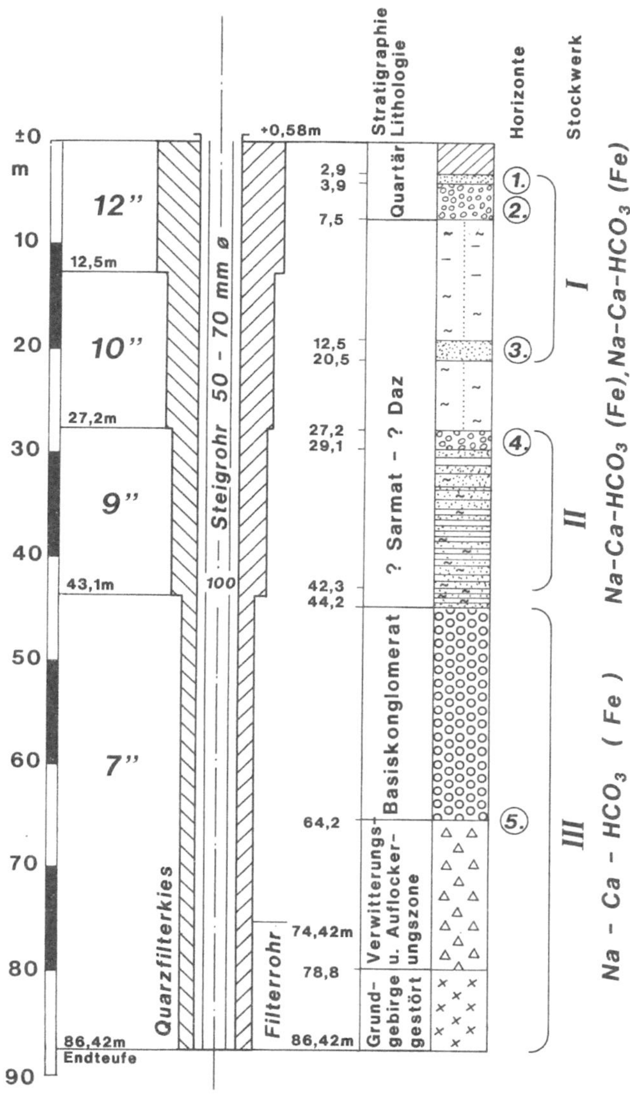

Fig. 11.3./5: Bohrung Piringsdorf 1 – Ausbau, Stratigraphie und Mineralwasserstockwerke. Gezeichnet nach den Angaben in A. Tauber (1980).

treten. Die Summe der gelösten Stoffe erreicht im dritten Horizont (Sand zwischen 18,60 m und 20,50 m) > 5.500 mg/l mit einem Gehalt an freiem CO_2 von > 2.600 mg/l. Das zweite Stockwerk, das vom ersten Stockwerk durch einen 6,7 m mächtigen Tonmergelhorizont getrennt ist, ist durch einen Calcium-Natrium-Hydrogencarbonat-(Eisen)-Säuerling mit > 5.800 mg/l Gesamtmineralisierung gekennzeichnet.

Das dritte Stockwerk, welches auch den liegenden Horizont im unterostalpinen Grundgebirge umfaßt, weist die höchste Mineralisierung (> 7,8 g/l) und Natrium-Calcium-Hydrogencarbonat-(Eisen)-Wassertypen auf. Der Borgehalt dieses Horizontes (ausgedrückt als Orthoborsäure H_3BO_3) lag in diesem Horizont bei der Aufschließung bei 94 mg/l.

Nach Test der verschiedenen Horizonte wurde die Strecke zwischen 74,42 und 86,42 m (= 12 m) im Bereich des dritten Mineralwasserstockwerkes mit Schlitzfilterrohren ausgebaut und der Ringraum mit Quarzfilterkies versehen. Über dem Filterkies wurden Dichtungsmittel und Zement, beschwert mit Eisenschrott gegen die hohen Gasdrücke eingeschaltet. Der Durchmesser der Voll- und Schlitzrohre beträgt 100 mm. Geologisch gesehen erfolgte diese Verfilterung im Bereich des Basiskonglomerates und des unterostalpinen Grundgebirges.

Nach A.J. Stehlik betrug nach der Komplettierung die frei (durch Gaslift) überlaufende Wassermenge 7 l/s (25,2 m³/h), die Gasspende (vor allem CO_2) betrug ein Mehrfaches des Wasser-Volumenstroms.

Aufgrund der Ablagerungen eisenreicher Sinter in der Entnahmeleitung kam es im Jahre 1969 zu einem unkontrollierten Gas- und Wasserausbruch. Dieser Ausbruch erfolgte über den Ringraum zwischen Verrohrung und dem Gebirge, welcher durch die eingebrachten Dichtungsmittel nicht genügend abgesichert war. Eine Folge der teilweisen Zerstörung der Dichtungsschichte ist die Tatsache, daß über die Filterstrecke der Bohrung auch der Lagerstätteninhalt höherer Horizonte mitproduziert. Die Veränderung des Chemismus wird aus dem Vergleich von Analysen (Angabe in mg/l) vor und nach dem Ausbruchsereignis deutlich:

Entnahmedatum:	12. 12. 1967 u. 20. 5. 1969	11. 7. 1980
Analytiker:	G. Machata	A.J. Stehlik
Summe gelöster Stoffe	7.258	2.844
Natrium	942	561
Calcium	721	319
Chlorid	562	200
Hydrogencarbonat	4.635	2.483
Orthoborsäure	94	43

Im Jahre 1978 wurde aus Sicherheitsgründen ein im Abschnitt der Filterstrecke perforiertes Chrom-Nickel-Stahl-Steigrohr Nennweite 50–70 mm eingebaut.

Die **Bohrung Piringsdorf 2** wurde 70 m südlich der Piringsdorf 1 im Jahre 1975/1976 bis auf eine Endteufe von 100 m niedergebracht. Sie erreichte bei ca. 63 m, somit ca. 15 m höher als bei Piringsdorf 1, das prätertiäre Grundgebirge und hat dieses 37 m bis zu ihrer Endteufe von 100 m aufgeschlossen.

Das hangende Lockergesteinsprofil entspricht in etwa dem der Piringsdorf 1, teilweise jedoch mit anderen Mächtigkeitsverhältnissen.

Aus der Strecke 0–84 m wurde eine Fördermenge von 10 l/s mit einer Absenkung von ca. 16 m erzielt, aus der Strecke 0–100 m wurden 4 l/s bei einer Absenkung von 7 m u.G. produziert. Einzelbeprobungen wurden während der Abteufungsarbeiten im Gegensatz zu Piringsdorf 1 nicht durchgeführt. Die Verfilterung (Durchmesser 80 mm) erfolgte im Bereich zwischen 64 und 100 m. Somit ist die gesamte Strecke des klüftigen unterostalpinen Grundgebirges verfiltert. Bedauerlicherweise wurden für den Ausbau Kunststoffrohre verwendet, die dem Gebirgsdruck nicht standhielten. Außerdem ist die gewählte Verrohrung von 80 mm für den Einbau von Unterwasserpumpen ungeeignet. Mittels Oberwasserpumpe konnte eine Förderung in der Größenordnung von 0,5 l/s erzielt werden.

Von besonderem Interesse ist die Gegenüberstellung der chemischen Analysen der Sonden Piringsdorf 1 und 2 (siehe unten). Piringsdorf 1 ist zwischen 74,4 und 86,4 m im Bereich der kristallinen Verwitterungszone und des gestörten Grundgebirges verfiltert, jedoch produzieren nach den diversen Gasausbrüchen auch hangende Schichten mit; Piringsdorf 2 ist nur im kristallinen Grundgebirge verfiltert. Trotz des Rückganges der Mineralisierung der Piringsdorf 1 weist diese bei allen Parametern außer beim freien CO_2 deutlich höhere Werte auf, dies gilt auch für die Borsäure.

Grundsätzlich hat man sich die Genese der Piringsdorfer Mineralwässer wie folgt vorzustellen: die tiefreichende Störung, die den Talabschnitt der Rabnitz von Piringsdorf bis Dörfl vorprägt, bringt aus dem Bereich der Tieferen Kruste bzw. des Höheren Mantels postvulkanische Produkte, von denen die augenfälligsten das Kohlendioxid, aber auch die Borsäure (anfänglich 94 mg/l = 16.430 µg/l Bor) und das Chlorid sind (ursprünglicher Gehalt an Chlorid bei Piringsdorf 1: 562 mg/l). Dies weist auf eine eindeutige vulkanische Genese des Wassers hin.

Es wurde bereits erwähnt, daß der fraglich dazische Basalt von Oberpullendorf im Bereich desselben Störungssystems aufgedrungen ist. Die aus tieferen Horizonten aufsteigenden Wässer und Gase mischen sich im Bereich von Piringsdorf in unterschiedlicher Art und Weise und in unterschiedlichen Mischungsverhältnissen mit Grundwässern, die lokale Einzugsgebiete haben. Eine im Jahre 1980 von der BVFA Arsenal durchgeführte Tritiumanalyse ergab einen Wert von 27,6 ± 1,4 TU, d.h., das hier auftretende Wasser weist Komponenten auf, die eine Verweildauer von weniger als 40 Jahren aufweisen. Dies bestätigte auch die im Jahre 1988 durchgeführte Analyse der stabilen Isotope Deuterium und Sauerstoff-18, die ebenfalls Werte ergab, die sich von jungen seichtliegenden Grundwässern des Gebietes nicht signifikant unterscheiden.

Vergleich der Mineralisierung der Sonden Piringsdorf 1 und 2 aus dem Jahre 1980 (Analyse: A. J. STEHLIK); Werte in mg/l:

		Piringsdorf 1	Piringsdorf 2
		Massen-konzen-tration mg/l	Massen konzen-tration mg/l
KATIONEN			
Natrium	Na^+	561,3	348,1
Kalium	K^+	23,68	15,5
Ammonium	NH_4^+	1,36	0,92
Magnesium	Mg^{2+}	66,9	45,5
Calcium	Ca^{2+}	319,4	220,4
Mangan II	Mn^{2+}	0,49	0,26
Eisen II	Fe^{2+}	7,95	6,2
Blei	Pb^{2+}	0,00237	0,00254
Cadmium	Cd^{2+}	0,00021	0,00039
Summe:		981,08258	636,88293
ANIONEN			
Fluorid	F^-	0,72	0,57
Chlorid	Cl^-	206,1	110,7
Bromid	Br^-	0,811	0,39
Jodid	J^-	0,023	0,058
Sulfat	SO_4^{2-}	14,7	24,6
Nitrit	NO_2^{2-}	< 0,005	0,005
Nitrat	NO_3^-	0,10	0,10
Hydrogenphosphat	HPO_4^-	0,049	0,042
Hydrogencarbonat	HCO_3^-	2.843	1.635,3
Hydrogenarsenat	$HAsO_4^{2-}$	< 0,004	0,0002
Summe:		3.065,512	1.771,7652
Summe Elektrolyte:		4.046,59458	2.408,64813
Schwache Elektrolyte:			
Kieselsäure, meta	H_2SiO_3	113,4	93,4
Borsäure, ortho	H_3BO_3	43,0	30,7
Summe:		4.202,99458	2.532,74813
Gasförmige Bestandteile:			
Freies Kohlendioxid	CO_2	2.070	2.200
Summe:		6.272,99458	4.732,74813

Die *Spurenelemente* (in µg/l) von Piringsdorf 1 und 2 (Messung durch den Arbeitskreis für Spurenanalyse, Univ.-Prof. Dr. G. KNAPP, 1990):

	Mn	Pb	F	Br	J	B
P 1	490	2,37	720	811	23	7.515
P 2	260	2,54	570	390	58	5.268

11.3.3.3. Kobersdorf (J. ZÖTL)

Obwohl im Pauliberg bei Kobersdorf nochmals ein letzter Vulkanschlot das Tertiär durchschlägt, laufen nunmehr die Einwirkungen der postvulkanischen Elemente auf die Tiefengrundwässer gegen den Nordostrand des Steirischen Beckens und der Landseer Bucht aus. Die „Waldquelle" (Versand-Mineralwasser), zwei Bohrungen am Ortsrand von Kobersdorf, hat immerhin noch einen natürlichen Gehalt an freiem CO_2 von 2.072 mg/l und den Charakter eines Mineralwassers (A.J. STEHLIK).

Die chemische Analyse der Waldquelle ergab:

		Massen-konzen-tration mg/l	Ionenäqui-valentkon-zentration mmol/l	Äquiva-lent-anteil %
KATIONEN				
Natrium	Na^+	202,1	8,79	27,21
Kalium	K^+	16,06	0,41	1,27
Magnesium	Mg^{2+}	57,9	4,76	14,73
Calcium	Ca^{2+}	366,9	18,31	56,67
Mangan II	Mn^{2+}	0,99	0,04	0,12
Summe:		643,95	32,31	100,00
ANIONEN				
Fluorid	F^-	0,31	0,02	0,06
Chlorid	Cl^-	12,4	0,35	1,08
Sulfat	SO_4^{2-}	53,30	1,11	3,44
Nitrat	NO_3^-	0,36	0,01	0,03
Hydrogencarbonat	HCO_3^-	1.878,1	30,78	95,38
Summe:		1.944,47	32,27	99,99
Summe Elektrolyte:		2.588,42		
Gasförmige Bestandteile:				
Freies Kohlendioxid	CO_2	2.072		
Summe:		4.660,42		

Wassertypus: Calcium-Natrium-Hydrogencarbonat-Mineralsäuerling.

Dasselbe gilt für die „Gemeindequelle" mit 2.252 mg/l gelösten Stoffen und 1.989 mg/l an freiem CO_2.

An *Spurenelementen* (in µg/l) wurden in der Waldquelle vom Arbeitskreis für Spurenanalyse, Univ.-Prof. Dr. G. KNAPP, Graz, gemessen:

Al	Ba	B	Sr	Zn	F	J
22	800	190	**2.600**	28	140	< 40

Als Vergleichswert wurde für die „Gemeindequelle" 1.320 µg/l Strontium gemessen.

Damit sind zwar im Kobersdorfer Mineralwasser noch ausreichende Mengen von freiem CO_2 für die Bezeichnung als Säuerling und Strontium als wichtiges Tiefenelement vorhanden, der Gehalt an Bor aber nicht mehr in vergleichsweiser Größe gegeben.

11.3.3.4. Die Bohrung Lutzmannsburg Thermal 1 (J.E. GOLDBRUNNER)

Der Raum Lutzmannsburg liegt im Übergangsbereich der Landseer Bucht zum eigentlichen Pannonischen Becken südlich einer markanten Hochzone des kristallinen Beckenuntergrundes, welche allgemein als Fortsetzung der Südburgenländischen Schwelle angesehen wird. Die genaue Festlegung der Bohrung erfolgte aufgrund reflexionsseismischer Untersuchungen, welche eine Tiefenlage des prätertiären Grundgebirges bei ca. 900 m erwarten ließen. Die auf ungarischem Gebiet im Jahre 1989 durchgeführte Tiefbohrung Zsira 1 hatte bei einer Teufe von 747 m eine grobklastische, gut durchlässige Entwicklung des Karpats erbohrt und war bis zu ihrer Endteufe von 800 m darinnen verblieben. Weitere produktive Horizonte waren in der zwischen 695 und 702 m vorliegenden Kiesfazies des Unterpannon gefunden worden. Aus Intervallen des Unterpannon und des Karpat förderte die Bohrung mit Unterwasserpumpe maximal 5,7 l/s eines Natrium-Calcium-Hydrogencarbonat-Wassers mit einer Summe gelöster Stoffe von 1,3 g/l. Die Entfernung der Bohrung von der Lutzmannsburg Thermal 1 beträgt ca. 3 km.

Die im Jahre 1990 durchgeführte Bohrung Lutzmannsburg Thermal 1 hat nach Durchörterung der überwiegend feinklastischen oberpannonen Schichtfolge den Top der kiesigen Entwicklung des Unterpannons in einer Teufe von 458 m, somit über 230 m höher als in Zsira aufgeschlossen. Dies hängt mit der beckenrandnäheren Position der Bohrung Lutzmannsburg zusammen. Die aus gut gerundeten Fein- und Mittelkiesen (überwiegend Quarze) bestehende Folge erreicht in Lutzmannsburg eine Mächtigkeit von ca. 13 m und liegt dirkt über der grobklastischen Entwicklung des Karpat, die in Form von Mittel bis Grobkiesen in einer tonigen Matrix vorliegen. Das Karpat transgrediert unter Einschaltung eines ca. 6 m mächtigen (? ottnangischen) Verwitterungshorizontes über dem kristallinen Grundgebirge, das in Lutzmannsburg durch Grünschiefer des Penninikums gebildet wird und bei einer Teufe von 943,6 m erbohrt wurde. Nach Log-Auswertung beträgt die Nettomächtigkeit der aufgeschlossenen Kiesentwicklungen (Unterpannon + Karpat) 207,6 m oder 43% der Bruttomächtigkeit.

Aus den zeitlich hintereinander durchgeführten Messungen der Maximaltemperatur auf Sohle läßt sich mit Hilfe der Auswertung mit dem Horner-Plot eine ungestörte Temperatur von 43,7 °C bei Endteufe der

Bohrung bei 951 m extrapolieren. Daraus resultiert eine geothermische Tiefenstufe von ca. 28 m/°C, die mit den Temperaturdaten der Bohrung Tatzmannsdorf Thermal 1 – einer Bohrung mit ähnlicher Position zum Penninikum – übereinstimmt.

Aufgrund der Auswertung der geophysikalischen Bohrlochmessungen wurden sechs Filterrohrstrecken zwischen 458 m und 904 m mit einer Gesamtlänge von 87 m gesetzt. Bei einem über 50 Tage dauernden Pumpversuch wurde bei einer Produktionsrate von 15 l/s eine stationäre Absenkung von ca. 80 m gefahren. Der Ruhewasserspiegel liegt bei ca. 9 m unter Gelände. Diese leicht unterhydrostatischen Bedingungen treten auch in der Sonde Zsira auf. Die hydraulische Auswertung der an den Pumpversuch anschließenden Aufspiegelungstest ergab k_f-Werte zwischen $6{,}3 \times 10^{-6}$ m/s (sondennaher Abschnitt) und $2{,}3 \times 10^{-5}$ m/s für den sondenfernen und somit für den Zustrom von Wässern maßgebenden Bereich. Es wurden keine Hinweise auf Druck- und Durchlässigkeitsbarrieren des erschlossenen Aquifers gefunden.

Die Analyse zeigt die Werte von einer bei der Pumpstufe 15 l/s entnommenen Wasserprobe. Das geförderte Thermalwasser, dessen Temperatur am Sondenkopf 33 °C beträgt, kann als Calcium-Natrium-Hydrogencarbonat-Wassertypus mit einer Gesamtmineralisierung von 1,1 g/l charakterisiert werden. Der Gehalt an freier Kohlensäure beträgt 630 mg/l und verursacht die saure Reaktion des Wassers. Bemerkenswert ist der geringe Chloridgehalt, der größenordnungsmäßig auch mit jenem der Sonde Zsira 1 übereinstimmt. Nach der chemischen Charakteristik und den Ergebnissen der stabilen Isotope Deuterium und Sauerstoff-18 ist das Thermalwasser von Lutzmannsburg rein meteorischen Ursprungs.

Probennahme 27. Juli 1990
Temperatur 31 °C

		Massenkonzentration mg/l	Ionenäquivalentkonzentration mmol/l	Äquivalentanteil %
KATIONEN				
Lithium	Li^+	0,15	0,02	0,15
Natrium	Na^+	118,00	5,13	38,51
Kalium	K^+	11,68	0,30	2,25
Ammonium	NH_4^+	0,64	0,04	0,30
Magnesium	Mg^{2+}	29,80	2,45	18,39
Calcium	Ca^{2+}	107,80	5,37	40,32
Mangan	Mn^{2+}	0,19	0,01	0,08
Eisen ges.	Fe	0,12	–	–
Summe:		268,38	13,32	100,00
ANIONEN				
Fluorid	F^-	0,19	0,01	0,08
Chlorid	Cl^-	25,98	0,73	5,48
Bromid	Br^-	0,12	–	–
Sulfat	SO_4^{2-}	0,83	0,02	0,15
Nitrat	NO_3^-	< 0,1	–	–
Hydrogencarbonat	HCO_3^-	763,97	12,52	94,06
Hydrogensulfid	HS^-	0,69	0,02	0,15
Phosphat	PO_4^{3-}	0,38	0,01	0,08
Summe:		792,26	13,31	100,00
Summe Elektrolyte:		1.060,64		
			Neutralteilchenkonzentration mmol/l	
Schwache Elektrolyte:				
Kieselsäure, meta	H_2SiO_3	80,6	1,03	
Summe gelöste Stoffe:		1.141,24		
Gasförmige Bestandteile:				
Freies Kohlendioxid	CO_2	630		
Summe:		1.771,24		

Wassertypus: Calcium-Natrium-Hydrogencarbonat-Mineral-Thermalsäuerling.

11.3.3.5. Deutschkreutz (J.E. GOLDBRUNNER)

An der Nordflanke der als „Senke von Deutschkreutz" (A. KRÖLL et al., 1988) bezeichneten Untergrundstruktur liegt nahe einer SE-NW-streichenden Verwerfung das Mineralsäuerling-Vorkommen von Deutschkreutz in unmittelbarer Nähe der ungarischen Grenze. Ursprünglich flossen Säuerlinge unter starker Abscheidung von Quelltuffen frei aus. Sie wurden später in flachen Schächten und untiefen Bohrungen erschlossen. Der Aquifer liegt in Sanden des Badeniens, welche den Ritzinger Sanden entsprechen. Eine im Jahre 1980 auf dem Gelände des Abfüllbetriebes Juvina bis auf 100 m abgestoßene Bohrung hat bei Endteufe einen Süßwasser-Aquifer mit einer Temperatur von 15,8 °C angetroffen, im Tiefenbereich 58–68 m wurde hingegen ein mineralisierter Säuerling mit überhydrostatischem Druck erschlossen. Ein Temperaturlog zeigte in dieser Tiefe bereits eine Temperatur von 14,9 °C. Die daraus errechnete geothermische Tiefenstufe von 12,5 m/°C, die auch aus den Auslauftemperaturen des nur 17 m tiefen ursprünglichen Brunnen „Juvina" abzuleiten ist, gibt den Hinweis für den Aufstieg von Wässern aus tieferen Beckenbereichen (H.P. LEDITZKY, 1981). Die Verwerfung ist als Aufstiegsweg für das Kohlendioxid anzusehen.

Von dem seichten Brunnen „Juvina" führt W. CARLÉ (1975) folgende Analyse an:

		Massenkonzentration mg/l	Ionenäquivalentkonzentration mmol/l	Äquivalentanteil %
KATIONEN				
Lithium	Li^+	0,65	0,09	0,29
Natrium	Na^+	335,20	14,58	44,99
Kalium	K^+	7,95	0,20	0,63
Ammonium	NH_4^+	0,82	0,04	0,14
Magnesium	Mg^{2+}	70,94	5,83	17,99
Calcium	Ca^{2+}	229,42	11,45	35,33
Strontium	Sr^{2+}	1,85	0,04	0,13
Mangan	Mn^{2+}	0,27	–	–
Eisen	Fe^{2+}	4,51	0,16	0,50
Summe:		651,61	32,39	100,00
ANIONEN				
Fluorid	F^-	0,06		
Chlorid	Cl^-	61,90	1,75	5,38
Bromid	Br^-	0,21		
Jodid	J^-	0,03		
Sulfat	SO_4^{2-}	113,80	2,37	7,31
Nitrit	NO_2^{2-}	0,60	0,01	0,04
Nitrat	NO_3^-	1,20	0,20	0,06
Hydrogenphosphat	HPO_4^-	0,35		
Hydrogencarbonat	HCO_3^-	1.725	28,26	87,21
Summe:		1.903,15	32,41	100,00
Summe Elektrolyte:		2.554,76		
Schwache Elektrolyte:				
Kieselsäure, meta	H_2SiO_3	50,9		
Borsäure, ortho	H_3BO_3	36,1		
Summe:		2.641,76		
Gasförmige Bestandteile:				
Freies Kohlendioxid	CO_2	1.810		
Summe:		4.451,76		

Wassertypus: Natrium-Calcium-Hydrogencarbonat-Säuerling.

Der gegenüber den Salinitätsindikatoren Jodid, Bromid und Chlorid erhöhte Gehalt an Borsäure gibt den Hinweis auf eine Zumischung von Tiefenkomponenten.

W. Carlé, l.c. führt weitere Mineralsäuerlinge in Deutschkreutz an (Werte in mg/l):

		Esterhazy	Graben	Rudolf
KATIONEN				
Natrium	Na^+	288	311	421
Kalium	K^+	14	16	20
Magnesium	Mg^{2+}	112	107	126
Calcium	Ca^{2+}	168	153	159
Summe:		582	587	726
ANIONEN				
Chlorid	Cl^-	47	56	67
Sulfat	SO_4^{2-}	95	91	128
Hydrogencarbonat	HCO_3^-	1.678	1.649	2.002
Summe:		1.820	1.796	2.197
Summe Elektrolyte:		2.402	2.383	2.923
Gasförmige Bestandteile:				
Freies Kohlendioxid	CO_2	1.010	1.761	1.853
Summe:		3.412	4.144	4.776

Auffallend ist, daß es sich bei diesen Wässern im Gegensatz zum Vorkommen „Juvina" um Natrium-Magnesium-Calcium-Hydrogencarbonat-Säuerlinge handelt. Man beachte auch den Unterschied im Kaliumgehalt.

11.4. Krumbacher Mulde (J.E. Goldbrunner)

11.4.1. Das Mineralwasser- und Gasvorkommen von Bad Schönau (Niederösterreich)

Das Mineral- und Gasvorkommen von Bad Schönau liegt im Bereich der WNW-ESE-streichenden Bruchzone Kirchberg am Wechsel–Krumbach. Diese stellt eine mit jungtertiären Sedimenten gefüllte asymmetrische Mulde dar, wobei die generell Richtung SW einfallenden Schichten an der NW-SE-streichenden Hauptstörungszone gegen die prätertiären Festgesteine abstoßen.

Die Füllung der Krumbacher Mulde beginnt mit ottnangischen Rotlehmen und Brekzien, die im wesentlichen als Aufarbeitungsprodukt des Grundgebirges angesehen werden können. Darüber folgen die „Mönichkirchner Blockschotter", die von den sandig-kiesigen, örtlich tonigen „Krumbacher Schichten" bedeckt werden. Grob- und Blockschotter, die als Äquivalente der „Sinnersdorfer Konglomerate" angesehen und in das Karpat gestellt werden, bilden die hangenden Abschnitte. Der Bereich der stärksten Einmuldung wird mit 1.200–1.500 m angenommen.

Gegen SE wird die Krumbacher Mulde vom Randbereich der Landseer Bucht durch den Grundgebirgsrücken bei Lebenbrunn getrennt.

Der prätertiäre Festgesteinsrahmen wird vornehmlich durch kristalline Schiefer der unterostalpinen Grobgneisserie gebildet, westlich von Bad Schönau bilden die im „Fenster von Möltern" auftauchenden penninischen Grünschiefer und Serizitkalkschiefer und eine aus Metaarkosen, Metakonglomeraten und Metapeliten bestehenden Schuppe der Wechseleinheit die Begrenzung.

Das Mineralsäuerling- und Kohlendioxidvorkommen von Schönau wurde durch eine im Jahre 1913/14 niedergebrachte Kohlenaufschlußbohrung in einer Tiefe von 260 m erschlossen. Das Wasser soll bei seiner Erschließung 20 °C aufgewiesen haben.

Die Bohrung erreichte eine Endteufe von 425 m und verblieb bei dieser Teufe noch in der Kiesentwicklung des Ottnang, wahrscheinlich in den Mönichkirchner Blockschottern.

Der mineralwasserführende Horizont liegt nach vorliegenden Profilen im Bereich der „blauen, sandigen Letten“, wahrscheinlich in eingeschalteten Sanden.

Als primäre Quelle für das auftretende Kohlendioxid ist die NW-SE-streichende tiefreichende Randstörung anzusehen, an welcher Kohlendioxid aus größeren Tiefen der Erdkruste aufsteigen kann.

Diese tiefgreifende Verwerfungszone war noch während der Ablagerung der Sinnersdorfer Konglomerate des Karpat aktiv. Als weitere Aufstiegsbahnen sind die NW–SE, also quer zu der Hauptstörung streichenden Lineamente anzusehen.

Es handelt sich hier offensichtlich um den gleichen Mechanismus, der auch die Ursache der Kohlendioxidvorkommen von Piringsdorf und Bad Tatzmannsdorf ist. Auffallend ist jedoch, daß in Bad Schönau im Gegensatz zu den letzgenannten Vorkommen keine erhöhten Borsäuregehalte gefunden werden, wie sie für postvulkanische Erscheinungen typisch sind.

Besonders signifikant ist in Bad Schönau neben den hohen Kohlendioxidmengen der hohe Gehalt an Sulfat (> 1.500 mg/l), der wahrscheinlich auf den Einfluß der (durch die Bohrung nicht aufgeschlossenen) kohleführenden Liegendschichten zurückzuführen ist. Die hohe Sulfatkonzentration und der Calciumgehalt führen dazu, daß das Wasser bei seiner Erschließung mit Gips im Gleichgewicht steht.

Die seit 1953 in Nutzung stehende Kohlebohrung, die später als **Bohrung I** bezeichnet wurde, war nicht verrohrt, so daß mit den Jahren eine Reduktion der Wasserschüttung und der Gaspende eintrat. Im Jahre 1959 wurden bei Aushubarbeiten für einen Speicher neue Wegigkeiten für das Ausströmen von Wässern und Gas geschaffen. Später wurde versucht, durch eine Kalibererweiterung und Verrohrung der Bohrung I bis 35 m eine Verbesserung der Spende zu erreichen. Der freie Überlauf betrug jedoch nur 0,24 l/s (14,5 l/min).

1961 wurde in 10 m Entfernung von der Bohrung I die **Bohrung II** bis zu einer Teufe von 285 m niedergebracht, die Schüttung und Gasspende blieb jedoch weit hinter den Erwartungen (67 l/min Gas). Die Bohrung wurde später liquidiert.

In den Jahren 1968/1969 wurde die **Bohrung III** auf Parzelle 1688/4 der KG Bad Schönau, ca. 88 m nordnordwestlich der Bohrung I niedergebracht. Sie erreichte eine Endteufe von 435 m.

Über die Bohrung liegen nur Bohrmeisterangaben vor. Demnach wurden wasserführende Horizonte in einer Tiefe ab 302 m registriert. Den Angaben kann angenommen werden, daß in erster Linie Kluftporositäten für die Gas- und Wasserführung verantwortlich sind. Die wasserführende Zone liegt in der Bohrung III um mindestens 40 m tiefer als in der Bohrung I, was umso erstaunlicher ist, da III strukturhöher liegt.

Nach Ausbau der Bohrung wurde ein Kopf-Schließdruck von 1,55 atü festgestellt. Bei einer Auslaufhöhe von 0,6 m über Terrain betrug die Schüttung 67,37 l/min (1,12 l/s). Zwischen den einzelnen CO_2-Eruptionen findet ca. 45 Sekunden ruhiges Fließen von vergastem Wasser statt.

Die Gasspende wurde mit Hilfe einer Strömungssonde mit 227 l Gas/min ermittelt, woraus ein Gas-Wasser-Verhältnis von ca. 3,4 : 1 resultiert.

Das Wasser ist gemäß der 1985 ausgeführten Kontrollanalyse (A.J. STEHLIK, 1985) hydrochemisch als **Calcium-Magnesium-Hydrogencarbonat-Sulfat-(Eisen)-Säuerling** mit einem Gesamtlösungsinhalt von 4,9 g/l zu charakterisieren. Der Gehalt an gelöster freier Kohlensäure beträgt 2,65 g/l.

Chemische Analyse der Bohrung III (A.J. STEHLIK, 1985):

		Massenkonzentration mg/l	Ionenäquivalentkonzentration mmol/l	Äquivalentanteil %
KATIONEN				
Natrium	Na^+	124,4	5,4111	8,14
Kalium	K^+	69,0	1,7648	2,65
Ammonium	NH_4^+	0,1	0,0055	0,01
Magnesium	Mg^{2+}	179,1	14,74	22,17
Calcium	Ca^{2+} *	885,8	44,20	66,46
Eisen (II)	Fe^{2+}	10,1	0,3617	0,54
Mangan	Mn^{2+}	0,60	0,0218	0,03
Summe:		1.269,1	66,5049	100,00
ANIONEN:				
Chlorid	Cl^- **	58,2	1,6416	2,47
Sulfat	SO_4^{2-}	1.529,1	31,8363	47,85
Nitrat	NO_3^-	0,32	0,00516	0,01
Nitrit	NO_2^-	0,004	0,000087	0,00
Hydrogencarbonat	HCO_3^-	2.016,6	33,05	49,67
Hydrogenphosphat	HPO_4^{2-}	0,12	0,00250	0,00
Summe:		3.604,3	66,53565	100,00
Summe Elektrolyte:		4.873,4		

			Neutralteilchenkonzentration mmol/l
Schwache Elektrolyte:			
Kieselsäure, meta	H_2SiO_3	19,3	0,2471
Borsäure, ortho	H_3BO_3	3,35	0,05418
Summe:		4.896,1	0,3013

Gasförmige Bestandteile:	
Freies Kohlendioxid CO_2	2.650
Summe:	7.546,1

Kaliumpermanganatverbrauch nach Kubel (Oxidierbarkeit) des Wassers nach dem Ausfallen des gelösten Eisen 1,1 mg $KMnO_4$/l

* Einschließlich $Sr^{2+} + Ba^{2+}$, mitbestimmt bei der Äquivalentkonzentration

** Einschließlich $F^- + Br^- + J^-$, mitbestimmt bei der Äquivalentkonzentration

Analyse des aufsteigenden Gases (Vol.%):

Kohlendioxid	CO_2	96,56
Stickstoff	N_2	3,35
Argon	Ar	0,06
Helium	He	0,03
Methan	CH_4	0,0020
Ethan	C_2H_6	0,0010
Propan	C_3H_8	
und höhere KWe		0,0016
		100,00

Derzeit steht in Bad Schönau die Nutzung des CO_2-Gases für Trockengasbäder und Wannenbäder im Vordergrund. Die Zahl der Einzelbehandlungen liegt pro Jahr bei über 100.000.

11.5. Zusammenfassung (J.E. GOLDBRUNNER)

Die postvulkanische Fazies des jungtertiären Vulkanismus begründet die Sonderstellung der Heilwasserprovinz des Steirischen Beckens und der Landseer Bucht. Maßgeblich hiefür ist das aus dem im Randbereich des Pannonischen Beckens hochliegenden Ermantel aufsteigende Kohlendioxid. Für die Ausbildung der einzelnen Wassertypen ist die Tiefe der Vermischung und das Gas-Wasser-Volumsverhältnis von entscheidender Bedeutung. Dies erklärt die hydrochemische Vielfalt. Stellt das Kohlendioxid eine juvenile Komponente dar, so ist die Wasserphase nach den Isotopenuntersuchungen rein meteorischer Herkunft.

Neben dem Kohlendioxid prägt auch das Auftreten spezifischer Spurenelemente wie Bor, Barium und Lithium das hydrochemische Erscheinungsbild.

Literatur

BALOGH, K., H. LOBITZER, C. RAVASZ & G. SOLTI (1989): K-Ar-bestimmtes Alter der tertiären Vulkanite von Oststeiermark und Burgenland. – Unveröff. Bericht, 31 S., Wien.

BELOCKY, R., R.F. SACHSENHOFER & W. POHL (1991): Neue Argumente für eine miozäne epithermale Genese der Antimonerzlagerstätte Schlaining (Burgenland/Österreich): Flüssigkeitseinschlußuntersuchungen und das Inkohlungsbild der benachbarten Tertiärbecken. – Berg- u. Hüttenmänn. Monatshefte, **136**, 209–213, Wien.

BERGMANN, H. & H. ZOJER (1982): Geothermie Waltersdorf. Endbericht. – Unveröff. Bericht, 14 S., Beil., Graz.

BOCK, H. (1913): Charakter des mittelsteirischen Karstes. – Mitt. f. Höhlenkunde, **6**, **4**, Graz.

CARLÉ, W. (1975): Die Mineral- und Thermalwässer von Mitteleuropa. – 643 S., 14 Abb., 1.402 Tab., 2 Ktn., Stuttgart (Wiss. Verl. Ges.m.b.H.).

CERMAK, R. (1979): Heat Flow Map of Europe. – In: V. CERMAK & L. RYBACH (Hrsg.): Terrestrial Heat Flow in Europe. – 3–40, Berlin (Springer Verlag).

CLAR, C. (1880): Notiz über das Eruptivgebiet von Gleichenberg. – Verh. geol. Reichsanst., Wien.

CLAR, C. (1881): Boden, Wasser und Luft von Gleichenberg in Steiermark. Eine balneologische Skizze. – Graz.

CLAR, C. (1895): Der Verlauf der Gleichenberger Hauptquellenspalte. – Mitt. naturwiss. Ver. Steiermark, Graz.

CLAR, C. (1896): Gleichenberger Wasserfragen. – Mitt. naturwiss. Ver. Steiermark, Graz.

CONRAD, V., K. DIEM, J. KNETT, H.H. MEYER & S. STOCKMAYER (1928): Österreichisches Bäderbuch. Offizielles Handbuch der Mineralquellen, Kurorte und Kuranstalten Österreichs. – 330 S., 1 Kte., Volksgesundheitsamt im Bundesministerium für soziale Verwaltung, Wien.

DAVIS, St.N. & R.J.M. DE WIEST (1967): Hydrogeology. – 2. Aufl., 463 S., Abb., Tab., New York–London–Sidney (Wiley).

DÖVENY, P. & F. HORVATH (1988): A review of temperature, thermal conductivity, and heat flow data from the Pannonian Basin. – In: ROYDEN, L.H. & F. HORVATH (Hrsg.): The Pannonian Basin. A Study in Basin Evolution. – AAPG Memoir, **45**, 195–233.

EBNER, F. & R.F. SACHSENHOFER (1991): Die Entwicklungsgeschichte des Steirischen Tertiärbeckens. – Mitt. Abt. Geol. und Paläont. Landesmuseum Joanneum, **49**, 5–96, 29 Abb., 7 Tab., 3 Beil., Graz.

FLÜGEL, H. (1975): Das Neogen der Grazer Bucht. – Mitt. naturwiss. Ver. Steiermark, **105**, 71–77, Graz.

FLÜGEL, H. (1975): Geologie des Grazer Berglandes, 2. Aufl. – Mitt. Abt. Geol. Paläont. Bergbau, Landesmus. Joanneum, SH, Graz.

FLÜGEL, H. (1978): Geologische Kartierung Plabutschtunnel. – Unveröff. Bericht, Graz.

FUCHS, W. (1980): Das Inneralpine Tertiär. – In: OBERHAUSER, R. (Red.): Der geologische Aufbau Österreichs. – Geol. B.-A., Wien–New York (Springer Verlag).

FUKSAS, A.P. (1979): Bad Gleichenberg, Geschichte eines Steirischen Heilbades. – Bad Gleichenberg (Gleichenberger und Johannisbrunnen AG).

GOLDBRUNNER, J.E. (1987): Bericht über die Perforation der Bohrung Fürstenfeld Thermal 1 und den anschließenden Pumpversuch (Wassertest). – Unveröff. Bericht, 22 S. Institut für Geothermie und Hydrogeologie, Forschungsgesellschaft Joanneum Ges.m.b.H., Graz.

GOLDBRUNNER, J.E. (1988): Tiefengrundwässer im Oberösterreichischen Molassebecken und im Steirischen Becken. – Steir. Beitr. z. Hydrogeologie, **39**, 5–94, 34 Fig., 15 Tab., Graz.

HAUSER, A. (1951): Ein Vorkommen von Biotitandesit in Retznei bei Ehrenhausen. – TMPM Tschermaks miner. petrogr. Mitt., **2**, 157–165, Wien.

HERITSCH, F. (1906): Studien über die Tektonik der paläozoischen Ablagerungen des Grazer Beckens. – Mitt. naturwiss. Ver. Steiermark, **42**, Graz.

HERITSCH, H. (1982): Die Latite aus der Tiefbohrung in Bad Gleichenberg, Steiermark. – Mitt. naturwiss. Ver. Steiermark, **112**, 27–47, 10 Abb., 4 Tab., Graz.

HERITSCH, F. & B. GRANIGG (1911): Unveröff. Gutachten, Graz.

HERRMANN, P. & A. PAHR (1988): Erläuterungen zu Blatt 138 Rechnitz. – Geol. B.-A., Wien.

KOLLMANN, K. (1965): Jungtertiär im Steirischen Becken. – Mitt. Geol. Ges. Wien, **57** (1964), 479–632, 2 Abb., 6 Taf., Wien.

KOLLMANN, W. (1988): Geohydrologie. – In: HERRMANN, P. & A. PAHR: Erläuterungen zu Blatt 138 Rechnitz. – 31–33, Geol. B.-A., Wien.

KRAINER, B. (1987): Sedimentation und Shoshonit von Weitendorf, Badenien, Steirisches Becken. – Mitt. Österr. Geol. Ges., **80**, 143–156, 4 Abb., 2 Tab., Wien.

KRÖLL, A., H.W. FLÜGEL, W. SEIBERL, F. WEBER, G. WALACH & D. ZYCH (1988): Erläuterungen zu den Karten über den prätertiären Untergrund des Steirischen Beckens und der Südburgenländischen Schwelle. – 49 S., Geol. B.-A., Wien.

LEDITZKY, H.P. (1981): Geothermiestudie im Mittleren Burgenland, Schwerpunkt Oberpullendorf – Wärmeflußmessungen. – Unveröff. Bericht 23 + 3 S., 9. Fig., 1 Beil., Graz.

LEDITZKY, H.P. (1982): Rosenberg – Hydrogeologische Stellungnahme. – Unveröff. Bericht, 5 S., 1 Fig., Graz.

MARSCH, F. (1991): Die Abteufung der Aufschlußbohrung Gleisdorf Thermal 1. – Unveröff. Bericht, 17 S., Taf., Beil., Wien.

MAURIN, V. (1975): Hydrogeologie u. Verkarstung. – In: FLÜGEL, H. (1975): Geologie des Grazer Berglandes, 2. Aufl. – Mitt. Abt. Geol. Paläont. Bergbau, Landesmus. Joanneum, SH, 223–269, Graz.

MAURIN, V. (1978): Hydrogeologische Stellungnahme zum Plabutschtunnelprojekt. – Intern. Bericht, Karlsruhe.

MAURIN, V. & J. ZÖTL (1973): Hydrogeologie und Verkarstung der Steiermark. Erläuterungen zum Atlas der Steiermark. Kartenblätter 10 und 11.

OHRENBERGER, A.J. (1962): Archäologisches zu den Quellen in Bad Tatzmannsdorf, BH Oberwart. – Burgenl. Heimatblätter, **24**, 176–186, Eisenstadt.

PASCHINGER, H. (1965): Klimabedingte Oberflächenformen am Rande der Grazer Bucht. – Geogr. Ztschr., **53**, Wiesbaden.

PAVUZA, R. (1989): Hydrogeologische Stellungnahme zur Möglichkeit der Lozierung einer Thermalwasserbohrung im Bereich Gleisdorf (Stmk.) aufgrund der Auswertung der seismischen Profile. – In: MARSCH, F.: Die geologischen Möglichkeiten zur Lozierung einer Warmwasserbohrung im Bereiche der Gemeinde Gleisdorf/Stmk. – Unveröff. Bericht, Wien.

RABER, J. (1984): Die Silverquelle in Sulzegg. – Unveröff. Bericht, Inst. für Analytische Chemie, Universität Graz, 22 + 4 S., Graz.

REISSACHER, K. (1867): Der Johannisbrunn bei Gleichenberg. – Jahrb. d. k.k. geol. Reichsanst., **1867**, Wien.

RONNER, F. (1980): Geothermische Energie. – In: OBERHAUSER, R. (Red.): Der geologische Aufbau Österreichs. – 574–579, Geol. B.-A., Wien–New York (Springer Verlag).

RÖGL, F. (1975): Die Stratigraphie der Wasserbohrungen in Puntigam. – Mitt. naturwiss. Ver. Steiermark, **105**, 93–98, Graz.

SACHSENHOFER, R.F. (1990): Eine Inkohlungskarte des Steirischen Tertiärbeckens. – Mitt. naturwiss. Ver. Steiermark, **120**, 251–264, Graz.

SCHMÖLLER, R. (1991): Forschungsschwerpunkt Tiefenseismik. – Berichte über eigenfinanzierte Projekte 1991 der Joanneum Research, 32–35, Graz.

SCHOUPÉ, A. (1952): Hydrologische Studien zur Genese der Heilquellen von Gleichenberg. – Berg- und Hüttenmänn. Monatsh., **97** Jg., H. **10**, 185–192, 1 Abb., Wien.

STEHLIK, A.J. (1983): Chemische Analyse (Vollanalyse) des quellfrischen Wassers der Sulzegger „Styrian Quelle". – Unveröff. Bericht, Bundesstaatl. Anst. f. Experimentell-Pharmakologische und Balneologische Untersuchungen, 9 S., Wien.

TAUBER, A. (1980): Bericht über die Bohrungen Piringsdorf I und Piringsdorf II. – Unveröff. Bericht, Eisenstadt.

THURNER, A. (1957): Unveröffentlichtes Gutachten.

THURNER, A. (1975): Säuerlinge und Thermen. – In: FLÜGEL, H.: Die Geologie des Grazer Berglandes, 2. Aufl. – Mitt. Abt. Geol. Paläont. Bergbau, Landesmus. Joanneum, SH, 270–274, Graz.

TOLLMANN, A. (1985): Geologie von Österreich II. Außerzentralalpiner Anteil. – 710 S., 287 Abb., 26 Tab., Wien (Deuticke).

WEBER, F. (1970): Die refraktionsseismischen Messungen im Raum Straßgang-Puntigam. – Inst. Bericht, Leoben.

WEBER, F. (1978): Bericht über die geophysikalischen Messungen im Raum Pirka-Tobelbad, Leoben.

WEBER, F. & G. WALACH (1981): Bericht über geophysikalische Untersuchungen im Oststeirischen Becken. – Bericht, Forschungsgesellschaft Joanneum.

WINKLER-HERMADEN, A. (1951): Die jungtertiären Ablagerungen an der Ostabdachung der Zentralalpen und das inneralpine Tertiär. – In: SCHAFFER, F.X. (Hrsg.): Geologie von Österreich. – 2. Aufl., 414–524, Wien (Deuticke).

WINKLER-HERMADEN, A. (1957): Geologisches Kräftespiel und Landformung. – Wien (Springer Verlag).

ZOJER, H. (1977): Untersuchung der geothermischen Tiefenstufe mittels Temperaturmessungen bei artesischen Brunnen in der Oststeiermark und im südlichen Burgenland. – Verh. Geol. B-A., **1977/3**, 393–403, Wien.

ZOJER, H. & J. ZÖTL (1981): Studie zur Erschließung und Nutzung geothermaler Energie für Fernheizung und Warmwasserbelieferung der Stadt Fürstenfeld – Enbericht. – Unveröff. Bericht, 54 S., Institut für Geothermie und Hydrogeologie, Forschungsgesellschaft Joanneum Ges.m.b.H., Graz.

ZÖTL, J. (1964): Fossile Großformen im ostalpinen Karst. – Erdkruste, **XVIII**, **2**, Bonn.

12. Vorkommen der Norischen Senke

12.1. Einleitung (J.E. GOLDBRUNNER)

Als Norische Senke werden die einzelnen perlschnurartig aneinandergereihten miozänen Becken der Mur-Mürz Furche und parallel zu dieser tektonischen Linie situierte Sedimentbecken aufgefaßt (vgl. Fig. 12.1./1). War bereits für die Anlage der Becken eine tektonische Vorprägung maßgebend, so wurde der ursprünglich wahrscheinlich zusammenhängende Sedimentraum durch seitliche Einengung und Zerstückelung gestaltet und so die heute vorliegenden Einzelvorkommen geschaffen.

Im allgemeinen werden Sedimentmächtigkeiten von wenigen hundert Metern erreicht. Eine Ausnahme bildet das Fohnsdorfer Becken mit maximalen Mächtigkeiten von 3.000–3.500 m. Der geologische Bau und der Sedimentinhalt der Becken, deren stratigraphischer Umfang vom (?Ottnang) Karpat bis zu Unterbaden reicht, ist aufgrund der früher hier umgehenden Kohleabbaue (vgl. L. WEBER & A. WEISS, 1983) gut bekannt. Der Baustil der Becken ist sehr ähnlich: flach einfallender Nordschenkel und steiler bis überkippter Südschenkel, oftmals durch Brüche zerstückelt. Die großen, die Becken begrenzenden Brüche bieten Aufstiegswege für Wässer und Gase aus größeren Tiefen.

12.2. Die Wässer

12.2.1. Der Thalheimer Schloßbrunnen (H. ZETINIGG)

Am Südhang des Pölshalses, der einen Übergang vom Murtal in das Pölstal bildet, liegt über dem Murtal Schloß Thalheim oder Sauerbrunn. Das Schloß wurde in den Jahren 1547–1522 über den Quellaustritten errichtet, die sich in einem Kellerraum im Nordflügel befinden. Die heute bestehende Fassung wurde in den Jahren 1925 und 1926 durch Vortreiben von sieben Bronzerohren in das bergseitig an das aufgehende Mauerwerk des Schlosses anschließende Festgestein (angeblich Glimmerschiefer und Marmor) hergestellt. Das als Heilwasser anerkannte Sauerwasser wird seit langem in Flaschen abgefüllt und vertrieben.

Nach der Kontrollanalyse von Univ.-Prof. Dr.

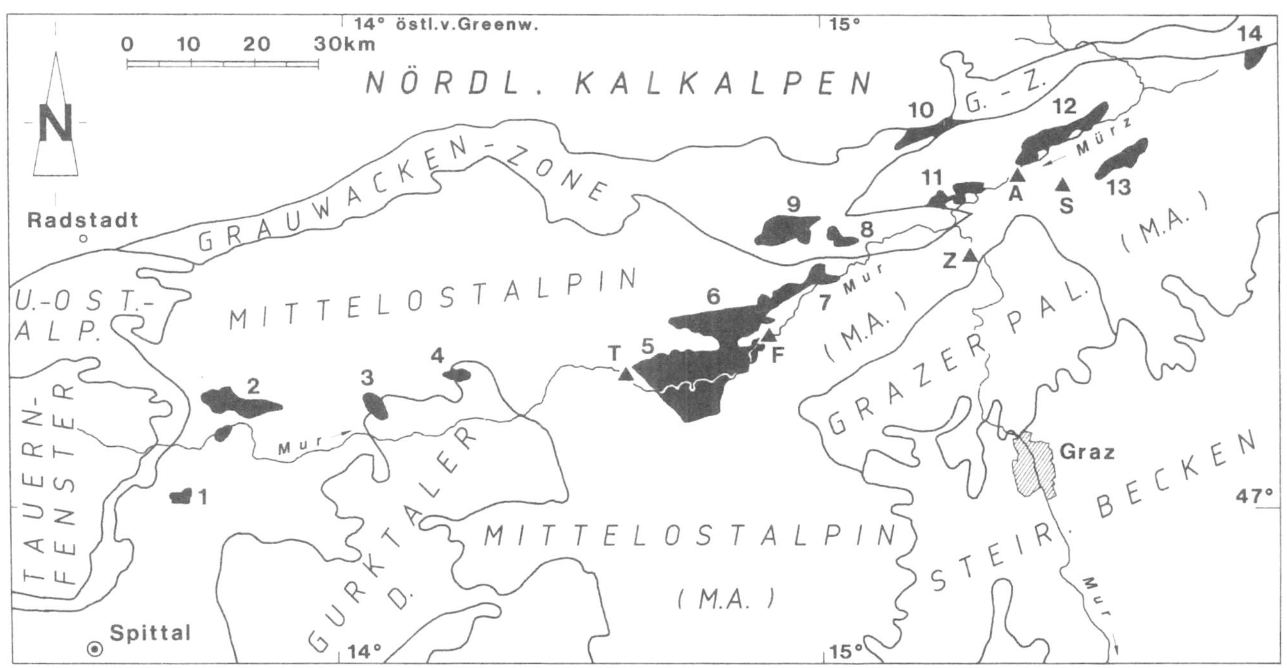

Fig. 12.1./1: Die Miozän-Becken der Norischen Senke und die Vorkommen von Säuerlingen. 1 = Laußnitz, 2 = Tamsweg, 3 = Schöder, 4 = Oberwölz, 5 = Fohnsdorf, 6 = Seckau, 7 = St. Michael, 8 = Leoben, 9 = Trofaiach, 10 = Aflenz, 11 = Kapfenberg-Parschlug, 12 = Wartberg–Krieglach–Mitterdorf, 13 = Waldheimat, 14 = Hart bei Gloggnitz; T = Thalheim, F = Fentsch, Z = Zlatten, S = Stanz, A = Allerheiligen. Geologische Situation nach A. TOLLMANN (1985).

J. RABER vom 15. August 1988 zeigt das Sauerwasser folgende Beschaffenheit:

pH-Wert 6,1
El. Leitfähigkeit 4,05 mS/cm
Temperatur 14,7 °C

		Massenkonzentration mg/l	Ionenäquivalentkonzentration mmol/l	Äquivalentanteil %
KATIONEN				
Natrium	Na^+	349,2	15,19	33,01
Ammonium	NH_4^+	0,00	0,00	0,00
Magnesium	Mg^{2+}	94,1	7,74	16,82
Calcium	Ca^{2+}	461,7	23,04	50,08
Mangan II	Mn^{2+}	0,06	0,00	0,00
Eisen II	Fe^{2+}	1,04	0,04	0,09
Summe:		906,10	46,01	100,00
ANIONEN				
Fluorid	F^-	0,71	0,04	0,09
Chlorid	Cl^-	370,0	10,44	22,69
Sulfat	SO_4^{2-}	614,8	12,80	27,82
Nitrit	NO_2^{2-}	0,008	0,00	0,00
Nitrat	NO_3^-	0,061	0,00	0,00
Hydrogencarbonat	HCO_3^-	1.387,0	22,73	49,40
Summe:		2.372,6	46,01	100,00
Summe Elektrolyte:		3.278,7		
Gasförmige Bestandteile:				
Freies Kohlendioxid	CO_2	1.387		
Sauerstoff	O_2	< 0,1		
Summe:		4.665,8		

Demnach ist dieses Sauerwasser als „Calcium-Natrium-Hydrogencarbonat-Sulfat-Chlorid-Säuerling" hypotonischer Konzentration zu bezeichnen.

Die *Spurenelementanalyse* (Angaben in µg/l) ausgeführt im Juli 1990 beim Arbeitskreis für Spurenanalyse, Univ.-Prof. Dr. G. KNAPP, Graz, ergab:

Al	Ba	B	Sr	Zn	F	J
31	14	1.650	2.400	24	740	< 40

Die B- und Sr-Gehalte können als Heinweis auf einen Einfluß aus der Tiefe gelten. Auch die Temperatur des Quellwassers, die durchwegs mit rund 14 °C angegeben wird, liegt weit über dem Jahresmittel (ca. 7 °C) dieser Gegend und weist darauf hin, daß in größere Tiefe reichende, unterirdische Wasserwege vorhanden sein müssen.

Das Schloß, in dem sich die Quellfassung befindet, liegt in einer breiten Mulde des nach S gegen das Murtal abfallenden Hanges zwischen Ramminger Kogel und Falkenberg. Der Untergrund wird von kristallinen Gesteinen in Form von Granatglimmerschiefern, Kalksilikatschiefern, Marmoren und Amphiboliten aufgebaut, die generell WNW–SSE streichen und gegen NNE einfallen. Gegen den Pölshals versteilt sich die Lagerung dieser Gesteine. Im Bereich der zuvor erwähnten Mulde sowie des Gehänges bis zur Wasserscheide zwischen Mur und Pöls, dem sogenannten Pölshals, wird das kristalline Gestein von eiszeitlichen Lockermassen überlagert, die sich aus Kiesen, Sanden und Schlufftonen zusammensetzen. Der Hangsporn, auf dem Teile des Schlosses stehen, zeigt Kalksinterkrusten, die darauf hinweisen, daß die Quellaustritte im Laufe der Zeit ihre Lage verändert haben. Diese Lageänderung ist wohl auf den Verschluß von Austrittskanälen durch die Sinter zurückzuführen. A. HAUSER (1952) ist der Ansicht, daß die Marmorzüge das Einzugsgebiet der Quellen darstellen, wobei er sich auf eine Gesamtschüttung der Quellen von ca. 0,5 l/s und die Wassertemperatur von 14–15 °C beruft, die ein tieferes Eindringen vadoser Wässer in den Untergrund verlangt. Jedenfalls zeigen die kristallinen Gesteine eine ausgeprägte N-S- und darauf senkrecht stehende E-W-Klüftung, deren erstere Richtung nach A. THURNER (1967) einer N-S-verlaufenden Störungszone, der Pölslinie entspricht. Mylonite weisen darüberhinaus auf intensive tektonische Beanspruchung des Gesteinskomplexes hin. Im Gegensatz zu A. HAUSER, l.c. wird aber von A. THURNER l.c. und G. KOPETZKY (1974) das Einzugsgebiet der vadosen Wässer vor allem im Bereich der Lockergesteine des Pölshalses gesehen, denen eine gute Speicherfähigkeit zuerkannt wird. Erst von dort gelangt das Wasser in den Festgesteinsuntergrund, wobei die steile bis saigere Lagerung desselben das Eindringen fördert.

Neben den gefaßten Quellaustritten im Keller des Schlosses sind auch neben und unter dem Schloß weitere mehr oder weniger mineralisierte Quellaustritte, die zumindest Eisenhydroxydausfällungen zeigen, vorhanden. Nach Messungen des Eigentümers in den Jahren 1972 und 1973 schwankt die Ergiebigkeit der gefaßten Quellen zwischen 150 und 230 m^3/Tag. Die Schwankungen können angeblich mit Niederschlagsereignissen korreliert werden, doch ist diese Feststellung noch keineswegs gesichert. Im Gegensatz zur vadosen Herkunft des Quellwassers wird der Kohlensäuregehalt der Quellwässer mit der Störungszone in Zusammenhang gebracht.

Ein weiterer, nicht gefaßter und näher untersuchter Säuerling liegt im Talboden der Mur, ca. 700 m östlich des Schlosses.

12.2.2. Der Säuerling von Fentsch – St. Lorenz Sauerbrunn (H. ZETINIGG)

Im vorigen Jahrhundert war der Säuerling von Fentsch als Kropf-Quelle sehr bekannt. Beim Bau einer neuen Fassung wurde im Jahre 1873 in ca. 30 m Entfernung eine zweite Quelle aufgefunden, welche die Bezeichnung „St. Lorenz-Quelle" erhielt. Später kam dann noch ein dritte Quelle unter der Bezeichnung „Neuer Brunnen" hinzu.

Das Quellgebiet liegt zu Füßen des flach nach S abfallenden Sulzberges. Dort wo sich die Böschung versteilt, stehen unter verlehmten Kiesen Amphibolite an. Diese sind engständig geschiefert und fallen flach gegen W–SW ein. Infolge Verwitterung sind die Schieferungs- und Kluftflächen mit rostigen Belägen bedeckt. Die westliche Begrenzung des Quellgebietes wird durch die ebene Quartärterrasse, die sich zur Mur hin absenkt, gebildet. Diese Terrasse lagert tertiären Gesteinen des Fohnsdorf-Knittelfelder Beckens (Brekzien und Sandsteinen) auf. Die Matrix der Brekzien besteht aus glimmerreichen Schluffen und Feinsanden.

Das Quellgebiet des Säuerlings liegt am tektonischen Kontakt von Kristallin und Tertiär. Für den Aufstieg der Kohlensäure sind daher Störungen im Sinne von W. CARLÉ (1975) als maßgeblich anzusehen. Als Grundwasserleiter kommen aufgrund der chemischen Beschaffenheit der Wässer marine Schichten des Tertiärs im Liegenden der Brekzien in Frage. Die Kontaktzone zwischen Kristallin und Tertiär ist durch die quartären Lockergesteine (Kies-Terrasse) verdeckt.

Die Terrassensedimente führen auf weite Flächen oberhalb des Grundwasserspiegels CO_2 als porenfüllendes Gas. Der Bevölkerung ist dies bekannt, und bei Aushub- und Bauarbeiten wird diesem Umstand Rechnung getragen.

Zur Charakteristik der Wässer dieser Quellen soll die Übersichtstabelle von W. CARLÉ (1975) unter zusätzlicher Einbeziehung von Lithium wiedergegeben werden (Massenkonzentration in mg/l):

Quelle		Fentscher Quelle	St. Lorenz-Quelle	Neuer Brunnen
KATIONEN				
Lithium	Li^+	0,05	0,03	0,06
Natrium	Na^+	1.348	1.035	1.492
Magnesium	Mg^{2+}	28	58	40
Calcium	Ca^{2+}	208	144	199
Eisen II	Fe^{2+}	13	46	32
Summe:		1.597,05	1.283,03	1.763,06
ANIONEN				
Chlorid	Cl^-	1.627	1.152	1.701
Jodid	J^-	1,4	0,7	1,6
Sulfat	SO_4^{2-}	0	7	0
Hydrogencarbonat	HCO_3^-	1.669	1.583	2.001
Summe:		3.297,4	2.742,7	3.703,6
Summe Elektrolyte:		4.894,45	4.025,73	5.466,66
Gasförmige Bestandteile:				
Freies Kohlendioxid CO_2		1.381	1.592	1.376
Summe:		6.275,45	5.617,73	6.842,66

Demnach sind die Wässer folgendermaßen zu charakterisieren:

- Fentscher Quelle und Neuer Brunnen: Eisen- und jodhältiger Natrium-Chlorid-Hydrogencarbonat-Säuerling;
- St. Lorenz-Quelle: Eisenhältiger, Natrium-Chlorid-Hydrogencarbonat-Mineralsäuerling.

Über die Herkunft der Analysen gibt W. CARLÉ, l.c. keine Auskunft. Der Vergleich mit den Angaben im Österreichischen Bäderbuch 1928 läßt aber erkennen, daß sie aus diesem übernommen wurden. Dort wird als Analytiker R. GODEFFROY (1874) angeführt. Jüngere Analysen zeigen Flaschenetiketten, die jedoch nicht wiedergegeben werden, da weder die Jahreszahl angegeben ist, noch aufscheint, von welcher Quelle die Analyse stammt.

Von W. CARLÉ l.c. werden diese drei Säuerlinge als salinare Säuerlinge bezeichnet, wobei der Jodgehalt als Hinweis auf eine Herkunft aus marinen Sedimenten interpretiert wird. Diesbezüglich wird auf die Randlage zum jungtertiären Fohnsdorfer-Knittelfelder Becken verwiesen. Bezüglich der Kohlensäure werden Tiefenherde an tektonischen Lineamenten als Erklärung genannt.

Nähere Angaben zur Geologie sind in der Literatur nicht vorhanden, außer dem Hinweis, daß in einer Fassung auf der Sohle „Gneis" zutagetritt (K. DIEM, 1914).

12.2.3. Diskussionsbeitrag zur Frage der Möglichkeit des Vorkommens mariner Schichten im Fohnsdorfer Becken

(J.E. GOLDBRUNNER)

Nach den vorliegenden stratigraphischen Untersuchungen ist die Beckenfüllung des Fohnsdorfer Beckens limnisch-fluviatiler Entstehung. Ein einziger Hinweis auf eine zumindest zeitweise wirksame marine Ingression gibt ein fraglicher Fund eines Haifischzahnes im Seegrabener Tertiär (A. WINKLER-HERMADEN, 1951)

Der Gehalt an Natriumchlorid von 2,8 g/l und die Jodidkonzentration von 1,6 mg/l des neuen Brunnen von Fentsch (Analyse nach W. CARLÉ, 1975, zitiert im vorliegenden Beitrag von H. ZETINIGG) sind ohne marine Fazies nicht erklärbar. Da das Auftreten mariner Schichten aufgrund der Erkenntnisse aus der Aufschließungstätigkeit des Fohnsdorfer Kohlebergbaues nur in den liegenden Abschnitten der Beckenfüllung denkbar ist, resultiert daraus bei der großen Einmuldungstiefe des Beckens eine große Versenkungstiefe meteorischer Wässer und ein entsprechend rascher Aufstieg ohne Verdünnung durch süßwasserführende Aquifere.

12.2.4. Die Säuerlinge von Zlatten (H. ZETINIGG, J. ZÖTL)

Im Zlatten-Graben, einem rechten Seitengraben des Murtales nördlich von Kirchdorf, befindet sich ein schon lange bekannter Säuerling. Die Fassung besteht aus einem 2,6 m tiefen, in Trockenmauerwerk ausgeführten Schacht, dessen Baujahr nicht eruiert werden konnte. Nach A. THURNER (1965) erreicht dieser Schacht Amphibolit aus dessen Klüften das Sauerwasser aufsteigt. Dieses Vorkommen wird mit der Trasattel–Eywegglinie in Zusammenhang gebracht, die das Kristallin der Gleinalpe vom Rennfeld-Kristallin trennt.

Dieser Säuerling wurde aufgrund einer Analyse von Univ.-Prof. Dr. F. HÖLZL im Jahre 1961 unter der Bezeichnung „Hildequelle“ als Heilvorkommen anerkannt. Eine kontinuierliche Nutzung ist allerdings bisher nicht erfolgt. In nächster Zeit soll dieses Sauerwasser unter der Bezeichnung „Aktiv-Quelle“ Verwendung als Tafelwasser finden.

Über die Beschaffenheit des Sauerwassers gibt die Analyse des Institutes für Analytische Chemie der Universität Graz vom 6. August 1987 folgende Meßwerte:

pH-Wert 6,25
El. Leitfähigkeit 3,70 mS/cm
Temperatur 10,8 °C

		Massenkonzentration mg/l	Ionenäquivalentkonzentration mmol/l	Äquivalentanteil %
KATIONEN				
Natrium	Na^+	333,6	14,51	46,17
Kalium	K^+	38,6	0,99	3,15
Ammonium	NH_4^+	0,16	0,01	0,03
Magnesium	Mg^{2+}	105,9	8,71	27,71
Calcium	Ca^{2+}	132,1	6,59	20,97
Eisen II	Fe^{2+}	17,3	0,62	1,97
Summe:		627,6	31,43	100,00
ANIONEN				
Fluorid	F^-	0,19	0,01	0,03
Chlorid	Cl^-	19,2	0,54	1,73
Sulfat	SO_4^{2-}	8,7	0,18	0,57
Nitrit	NO_2^{2-}	0,055	0,00	0,00
Nitrat	NO_3^-	3,9	0,06	0,19
Hydrogencarbonat	HCO_3^-	1.867	30,60	97,48
Summe:		1.899,05	31,39	100,00
Summe Elektrolyte:		2.526,65		

Gasförmige Bestandteile:		
Freies Kohlendioxid	CO_2	2.440
Sauerstoff	O_2	< 1
Summe:		4.967,65

Demnach wäre dieses Wasser als „Natrium-Magnesium-Calcium-Eisen-Hydrogencarbonat-Säuerling hypotonischer Konzentration“ zu bezeichnen.

Die obigen Analysenwerte weichen stark von jenen bei W. CARLÉ (1975) ab. Sicherlich falsch ist der Chloridwert, der auch in keiner Weise zu dem angegebenen Natriumwert paßt. Dadurch stimmt auch der angegebene Wassertypus nicht.

Die Entnahme von Wasserproben für die Messung von *Spurenelementen* wurde vom Besitzer der Quelle verweigert.

Aus einer Analyse von F. HÖLZL aus dem Jahre 1955 konnten jedoch ausreichende Daten (in µg/l) entnommen werden:

Sr	Mn	F	Br	J	B	Zn	Co
2.370	250	590	100	60	400	26	3,6

Ni	Cu	Ag	Pb
20	32	12	2,2

Folgende Angaben zur Mineralisierung waren vorhanden:

Summe der gelösten Stoffe:	2.994,68 mg/l
CO_2	2.540,00 mg/l
	5.534,68 mg/l

Wassertypus: „Eisenhältiger Natrium-Magnesium-Hydrogencarbonat-Chlorid-Mineralsäuerling“.

In älteren Verzeichnissen ist bei Zlatten in unmittelbarer Nähe der „Hildequelle“ noch ein zweiter Wasseraustritt, die sogenannte „Lindenquelle“, als „Natrium-Hydrogencarbonat-Eisensäuerling“ mit einem Gesamtgehalt an festen Stoffen von 4.981 mg/l, darunter 12,5 mg/l Fe(II) und 1.611 mg/l CO_2 genannt.

12.2.5. Stanz (J. ZÖTL)

Ein Quellaustritt, die sogenannte Ulrichsquelle, im Stanzertal, einem linken Seitental der Mürz westlich von Kindberg, ist heute nicht mehr genutzt und kaum auffindbar. Wissenschaftlich ist dieser Wasseraustritt interessant, weil es sich um einen stark mineralisierten Calcium-Natrium-Hydrogencarbonat-Säuerling mit etwas erhöhter Temperatur (14,2 °C) und einem Gesamtwert von 1.896 mg/l gelöster fester Stoffe und einem CO_2-Gehalt von 2.259 mg/l handelt. Der hohe CO_2-Gehalt ist ein Beweis der Verbindung mit einem vulkanogenen Tiefenherd, was mit dem Verlauf der Störung zusammenhängt (V. MAURIN & J. ZÖTL, 1973).

Da es hier laut mündlichen Berichten auch freie CO_2-Gasaustritte (Mofetten) geben soll, wäre eine nähere Untersuchung des Bereiches wünschenswert.

12.2.6. Allerheiligen (J.E. GOLDBRUNNER)

Von lokalem Interesse ist ein weiteres Vorkommen eines Säuerlings im Jasnitztal bei Allerheiligen im Mürztal. Es steht ebenfalls mit einer Bruchlinie in Zusammenhang, der das Jasnitztal in seinem Unterlauf folgt. Unmittelbar nördlich des Säuerlings liegt ein schmaler Streifen von Mittelostalpin über unterostalpinen Grobgneisen. Das Mittelostalpin ist seinerseits durch Glimmerschiefer des Grazer Paläozoikums überschoben, die ca. 1 km südlich des Austrittsortes des Sauerbrunnens an der Trofaiacher Linie abgeschnitten sind (H.W. FLÜGEL, 1991, Karte).

Literatur

CARLÉ, W. (1975): Die Mineral- und Thermalwässer von Mitteleuropa. – 643 S., 14 Abb., 1.402 Tab., 2 Ktn., Stuttgart (Wiss. Verl. Ges.m.b.H .).

CONRAD, V., K. DIEM, J. KNETT, H.H. MEYER & S. STOCKMAYER (1928): Österreichisches Bäderbuch. Offizielles Handbuch der Mineralquellen, Kurorte und Kuranstalten Österreichs. – 330 S., 1 Kte., Volksgesundheitsamt im Bundesministerium für soziale Verwaltung, Wien (Österreichische Staatsdruckerei).

DIEM, K. (1914, Hrsg.): Österreichisches Bäderbuch. Offizielles Handbuch der Bäder, Kurorte und Heilanstalten Österreichs. – 816 S., 2 Ktn. im Anh., Berlin–Wien (Urban & Schwarzenberg).

FLÜGEL, H.W. (1991): Geologische Karte 134 Passail. – Geol. B.-A., Wien.

FUCHS, W. (1980): Das Inneralpine Tertiär. – In: OBERHAUSER, R. (Red.): Der geologische Aufbau Österreichs. – Geol. B.-A., Wien–New York (Springer Verlag).

HAUSER, A. (1952): Mineralquellen Schloß Thalheim – Gutachten. – Unveröff., 6 S., Graz.

KOPETZKY, G. (1974): Hydrogeologisches Gutachten des Einzugsgebietes der Heilquellen des Schlosses Thalheim, des sogenannten Thalheimer Schloßbrunnens. – Unveröff., 39 S., Graz.

MAURIN, V. & J. ZÖTL (1973): Hydrogeologie und Verkarstung der Steiermark. Erläuterungen zum Atlas der Steiermark. Kartenblätter 10 und 11.

THURNER, A. (1965):Hydrologie der Säuerlinge in Österrreich. – Wiss. Arb. Burgenland, **30**, 138–143, Eisenstadt.

THURNER, A. (1967): Hydrogeologie. – 350 S., 187 Abb., Tab., Wien–New York (Springer Verlag).

TOLLMANN, A. (1985): Geologie von Österreich II. Außerzentralalpiner Anteil. – 710 S., 287 Abb., 26 Tab., Wien (Deuticke).

WEBER, L. & A. WEISS (1983): Bergbaugeschichte und Geologie der österreichischen Braunkohlenvorkommen. – Archiv Lagerstforsch. geol. B.-A., **4**, 317 S., 110 Abb., 174 Tab., Wien.

WINKLER-HERMADEN, A. (1951): Die jungtertiären Ablagerungen an der Ostabdachung der Zentralalpen und das inneralpine Tertiär. – In: SCHAFFER, F.X. (1951, Hrsg.): Geologie von Österreich. – 2. Aufl., 414–525, 20 Abb., Wien (Deuticke).

THURNER, A. (1967): Hydrogeologisches Gutachten über das Schutzgebiet des Thalheimer Säuerlings. – Unveröff., 4 S., Graz.

13. Die Mineralwässer und Säuerlinge der Neusiedlersee-Bucht des Pannonischen Beckens (J.E. GOLDBRUNNER)

13.1. Allgemeines

Unter dem Begriff „Neusiedlersee-Bucht“ wird im Sinn von A. TOLLMANN (1985) der österreichische Ausläufer der Kleinen Ungarischen Tiefebene (Kis Alföld) verstanden, dessen Begrenzung durch die Hainburger Berge, das östliche Leithagebirge und durch den Ruster Höhenzug gebildet wird.

Bedingt durch die Ausdünnung der tertiären Schichtfolgen, welche durch Randbrüche noch verstärkt wird und durch die hydraulische Begrenzung der Tiefengrundwassersysteme durch die aufragenden kristallinen Gesteine des Ruster Höhenzuges und des Leithagebirges stellt die Neusiedlersee-Bucht eine großflächige Tiefengrundwasser-Aufstiegszone dar, wobei die Vorflutwirkung des Sees selbst eine erhebliche Rolle spielt. Intensive bruchtektonische Zerlegung schafft einerseits Möglichkeiten für den Aufstieg von Wässern und Gasen aus größerer Tiefe, führt aber andererseits auch zur hydraulischen Isolierung einzelner Schollen, so daß sowohl vertikal als auch horizontal ein starker Wechsel der hydrochemischen Fazies festzustellen ist und Wässer unterschiedlicher Genese eng benachbart auftreten. Im Seewinkel, östlich des Neusiedler See durchgeführte Isotopenuntersuchungen zeigten sowohl für oberflächennahe als auch tieferliegende Aquifere stark differierende hydrologische Bedingungen („Alter“ von Wässern) in oftmals eng benachbarten Sonden (D. RANK, 1986).

Der See selbst zeigt durch seine Mineralisation von 1.300 mg/l deutlich die Beeinflussung durch mineralisierte Wässer an, welche sich am deutlichsten in Grundwasserquellen (sogenannte Kochquellen) am Grunde des sehr seichten Sees (maximale Wassertiefe 1,50 m) manifestiert. A. TAUBER (1959) weist auch auf die deutliche Grundwassersalzung in den seichtliegenden Horizonten des Seewinkels durch Einflüsse der liegenden Aquifere hin.

Die bereits erwähnten großen Bruchstörungen prägen in hohem Maß den Bau des Untergrundes. Große Bedeutung hat das Neusiedlersee (Fertö)-Bruchsystem mit Sprunghöhen bis zu 1.000 m und auch die Mönchhofer-Fischhütten Bruchzone (A. TAUBER, 1965). An sie ist das Auftreten von Säuerlingen gebunden (Fig. 13.1./1).

Die Beschreibung der einzelnen Wässer erfolgt entgegen dem Uhrzeigersinn, beginnend bei Mörbisch.

13.2. Mineralwässer und Säuerlinge

13.2.1. Mörbisch

Ein erster Nachweis hochmineralisierter Tiefengrundwässer erfolgte zufällig durch die im Jahre 1955 niedergebrachte Süßwasserbohrung **Mörbisch I.**

Der hier aufgefundene Wassertypus ist genetisch an das im weiteren Bereich von Mörbisch ungefähr N-S-streichende Fertö-Bruchsystem gebunden (H. SCHMID, 1970).

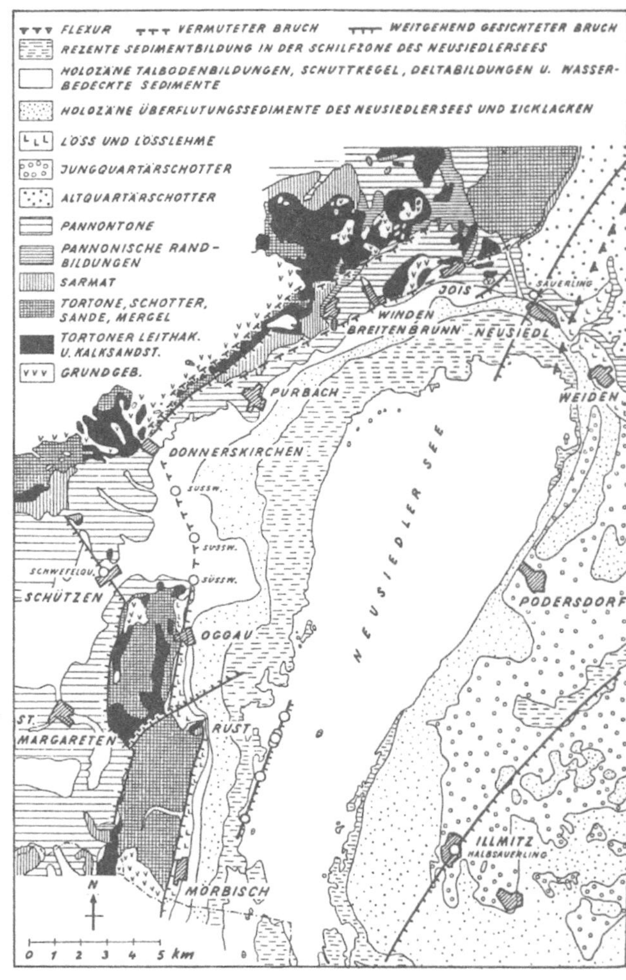

Fig. 13.1./1: Geologisch-tektonische Skizze der Umrahmung des Neusiedler See, nach A. TAUBER (1959).

Die Bohrung steht in einer der Randstaffeln des Bruchsystems und verblieb mit einer Teufe von 121,4 m in pontischen dolomitischen Schluffen und Feinsanden. Nach einem Neuausbau im Jahre 1960 wurde der Abschnitt von 35–90 m mit Filterrohren versehen, der Abschnitt 90–121,4 m wurde plombiert. Bei Spiegelabsenkungen auf 3 m unter Gelände lieferte die Sonde nach Angabe von H. SCHMID (1970) 0,2 l/s. Es handelt sich um einen „eisenhaltigen Natrium-Sulfat-Chlorid"-Wassertypus, die Gesamtmineralisierung liegt bei 24,8 g/l.

Im folgenden wird die Analyse der Carolinaquelle (Mörbisch I) aus dem Jahre 1961 von E. SCHROLL & A. KRACHSBERGER, Wien, zitiert.

Temperatur 13,2 °C

		Massenkonzentration mg/l	Ionenäquivalentkonzentration mmol/l	Äquivalentanteil %
KATIONEN				
Lithium	Li^+	0,70	0,10	0,03
Natrium	Na^+	8.191,32	356,28	94,84
Kalium	K^+	52,30	1,34	0,36
Rubidium	Rb^+	0,90	0,01	–
Magnesium	Mg^{2+}	184,78	15,19	4,05
Calcium	Ca^{2+}	50,52	2,52	0,66
Strontium	Sr^{2+}	2,60	0,06	0,02
Mangan	Mn^{2+}	0,02	–	–
Eisen II	Fe^{2+}	4,20	0,15	0,04
Summe:		8.487,34	375,65	100,00
ANIONEN				
Fluorid	F^-	0,10	–	–
Chlorid	Cl^-	6.067,00	171,11	45,55
Bromid	Br^-	21,00	0,26	0,07
Jodid	J^-	0,36	–	–
Sulfat	SO_4^{2-}	8.347,00	173,78	46,26
Nitrat	NO_3^-	3,11	0,05	0,01
Hydrogenphosphat	HPO_4^-	0,25	–	–
Hydrogencarbonat	HCO_3^-	1.858	30,45	8,11
Summe:		16.296,82	375,65	100,00
Summe Elektrolyte:		24.784,16		
Schwache Elektrolyte:				
Kieselsäure, meta	H_2SiO_3	15,3		
Summe:		24.799,46		
Gasförmige Bestandteile:				
Freies Kohlendioxid	CO_2	130		
Summe:		24.929,46		

Wassertypus: Natrium-Sulfat-Chlorid-Mineralwasser.

Die Bohrung **Mörbisch II** war von Anfang an als Mineralwasserbohrung konzipiert. Sie wurde 200 m westlich von der Bohrung I niedergebracht und steht auf einer gegenüber Mörbisch I tektonisch höheren Scholle. Bei ihrer Endteufe von 190,5 m verblieb sie in Schichten des Mittelpannon E. Während der Bohrung wurde die chemische Zusammensetzung der Wässer der einzelnen permeablen Horizonte untersucht und hiebei eine stark unterschiedliche Zusammensetzung festgestellt. Charakteristisch ist eine starke Reduktion des Sulfatgehaltes von 2.148 mg/l im hangendsten Horizont auf 261 mg/l bei 185 m (W. CARLÉ & K. FRICKE, 1964).

Die Bohrung wurde in den Abschnitten 34–40 m und 84–90 m mit Filterrohren versehen, um die höher konzentrierten Mineralwässer zu fassen. Der Abschnitt 100 m bis Endteufe wurde verfüllt.

Während des Pumpversuches ereignete sich ein Erdgas-Ausbruch, als dessen Folge der Zufluß der erhöht mineralisierten Natrium-Sulfat-Chlorid-Wässer aufhörte.

Die Sonde lieferte daraufhin 1,2 l/s eines Tiefengrundwassers, das nach der Analyse von E. SCHROLL & H. KRACHSBERGER (1961, zitiert in: W. CARLÉ, 1975) als Natrium-Calcium-Chlorid-Hydrogencarbonat-Mineralwasser zu bezeichnen ist. Die Mineralisierung fällt mit 2,6 g/l gegenüber Mörbisch I stark ab.

Chemische Analyse Mörbisch II aus dem Jahre 1961 (Prof. Dr. E. SCHROLL & H. KRACHSBERGER, Wien):

		Massenkonzentration mg/l	Ionenäquivalentkonzentration mmol/l	Äquivalentanteil %
KATIONEN				
Lithium	Li^+	0,22	0,03	0,08
Natrium	Na^+	432,4	18,81	45,69
Kalium	K^+	75,7	1,93	4,70
Ammonium	NH_4^+	2,2	0,12	0,30
Rubidium	Rb^+	0,01	–	–
Magnesium	Mg^{2+}	81,9	6,73	16,35
Calcium	Ca^{2+}	265,7	13,26	32,19
Strontium	Sr^{2+}	3,48	0,08	0,19
Barium	Ba^{2+}	0,95	0,01	0,03
Mangan	Mn^{2+}	1,2	0,04	0,11
Eisen II	Fe^{2+}	3,1	0,11	0,27
Aluminium	Al^{3+}	0,32	0,04	0,09
Summe:		867,18	41,16	100,00
ANIONEN				
Fluorid	F^-	0,18	–	–
Chlorid	Cl^-	1.124,5	31,71	77,03
Sulfat	SO_4^{2-}	13,2	0,27	0,67
Hydrogenphosphat	HPO_4^-	1,8	0,02	0,05
Hydrogencarbonat	HCO_3^-	559,2	9,16	22,25
Summe:		1.698,88	41,16	100,00
Summe Elektrolyte:		2.566,06		
Schwache Elektrolyte:				
Kieselsäure, meta	H_2SiO_3	40		
Summe:		2.606,06		

Wassertypus: Natrium-Calcium-Chlorid-Hydrogencarbonat-Mineralwasser.

13.2.2. Rust

Die Bohrung **Rust I** wurde 1962 bis 71,5 m in Schichten des Pont niedergebracht und liegt ebenfalls im Bereich einer dem Fertö-Lineament zuzuordnenden Bruchstaffel. Auch in dieser Bohrung zeigten sich vertikal stark wechselnde hydrochemische Verhältnisse. Nach Ausbau bis 50 m und Verfilterung im Tiefenbereich 40,5–41,5 und 43,5–46,5 m lieferte die Sonde bei Pumpbetrieb und einer Lage des dynamischen Spiegels bei 13 m unter Gelände 0,3 l/s eines Natrium-Sulfat-Chlorid-Wassers von 24,2 g/l (Glaubersalz-Typ). Die Salinität ist stark von der Pumprate abhängig, da die beiden Horizonte hydrochemisch stark unterschiedlich sind. Der obere Horizont enthält viel Schwefelwasserstoff. Nachfolgend wird die chemische Analyse der Bohrung Rust I von 1963 (E. SCHROLL & H. KRACHSBERGER, Wien) angeführt:

Temperatur 14,8 °C

		Massenkonzentration mg/l	Ionenäquivalentkonzentration mmol/l	Äquivalentanteil %
KATIONEN				
Lithium	Li^+	2,15	0,31	0,09
Natrium	Na^+	6.022,2	261,94	79,55
Kalium	K^+	40,8	1,04	0,32
Ammonium	NH_4^+	10,3	0,57	0,17
Magnesium	Mg^{2+}	628,5	51,69	15,72
Calcium	Ca^{2+}	257,9	12,87	3,91
Strontium	Sr^{2+}	8,68	0,20	0,06
Mangan	Mn^{2+}	0,75	0,03	–
Eisen	Fe^{2+}	16,85	0,60	0,18
Rubidium	Rb^+	1,05	0,01	–
Summe:		6.989,18	329,26	100,00
ANIONEN				
Fluorid	F^-	0,14	–	–
Chlorid	Cl^-	4.993	140,82	42,77
Bromid	Br^-	14	0,17	0,05
Jodid	J^-	1,03	–	–
Sulfat	SO_4^{2-}	7.629,3	158,83	48,27
Hydrogenphosphat	HPO_4^-	0,2	–	–
Hydrogencarbonat	HCO_3^-	1.791	29,35	8,91
Hydrogenarsenat	$HAsO_4^{2-}$	0,3	–	–
Summe:		14.428,97	329,17	100,00
Summe Elektrolyte:		21.418,15		
Schwache Elektrolyte:				
Kieselsäure, meta	H_2SiO_3	32,2		
Borsäure, ortho	H_3BO_3	9,6		
Summe:		21.459,95		
Gasförmige Bestandteile:				
Freies Kohlendioxid	CO_2	146		
Summe:		21.605,95		

Wassertypus: Eisen- und jodhaltiges Natrium-Sulfat-Chlorid-Mineralwasser.

Eine absolute hydrochemische Besonderheit stellen die **Kali-Wässer von Rust** dar. Ihr Kalium-Natrium-Molverhältnis liegt bei 2,6. Für das Auftreten dieses Wassertypus, der in seichten Schachtbrunnen in Rust aber auch in Illmitz (A. TAUBER, 1965) auftritt, ist der Aufstieg von Kohlendioxid an Bruchstörungen, wie in Rust an der Fertö-Bruchzone, verantwortlich. Im Bereich der aus Mikroklin-Gneisen und muskovitreichen Apliten bestehenden Verwitterungssedimente der karpatischen Ruster Schotter kommt es quasi in-situ aufgrund der großen Kontaktfläche zur Entstehung von Kali-Wässern, wobei die freie CO_2-Gasphase aufgrund der Feldspat-Lösungsvorgänge, der Dissoziation zu Bicarbonat und Carbonat und Austausch mit der Atmosphäre (die Wässer sind nicht gespannt) verlorengeht. Die Wässer haben bei ihrer Erschließung teilweise pH-Werte über 8 (siehe untenstehende Analyse, zitiert nach W. CARLÉ, 1975). Eine endgültige hydrochemische Klärung dieses wohl einmaligen Phänomens ist noch ausständig (siehe auch H. SCHMID, 1968 b). W. CARLÉ, l.c. berichtet von 32 Brunnen.

Beispiel einer chemischen Analyse eines Kalium-Wassers von Rust:

		Massenkonzentration mg/l	Ionenäquivalentkonzentration mmol/l	Äquivalentanteil %
KATIONEN				
Natrium	Na^+	229,0	9,95	22,87
Kalium	K^+	687,0	17,62	40,50
Magnesium	Mg^{2+}	79,6	6,58	15,12
Calcium	Ca^{2+}	187,3	9,36	21,51
Summe:		1.182,9	43,51	100,00
ANIONEN				
Chlorid	Cl^-	365,9	10,31	23,69
Sulfat	SO_4^{2-}	165,4	3,44	7,90
Hydrogencarbonat	HCO_3^-	1.810	29,67	68,41
Summe:		2.341,3	43,42	100,00
Summe Elektrolyte:		3.524,2		

Wassertypus: Kalium-Natrium-Calcium-Hydrogencarbonat-Chlorid-Mineralwasser.

13.2.3. Oggau

Im Jahre 1937 wurde zur Trinkwasserversorgung der damaligen österreichischen Bundesluftwaffe eine Bohrung 1 km nordöstlich von der Ortschaft Oggau bis auf eine Teufe von 205 m niedergebracht. Sie steht auf einer Scholle des Fertö-Lineaments. Die Bohrung erschloß nach W. CARLÉ & K. FRICKE (1964) bis 3 m Quartär, bis 204 m Mittelpannon E (möglicherweise auch Unterpannon) und darunter 1 m Kalkstein (Kalksandstein), der vermutlich dem Sarmat angehört. In den Abschnitten 30–40 m, 91–100 m und 200–205 m wurden Filterstrecken gesetzt.

Der Hauptzufluß erfolgte aus dem untersten Abschnitt und erlaubte die Förderung von 0,4 l/s eines Natrium-Kalium-Chlorid-Mineralwassers mit einem Abdampfrückstand von 2,6 g/l.

Die 1,5 km nordöstlich von Oggau I niedergebrachte Bohrung Oggau II erreichte eine Endtiefe von 300 m und erschließt tonig-mergeliges Mittelpannon über Unterpannon mit wasserführenden Steinmergel-Lagen (W. CARLÉ, 1975). Es wurde wie bei anderen Bohrungen, eine Abnahme der Konzentration mit der Tiefe festgestellt. Der schlußendlich erschrotete Wassertypus ist ein eisenhaltiger Magnesium-Natrium-Sulfat-Säuerling mit einem Gehalt an freiem CO_2 von > 1.000 mg/l.

Die Analyse von H. KRACHSBERGER aus dem Jahre 1963 zeigt:

Temperatur 13,7 °C

		Massenkonzentration mg/l	Ionenäquivalentkonzentration mmol/l	Äquivalentanteil %
KATIONEN				
Natrium	Na^+	1.637,8	71,21	40,23
Kalium	K^+	15,7	0,40	0,22
Magnesium	Mg^{2+}	1.025,8	84,78	47,60
Calcium	Ca^{2+}	396,4	19,82	11,20
Eisen	Fe^{2+}	34,5	1,23	0,75
Summe:		3.110,2	177,44	100,00
ANIONEN				
Chlorid	Cl^-	1.020,3	28,74	16,23
Sulfat	SO_4^{2-}	5.913	123,18	69,59
Hydrogencarbonat	HCO_3^-	1.534	25,14	14,18
Summe:		8.467,3	177,06	100,00
Summe Elektrolyte:		11.577,5		
Gasförmige Bestandteile:				
Freies Kohlendioxid	CO_2	1.259		
Summe:		12.836,5		

Im Bereich von Oggau wurde in den sechziger Jahren eine wissenschaftliche Prospektion auf Bitterwässer durchgeführt, nachdem das Bitterwasservorkommen von Purbach am Neusiedler See aufgrund negativer bakteriologischer Befunde nur mehr eingeschränkt für den Heilwasservertrieb herangezogen werden konnte (H. SCHMID, 1968 a).

Die Mineralwasserlagerstätte liegt in Oggau in klastischen Sedimenten des Mittelpannon, wobei die konzentrierten Bitterwasservorkommen an tonige Sedimente gebunden sind. In den in die Schichtfolge eingeschalteten Feinsandhorizonten fällt die Konzentration sofort ab. Das weitestgehende Stagnieren der hochmineralisierten Wässer bedingt, daß sowohl vertikal als auch lateral große hydrochemische Unterschiede auftreten. Die Prospektion erfolgte auf einer Fläche von 4.500 m^2 mit Hilfe von seichten Handbohrungen und geoelektrischen Profilen. Da hochkonzentrierte Wässer aufgrund der Prospektionsergebnisse und von Flachbohrungen nur in Tiefen bis ca. 6 m (zwei Horizonte) zu erwarten waren, wurden zwei Versuchsschächte (Oggau I und II) auf diese Teufe niedergebracht. Sedimentpetrographische Untersuchungen der soleführenden Tonproben ergaben, daß es sich um Montmorillonittone handelt, die aufgrund der sulfatreichen Porenfüllung Gips und Anhydrit als Neubildung enthalten. Unter 10 m wiesen die Wässer eine Konzentration von 1,5 g/l auf.

H. SCHMID (1968 a) bringt die Ergebnisse von drei hydrochemischen Übersichtsanalysen. Es handelt sich um Natrium-Magnesium-Sulfat-Wässer mit einem Elektrolytgehalt von maximal 59 g/l (siehe Analyse). Die Genese der Wässer ist noch nicht geklärt.

Hydrochemische Kontrollanalysen der Bittersalzwasser-Lagerstätte Oggau (Angaben nach H. SCHMID, 1968 a):

		Probe 1	Probe 2	Probe 3
KATIONEN				
Natrium	mg/l	6.276,7	6.575,7	5.089,2
	Äquiv.%	29,89	30,59	36,91
Kalium	mg/l	–	–	1,42
	Äquiv.%	–	–	0,006
Magnesium	mg/l	7.427,3	7.703,9	4.344,5
	Äquiv.%	66,89	67,78	59,59
Calcium	mg/l	589,6	304,5	418,85
	Äquiv.%	3,22	1,63	3,50
Summe:		14.293,6	14.584,1	9.853,97
ANIONEN				
Chlorid	mg/l	1.896,4	1.838,2	1.673,3
	Äquiv.%	5,83	5,53	7,88
Sulfat	mg/l	40.397,8	41.364,0	25.840,0
	Äquiv.%	91,74	91,92	89,87
Hydrogencarbonat	mg/l	1.358,3	1.458,3	821,3
	Äquiv.%	2,43	2,55	2,25
Summe:		43.652,5	44.660,5	28.334,6
Summe Elektrolyte:		57.946,1	59.244,6	38.188,57
El. Leitfähigkeit (µS/cm bei 20 °C)		33.760	34.300	26.210
pH Wert/Meßtemperatur (°C)		7,7/18	7,7/18,6	7,55/19,6
Abdampfrückstand bei 110 °C (mg/l)		68.790	69.680	45.560
Abdampfrückstand bei 180 °C (mg/l)		64.000	65.060	42.910

13.2.4. Purbach

Im Raum Purbach werden durch untiefe Bohrungen und Schächte geringst ergiebige (100 l/Tag!), hochkonzentrierte Mineralwässer gewonnen. Ihr Vorkommen beschränkt sich auf eine Tiefe bis 10 m (W. CARLÉ, 1975). Das oberflächennahe Mineralvorkommen liegt in schluffigen, primär pyritführenden Schichten des Mittelpannons, welche unter geringmächtigen quartären Tonen, Sanden und Kiesen anstehen.

W. CARLÉ betont, daß die Konzentration und Zusammensetzung sowohl zeitlich als auch örtlich großen Schwankungen unterworfen ist.

Die Entnahmestelle „Purgina“ ist durch eine Konstanz der Konzentration ausgezeichnet, so daß die Analyse von E. SCHROLL & H. KRACHSBERGER, Wien, aus dem Jahre 1963 hier wiedergegeben werden soll:

Temperatur: 13,4 °C

		Massen-konzen-tration mg/l	Ionenäqui-valentkon-zentration mmol/l	Äquiva-lent-anteil %
KATIONEN				
Lithium	Li^+	1,6	0,23	0,07
Natrium	Na^+	3.126	135,97	40,15
Kalium	K^+	43,85	1,12	0,33
Ammonium	NH_4^+	0,03	–	–
Magnesium	Mg^{2+}	2.166,2	178,44	52,63
Calcium	Ca^{2+}	459,8	22,94	6,77
Strontium	Sr^{2+}	7,5	0,17	0,05
Mangan	Mn^{2+}	0,08	–	–
Eisen	Fe^{2+}	0,58	0,02	–
Rubidium	Rb^+	0,88	0,01	–
Zink	Zn^{2+}	0,04	–	–
Summe:		5.806,56	338,90	100,00
ANIONEN				
Fluorid	F^-	0,17	–	–
Chlorid	Cl^-	2.515,9	70,96	20,95
Bromid	Br^-	0,80	0,01	
Jodid	J^-	0,07	–	–
Sulfat	SO_4^{2-}	12.270,2	255,45	75,46
Nitrit	NO_2^{2-}	2,05	0,04	0,01
Nitrat	NO_3^-	9,2	0,15	0,04
Hydrogenphosphat	HPO_4^-	0,20	–	–
Hydrogencarbonat	HCO_3^-	731,6	11,99	3,54
Summe:		15.530,19	338,60	100,00
Summe Elektrolyte:		21.336,75		
Schwache Elektrolyte:				
Kieselsäure, meta	H_2SiO_3	8,9		
Borsäure, ortho	H_3BO_3	3,2		
Summe:		21.348,85		
Gasförmige Bestandteile:				
Freies Kohlendioxid	CO_2	10		
Summe:		21.358,85		

Wassertypus: Magnesium-Natrium-Sulfat-Chlorid-Mineralwasser.

Das Wasser stammt aus Schwundrissen der Tone. W. CARLÉ, l.c. erklärt die Genese der Wässer durch die Oxidation des in den Mittelpannon-Sedimenten vorkommenden Pyrits zu Schwefelsäure, welche die Karbonate zu Erdalkali-Sulfaten umformt. Überschüssige Schwefelsäure erzeugt Alkali-Sulfate. Durch die hohe Sulfatkonzentration wird das Löslichkeitsprodukt von Gips überschritten, so daß $CaSO_4$ ausfällt, während sich das leichtlösliche $MgSO_4$ in der Lösung anreichert. Die hohen Chloridwerte werden durch das Vorhandensein mariner Porenlösungen erklärt, die aus tieferen Stockwerken im Zuge der Kompaktion und Diagenese ausgepreßt wurden.

13.2.5. Neusiedl am See

Der Säuerling von Neusiedl hängt genetisch mit dem Neusiedlersee-Bruch zusammen, die 1956 abgeteufte Bohrung liegt nach A. TAUBER (1965) auf der Hochscholle des Richtung E abschiebenden Bruches, welcher eine Sprunghöhe von 200 m aufweist. Die Bohrung erreichte eine Endteufe von 138 m und wurde von 96–138 m mit Filterrohren versehen, der Aquifer liegt in unterpannonen Sanden und Kiesen. Das Magnesium-Natrium-Calcium-Hydrogencarbonat-Wasser mit einem Gehalt an gelöster freier Kohlensäure von 2 g/l floß bei seiner Erschließung artesisch über, bei einer Absenkung des Wasserspiegels auf 43 m konnten 0,45 l/s gefördert werden. Infolge der nicht korrosionsbeständigen Verrohrung trat in der Folge eine Änderung der hydrochemischen Verhältnisse ein, wovon vor allem das Natrium-Kalium-Verhältnis und der Sulfatgehalt betroffen waren.

Analyse von H. KRACHSBERGER, Wien, 1963:

Temperatur 13,6 °C

		Massen-konzen-tration mg/l	Ionenäqui-valentkon-zentration mmol/l	Äquiva-lent-anteil %
KATIONEN				
Lithium	Li^+	1,9	0,27	0,43
Natrium	Na^+	552,5	24,03	37,84
Kalium	K^+	31,8	0,81	1,28
Ammonium	NH_4^+	6,0	0,33	0,52
Magnesium	Mg^{2+}	293,6	24,14	38,03
Calcium	Ca^{2+}	273,7	13,66	21,50
Strontium	Sr^{2+}	1,48	0,03	0,05
Mangan	Mn^{2+}	0,39	0,01	0,02
Eisen	Fe^{2+}	5,85	0,21	0,33
Summe:		1.167,22	63,49	100,00

ANIONEN				
Fluorid	F^-	0,21	0,01	0,02
Chlorid	Cl^-	19,4	0,55	0,86
Bromid	Br^-	0,21	–	–
Jodid	J^-	0,04	–	–
Sulfat	SO_4^{2-}	43,4	0,90	1,42
Nitrat	NO_3^-	1,6	0,03	0,04
Hydrogenphosphat	HPO_4^-	0,2	–	–
Hydrogencarbonat	HCO_3^-	3.784	62,02	97,66
Summe:		3.849,06	63,51	100,00
Summe Elektrolyte:		5.016,28		
Schwache Elektrolyte:				
Kieselsäure, meta	H_2SiO_3	0,7		
Borsäure, ortho	H_3BO_3	9,7		
Summe:		5.026,68		
Gasförmige Bestandteile:				
Freies Kohlendioxid	CO_2	2.080		
Summe:		7.106,68		

Wassertypus: Magnesium-Natrium-Calcium-Hydrogencarbonat-Mineralsäuerling.

13.2.6. Podersdorf

In Podersdorf wurden durch zwei Bohrungen von jeweils 15 m Tiefe, welche pleistozäne, fluviatile Sande über pannonen Feinsanden und Tonen erschlossen, hochkonzentrierte Wässer erschrotet. Brunnen I liefert 0,15 l/s. Der in seiner Ergiebigkeit schlechtere Brunnen zeigt einen Anstieg der Gesamtmineralisierung in den Tiefenstufen 1, 10 und 12 m von 1.297 mg/l auf 4.880 mg/l (W. CARLÉ, 1975).

Die chemische Zusammensetzung des Brunnen I wurde durch H. KRACHSBERGER 1963 untersucht:

		Massen-konzen-tration mg/l	Ionenäqui-valentkon-zentration mmol/l	Äquiva-lent-anteil %
KATIONEN				
Lithium	Li^+	0,68	0,09	0,04
Natrium	Na^+	5.520	240	96,26
Kalium	K^+	75,8	1,94	0,77
Ammonium	NH_4^+	0,35	0,02	0,01
Magnesium	Mg^{2+}	76,4	6,41	2,57
Calcium	Ca^{2+}	11,6	0,58	0,23
Strontium	Sr^{2+}	7,98	0,18	0,07
Mangan	Mn^{2+}	0,12	–	–
Eisen	Fe^{2+}	3,20	0,11	0,04
Rubidium	Rb^+	1,44	0,02	0,01
Summe:		5.697,57	249,35	100,00
ANIONEN				
Fluorid	F^-	0,71	0,04	0,02
Chlorid	Cl^-	2.677	75,41	30,22
Bromid	Br^-	0,17	–	–
Jodid	J^-	0,04	–	–
Sulfat	SO_4^{2-}	2.934	61,12	24,54
Hydrogencarbonat	HCO_3^-	5.546,7	90,93	36,52
Carbonat	CO_3^{2-}	642	21,40	8,60
Hydrogensulfid	HS^-	8,65	0,26	0,10
Summe:		11.809,27	249,16	100,00
Summe Elektrolyte:		17.506,84		
Schwache Elektrolyte:				
Borsäure, ortho	H_3BO_3	40,0		
Summe:		17.546,84		

Wassertypus: Schwefelhaltiges Natrium-Hydrogencarbonat-Chlorid-Sulfat-Mineralwasser.

Besonders auffallend ist der geringe Chloridgehalt.

13.2.7. Illmitz

Im Bereich Illmitz treten Schwefelwässer mit erheblichen Schwefelwasserstoffgehalten in flachen Brunnen in quartären Sanden und Kiesen auf. Unter den quartären Lockersedimenten stehen pannone Feinsande und Tone an, welche durch drei Tiefbrunnen mit 40, 70 und 81 m erschlossen wurden (W. CARLÉ, 1975).

Die Bohrung 1 (Sulfina-Quelle) erschließt die höchstkonzentrierten Wässer an der Quartärbasis. Der Aquifer erlaubt eine Förderleistung von 0,22 l/s.

W. CARLÉ, l.c. bringt folgende Analyse der Sulfina-Quelle:

		Massen-konzen-tration mg/l	Ionenäqui-valentkon-zentration mmol/l	Äquiva-lent-anteil %
KATIONEN				
Lithium	Li^+	0,20	0,03	0,03
Natrium	Na^+	2.119	92,17	98,36
Kalium	K^+	25,45	0,65	0,69
Ammonium	NH_4^+	5,12	0,28	0,30
Magnesium	Mg^{2+}	3,99	0,33	0,35
Calcium	Ca^{2+}	5,00	0,25	0,27
Strontium	Sr^{2+}	0,22	–	–
Eisen	Fe^{2+}	0,07	–	–
Rubidium	Rb^+	0,15	–	–
Summe:		2.159,20	93,71	100,00
ANIONEN				
Fluorid	F^-	0,50	0,03	0,03
Chlorid	Cl^-	691	19,45	20,79
Bromid	Br^-	1,53	0,02	0,02
Jodid	J^-	0,02	–	–
Sulfat	SO_4^{2-}	545,90	11,36	12,13
Nitrat	NO_3^-	3,37	0,05	0,06
Hydrogenphosphat	HPO_4^-	0,15	–	–
Hydrogencarbonat	HCO_3^-	3.718	60,93	65,02
Carbonat	CO_3^{2-}	40,8	1,36	1,45
Hydrogensulfid	HS^-	15,6	0,47	0,50
Summe:		5.016,87	93,67	100,00
Summe Elektrolyte:		7.176,07		

Schwache Elektrolyte:

Kieselsäure, meta	H_2SiO_3	6,9
Borsäure, ortho	H_3BO_3	22,8
Summe:		7.205,77

Wassertypus: Schwefelhaltiges Natrium-Hydrogencarbonat-Chlorid-Mineralwasser.

Literatur

CARLÉ, W. & K. FRICKE (1964): Gutachten über die Mineralwasser-Vorkommen am Neusiedlersee, ihre Erforschung, Erschließung und Nutzung. – Unveröff. Bericht, 51 S., Stuttgart u. Krefeld.

CARLÉ, W. (1975): Die Mineral- und Thermalwässer von Mitteleuropa. – 643 S., 14 Abb., 1.402 Tab., 2 Ktn., Stuttgart (Wiss. Verl. Ges.m.b.H.).

RANK, D. (1986): Scheinbare Widersprüche zwischen Schlußfolgerungen aus Grundwasserschichtenplänen und Isotopenmessungen bei hydrogeologischen Untersuchungen. – Proceedings of the 5th International Symposium on Water Tracing, Athens 1986, 101–112, 9 Abb., 2 Tab., Athen.

SCHMID, H. (1968 a): Ein neues Bitterwasservorkommen bei Oggau am Neusiedlersee (Burgenland). – Wiss. Arb. Burgenland, **40**, 5–16, 3 Abb., Tab., Eisenstadt.

SCHMID, H. (1968 b): Zur Hydrogeologie der Kaliquellen des Neusiedlerseegebietes. Unter besonderer Berücksichtigung der Verhältnisse um Rust. – Wiss. Arb. Burgenland, **40**, 17–21, Eisenstadt.

SCHMID, H. (1970): Das Mineralwasservorkommen rund um den Neusiedlersee. – Wiss. Arb. Burgenland, **44**, 50–57, Eisenstadt.

TAUBER, A. (1959): Grundzüge der Tektonik des Neusiedlerseegebietes. – Wiss. Arb. Burgenland, **23**, 26–31, 9 Taf., Eisenstadt.

TAUBER, A. (1965): Geologische Typologie und Genese von Mineralquellen und Mineralwässern im Neusiedlerseegebiet. – Wiss. Arb. Burgenland, **34**, 259–304, Eisenstadt.

TOLLMANN, A. (1985): Geologie von Österreich II. Außerzentralalpiner Anteil. – 710 S., 287 Abb., 26 Tab., Wien (Deuticke).

14. Die Heilwasserprovinz Südliches Wiener Becken

14.1. Geologie des Südlichen Wiener Beckens (G. WESSELY)

Mit der Frage der Thermalquellen im Südlichen Wiener Becken befaßten sich eine Reihe von Wissenschaftern. Wesentliche Beiträge lieferten A. BOUÉ (1892), L. WAAGEN (1914), H. KÜPPER (1951, 1954, 1965, 1977 und 1981), K. VOHRYZKA (1958), T.E. GATTINGER & H. KÜPPER (1965), G.H. DAVIS & T.E. GATTINGER (1968), F. BRIX (1974). Den heutigen Erklärungsversuchen kommt M. VENDEL (1963) sehr nahe.

Für das Auftreten der Heilwässer im Wiener Becken bzw. an dessen Rändern sind die geologischen Bedingungen sowohl des Beckens selbst als auch des Alpenabschnittes an dessen Rand und in seinem Untergrund maßgeblich. Umfang, Mächtigkeit und lithologische Ausbildung der Schichtfolgen, ihre räumliche Verteilung sowie Art und Ausmaß ihrer Deformation, all diese Faktoren bilden die Grundlage für das Vorkommen, die Art und die Fließmöglichkeit von Wässern. Die thermischen Bedingungen der in unterschiedlichen Tiefen liegenden Aquifere bilden den Antrieb für hydrodynamische Vorgänge.

Über die alpinen Bauelemente, die an den Rand des Wiener Beckens heranstreichen, geben uns geologische Kartenaufnahmen in Vergangenheit und Gegenwart Aufschluß, über deren Tiefbau auch die im Zuge der Suche nach Kohlenwasserstoffen durchgeführten Bohrungen, die in die Alpen eindrangen, oder sogar diese durchbohrten und bis zum Kristallin der Unterlage vordrangen, wie vor allem die 6.028 m tiefe Bohrung Berndorf 1 in den Kalkalpen, nur 15 km südwestlich Baden loziert.

Die Bohrung hat einmal mehr die Aufeinanderstapelung verschiedener, ursprünglich nebeneinander abgelagerter alpiner Sedimentkomplexe und ihre weite Überschiebung über das Vorland vor etwa 20 Mio. Jahren bewiesen: Sie durchörterte bis 5.640 m zwei Decken der Kalkalpen, bestehend aus Triasablagerungen (250 bis 210 Mio. Jahre). Die Kalkalpen sind auf die Flyschzone mit ihren Oberkreidesedimenten (ca. 90 Mio. Jahre) überschoben und diese schließlich bei 5.910 m auf die alttertiäre Vorlandmolasse (ca. 22 Mio. Jahre), die bei 5.945 m dem alten Grundgebirge (Kristallin) aufliegt. Die fast 40 km von der Alpenstirn entfernt liegende Bohrung hat somit ein gewaltiges Ausmaß an Überschiebungsweiten hinsichtlich des Gesamtkörpers, als auch innerhalb desselben dokumentiert (G. WACHTEL & G. WESSELY, 1981).

Folgende großtektonische Einheiten bilden die Ränder des Südlichen Wiener Beckens: Die Flyschzone im Raum westlich von Wien, die Kalkalpenzone, die den größten Teil des Westabschnittes einnimmt, die Grauwackenzone am Südende und die Zentralalpen- und Tatridenzone am Südostrand (Fig. 14.1./1). Generell enthalten die Flyschzone und Grauwackenzone dichte Gesteine, während die Kalkalpen und Zentralalpen-Tatridenzone Speicher- und Abdichtungsmöglichkeiten besitzen. Die Schichtfolge der Flyschzone reicht von der höheren Unterkreide bis ins Alttertiär und hat den Charakter sandig-mergelig-toniger Turbiditablagerungen. Das Kalkalpin besteht überwiegend aus Karbonaten des Mesozoikums. Dabei erreichen die mitteltriadischen Wettersteinkalke und -dolomite und die obertriadischen Hauptdolomit- und Dachsteinkalkfolgen große Mächtigkeiten. Abweichend davon sind Ablagerungen an der Grenze Perm/Trias (Werfener Schichten) und an der Basis der Obertrias (Lunzer Schichten) tonig-sandig entwickelt. Im Jura und der Unterkreide treten in bestimmten Strecken mergeligtonige Gesteine auf, vor allem im Alb/Cenoman (Losensteiner Schichten) und im Maastricht/Paläozän (Gießhübler Schichten). Die Grauwackenzone besteht aus paläozoischen Schiefern und Quarzwacken. In der Zentralalpen-Tatridenzone überwiegen Kristallingesteine. Eine darüberliegende mesozoische Hülle besteht aus permotriadischen Quarziten, mitteltriadischen Kalken und Dolomiten und einer bunten Folge aus Tonschiefern, Quarziten und Dolomiten (Keuper).

Den Nordabschnitt der Kalkalpen des Beckenrandes bildet das tektonisch komplizierte Frankenfels-Lunzer Falten- und Schuppensystem. Darüber lagert transgressiv die Gießhübler Mulde mit Oberkreide- und mächtigen flyschartigen Paläozänsedimenten. Sie wird überschoben vom mittleren kalkalpinen Deckenstapel, zusammengefaßt als Ötscherdeckensystem. Davon tritt von drei Decken nur die oberste, die Göllerdecke, an den Beckenrand von Mödling bis ins Piestingtal heran. Die beiden tieferen Einheiten, die Unterberg- und Reisalpendecke verbleiben in der Tiefe, letztere setzt zudem gegen E aus.

In der Bohrung Berndorf 1 liegen somit nur Göller- und Unterbergdecke vor, aber mit den für den Südabschnitt dieses Systems kennzeichnenden mächtigen, starren triadischen Karbonatkomplexen. Eine Zone von Jura und Oberkreide trennt das Ötscherdeckensystem von den höheren Kalkalpendecken, nämlich der Hohe

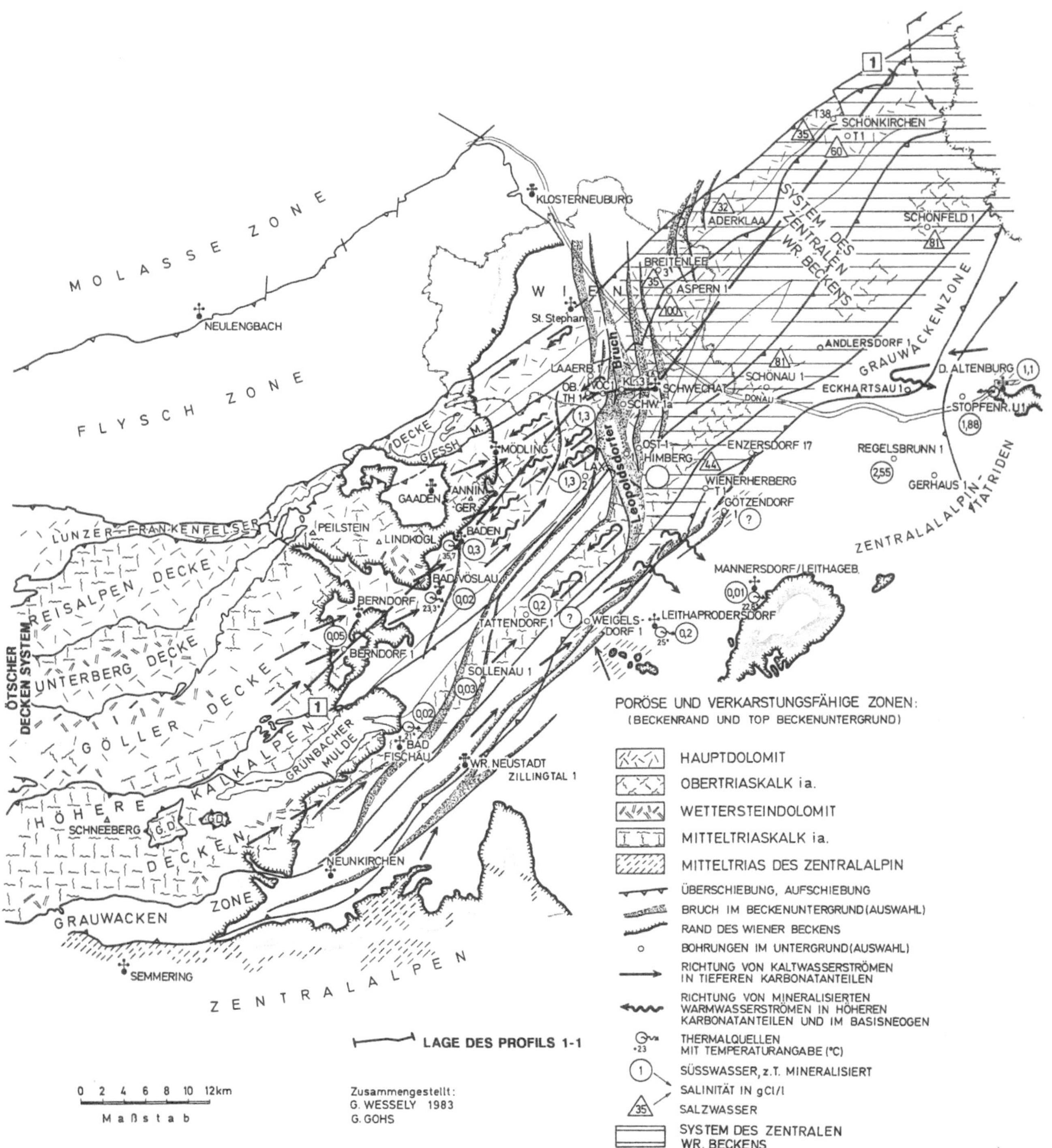

Fig. 14.1./1: Übersicht über Geologie und hydrologische Systeme am und im Untergrund des Südlichen Wiener Beckens.

Wand-Decke und der Schneebergdecke mit ebenfalls mächtigen Triaskarbonatkomplexen. Eingemuldet im Bereich beider Decken liegt die tiefgreifende Oberkreidemulde von Grünbach.

Der alpine Bau setzt sich mit allen Zonen, wie sie obertags vorliegen, im Untergrund des Südlichen Wiener Beckens fort. Eine Reihe von Aufschlußbohrungen wiesen unter Neogen dieselben stratigraphischen Elemente und tektonischen Baueinheiten, wie sie am Beckenrand vorliegen, nach.

Die Fortsetzung der Flyschzone in das Wiener Becken hinein ist erst im nördlichen Wiener Becken erbohrt, ebenso die vordersten kalkalpinen Einheiten und die Gießhübler Mulde, wiewohl die Bohrung St. Marx 2 den Verlauf derselben im Wiener Stadtgebiet bereits südlich der Donau markiert. Die im Gebiet Hinterbrühl durchziehende Stirnzone der Göller Decke findet sich wieder in den Bohrungen Laaerberg 1 und Favoriten T1, die daran anschließende Hauptdolomitmulde in den Bohrungen um Oberlaa. Die Verfolgung der Südzone der Göller Decke wurde durch die Bohrungen um Laxenburg, Himberg und Trumau möglich, wobei vor allem Laxenburg 2 mit einer Bohrtiefe von 3.205 m die sigmoidale Lagerung der aus Jura, Ober- und Mitteltrias bestehenden Südzone dokumentierte (vgl. auch Kap. 14.2.2.). In den Bohrungen Himberg 1 und Himberg Ost 1 wurden bereits die Werfener Schichten der Basis der höheren Kalkalpendecke erbohrt. Die Hauptmasse derselben liegt wie an der Oberfläche in Form mächtiger Wettersteinfazies vor: In Sollenau 1 wurde Wettersteinkalk analog zur Rax erbohrt, in Tattendorf 1 Kalk und Dolomit gegen unten zu zunehmend dunkler und schließlich verschuppt mit Grauwackenzone.

Die Fortsetzung der Grauwackenzone findet sich im Raum Fischamend T1 mit dunklen Tonschiefern, Quarzareniten und Quarzwacken vergleichbar mit obertägigem Karbon, im Gebiet Rauchenwarth, Enzersdorf und Wienerherberg mit dunklen Kalkschiefern.

In Verlängerung des Semmeringmesozoikums wurden durch die Bohrungen Weigelsdorf 1, Götzendorf 1 und Regelsbrunn 1 dunkle Dolomite und Kalke der Mitteltrias und bunter Keuper angetroffen. Die ausgedehnte Verbreitung des Keupers belegen weiters die Bohrungen Orth 1 und Wienerherberg T1. In Maria Ellend 1 treten Rhät- und Liaskalke hinzu. Die permotriadische Basis (Semmeringquarzit und Verrucano mit Konglomeraten und Schiefern) erbohrte Gerhaus 1 westlich der Brucker Pforte (Fig. 14.1./2).

Die Untergrundstruktur des Südlichen Wiener Beckens an der Basis der Neogenablagerungen ist das Resultat unterschiedlicher Absenkungen als Folge neogener Zerrungsvorgänge. Dabei bildeten sich Hoch- und Depressionszonen, meist durch Brüche begrenzt, heraus. Die Absenkungsvorgänge erfolgten im wesentlichen synsedimentär, so daß die Mächtigkeiten stark schwanken: Wenigen hundert Metern auf Hochzonen stehen tausende Meter der stratigraphisch gleichen Schichtfolge in abgesenkten Zonen gegenüber. Die Sedimentation beginnt im Karpat mit terrestrisch-limnischen Konglomeraten, Sandsteinen und Mergeln der Gänserndorfer und Aderklaaer Schichten. In den randnahen Gebieten und ausgeprägten Hochzonen fehlt Karpat (Laxenburg, Oberlaa) oder ist stark reduziert (Laaerberg 1). Diskordant darüber liegt das Aderklaaer bzw. Rothneusiedler Konglomerat. Es reicht nicht bis an den Westrand, findet sich über dem Oberlaaer Untergrundhoch, fehlt aber in anderen Hochlagen (Laxenburg). Am Ostrand des Beckens kommt es zutage. Das Baden besteht aus marinen Mergel- und Sandsteinfolgen im Beckengebiet. Randlich bilden sich klastische Strandsäume und Leithakalke. Letztere bedecken auch einige Hochzonen (z.B. Laxenburg). Im brackisch entwickelten Sarmat unterscheiden sich ebenfalls Beckensedimente bestehend aus Mergeln und Sanden von litoralen sandig-kalkigen Ablagerungen. Im Pannon nehmen ab den tieferen mergelreichen Abschnitten gegen oben bei fortschreitender Aussüßung des Meeres die Sandschüttungen zu und im Pont schalten sich auch Schotterlagen dazwischen. Im südlichen Anteil des Südlichen Wiener Beckens lagern darüber aus den Alpen heraustransportierte Schotter des Pont/Daz. In der Mitterndorfer Senke kommt eine stärkere junge Depression durch eine besondere Mächtigkeit plio-/pleistozäner Schotter zum Ausdruck. Die jüngsten Schotterablagerungen finden sich in den Terrassen längs der Donau.

Der strukturelle Aufbau des neogenen Wiener Beckens gliedert sich in seicht liegende Randsäume der Mödlinger Scholle im W und des Ostrandschollensystems, u.a. mit dem Deutsch-Altenburger Sporn im E. Die Mödlinger Scholle mit den ausgeprägten Hochzonen von Oberlaa und Laxenburg wird durch das Leopoldsdorfer Bruchsystem vom Schwechater Tief getrennt, dem sich im SE das Enzersdorfer Hoch anschließt. Eine bis in die jüngste Zeit wirksame Grabenzone besteht vor allem aus dem Wiener Neustädter Graben und der Mitterndorfer Senke. Die seitliche Begrenzung des ersteren ist vor allem durch den Sollenauer und Schönauer Bruch im NW und den Pottendorfer Bruch im SW gegeben (F. BRIX, 1981). Gegen NE übernehmen deren Funktion eine Vielzahl von Brüchen, von denen der westfallende Engelhartstettener Bruch größere Bedeutung erlangt. Die neogenen Brüche des Südlichen Wiener Beckens sind überwiegend synsedimentär. Sie haben einen Einfallswinkel von durchschnittlich 45°. Sie erlangen vertikale Sprunghöhen bis zu mehreren hundert Metern. Entlang der ostrandlichen Grabenzone gibt es auch Lateralbewegungen. Das beherrschende tektonische Element ist das Leopoldsdorfer Bruchsystem mit einer auf den Beckenuntergrund bezogenen maximalen Gesamtsprunghöhe von über 4.000 m, die sich allerdings gegen N rasch vermindert und ab Oberlaa vom Bisambergbruch zum Teil übernommen

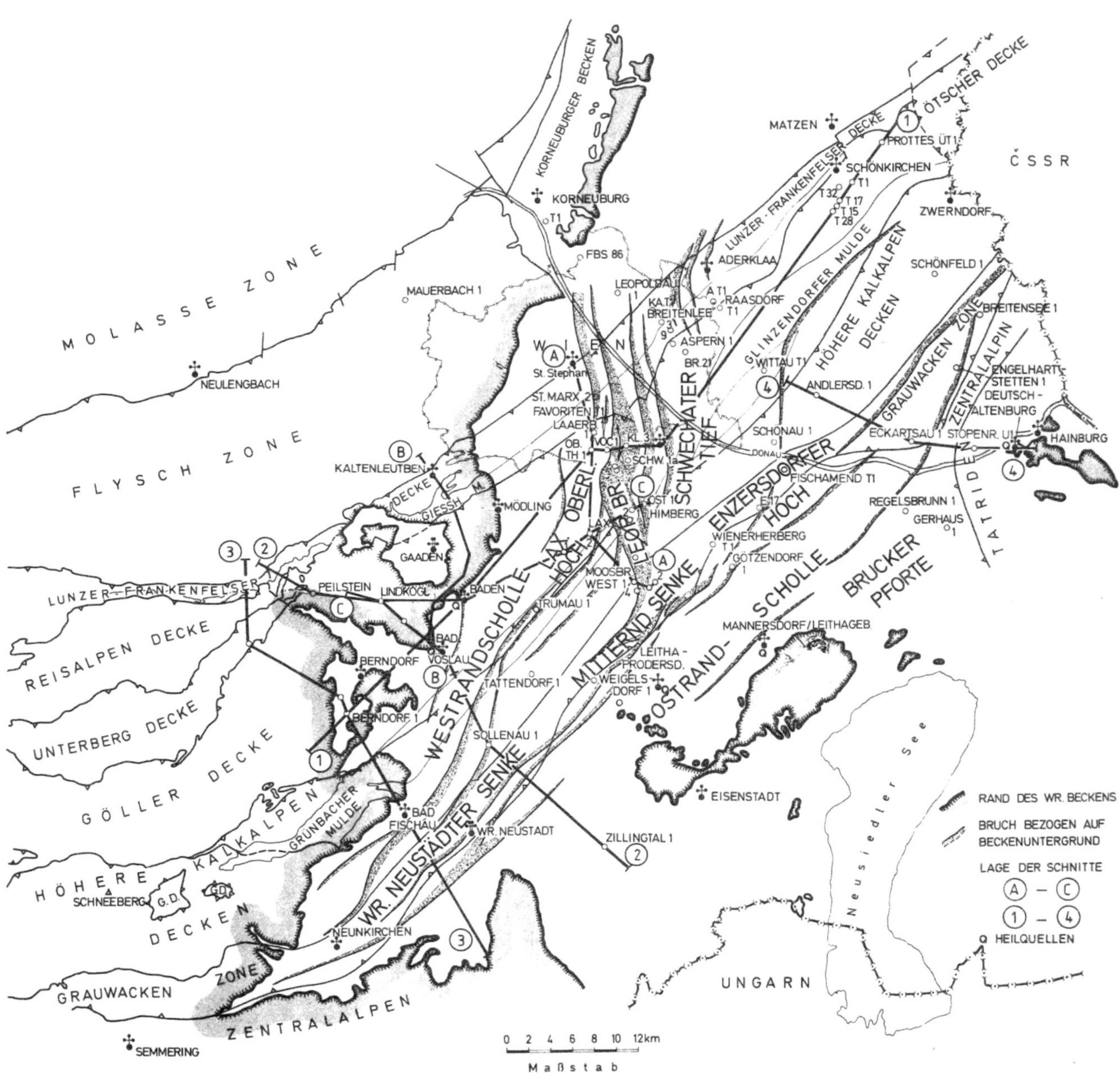

Fig. 14.1./2: Südliches Wiener Becken und Randzone, tektonische Übersicht (mit Bohrlokationen und Profiltrassen).

wird, und gegen S überhaupt zur Gänze ausläuft, wobei der Bruch gerade noch die Grenze zur Grauwackenzone überschreitet. An seinem Maximalversatz grenzen über eine sehr ausgedehnte Fläche bis in große Tiefen Kalkalpengesteine an Neogenmergel und -sandsteine.

Für die Bedeutung der **Hydrogeologie**, damit der Heilwässer innerhalb und am Rand des Südlichen Wiener Beckens, ist als Voraussetzung die Kenntnis der porösen wasserführenden und abdichtenden Gesteinszonen, der Einzugsbereiche der Oberflächenwässer und ihre Migrationsmöglichkeit in die Tiefe sowie der Temperaturverhältnisse und chemischen Zusammensetzung der Tiefenwässer anzusehen (G. WESSELY, 1983).

Wasserwegige Gesteine des Kalkalpin sind Dolomite der Mittel- und Obertrias (Wetterstein- und Hauptdolomit), deren Speicherfähigkeit hauptsächlich auf Klüftung zurückzuführen ist. In Kalken ist nur bei Verkarstung Wegsamkeit zu erwarten, wie sie vor allem im Wettersteinkalk Bedeutung erlangt. Die mächtige Entwicklung dieser triadischen Plattformkarbonate stellen, wie die Bohrung Berndorf 1 zeigte, Speichergesteine mit immenser Kubatur dar.

In der zentralalpinen-tatriden Gesteinsabfolge sind mitteltriadische Dolomite, vielleicht auch geklüftete Quarzite als gut speicherfähig anzusehen.

Im Neogen ist das Aderklaaer-Rothneusiedler Konglomerat das beherrschende Speichergestein. Gute Porositäten können aber auch Sandsteine verschiedener Altersstellung erlangen. Die Möglichkeiten weitreichender Migrationen in denselben sind wegen geringer Mächtigkeiten und sedimentär und tektonisch bedingten Unstetigkeiten begrenzt. Basale Neogenablagerungen von klastischen Gesteinen oder Lithothamnienkalken besitzen Wegsamkeit infolge Porosität oder Klüftung. Sie bilden meist mit dem Untergrund eine energetische Einheit.

Als Dichtezonen sind im Kalkalpin tonige und sandige Gesteine des Paläozän und der Kreide (Gosau), der obertriadischen Lunzer Schichten, der permoskythischen Werfener Schichten sowie alle Mergelkalke, Kalke und kalkig verkittete Klastika anzusehen, vor allem, wenn die Klüfte durch Calcit verheilt sind. Die tonig-mergeligen und sandigen Abfolgen der Flyschzone sowie die schiefrig-klastische Grauwackenzone sind dicht. In den zentralalpin-tatriden Einheiten sind neben dem Kristallin vor allem die Keuperablagerungen undurchlässig. Größte Bedeutung als dichtendes und damit lenkendes Element kommt den mächtigen Neogenmergeln zu.

Nach den vorangegangenen Ausführungen liegen die wichtigsten Einzugsgebiete der Grundwässer dort, wo Aquifere des Kalkalpin und der Zentralalpen-Tatridenzone zutage treten, wobei Randablagerungen des Neogen und Schotterkomplexe des Beckensüdendes zusätzliche Kollektoren darstellen.

Während Dolomitkörper der vorderen Kalkalpenzone eine mäßig große Aufnahmefläche besitzen, bilden Mittel- und Obertriasdolomite der Göller Decke, in weiter Entfernung vom Rand auch Unterberg- und Reisalpendecke, ausgedehnte Sammelflächen. Derartige Areale sind vom N gegen S das überwiegend obertriadische Massiv des Anninger und Pfaffenstättner Kogels, die Mitteltriasmasse der Ostflanke des Lindkogel- massives und schließlich die großen Hauptdolomitgebiete südlich der Linie Peilstein–Bad Vöslau, die sich weit gegen SW und W erstrecken und zu denen südlich Gutenstein auch Wettersteindolomite hinzutreten. Für die Hydrogeologie in den höheren Kalkalpendecken bilden die Gebiete der Hohen Wand und der Fischauer Berge sowie der Rax und des Schneeberges effiziente Einzugsgebiete.

Das Zentralalpin bietet infolge der sporadischen Verbreitung der Karbonate des Semmeringmesozoikums entlang der Ostflanke des Wiener Beckens einschließlich des Leithagebirges wenig Möglichkeit für einen ausgedehnten Kollektor. Dasselbe gilt für den Südabschnitt der Kleinen Karpaten einschließlich der Hainburger Berge. Die Verbreitung von Speichergesteinen im Untergrund des Wiener Beckens ist jedoch, wie Bohrungen zeigen, nicht unerheblich.

Die Fließbewegungen von Wässern von der Oberfläche in die Tiefe sind gebunden an die Gegebenheiten des geologischen Tiefbaues und der Anordnung der porösen und dichten Gesteinszonen (Fig. 14.1./1). Generell sinken alle Strukturen und damit Aquifersysteme gegen das Wiener Becken ab. Das Kalkalpin ist an seiner nördlichen Front und in seinem Liegenden von der dichten Masse des Flysches begrenzt. Die an der Basis der höheren Kalkalpendecken liegende Grauwackenzone bildet einen südlichen Dichtekeil. Die tiefreichenden Gosauzonen der Gießhübler und der Grünbach-Glinzendorfer Muldensysteme bilden die am meisten eingreifenden kalkalpinen Barrieren. Die zentralalpin-tatriden Aquifere finden ihre Dichteschranken in der hangenden Grauwackenzone einerseits und in den liegenden Kristallinkomplexen andererseits. Dichte Neogensedimente des Wiener Beckens bedecken die Aquifergesteine des Kalkalpin und der Zentralalpin-Tatridenzone. Für das kalkalpine Aquifersystem bilden sie eine entscheidende Sperre gegen das zentrale Wiener Becken entlang des Leopoldsdorfer Bruches.

Neben all diesen geologischen Gegebenheiten bie-

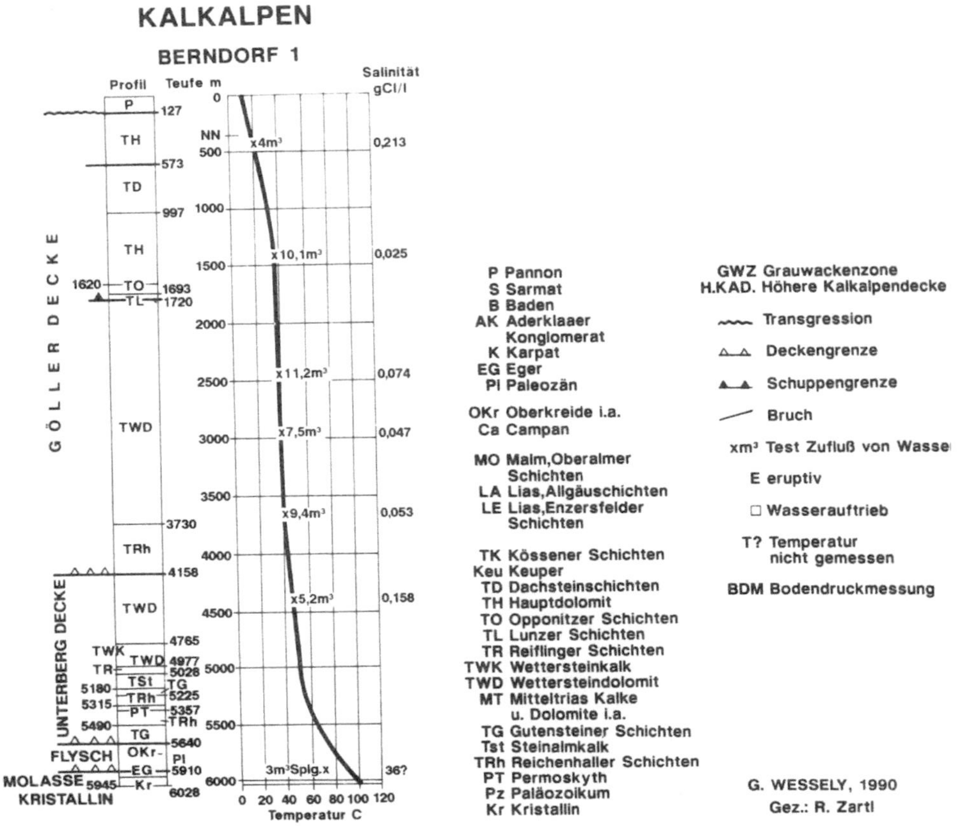

Fig. 14.1./3: Südliches Wiener Becken, Westrandzone: Schichtfolgen, Temperatur und Wässer. Fortsetzung S. 241.

ten eine Reihe von Faktoren betreffend Temperatur, Druck, Chemismus der Wässer aus Bohrungen und Quellaustritten bzw. Brunnen Kriterien für die Deutung der Hydrodynamik.

Demnach lassen sich für das Wiener Becken und dessen Rand zwei Typen von hydrologischen Systemen bzw. environments unterscheiden, ein mehr hydrostatisches und ein stärker hydrodynamisches System. Das geschlossene, mehr hydrostatische System (zum Teil charakterisiert bei G. SCHRÖCKENFUCHS, 1975) ist gekennzeichnet durch stabile, der geothermischen Tiefenstufe entsprechende Temperaturverhältnisse, durch saline Wässer, deren Mineralisation erst gegen die Oberfläche Aussüßung erfahren, und durch einheitliche Druckgradienten, sofern nicht aus anderen Gründen Überdruckzonen existieren. Das offene, hydrodynamische System besitzt uneinheitliche, nicht dem geothermischen Gradienten folgende Temperaturbedingungen, die Wässer sind ausgesüßt oder brackisch, auch bis in große Tiefen, die Drücke sind beeinflußt durch Dichteunterschiede der Wässer infolge heterogener Temperaturen. Das überwiegend hydrostatische System liegt im zentralen, an den großen Brüchen abgesenkten Teil des Wiener Beckens sowohl im Untergrund als auch im Neogen sowie in den isolierten Neogensanden der randlichen Hochschollenbereiche vor. Das hydrodynamische System ist an die Ränder und den Untergrund und das Basisneogen der Randschollenbereiche des Südlichen Wiener Beckens gebunden.

Die wichtigsten Belege für diese beiden Systeme bilden die Tiefbohrungen, die die dafür erforderlichen Daten mittels Bohrlochmessungen und Zuflußtests lieferten. Sie ermöglichten die Erstellung kontinuierlicher Temperaturkurven und die Aufgliederung der Wässer nach ihrem dem hydrologischen System entsprechenden Chemismus (Fig. 14.1./3 und 14.1./4). Die angeführten Beispiele umfassen den Zentralanteil des Südlichen Wiener Beckens mit der Enzersdorfer Hochzone und dem Neogenanteil an der Abbruchzone zum Schwechater Tief, als Vertretung des hochsalinen hy-

WESTRANDSCHOLLE

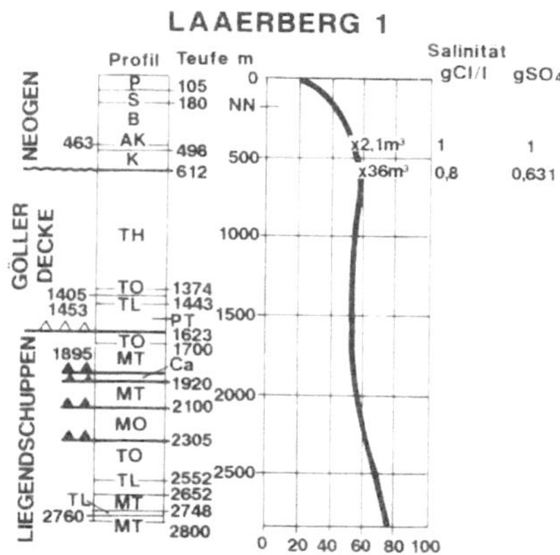

ABRUCHZONE ZUM SCHWECHATER TIEF

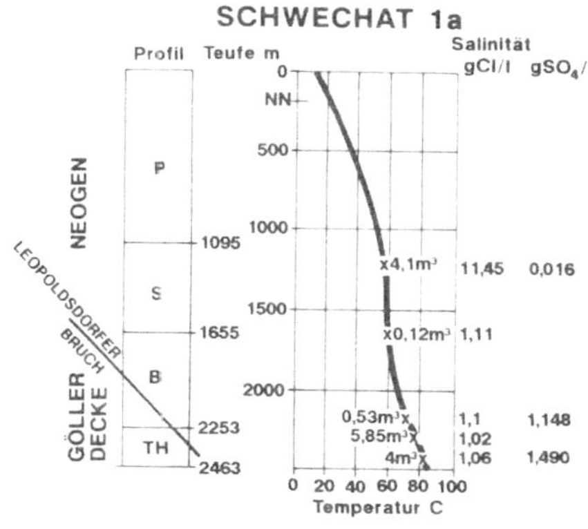

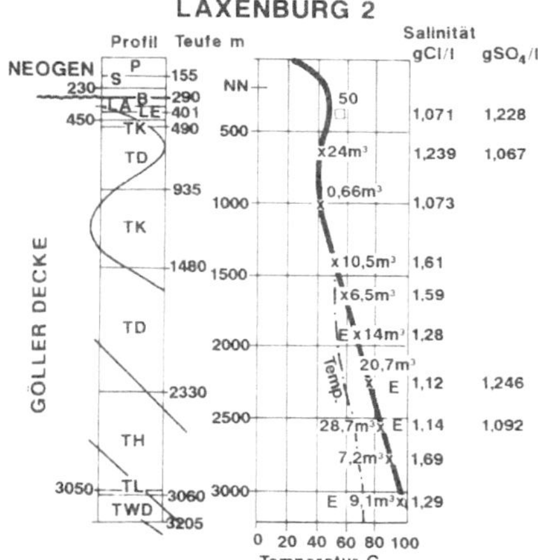

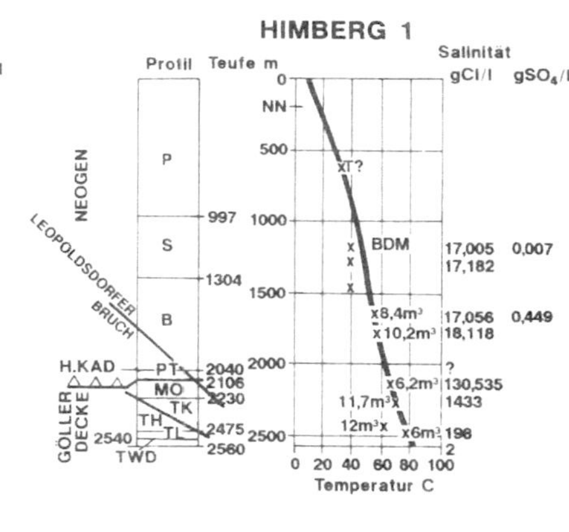

SÜDLICHER BECKENANTEIL

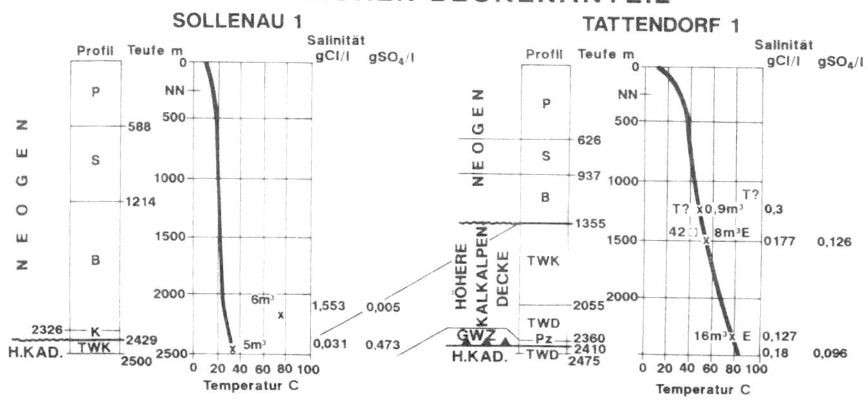

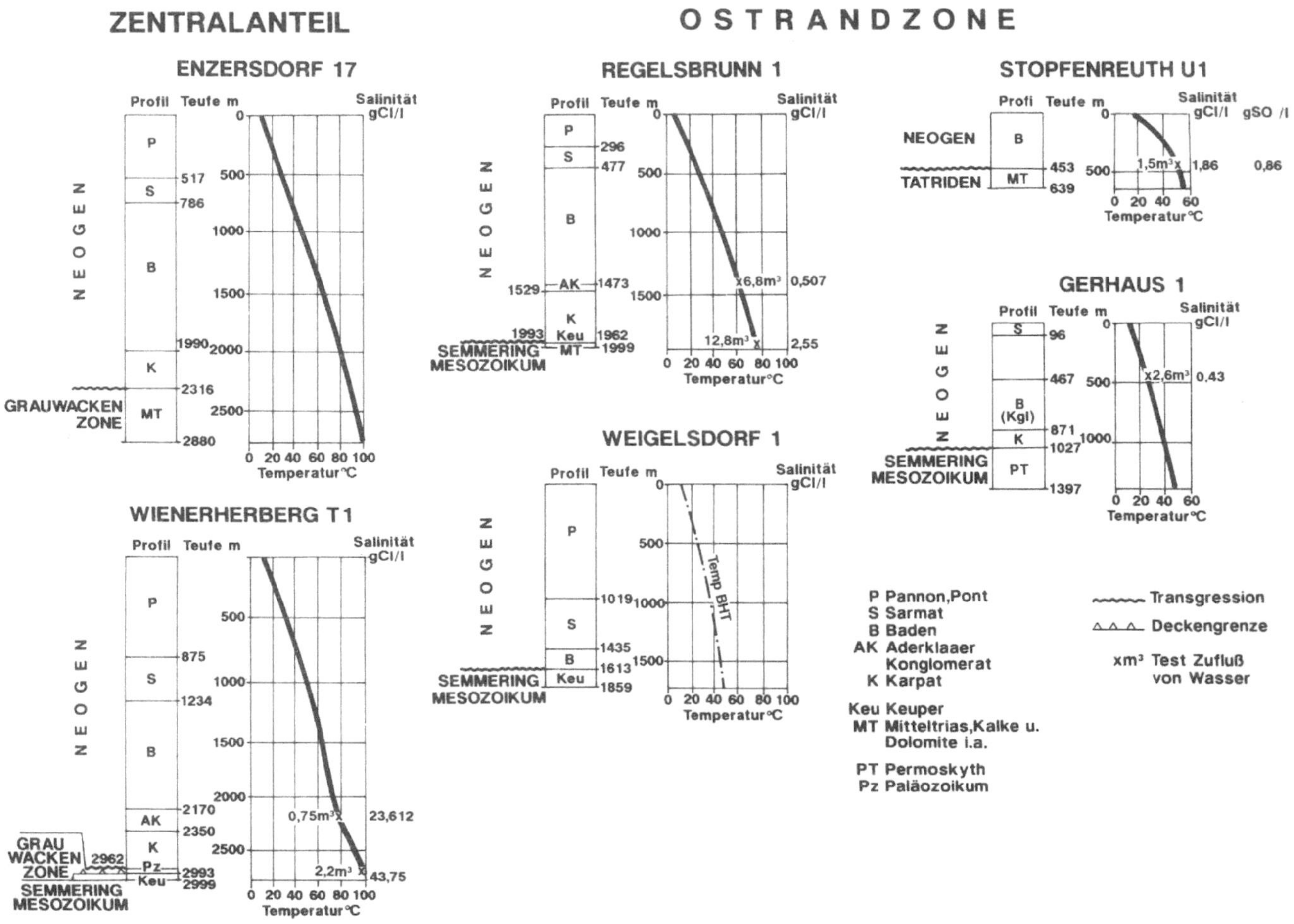

Fig. 14.1./4: Südliches Wiener Becken, Zentralanteil und Ostrandzone: Schichtfolgen, Temperatur und Wässer.

drostatischen Systems mit gleichförmigem Verlauf der Temperaturkurven und die Westrand- und Ostrandzone als Vertretung des geringsalinen hydrodynamischen Systems mit ihren Anomalien im Temperaturverhalten: In der Bohrung Berndorf 1 herrschen im kalkalpinen Aquifer mit seiner Süßwasserführung bis zu seiner tiefreichenden Unterkante (5.640 m) niedrige Temperaturbedingungen. Die beiden tief ins Kalkalpin eingedrungenen Bohrungen Laaerberg 1 und Laxenburg 2 zeigen eine erhitzte Zone im oberen Teil, an der Unterkante des Neogen, ein Stagnieren oder sogar einen Rückgang der Temperatur im mittleren Teil des Profils und einen normalen Anstieg gegen den tieferen Teil des nur gering mineralisierten Aquifers. Konform mit diesen Verhältnissen gehen Temperatur und Chemismus in dem Kalkalpin, das bruchgekappt an der Abbruchzone zum Schwechater Tief vorliegt (Schwechat 1a, Himberg 1). Im südlichen Anteil der Westrandscholle fällt der Unterschied einer kühlen Bohrung Sollenau 1 und einer relativ erhitzten Bohrung Tattendorf 1 auf, auf dessen Deutung noch eingegangen wird (Fig. 14.1./1, 14.1./2).

Wenn auch in der Ostrandzone des Südlichen Wiener Beckens weniger Informationen vorliegen, ist auch hier der Trend zu geringer Salinität im Untergrund (zentralalpin-tatride Karbonate bzw. Quarzite) und basalem Neogen (z.B. Aderklaaer Konglomerat in Gerhaus 1) bekannt, ebenso die Heterogenität im Temperaturverhalten, wobei die Anomalie in der karbonatischen Mitteltrias in Stopfenreuth U1 auffällt.

Der Gehalt an Schwefelverbindungen ist kein Spezifikum des hydrodynamischen Systems. Er entsteht thermokatalytisch in allen Wässern, die in der Tiefe Berührung mit Sulfatgesteinen des Kalkalpins oder Semmeringmesozoikums erhielten. Die Erhaltung dieser Verbindungen in den Wässern der Karbonatgesteine im Gegensatz zu denen terrigener Gesteine kann als ein Indiz für die Herkunft verwendet werden.

Für die Existenz der Heilwasservorkommen ist das offene, hydrodynamische System ausschlaggebend. Am Westrand des Südlichen Wiener Beckens folgt ein solches dem tektonischen Verlauf der Ötscher Decke. Von der Oberfläche her erfolgt ein Zustrom von Kaltwasser in die Tiefe. Der Strom bewegt sich unter das Wiener Becken, wobei Beckenrandbrüche infolge zu geringer Sprunghöhe kein, der Leopoldsdorfer Bruch hingegen das erste wirklich wirksame Hindernis in der Fließbewegung darstellt (Fig. 14.1./1, 14.1./5). An dieser etwa 45° ostwärts geneigten tiefreichenden Barriere steigen die erwärmten und mineralisierten Wässer hoch und streben höhere Positionen wie das Oberlaaer und Laxenburger Hoch an. Der erhöhte Druckgradient im Bereich der Wärmeanomalien bewirkt eine Fließbewegung der warmen Wässer entlang Wegsamkeiten innerhalb des Kalkalpin oder unter abdichtendem Neogen zurück zum Beckenrand (Zentralheizungsmechanismus). Auf diesen Umstand ist letztlich das Auftreten der Thermalquellen von Baden und Bad Vöslau zurückzuführen.

Von diesem System durch die tiefgreifende dichte Oberkreide der Grünbacher Mulde getrennt liegt vermutlich ein weiteres vor, das dem Streichen der höheren Kalkalpendecken, insbesondere der Schneebergdecke folgt. Das kalte Süßwasser, das im Wettersteinkalk der Bohrung Sollenau 1 bei 2.429 m angetroffen wurde, würde einem beckenwärtig gerichteten Kaltwasserstrom entsprechen, in der Bohrung Tattendorf 1 ist hingegen zufolge deren strukturell vergleichsweise hohen

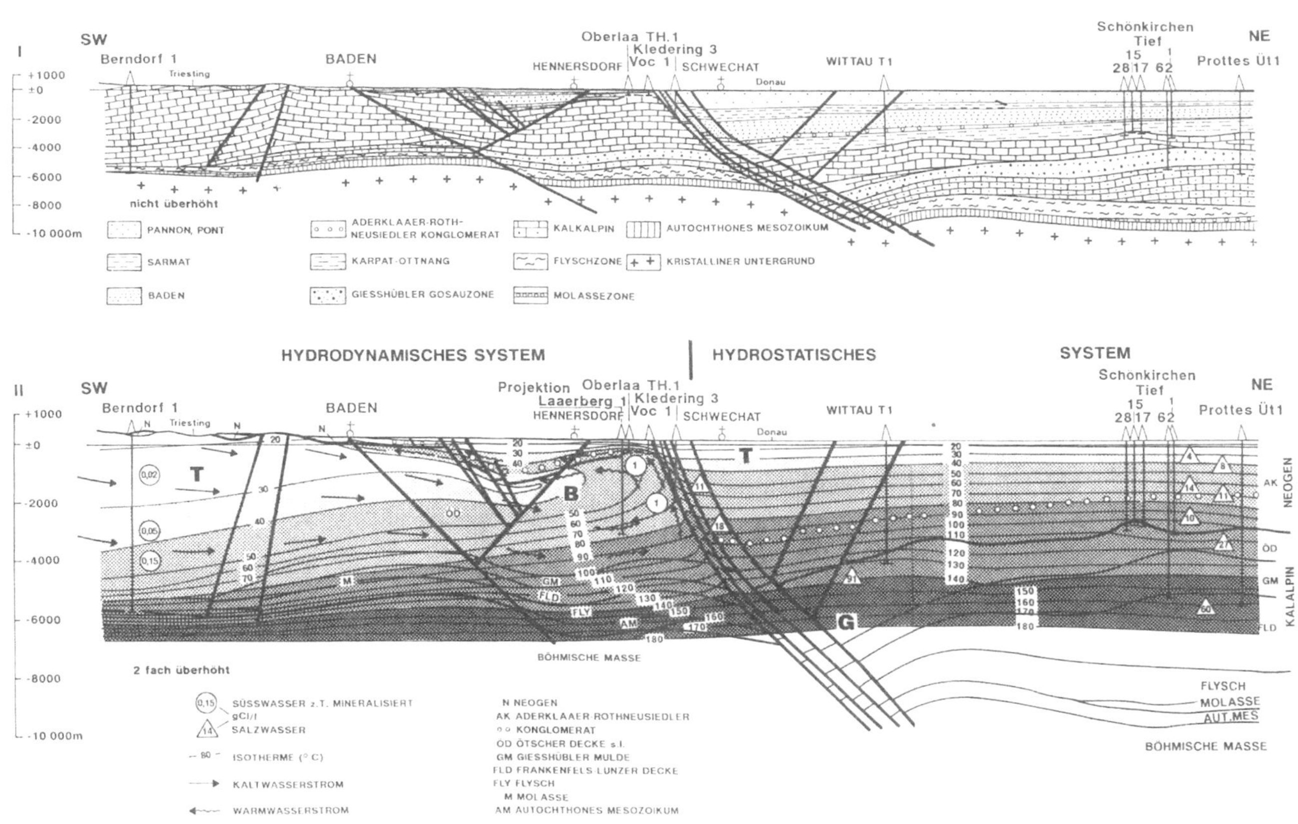

Fig. 14.1./5: Profil (1) Berndorf–Schönkirchen, I. Geologie, II. Temperaturverteilung, Hydrodynamik (Profilverlauf siehe Fig. 14.1./1 und 14.1./2).

Position der bereits bei 1.355 m liegenden Mitteltrias (Oberkante 1.355 m) bereits Warmwasser geringer Mineralisation angesammelt. Die Sprunghöhe des östlich davon durchziehenden Leopoldsdorfer Bruches hat zwar bereits stark abgenommen, dürfte aber noch immer eine wirksame Barriere für einen nach oben und beckenrandwärts drängenden Warmwasserstrom darstellen. Diesem südlicheren System könnten die Thermen von Bad Fischau und Brunn ihr Bestehen verdanken.

Am Ostrand des Südlichen Wiener Beckens muß ein funktionell gleichartiges, aber in den strukturgeologischen Voraussetzungen vom Westrand unterschiedliches hydrodynamisches Modell angenommen werden. Die Funktion der Dichtebarriere, die den von der Oberfläche abwärts fließenden Kaltwasserstrom nach seiner Erwärmung und Mineralisierung in der Tiefe wieder nach oben lenkt, übernimmt hier die unter dem Neogen steil nach NW einfallende Grauwackenzone. Ihr Einsatz erfolgt 6-10 km vom Beckenrand entfernt, so daß der Warmwasserstrom auf diese Erstreckung durch die Neogenunterkante randwärts gelenkt wird und in Quellen entweder direkt am Rand, wie in Deutsch-Altenburg, oder entlang randnaher Brüche, wie in Leithaprodersdorf und Mannersdorf (H. KÜPPER, 1977) zum Ausdruck kommt.

Die Frage der Mengenbilanz in all den genannten hydrologischen Systemen gestaltet sich schwierig, was zurückzuführen ist auf die mangelnde Kenntnis aller relevanten Einzugsbereiche und der Anteile, die in die Zirkulationssysteme einbezogen werden, und schließlich, wieviel an Warmwasser abgekühlt in die Tiefe migriert und dem Kaltwasser wieder zugeführt wird.

Die Deutung der Heilwasserquellen als Teilerscheinungen in einem größeren geologisch-hydrologischen Zusammenhang gibt nichtsdestoweniger Betrachtungen über Wertung, Nutzung und Erhaltung eine umfassendere Bedeutung. Sie erfordert ein noch intensiveres Bemühen um Information über den geologischen Bau, die chemischen und physikalischen Eigenschaften der Wässer und Wassersysteme, deren Datierungen, Fließgeschwindigkeiten und der Mengenbilanz mit den heute in bereits weitgehendem Maße zur Verfügung stehenden technischen Mitteln.

14.2. Die Heilwasserbezirke

14.2.1. Oberlaa

14.2.1.1. Geologie (F. WEBER, G. WESSELY)

Die Kenntnis des Thermalvorkommens von Oberlaa gründet sich auf Bohrungen, die im Zuge der Kohlenwasserstoffexploration im Bereich südlich von Wien abgeteuft wurden (F. WEBER, 1967). Vor allem die Bohrung Oberlaa 8, die von der Firma Eurogasco durchgeführt wurde, gab durch das Auftreten eines starken Warmwasserzuflusses in 363 m Tiefe aus einem Konglomerat nahe der Neogenbasis Anlaß dazu, daß die Gemeinde Wien in geringer Entfernung 1965 die Bohrung Oberlaa Thermal 1 für eine Heilwassernutzung abteufen ließ. Zur Erklärung der strukturellen Verhältnisse haben vorher umfassende geophysikalische Untersuchungen (Gravimetrie, Reflexionsseismik und in jüngster Zeit elektromagnetische Frequenzsondierung) entscheidenden Anteil.

Die Thermalbohrung lieferte nach der Öffnung des Rothneusiedler Konglomerates mineralisiertes Thermalwasser mit einer Schüttung von 40 l/s und einer Temperatur von 53 °C in Tiefenbereichen zwischen 352,85 und 394,3 m.

Die Bohrung traf folgendes geologisches Profil an (Bearbeitung F. STEININGER, 1967):

bis 6,5 m	Quartär,
bis 45,0 m	Unterpannon,
bis 108,0 m	Sarmat,
bis 312,0 m	Baden,
bis 364,0 m	Rothneusiedler Konglomerat,
bis 401,0 m	Dolomitbrekzie,
bis 418,8 m	Hauptdolomit.

Die Schichten des Unterpannon bis zum unteren Baden bestehen überwiegend aus Mergelstrecken und wenig sandigen Lagen. Am Top des Sarmats tritt ein Sand-Schotterkomplex von 35 m Mächtigkeit auf. Die Mergel bilden eine wirksame Abdichtung des darunter liegenden Aquifers (Fig. 14.2./1, 14.2./3). Dieser setzt sich zusammen aus dem Rothneusiedler Konglomerat, parallelisierbar mit dem ausgedehnten Aderklaaer Konglomerat des zentralen Wiener Beckens, einer Aufarbeitungszone des Untergrundes und dem Untergrund selbst in Form von Hauptdolomit. Diese Teilelemente des Aquifers besitzen wechselnden Poreninhalt, sind aber nicht durch Abdichtungen voneinander getrennt. Strukturabwärts tritt zwischen Untergrund und Rothneusiedler Konglomerat eine Sand-Mergelserie des Karpat (Laaerberg 1, Fig. 14.2./3). Das Rothneusiedler Konglomerat besteht aus bis mehrere cm großen, gerundeten kalkalpinen Komponenten neben Flysch- und Kristallingeröllen. Verschiedene Zementierung, vor allem in sandigen und tonigen Lagen, bewirkt verschiedene Porosität (4,4–11,4%, F. WEBER, 1967). Die Loginterpretation des Hauptdolomits erbrachte Porositätswerte von 4–10%. Die Mächtigkeit des Rothneusied-

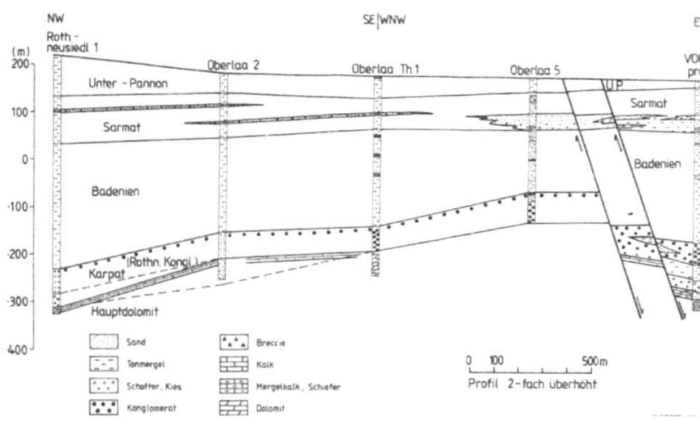

Fig. 14.2./1: Geologisches Profil durch das Neogen von Oberlaa. Punktierte Oberkante Rothneusiedler Konglomerat.

ler Konglomerats beträgt maximal über 100 m (Bereich der Bohrung Oberlaa 2). Nördlich und südlich davon nimmt sie regelmäßig ab.

Das Thermalgebiet Oberlaa bildet strukturell gesehen eine Hochzone im S Wiens (Fig. 14.2./2). Die Struktur hat den Charakter eines begrabenen kalkalpinen Untergrundrückens. Ihr Scheitel reicht bis auf wenige hundert Meter unter die Erdoberfläche. Die Mächtigkeit der neogenen Schichtglieder ist im Scheitelbereich am geringsten und nimmt gegen die Flanken zu. Zwischen dem Oberlaaer Hoch und dem Beckenrand im W liegt eine NNW-SSE-verlaufende Depressionszone. Im S trennt sie eine flache Einsattelung vom Laxenburger Hoch und im N schließt sie sich zum Leopoldsdorfer Bruchsystem. Dieses schneidet das Oberlaaer Hoch im E ab. Es setzt sich aus Teilbrüchen zusammen, die sich in ihrer Funktion lateral ablösen und Gesamtsprunghöhe von mehr als 4.000 m erreichen. Die Tiefscholle sank synsedimentär, also während der Sedimentation des Miozän ab, wobei sich das Schwechater Tief bildete. Gleichzeitige Auffüllung der Eintiefung führte zu einer vielfachen Sedimentmächtigkeit in der Tiefscholle im Vergleich zur Hochscholle. Liegt der Beckenuntergrund im Oberlaaer Hochbereich bei 400 m Tiefe, ist er im Schwechater Tief auf bis zu 5.000 m abgesenkt. Bis in große Tiefen und über lateral weite Erstreckung grenzt daher Miozän an Kalkalpin.

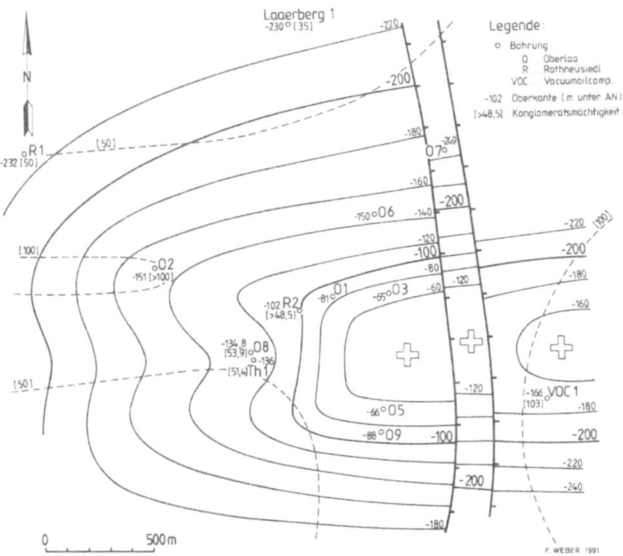

Fig. 14.2./2: Strukturkarte der Oberkante des Rothneusiedler Konlomerats.

Über den Tiefbau des kalkalpinen Untergrundes gibt vor allem die 2.800 m tiefe Bohrung Laaerberg 1 im Raum Oberlaa Aufschluß (Fig. 14.1./2). Sie erbohrte über einer von 1.623 m bis zur Endteufe reichenden Schuppenzone der basalen Göller Decke, die Schichten von der Mitteltrias bis zur Oberkreide in meist unzusammenhängenden Verbänden umfaßt, den Hauptkörper der Göller Decke von 612–1.623 m. Die Basis dieses Hauptkörpers bildet einen Überschiebungsteppich aus Permoskyth, der mit der Stirnzone der Göller Decke in Hinterbrühl zu verbinden ist. Gemeinsam mit dieser Stirnzone ist auch die geringmächtige Ausbildung der Mitteltrias (rudimentäre Reiflinger Schichten), der Lunzer und der Opponitzer Schichten anzusehen, die von Hauptdolomit überlagert werden. Der Hauptdolomit gehört gemeinsam mit Dachsteinkalken zur mächtigen Obertriasfolge, die im Gebiet Oberlaa den Beckenuntergrund bildet (Bohrungen Oberlaa, Kledering, Johannesberg und Schwechat) und die Fortsetzung der Anninger Mulde darstellt. Den räthischen Kern derselben erschlossen die Bohrungen VOC 1 und bruchbedingt abgesenkt Kledering 3. Ebenfalls in etwas abgesenkter Position findet sich Hauptdolomit unterlagert von Permoskyth und Mitteltrias der tieferen Schuppenzone in der Bohrung Favoriten T1 im 10. Gemeindebezirk Wiens wieder. Jenseits des Leopoldsdorfer Bruches setzt sich der Hauptdolomitkörper in die Tiefe fort, durch Bohrungen im Raum Aspern, Eßling, Breitenlee und Raasdorf in seiner nordrandlichen Position erfaßt.

Der Kalkalpenkörper der Hochscholle mit seinen mächtigen Obertriaskarbonaten, denen sich südwärts mächtiger werdende Wettersteinkalke und -dolomite anschließen (Fig. 14.2./3), stellt einen gut wegsamen Komplex dar, der am mittelsteil ostwärts fallenden abdichtenden Leopoldsdorfer Bruch in seinem Verlauf abgeschnitten wird (Fig. 14.1./1). Werfener Schichten der Göllerdecken-Stirnzone und Paläozänsedimente der Gießhübler Mulde, nachgewiesen in der Bohrung St. Marx 1 im 3. Gemeindebezirk Wiens bilden eine nordwestliche Dichtebarriere, die Neogenschichten der Hochscholle einen wirksamen bis zum Beckenrand reichenden cap rock. Damit sind die Voraussetzungen für ein im Kap. 14.1. angeführtes Zirkulationssystem gegeben, das aus einem von der Oberfläche in die Tiefe strebenden Kaltwasserstrom besteht, der erwärmt und mineralisiert am Leopoldsdorfer Bruch wieder aufsteigt (Fig. 14.1./5). Die Hochlage des Untergrundes im Raum Oberlaa bewirkt eine bevorzugte Ansammlung des am meisten temperierten Wassers zufolge dessen geringster Schwere. Die starke Temperaturanomalie am Top des Aquifers bestätigt dies. Die Mineralisation mit einer Konzentration von 4.267 mg/l gelöster Stoffe (davon 1.653 mg/l NaCl und 1.350 mg/l Sulfate, 50 mg/l freier Schwefelwasserstoff, F. WEBER, 1967) entspricht ebenfalls diesem Schema. Die Überdrücke bewirken ein Hineinmigrieren des Heißwassers auch in die basalen Neogenbrekzien und das Rothneusiedler Konglomerat auch bei strukturabwärts einsetzender Separation desselben vom Untergrund durch Mergel des Karpat. Das Konglomerat ist noch in abgesenkter, aber wahrscheinlich mit der Hochzone verbundenen Position in Favoriten T1 am östlichen Stadtrand von Wien thermalwasserführend.

Geologisch-geophysikalische Untersuchungen führen zu Überlegungen einer Erweiterungsmöglichkeit der Nutzung des Heilwasservorkommens von Oberlaa (F. WEBER, 1986, 1988).

Eine Analogie zum Oberlaaer Hoch stellt die Hochzone von Laxenburg dar (Fig. 14.1./2). Gespanntes Thermalwasser wurde auch hier in kalkalpinen Dolomiten mehrfach getestet. Es reicht hinauf bis in den aus einer klüftigen Leithakalküberlagerung gebildeten Top. Dort bewirkt es eine ausgeprägte thermische Anomalie. Die Mineralisationen besitzen ähnliche Konzentration wie in Oberlaa. Der Leithakalk liegt in einer Bohrtiefe von 290 m dem Beckenuntergrund auf, der zunächst von steilgestelltem Jura, ab 490 m von Obertrias und ab 3.060 m von Mitteltrias gebildet wird. Rothneusiedler Konglomerat fehlt am Laxenburger Hoch (Fig. 14.2./3).

14.2.1.2. Hydrogeologie und Hydrochemie (F. WEBER)

Bezüglich der Tiefenwässer im Raum Oberlaa und den benachbarten Strukturen kann davon ausgegangen werden, daß wichtige Daten über Schüttung, Chemismus und Temperatur seit der Kohlenwasserstoff-Exploration Anfang der dreißiger Jahre vorliegen. An-

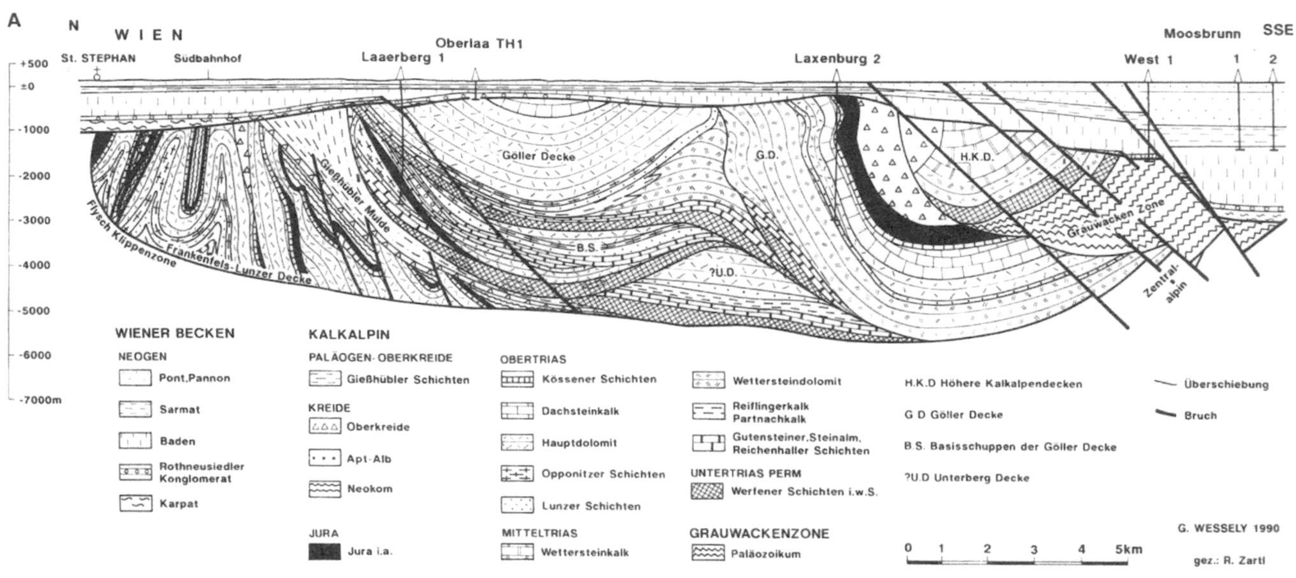

Fig. 14.2./3: Geologisches Profil (A) entlang des Ostrandes des Wiener Beckens zwischen Wien und Laxenburg-Moosbrunn (Profilverlauf siehe Fig. 14.1./2).

scheinend ist das Rothneusiedler Konglomerat ein Aquifer, dessen Wässer zumindest im Bereich der Hochscholle des Leopoldsdorfer Verwurfs einem einheitlichen Typus angehören. Bei der Bohrung Oberlaa Th1 verfügen wir seit 25 Jahren über Analysendaten, die keine signifikanten Änderungen der Gesamtkonzentration oder einzelner Komponenten erkennen lassen. Demnach ist das Thermalwasser bei einer Gesamtkonzentration von ca. 3,65 g/l balneologisch als Natrium-Calcium-Chlorid-Sulfat-Mineraltherme zu bezeichnen. Die Testergebnisse der Bohrung Laaerberg 1 sind zwar keine Vollanalysen, stimmen aber in wichtigen Komponenten, wie einem Cl-Gehalt von 850 mg/l beim Test im Rothneusiedler Konglomerat mit Oberlaa gut überein.

Der wichtigste Aquifer, aus dem die ergiebigsten Wasserzuflüsse erfolgten, ist das Rothneusiedler Konglomerat (Karpat). Bei der Angabe der Zuflußmengen ist zu berücksichtigen, daß es sich hierbei um keine Entnahme über längere Zeiträume handelt. So erfolgte in der Bohrung Oberlaa 8 im Jahre 1934 aus dem basalen Bereich des Rothneusiedler Konglomerats (Tiefe 363 m) ein Zufluß von mehr als 30 l/s. Es ist nun bemerkenswert, daß im oberen Teil des Rothneusiedler Konglomerats in 328 m Tiefe nur ein Zufluß von 7 l/s erfolgte. Auch in der Bohrung Oberlaa 2 betrug der Zufluß in einer Tiefe von 350,5 m nur 4 l/s.

Für den Chemismus der Mineralwässer sind Analysenresultate zu verschiedenen Zeitpunkten aus der Bohrung Th1 aufschlußreich (Angaben in mg/l, Entnahmen am 22. September 1966, 20. April 1972, 6. November 1974 und 19. Jänner 1987):

	1966	1972	1974	1987
gelöste Stoffe	3.538,2	3.648,3	3.653,0	3.609,5
Na^+	518,7	570,0		513,0
Ca^{2+}	449,1	453,3		446,6
Mg^{2+}	121,8	108,7		123,5
Cl^-	848,5	835,0	845,0	845,8
SO_4^{2-}	1.299,0	1.366,0	1.310,0	1.302,0
HCO_3^-	247,1	269,7	265,5	263,5
CO_2	45,3	50,0		68,0
H_2S	40,1	41,8		43,0

Weitere Haupt- und Nebeninhaltsstoffe, Werte aus dem Jahre 1987 nach A.J. STEHLIK:

pH-Wert 6,80
El. Leitfähigkeit (bei 25 °C) 4840 µS/cm
Temperatur 53,8 °C
Trockenrückstand:
bei 220 °C 3.595 mg/l
bei 180 °C 3.650 mg/l

Prüfung des Wassers durch die Sinne:
Wasserfarbe: anfangs milchig trüb, bald klar werdend
Geruch: stark nach Schwefelwasserstoff
Bodensatz: nicht vorhanden

		Massenkonzentration mg/l	Äquivalentanteil %
KATIONEN			
Natrium	Na^+	513,0	40,27
Kalium	K^+	22,5	1,04
Ammonium	NH_4^+	1,25	0,13
Magnesium	Mg^{2+}	123,5	18,33
Calcium	Ca^{2+}	446,6	40,23
Summe:		1.106,85	100,00
ANIONEN			
Chlorid	Cl^-	845,8	42,65
Sulfat	SO_4^{2-}	1.302,0	48,47
Hydrogencarbonat	HCO_3^-	263,5	7,72
Hydrogensulfid	HS^-	21,0	1,14
Thiosulfat	$S_2O_3^{2-}$	0,55	0,02
Summe:		2.432,85	100,00
Summe Elektrolyte:		3.539,70	
Schwache Elektrolyte:			
Kieselsäure, meta	H_2SiO_3	42,9	
Borsäure, ortho	H_3BO_3	8,39	
Summe:		3.590,99	
Gasförmige Bestandteile:			
Freies Kohlendioxid	CO_2	68,0	
Freier Schwefelwasserstoff	H_2S	43,0	
Summe:		3.701,99	

Gesamthärte 91,34 °dH
Karbonathärte 4,34 °dH
Kaliumpermanganatverbrauch 5 mg $KMnO_4$/l
(H_2S und HS^- wurden vorher entfernt)

Charakteristik des Quellwassers: Bei der Thermalquelle Oberlaa handelt es sich um eine schwefelhaltige Natrium-Calcium-Sulfat-Chlorid-Mineraltherme.

Eine Liste aller gemessenen *Spurenelemente* liegt nicht vor. Aus den allgemeinen chemischen Angaben von A.J. STEHLIK entnommene Spurenelemente ergeben folgende Werte (in µg/l):

Li	Sr	F	J	B
840	13.900	3.500	200	1.466

Aus den Messung von 1966–1987 ergibt sich, daß anscheinend die Summe der gelösten Stoffe praktisch konstant blieb. In hydrogeochemischer Hinsicht können folgende Eigenschaften als für die Wässer vom Typus Oberlaa charakteristisch angegeben werden: Das Chlorid-Alkali-Verhältnis ist positiv. Der Quotient rMg/Ca ist wesentlich kleiner als 1. Bemerkenswert ist ein hoher Sulfatgehalt, der den äquivalenten Chloridgehalt übersteigen kann.

Auch bei der Tiefbohrung Laaerberg 1 wurden im Rothneusiedler Konglomerat Wässer angetroffen, die vom Chemismus und der Temperatur her durchaus mit denen aus der Bohrung Oberlaa Th1 vergleichbar sind. So erfolgte bei einem Test im Rothneusiedler Konglomerat, Intervall 467–491,6 m, ein Zufluß von 2,1 m³ „Schwefelwasser" von ca. 45 °C und 850 mg Cl/l. Leider fehlen bei diesen Tests Angaben über den besonders aufschlußreichen Sulfatgehalt.

Ein Vergleich mit den Tiefenwässern aus den nach S anschließenden Strukturen Achau und Laxenburg läßt erkennen, daß hier eine große Verwandtschaft besteht.

Bezüglich der Wasserführung im Hauptdolomit kann im Raum Oberlaa noch keine endgültige Aussage getroffen werden. Bei den alten Bohrungen sind die aus dem Hauptdolomit erfolgenden Zuflüsse nicht von denen des Rothneusiedler Konglomerats abgetrennt worden. In der Bohrung Oberlaa Th1 erfolgte ein Open-Hole-Test im Intervall 374,4–394,3 m, dieser brachte einen Zufluß von lediglich 1,5 m³, es muß jedoch hier der starke Skineffekt bei der Bohrung berücksichtigt werden. Aus technischen Gründen konnte der tiefere Hauptdolomit bei der Bohrung Oberlaa Th1 nicht getestet werden.

Von der Bohrung Rothneusiedl 1 (Fig. 14.2./2) wird berichtet, daß aus dem Hauptdolomit in 512,7 m Tiefe ein Zufluß von 17 l/s „Schwefelwasser" erfolgte; möglicherweise wurde hier ein stärker klüftiger Bereich angefahren. Die Scholle mit der Bohrung VOC 1 dürfte ungünstige hydrologische Verhältnisse sowohl im Rothneusiedler Konglomerat als auch im prätertiären Untergrund (Kössener Schichten) aufweisen. Es erfolgte aus dem Rothneusiedler Konglomerat in 348 m Tiefe ein Zufluß von 2,9 l/min, aus den Kössener Schichten in 479 m Tiefe ein Zufluß von 3,3 l/s.

Beim Ausbruch in der Tiefbohrung Favoriten T1 (Fig. 14.1./2) im Jahre 1978 wurde ein calciumsulfat- und natriumchloridhältiges Mineralwasser mit einer Anfangsschüttung von 250 l/s und einer Temperatur von 48–50 °C angetroffen. Dieses stammt größtenteils aus dem Rothneusiedler Konglomerat und dem damit in hydraulischer Verbindung stehenden klüftigen Bereich des Hauptdolomits (Teufe 850–906 m).

Es wurden auch aus stratigraphischen höheren Horizonten Zuflüsse gemeldet, wobei die Angaben über die Schüttung vermutlich ebenfalls nur für kürzere Zeiträume Gültigkeit besitzen. Im einzelnen handelt es sich um folgende Bohrungen:

Oberlaa 1	(Teufe 118,5 m, Badenien):	46,7 l/s,
Oberlaa 9	(Teufe 115,5 m, Badenien):	46,3 l/s,
Oberlaa Th1	(Teufe 223,0 m, Badenien):	27,0 l/s,
Oberlaa Th1	(Teufe 99,0 m, Sarmat):	11,6 l/s.

14.2.1.3. Geothermie und Druckverhältnisse (F. WEBER)

Regional betrachtet dürfte der Raum Oberlaa innerhalb der tertiären Schichtfolge nur wenig vom mitteleuropäischen Durchschnittswert der geothermischen Tiefenstufe, nämlich 33m/°C, abweichen. Die kalkalpine Hochzone einschließlich der diese ummantelnden Basisbrekzie und des Rothneusiedler Konglomerats bilden jedoch eine geothermische Anomalie, hervorgerufen durch die aus größeren Tiefen aufsteigenden Thermalwässer. Es wurde von F. WEBER (1968) unter Annahme eines Durchschnittswertes der Wärmeleitfähigkeit des Kalkalpins angenommen, daß die Thermalwässer aus Tiefen von mindestens 1.800–2.000 m stammen.

Einen Überblick über die Temperaturen der im Raum Oberlaa-Achau auftretenden Wässer gibt die Fig. 14.2./4. Bezüglich der Genauigkeit der Einzelwerte ist zu berücksichtigen, daß die Daten von älteren Bohrungen beim Austritt an der Oberfläche gemessen wurden, wobei sicher eine gewisse Abkühlung während des Aufstieges eingetreten ist und auch, daß eine Beeinflussung durch die Bohrspülungszirkulation erfolgt.

Gegenüber dem auch für den Raum südlich Wien anzunehmenden geothermischen Gradienten von 0,03 °C/m

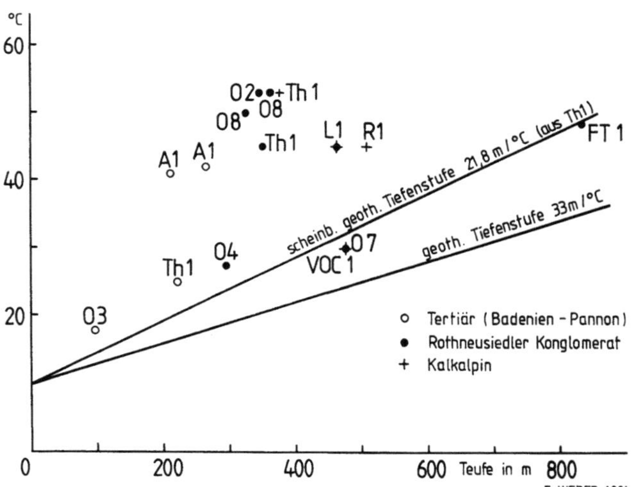

Fig. 14.2./4: Wärmeanomalie von Oberlaa: Temperatur-Tiefenabhängigkeit der Mineralwässer. A = Aderklaa, R = Rothneusiedl, L = Laxenburg, O = Oberlaa, Th = Oberlaa Thermal 1.

(G.T. = 33 m/°C, F. WEBER, 1968) ergeben sich aus den Temperaturen der Formationswässer im engeren Raum Oberlaa-Rothneusiedl wesentlich größere Temperaturgradienten bzw. kleinere Tiefenstufen: So würden diese Werte bei Oberlaa Th1 betragen: T.G. = 0,0458 °C/m; G.T. = 21,8 m/°C. Die aufsteigenden Thermalwässer erwärmten auch das umgebende Gestein.

Bezüglich der geographischen Verbreitung von Wässern mit Temperaturen von > 45 °C aus dem Bereich des Rothneusiedler Konglomerats/Oberkante Kalkalpin konnte gezeigt werden (F. WEBER, 1968), daß diese auf eine engbegrenzte NW-streichende Zone im Raum Oberlaa konzentriert sind.

Die Druckverhältnisse in den wichtigsten Speichergesteinen der Thermalwässer sind trotz der beträchtlichen Zahl von Bohrungen nur höchst unvollständig bekannt. Meist fehlen nämlich umfangreichere Tests, die den statischen Lagerstättendruck unmittelbar nach dem Aufschluß angeben ließen. Auch bei der Bohrung Oberlaa Th1 wurde trotz zweier Open-Hole-Tests der statische Reservoirdruck nicht ganz erreicht. Nach dem Ausbau der Bohrung für den Badebetrieb gestaltete sich eine genaue Druckmessung schwierig, nach Angaben der Betriebsleitung hat sich jedoch der Druck von 10 bar an der Erdoberfläche nicht geändert ($= 1 \times 10^6$ Pa).

Unter Einbeziehung von nur näherungsweise bekannten Daten für den statischen Lagerstättendruck ergibt sich für den Raum Oberlaa das aus Tab. 14.2./1 ersichtliche Bild der Druckverhältnisse bzw. des potentiometrischen Niveaus.

Nach den wenigen Daten ergibt sich im Raum Oberlaa im Rothneusiedler Konglomerat ein NW-SE-Streichen der Isobaren bei einem in nordöstliche Richtung gerichteten Druckgefälle. Der horizontale Druckgradient würde dabei ca. 0,13 bar/100 m Horizontalentfernung betragen.

14.2.2. Baden

14.2.2.1. Geologie (G. WESSELY)

Das Thermalfeld von Baden (Fig. 14.2./7) liegt am kalkalpinen Westrand des Wiener Beckens, dort wo der Mittelabschnitt der Göllerdecke unter das Neogen eintaucht. Die Schichten, die die Göllerdecke an der Oberfläche und in der Tiefe aufbauen, reichen vom oberen Perm über die Trias bis in den Jura (B. PLÖCHINGER, 1970, 1979, G. WESSELY, 1975). Oberkreide gibt es nur in Resten („Gosau von Einöd"). Der stratigraphische Überblick gilt für den Bereich zwischen Hinterbrühl und Vöslau. Oberperm und Untertrias werden vertreten durch Werfener Schichten, bestehend aus bunten Tonschiefern, Sandsteinen, in bestimmten Abschnitten mit Gips- und Dolomitlagen. Die Mitteltrias beginnt mit Kalken, Dolomiten und Rauhwacken der Reichenhaller Schichten, denen dunkle Gutensteiner- oder Steinalmkalke sowie hornsteinführende Reiflinger Schichten folgen. Die weitere Mitteltriasfolge zeichnet sich durch einen lateralen Wechsel in der Gesteinsausbildung aus: geringmächtige Partnachkalke und -schiefer im N wechseln zu sehr mächtigen Wettersteindolomiten und -kalken im S. Beide Faziestypen werden von den Lunzer Schichten mit grauen Tonen und Sandsteinen überlagert. Sie gehören bereits der Obertrias an, die sich in Form von Opponitzer Kalken und mächtigem Hauptdolomit fortsetzt. Den Abschluß der Trias bilden ebenfalls mächtige Dachstein- und Plattenkalke, zum Teil überlagert, zum Teil auch ersetzt durch fossilreiche, dunkle kalkige und mergelige Kössener Schichten. Der Jura besteht aus einer Abfolge bunter und grauer Kalke. Die Oberkreide enthält Konglomerate, Brekzien und Sandsteine. Die Verteilung all dieser Schichten geht aus den Karten- und Profildarstellungen hervor (Fig. 14.2./5, 14.2./6).

Tab. 14.2./1: Druckverhältnisse und potentiometrische Niveaus im Raum Oberlaa.

Bohrung in m	Seehöhe in m	Teufe in m	stat. Lagerstättendruck in Atm	Druck a.d. Erdoberfläche in Atm (bar)	potent. Niveau in m
Oberlaa Th1	176,8	353 374	44,1 46,2	10 (10,13) 10 (10,13)	278,1
Oberlaa 8	177,0	328 363		10 (10,13) 10 (10,13)	278,3
VOC 1	176,1	348		9 (9,11)	268,2
Laaerberg 1	232,8	463,5 610,7	46,3 63,16		(238,3) 261,9

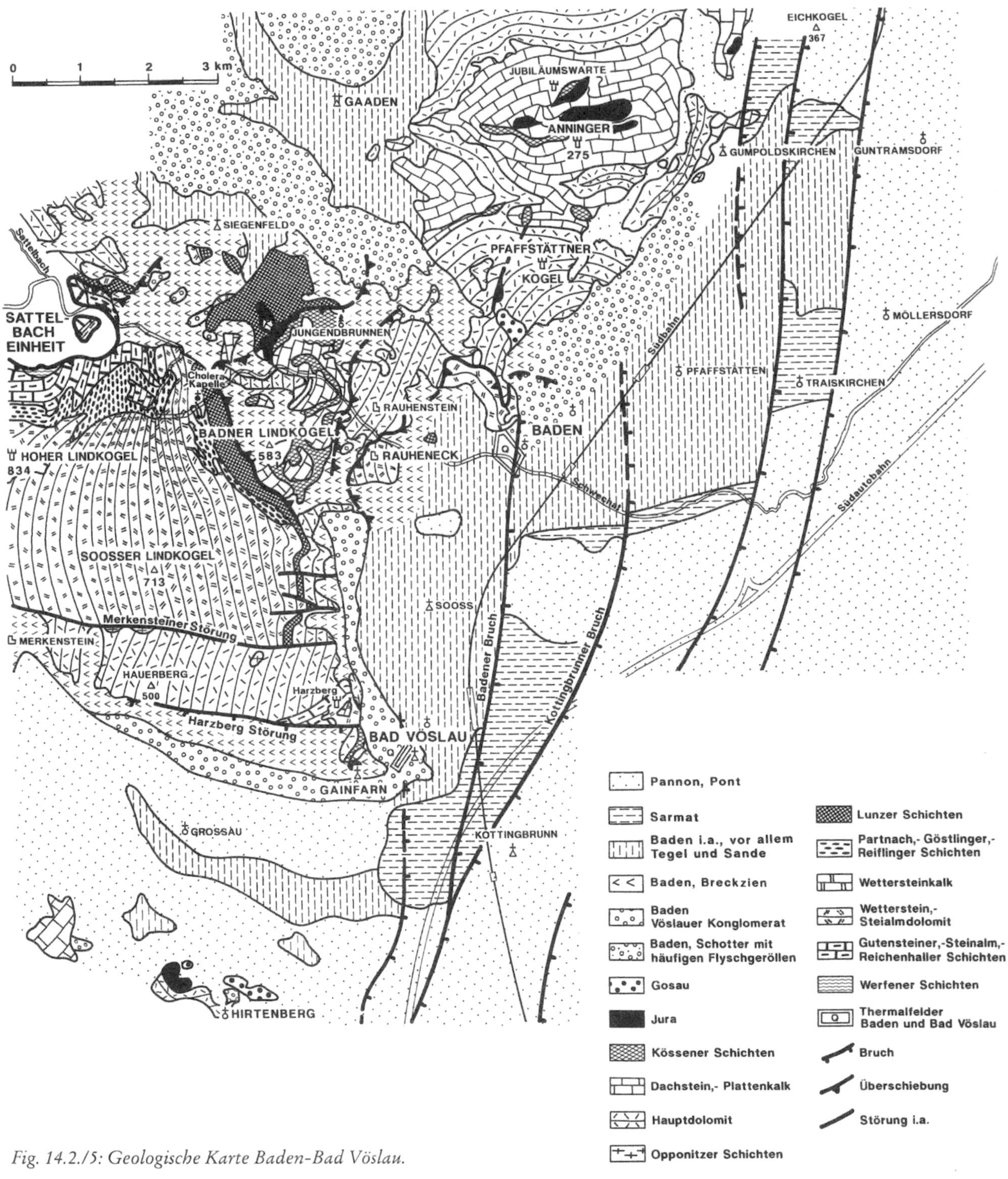

Fig. 14.2./5: Geologische Karte Baden-Bad Vöslau.

Innerhalb der Göllerdecke ist der Raum Baden gekennzeichnet durch eine von der normalen alpinen Richtung abweichenden Streichrichtung von Schichten, Strukturen und Störungsflächen. Dies ist am deutlichsten ersichtlich aus dem südwärtigen Abschwenken der ansonsten E-W-streichenden Anninger Mulde westlich des Anninger Massives, der Westbewegung der Lindkogelmasse über seine Basis bei Rohrbach und aus den westvergenten Schubbewegungen mehrerer Teilelemente westlich Baden (z.B. Rauheneckschuppe). Das nördlichste Element der Göllerdecke bildet die Stirnzone im Bereich von Hinterbrühl mit E-W-streichenden, durch stärkere Verfaltung und Anschoppung mächtigen gipsführenden Werfener Schichten. Sie überschiebt die vorgelagerte Gießhübler Mulde (Paläozän/ Oberkreide). Mitteltrias ist im Raum Hinterbrühl nur geringmächtig entwickelt. Sie ändert ihren Sedimentcharakter von N gegen SW und S, geht von der ge-

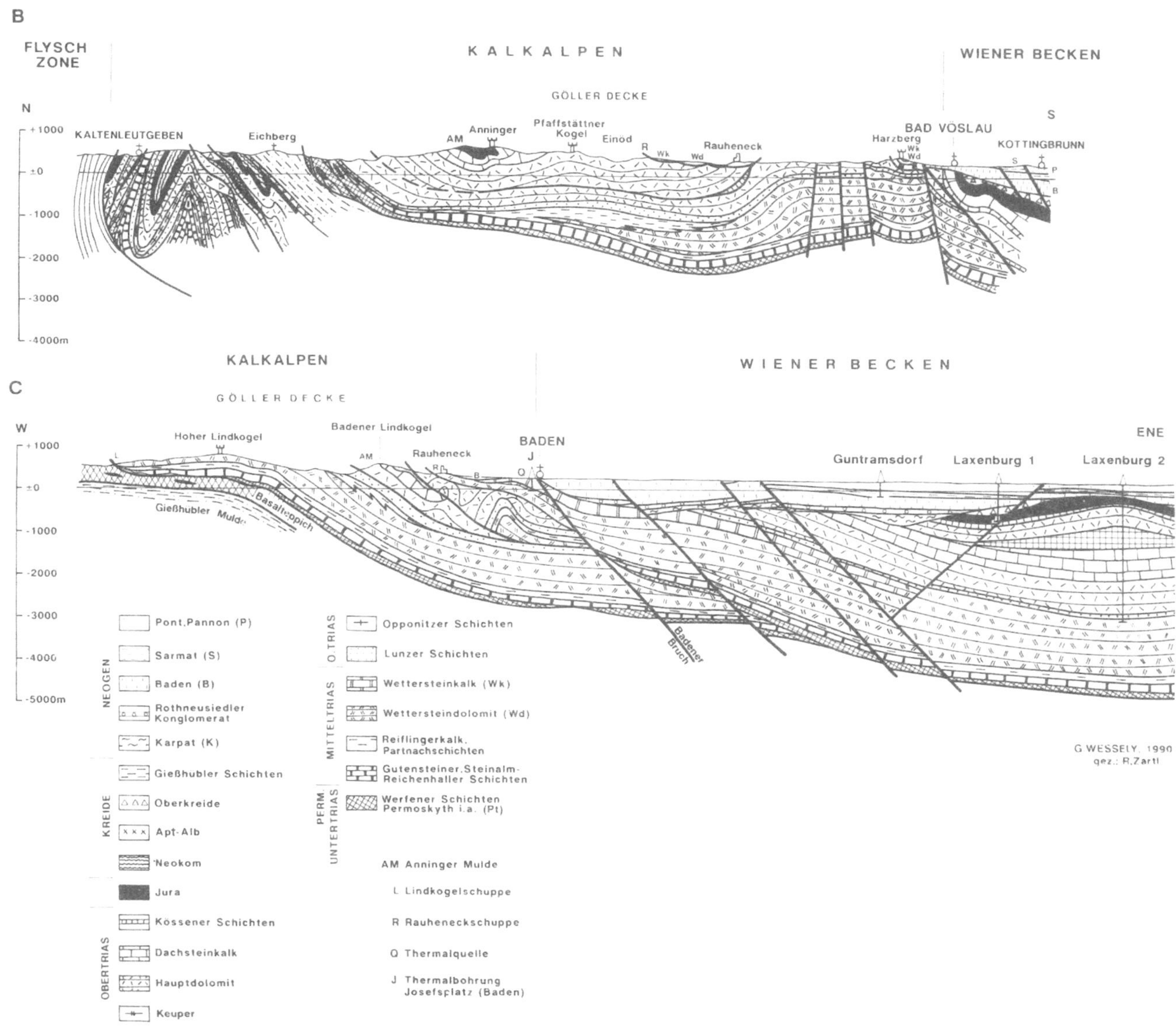

Fig. 14.2./6: Geologisches Profil (B) entlang des Kalkalpenostrandes zwischen Kaltenleutgeben und Bad Vöslau. Geologisches Profil (C) durch den Kalkalpenostrand bei Baden bis in das Wiener Becken (Profilverlauf siehe Fig. 14.1./2).

ringmächtigen pelagischen Fazies in Wettersteinkalk und Wettersteindolomit über, wobei ihre Mächtigkeit um ein Vielfaches ansteigt. Diese mächtige Plattformfazies baut den Hohen und den Sooßer Lindkogel auf. Die Lunzer Schichten der Hinterbrühl finden sich, unterbrochen durch das Neogen des Gaadener Beckens bei Siegenfeld in breiter Erstreckung wieder und ziehen im Hangenden der Mitteltrias südwärts, bilden das Tal westlich des Badener Lindkogels und sind am Osthang des Sooßer Lindkogels südwärts verfolgbar. Südlich Hinterbrühl liegt über der oben genannten Basalzone die Anninger Mulde mit ihrer obertriadisch/jurassischen Karbonatfolge bestehend aus Opponitzer Kalk, mächtigem Hauptdolomit, Dachsteinkalk und im Muldenkern aus Jurakalken, die vor allem in den Gipfelbereichen des Anninger erhalten sind (B. PLÖCHINGER, 1979) und bis einschließlich des Badener Lindkogels reichen. Jura endet schon nördlich der Schwechat.

Die Schichtgrenzen im Raum westlich Baden sind meist keine sedimentären Grenzen, sondern zufolge westlich gerichteten Gebirgsschubes in tektonische Grenzen umfunktioniert. Im Untergrund von Baden liegt der Kern der an die Anninger Mulde südlich anschließenden Antiklinale vor. Die Schichtfolgen sind stark verschoben, so daß Wettersteindolomit, Wettersteinkalk und Lunzer Schichten als Schuppe („Rauheneckschuppe") westwärts über den Raum Baden geschoben (G. WESSELY, 1983) sind und dessen Untergrund bilden. Der Wettersteindolomit liegt zufolge seiner Schubbeanspruchung in äußerst zerrütteter Form vor und bildet die Erhebung mit der Ruine Rauheneck und einen Teil des Kalvarienberges, wo er auf Hauptdolomit aufliegt. Wettersteinkalk, wie er im Bereich des Hohen Lindkogels festgestellt werden kann, wurde durch die Bohrungen am Josefsplatz bis zu Tiefen von 94 m (Bohrung II) und von 230 m (Bohrung I) nachgewiesen (Fig. 14.2./6, 14.2./7). Die bei einem Hausbau angetroffenen Lunzer Schichten in der Karlsgasse (P. BECK-MANNAGETTA, 1979) dürften das oberste Glied der Rauheneckschuppe darstellen.

Die Kenntnis des vorneogenen Untergrundes im Raum östlich Baden verdanken wir den Bohrungen der ÖMV. Die an die Anninger Mulde südwärts anschließende Antiklinale mit Wettersteindolomit in seinem Kern trafen die Bohrungen Himberg 1, Ost 1, Laxenburg 2 an (Fig. 14.1./2). In diesen Bohrungen, vor allem in Laxenburg 2, wurden bereits die dieser Antiklinale an ihrer Südflanke anlagernden jüngeren Schichten von der Obertrias bis in den Malm ermittelt (Fig. 14.2./3). Die der Kurstadt Baden nächstgelegene Bohrung Trumau 1 (Fig. 14.1./2) verblieb im Malm (Oberalmer Fazies). Der Jura im Beckenuntergrund entspricht bei einer faziellen Varianz der an der Oberfläche im Bereich Hirtenberg-Enzesfeld anstehenden Schichtfolge beschrieben bei B. PLÖCHINGER (1981). Durch die Bohrungen Himberg und Laxenburg zeigt sich ein enger Zusammenhang zwischen dem Bau des Beckenuntergrundes und dem Auftreten der Badener Thermalquellen an (Fig. 14.2./6). Baden ist die Stelle des Beckenrandes, an der Wettersteindolomit und -kalk aus der Tiefe des Beckens heraufreichend gerade noch die Oberfläche erreicht und dort aushebt. Dabei ist infolge der tektonischen Herausbewegung des Antiklinalkernes gegen den Beckenrand das Gestein sehr zerrüttet und wegsam. Sehr ausgeprägt ist dies im Bereich des Kalvarienberges zu sehen, wo es stark zu Kluft- und Höhlenbildung neigt (R. PAVUZA & H. TRAINDL, 1985).

Ab dem Ende der alpinen Überschiebungen (nach dem Zuschub von Oligozänmolasse durch die Decken des Flysch und der Kalkalpen – in der Bohrung Berndorf 1 vor 20 Mio. Jahren), erfolgte im Raum Baden Erosion und Abtragung des Gebirgskörpers sowohl im heutigen Oberflächenbereich der Kalkalpen als auch im heute durch Sedimente des Wiener Beckens bedeckten Bereich. Vor etwa 16 Mio. Jahren, in der Zeit des Badenien, einer Altersformation benannt nach der Kurstadt, wurde der Anteil des Wiener Beckens bei Baden überflutet und das Meer drang in Buchten und über Seichtstellen weit in das Hinterland ein, wobei auch das Gaadener Becken miteinbezogen wurde. An Küsten und in Seichtbereichen wurden durch Aufarbeitung vor allem des Hauptdolomites Strandbrekzien abgelagert, gebirgseinwärts fossiler, in Beckenrandnähe mit Beimengung von Kalkalgen, Schalenresten und anderen Organismenhartteilen. Gegen das Becken zu werden diese Sedimente von Mergeln abgelöst, dem „Badener Tegel" mit seiner reichen klassischen Mikro- und Makrofauna. In dieses Meeresbecken münden vor allem im höheren Teil des Badenien Flußsysteme, die von NW kommend ihre braunen sandig-schottrig-lehmigen Sedimente zunächst im Gaadener Becken über den Strandbrekzien sedimentierten und dann in das Wiener Becken bei Baden gelangten. Die Schotter bestehen aus gut gerundeten Sandsteingeröllen der Flyschzone. Sie haben vor allem östlich des Richtberges und Kalvarienberges ihre schwerpunktmäßige Verbreitung. Beckenwärts verzahnen sie sich mit den marinen Mergeln.

Über den Schichten des Badenien folgen die Sedimente des Sarmat (13 Mio. Jahre). Sie setzen erst weiter beckenwärts im E und S Badens ein. Sie bestehen aus Mergeln und Sanden.

Noch weiter östlich folgen über dem Sarmat Mergel und Sande des Pannon und Pont (11,5–1,5 Mio. Jahre). Schotter des Pannon sind am Hartberg verbreitet (F. BRIX, 1981). Das genannte Neogen ist stark von junger Bedeckung verhüllt.

Die jüngsten Sedimente sind die des Quartär: Hangschutt, Alluvionen, Schotter der Schwechat.

Die Darstellung der Verbreitung der Neogenschichten und Brüche fußt auf den Arbeiten von F. BRIX (1952, 1981) und K. VOHRYZKA (1958).

Was die neogene Tektonik betrifft, ist die Bruchzone am Westrand des Südlichen Wiener Beckens im Abschnitt Baden seit langem Gegenstand von geologischen Betrachtungen vor allem im Zusammenhang mit dem Auftreten von Thermalwässern. Als „Thermenlinie“ war sie in der Vorstellung fast aller Geowissenschaftler verantwortlich für das Aufdringen von warmen Wässern aus tieferen Teilen der Erdkruste. Erst in neuerer Zeit sank die Bedeutung der Brüche für das Auftreten von Thermalwasser. Die Existenz der Brüche, ihr Verlauf und vor allem ihre Sprunghöhe sind nur aus wenigen Daten abzuleiten. Schlüssige seismische Untersuchungen liegen nicht vor. Im Stadtgebiet wurden in neuerer Zeit gravimetrische Messungen vorgenommen, die auf Dichteunterschiede im Untergrund vermutlich durch Brüche hinweisen. Die weit gegen das Becken vorgezogene Verbreitung der Badener Schichten an der Oberfläche östlich Badens spricht gegen eine wesentliche Bruchabsenkung vor allem am unmittelbaren Beckenrand. Beim Badener Bruch und dem Kottingbrunner Bruch ist mit Sprunghöhen von kaum mehr als 80 m zu rechnen. Im betrachteten Raum (Fig. 14.2./5) zeigt erst das Abstoßen von Pannon, zum Teil Mittelpannon, gegen Sarmat im südlichen Verlauf des Kottingbrunner Bruches einen stärkeren beckenwärtigen Versatz an. Die essentielle Absenkung gegen das Wiener Becken erfolgt erst weiter im E am großen Leopoldsdorfer Bruchsystem.

Die hydrogeologischen Voraussetzungen für die Badener Thermalquellen sind durch geologische Faktoren gegeben, zu denen die Erscheinung eines in Gang gekommenen weitläufigen Zirkulationssystems am westlichen Rand und im randnahen Teil des Beckenuntergrundes kommt.

Die gute Permeabilität von geklüftetem Hauptdolomit und Wettersteindolomit sowie verkarstetem Wettersteinkalk ermöglicht Wasserbewegungen von ausgedehnten Einzugsbereichen in die Tiefe als auch wieder zur Oberfläche. Im Fall Baden spielen Wettersteindolomite und -kalke dabei eine unmittelbare Rolle. Eine Erhöhung der Durchlässigkeit erfahren diese Schichten entlang von Überschiebungen und Brüchen (Überschiebung der Rauheneckschuppe, aber auch der Badener Bruchzone). Die Funktion des basalen Neogens ist eng mit der des Untergrundes verknüpft.

Als lenkende Dichtebarriere dienen für den für Baden maßgeblichen, aufsteigenden Warmwasserstrom vor allem Mergel des Pannon, Sarmat, Baden und Karpat der Tiefscholle des 45° ostwärts fallenden Leopoldsdorfer Bruches. Als cap rock überlagern Mergel des basalen Baden das Kalkalpin bis zum Beckenrand.

Das Gebiet Baden partizipiert an dem im Kap. 14.1. skizzierten hydrodynamischen Zirkulationssystem am Westrand des Beckens. Zu dem Heißwasser mischen sich jüngere kalte Oberflächenwässer (G.H. DAVIS & T.E. GATTINGER et.al., 1968).

Die in der Bohrung Laxenburg 2 und Oberlaa Th1 im Kalkalpin und basalen Neogen angetroffenen Wässer (Fig. 14.1./3) sind im Chemismus und Temperaturverhalten als ident mit den Badener Wässern anzusehen und sprechen damit für ein bis zum Leopoldsdorfer Bruch reichendes Zirkulationssystem.

14.2.2.2. Die Quellen (P. HACKER, J. ZÖTL)

In Baden existieren derzeit 14 (16) gefaßte Heilwasseraustritte (Römerquelle, Mariazellerhofquelle, Peregriniquelle, Franzensquelle, Engelsbadquelle, Sauerhofquelle, Frauenquelle, Karolinenquelle, Josefsquelle (3), Marienquelle, Peterhofquelle). Elf bzw. dreizehn davon befinden sich im Besitz der Stadtgemeinde, eine gehört der Niederösterreichischen Gebietskrankenkasse, eine dem Hotel Sauerhof und eine der Versicherungsanstalt der öffentlich Bediensteten (Fig. 14.2./7).

Von den Quellen der Stadtgemeinde werden nur 6 (8) (Römer-, Leopolds-, Peregrini-, Frauen-, Josefs- (+ 2) Marienquelle), genützt. Die Schüttung dieser 6 (8) Heilwasservorkommen beträgt im Durchschnitt ca. 50 l/s.

Das thermale Schwefelwasser stößt in Klüften des Wettersteindolomites (klar zu erkennen bei der Römerquelle), bzw. im Bereich des Josefsplatzes in Klüften des Wettersteinkalkes (belegt durch zwei Bohrungen) bis zur tertiären Überdeckung (Brekzie, Konglomerat, Tone, Tonmergel) auf. Dort, wo die Mächtigkeit dieser Überdeckung < 15 m ist, können die gespannten Thermalwässer die Oberfläche erreichen.

Für den Austritt der Thermalwässer sind folgende Gegebenheiten maßgeblich: Da sind zunächst die partiell hoch durchlässigen karbonatischen Gesteine, die in verschiedenen Einheiten und Entwicklungen von der

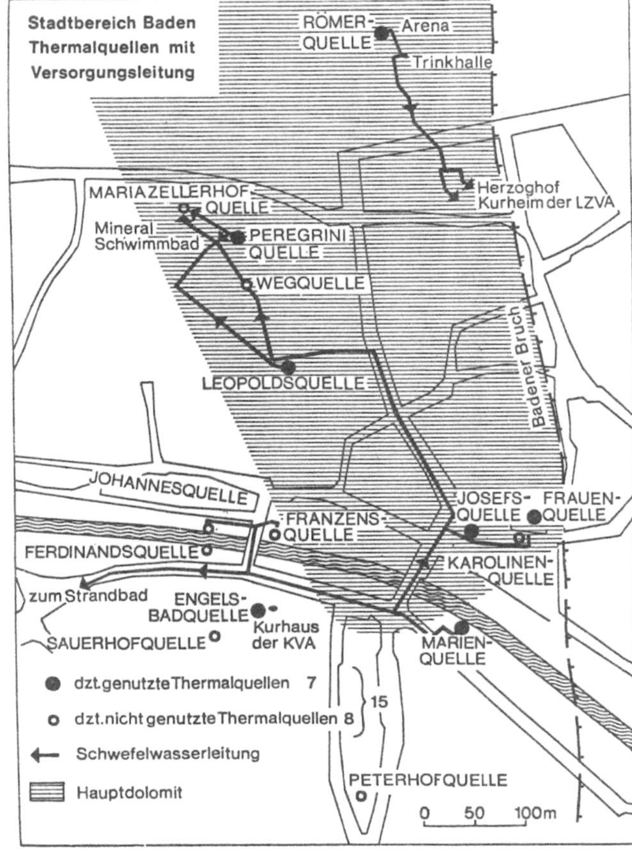

Fig. 14.2./7: Thermalfeld Baden (H. Küpper, 1977).

Oberfläche bis in große Tiefen reichen, dann die mächtigen (bis > 1.000 m) geringst durchlässigen Lockersedimente und Sedimentgesteine, die dem Komplex der Karbonatgesteine an- bzw. auflagern.

Von wesentlicher Bedeutung für das Zufließen größerer Wassermengen, für die Erweiterung des Einzugsgebietes lateral wie vertikal ist aber das Bruchsystem des Wiener Beckens, und zwar die Verästelung des lokalen mit einem zum Teil bis in den Erdmantel reichenden überregionalen Staffelbruchsystem. Dadurch kommt es einerseits zur Zerklüftung und Erhöhung der Verkarstung des karbonatischen Aquifers, was wiederum zur Verbesserung der Durchflußmöglichkeiten beiträgt, andererseits können über dieses System Wässer aus einem weiteren Einzugsgebiet und aus großen Tiefen zufließen.

Da die den karbonatischen Gesteinen auf- und anlagernde Sedimentfüllung des Wiener Beckens als wirkungsvoller Stauer fungiert, die NNW-SSE- bzw. NE-SW-querenden Brüche in den feinklastischen Sedimenten und Sedimentgesteinen nur selten eine höhere Durchlässigkeit hervorriefen, werden die Tiefengrundwässer entlang den Störungen im karbonatischen Beckenuntergrund zu den Aquiferen am Beckenrand geleitet, wo sie aufsteigen können.

Diesem gebirgsnahen überdeckten Tiefenkarst fließen aber nicht nur alte Tiefengrundwässer aus weitabliegenden Einzugsgebieten zu, auch junge Wässer aus der näheren Umgebung mischen sich im Ortsbereich von Baden mit ersteren.

Für die Ermittlung von hydraulischen Verbindungen, zur Feststellung von Fließgeschwindigkeiten, zur Verfolgung des einsickernden Wassers von der Erdoberfläche bis zu seinem Wiederaustritt, zum Nachweis der Mischvorgänge von unterschiedlich alten Wässern aus verschiedenen Einzugsgebieten, erfolgten physikalisch-chemische und radiohydrometrische (Tritium, Sauerstoff-18, Kohlenstoff-14, Schwefel-34, Helium-3 und -4) Meßreihen, zuletzt auch ein kombinierter Markierungsversuch.

Den Langzeituntersuchungen ist zu entnehmen, daß die thermalen Tiefengrundwässer von Baden jener karsthydrologischen Einheit entstammen, die den Gesteinen vor allem der Göllerdecke angehört. In diesen äußerst komplex aufgebauten Decken fließen die Grund- und Karstwässer zuerst oberflächennah, dann unter die Sedimentfüllung des Wiener Beckens immer tiefer absinkend, großräumig von SW nach NE.

Während die mittlere Verweilzeit der im Ortsgebiet von Baden aufstoßenden Thermalwässer zwischen 7.000–10.000 Jahren liegt, beträgt die der jungen Karstwasserkomponente aus der nahen Umgebung (hauptsächlich Dolomit) ca. 9–10 Jahre, mit Anteilen, die auch nur wenige Wochen alt sind (Nachweis erfolgte durch kombinierten Markierungsversuch).

Den Schwefelwasserstoffgehalt der Badener Heilwässer führen Fachleute auf verschiedene Ursachen zurück: Die einen sind der Ansicht, dieser entstehe durch die Einwirkung der warmen Tiefengrundwässer auf Gipslager (in den Werfener Schichten der Göllerdecke) und Rauhwacken der Reichenhaller Serie, die anderen meinen, er wäre die chemische Konsequenz von Erdöl- oder/und Erdgasvorkommen. Die Möglichkeit einer bakteriellen Bildung (unter anaeroben Bedingungen) wäre letztlich auch noch gegeben.

Da durch die Verlegung der Quellfassungen und der Förderbohrungen im Laufe der Jahre die Thermalwassermenge immer wieder zurückgeht, müssen von

Zeit zu Zeit die Fassungen wie auch die Bohrungen erneuert werden. Dies geschah auch in den letzten 25 Jahren (z.B. 1965, Sanierung der Marienquelle). Um den weltbekannten Kurbetrieb aufrechtzuerhalten und absichern zu können, wurden die bestehenden Fassungen nicht nur saniert, neue Aufschlüsse führten auch zur Absicherung und Erweiterung des Thermalwasserangebotes. Dies gelang durch die beiden Bohrungen (230 m und 94 m tief) am Josefsplatz, die in den Wettersteinkalk abgeteuft wurden. Zwei Beispiele der Thermalwasserfassung sollen hier stellvertretend für 16 erläutert werden. Es ist dies einmal der Quelltyp wie er in der Römerquelle am schönsten vorliegt, zum anderen die Erschrotung des Thermalwassers durch verbesserte Fassungen. Als Beispiel wird die Marienquelle gewählt.

Während der erste Typ hauptsächlich nördlich der Schwechat anzutreffen ist, ist letzterer auf den Bereich südlich der lokalen Vorflut beschränkt (die beiden neuen Bohrungen am Josefsplatz ausgenommen).

Die **Römerquelle** (Ursprungsquelle) entspringt am Fuße des Badener Kalvarienberges unter Terrain (Sommerarena) in einer als Schauraum ausgebauten Quellkammer. Sie ist mit ca. 2 l/s eine der ergiebigsten Thermalwasseraustritte in Baden.

Die Quelle dürfte ursprünglich eine Höhlenquelle gewesen sein, da aus alten Berichten hervorgeht, daß ein Höhlengang mit bizarr zerlaugten Wänden und „45-Schritt" Länge in einen Raum führte, wo die Quelle aus einer mehrere Meter tiefen Spalte aufstieg. Wahrscheinlich schon seit den Römern, mit Sicherheit seit 1761 wurde die Quellkammer und der Höhlengang in mehreren Bauphasen aus- und umgebaut.

Physikalisch-chemische Analyse der Römerquelle:

pH-Wert 7,02
El. Leitfähigkeit 2087 µS/cm
Temperatur 30,9 °C
Trockenrückstand (bei 240 °C) 1620 mg/l

Radionuklide:
Radon (Rn) 2,0 nCi/l
Radium (Ra) 0,0026 nCi/l
Tritium (^3H) ca. 5 TU
Kohlenstoff-14 (^{14}C) 32,06% modern

Stabile Isotope:
Sauerstoff-18 (^{18}O) –11,49 δ‰
Kohlenstoff-13 (^{13}C) –7,07 δ‰
Schwefel-34 (^{34}S) 25,10‰ CDT

Bakteriologischer Befund:
Keimzahl aus 1 ml bei 22 °C: 0, bei 37 °C: 0
E.coli und Fäkalstreptococcen in 100 ml nicht nachweisbar

		Massenkonzentration mg/l	Äquivalentanteil %
KATIONEN			
Natrium	Na^+	161,0	27,37
Kalium	K^+	8,0	0,80
Ammonium	NH_4^+	0,33	0,07
Magnesium	Mg^{2+}	68,8	22,12
Calcium	Ca^{2+}	254,5	49,64
Summe:		492,63	100,00
ANIONEN			
Chlorid	Cl^-	270,2	29,69
Sulfat	SO_4^{2-}	627,20	50,88
Hydrogencarbonat	HCO_3^-	294,1	18,78
Hydrogensulfid	HS^-	5,52	0,65
Summe:		1.197,02	100,00
Summe Elektrolyte:		1.689,65	
Schwache Elektrolyte:			
Kieselsäure, meta	H_2SiO_3	27,1	
Borsäure, ortho	H_3BO_3	2,3	
Titrierbarer Schwefel	S^{II}	11,0	
Summe:		1.730,05	
Gasförmige Bestandteile:			
Freies Kohlendioxid	CO_2	36,3	
Freier Schwefelwasserstoff	H_2S	5,98	
Summe:		1.772,33	
Zusammensetzung der frei aufsteigenden Quellgase (Vol.%):			
Kohlendioxid	CO_2	3,00	
Stickstoff	N_2	95,28	
Methan	CH_4	0,24	
Argon	Ar	1,31	
Helium	He	0,04	
Schwefelwasserstoff	H_2S	0,13	
Summe		100,00	

Charakteristik des Quellwassers: Nach den Bestimmungen des Niederösterreichischen Heilvorkommen- und Kurortgesetzes handelt es sich beim Wasser der Badener Römer- oder Ursprungsquelle um eine „Calcium-Natrium-Magnesium-Sulfat-Chlorid-Schwefel-Mineraltherme".

Spurenelemente (in µg/l):

Li	Be	Sr	Ba	U	Al	As	Se
250	< 0,2	5.090	44,3	0,10	60	5,0	< 1

F	Br	J	Tl	Th	Si	B
2.170	2.950	72	2,1	0,57	9.300	402

Heute sieht man durch eine Plastikkuppel, die der Abschluß der brunnenartigen Quellfassung ist, den Quellmund mit der Hauptspalte im Dolomitfels, ca.

Tab. 14.2./2: Analysenwerte von Heilquellen des Südlichen Wiener Beckens (mg/l). Fortsetzung S. 257.

		Oberlaa	Marienquelle	Peregriniquelle	Leopoldsquelle	Josefs(bad)quelle	Frauen(bad)quelle
Temperatur	°C	53,8	31,5	24,8	29,0	34,8	34,6
El. Leitfähigkeit	µS/cm	4.880	2.130	1.770	2.010	2.110	2.278
pH-Wert		6,8	6,8	6,45	6,88	6,95	6,7
Trockenrückstand	mg/l	3.595	1.670	1.384	1.571	1.684	1.900
KATIONEN							
Natrium	Na^+	513,0	169,8	128,6	153,2	174,4	210,01
Kalium	K^+	22,5	9,66	8,4	9,0	9,2	14,73
Calcium	Ca^{2+}	446,6	256,9	222,4	243,0	270,1	291,85
Magnesium	Mg^{2+}	123,5	72,5	60,07	68,7	62,9	63,07
Ammonium	NH_4^+	1,25	0,436	0,33	0,35	0,32	0,4
Summe:		1.106,85	509,30	419,80	474,25	516,92	580,06
ANIONEN							
Hydrogencarbonat	HCO_3^-	263,5	284,3	260,6	287,1	280,6	243,39
Sulfat	SO_4^{2-}	1.302,0	657,8	549,3	606,6	656,0	761,68
Chlorid	Cl^-	845,8	277,3	214,5	252,5	285,5	329,33
Hydrogensulfid	HS^-	21,0	4,9	3,54	4,20	5,9	4,66
Summe:		2.432,3	1.224,3	1.027,94	1.150,40	1.228,0	1.339,06
Summe Elektrolyte:		3.539,15	1.733,6	1.447,74	1.624,65	1.744,92	1.919,12
Schwache Elektrolyte:							
Kieselsäure, meta	H_2SiO_3	42,9	26,0		25,9		32,03
Borsäure, ortho	H_3BO_3	8,39					
Titrierbarer Schwefel	S^{II}	13,0	7,23	9,95		14,7	12,8
Summe gelöster Feststoffe:		3.603,44	1.766,83	1.457,69	1.650,55	1.759,62	1.963,95
Gasförmige Bestandteile:							
Freies Kohlendioxid	CO_2	68,0	37	40,5	37,5		47,80
Freier Schwefelwasserstoff	H_2S	43,0	8,77	4,06	6,26		10,70
CO_2	%		4,00				
N_2	%		95,6				
H_2S	%		0,4				
Rn-222	nCi/l	0,42					
Ra-226	nCi/l	0,024	0,0076				
H-3	TU	0			ca. 6	9	
C-14	pmc	0	26,16			27	
O-18	δ‰	−12,0		−11,36		−11,44	
D	δ‰	−88,3					
C-13	δ‰	−9,5	−7,41	−8,60		−7,45	
S-34	δ‰	+27,7	+25,50		+24,60	+23,20	
Schüttung	l/s		31				
		Oberlaa $^{3}He/^{4}He$ ^{4}He ^{20}Ne 2,59 2,10 2,21 2,28 2,37 2,37				Josefs(bad)quelle $^{3}He/^{4}He$ ^{4}He ^{20}Ne 2,49 0,89 1,86 2,97 1,00 1,78	

Engels-bad-quelle	Peter-hof-quelle	Mittel Baden	Bad Vöslau	Bad Fischau Bonaqa-Quelle	Katzels-dorf	Leitha-proders-dorf	Man-ners-dorf	Deutsch-Alten-burg
33,8 1.997 6,98 1.562	32,1 2.103 6,87 1.629		22,1 699 7,15 497	16,3 528 7,55 305		23,5 6,7		24,6 4.560 6,4 3.330
152,03 241,75 68,12 0,34	170,8 9,3 253,9 67,0 0,35		10,2 1,7 98,6 39,9 150,4	11,0 1,2 71,1 27,3	9,0 2,2 72,2 26,8 Fe 5,3	182 474 166	11,2 6,2 286,5 85,5	750,1 56,2 318,2 81,6 2,22
462,24	501,35	994,58	150,4	110,6	115,5	822	389,4	1.208,32
270,3 590,55 261,9 6,34	279,2 648,20 271,2 5,13		308,1 147,2 17,2 NO_3 6,0	283,7 44,5 19,1 6,95	353,8 23,6 5,3	598 1.402 205	255,3 830,6 16,8	766,0 192,3 1.022,0 14,5
1.129,09	1.203,73	1.187,47	478,5	354,25	382,7	2.205	1.102,7	1.994,8
1.591,33	1.705,08	2.182,05	628,9	464,85	498,2	3.027	1.492,1	3.203,12
28,5 4,86 12,3	24,8 2,8		12,5	9,15 0,3		25	 49,4	22,2 76,5
1.636,99	1.732,68		641,4	470,30	498,2	3.052,00	1.551,5	3.301,82
32 7,07	43 7,79		29,6	16 O_2 3,75	1.584	177		367 42,8
								27,0 68,6 1,7
	1,3 0,0038 4		 5 37,13	0,11 0,0005 13–20 52,72		 1		 9,2
			−11,00 −9,55 +21,80	−10,8 −76,9 −9,5 +11,5		−12,19 −87,9		
			6 Quellen ca. 43 l/s Ursprungsqu. ca. 35 l/s	> 47				

3–3,5 m unter dem Wasserspiegel. Auch die vielen feinen Gasbläschen, die sich zu größeren Blasen vereinen können, sind zu beobachten.

Neben dem kompakten Dolomitfels sind auch noch Reste der tertiären Konglomerat-/Brekzien-Auflagerung zu sehen. Der Wasserspiegel wird durch zwei Über- bzw. Abflußrohre konstant auf 236,04 m NN gehalten, die das Wasser zur Gänze den Kureinrichtungen zuleiten. Im Kellergang unter der Eingangshalle wurde eine Meßstelle eingerichtet, an der unter anderem auch Schüttungsmessungen vorgenommen werden.

Älteren Aufzeichnungen ist zu entnehmen, daß frühere Erdbeben eine Trübung des Quellwassers wie auch kurzzeitig eine Änderung der Schüttung bewirken konnten.

Bei der **Marienquelle** handelt es sich um einen jener Thermalwasseraustritte, die ursprünglich als Waller im Bachbett oder am Ufer der Schwechat austraten. Die in den Klüften des Dolomites zirkulierenden gespannten Thermalwässer konnten die mächtige Lockersedimentüberlagerung mit undurchlässigen Baden-Tonmergeln (ca. 10,5 m) an der Basis und quartären Kiesen und Sanden an der Oberfläche, an dieser Stelle nur deshalb durchstoßen, da hier Staffelbrüche parallel zum NE-SW-verlaufenden Badener Bruch den Stauer durchtrennt haben und so Sekundärklüfte entstehen konnten. Die Fassung der sogenannten Marienquelle erfolgte im Dolomitfels unter dem Bachbett der Schwechat in 14,7 m Tiefe. Die Quelle wurde schon zweimal gefaßt (1924 und 1965). Im Zeitraum 1925–1965 war die Ergiebigkeit so stark zurückgegangen, daß sie 1965 neu gefaßt werden mußte. Bei diesen Arbeiten wurde eine Fassungskammer direkt an den Fels anbetoniert, so daß die gespannten Wässer nun bis zum Überlaufbecken in Hofniveau (Überlaufhöhe: 227,16 m NN) hochgedrückt werden. In dieser Spannungshöhe besitzt die Marienquelle derzeit eine Schüttung von ca. 30 l/s. Sie ist damit die ergiebigste Thermalwasserfassung Badens.

Vom Überlaufbecken fließt das Thermalwasser in eine angrenzende Pumpstation und wird von dort in die einzelnen Bäderbetriebe gefördert.

Während der Sanierungsarbeiten 1965 wurde ein großräumiges Meßprogramm durchgeführt; mit dem Ziel, die Beeinflussung und Zusammenhänge der verschiedenen Thermalwasseraustritte und -fassungen in Baden durch den Langzeitpumpversuch aufzuklären. Zu derartigen Untersuchungen kam es auch nach Abteufung der Bohrungen am Josefsplatz 1987.

Die weiteren im Stadtgebiet von Baden genutzten Thermalquellen sind der Figur 14.2./7 zu entnehmen. Ihre wichtigsten physikalisch-chemischen Daten sind in Tab. 14.2./2 ausgewiesen.

Die im Bereich der Stadt Baden austretenden Thermalwässer sind neben der bereits genannten Römer- und Marienquelle, die Peregrini-, Leopolds-, Josefs(bad)-, Frauen(bad)-, Engelsbad- und Peterhofquelle (siehe Fig. 14.2./7). Die Wässer zeigen sowohl in den Hauptbestandteilen der gelösten Stoffe (Summe der Elektrolyte) als auch der Temperatur oder dem S^{II}-Gehalt gewisse Unterschiede bzw. Schwankungen, sind aber letzten Endes im Verhältnis ihrer gelösten Stoffe derselbe Wassertypus (Calcium-Natrium-Magnesium-Sulfat-Chlorid-Schwefel-Mineralthermen). So liegt bei der am geringsten mineralisierten Quelle (Peregriniquelle) zwar eine starke Verdünnung vor, aber das Ionenverhältnis ist nicht verändert. Andererseits muß die seicht zufließende Wassermenge über einen großlumigen Weg verfügen, da die Wassertemperatur erheblich beeinflußt ist (24,8 °C gegen 29–34 °C der übrigen Quellen von Baden).

Der Versuch, die Mischwasserkomponenten genauer zu erfassen, ist schwierig (siehe Fig. 14.1./3).

Da die Thermalaustritte von Baden und Oberlaa nahe bekannter regionaler Bruchsysteme liegen, sollten Edelgasmessungen Auskunft über Einfluß und Tiefenerstreckung dieser Brüche erbringen. Wie die folgenden Analysenwerte, insbesonders die $^3He/^4He$-Isotopenverhältnisse zeigen, führen die Thermalwässer in Baden und Oberlaa bedeutende Anteile an **Mantelhelium** (charakteristischer Wert $\geq 1 \times 10^{-5}$). Mit Hilfe dieser Analysen dürfte der Nachweis gelungen sein, daß bedeutende Bruchsysteme des Südlichen Wiener Beckens die Erdkruste durchtrennen:

Probe	$^3He/^4He$ [10^{-6}]	^4He [10^{-5}Nml/g]	^{20}Ne [10^{-7}Nml/g]
Baden Josefsquelle	2,49	0,89	1,86
	2,47	1,00	1,78
Oberlaa	2,59	2,10	2,21
	2,28	2,37	2,41

14.2.3. Bad Vöslau

14.2.3.1. Geologie (G. WESSELY)

Die geologische Situation um Bad Vöslau in ihrem weiteren Rahmen ist ähnlich wie in Baden gekennzeichnet durch die Lage des Ortes an der Grenze der Kalkalpen zum Wiener Becken (Fig. 14.2./5). Zusätzlich erstreckt sich eine langgezogene Neogenbucht südlich Vöslau beginnend über Merkenstein nach dem W (Gainfarner Bucht), so daß die Kalkalpen bei Vöslau einen Sporn bilden, markiert durch die Aufragung des Harzberges mit der „Jubiläumswarte".

Die kalkalpine Schichtfolge wird aus mittel- und obertriadischen Gesteinen aufgebaut, nur nördlich Gainfarn liegt auch Jura vor. Die Mitteltrias ist vertreten durch Steinalmkalke, Wettersteindolomite und -kalke am Harzberg sowie durch Wettersteindolomite im südlichen Lindkogelgebiet. Lunzer Schichten mit Sandsteinen und Tonschiefern bilden das Hangende des Wettersteindolomites an den Ostabhängen der Lindkogelmasse. Opponitzer Kalk in Form von fossilreichen Kalken sowie der „Megalodusdolomit" von Vöslau (H. ZAPFE, 1950) liegen im ENE der Waldandacht vor. Hauptdolomit begrenzt die Lindkogelmasse im S und bildet den größten Teil des Randes des Wiener Beckens und der Gainfarner Bucht (F. BRIX & B. PLÖCHINGER, 1982, 1988). Nördlich Gainfarn geht der Hauptdolomit in Dachsteinkalk über, im tieferen Teil noch mit Lumachellelagen vom Kössener Typ, in seinem höheren Teil mit massiger hellbräunlicher häufig oolithischer Beschaffenheit und lagenweiser Korallenführung. Roter und gelbbrauner Kalk vom Typ der Enzesfelder Schichten vertritt den Jura (Lias).

Der kalkalpine Bau ist dadurch bemerkenswert, daß W-E-gerichtete Störungen das Gebirge in langgestreckte Schollen zerteilen, die den ursprünglichen Gesteinsverband stark stören. Die nordost bis ostwärts fallenden Wettersteindolomite der Lindkogelmasse grenzen entlang einer Horizontalverschiebung („Merkensteinstörung") an ostfallenden Hauptdolomit. Die Lagerungsverhältnisse der mitteltriadischen, aus Steinalmkalken und Wettersteinschichten bestehenden Schichtfolge des Harzberges, sprechen für eine Herausscherung derselben über den nördlichen vorgelagerten Hauptdolomit vermutlich im Gefolge einer weiteren Horizontalverschiebung. Dem Vorfluter folgt ein E-W-verlaufender, steil südwärts fallender miozäner Bruch an der Südflanke des Harzberges (Harzbergstörung) durch den diese Mitteltrias gegen tertiäre Dolomitbrekzie versetzt wird. Seine Gleitfläche (Harnisch) mit abwärtsgerichteter Striemung ist großdimensional im großen Steinbruch Strauß aufgeschlossen. Informationen über den kalkalpinen Untergrund von Vöslau sind spärlich. Die Bohrung Biber (abgeteuft 1854) hat in einer Tiefe von 49 m Kössener Schichten unter Neogenbrekzie angetroffen (H. KÜPPER, 1985). Nach der Verbindung der an der Oberfläche vorliegenden Gesteine (Raum Hirtenberg, Aufschlüsse nördlich Gainfarn) mit den Bohrprofilen vor allem der Bohrungen Trumau 1, Laxenburg 1 und 2, Himberg 1, 2 und Ost 1 (Fig. 14.1./2) kommt man für den Raum Bad Vöslau zur Vorstellung, daß ein Zug von Rhät und Jura, eventuell Oberkreide durch die Südosthälfte des Ortes durchstreicht, während unter der Nordwesthälfte Triaskarbonate, vor allem Hauptdolomit zu erwarten sind. Während der tiefgreifende Rhät-Jura-Oberkreide-Zug im allgemeinen eine Dichtebarriere darstellt, ist der diesen im NW begleitende Hauptdolomit eine Permeabilitätszone größerer Mächtigkeit. Dabei ist für die Existenz der Vöslauer Quellen dasselbe Zirkulationssystem und derselbe Zirkulationsmechanismus wie für die Badener Thermen als verantwortlich anzunehmen.

Merkensteinstörung, Harzbergstörung und mögliche dazwischen liegende Parallelstörungen betreffen offensichtlich wenig das Neogen des Wiener Beckens. Für die Wegsamkeit von Wässern im Kalkalpin haben sie aber durch ihre Zerrüttungszonen große Bedeutung.

Für das lokale Austreten der Thermalwässer an der Oberfläche im Stadtbereich Vöslau (Fig. 14.2./8) sind

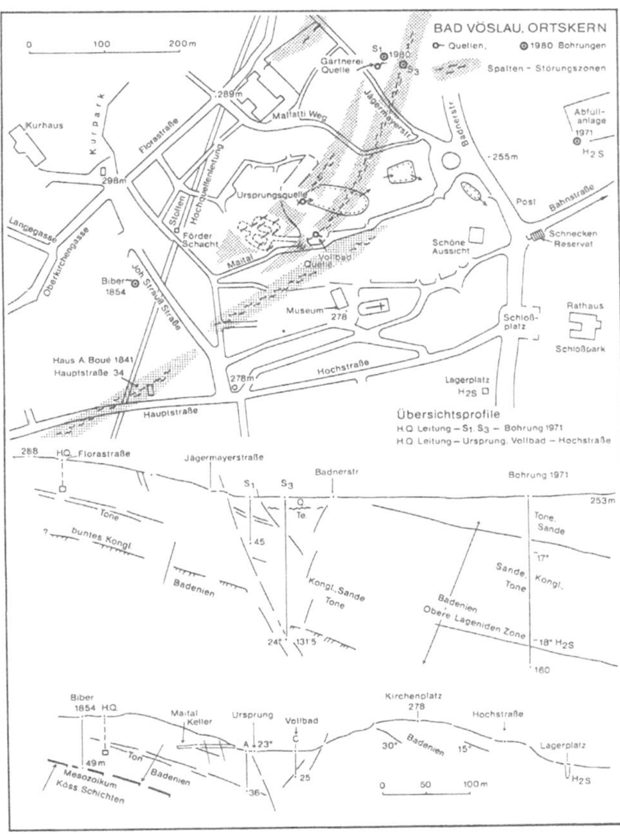

Fig. 14.2./8: Thermalfeld Bad Vöslau (P. KLEIN & H. KÜPPER, 1985, p. 634).

jedoch die stratigraphisch-faziellen Bedingungen und die Strukturverhältnisse des Neogen ausschlaggebend, wie sie vielfach vor allem von H. KÜPPER (1964, 1977, 1981), P. KLEIN & H. KÜPPER (1985), R. PAVUZA & H. TRAINDL (1985), W. PROHASKA (1983) und F. BRIX (1981) mit reichem Datenmaterial dargestellt wurden.

Die stratigraphische Abfolge des Neogen im Raum Vöslau beginnt basal mit fossilleeren Brekzien aus lokalem Material, vor allem Dolomit. Sie wird bei F. BRIX (1981) als Gainfarner Brekzie des tieferen Baden bezeichnet, wobei tiefere Anteile auch älter sein könnten. Sie begleitet in größerer Mächtigkeit den bruchbedingten Nordrand der Gainfarner Bucht. Im Hangenden folgt bei Hinzutreten von ortsfremden Geröllen, vor allem Flysch, das Vöslauer Konglomerat (obere Lagenidenzone), das auch den westlichen Ortsteil und damit den Bäderbezirk von Vöslau einnimmt. Beckenwärts werden bohrungsbelegt (H. KÜPPER, 1977) diese Grobklastika durch Mergel des Unteren Baden (obere Lagenidenzone) vertreten.

In der Gainfarner Bucht liegt Mittleres Baden (Sandschalerzone) als Gainfarner Sande vor. Erst im Ostteil von Vöslau tritt Sarmat und schließlich Pannon auf, wobei die Abgrenzung dieser sandig-mergeligen Schichten überwiegend an Brüchen erfolgt. Die Quellen von Vöslau treten im Bereich des Vöslauer Konglomeratkörpers auf (H. KÜPPER, 1961).

Die strukturellen Verhältnisse im Austrittsareal sind dadurch gekennzeichnet, daß Basalbrekzie und Vöslauer Konglomeratkörper durch die Ummantelung des kalkalpinen Grundgebirges einen beckenwärts gegen SE gerichteten Sporn bilden. Dieser ist wiederum lateral von beckenwärtig einsetzenden Mergeln umgeben. Randbrüche des Wiener Beckens sind mit Ausnahme des Badener Bruches entlang der Grenze des Wiener Beckens bzw. im Areal der Quellaustritte nicht ausgeprägt, wiewohl Spaltenzonen in Erstreckung parallel zum Beckenrand (H. KÜPPER, 1985) auf Zerrungsvorgänge hinweisen und Wegsamkeit im Konglomerat bewirken. Somit können Wässer, die in kalkalpinen Beckenuntergrund von der Tiefe des Beckens her migrieren und westwärts nach strukturellen Hochlagen wie den Vöslauer Sporn strebend zur Oberfläche gelangen und zwar dort, wo die Abdichtung durch Mergel mit Annäherung an den Beckenrand endet. Querstörungen, vor allem im N des Gebietes (siehe Fig. 14.2./5 und 14.2./9) bringen, aus dem Lindkogelgebiet Oberflächenwasser ins Becken, wodurch die wiederholt angeführten Mischwässer entstehen (H. KÜPPER, 1985, R. PAVUZA & H. TRAINDL, 1985, W. PROHASKA, 1983).

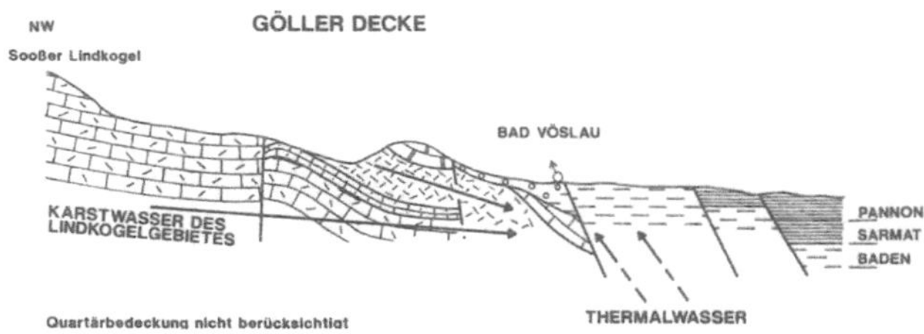

Fig. 14.2./9: Schematischer hydrogeologischer Schnitt im Bereich der Vöslauer Thermalquellen (nach R. PAVUZA & H. TRAINDL, 1985, modifiziert).

14.2.3.2. Die Quellen (P. HACKER)

Ähnlich wie in Baden führt auch im nur ca. 1,5 km südlich gelegenen Bad Vöslau die ganz spezielle hydrogeologische Situation zum Austritt der Thermalwässer: Das komplexe und tiefreichende Bruchsystem der „westlichen Thermenlinie“ und das Auftauchen der unter dichten Neogensedimenten bedeckten mesozoischen Karbonatgesteine am Rand des Wiener Beckens. Im Ortsgebiet von Vöslau befinden sich Thermal- und Kaltwasseraustritte in unmittelbarer Nachbarschaft (Fig. 14.2./9). Diese Konzentration von Grundwasseraustritten wird einerseits durch verschiedene Störungssysteme, andererseits durch einen Untergrundsporn, der in das Wiener Becken hineinreicht, bewirkt.

Ungefähr 1,25 km westlich der Therme treten zwei kalte Karstquellen aus. Weiters finden sich im Stadtgebiet von Vöslau kalte Grundwässer im Vöslauer Konglomerat. Östlich der Therme gibt es zwei Bohrungen von 150 bzw. 160 m Tiefe, die wärmere H_2S-führende Wässer antrafen (28–20 °C).

Auf dem Gelände des Thermalbades entspringen einem Kluftsystem in Konglomeraten sechs Thermalquellen mit einer Gesamtschüttung von ca. 43 l/s. Die Hauptquelle, die sogenannte **Ursprungsquelle Bad Vöslau** (ca. 35 l/s im Durchschnitt) entspringt am Ende einer langgestreckten Quellnische im Vöslauer Konglomerat in ca. 260 m Höhe. Von hier aus ergießt sich ein Quellbach in das anschließende Obere Bassin.

Der Primäraustritt, eine korrosiv und erosiv erweiterte Kluft in ca. 4 m Tiefe wurde bereits 1825 aufgedeckt. Im Jahre 1927 gelang es dann, ein Gußeisenrohr mit 300 mm Durchmesser auf diese Spalte bindend aufzusetzen, wodurch das thermale Wasser gezwungen wurde, über Terrain hochzusteigen und abzufließen. Dieses 22,8 °C warme Wasser ist aufgrund seiner Kennwerte aus der Hydrochemie und Isotopenanalytik als eine Mischung von thermalem Tiefengrundwasser mit jungem, kaltem Karstwasser aus den westlichen Karbonatserien anzusprechen.

Physikalisch-chemische Analysen Ursprungsquelle Bad Vöslau:

pH-Wert 7,15
El. Leitfähigkeit 699 µS/cm
Temperatur 22,1 °C
Trockenrückstand (bei 240 °C) 497 mg/l

Prüfung des Wassers durch die Sinne:
Bei der Probennahme
Wasserfarbe: farblos
Geruch: ohne Besonderheit
Geschmack: „lauer“ Geschmack, ohne Besonderheit
Klarheit: klar
Bodensatz: nicht vorhanden

Radionuklide:
Tritium (^3H) 5 TU
Kohlenstoff-14 (^{14}C) 37,13% modern

Stabile Isotope:
Sauerstoff-18 (^{18}O) –11,00 δ‰
Kohlenstoff-13 (^{13}C) –9,55 δ‰)
Schwefel-34 (^{34}S) +21,80‰ CDT

		Massenkonzentration mg/l	Äquivalentanteil %
KATIONEN			
Natrium	Na^+	10,2	5,11
Kalium	K^+	1,7	0,50
Magnesium	Mg^{2+}	39,9	37,76
Calcium	Ca^{2+}	98,6	56,63
Summe:		150,4	100,00
ANIONEN			
Chlorid	Cl^-	17,2	5,5
Sulfat	SO_4^{2-}	147,2	35,24
Nitrat	NO_3^-	6,0	1,12
Hydrogencarbonat	HCO_3^-	308,1	58,06
Summe:		478,5	100,00
Summe Elektrolyte:		628,9	
Schwache Elektrolyte:			
Kieselsäure, meta	H_2SiO_3	12,5	
Summe:		641,4	
Gasförmige Bestandteile:			
Freies Kohlendioxid	CO_2	29,6	
Summe:		671,0	

Gesamthärte	22,96 °dH
Karbonathärte	14,14 °dH
Nichtkarbonathärte	8,82 °dH
Kaliumpermanganatverbrauch	0,5 mg $KMnO_4$/l

Charakteristik des Quellwassers: Nach den Bestimmungen des Niederösterreichischen Heilvorkommen- und Kurortgesetzes handelt es sich bei der Vöslauer Ursprungsquelle um ein akratisches Calcium-Magnesium-Hydrogencarbonat-Sulfat-Thermalwasser.

Allein der Vergleich der Wassertemperaturen in den Thermen zu Baden und Vöslau läßt erkennen, daß die Kaltwasserkomponente, d.h. der junge Karstwasseranteil in der Vöslauer Therme höher ist als in Baden. Bestätigt wird dies sowohl durch den Grad der Mineralisation als auch durch die Isotopenwerte.

Verwendung finden die thermalen Wässer in Vöslau für das Kurmittelhaus (inklusive medizinischer Wannenbäder – ca. 2 l/s), für das Kurbad im Freien und für die Abfüllung als Tafelwasser (ca. 41 l/s).

14.2.4. Bad Fischau

14.2.4.1. Geologie (G. Wessely)

Die Thermalquellen von Fischau sind die südlichsten Warmwasseraustritte am Westrand des Südlichen Wiener Beckens (Fig. 14.2./10). Es handelt sich um die Sub-Thermen Fischau (18,9 °C), Brunn (15 °C), Eisensteinhöhle (16,5 °C) und die „Therme“ Wiesquelle, Winzendorf (Fig. 14.2./11). Die Quellen dringen an Brüchen im Neogen hoch und treten in Karsthohlräumen und deren Ausgängen aus (H. Küpper, 1977 und Fig. 14.2./11).

Wie in Kap. 14.1. „Geologie des Südlichen Wiener Beckens“ angenommen wird, sind die Quellen einem Zirkulationssystem zuzuschreiben, das sich in der Karbonatzone der höheren Kalkalpendecken entwickelt hat. Vor allem Plattformkarbonate der Mitteltrias in den Fischauer Bergen und auch der Obertrias sind deren Einzugsbereiche. Dazu treten periodisch Überlaufwässer der Hohen Wand, die über die Grünbacher Gosau hinweg zum Teil in das beckennahe Kalkalpin der höchsten Deckeneinheit gelangen. Eine Untersuchung der Klüftung und Verkarstung sowie der Wasserbilanzierung im Bereich der Hohen Wand und der Fischauer Berge wurde von N. Fenzl (1977) durchgeführt. Wie die Bohrung Sollenau 1 zeigt, sind die kalten Oberflächenwässer in größerer Tiefe weit in das Becken hinein zu verfolgen. Es ist denkbar, daß ein aus dem Becken rückflutender Warmwasserstrom sich in triadischen Karbonaten entlang einer Dichtebarriere von Gosau der nordöstlichen Fortsetzung der Grünbacher Mulde Richtung Fischau bewegt, wobei er einen im Vergleich zum tektonisch tiefen Wiener Neustadt-Sollenauer Graben strukturell erhöhten Flankenstreifen benutzt. Die Bohrung Tattendorf 1 würde dem kalkalpinen Streichen und der strukturellen Lage nach in diesem Stromverlauf liegen. Brüche, davon der Schönauer Bruch mit einer Sprunghöhe von über 1.000 m (F. Brix, 1981, G. Wessely, 1983), begünstigen sicher durch ihren, dem

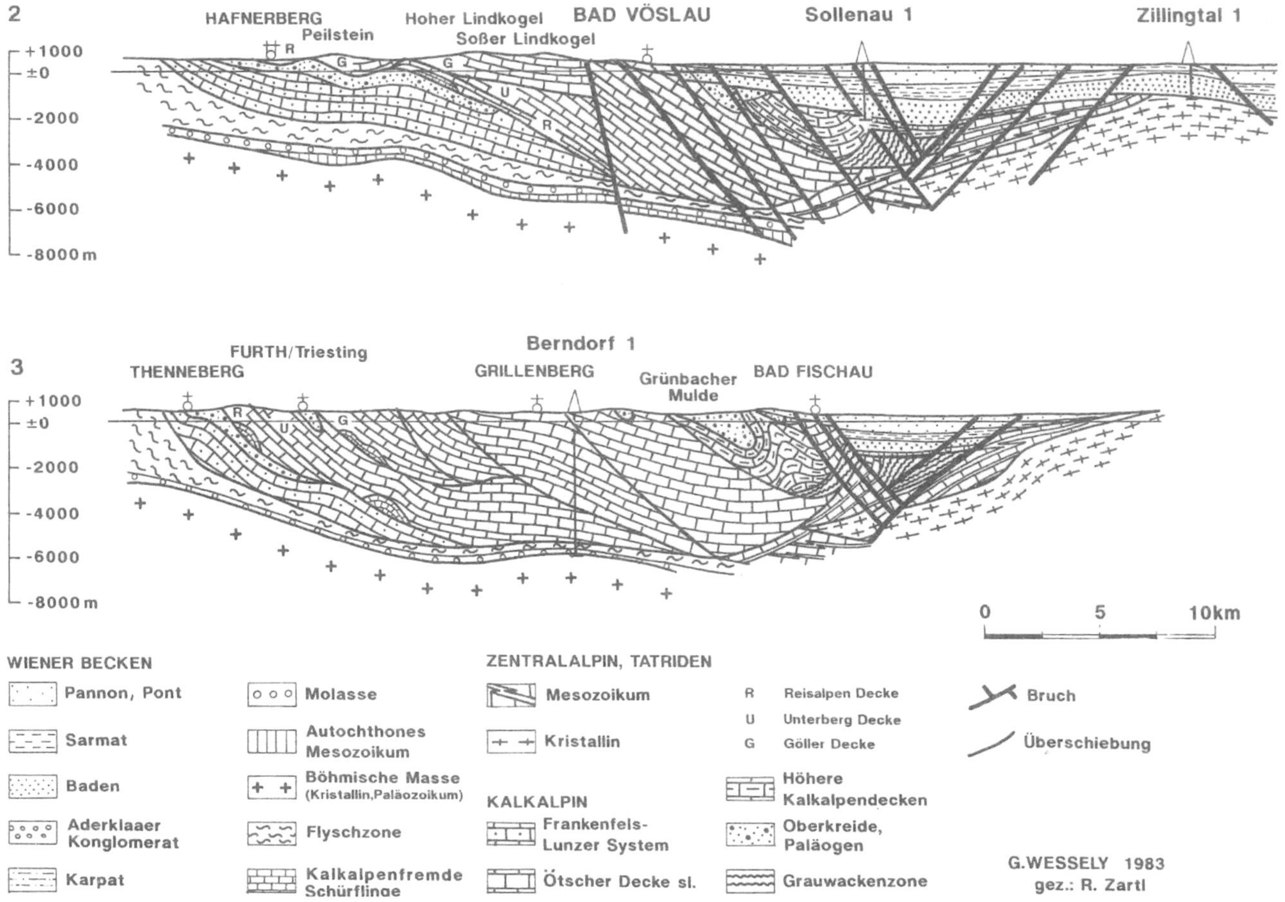

Fig. 14.2./10: Geologische Tiefenprofile (2, 3) durch den Ostabschnitt der Kalkalpen und das Wiener Becken bei Bad Vöslau und Bad Fischau (Profilverlauf siehe Fig. 14.1./2).

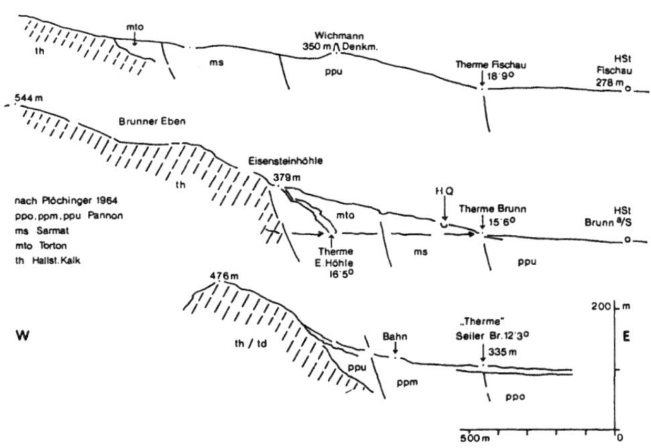

Fig. 14.2./11: Thermen-Karstwassergruppe Fischau-Brunn-Winzendorf (H. KÜPPER, 1977, p. 113).

alpinen Streichen weitgehend parallelen Verlauf (NE–NNE Richtung), die Wegsamkeit in den Triaskarbonaten.

14.2.4.2. Die Akratopegen von Bad Fischau-Brunn (P. HACKER)

Zu den bekanntesten temperierten Grundwasseraustritten im SW des Wiener Beckens zählen die von Bad Fischau.

Aufgrund der nur leicht erhöhten Wassertemperatur sowie der geringen Gesamtmineralisation sind sie auch die unbedeutendsten unter den Thermen am westlichen Beckenrand.

Der Quellbezirk, in dem die thermal beeinflußten Wässer entspringen, liegt im Ortsgebiet von Bad Fischau. Er bildet den Ursprung der Warmen Fischa.

Auf engem Raum befinden sich drei größere Quellaustritte, die, wie Schüttungsbeobachtungen im Anschluß an Manipulationen an den einzelnen Quellen erkennen lassen, von einem gemeinsamen Höhlensystem gespeist zu werden scheinen. Dieses System durchläuft zumindest im Mündungsbereich die grobklastischen Miozänkonglomerate. Sein Ende findet es an dieser Stelle, da ein Fazieswechsel zu feinklastischen Sedimenten durch Randstörungen „abrupt" erfolgt.

Beachtlich ist die Gesamtschüttung, die die Austritte – nicht zuletzt auch wegen deren Schüttungsschwankungen (Minimum = ca. 47 l/s, Maximum = ca. 180 l/s; aus langjährigen Meßreihen, seit 1969, Hydrographische Landesanstalt Niederösterreich) – als Karstquellen klassifiziert.

Die geringen Wassertemperaturschwankungen von 0,9–2,2 °C (1969–1989), die leicht erhöhte Gesamtmineralisation und die lange mittlere Verweilzeit der Wässer (angezeigt durch den Tritiumgehalt) lassen die Zumischung von Tiefengrund- und Tiefenkarstwässern erkennen.

Die temperierten Wässer des südlichsten Höhlenaustrittes speisen unmittelbar das sogenannte Herrenbad, der Große und Kleine Sturz werden zur Badesaison zum Füllen des Damenbades (beide sind Freibäder) herangezogen.

Physikalisch-chemische Analysen der **BONAQA-Quelle Bad Fischau**, 1986:

pH-Wert 7,55
El. Leitfähigkeit (bei 20 °C) 528 µS/cm
Temperatur 16,3 °C
Trockenrückstand (bei 180 °C) 305 mg/l

Prüfung des Wassers durch die Sinne:
Bei der Probennahme
Wasserfarbe: farblos
Geruch: ohne Besonderheit
Geschmack: schal
Klarheit: klar
Bodensatz: keiner

Radionuklide:
Radon (Rn) 0,11 nCi/l
Radium (Ra) 0,0005 nCi/l
Tritium (^{3}H) 13–20 TU (1984–1988)
Kohlenstoff-14 (^{14}C) 52,72% modern

Stabile Isotope:
Sauerstoff-18 (^{18}O) –10,8 δ‰
Deuterium (^{2}H) –76,9 δ‰
Kohlenstoff-13 (^{13}C) –9,5 δ‰
Schwefel-34 (^{34}S) +11,5‰ CDT

		Massen-konzen-tration mg/l	Äquiva-lent-anteil %
KATIONEN			
Natrium	Na^+	11,0	7,58
Kalium	K^+	1,2	0,49
Magnesium	Mg^{2+}	27,3	35,66
Calcium	Ca^{2+}	71,1	56,27
Summe:		110,6	100,00
ANIONEN			
Chlorid	Cl^-	19,1	8,67
Sulfat	SO_4^{2-}	44,5	14,87
Nitrat	NO_3^-	6,95	1,80
Hydrogencarbonat	HCO_3^-	283,7	74,66
Summe:		354,25	100,00
Summe Elektrolyte:		464,85	
Schwache Elektrolyte:			
Kieselsäure, meta	H_2SiO_3	9,15	
Borsäure, ortho	H_3BO_3	0,3	
Summe:		474,30	
Gasförmige Bestandteile:			
Freies Kohlendioxid	CO_2	16	
Sauerstoff	O_2	3,75	
Summe:		494,05	
Gesamthärte		16,26 °dH	
Karbonathärte		13,02 °dH	
Nichtkarbonathärte		3,24 °dH	
Kaliumpermanganatverbrauch		1,7 mg $KMnO_4$/l	

Charakteristik des Quellwassers: Nach den Bestimmungen des Niederösterreichischen Heilvorkommen- und Kurortegesetzes handelt es sich bei der BONAQA-Quelle um eine akratische Calcium-Magnesium-Hydrogencarbonat-Quelle.

Spurenelemente (in µg/l):	F	J	B
	270	21	52

In geochemischer Hinsicht sind sich die BONAQA-Quelle und die Bad Fischauer Thermalquellen weitgehend ähnlich.

14.2.4.3. Grundsätzliche Bemerkungen zu den Quellen am Nordwestrand des Beckens (J. Zötl)

Die Wasseraustritte am Nordwestrand des Südlichen Wiener Beckens sind zur Gänze meteorischer Herkunft. Sie teilen sich in zwei Hauptkomponenten, in die schon im zum Teil sehr weitreichenden Hinterland des kalkalpinen Deckensystems versinkenden und stufenweise den tieferen Aquiferen der Beckenfüllung zufließenden Wässer und die am Beckenrand obertag oder in geringer Tiefe liegenden Aquifere alimentierenden Zuflüsse (vgl. Baden, bzw. Bad Fischau). Die Grenzen der beiden Komponenten sind sowohl im Einzugsgebiet als auch im Alimentationsbereich schwer abzuschätzen (siehe Temperaturanomalien, Fig. 14.1./3). Nur der gemeinsame Wassertypus gibt Hinweise.

Der erste Quellbereich an der Ostflanke im äußersten Südwestteil des Beckens ist der Säuerling Katzelsdorf.

14.2.5. Katzelsdorf (J. ZÖTL)

14.2.5.1. Lage und geologische Verhältnisse

Bei der Betrachung der Heilwässer des Südlichen Wiener Beckens wechseln wir im Großraum von Wiener Neustadt vom Nordwestrandand des Beckens (Bad Fischau, 288 m NN) auf die rechte Seite des Beckens, zu dem an der Leitha gelegenen Ort Katzelsdorf (273 m NN). Der Fluß Leitha wird hier durch das Rosaliengebirge gezwungen der Nordrichtung zu folgen.

Die in der Luftlinie sich knapp 10 km in WNW-ESE-Richtung gegenüber liegenden Orte Bad Fischau und Katzelsdorf sind geologisch stark unterschiedlich.

Bedienen sich die Quellen von Bad Fischau noch der Karstwasserwege der höheren Kalkalpendecken (Fig. 14.2./11), so entspringt der Säuerling Marienquelle von Katzelsdorf aus einer Randstörung in den Glimmerschiefern der alpinen Zentralzone. Damit gehören auch die Quellwässer einem verschiedenen Typus an.

14.2.5.2. Der Säuerling Marienquelle

Die Wasseranalyse (nach W. CARLÉ, 1975):

		Massenkonzentration mg/l	Ionenäquivalentkonzentration mmol/l	Äquivalentanteil %
KATIONEN				
Natrium	Na^+	9,0	0,39	6,01
Kalium	K^+	2,2	0,06	0,93
Magnesium	Mg^{2+}	26,8	2,20	34,18
Calcium	Ca^{2+}	72,2	3,60	55,93
Eisen	Fe^{2+}	5,3	0,19	2,95
Summe:		115,5	6,44	100,00
ANIONEN				
Chlorid	Cl^-	5,3	0,15	2,23
Sulfat	SO_4^{2-}	23,6	0,49	7,60
Hydrogencarbonat	HCO_3^-	353,8	5,80	90,17
Summe:		382,7	6,44	100,00
Summe Elektrolyte:		498,2		
Gasförmige Bestandteile:				
Freies Kohlendioxid CO_2		1.584,0		
Summe:		2.082,2		

Wassertypus: Calcium-Magnesium-Hydrocarbonat-Säuerling.

Eine Angabe von Spurenelementen gibt es nicht. Das ist insbesonders für den Vergleich des Borgehaltes mit den anderen Quellen am Beckenostrand ein Nachteil. Weil W. CARLÉ ein Nahverhältnis mit dem Säuerling von Sauerbrunn annimmt, wird auf Fig. 14.2./16 ein annähernd gleicher Borgehalt geschätzt. Der CO_2-Gehalt gibt den Hinweis auf einen Zusammenhang mit einem magmatischen Tiefenherd.

14.2.6. Die Mineralsäuerlinge von Bad Sauerbrunn im Burgenland (J.E. GOLDBRUNNER, J. ZÖTL)

Im Übergangsbereich zwischen dem Wiener Becken und dem Eisenstädter Becken, der als „Wr. Neustädter-Ödenburger Pforte" (A. TOLLMANN, 1985) bezeichnet wird, liegt am östlichen Abhang des Rosaliengebirges das Mineralsäuerlingvorkommen von Bad Sauerbrunn. Das kristalline Grundgebirge besteht vorwiegend aus phyllitischen Glimmerschiefern. Weiter im W folgen Augengranite bzw. -granitgneise und kleinere Bereiche von Semmeringkalken, -dolomiten und -quarziten (H. KÜPPER, 1962).

Die tertiäre Beckenfüllung umfaßt hier am Beckenrand Sedimente des Baden, Sarmat und Pannon. Im Baden unterscheidet H. KÜPPER, l.c. einen „tieferen und einen höheren Teil", von denen ersterer durch zum Teil mächtige Einschaltungen von Grobsand-Schotterlagen in dunkle Tone oder Mergel aufweist. Im höheren Teil überwiegen dunkle Tone und Tonmergel mit Mergelkonkretionen direkt am Kristallinrand, sie gehören der Lagenidenzone an.

Das Sarmat ist als mittelkörniger Sand mit Kieseinschaltungen und sandsteinartigen Bänken verbreitet, das Pannon als unterpannone grüne Tone aufgeschlossen.

Betreffend die **Tektonik** unterscheidet H. KÜPPER eine im Tertiär SW-NE-verlaufende Synklinalzone (Schölling-Synklinale) und ein System „sich fiederförmig anordnender Randbrüche" des Kristallins, wobei es sich nicht um einen Bruch, sondern um ein funktionell einheitliches Bruchsystem handelt.

Der Quellschacht zur Fassung des Säuerlings ist in dunkle Tonmergel der Lagenidenzone eingesenkt. Diese werden von einer 4–6 m mächtigen Lage schlecht gerundeten Kristallinschuttes bedeckt. 1959 wurden zwei Bohrungen etwa 20 m vom Quellschacht in die Tertiärtone niedergebracht, die bewiesen, daß diese Tone als völlig dichter Mantel die Quellwasserwege im Schotter umschließen und die Richtung der Wasserbewegung bestimmen. H. KÜPPER, l.c. zeichnet folgendes Bild: „Die sehr dichten Tonmergel der Lagenidenzone werden von einer ca. E-W-verlaufenden Spalte durchsetzt, die von Kristallinschotter erfüllt ist." Das CO_2 als Gas und seine stark mineralisierten („harten" – siehe unten) Wässer steigen als relativ begrenzter Wasserweg auf, wobei die lösende Wirkung der CO_2-Gase zur Freihaltung des Wasserweges beiträgt.

Schon aus methodischen Gründen wird die folgende Gliederung des Gesamtwasserkörpers in verschiedene Komponenten wiedergegeben. Wie in den Arbeiten der sechziger Jahre üblich, bedient sich H. KÜPPER der Gliederung des Wassers durch Härtegrade in drei Typen: Wässer der Talfüllung und oberflächennaher Schuttkörper bis 15 °dH (Grad Deutscher Härte), aus tieferen Bereichen der tertiären Tonmergel zwischen 20 und 30 °dH und die mineralisierten CO_2-führenden Wässer hoher Härte um 50 °dH. Dadurch war es möglich, „Wildwässer" und „Edelwässer" zu unterscheiden und eine Grundlage für das Erkennen von Mischzonen zu geben. Die chemische Analyse nach E. SCHROLL von 1963 ergab:

		Massenkonzentration mg/l	Ionenäquivalentkonzentration mmol/l	Äquivalentanteil %
KATIONEN				
Natrium	Na^+	167,12	7,27	25,96
Kalium	K^+	11,20	0,28	1,00
Magnesium	Mg^{2+}	117,90	9,70	34,64
Calcium	Ca^{2+}	215,52	10,75	38,39
Summe:		511,74	28,00	99,99
ANIONEN				
Chlorid	Cl^-	40,84	1,15	4,07
Sulfat	SO_4^{2-}	313,00	6,52	23,07
Nitrat	NO_3^-	7,56	0,12	0,42
Hydrogencarbonat	HCO_3^-	1.249,00	20,47	72,43
Summe:		1.610,40	28,26	99,99
Summe Elektrolyte:		2.122,14		
Schwache Elektrolyte:				
Kieselsäure, meta	H_2SiO_3	19,1		
Borsäure, ortho	H_3BO_3	5,8		
Summe:		2.147,04		
Gasförmige Bestandteile:				
Freies Kohlendioxid	CO_2	2.266		
Summe:		4.413,04		

Spurenelemente (in µg/l):

Li	Rb	Sr	Fe	Mn	F	Br
400	100	**2.160**	**4.250**	340	210	70

J	B
20	1.010

Daß die Härtebestimmung allein zu Irrtümern führen kann, zeigt der Umstand, daß ein Teil von Ortsbrunnen mit sehr hartem Wasser zunächst mit der Paulquelle in Verbindung gebracht wurde. Später ergab sich, daß Gipslagen im basalen Obersarmat Urheber der großen Wasserhärte waren. Der Wassertypus der Paulquelle ist „eisenhältiger Calcium-Magnesium-Natrium-Hydrogencarbonat-Sulfat-Mineralsäuerling".

Die niedrigeren Borwerte zeigen, daß dieses postvulkanische Element in Sauerbrunn nur mehr in geringem Maße zum Tragen kommt.

Im Jahre 1967 wurde im Auftrag der Gemeinde Bad Sauerbrunn in ca. 220 m Entfernung von der Paulquelle eine Probebohrung für die Erschließung eines weiteren Mineralsäuerlings abgestoßen. Ihr waren umfangreiche geologische und geophysikalische Kartierungen vorausgegangen, die ergeben hatten, daß das prätertiäre Grundgebirge in mindestens drei Staffeln unter die jungtertiäre Beckenfüllung abtaucht; die Bohrung wurde auf eine Zwischenstaffel angesetzt. Nach der geologischen Bearbeitung des Landesgeologen, Dr. H. SCHMID wurden folgende Schichtfolgen aufgeschlossen: bis 11,00 m ein Kies-Sandpaket in Wechsellagerung (Quartär), darunter folgten bis 22,80 m plastische grüne Tegel, die nach mikropaläontologischen Befunden dem Sarmat angehören. Daran schließt eine 53,30 m mächtige eintönige Folge von Tonmergeln des Badenien, der nur eine geringmächtige Sandsteinschichte eingeschaltet ist. Bei 76,10 m erschloß die Bohrung das 2 m mächtige Basiskonglomerat über dem Grundgebirge und wurde bei einer Teufe von 85 m im zentralalpinen Kristallin eingestellt. Filterrohre wurden im Intervall 76,50–81,50 m gesetzt. Der Hauptzufluß erfolgt im Bereich des Basiskonglomerates.

Die starke CO_2-Führung dieses Horizontes führte während der Bohrung zu einer Gaseruption, als dessen Folge die Paulquelle in ihrer Ergiebigkeit stark nachließ, so daß die Probebohrung vorübergehend verschlossen werden mußte. Nach der Komplettierung der Bohrung wurden mehrere mehrmonatige kontrollierte Auslaufversuche unter gleichzeitiger Beobachtung der Schüttung der Sonde Paulquelle (22–30 l/min) durchgeführt. Hiebei wurde an der nunmehr als „Gemeindequelle" bezeichneten Sonde eine Rate von 20 l/min (0,33 l/s) ohne Beeinträchtigung der Paulquelle gefahren (J. FINK et al., 1974).

1973 wurde durch die Chemische Abteilung des Institutes für Gerichtliche Medizin (G. MACHATA) im Zusammenhang mit der Heilquellenerklärung der Sonde „Gemeindequelle" eine Große Heilwasseranalyse erstellt, die im folgenden wiedergegeben werden soll:

Wassertemperatur 13,9 °C
(Schüttung 13,3 l/min Wasser, 11,3 l/min Gas)
pH-Wert 6,4
El. Leitfähigkeit (bei 20 °C) 3.500 µS/cm

		Massen-konzen-tration mg/l	Ionenäqui-valentkon-zentration mmol/l	Äquiva-lent-anteil %
KATIONEN				
Lithium	Li^+	1,0	0,144	0,220
Natrium	Na^+	333,0	14,484	22,162
Kalium	K^+	48,3	1,235	1,890
Magnesium	Mg^{2+}	363,3	29,901	45,751
Calcium	Ca^{2+}	383,6	19,137	29,281
Strontium	Sr^{2+}	4,3	0,098	0,150
Mangan II	Mn^{2+}	3,7	0,135	0,206
Eisen II	Fe^{2+}	6,2	0,222	0,340
Zink	Zn^{2+}	0,08	–	–
Aluminium	Al^{3+}	0,08	–	–
Summe:		1.143,56	65,356	100,000
ANIONEN				
Chlorid	Cl^-	79,5	2,242	3,431
Bromid	Br^-	2,6	0,033	0,050
Sulfat	SO_4^{2-}	900,6	18,750	28,691
Hydrogencarbonat	HCO_3^-	2.689	44,069	67,433
Dihydrogenph.	$H_2PO_4^{2-}$	25,0	0,258	0,395
Summe:		3.696,7	65,352	100,000
Summe Elektrolyte:		4.840,26		
Gasförmige Bestandteile:				
Freies Kohlendioxid	CO_2	2.049		
Summe:		6.889,26		

Frei aufsteigende Quellgase (%):

CO_2	98,7
N_2	1,3

Sulfid, Nitrit, Nitrat, Jodid, Metakieselsäure und Metaborsäure waren hinsichtlich ihrer Konzentration jeweils unter der Nachweisgrenze von ca. 0,1 mg/l.

Die ^{222}Rn-Aktivität in der Gasphase wird mit 10 ± 2 pCi/l (Messung durch das Atominstitut der Österreichischen Hochschulen) angegeben.

Im Jahre 1978 wurden weitere Bestimmungen des Radium- und Radongehaltes durchgeführt (Institut für Radiumforschung und Kernphysik, Österreichische Akademie der Wissenschaften): Die Probennahme erfolgte am 26. Juli 1978.

^{222}Rn:	im Wasser	0,13 nCi/kg H_2O	= 4,8 Bq/kg H_2O
	im Gas	0,35 nCi/kg Gas	= 13 Bq/kg Gas
^{226}Ra:	im Wasser	0,3 nCi/kg H_2O	= 0,01 Bq/kg H_2O
	Wasserprobe (angesäuert)	0,8 nCi/kg H_2O	= 0,03 Bq/kg H_2O

Die Wässer der strukturhöheren Sonde Paulquelle und der weiter im Becken stehenden Gemeindequelle unterscheiden sich hinsichtlich der Mineralisierung erheblich, wobei bei der Gemeindequelle die Dominanz des Magnesium-Ions ins Auge fällt, so daß ein Magnesium-Calcium-Natrium-Hydrogencarbonat-Sulfat-Mineralsäuerling vorliegt.

Die Mineralisierung des Wassers war zwischen 1973 und 1980 rückläufig, wie dies eine Kontrollanalyse der Bundesstaatlichen Anstalt für Experimentell-Pharmakologische und Balneologische Untersuchungen (A.J. STEHLIK) im Jahre 1980 gezeigt hat. Die Summe der gelösten Stoffe ist hiebei von 4.841 auf 3.859 mg/l zurückgegangen, der Gehalt an gelöstem freiem CO_2 hat sich von 2.049 auf 2.340 mg/l erhöht, der Wassertypus ist erhalten geblieben.

14.2.7. Pöttsching (J.E. GOLDBRUNNER)

Durch eine 154 m tiefe Bohrung wird in Pöttsching, ca. 5 km im NE von Bad Sauerbrunn, ein Calcium-Magnesium-Hydrogencarbonat-Sulfat-Wasser erschlossen, welches unter der Bezeichnung „Markus-Quelle" als Versand-Tafelwasser vertrieben wird. Das mit einer Temperatur von 15,1 °C artesisch am Sondenkopf austretende Tiefengrundwasser stammt aus kiesigen Lagen zwischen 112,65 und 128,0 bzw. 132,0 und 136 m.

Im folgenden wird der der Flaschenetikette entnommene Auszug aus der Vollanalyse der Lebensmittelversuchsanstalt vom 29. Juni 1990 wiedergegeben:

		Massen-konzen-tration mg/l	Äquiva-lent-anteil %
KATIONEN			
Natrium	Na^+	41,5	19,03
Kalium	K^+	4,9	1,37
Magnesium	Mg^{2+}	35,5	30,70
Calcium	Ca^{2+}	93,0	48,79
Eisen	Fe^{2+}	0,25	0,11
Summe:		175,15	100,00
ANIONEN			
Chlorid	Cl^-	14,9	4,17
Sulfat	SO_4^{2-}	103,6	21,47
Nitrat	NO_3^-	0,1	0,00
Hydrogencarbonat	HCO_3^-	456,3	74,35
Summe:		574,9	99,99
Summe Elektrolyte:		750,05	

Im Jahre 1988 wurden folgende *Spurenelemente* gemessen (Angaben in µg/l):

Cr	F	J	Cu	Li	Mn	Ni	Se	Zn
0,42	110	36	0,14	110	140	1,1	0,15	2,6

Isotopenuntersuchungen, ausgeführt von der BVFA Arsenal, ergaben folgende Werte (Probennahme: 5. Dezember 1989):

Tritium (^{3}H) 0,1 ± 0,5 TU
Kohlenstoff-14 (^{14}C) 5,6 ± 0,4 pmc

Es handelt sich somit um echtes Tiefengrundwasser mit einer aus dem ^{14}C-Gehalt abzuleitenden langen Verweildauer.

Gutachten bezüglich der Eignung der Markus-Quelle für die Zubereitung von Säuglingsnahrung stammen von A.J. STEHLIK und W. MARKTL.

14.2.8. Leithaprodersdorf (P. HACKER, J. ZÖTL)

14.2.8.1. Allgemeines

Im mittleren Bereich des Ostrandes des Südlichen Wiener Beckens treten nur zwei nennenswerte Quellen aus, nämlich die Mineralwasserthermen von Leithaprodersdorf und Mannersdorf.

Darin widerspiegelt sich zunächst ganz allgemein der hydrogeologische Gegensatz zwischen der Kalkalpenzone im NW und dem Zentralalpin am Südostrand des Beckens. Das Karbonatgebirge am Rand des Leithagebirges ist kein sehr potenter Wasserspender (siehe Fig. 14.2./16).

14.2.8.2. Die Quellen

Die Quelle von Leithaprodersdorf entspringt am Nordwestrand des Leithagebirges aus einer N-S-streichenden Spalte in mesozoischen Kalken. Es handelt sich um eine Karstquelle mit bedeutender Schüttung. CO_2 (ca. 180 mg/l Wasser) perlt auf, H_2S ist zu riechen.

Die physikalisch-chemische Analyse der **Thermalquelle Leithaprodersdorf** (E. SCHROLL & H. KRACHSBERGER):

pH-Wert 6,7
Temperatur 23,5 °C

Prüfung des Wassers durch die Sinne:
Wasserfarbe: schwach blaugrau, stellenweise veralgt, diverse Schwimmbeläge an Wasseroberfläche
Geruch: –
Geschmack: –
Klarheit: ganz schwach trüb
Bodensatz: –

Radionuklide:
Tritium (^3H) 1 TU

Stabile Isotope:
Sauerstoff-18 (^{18}O) –12,19 δ‰
Deuterium (^2H) –87,90 δ‰

		Massenkonzentration mg/l	Äquivalentanteil %
KATIONEN			
Natrium + Kalium	$Na^+ + K^+$	182	17,50
Magnesium	Mg^{2+}	166	30,19
Calcium	Ca^{2+}	474	52,31
Summe:		822	100,00
ANIONEN			
Chlorid	Cl^-	205	12,91
Sulfat	SO_4^{2-}	1.402	65,20
Hydrogencarbonat	HCO_3^-	598	21,89
Summe:		2.205	100,00
Summe Elektrolyte:		3.027	
Schwache Elektrolyte:			
Kieselsäure, meta	H_2SiO_3	25	
Summe:		3.052	
Gasförmige Bestandteile:			
Freies Kohlendioxid	CO_2	177	
Summe:		3.229	

Beim Wasser der Thermalquelle bei Leithaprodersdorf handelt es sich um eine Calcium-Magnesium-Sulfat-Hydrogencarbonat-Mineraltherme.

Spurenelemente (in µg/l):

Rb	Sr	Zn	F	J	B
110	10.800	20	940	110	4.285

Der Wassertypus von Leithaprodersdorf ist nur zum Teil dem der Quellen am Nordwestrand bzw. im Inneren des Beckens (Oberlaa) gleichzusetzen. Das betrifft vor allem den Chloridgehalt (Tab. 14.2./2) und die Spurenelemente. Der Calcium- und Magnesiumgehalt liegt bei Leithaprodersdorf wesentlich höher als am Westrand, desgleichen der Schwefel- und vor allem der Hydrogencarbonatgehalt. Es stehen sich demnach ein Ca-Na-SO_4-Cl- und ein Ca-Mg-SO_4-HCO_3-Mineralthermalwasser-Typus gegenüber. W. CARLÉ (1975) sieht in Leithaprodersdorf ein System von in Randspalten tiefer einsinkendem Wasser, das in der Tiefe aufgeheizt wird und dabei etwas Kohlendioxid und salinares Porenwasser des Baden aufnimmt.

Die große Wassermenge (genaue Schüttung nicht angegeben) mit hoher Mineralisierung spricht für ein Zusammenspiel von Auftrieb aus dem Beckenaquifer mit einer Alimentation aus Randwässern der Säuerlinge Katzelsdorf und Sauerbrunn (Sr, Bor, CO_2) und einer lokalen Komponente nach der Vorstellung von W. CARLÉ (vgl. Fig. 14.2./16 und 14.2./17).

14.2.9. Mannersdorf (P. HACKER, J. ZÖTL)

14.2.9.1. Lage und die örtlichen geologischen Aufschlüsse

Ort und Quellaustritte liegen am Nordrand des Leithagebirges. Mitten im Ort tritt als Schloß- und Parkquelle das Mineralthermalwasser aus der Randverwerfung tertiärer Kalke empor. W. CARLÉ (1975) nimmt an, daß die Mineralisierung kalkigen, pyritführenden Lias-Schichten entstammt.

14.2.9.2. Wasserchemismus und Spurenelemente

Physikalisch-chemische Analysen der Quelle **Mannersdorf** (W. CARLÉ, 1975)

		Massen-konzen-tration mg/l	Äquiva-lent-anteil %
KATIONEN			
Natrium	Na^+	11,2	2,23
Kalium	K^+	6,2	0,73
Magnesium	Mg^{2+}	85,5	31,98
Calcium	Ca^{2+}	286,5	65,06
Summe:		389,4	100,00
ANIONEN			
Chlorid	Cl^-	16,8	2,16
Sulfat	SO_4^{2-}	830,6	78,79
Hydrogencarbonat	HCO_3^-	255,3	19,05
Summe:		1.102,7	100,00
Summe Elektrolyte:		1.492,1	

Die Mineralisierung reicht noch für die Bezeichnung Calcium - Magnesium - Sulfat - Hydrogencarbonat (> 19%)-Mineraltherme (22,8 °C) aus.

Spurenelemente (in µg/l):

Fe	Al	Br	J	B
660	20	300	20	817

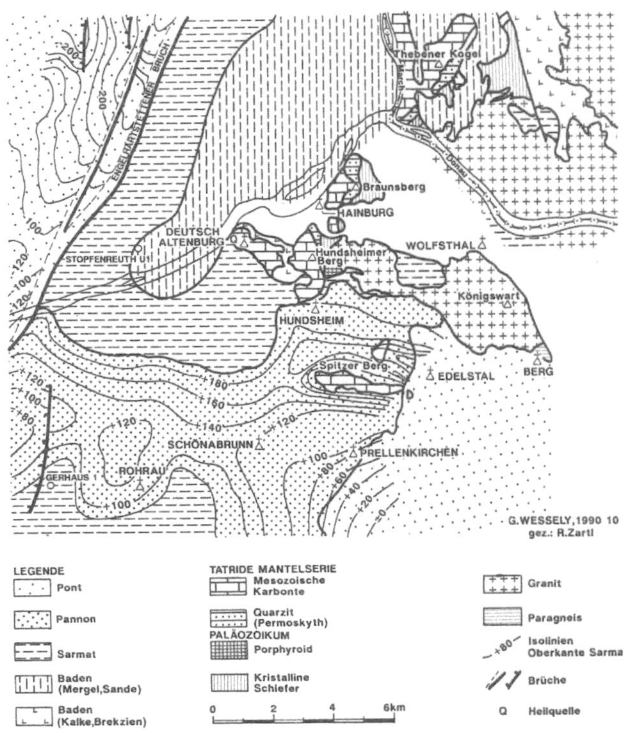

Fig. 14.2./12: Geologische Übersicht Bad Deutsch-Altenburg und Edelstal.

14.2.10. Bad Deutsch-Altenburg

14.2.10.1. Geologie (G. WESSELY)

Die Heilquelle Deutsch-Altenburg liegt in dem Teil am Ostrand des Wiener Beckens, der vom Südabschnitt der Karpaten, den Hainburger Bergen, gebildet wird (Fig. 14.2./12). Der Gebirgsabschnitt ist gegliedert durch zahlreiche Talungen, in die Neogensedimente des Badens bis Pont eingelagert sind. Die Senken wurden zum Teil von der Donau mit ihrem System an Gerinnen benützt. Abrasionsflächen und Schotterfluren in Höhenlagen von 350–134 m zeugen vom räumlich variablen Verlauf im Zuge der Tieferlegung des Strombettes.

Der Hauptteil der Kleinen Karpaten, vor allem deren Südabschnitt gehört zur tektonischen Einheit der Tatriden. Dies gilt somit auch für die Hainburger Berge. Ihr Gerüst bildet ein kristalliner Kern bestehend aus dem Wolfsthaler Granitkörper und Resten von Paragneis bei Berg. Den Granit überlagern westfallende paläozoische Schiefer und Porphyroide, die den Ostfuß des Hundsheimer Berges, Schloßberges und Braunsberges bilden. Die Schichtfolge setzt sich fort mit permoskytischen Quarziten und schließlich mit mitteltriadischen Karbonaten, bestehend aus grauen zum Teil gebankten Kalken und Dolomiten, die gegen das Wiener Becken einfallen. Sie bilden die Hauptmasse des Hundsheimer Berges mit vorgelagertem Pfaffenberg und Kirchenberg, des Schloßberges, des Braunsberges und den gesamten Spitzer Berg. Nördlich der Donau setzt sich dieser Bau fort. Im S endet die Tatridenzone mit der Brucker Pforte. Die Frage der Lagebeziehung zur tektonischen Großeinheit des Unterostalpin, das durch das Leithagebirge vertreten ist, konnte noch nicht schlüssig gelöst werden, da auch Bohrungen noch keine konkreten Beiträge liefern konnte.

Für das Auftreten der Therme Deutsch-Altenburg ist die Verbreitung und die Ausbildung der mesozoischen Sedimente von ausschlaggebender Bedeutung. Die mitteltriadischen Kalke und Dolomite erstrecken sich nord- und westwärts weit unter das Neogen. Dies belegen zunächst Seichtbohrungen der DoKW nördlich Deutsch-Altenburg am nördlichen Donauufer. Die Untersuchungsbohrung Stopfenreuth U1 traf sie noch 2 km westlich des Quellbereiches an. In einem weiteren Rahmen gesehen ist auf eine größere Verbreitung des tatriden bis unterostalpinen mesozoischen

Sedimentmantels aufgrund von Tiefbohrungen (Fig. 14.2./13) direkt oder indirekt zu schließen. Bei den nächstgelegenen Bohrungen Marchegg 1 und Regelsbrunn 1 wurde das Hangende der Mitteltriaskarbonate in Form von buntem Keuper (Tonschiefer, Quarzite, Dolomite) erschlossen. Regelsbrunn 1 drang darunter direkt in Mitteltriaskarbonate ein. Die Bohrung Gerhaus 1 erschloß ihre Basis in Form permoskythischer Quarzite und Verrucano. Die mitteltriadischen Kalke sind als sehr wegsam anzusehen, weil sie einerseits intensive Klüftung vor allem in ihren dolomitischen Abschnitten besitzen, andererseits bis tief unter die Oberfläche stark zur Verkarstung neigen. Dies ist vor allem im Steinbruch Deutsch-Altenburg mit seinen verzweigten Hohlraumsystemen mit und ohne Höhlenfüllung ersichtlich, aber auch in den Bohrergebnissen der DoKW (V. MAURIN, 1988, Abb. 8), wo oftmals sanderfüllte Hohlräume innerhalb der mesozoischen Karbonate durchbohrt wurden.

Über den mesozoischen Schichten der Tatriden und des Unterostalpin wurden in Bohrungen dunkle Schiefer und Quarzwacken der Grauwackenzone erschlossen. Diese steil gegen NW einfallenden Gesteine bilden eine Dichtebarriere gegenüber den darüber lagernden Kalkalpen.

Die neogene Schichtfolge in den Hainburger Bergen und ihrer Umgebung reicht vom Mittleren Baden bis zum Quartär (G. WESSELY, 1961). Die Verbreitung

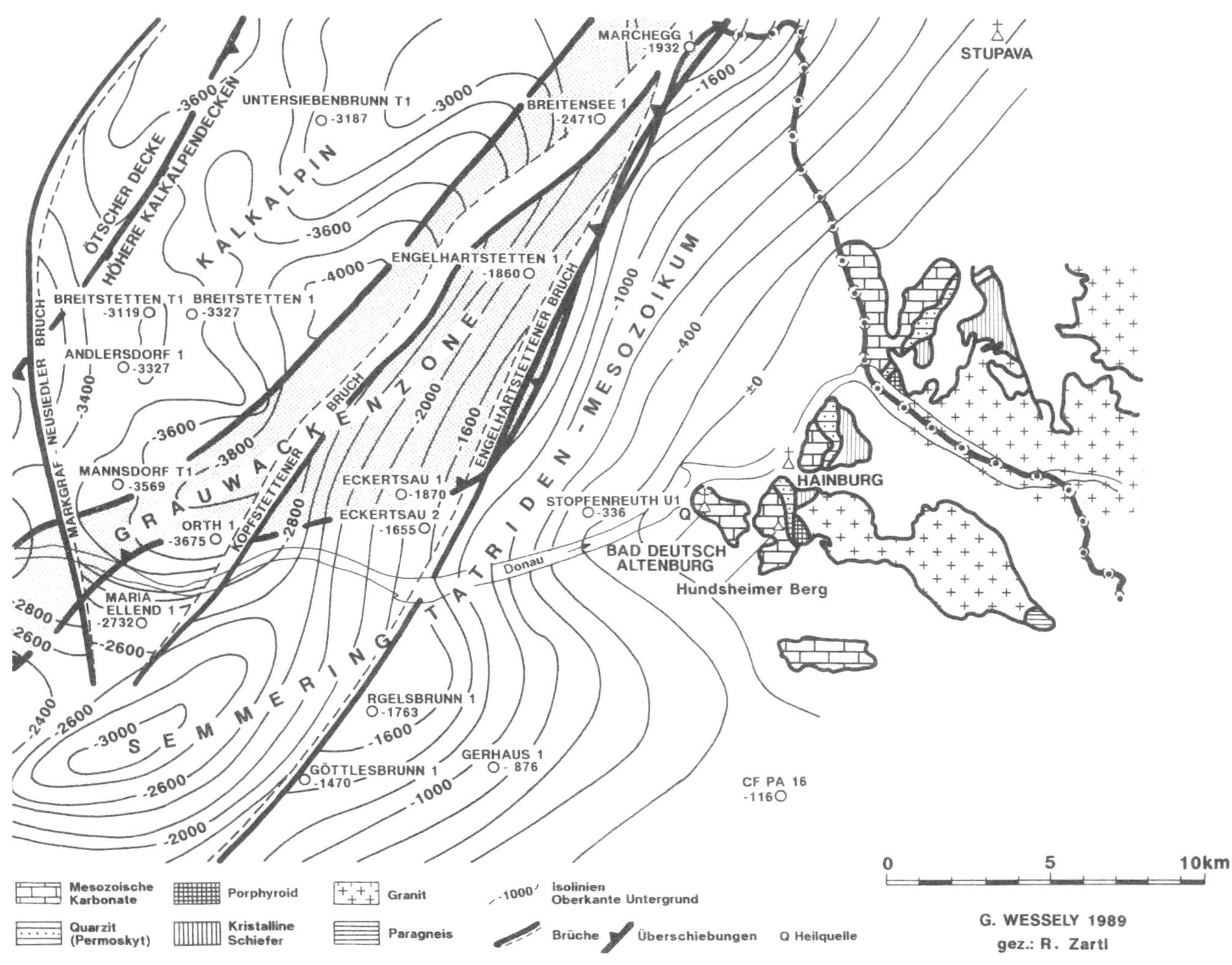

Fig. 14.2./13: Strukturkarte Oberkante Untergrund des Wiener Beckens bei Deutsch-Altenburg.

der Schichten im randlichen und randnahen Bereich spiegelt das miozäne Absinken der karpatischen Gebirgsachse gegen die Brucker Pforte einerseits und die oberpannonisch/pontische Abkippung gegen E zu im Grenzbereich zwischen Wiener und Pannonischem Becken andererseits wider. So treten die Sedimente des Baden und Sarmat beschränkt auf den Nordteil der Berggruppe auf (wenn man vom Westabschnitt des Spitzer Berges absieht), während das Unterpannon erst im Südteil einsetzt (Nordflanke der Hundsheimer Senke). Diese Anordnung setzt sich noch bis weit in das angrenzende Wiener Becken fort. Ab der Linie Edelstal–Prellenkirchen setzen pontische Schichten ein und erfahren ostwärts eine rasche Mächtigkeitszunahme. Hinsichtlich der Ausbildung der Schichten kann man eine Rand- und Beckenfazies vor allem in den miozänen Anteilen unterscheiden. Die Randfazies ist gekennzeichnet durch geringere Mächtigkeit, Lückenhaftigkeit, kalkig-klastische Beschaffenheit und Neigung zu Klüftung und Verkarstung, wodurch weitgehend eine hydrologische Einheit mit dem vortertiären Untergrund besteht. Die Randfazies des Baden ist variabel. Bei Anlagerung an Steilküsten (Kirchenberg, Pfaffenberg, Sattel zwischen Hundsheimer Berg und Pfaffenberg) überwiegt grobklastische Beschaffenheit in Form von Strandbrekzien. In Buchten und in zunehmender Entfernung von der Küste überwiegen Leithakalke. Das gilt vor allem für den Streifen längs der Donau zwischen Deutsch-Altenburg und Hainburg. Im Sarmat bauen Wurmröhren, Bryozoen und Foraminiferen Riffe auf, im Obersarmat treten an Steilküsten Konglomerate (Sattel östlich Pfaffenberg), in Kristallinbuchten Oolithe (Umgebung von Wolfsthal) hinzu. Das randliche Pannon äußert sich durch Konglomerate und starke kalkige Bindung der Sandsteine. Die Beckenfazies des Baden bis Pont, die in geringer Entfernung von den Grundgebirgsaufragungen beginnt, setzt sich aus Tonmergeln und Sanden zusammen, die sich in Randnähe mit kalkig-klastischen Sedimenten verzahnen können. Während die Sande gute Permeabilität besitzen, sind die Tonmergel als undurchlässige Gesteine anzusehen. Die quartären Schotterkörper besitzen Mächtigkeiten um 6–10 m, die hohen Permeabilitäten spielen im Falle der rezenten Donauablagerungen bei Deutsch-Altenburg eine für die Heilquellen beeinflussende Rolle.

Eine strukturgeologische Übersicht unter Einbeziehung des Beckenuntergrundes (Fig. 14.2./14) zeigt uns die Hainburger Berge als Südende der Karpaten mit axialem Abfall des Grundgebirges zur Brucker Pforte hin. Daneben ist aber auch ein Untergrundsporn gegen W festzustellen, der sich bereits in der Anordnung der Neogensedimente in Form eines westlichen Ausschwenkens ihrer Verbreitungsgrenzen äußert und durch Seismik und die Bohrung Stopfenreuth U1 verifiziert wurde. Letztlich kommt er durch Verschneidung der seichtgebliebenen Ostrandscholle mit der Depression der Brucker Pforte zustande. Eine Hochlage des Untergrundes im Raum nördlich des Kirchenberges von Deutsch-Altenburg bis jenseits der Donau unter Flußschottern und geringmächtigem Baden haben etliche Seichtbohrungen der DoKW nachgewiesen (V. Maurin, 1988). Daß der Sporn zur Zeit des Baden eine Untiefe war, zeigt die Leithakalkauflage als Seichtwasserindikator sowohl in den genannten Bohrungen als auch in der Bohrung Stopfenreuth U1. Eine tektonische Betrachtung des Nahbereiches der Hainburger Berge selbst läßt keine großen Störungselemente erkennen. Die morphologische Prägung mag ihre tektonischen Ursachen in der Zeit vor dem Baden finden, dessen Sedimente ja wesentliche Bergstöcke transgressiv umkleiden. Eine Störung konnte vor kurzem in einem Straßenbauaufschluß des Bahnhofes Deutsch-Altenburg in Sarmatschichten registriert werden. Nach Erscheinungsbild und Striemung handelt es sich um eine Horizontalverschiebung, die in WSW-ENE-Richtung verläuft. Ob sie für die Quelle Bedeutung besitzt, bleibt offen. Der erste große Bruchdurchgang gegen das Wiener Becken zu ist erst durch den NW-fallenden „Engelhartstettener Bruch" gegeben, der, bezogen auf das Sarmat, eine Sprunghöhe von etwa 200 m besitzt (H. Unterwelz, in: A. Kröll, 1980).

Die geschilderten Permeabilitätsverhältnisse im karbonatischen Untergrund und randnahen Basistertiär, die durch die Grauwackenzone und Neogenmergel gegebenen Abdichtungsbedingungen und die angeführten Strukturgegebenheiten erklären zunächst das Aufsteigen von Thermalwasser aus der Tiefe des Wiener Beckens gegen den Ostrand. Dabei ist vorstellbar, daß das Thermalwasser im Bestreben, nach oben zu migrieren, im Mesozoikum unter abdichtender Grauwackenzone den Firstbereich des auftauchenden Spornes westlich Deutsch-Altenburg benützt, so daß es zum Quellaustritt hingelenkt wird (Fig. 14.2./14). Im konkreten Fall ist dieser Weg belegt durch die erhöhte Temperatur und den Chemismus des getesteten Wassers in der Bohrung Stopfenreuth U1, der mit dem des Heilwassers von Deutsch-Altenburg übereinstimmt. Wenn auch Störungszonen und im oberflächenbeeinflußten Bereich des Karbonatkörpers auch Verkarstungen bevorzugte Aufstiegswege darstellen, sind die Austritte auf ein Areal im Nordteil Deutsch-

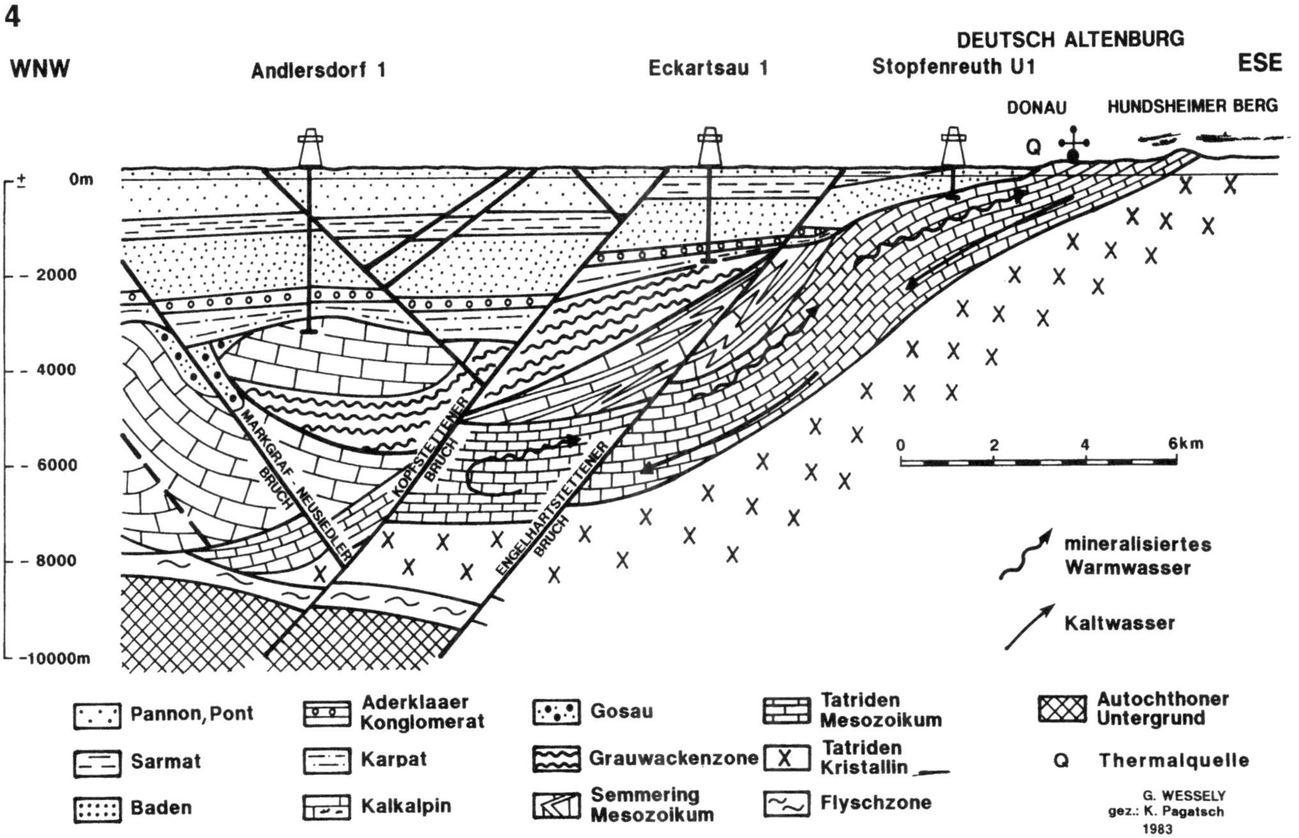

Fig. 14.2./14: *Geologisches Profil (4) Ostrand Wiener Becken bei Deutsch-Altenburg (Profilverlauf siehe Fig. 14.1./2).*

Altenburgs verteilt (Fig. 14.2./15), vollziehen sie sich aber auch, wie V. MAURIN (1988) aufzeigte, unter dem Strombett, wo sie vom Mesozoikum in die quartären Donauschotter und von hier in den Strom gelangen. Wie schon die Beobachtungen von L. BURGENSTEIN (1882) und H. KÜPPER (1961) verdeutlichten die Untersuchungen und Kompilationen von Messungen in Bohrungen, Brunnen und an natürlichen Austrittstellen, dargestellt bei V. MAURIN (1988), diese Verteilung. Dabei wurden Chemismus, Tritiumkonzentrationen, Druck, Temperaturen, die elektrolytische Leitfähigkeit und Bodengasmessungen herangezogen. In diesem Zusammenhang wurde auch die Einflußnahme von Karstwässern im mesozoischen Karbonatkörper (vor allem Kirchenberg) und von Donauwasser insbesondere bei hohen Pegelständen des Stromes, auf die Quellen im Detail erfaßt.

Wie bei der Erklärung der Thermalquellen am Westrand des Wiener Beckens sind auch für die am Ostrand des Wiener Beckens Zirkulationssysteme in Anlehnung an das Vendel'sche Prinzip (M. VENDEL, 1963, M. VENDEL & P. KISHAZI, 1963) als verantwortlich anzusehen:

Fig. 14.2./15: *Die Position der Heilquelle Deutsch-Altenburg (H. KÜPPER, 1961, Ausschnitt).*

Kalte Oberflächenwässer fließen in permeablen Gesteinen in große Tiefen des Wiener Beckens ab, werden erwärmt und mineralisiert und bewegen sich entlang seitlicher und überlagernder Abdichtungen zufolge geringer Dichte nach oben. Ist der Aufstieg des Thermalwassers nachzuvollziehen, bereitet die Deutung seiner Herkunft und seines Nachschubes größere Schwierigkeiten, da sich bei einer ersten Ausschau nach einem obertägigen Einzugsbereich keine größeren Areale anbieten, wenigstens nicht in dem Ausmaß, wie wir es in den Kalkalpen vor uns haben. Der größte Teil des Gebirgskörpers südlich und nördlich der Donau wird von dichtem Kristallin eingenommen. Möglichkeit eines Absinkens von Oberflächenwasser könnte in einem ausgedehnten Areal bestehen, wo klastische Gesteine des Neogen mesozoischen Untergrund bedecken. Angesichts des Auftretens der Thermen von Mannersdorf und Leithaprodersdorf (H. KÜPPER, 1977) kann aber auch an eine Anspeisung des Semmering- oder Tatridenmesozoikums im Untergrund des Wiener Beckens auf eine andere Weise gedacht werden. Eventuell erfolgt eine Belieferung aus Schotterwannen des Jungertiärs bis Quartärs, die im Südlichen Wiener Becken als potente Aquifere ausgeprägt sind.

Die Frage des Chemismus, insbesondere des Schwefelgehaltes kann insofern beantwortet werden, als Anhydritkörper sicherlich im Keuper der zentralalpin-tatriden Schichtfolge als Ursache des Schwefelgehaltes zur Verfügung stehen (vgl. Gipse im Semmeringmesozoikum).

14.2.10.2. Chemismus des Thermalwassers (P. HACKER, J. ZÖTL)

Nach einem mehr oder minder kontinuierlichen Badebetrieb sicher seit der vorrömischen Zeit, bekannt aber seit dem Mittelalter, existiert seit 1882 eine Beschreibung eines Quellschachtes (L. BURGENSTEIN, 1882), die dem mittlerweile restaurierten sogenannten Kurhausbrunnen entspricht (H. KÜPPER, 1961). Der heutige Brunnen ist ca. 6 m tief.

Der steigende Badebetrieb führte zur Erschließung eines der vielen, der Bevölkerung längst bekannten Brunnens südöstlich des Kurhauses. Ab 1959 wurde hier eine neue Mineralwasserfassung ausgebaut. Dieser das sogenannte Kaiserbad versorgende Brunnen ist 20 m tief. 1962 entschloß man sich endlich, den für eine moderne Erschließung notwendigen Schritt zu tun und östlich des Kurhauses Ludwigstorff eine 134 m tiefe Bohrung im anstehenden Fels (GOK 147,60 m NN) niederzubringen. Dieser sogenannte „Direktionsbrunnen“ dürfte den Kurbetrieb für längere Zeit absichern.

Physikalisch-chemische Analyse von Bad Deutsch-Altenburg, **Direktionsbrunnen** nach J. RABER, 1980:

pH-Wert 6,4
El. Leitfähigkeit (bei 20 °C) 4.560 µS/cm
Temperatur 24,6 °C
Luftdruck bei Entnahme 1.015 mbar
Dichte:
bei + 4 °C 1,0010
bei + 20 °C 1,0007
Trockenrückstand:
bei 105 °C 3.330 mg/l
bei 180 °C 3.290 mg/l

Radionuklide:
Radon (Rn) 29,20 Bq/l
Kohlenstoff-14 (^{14}C) 9,20% modern

		Massenkonzentration mg/l	Äquivalentanteil %
KATIONEN			
Natrium	Na^+	750,1	48,37
Kalium	K^+	56,2	3,08
Ammonium	NH_4^+	2,22	0,26
Magnesium	Mg^{2+}	81,6	14,34
Calcium	Ca^{2+}	318,2	33,95
Eisen II	Fe^{2+}	0,07	0,00
Summe:		1.208,39	100,00
ANIONEN			
Chlorid	Cl^-	1.022,0	62,92
Sulfat	SO_4^{2-}	192,3	8,73
Nitrit	NO_2^{2-}	0,00	0,00
Nitrat	NO_3^-	0,12	0,00
Hydrogencarbonat	HCO_3^-	766,0	27,39
Hydrogensulfid	HS^-	14,5	0,96
Summe:		1.994,92	100,00
Summe Elektrolyte:		3.203,31	
Schwache Elektrolyte:			
Kieselsäure meta	H_2SiO_3	22,2	
Borsäure, ortho	H_3BO_3	76,5	
Titrierbarer Schwefel	S^{II}	49,4	
Summe:		3.351,41	
Gasförmige Bestandteile:			
Freies Kohlendioxid	CO_2	367	
Freier Schwefelwasserstoff	H_2S	42,8	
Sauerstoff	O_2	< 0,1	
Summe:		3.761,31	
Zusammensetzung der frei aufsteigenden Quellgase (Vol.%):			
Kohlendioxid		27,0	
Schwefelwasserstoff		1,7	
Kohlenwasserstoffe		2,7	
Differenz = Inertgas (N_2, Edelgase)		68,6	
Kaliumpermanganatverbrauch		28 mg $KMnO_4$/l	

Wassertypus: Natrium-Calcium-Chlorid-Hydrogencarbonat-Mineraltherme.

Spurenelemente (in µg/l), gemessen im Geotechnischen Labor, Arsenal Wien:

Li	Be	Sr	Ba	U	B	As
1.555	84	6.800	850	0,2	4.900	37

F	Br	J
5.950	3.620	1.300

Wenn wir den Chemismus und die Spurenelemente des Heilwassers von Deutsch-Altenburg betrachten bzw. die aussagekräftigsten Parameter mit den anderen Heilwässern des Südlichen Wiener Beckens vergleichen, so ist der Wassertypus von Deutsch-Altenburg keinem anderen direkt zuzuordnen.

Greift man Einzeldaten heraus (siehe Tab. 14.2./2 und 14.2./3, bzw. Fig. 14.2./16), so liegt die Tempera-

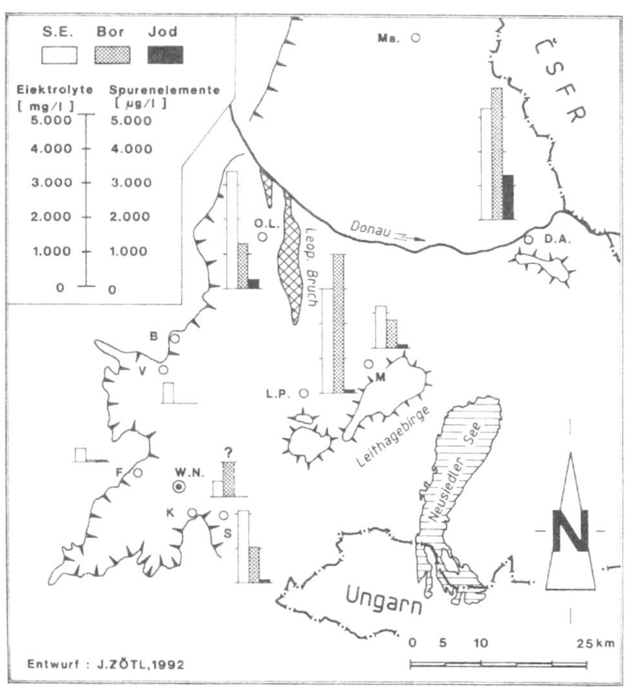

Fig. 14.2./16: Die Heilquellen am Rand des Südlichen Wiener Beckens. Die Balken der Diagramme zeigen den Gehalt an Elektrolyten (mg/l) und den Spurenelementen Bor und Jod (µg/l). O.L. = Oberlaa, B = Baden, V = Bad Vöslau, F = Bad Fischau, W.N. = Wiener Neustadt, K = Katzelsdorf, S = Sauerbrunn, L.P. = Leithaprodersdorf, M = Mannersdorf, D.A. = Deutsch-Altenburg, Ma. = Matzen.

Tab. 14.2./3: Ausgewählte Spurenelemente von Heilwässern des Südlichen Wiener Beckens (Werte in µg/l).

	Oberlaa	Baden Römerquelle	Marienquelle	Leopoldsquelle	Engelsbadquelle	Peterhofquelle	Bad Fischau	Leithaprodersdorf	Mannersdorf	Bad Deutsch-Altenburg
Li	840	250	850			250				**1.555**
Be		< 0,2								**84**
Sr	13.900	5.090	4.750			5.290		10.800		**6.800**
Ba		44,3	24							**850**
Al		60							20	
As		5,0				5,4				**37**
Se		< 1				< 5				
F	3.500	2.170	2.210	2.050		2.150	270	940		**5.950**
Br		2.950				270			300	**3.620**
J	200	72				79	21	110	20	**1.300**
Tl		2,1				< 9				
U		0,1	0,3			0,05				0,2
Th		0,57				4,19				
Si		9.300								
B	1.466	402			850	490	52	4.285	817	**4.900**
Rb								110		
Fe									660	
Zn								20		

tur an der untersten Grenze des Mittels der Beckenrandwässer (bedeutend unter jener von Oberlaa, der Wert der elektrolytischen Leitfähigkeit an zweiter Stelle nach Oberlaa und die Summe der Kationen über jener aller Wässer einschließlich Oberlaa. In der Summe der Anionen liegt Deutsch-Altenburg an dritter Stelle nach Oberlaa und Leithaprodersdorf, das die höchsten SO_4-Werte aufweist. Das Wasser von Deutsch-Altenburg hat den höchsten CO_2-Gehalt abgesehen vom Säuerling Katzelsdorf (und ebenfalls den zweithöchsten Prozentsatz von Stickstoff bei den gemessenen Gasen). Trotz der hohen Schüttung und der niedrigen Temperatur wurden beim Radiocarbon C-14 nur 9,2% modern gemessen, das ist das höchste (Misch-)Alter aller frei austretenden Quellen, übertroffen nur von der Bohrung Oberlaa mit 0%.

Von den gemessenen Spurenelementen hat das Wasser von Deutsch-Altenburg die höchsten Lithium-(? wenig Messungen), Fluorid-, Bromid(?)-, Jod- und Borwerte (vgl. Tab. 14.2./3).

Die hohen Jodwerte werden in diesem Fall wohl aus Erdölbegleitwässern stammen.

14.2.11. Edelstal (J.E. Goldbrunner, A.J. Stehlik)

Der Mineralwasser-Förderbetrieb „Römerquelle" in Edelstal (Burgenland) liegt am Südwesthang der tatridischen kristallinen Hainburger Berge im Übergangsbereich zwischen dem Wiener Becken und dem Pannonischen Becken. Im W und NW wird das in das Grundgebirge mit WNW-ESE-streichender Achse einspringende kleine Neogenbecken von Edelstal durch den aus leicht metamorphen mitteltriadischen Kalken und Dolomiten aufgebauten Spitzerberg begrenzt (siehe Fig. 14.2./12).

Die Kenntnis über das Vorhandensein von Mineralwässern geht auf einen natürlichen, seit Alters her bekannten Austritt von Tiefengrundwasser in einem Waller zurück. In den sechziger Jahren begannen Tiefenaufschlüsse im Nahbereich dieser Quelle, um dem Bedarf an hygienisch einwandfreiem Mineralwasser gerecht zu werden. Die ursprüngliche Quelle erhielt die Bezeichnung „Römerquellauftrieb Nr. 1" (RQ1). Bisher sind auf einem beim Abfüllbetrieb liegenden Geländestreifen von ca. 500 m Länge und ca. 80 m Breite 12 Bohrungen niedergebracht worden. In diese Zahl ist auch die Bohrung im Quellauftrieb RQ1, welche 1987/88 von der Sohle des Quellschachtes abgestoßen wurde, enthalten. Von den 12 Bohrungen sind 9 verwendbar und davon zur Zeit 4 für die Abfüllung von Versandwasser in Betrieb.

H. Schmid (1981) bearbeitete die 1977/78 abgeteufte und später als „RQN" (Nutzwasserbohrung) bezeichnete Tiefbohrung geologisch und entwickelte ein hydrogeologisches Modell der Genese des Mineralwasservorkommens. Die Bohrung durchteufte bis 87,60 m die Sedimente der Neogenbucht von Edelstal mit einem stratigraphischen Umfang vom Mittelpannon (D–E) bis zum Obersarmat. Darunter folgten mit nur 13,60 m Mächtigkeit kavernöse miteltriadische Kalke und Dolomite über Kristallin. Die Karbonate erwiesen sich aufgrund ihrer sekundären Porosität als gut durchlässig, führten jedoch Wässer mit einer Mineralisierung unter 1 g/l, die später für Nutzwasserzwecke herangezogen wurden. Wässer ähnlicher Mineralisierung führten auch die kalkigen Sandsteine im Hangenden der Trias-Karbonate.

Der eigentliche mineralwasserführende Horizont liegt in einer Tiefe von 34,0 bis 46,0 m in Sanden des Pannon D, welche durch wechselnde Korngrößenzusammensetzung und markante Einschaltungen von schluffig-feinsandigem Detritus und dünnen Konglomeratbänken gekennzeichnet sind.

Man kann den Vorstellungen von H. Schmid, l.c. folgen, der ein Haupteinzugsgebiet der durch die Bohrungen erschlossenen Wässer in den über Tage ausstreichenden, teilweise verkarsteten und geklüfteten mesozoischen Karbonaten („Einspeisungshorizont") sieht. Dies bedingt jedoch eine rasche Zirkulation von Grundwässern. Nach H. Schmid l.c. wird der Karbonataquifer gegen die mineralwasserführenden Sande durch die liegenden und infolge ihrer stärkeren diagenetischen Verfestigung schlechter durchlässigen Sandsteine abgeschirmt („Pufferhorizont").

Als wesentlich für die Mineralwassergenese wird ein WNW-ESE-streichender, Richtung NNE einfallender Bruch mit einer Sprunghöhe von 15 m angesehen, der eine Zufuhr von Tiefenelementen wie CO_2 und H_2S zum Mineralwasserhorizont erlaubt. Die hydraulische Wirksamkeit dieser Störung muß jedoch aufgrund der geringen CO_2-Gehalte und der Mineralisierung des Wassers als eher gering angesehen werden. Gegen eine tiefe Genese sprechen auch die gemessenen Spurenelemente.

Gelöstes Kohlenstoffdioxid (CO_2) findet sich im quellfrischen Wasser im Konzentrationsbereich von 45–105 mg/l. Sämtliche Brunnen – außer der inzwischen liquidierten RQ6 – zeigen Gehalte an gelösten festen Stoffen zwischen 1,0 und 1,44 g/l Wasser.

Die chemische Charakteristik der einzelnen Wässer lautet: „Calcium-Magnesium-Hydrogencarbonat-Sulfat-Mineralwasser". Bei mehreren Brunnen steht dabei das Sulfat vor dem Hydrogencarbonat.

Chemische Langzeitbeobachtungen haben ergeben, daß die Beschaffenheit der Wässer der einzelnen Brunnen nur geringen Schwankungen unterliegt. So hat sich z.B. die Hauptquelle in einer Beobachtungsperiode von 70 Jahren in ihrer Charakteristik nicht geändert, die Summe der gelösten Stoffe zeigt eine Schwankung zwischen 0,96 und 1,06 g/l.

Das Versandwasser „Römerquelle" wird beim Abfüllen mit 4–6 bzw. 2–3 g/l CO_2 versetzt. Die Summe an gelösten Stoffen liegt im Versandwasser bereits seit vielen Jahren bei 1,0 g/l und entspricht somit den gesetzlichen Anforderungen an ein „Mineralwasser".

Nachstehend der Text der neuen Flaschenetiketten (Auszug aus der Vollanalyse 1992, A.J. STEHLIK):

		Massen-konzen-tration mg/l	Äquiva-lentan-teil %
KATIONEN			
Natrium	Na^+	13,04	4,1
Kalium	K^+	2,00	0,4
Magnesium	Mg^{2+}	62,27	40,8
Calcium	Ca^{2+}	152,9	54,6
Strontium	Sr^{2+}	0,45	0,1
Summe:		230,66	100,0
ANIONEN			
Fluorid	F^-	0,37	0,1
Chlorid	Cl^-	5,86	1,2
Sulfat	SO_4^{2-}	324,3	48,6
Nitrat	NO_3^-	0,90	0,1
Hydrogencarbonat	HCO_3^-	424,1	50,0
Summe:		755,53	100,0
Summe Elektrolyte:		986,19	
Schwache Elektrolyte:			
Kieselsäure, meta	H_2SiO_3	29,5	
Summe:		1.015,69	

Versandwasser mit Kohlendioxid verstärkt.
Wassertypus: Calcium-Magnesium-Hydrogencarbonat-Sulfat-Mineralwasser.

Für die geochemische Charakterisierung des erschlossenen Tiefengrundwasserleiters sind nachstehende *Spurenelemente* (in µg/l) von Interesse:

Br	J	F	B	Sr	Li	Cu	Zn
30	36	370	65	450	25	9	33

14.3. Zusammenfassung und Schlußfolgerungen (J. ZÖTL)

Zusammenfassend präsentiert die Heilwasserprovinz des Südlichen d.h. hauptsächlich inneralpinen Wiener Beckens drei Phänomene.

Unter dem Einfluß des historischen Bekanntheitsgrades der Kurstadt Baden und der durch die Häufung von Warmwasseraustritten zum volkstümlich gewordenen Begriff der **„Thermenlinie"** führten wirtschaftliche Hintergründe auch zu einem Schwerpunkt der hydrogeologischen Forschung und Suche nach Kohlenwasserstoffen, insbesonders im nördlichen Teil. Daß die von wirtschaftlichen Gesichtspunkten aus gegebene Dichte der Aufschlüsse durch Tiefbohrungen schließlich einen faszinierenden Einblick in das Bild der verdeckten Tektonik und Wasserzirkulation ergab, ist ein Geschenk der Technik, das die Breite der Datendarstellung und -diskussion berechtigt. Der einheitliche Wassertypus entlang des Beckennordwestrandes ist verblüffend und berechtigt von einem Thermenbezirk des Beckens zu sprechen. Die hier durchwegs auftretenden Schwefelwässer sind kaum aus oxidierten Pyriten herzuleiten. Sie hängen wohl mit den Sulfaten der sich im Deckenbau wiederholenden gipsführenden (Basis-) Schichten der unteren Trias zusammen. Das Spurenelement Jod ist hier nicht ausreichend, um mit einem Bezug auf Erdölbegleitwässer zu argumentieren.

Aber bereits die geologischen Schnitte zeigen, daß von der Südostflanke andere Einflüsse ausgehen, und die Spurenelemente in den wenigen Quellen im Bereich des Leithagebirges weisen den Zufluß von Wässern auf, die uns unerwartet mit einem vom **neogenen Vulkanismus** beeinflußten Bereich in Kontakt bringen.

Ein Phänomen für sich bleibt schließlich der Quellbezirk von **Deutsch-Altenburg** selbst. Für die Menge des anfallenden Thermalwassers von > 700.000 l/Tag allein in den bestehenden Kuranlagen, die aus Fig. 14.2./15 nur zu erahnenden Übertritte in das seichtliegende Grundwasser der quartären Schotterterrassen und in die bei Mittel- und Niederwasserstand, wie V. MAURIN vermutet, direkt in den Strom einfließenden Mineral- und Thermalwässer, reicht das unmittelbare Hinterland des Quellgebietes nicht als Einzugsgebiet aus.

Einen einseitigen Zufluß lassen weder der Chemismus noch die gelösten Gase, die hohe Mineralisierung und die Kohlenwasserstoffe, noch vor allem die Vielfalt der Spurenelemente und die Entgasungsbegleiter aus dem Mantelbereich (CO_2 und Helium) sowie die Pilotspur Jod für die Kohlenwasserstoffe zu. Das Ergebnis dieser Überlegungen resultiert in Fig. 14.3./1. Wenn wir damit den Bereich Matzen mit ins Spiel bringen, dann unter der Vorstellung, daß das in das strukturelle Hoch gewanderte Öl große Mengen von schwereren salzigen Begleitwässern in der Glinzendorfer bzw. Laseer Mulde (siehe Fig. 14.1./2) zurückließ. Es ist zu erwarten, daß in diesen Wässern jene Jodmenge ange-

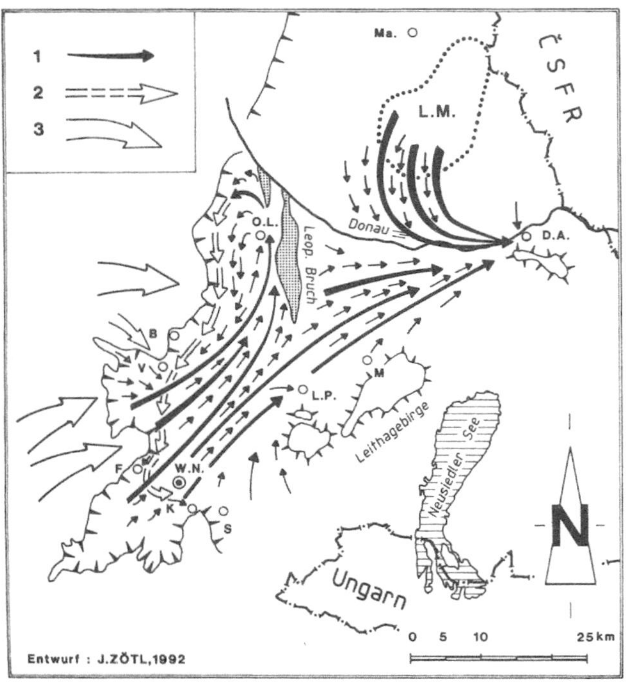

Fig. 14.3./1: Schema der Tiefengrundwasserfließrichtungen im Südlichen Wiener Becken. L.M. = Glinzendorfer bzw. Laseer Mulde.

reichert ist, die den hohen Gehalt dieses Spurenelementes im Wasser von Bad Deutsch-Altenburg erklärt.

In Fig. 14.3./1 wurde versucht, die unterirdischen Fließrichtungen anzudeuten. Die Vorstellung wird letzten Endes auch dadurch gestützt, daß alle Wässer schließlich dem tiefsten Punkt der Vorflut zustreben.

Alle Gegebenheiten leiten zum Schluß, daß wir an einem Auftriebsareal des tiefstgelegenen Vorflutniveaus im Karst des inneralpinen Wiener Beckens stehen, das in der Bohrung des sogenannten „Direktionsbrunnens" getroffen wurde und von vielen Seiten her seine Alimentation erfährt.

Literatur

BECK-MANNAGETTA, P. (1979): Lunzer Schichten in Baden bei Wien. – Verh. Geol. B.-A., **1979**, H. **2**, 3–5, Wien.

BOROVICZENY, F. & F. BRIX (1981): Die Hydrogeologie auf Blatt Wiener Neustadt. – Arbeitstagung der Geologischen Bundesanstalt Blatt 76 Wiener Neustadt in Lindabrunn, Geol. B.-A., Wien.

BOUE, A. (1892): Über die Verbreitung der Thermalwässer zu Vöslau bei Wien. – Verh. geol. RA, **1892**, Wien.

BRIX, F. (1952): Bericht über die geologische Kartierung im Raume Mauer–Mödling–Baden–Leobersdorf im Jahre 1952. – Internbericht SMV, Wien.

BRIX, F. (1974): Geologie, Hydrologie, Bodenkunde und die Entwicklung der Wiener Stadtlandschaft. – In: Naturgeschichte Wiens. – Bd. **4**, Wien–München (Jugend und Volk).

BRIX, F. (1981): Der tertiäre und quartäre Anteil auf Blatt 76 Wiener Neustadt. – Arbeitstagung der Geologischen Bundesanstalt Blatt 76 Wiener Neustadt in Lindabrunn, Geol. B.-A., Wien.

BRIX, F. & B. PLÖCHINGER (1982): Geologische Karte der Republik Österreich 1 : 50.000, Blatt 76, Wr. Neustadt. – Geol. B.-A., Wien.

BRIX, F. & B. PLÖCHINGER (1988): Erläuterungen zu Blatt 76, Wiener Neustadt. – Geol. B.-A., Wien.

BURGERSTEIN, L. (1882): Geologische Studie über die Therme von Deutsch-Altenburg an der Donau. – Denkschr. Akad. Wiss. mathem.-naturwiss. Kl., **45**, Wien.

CARLÉ, W. (1975): Die Mineral- und Thermalwässer von Mitteleuropa. – 643 S., 14 Abb., 1.402 Tab., 2 Ktn., Stuttgart (Wiss. Verl. Ges.m.b.H.).

DAVIS, G.H., T.E. GATTINGER et al. (1968): Jahreszeitliche Schwankungen des Tritiumgehaltes von Grundwässern des Wiener Beckens. – Verh. Geol. B.-A., **1967**, 212–232, Wien.

FENZL, N. (1977): Hydrogeologische Studie des Gebietes Hohe Wand und der Fischauer Berge. – Verh. Geol. B.-A., **1977**, H. **2**, S. 121–165, Wien.

FINK, J., G. MACHATA & H. SCHMID (1974): Gutachten zur Frage einer dauernden Öffnung der Gemeindequelle Bad Sauerbrunn mit einer Schüttungsmenge von 20 l/min. – Unveröff. Bericht, 5 S., 2 Beil., Wien.

GATTINGER, T.E. (1980): Hydrogeologie. – In: Oberhauser, R. (Red.): Der geologische Aufbau Österreichs. – 580–594, Geol. B.-A., Wien–New York (Springer Verlag).

GATTINGER, T.E. & H. KÜPPER (1965): Trinkwasser, Thermen und Tektonik im südlichen Wiener Becken. – Mitt. Geol. Ges. Wien, **57** (**1964**), H. **1**, 205–216, Wien.

KLEIN, P. & H. KÜPPER (1985): Zur Kenntnis der hydrogeologischen Situation von Bad Vöslau (Wiener Becken, Niederösterreich. – Jb. Geol. B.-A., Bd. **12T**, H. **4**, 633–637, Wien.

KRÖLL, A. (1980): Das Wiener Becken. – In: BACHMAYER, F. (Hrsg): Erdöl und Erdgas in Österreich. – 147–179, Verl. Naturhistorisches Museum Wien und F. Berger, Horn.

KRÖLL, A., & G. WESSELY (1973): Neue Ergebnisse beim Tiefenaufschluß im Wiener Becken. – Erdöl-Erdgas Zeitschrift, **89**, Hamburg–Wien.

KÜPPER, H. (1951): Exkursion in das südliche Wiener Becken und Randgebiete. – Verh. Geol. B.-A., Sdh. **A, 1950/1951**, Wien.

KÜPPER, H. (1954): Geologie und Grundwasservorkommen im südlichen Wiener Becken. – Jb. Geol. B.-A., **97**, Wien.

KÜPPER, H. (1961): Geologie der Heilquelle Deutsch-Altenburg (NÖ). – Jb. Geol. B.-A., **104**, Wien.

KÜPPER, H. (1962): Geologie der Heilquelle Sauerbrunn, Burgenland. – Jb. Geol. B.-A., **1962**, 8–20, 3 Abb., Wien.

KÜPPER, H. (1964): Geologie von Vöslau und Umgebung. – Jb.

f. Landeskunde von Niederösterreich, Folge **36**, Festschr. zur 100-Jahrfeier.

KÜPPER, H. (1965): Geologie von Wien. – 212 S., 20 Tab., 16 Fototaf., 8 Foss.-Taf., 20 Falttaf., Berlin (Borntraeger) bzw. Wien (Hollenek).

KÜPPER, H. (1977): Über Thermen, Karstwässer und Grundwässer im südlichen Wiener Becken. – Verh. Geol. B.-A., **1977**, H. **2**, 105–121, Wien.

KÜPPER, H. (1981): Die Thermalquellen von Bad Vöslau vom Vormärz bis ins elektronische Zeitalter. – Hrsg. Stadtgemeinde Vöslau.

MAURIN, V. (1988): Hydrogeologische Stellungnahme zur Frage einer möglichen Beeinflussung der thermalen Mineralquellen in Bad Deutsch-Altenburg durch den Bau der Kraftwerksstaustufe Hainburg. – Niederösterreich-Reihe, Bd. **5**, Selbstverlag d. Akad. f. Umwelt u. Energie, Laxenburg.

PAVUZA, R. & H. TRAINDL (1985): Zur Geologie und Hydrologie des Badener Raumes. – In: Höhlen in Baden und Umgebung aus naturkundlicher und kulturgeschichtlicher Sicht. – Wissenschaftl. Beihefte zur Zeitschr. „Die Höhle", **34**, Seibersdorf.

PLÖCHINGER, B. (1970): Erläuterungen zur geologisch-geotechnischen Karte 1 : 10.000 des Schwechattal-Lindkogel-Gebietes W Baden (Niederösterreich). – Geol. B.-A., Wien.

PLÖCHINGER, B. (1979): Ergebnisse der geologischen Neuaufnahme des Anningergebietes. – Jb. Geol. B.-A., **122**, Wien.

PLÖCHINGER, B. (1981): Der kalkalpine Anteil auf Blatt Wiener Neustadt. – Arbeitstagung der Geologischen Bundesanstalt Blatt 76 Wiener Neustadt in Lindabrunn, Geol. B.-A., Wien.

PROHASKA, W. (1983): Die geologischen und hydrogeologischen Verhältnisse am Westrand des südlichen Wiener Beckens und seiner Randzone. – Unveröff. Diss. phil. Fak. Univ. Wien.

SCHMID, H. (1981): Zur Hydrogeologie der Mineral- und Heilwasserlagerstätte Edelstal. – Bgld. Heimatblätter, Jg. **43**, H. **1**, 1–4, Eisenstadt.

SCHRÖCKENFUCHS, G. (1975): Hydrogeologie, Geochemie und Hydrodynamik der Formationswässer des Raumes Matzen-Schönkirchen Tief, Erdöl-Erdgas Zeitschrift, **97**, H. **4**., 299–321, Hamburg–Wien.

STEININGER, F. (1967): Die geologische Situation der Thermalbohrung in Wien 10. – Unveröff. Gutachten, Wien.

VENDEL, M. (1963): Entstehung der Thermen des Wiener Beckens. – Mitt. Geol. Ges. Wien, **55**, Wien.

VENDEL, M. & P. KISHAZI (1963): Beziehungen zwischen Karstwässern und Thermen aufgrund der beobachteten Verhältnisse im Transdanubischen Mittelgebirge. – Mitt. Geol. Ges. Wien, **55**, Wien.

VOHRYZKA, K. (1958): Geologische Untersuchungen im Gebiet Baden-Bad Vöslau. – Phil. Diss. Univ. Wien.

WAAGEN, L. (1914): Die Thermalquellen der Stadt Baden in Niederösterreich. – Z. prakt. Geol., **22**, 84–97, Leipzig.

WACHTEL, G. & G. WESSELY (1981): Die Tiefbohrung Berndorf 1 in den östlichen Kalkalpen und ihr geologischer Rahmen. – Mitt. Geol. Ges. Wien, 74–75, 137–165, Wien.

WEBER, F. (1967): Die Ergebnisse der geophysikalischen Messungen in der Mineralwassertiefbohrung Oberlaa. – Erdöl-Erdgas Zeitschrift, **1967**, H. **11**, Wien–Hamburg.

WEBER, F. (1968): Das Mineralwasservorkommen Oberlaa und seine Schutzmaßnahmen. – Leoben.

WEBER, F. (1986): Bericht über Untersuchungen zur Erstellung eines Bohrvorschlages im Raum Oberlaa. – Unveröff. Bericht, Leoben.

WEBER, F. (1988): Projektstudie für die Thermalbohrung Oberlaa Th2. – Unveröff. Bericht, Leoben.

WESSELY, G. (1961): Geologie der Hainburger Berge. – Jb. Geol. B.-A., Bd. **104**, 273–349, Wien.

WESSELY, G. (1975): Rand und Untergrund des Wiener Beckens – Verbindungen und Vergleiche. – Mitt. Geol. Ges. Wien, **66/67** (**1973/1974**), 265–287, Wien.

WESSELY, G. (1983): Zur Geologie und Hydrodynamik im südlichen Wiener Becken und seiner Randzone. – Mitt. Geol. Ges. Wien, **76**, 27–68, Wien.

ZAPFE, H. (1950): Megalodontiden aus der Obertrias des südlichen Wienerwaldes. – Anz. Österr. Akad. d. Wiss., mathem. -naturwiss. Kl., **87**, 243–250, Wien.

15. Das zentrale und nördliche Wiener Becken und die Niederösterreichische Molassezone (J. Zötl)

15.1. Geologie

15.1.1. Der geologische Untergrund

Der geologische Untergrund des südlichen Wiener Beckens wurde von G. Wessely eingehend in Kap. 14. behandelt.

Die Überleitung und Fortsetzung erfolgt mittels einer modifizierten Isohypsenkarte der Tiefengleichen des südlichen und zentralen Wiener Beckens nach A. Kröll & G. Wessely (1973); siehe Fig. 15.1./1. Von SW her führt zunächst ein wenig gegliederter Graben zum bereits stark gegliederten zentralen Beckenbereich. Das Zentrum des Beckens um Schwechat liegt 5.000 m u.M. Hier im Bereich der Ötscher Decke hat das Becken auch seine steilste Flanke, und zwar ein Westrandgefälle von 500–5.000 m u.M. auf eine horizontale Entfernung von etwa 6,2 km, wohl an der N-S-verlaufenden Bruchlinie Oberlaa–Stephansplatz–Mistelbach.

In SW-NE-Richtung durchziehen den Untergrund des Wiener Beckens das Zentralalpin, die Grauwackenzone und die oberen Decken der Nördlichen Kalkalpen. Die mächtige Ötscher Decke wird an der Nordwestflanke begleitet von der Flyschzone mit dem eingeschalteten Korneuburger Becken. Die Waschbergzone und die Molassezone liegen schon jenseits des westlichen Beckenrandes. Das zentrale und nördliche Becken reichen über die Staatsgrenze.

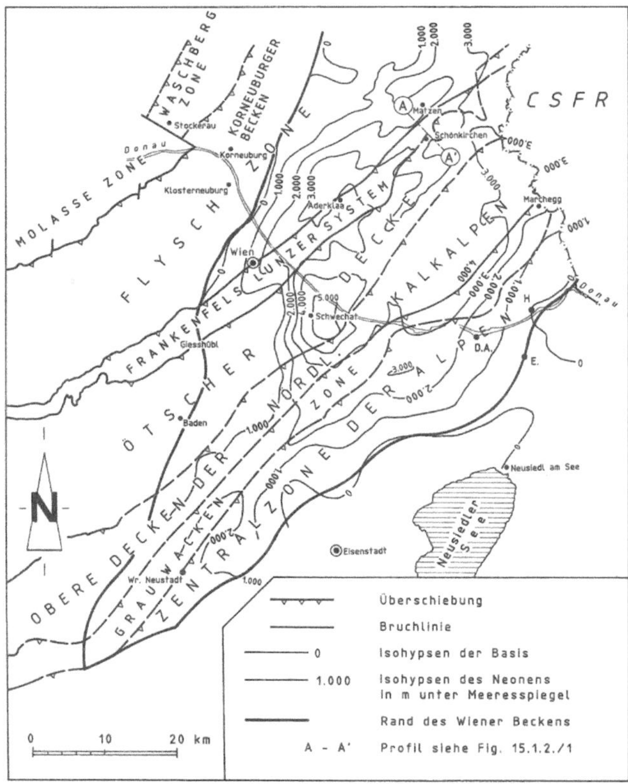

Fig. 15.1./1: Tiefenlinien und Deckenbau des südlichen und zentralen Wiener Beckens (nach W.R. Janoschek & A. Matura, 1980). D.A. = Dt. Altenburg, H = Hainburg, E = Edelstal.

15.1.2. Die Beckenfüllung

Figur 15.1./2 zeigt einen Querschnitt durch die Abfolge der Sedimente im Raum Matzen. Die Lage dieses NW-SE-Profils siehe Fig. 15.1./1. Der untere Teil der Fig. 15.1./2 vermittelt nochmals einen Rückblick auf die tektonisch beanspruchten Zonen des Beckenuntergrundes.

Die Sedimentlagen reichen zeitlich vom Ottnang und Karpat, die noch zum Beckeninneren hin einfallen, gefolgt von diskordant flachliegenden Schichten des Baden (Sandschalerzone), des Sarmat und bis letztendlich in das Pannon. Alle Formationen führen Kohlenwasserstoffe. Einen Erfolg der letzten Jahre stellen Erschließungen im kalkalpinen Untergrund dar.

Der Großteil der Öllagerstätten liegt zwischen 900 und 2.000 m Tiefe (Sarmat und Baden), das größte der Vorkommen Österreichs ist das Feld Matzen.

15.2. Die Wässer des zentralen und nördlichen Wiener Beckens

15.2.1. Die Formationswässer

Die kurze Charakterisierung der Formationswässer stützt sich auf die eingehenden hydrochemischen Studien von G. Schröckenfuchs (1975).

Von den 32 Analysen der Tabellen 1 und 2 in G. Schröckenfuchs wurden zur Übersicht ein bis zwei typische Analysen von Wässern der Formationen herausgegriffen (Tab. 15.2./1).

Das Formationswasser aus dem **Pannon** ist erwartungsgemäß am geringsten mineralisiert, wenngleich

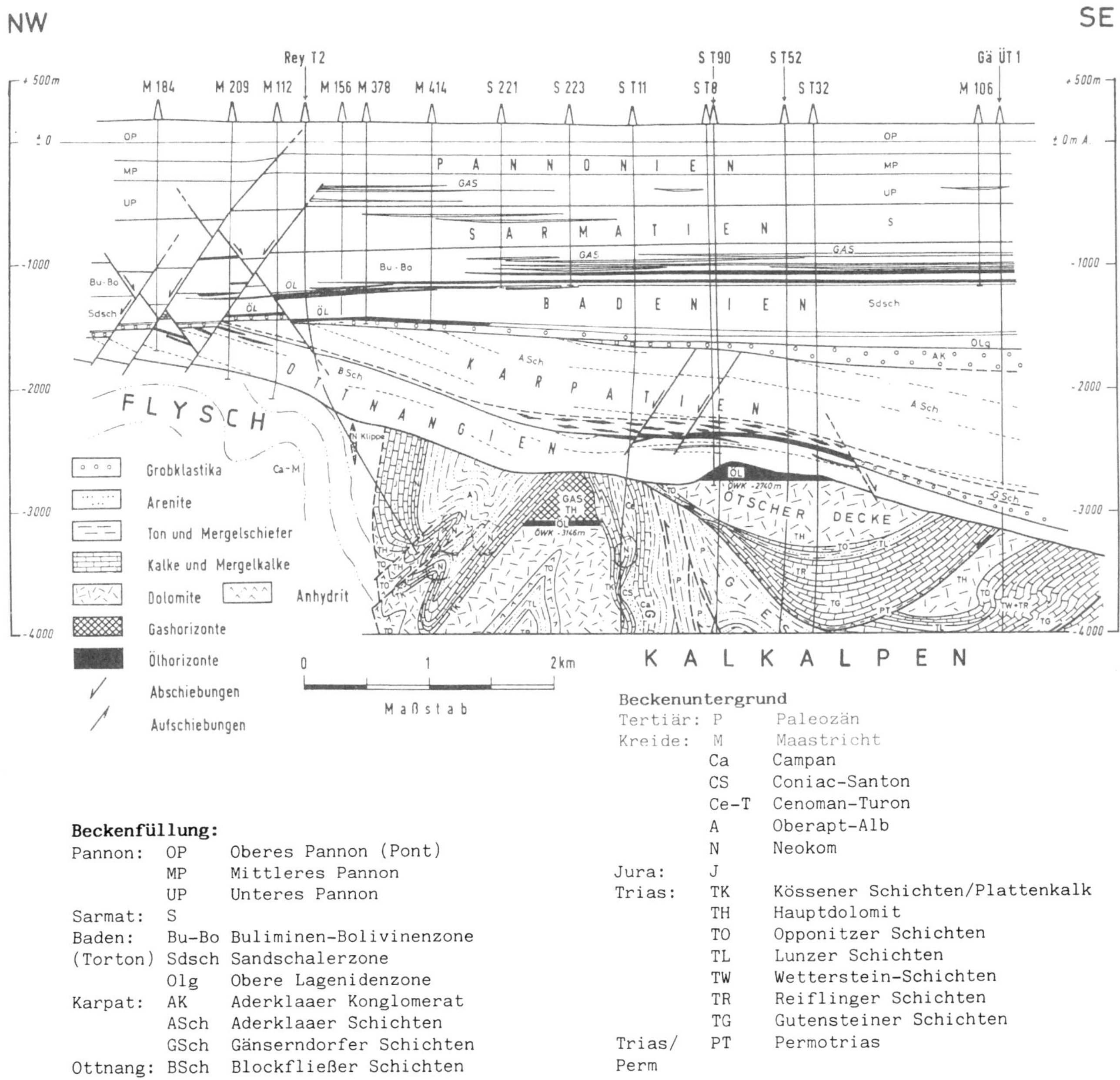

Fig. 15.1./2: Profil A–A' Fig. 15.1./1. Tertiäre Beckenfüllung mit Erdöllagerstätten und Untergrund des Wiener Beckens (nach A. Kröll & G. Wessely, 1973).

es sich bereits um hochmineralisiertes Na-Cl-(Salz)-Wasser handelt.

Aus der **Sarmatformation** stellt G. Schröckenfuchs sechs Analysen vor, von denen in Tab. 15.2./1 zwei von verschiedener Tiefenlage (795 bzw. 1.120 m unter Oberkante) ausgewiesen sind. Der Charakter bleibt zunächst gleich (nahezu reiner Na-Cl-Typus), die Konzentration des tiefergelegenen Horizontes ist jedoch bereits Sole. Die Konzentration nimmt nach unten hin zu.

Tab. 15.2./1: Arithmetrische Mittelwerte der chemischen Analysen der Ölbegleitwässer vom Pannon bis zur Trias (mg/l, mval%).

Horizont		Pannonien		Sarmatien (insg. 6 Horizonte)				Badenien (insg. 12 Horizonte)	
Teufe		556 m OK		795 m OK		1.120 m OK		1.126 m OK	
		Massenkonzentration mg/l	Äquivalentanteil %	Massenkonzentration mg/l	Äquivalentanteil %	Massenkonzentration mg/l	Äquivalentanteil %	Massenkonzentration mg/l	Äquivalentanteil %
KATIONEN									
Natrium	Na^+	2.883	90,86	4.972	94,20	8.877	96,00	10.311	95,90
Kalium	K^+	29	–	38	–	46	–	86	0,01
Ammonium	NH_4^+	45	–	62	–	57	–	75	–
Magnesium	Mg^{2+}	86	5,12	80	2,86	88	1,80	103	1,81
Calcium	Ca^{2+}	111	4,02	135	2,94	177	2,20	214	2,28
Eisen II	Fe^{2+}	4	–	48	–	0	–	11	–
Summe:		3.158	100,00	5.335	100,00	9.245	100,00	10.800	100,00
ANIONEN									
Chlorid	Cl^-	4.271	92,81	7.927	98,48	13.723	97,95	15.881	98,48
Bromid	Br^-	23	–	47	–	60	0,01	80	0,01
Jodid	J^-	18	–	20	–	46	–	41	–
Sulfat	SO_4^{2-}	14	0,22	5	0,04	7	0,03	54	0,04
Hydrogencarbonat	HCO_3^-	547	6,97	203	1,47	481	2,07	505	1,47
Summe:		4.873	100,00	8.202	99,99	14.317	100,00	16.561	100,00
Summe Elektrolyte:		8.031		13.537		23.562		27.361	

Aus dem **Badenien** liegt besonders aus den Gas-/Öl-Lagerstätten eine sehr große Zahl von Proben vor, von denen G. SCHRÖCKENFUCHS in seinen Tabellen 12 aus Tiefenlagen von 1.007–1.638 m auflistet. Zwei Analysen aus 1.126 bzw. 1.638 m werden zitiert. Den beiden Beispielen ist schon zu entnehmen, daß die Konzentration ganz wesentlich von **unten nach oben zunimmt**. Dies zwar nicht gleichmäßig, in 1.200–1.300 m Tiefe liegen wieder höhere Konzentrationen vor, aber in den Teufen von 1.500–1.638 m sind die Konzentrationen niedriger als in der untersten Lage des Sarmat. Dieses Phänomen gilt auch noch für die oberste Lage des Karpat (2.253 m u.OK, nicht in Tab. 15.2./1).

G. SCHRÖCKENFUCHS erklärt diese Situation mit einer Aufwärtsmigration gering konzentrierter Wässer. Da in diesem Bereich auch das Temperaturprofil zeigt, „daß die Schichten des Badenien einen relativ hohen geothermischen Gradienten aufweisen" (l.c., p. 299), wird angenommen, daß oberflächennahe Wässer im gut permeablen Aquifer des Aderklaaer Konglomerats vom Beckenrand in tiefere Bereiche des Beckens eindringen und stärker konzentrierte, wärmere Formationswässer lateral nach oben verdrängten.

Erst im zweiten Aquifer des oberen **Karpat** (2.648 m u.OK) setzt wieder ein auffälliger Sprung gegen die Tiefe zu stark zunehmender Konzentration des Formationswassers (50.000–100.000 mg/l) ein (siehe Tab. 15.2./1).

Eine erneute Veränderung tritt mit dem Anstehenden des **kalkalpinen** Untergrundes ein.

Die beiden Analysenbeispiele aus dem **Jura** (3.340 bzw. der Trias 5.865 m u.OK) zeigen wieder bedeutend geringere Konzentration. Der obere Jura-Horizont (3.340 m u.OK) ist wesentlich geringer mineralisiert als das Wasser der Karpat-Horizonte.

Es fällt auf, daß die im Untergrund vertretenen Formationen des **Paläozäns** und insbesondere der **Kreide** obwohl durch Bohrungen erfaßt und mit den unteren Partien der neogenen Beckenfüllung in direktem Kontakt stehend, überhaupt nicht erwähnt werden.

Von den **Spurenelementen** im Wasser ist naturgemäß das Jod nicht zu umgehen.

Vom Standpunkt der Hydrogeologie und der Genese der Wässer ist bemerkenswert, daß die Jodwerte in den Schichtfolgen des Badenien die doppelte bis dreifache Höhe (bis 53 mg/l) der Werte in den anderen Formationen erreichen. Was das Fehlen von Angaben der Werte von Borsäure (H_3BO_3) und anderen Spurenelementen betrifft, so werden wir in der Zusammenfassung (Kap. 16.) darauf zurückkommen.

Badenien (insg. 12 Horizonte)		Karpatien (insg. 7 Horizonte)		Jura (insg. 2 Horizonte)		Trias (insg. 2 Horizonte)			
1.638 m OK		2.648 m OK		3.340 m OK		5.865 m OK		2.925 m OK	
Massen-konzen-tration mg/l	Äquiva-lent-anteil %	Massen-konzen-tration mg/l	Äquiva-lent-anteil %	Massen-konzen-tration mg/l	Äquiva-lent-anteil %	Massen-konzen-tration mg/l	Äquiva-lent-anteil %	Massen-konzen-tration mg/l	Äquiva lent-anteil %
6.909	95,76	10.746	73,04	8.567	69,39	18.106	87,34	36.274	88,09
84	–	311	–	–	–	241	–	425	–
53	–	85	–	15	–	101	–	121	–
78	2,04	314	4,45	538	8,24	118	1,08	450	2,06
138	2,20	2.124	22,51	2.406	22,36	2.093	11,58	3.534	9,85
4	–	11	–	44	0,01	243	–	123	–
7.266	100,00	13.591	100,00	11.570	100,00	20.902	100,00	40.927	100,00
9.753	93,02	36.089	98,98	17.977	96,08	31.634	98,36	63.280	99,42
44	–	30	0,01	0	–	50	–	68	–
29	–	17	0,01	28	–	23	–	24	–
173	1,22	411	0,83	949	3,92	479	1,10	325	0,38
1.031	5,76	114	0,18	0	0	298	0,54	217	0,20
11.030	100,00	36.661	100,00	18.954	100,00	32.484	100,00	63.914	100,00
18.296		50.252		30.524		53.386		104.841	

15.2.2. Nicht direkt mit den Erdöllagerstätten zusammenhängende Schwefel- und Salinarwässer im zentralen Wiener Becken und der Niederösterreichischen Molasse

15.2.2.1. Schwefelwässer

An der Nordwestgrenze des zentralen Wiener Beckens liefern einige Brunnen an der Grenze Flysch/Pont ca. 7 l/s Schwefelwasser für die **Pfaun'sche Mineralbadeanstalt** und ein 16 m tiefer Schacht 3 l/s für das **Theresienbad** (W. CARLÉ, 1975, p. 445).

Wasseranalyse Pfaun'sche Quelle nach W. CARLÉ bzw. Dr. O. HACKL, Wien, 1914:

Temperatur 14,1 °C

		Massen-konzen-tration mg/l	Ionenäqui-valentkon-zentration mmol/l	Äquiva-lent-anteil %
KATIONEN				
Natrium	Na^+	172,00	7,46	46,13
Kalium	K^+	12,73	0,32	1,98
Ammonium	NH_4^+	9,52	0,53	3,28
Magnesium	Mg^{2+}	40,74	3,34	20,66
Calcium	Ca^{2+}	90,69	4,52	27,95
Mangan II	Mn^{2+}	0,07	–	–
Eisen II	Fe^{2+}	0,17	–	–
Summe:		325,92	16,17	100,00
ANIONEN				
Chlorid	Cl^-	80,01	2,26	13,94
Sulfat	SO_4^{2-}	225,70	4,70	29,06
Nitrat	NO_3^-	1,51	0,03	0,20
Hydrogenphosphat	HPO_4^-	0,13	–	–
Hydrogencarbonat	HCO_3^-	553,00	9,06	55,99
Hydrogensulfid	HS^-	3,80	0,11	0,71
Thiosulfat	$S_2O_3^{2-}$	0,86	0,01	0,10
Summe:		865,01	16,17	100,00
Summe Elektrolyte:		1.190,93		
Schwache Elektrolyte:				
Kieselsäure, meta	H_2SiO_3	15,94		
Summe:		1.206,87		
Gasförmige Bestandteile:				
Freies Kohlendioxid	CO_2	25,08		
Freier Schwefelwasserstoff	H_2S	0,82		
Summe:		1.232,77		

Wassertypus: Schwefelhaltiges Natrium-Calcium-Magnesium-Hydrogencarbonat-Sulfat-Mineralwasser.

Das Wasser der **Theresien-Quelle** ist mit seiner Temperatur von 14,0 °C und dem Typus eines Calcium-Magnesium-Sulfat-Hydrogencarbonat-Mineralwasser jenem der Pfaun'schen Quelle gleich.

15.2.2.2. Ergänzung zu den Salinarwässern

Eine systematische Auflistung salinarer Erdölbegleitwässer erfolgte bereits in Tab. 15.2./1. Eine Sonderstellung nehmen die bereits vor der Erdölförderung genutzten Quellen von **Bad Pyrawarth** ein (V. CONRAD et al. 1928, p. 197).

Aus untiefen Schächten treten in Bad Pyrawarth drei artesische Quellen mit etwa 3 l/s Schüttung aus. Die Quellen werden schon in den alten Bäderbüchern erwähnt. Das gespannte Wasser stammt aus Sand- und Kalklagen des Sarmat.

W. CARLÉ (1975, p. 445) entnehmen wir folgende Kurzanalyse in mg/l: Na^+ 302, K^+ 3, Mg^{2+} 90, Ca^{2+} 166, Fe^{2+} 40, Cl^- 22, SO_4^{2-} 781, HCO_3^- 833, gelöste Feststoffe 2.242, CO_2 99.

Wassertypus: Eisenhältiges Natrium-Calcium-Magnesium-Sulfat-Hydrogencarbonat-Mineralwasser. Jodmessungen liegen nicht vor.

Von **Laa a.d. Thaya** im Bereich der Niederösterreichischen Molasse, nahe an der Grenze zur CSFR gelegen, entnehmen wir W. CARLÉ (1975, p. 444) die Analysenwerte von A. KAUER, Wien, 1859:

Temperatur: 14 °C

		Massen-konzen-tration mg/l	Ionenäqui-valentkon-zentration mmol/l	Äquiva-lent-anteil %
KATIONEN				
Natrium	Na^+	186,2	8,10	8,04
Kalium	K^+	20,1	0,51	0,51
Ammonium	NH_4^+	13,8	0,76	0,76
Magnesium	Mg^{2+}	821,6	67,57	67,10
Calcium	Ca^{2+}	475,1	23,70	23,53
Eisen II	Fe^{2+}	0,8	0,06	0,06
Summe:		1.517,6	100,70	100,00
ANIONEN				
Chlorid	Cl^-	36,5	1,03	1,02
Sulfat	SO_4^{2-}	4.360,4	90,77	90,14
Hydrogencarbonat	HCO_3^-	542,8	8,90	8,84
Summe:		4.939,7	100,70	100,00
Summe Elektrolyte:		6.457,3		

Wassertypus: Magnesium-Calcium-Sulfat-Mineralwasser.

15.2.2.3. Schlußwort

Mit den dem Salinar des zentralen und nördlichen Wiener Beckens zugehörigen Wässern ist auch die Situation der Mineralwässer im NE des Landes in die Heilwasserprovinzen – soweit bei den vorliegenden Daten möglich – erfaßt. Abgeschlossen können Darstellung und Folgerungen erst nach der Auswertung bisher nicht vorliegender Daten von Spurenelementen werden.

Literatur

KÖLBL, L. (1958): Die Tiefenwässer des Erdölfeldes Matzen. – Erdoel-Zeitschrift, **12**, Dez. 1958, Wien–Hamburg.

KRÖLL, A. & G. WESSELY (1973): Neue Ergebnisse des Tiefenaufschlusses im Wiener Becken. – Erdöl-Erdgas Zeitschrift, 400–413, Hamburg–Wien.

JANOSCHEK, W.R. & A. MATURA (1980): Outline of the Geology of Austria. – Abh. Geol. B.-A. (26 C.G.I.), **34**, Wien.

CARLÉ, W. (1975): Die Mineral- und Thermalwässer von Mitteleuropa. – 643 S., 14 Abb., 1.402 Tab., 2 Ktn., Stuttgart (Wiss. Verl. Ges.m.b.H.).

CONRAD, V., K. DIEM, J. KNETT, H.H. MEYER & S. STOCKMAYER (1928): Österreichisches Bäderbuch. Offizielles Handbuch der Mineralquellen, Kurorte und Kuranstalten Österreichs. – 330 S., 1 Kte., Volksgesundheitsamt im Bundesministerium für soziale Verwaltung, Wien (Österreichische Staatsdruckerei).

SCHRÖCKENFUCHS, G. (1975): Hydrogeologie, Geochemie und Hydrodynamik der Formationswässer des Raumes Matzen-Schönkirchen Tief. – Erdoel-Erdgas Zeitschrift, **91**, September, Wien.

16. Zusammenfassung und Schlußfolgerungen (J. ZÖTL)

Wie im Vorwort angedeutet, ist das vorliegende Werk nicht nur als Informationsquelle hydrogeologischer Daten gedacht. Das Bestreben, den neuesten Stand des Wissens zu vermitteln, mündet in den Versuch, einen Teil der aktuellen Forschung in die Darstellung einzubeziehen. Daß dies im gegebenen Fall sowohl fachlich als auch örtlich nur durch eine gezielte Einschränkung auf begrenzte Gebiete möglich war, ergab sich aus dem interdisziplinären Charakter des Buches, der zeitlichen Begrenzung seiner Bearbeitung und der gebotenen Disziplin betreffend das Ausmaß kostspieliger Analysen.

Das Buch selbst präsentiert eine Trennung in einen allgemeinen Teil, betreffend die Inhaltsstoffe der Heilwässer und ihre Eigenschaften, und einen zweiten Abschnitt, beinhaltend die Beschreibung von Landschaften gemeinsamer Heilwasserkomponenten.

Der erste Abschnitt brachte bereits Hinweise auf die Richtigkeit des beschrittenen Weges. Alle im Buch wiedergegebenen Wasseranalysen beinhalten auf der Kationenseite zumindest die Angaben der vier Hauptionen Natrium, Kalium, Magnesium und Calcium. Sie werden vom Arzneimittelchemiker als die vier wichtigsten Mengenelemente bezeichnet und decken gemeinsam über 90% der vom menschlichen Körper benötigten Stoffe. Daher fragt der Mediziner zwangsläufig nach der notwendigen Menge und den Folgen von Übermaß oder Mangel, der Geologe nach der Herkunft der aus der Lithosphäre stammenden Elemente.

Grundsätzlich wird der Bedarf an diesen Hauptelementen durch die Nahrung aufgenommen. Da Mangelerscheinungen von Magnesium sowohl den Ärzten als auch interessierten Laien bekannt sind, wurde in Abschnitt A./Kap. 1.3. eine simple Gegenüberstellung von Magnesiumwerten der fundamentalen Lebensmittel Fleisch, Käse (Milchprodukte) und Brot und dem Wert des normalen täglichen Magnesiumbedarfes eines Erwachsenen durchgeführt (Tab. 1.3./2). Es ergab sich, daß der Bedarf an Natrium und Calcium immer schwerpunktmäßig von einer Lebensmittelart abgedeckt wird, nur die notwendige Kalium- und Magnesiummenge wird nicht erreicht.

Während der Kaliumbedarf durch andere Lebensmittel (Kakao, Bohnen, etc.) im allgemeinen ausreichend gesichert wird, müssen zur Abhilfe des Magnesiummangels Tabletten angeboten werden. Derselbe Effekt kann aber durch den Magnesiumgehalt verschiedener Mineralwässer mit geringerer Belastung des Magens auf angenehmere Weise erreicht werden. Trinkkuren gehören zum festen Bestandteil des medizinischen Angebotes, sie bedürfen allerdings – wie alle medizinischen Maßnahmen – der ärztlichen Beratung. Die vier Hauptelemente Natrium, Kalium, Magnesium und Calcium werden von nutzbaren, ja lebenswichtigen (z.B. Eisen), aber auch schädlichen Nebenstoffen begleitet.

Ausgelöst durch die Entdeckung der vielseitigen Wirkung des Elements Selen, insbesonders seiner Stärkung des Immunsystems gegen den Virus der Keshankrankheit, und präventive und therapeutische Wirkungen vieler Art, setzte ein verstärktes Interesse an Vorkommen und Eigenschaften von **Spurenelementen** ein. Selen wurde in die ersten für dieses Buch ausgewählten Messungen von Spurenelementen einbezogen. Da alle Analysen von Wasserproben aus Gebieten von verschiedenem geologischem Aufbau Selenwerte unter 5 µg/l ergaben, wurde das Element aus Kostengründen von der Untersuchungsliste gestrichen. Österreich ist in den bisherigen Untersuchungen vom naturwissenschaftlichen Standpunkt ein Selen-Mangelgebiet. Zur postoperativen bzw. Präventivbehandlung (auch gegen Krebs) bietet die pharmazeutische Industrie Kupfer-Selen-Ampullen an.

Ein Musterbeispiel der Zusammenarbeit von Medizin und Hydrogeologie ist der in Texas durchgeführte statistische Vergleich von Lithiumgehalt im Trinkwasser und psychisch kranken Einsitzenden in Nervenanstalten und Gefängnissen (G.N. SCHRAUZER & K.P. SHRESTA, 1991). Der Prozentsatz von Mördern, Selbstmördern, Drogensüchtigen und jugendlichen Ausreißern pro 100.000 Einwohner ist in allen Fällen in Gebieten mit Trinkwasserversorgungen geringen Lithiumgehaltes um ein Mehrfaches höher als bei Wasserversorgungen mit 100 µg Li/l und mehr (siehe Kap. 1.3.2., Fig. 1.3./1–4). Da diese Untersuchungsergebnisse erst Ende 1991 publiziert wurden, konnte vor Redaktionsschluß weder das Netz der Spurenanalysen ausreichend erweitert, noch statistische Vergleiche in Österreich angebahnt werden. Es steht außer Zweifel, daß es geschlossene Bereiche von Wässern sehr geringen Lithiumgehaltes in Österreich gibt, andererseits aber auch Mineralwässer mittleren bis außergewöhnlich hohen Lithiumgehaltes (> 1.000 µg/l) auftreten. Diese Fakten sind ein Hinweis auf diskussionsreife Fragen, zu deren Behandlung das Buch anregen soll. Spurenstoffe wurden in diesem Buch prinzipiell in Mikrogramm (µg) angegeben. Lithium findet man wegen des relativ einfachen Nachweises vielfach in der Kationspalte der normalen Wasseranalyse in mg/l. Bei der Angabe in µg/l sticht ein hoher Lösungsanteil sofort ins Auge und erweckt so die Aufmerksamkeit eines Sonderfalles. Eisen wird als Nebenbestandteil betrachtet und in mg/l ausgewiesen.

In Österreich wurde eine ähnliche Untersuchung wie die beschriebenen Lithiumvergleiche betreffend Trinkwasser und Fluorgehalt schon vor Jahrzehnten zwecks Maßnahmen zur Kariesprophylaxe durchgeführt.

Große Aufmerksamkeit wird in Zukunft dem Element Zink zuteil werden. Inwieweit Wässer mit einem berücksichtigungswürdigen Zn-Gehalt vorliegen, ist noch zu prüfen. Phosphor ist interessant, steht jedoch im Schatten schädlicher Phosphatverbindungen. Arsen ist eine Ausnahme, aber in der Nachbarschaft von Erzvorkommen im Wasser vorhanden. Ein Überangebot von Arsen im Trinkwasser ist zu beseitigen. Viele Elemente aus der Tiefe wurden bisher noch nicht untersucht.

Bekannt ist der Einfluß des Jodmangels auf die Funktion der Schilddrüse (Kropfbildung). Heute ist diese Erscheinung durch die Verwendung jodierten Salzes praktisch verschwunden, damit aber auch die sichtbare Warnung der Schädigung vieler Organe des menschlichen Körpers durch den Mangel eines oder mehrerer Spurenstoffe oder auch dessen (oder deren) Übermaß.

Mineralwässer lösen heute mehr und mehr das „normale“ Wasser als Trinkwasser ab. Die meisten Spurenstoffe sind anorganischer Natur, das heißt aus der Tiefe des Erdkörpers stammende Elemente, auf die der Mensch nicht ohne Schaden verzichten kann. Sie können in hoher Konzentration schädlich sein, weitaus häufiger sind es jedoch Mangelerscheinungen, die uns zu schaffen machen. Krankheiten aus dem Formenkreis der Wucherungen wurden bereits angesprochen, andere aus dem Herz-Kreislaufsystem sind bekannt. Völlig offen sind noch viele Probleme, wie etwa das breite Band der Rheumageißel. Dies soll uns weiterführen zum Kapitel der natürlichen Radioaktivität in Wässern (Kap. A./1.4.).

Soweit **Radioaktivitätsmessungen** an den im Buch beschriebenen Wässern durchgeführt wurden, sind sie den Wasseranalysen zu entnehmen. Daß Gebiete mit nahezu flächendeckenden Untersuchungen vorliegen (Tirol, Teile Oberösterreichs), verdanken wir zum Teil Behörden (Gemeinden, Landesämtern) aber nicht zuletzt Wissenschaftern wie F. SCHEMINZKY, die die Messung der Radioaktivität systematisch in ihre Wasseruntersuchung einbezogen. Fortgesetzt wird diese Datensammlung in Form computerunterstützter Archivierung durch das Institut für Radiumforschung in Wien (H. FRIEDMANN). Zum Tragen kommt diese Tatsache bereits in Kap. 1. (Böhmischer Pluton) und 5. (Zentralhochalpen).

Von allen Radionukliden nimmt in der Heilwasserkunde Radon-222 (^{222}Rn), das gasförmige Tochterelement des Radiums (^{226}Ra), eine besondere Stellung ein. Die Strahlung des Radiums im Wasser ist in der Regel so gering, daß F. SCHEMINZKY vorschlug, auf die Angabe in der großen Heilwasseranalyse zu verzichten. Anders das Radon. Als Gas durchwandert es auch offene, nicht wasserführende Klüfte und kann so auf verschiedensten Wegen in das unterirdische Wasser, aber auch an die Erdoberfläche gelangen. Andererseits nehmen aber Kluftwässer auch direkten Kontakt mit radiumhältigen Kluftfüllungen und den von ihnen ausgehenden Radon. Die Erforschung der verschiedenen physikalischen Vorgänge (Löslichkeit und Diffusion als Funktion von Druck und Temperatur) sind zunächst Aufgaben des Physikers, der Geologe erhofft sich Hinweise auf Aussagen betreffend Herkunft des Wassers, Tiefenlage der Zirkulation u.a.m. Eine wichtige Erfahrung derartiger Forschungen ist, daß die Hauptquelle des im Wasser gelösten Radons das im Gestein (und zwar sowohl im gesunden Festgestein als auch zerbrochenen und angewitterten Teilen) verbleibende Radium ist und nicht das im Wasser gelöste.

Nach den gewonnenen Erfahrungen lohnt sich ein Blick auf die Kap. 1. (Böhmische Masse) und 5. (Zentralhochalpen) der Heilwasserprovinzen.

Figur 1.1./1 gibt einen Überblick über den österreichischen Anteil am **Südböhmischen Pluton.** Dem Kärtchen sind sämtliche (bekannten) Quellen mit einem Radongehalt von > 1 nCi/l zu entnehmen. Zwei Örtlichkeiten (Bad Zell und Tannbach) haben Quellen mit einem Radongehalt von > 10 nCi/l. Dutzende Messungen eines Radongehaltes unter 1 nCi/l liegen vor. Sie sind vom Blickwinkel eines Heilwasseraspektes zunächst uninteressant. Wenn wir aber, wie in diesem Gebiet, vor der Tatsache stehen, daß faktisch jeder Wasseraustritt einen meßbaren Radongehalt besitzt, so treten doch Überlegungen auf, inwieweit quellenreiche Kleinräume einer Dauerbelastung unterliegen. Bei einer solchen Frage muß der Geologe berücksichtigen, welche geologischen Gegebenheiten die unterirdischen Wasserwege und die Lage und Häufigkeit der Quellen beeinflussen. In dem seit vielen Jahrmillionen freigelegten Intrusionskörper des Böhmischen Massivs sind es weniger die großen Störungen als die Hauptklüfte, die die Wasserwegigkeit bestimmen. Figur 1.1./3 zeigt das einer Störung folgende Stampfenbachtal. Die Erosion des Sammelgerinnes folgt den der Ausräumung weniger Widerstand leistenden zerriebenen Gesteinen der Störung. Bei den kleinen Quellabflüssen reicht die Kraft des Abflusses nur für den Abtransport feinen Verwitterungsmaterials. Die Folge ist die Bildung sanfter Mulden (Dellen). Die Quellen sind im Kluftsystem geboren, sie sind von geringer Schüttung und ihr Radongehalt hängt vom Radiumgehalt der Gesteine des Speicherkörpers ab. Parallelen der Genese der Landschaft und des Radongehaltes des Wassers tun sich auf.

Interessant ist der Grenzsaum der Böhmischen Masse zur Molassezone.

Durchstoßen Bohrungen oberflächennahe minderwasserdurchlässige Schichten der Molasse wo darunter liegende sandige Lagen in Kontakt mit den überdeckten Randzonen des Granitmassivs stehen, so laufen im Molassebecken artesische Wässer über, deren Chemismus unverkennbar ihre Herkunft aus dem Böhmischen Pluton belegen. Die Folge sind oft beachtliche Radonwerte in erbohrten Wässern. Der Geologe wird durch solche Phänomene auf Schlußfolgerungen aufmerksam, die die Bedenklichkeit der Anlage vom Sondermülldeponien in dieser Randzone des Granitplutons aufzeigen (siehe Prambachkirchen, Kap. 2.4.2.).

Wesentlich besser erforscht sind die Radonquellen der **Zentralalpen**.

Durch das lange Zeit von F. SCHEMINZKY geleitete Forschungsinstitut Gastein der Österreichischen Akademie der Wissenschaften wurde der Raum um Badgastein zum Experimentierfeld der Radiumforschung.

Alle mehr oder minder stark radonführenden Quellen von Gastein sind im Gegensatz zu jenen im Südböhmischen Pluton Thermalwässer mit Temperaturen zwischen 23,0 und 46,6 °C (siehe Kap. 5.2.1.2.).

Die Radonquellen entspringen bis auf die zwei untersten aus dem von Moränenresten und Hangschutt verkleideten Zentralgneis des Graukogels im Ortsgebiet von Badgastein. Es sind insgesamt 91 aus Bankungsfugen und Klüften des Granitgneises entspringende Einzelaustritte, die in lateinisch bezifferten Quellkammern gefaßt sind. Hier, im jungen Gebirge der Hohen Tauern zeigt der Fels im Gegensatz zum Bergland im N der Donau seine offenen Wunden.

Aufgerissen durch die noch heutige lebendige Hebung und freigelegt durch die Abtragung einer mehrere Kilometer mächtigen Überdeckung wird das Netz der Dehnung, Zerrung und Druck entstandenen Spalten, Risse und Klüfte sichtbar. Teilweise findet man in den Spalten auskristallisierte Erze (Goldquarzgänge) und Kluftminerale, aber leere Hohlräume verblieben, noch heute Wässern und Gasen Wege anbietend.

Das aufsteigende radonführende Thermalwasser folgt im weiteren Bereich um Gastein einem NNE-streichenden Spaltensystem. Wesentlich für die Wasserbewegung ist das steile Einfallen der Klüfte, im Raum von Gastein 95–140° ENE, aber auch Fallwinkel von 60–74° sind nach J. STINI (1965) häufig. Der Vollständigkeit halber müssen auch jüngere Kluftbündel erwähnt werden, die die Erzklüfte teilweise kreuzen und sich hauptsächlich im Fallwinkel von ihnen unterscheiden. Es sind Zerrüttungssysteme mit Zerreibsel und Myloniten gefüllt, nicht erzführend, und von den alten Bergleuten als Fäulen bezeichnet. Zu J. STINI zurückkehrend, möchte ich diesen großen Hydrogeologen zitieren: „Niemand bezweifelt, daß die Erze und gewisse Stoffe, die man in den Gasteiner Heilquellen gefunden hat, wie z.B. Fluor, Bor, Chlor, Rubidium, Thorium, Strontium, Lithium, Phosphor, Radon, Gold, Zirkonium, Silber, Uranium usw. aus der Tiefe stammen" (1965, p. 104). J. STINI ist sich sicher, daß Felsklüfte bis in Tiefen von mehr als 20 km offenbleiben können und noch heute Wärme und „Stoffe der Tiefe" in ihnen Wege nach oben finden. J. STINI's Ansichten blieben nicht unwidersprochen.

Es war ein Glücksfall, daß der im Bereich von Gastein nicht durchführbare Versuch, durch Heliummessungen an den Radonthermen Tiefenenanteile zu testen, in Bad Königsquell Erfolg hatte.

Die Einbeziehung von Untersuchungen im Tauerntunnel (C. JOB & G. MUTSCHLECHNER, 1969) und die bei der eigenen Befahrung im Raum Mallnitz 1990 durchgeführten Messungen und Erhebungen bestätigen die Auffassung eines zusammenhängenden Heilwasserbezirkes am Ostrand des Tauernfensters (Kap. 5.1.). Es war möglich, Bad Königsquell nicht nur auf Spurenelemente zu beproben, sondern auch eine Wasserprobe für Heliumuntersuchungen zu entnehmen, wofür wir dem Amt der Kärtner Landesregierung, Herrn w. Hofrat Dr. U. HERZOG zu Dank verpflichtet sind. Die $^{3}He/^{4}He$-Verhältnisse der untersuchten Wasserproben lassen sich in Richtung eines Beitrages von Mantelkomponenten interpretieren, wodurch die Auffassung von J. STINI eine Bestätigung findet. Auch die CO_2-Aushauchungen im Liesertal bekommen nun eine andere Dimension.

Man kann den Radonbezirk östliches Tauernfenster nicht verlassen, ohne den Thermalstollen von Badgastein-Böckstein wenigstens kurz zu besuchen. Da er keine Quellen führt, wurde er im Rahmen der Heilwässer nur kurz erwähnt (Fig. 5.2./3).

Im Jahr 1940 wurde im Radhausberg der Radhausberg-Unterbau- oder Pasel-Stollen zwecks Neubelebung des bereits aufgelassenen Goldbergbaues angeschlagen. Dabei machte man Erfahrungen: Die ungewöhnlich hohe Gesteins- und Lufttemperatur ist gepaart mit einem bemerkenswert hohen Gehalt von Radon in seiner Luft. Dabei wurde noch etwas offenbar: Die Vorarbeiter waren kriegsbedingt hauptsächlich ausgediente ältere Kumpel, zum Großteil geplagt von den Leiden des rheumatischen Formenkreises. Sie stellten nahezu allesamt eine in ihrem Alter nicht mehr erwartete Besserung ihrer Beschwerden fest. 1944 wurde der Vortrieb auf Gold ergebnislos eingestellt.

Eingedenk der während des Vortriebes gewonnenen positiven Erfahrungen in Richtung der Heilwirkung des Tunnelmilieus begannen bereits 1946 intensive Forschungen eines interdisziplinären Teams mit dem Ausbau von Forschungslaboratorien. Hier liegen auch die Wurzeln der engeren Kooperation von Medizinern, Radiologen und Geologen. Die Zusammenfassung der Forschungsarbeiten bietet das im Auftrag des Professoren-Kollegiums der Innsbrucker Medizinischen Fakultät von F. SCHEMINZKY 1965 herausgegebene Werk „Der Thermalstollen von Badgastein-Böckstein, seine Geschichte, Erforschung und Heilkraft".

Es ist eine nüchterne statistisch-wissenschaftliche Zusammenstellung der Behandlung und Heilerfolge verschiedener Experimente und Krankheiten, insbesonders aber der Heilerfolge betreffend den chronisch-entzündlichen Gelenksrheumatismus (Polyarthritis).

Erfolge der Radonbehandlung sind in Gastein sowohl durch trockenes, der „Hitzekluft" entströmendes Radon als auch durch Kuren (Bäder) in den Radonthermalwässern unbestritten.

Ausgewichen wird meist der allgemein gestellten heiklen Fragen nach möglichen Strahlungsschäden durch Radon. Heikel ist die Frage deshalb, weil die Grenze von Gut und Böse schon für den Einzelmenschen variiert und eine systematische statistische Untersuchung durch die gebotene Zurückhaltung der Ärzte schwer durchführbar ist. Erschwert wird sie aber auch dadurch, daß gewissenlose Geldgier einzelner Handels- und Wirtschaftssparten mit Strahlungswerten von Einrichtungsgegenständen operieren, die eine Schädlichkeit einfach ausschließen und zu grundlosen Panikhandlungen führen.

Bleiben wir auf dem Boden von Tatsachen, so gilt zweifelsohne die Trennung der kurzfristig (etwa für die Zeit eines Kuraufenthaltes und hier nur auf die Behandlungszeit beschränkt) einer relativ hohen, in nCi/l Größen der Strahlung ausgesetzten Besucher einerseits und dem einer Dauerbelastung ausgesetzten Personenkreis andererseits.

Ein zweiter objektiver Unterschied besteht im Trägermedium des Radons. Hat das Quellwasser eines Bereiches einen Radongehalt von < 1 nCi/l, so wurde auf die Angabe des Wertes in unseren Karten verzichtet. Auf die Möglichkeit von Ausnahmesituationen wie einer hohen Entgasung des Wassers in windgeschützten Mulden ist hinzuweisen. Mehr Aufmerksamkeit ist dem Radongehalt der Luft zu widmen. Hier wird das Radon durch die Atmung in einem Dauervorgang dem Körper zugeführt und kann beispielsweise in der Lunge konzentriert werden.

Für Schlagzeilen dieser Art sorgte just zur Zeit der Niederschrift dieser Zusammenfassung bzw. Folgerungen der Ort Umhausen in den Ötztaler Alpen. Man sprach in den Medien von einer Radonverseuchung und eventueller Evakuierung des Ortes, für eine sachlich saubere Darstellung eines Fachmannes war die notwendige Sendezeit wie üblich nicht vorhanden. Wo bliebe die Sensation!

Die Übersichtskarte der Radonquellen der Zentralalpen vom Westteil des Tauernfensters bis zum Engadiner Fenster (Fig. 5.2./9) zeigt die beiden durch eine schwere Störung verbundenen Orte Längenfeld und Umhausen. Beide tragen die Kennzeichnung von Radon- und Schwefelquellen. Die Schwefelwässer gehören zu jenem alpinen Typ, der das Element aus Pyrit in den Erzschlieren des kristallinen Gesteins bezieht. Das H_2S (vgl. chemische Analyse Längenfeld, Kap. 5.5.2.) deutet auf tiefere Verbindungswege der beiden Quellorte. Der Radongehalt einiger Quellwässer liegt nach K. KRÜSE (1937) bei 10 nCi/l.

Doch die Geologie weist noch auf andere Gegebenheiten hin. Umhausen liegt auf Bergsturzmaterial, das den darunter anstehenden Gneis verdeckt. Dessen Klüfte sind, wie schon das H_2S zeigt, nicht nur Wege radonhaltigen Wassers, sondern auch für freies Radon, das sich in den vielen freien Hohlräumen zwischen den Bergsturzblöcken sammelt und konzentriert an die Oberfläche drängt. Daher finden sich besonders in Kellern von Häusern, d.h. Räumen mit keiner oder nur geringer Entlüftung, Konzentrationen, deren häufigere Aufnahme durch die Atemwege eine Gefahr darstellen können. Für diese Erklärung spricht die recht ungleiche Verteilung der radonhältigen Luft. Der mir mündlich von Dr. H. FRIEDMANN mitgeteilte errechnete Mittelwert des Radongehaltes der Luft tiefergelegener Räume liegt derzeit bei 1.751 Bq/m^3 Luft (= 47,5 pCi/l). Diesem Mittelwert stehen aber ein (nicht ganz gesicherter) Höchstwert von 19.733 Bq/m³ (= 533,32 pCi/l) und in einem der benachbarten Keller gemessener geringer Wert von 297 Bq/m³ (= 8,0 pCi/l) gegenüber. Liegt der Höchstwert sicher über der Toleranzgrenze von Radon in der Luft geschlossener Räume, so ist der zweite Wert als normal und unbedenklich zu bezeichnen. Ein wörtliches Zitat des Gespräches mit Dr. FRIEDMANN: „Es wird viele unbekannte Umhausen geben" trifft genau die Lücken der Kenntnis unserer Radonwasservorkommen.

Neben den vielen Einzelvorkommen von Radonwässern gibt es in den Zentralhochalpen eine Anzahl konzentrierter Radonwasserbereiche.

Als eine Fundgrube erwiesen sich die mir zugänglich gemachten Radonmessungen an Quellen der alten Ortswasserversorgung und Quellen der engeren Umgebung des Ortes **Mallnitz**, wofür ich an dieser Stelle der Gemeindeamtsleitung danken möchte.

Es ist eine überraschend hohe Zahl von drei Dutzend gemessenen Quellen, von denen alle einen Meßwert von > 1 nCi/l und 12 davon 10–27 nCi/l aufweisen. Dazu handelt es sich großteils um laue Wässer, die im Vergleich zur Höhenlage erhöhte Temperaturwerte aufweisen (siehe Kap. 5.2.). Das Lehrreiche ist die Tatsache, daß die sonst sehr genaue Übersichtskarte der Mineral- und Heilwässer in Österreich von I. WIESBÖCK (1966) die Quellen um Mallnitz überhaupt nicht aufweist, obwohl die obzitierten Messungen 1952 durchgeführt wurden. F. KAHLER (1978) erwähnt Mallnitz zwar mehrmals als heilklimatischen Kurort (1978, p. 36), bzw. wegen der Radioaktivität im Trinkwasser (l.c., p. 19), gibt jedoch weder hier noch bei der eingehenden Beschreibung (l.c., p. 52 f.) die große Zahl der vorliegenden Radonmessungen oder auch nur eine einzige Analyse preis. Eine Ausnahme ist der Hinweis, daß die Quelle der (alten) Trinkwasserversorgung einen „überhöhten Radongehalt" bis 70 ME/l (entsprechend Macheeinheiten 25,4 nCi/l) besitzt. Wir stehen hier also vor einer Parallele zu Umhausen, nur daß das Bergsturzgebiet bei Mallnitz bewaldet und unbesiedelt ist. Bei der Vielzahl der Quellen wäre eine Radonmessung der Luft sicherlich von Interesse, wobei eine grundlegende Studie reichliches Datenmaterial nutzen könnte.

Zu beachten ist, daß in Übersichtskarten bzw. regionalen Lageskizzen Orte mit mehreren Quellaustritten in der gleichen geologischen Situation mit nur einer Signatur ausgewiesen sind. Unterschieden wird der Radongehalt durch verschieden große Signaturen, was aber meistens auch eine größere Anzahl von Quellaustritten zum Ausdruck bringt. Soweit von größeren Kurorten großmaßstäbliche Lagepläne der Quellaustritte existieren, werden sie in diesem Buche weitergegeben bzw. besprochen. Bei den Karten im Text wurden gelegentlich auch Bereiche einer sehr großen Anzahl von Quellen durch eine Reihung oder Häufung gleicher Signaturen optisch signalisiert.

Wenn wir, mit Recht, bei den Zentralhochalpen von einer Heilwasserprovinz mit Radonbezirken sprechen, können wir nicht darauf verzichten, auch den Südhang des Gebirges in die Betrachtung miteinzubeziehen. Ein Fehlen der Radonwasserkonzentrationen im Antholzertal, bei Villnöß und Meran in der regionalen Karte würde schon rein optisch ein völlig falsches Bild der an den Gebirgsbau gebundenen Heilwasserbereiche vermitteln und eine Diskussion geologisch bedeutsamer Probleme ausschließen.

Dies betrifft Radonthermen und radonhältige Thermalwässer.

Der Unterschied zwischen Radonthermen und radonhältigen Thermen besteht darin, daß bei ersteren neben der Wassertemperatur Radon das maßgebliche Medium mit Mindestwerten von > 10 nCi/l ist. Radonhältige Thermalwässer sind akratische oder Mineralwasserthermen mit dem Hauptfaktor Wassertemperatur und Radonführung zum Teil mit anderen Stoffen als Begleiterscheinung.

Damit ergibt sich ein Übergang zur ziemlich komplizierten Frage der Ursachen erhöhter **Wassertemperatur**.

Im Bereich der Zentralhochalpen ist im demonstrierten Fall des Raumes um Badgastein die Situation durch die Hitzekluft im Böcksteiner Stollen und den nachgewiesenen Aufstieg der Thermalwässer am klarsten. Erhitzte Gase und Wässer steigen in Kluftwegen aus großer Tiefe (Erdmantel) auf. Man kann den Zustand nicht mit der allgemeinen geothermischen Tiefenstufe vergleichen. Da auch andere Thermalwässer, wie z.B. die Quellen von Hintertux, nicht durch den geothermischen Gradienten zu erklären sind, taucht berechtigterweise die Frage auf, warum den Radonwässern von Villnöß und insbesondere von Meran das Privileg von Radonthermen versagt blieb, obwohl die Quellorte in wesentlich geringerer Höhenlage austreten als ihre Konkurrenten am Nordhang der Zillertaler Alpen und der Hohen Tauern. Für Bad Kleinkirchheim, nicht mehr in den Zentralhochalpen liegend, gilt der Vergleich nicht. Hier liegt bereits ein gegenwärtig funktionierender Kreislauf absinkender meteorischer Wässer in tektonischen Störungen, ihre Aufheizung in der Tiefe, und der Aufstieg der Heißwässer in einem zusammenhängenden tektonischen System vor. Weder die Quellen von Hintertux, noch jene von

Bad Kleinkirchheim haben einen nennenswerten Radongehalt.

Ein besonders faszinierendes Phänomen sind die hochmineralisierten Thermalsäuerlinge von Bormio am Westhang der Ortlergruppe.

Kompliziert ist auch das System von Warmbad Villach. Die Erzbergdecke und die aufgeschobene Dobratschdecke sind durch eine breite Folge von Carditaschichten getrennt. Der Erzberg wird zu einem zwischen zwei minderdurchlässigen Staufolgen liegenden Einzugsgebiet der heißen Tiefenwässer. Der auf dem Dobratsch versinkende Niederschlag alimentiert sowohl kleinere Quellen am Nordhang (durch Tracerversuche nachgewiesen) als auch eine riesige Mischwasserzone unter dem Erzberg und dem Dobratsch, in der sich von oben einsickernde Kaltwässer mit dem tiefliegenden Heißwasserkörper auf eine Temperatur einpendeln. Dieses Mischwasser speist die großen Quellen von Warmbad Villach. Nur durch das gewaltige Ausmaß der Mischungszone bzw. des Mischwasserkörpers, treten im Quellwasser weder witterungsbedingt noch jahreszeitlich bedeutende Temperaturschwankungen auf.

Daß es zu Temperaturerhöhungen kommt, je tiefer man in die Erdkruste eindringt, weiß der Mensch seit Urzeiten.

Nach den geschilderten, eher extremen Fällen der Auswirkung der Erdwärme ist es wohl tunlich, auf den regulären Wärmehaushalt der Erde und seinen Einfluß auf das Auftreten von Thermalwässern einzugehen.

So sehr die Sonne das Leben auf der Erdoberfläche bestimmt, reicht ihre Kraft doch nur in erstaunlich geringe Tiefe. Je nach dem Klimabereich geringfügig schwankend hat Mutter Erde ab ca. 20 m Tiefe ihr eigenes Heizungssystem, aufgebaut hauptsächlich auf den radioaktiven Zerfall von Uran, Thorium und Kalium im Kern unseres Planeten. Die Temperatur im Erdkern wird auf etwa 6.000 °C geschätzt. Durch die verschiedene Reaktion des Materials auf die Abkühlung entstehen Zonen verschiedener Dichte, stofflicher Zusammensetzung und verändertem Festigkeitsgrad. Die schalenförmige Folge dieser Zonen hat der Erde den Vergleich mit einer Zwiebel eingetragen. Gelehrt haben uns diese Erkenntnisse zahllose Messungen von Erdbebenwellen, deren Geschwindigkeit sich an den Grenzen der erwähnten „Schalen“ sprunghaft ändert. Im großen unterscheidet man bei dem 6.371 km langen Radius des kreisförmigen Schnittes der Erde einen „Inneren Kern“ (Radius 1.251 km), den ringförmigen „Äußeren Kern“ (2.220 km Schalenmächtigkeit), die Schale des „Unteren Mantels“ (2.000 km Mächtigkeit), eine „Übergangszone“ (500 km mächtig), den „Oberen Mantel“ (370 km) und die „Kruste“ (30 km Dicke).

Die Temperaturen im Erdinneren werden häufig überschätzt, weil für die Gesteinsschmelze auch der Druck eine große Rolle spielt. Die experimentelle Petrographie hat nachgewiesen, daß z.B. Granit unter hohem Druck schon bei 800 °C in einen flüssigen Zustand übergehen kann. Das zu wissen hilft dem Verständnis von Intrusionen in die bereits feste Kruste (vgl. Zentralalpen und östliche Karawanken). Für die Grenzfläche zwischen dem Oberen Mantel und der Erdkruste schätzt man die Temperatur auf 600 °C. Das ist eine Zahl, die uns durch den Nachweis von Mantelhelium schon einen Anhaltspunkt für die Vorstellung des Wärmeflusses über Kluftsysteme gibt.

Im Weltdurchschnitt beträgt die Wärmezunahme (geothermische Tiefenstufe) 1 °C/33 m der Tiefe. Das gibt theoretisch auch für das Ausmaß der Überlagerung im Falle eines im horizontalen Tunnelvortrieb aufgeschlossenen Wasseraustrittes.

Der Durchschnittswert von 1 °C Wärmezunahme je 33 m ist in der Praxis allerdings eher ein seltener Fall.

Einer der vielen Gründe der Anomalien ist die wechselnde Mächtigkeit der Erdkruste. Mächtige Kontinentalmassen (bei 50 km Dicke, das sind 20 km über dem Weltdurchschnitt) tauchen in den noch zähflüssigen Oberen Mantel ein, der im isostatischen Ausgleich seine Massen unter dünnere Krustenteile unter Sedimentbecken und Meeren hochdrückt. Die Grenzfläche zwischen den bereits erstarrten Krustengesteinen und dem noch zähflüssigen (heißeren) Mantel, die sogenannte Mohorovicic-Diskontinuitätsfläche (kurz „Moho“ genannt) liegt, um im heimischen Bereich zu bleiben, unter den Ostalpen um 10 km tiefer als unter dem Steirischen und dem im E anschließenden Pannonischen Becken. Die praktischen Folgen in einigen Zahlen: die geothermische Tiefenstufe beträgt in den Hohen Tauern 49–51 m/1 °C, im Steirischen Becken und im anschließenden Pannonischen Raum liegt sie teilweise wesentlich unter 20 m/1 °C. Im uralten südafrikanischen Kontinent kann durch eine geothermische Tiefenstufe von ca. 100 m/1 °C bis in Tiefen von 4.000 m (mit Belüftung) noch Gold abgebaut werden, während im Oberösterreichischen Molassebecken aus einer rund 2.000 m tiefen Bohrung jahrelang an die 100 °C heißes Wasser in den Inn abfloß.

Die geothermische Tiefenstufe ist auch von der **Art des Gesteins** und seiner Wasserwegigkeit abhängig. Schiefergesteine und Gneise haben in der Regel Klüfte mit begrenzter Wegigkeit, was sich in langsamer Fließgeschwindigkeit und geringer Schüttung der Quellen auswirkt. Hier kommt der Umstand zum Tragen, daß hohe Temperaturen die Viskosität so stark herabsetzen können, daß Heißwässer den Untergrund bis um das Doppelte leichter durchfließen als kalte Wässer. Die für die Hohen Tauern angegebene geothermische Tiefenstufe gilt für den Großteil der Zentralalpen, wenn nicht größere Marmorlagen eingeschaltet sind.

Eine Sonderstellung nehmen die **Karbonatgesteine**, Kalke und Dolomite ein. Die Gründe hierfür liegen weniger in der Lieferung besonderer Inhaltsstoffe für Heil- und Mineralquellen, als in ihrer besonderen Wasserwegigkeit und großen Verbreitung. Viele der großen Bäder wie Warmbad Villach, Bleiberg, Bad Kleinkirchheim, Bad Waltersdorf, die Bäder der Thermenlinie am Nordrand des Wiener Beckens, Bad Deutsch-Altenburg u.a. leben von „Karstwässern" aus den Karbonatgebirgen.

Die Bezeichnung „Karstwasser" zwingt zur Erörterung des Phänomens der Grundwasserzirkulation in verkarsteten Karbonatgesteinen (vor allem Kalke und Dolomite).

Kalk und Dolomite sind verfestigte Sedimentgesteine von Calciumcarbonat ($CaCO_3$) bzw. Magnesiumcarbonat ($MgCa[CO_3]_2$).

Die Karbonatgesteine besitzen eine begrenzte Lösungsbereitschaft, die in erster Linie vom CO_2-Gehalt des Wassers abhängt.

Solange dem Wasser Kohlendioxid (CO_2) zugeführt wird, wird Kalk gelöst, wobei sich dieser Vorgang in mehreren Phasen abspielt. Die Lösungsvorgänge verändern die Oberfläche des Kalkgebirges (Karren- und Dolinenbildung). Sammelt sich das abfließende Wasser in Spalten, so werden diese erweitert. Dieser Vorgang schafft mit der Zeit großlumige Wasserwege (Höhlen, Schächte). Werden diese Wege von größeren Wassermengen durchflossen, so werden durch zusätzliche chemische Effekte (Mischungskorrosion beim Zusammentreffen verschieden gesättigter Wässer) und mechanische Kräfte, Erosion durch mittransportiertes Material (Geröll, Sand) die Wasserwege immer kräftiger erweitert (Höhlenbildung). Entweicht dem gesättigten Wasser in unterirdischen Räumen CO_2, so kommt der reversible Vorgang der Ausscheidung von Kalk zur Wirkung (Sinter- und Tropfsteinbildung).

Nach längerer Zeit ist das Spaltensystem so ausgereift, daß die Oberfläche des verkarsteten Gebirges das anfallende Niederschlagswasser umgehend in die Tiefe ableitet, wo es am Fuß des Massivs in mehr oder minder starken Quellen zutage tritt.

Sind dem Kalkmassiv keine wasserstauenden, chemisch nicht löslichen Schichten eingeschaltet, so wird der örtliche Talboden zum Sammelniveau der Quellaustritte, man spricht von der Korrosions-(= Lösungs-) basis gleich der sogenannten Erosionsbasis, dem Vorflutniveau der oberflächlich zufließenden Nebenbäche.

Schalten wir nun die genetische Weiterentwicklung der Landschaft in die Betrachtung der unterirdischen Entwässerung des verkarsteten Gebirgsstockes mit ein, so können zwei gegensätzliche Vorgänge eintreten: Eine tektonische Hebung kann die Erosion im Tal beleben, was zur Tieferlegung der Korrosionsbasis und des Vorflutniveaus führt. Eine ähnliche Wirkung hatte die eiszeitliche Vergletscherung, wo tausend Meter mächtige Eisströme die Haupttäler wie Pflüge ausräumten, sodaß in den für geologische Vorgänge kurzen Zeiten von nur -zigtausend Jahren Seitentäler wegen ihrer geringen Erosion zu „Hängetälern" wurden.

In beiden Fällen belebt sich auch der unterirdische Abfluß bzw. die unterirdische Tieferlegung der Verkarstung.

Rechnet man nun nicht in dem zum leichteren Verständnis angeführten zeitlichen Maßstab der Eiszeiten, sondern mit den Jahrmillionen der Gebirgsbildung, so sind nicht nur gewaltige Tieferlegungen der Täler, sondern im Gegenzug auch die Auffüllung abgesenkter Becken und Randgebiete in die Überlegungen der Vorgänge mit einzubeziehen.

Nimmt man das Beispiel des Südlichen Wiener Beckens, dessen treffliche Beschreibung in seiner ganzen komplizierten Genese durch G. WESSELY eine Kurzfassung ermöglicht. Mächtige bis tief unter die heutige Oberfläche der Beckenfüllung verkarstete Kalkschollen bilden die Nordwestflanke des Beckens. Aus ihnen stammt, durch tektonische Verstellung ermöglicht, sowohl der Nachschub für die heißen Tiefengrundwässer als auch ein seitlicher Zufluß zu höheren Etagen der Beckenfüllung. Letzten Endes gibt es auch noch Karstquellen im gegenwärtigen Talboden. Die Kalkschollen müssen bis in große Tiefen verkarstet sein, wie die gut funktionierende Wasserzirkulation beweist.

Figuren 14.1./3, 14.1./4 zeigen die Tiefentemperaturverteilung in Bohrungen des Wiener Beckens. Dabei treten in einigen Fällen Unregelmäßigkeiten auf. In einigen Fällen tritt ein bis vor kurzer Zeit unbekanntes Phänomen einer lokalen Abnahme der Temperatur gegen die Tiefe auf, was einer Sensation gleichkam. Das Phänomen ist auf einen sehr starken seitlichen Zustrom von Kaltwasser aus dem verkarsteten Randgebirge zurückzuführen.

Nach den Erfahrungen im Südlichen Wiener Becken nimmt es nicht wunder, daß auch die Malmkalke unter den tertiären Sedimenten der Oberösterreichischen

Molassezone noch echte Karstphänomene aufweisen. So fuhren z.B. die Bohrungen Geinberg 1 und Altheim größere Hohlräume an.

Auch die Annahme eines sehr ausgedehnten Heiß- und Mischwasser-Reservoirs in bis in große Tiefen reichenden Teilen der Erz- und Dobratschdecke und die an diesen Umstand geknüpften Folgerungen werden damit verständlich.

Folgen wir in unserem Rückblick weiteren hydrologisch wirksamen stratigraphischen Verhältnissen und Lösungserscheinungen, so treffen wir auf den sogenannten „Salz- und Gipskarst“ und die Heilwässer des „Salinars“.

Als **ostalpines Salinar** bezeichnet O. SCHAUBERGER (1979) eine durch die Nördlichen Kalkalpen von Hall in Tirol bis vor Wien streichende steinsalz- und gipsführende Formation. Sie liegt stratigraphisch unter den bis zu mehr als 1.000 m mächtigen Triaskalken bzw. deren sandig-toniger Basis, den Werfener Schichten (unterstes Mesozoikum), oder Schichten des Perm (oberstes Paläozoikum).

Die hier austretenden Mineralquellen steigen entlang tektonischer Störungen auf. O. SCHAUBERGER, der beste Kenner des nordalpinen Salinars, nimmt an, daß die aufsteigenden Wässer „ihren Gehalt an Kochsalz, Sulfaten, Schwefel und anderen Mineralstoffen aus in mindestens 1.000 m Tiefe liegenden Lösungsherden beziehen“ (1979, p. 13, siehe Kap. 3.).

Die großen Steinsalzvorkommen der Alpen sind unter klimatischen Bedingungen entstanden, wie sie heute in den subtropischen semiariden und ariden tropischen Bereichen herrschen, wo dem Meer noch immer durch künstliche Verdunstungsbecken (Salzgärten) das Kochsalz abgerungen wird. Aber auch das Wissen um die natürlichen Vorgänge ist von Bedeutung.

An flachen, sandigen Küsten der Arabischen Halbinsel mischen sich seichtliegendes schon stark mineralisiertes Grundwasser und eindringendes Meerwasser. Sie kommen an die Oberfläche und nähren durch Verdunstung einen Ton-Salzschlamm, der neben Kochsalz (NaCl) verschiedenste Verbindungen wie Glaubersalz (Na_2SO_4), Soda (Na_2CO_3) oder Borax ($Na_2B_4O_7$) u.a. aufweist. Ebenso gefürchtet wie diese Küstensabkhahs sind im Zentrum der Arabischen Tafel auftretende Inlandsabkhahs, wo in abflußlosen Wannen nahe von Wüstenbereichen aus dem Untergrund aufstoßende artesische Wässer und ihre Verdunstung über hunderte Quadratkilometer dasselbe Bild eines absolut lebensleeren und unzugänglichen Gebietes schufen.

Über mehr als 200 Mio. Jahre hatte die Erde Zeit, die am Ende des Altertums seiner Geschichte gebildeten Salze zu begraben und mit wasserundurchlässigen Schichten zu versiegeln. Die Kräfte der Erde formten neue Kontinente und änderten die Flächen der Meere aber, wie man heute annimmt, nicht die chemische Zusammensetzung des Wassers vom Urmeer bis zu den heutigen Weltmeeren. Damit sind wir wieder beim Wasser und der Frage, wie weit die Verdunstung den verbliebenen nicht verdunstungsfähigen Stoffen ihre Elemente, insbesondere die Spurenelemente, belassen hat. Die **Spurenanalyse** macht es möglich, die Antwort zu suchen.

Vergleiche in Abschnitt A./Kap. 1.2. zeigen eine starke Anreicherung der Hauptelemente des Meerwassers Natrium, Kalium, Magnesium und Chlorid in den Evaporiten.

Obwohl hauptsächlich auf vulkanische Emanation zurückzuführen, ist **Bromid** in erheblich größerer Menge im Meerwasser bzw. Salzen als in den Eruptivgesteinen zu finden. So zeigt Brom, im Vergleich zu Bor und Strontium recht verschiedene Neigungen, wie eine gelegentliche Partnerschaft mit Küstengrundwässern oder Bestandteilen von Ölfeldwässern.

Die Quellwässer im nordalpinen Salinar sind fast durchwegs Schwefelwässer aus den Gipslagen des Mesozoikums, wie den skythischen Werfener Schichten, den anisischen Muschelkalken und den karnischen Raibler Schichten. Die Quellwassertypen wie Kochsalz-Quellen (um den Hallstätter See), gipsig-bittersalzige Kochsalz- bzw. Kochsalz-Glaubersalz-Quellen (Gebiet um Bad Ischl), Kochsalz-Glaubersalz-Soda-Quellen (bei Goisern) u.a. haben nicht nur verschiedene Mineralkonzentrationen von akratischer bis zu hypertonischer Konzentration (Sole-Schwefelquelle Dürrnberg), auch die Temperaturen schwanken von kalten und lauen Quellen zwischen 6 und 18,7 °C bis zu Thermalwässern zwischen 20 und 31 °C (Bohrung Vigaun). Die oben aufgezählten Quelltypen widerspiegeln ein verschiedenes Verdunstungsmilieu und variierende geologische Situationen, die der vorhin gegebenen Beschreibung arider subtropischer und tropischer Küsten- und Binnenlandschaften entsprechen.

Was die in den Salinarwässern enthaltenen Spurenelemente anbelangt, wurden **Lithiumwerte** im Mittel von fünf Quellen zwischen 125 und 386 µg/l und Grenzwerte von 2.560 µg/l einerseits und Werte von 25 µg/l andererseits gemessen. Letzteres Wasser ist ein akratischer Mitläufer, der Höchstwert stammt aus einer 1940 in der „Alten Schwefelquelle“ von Bad Ischl durchgeführten Messung, deren Wiederholung im Jahre 1966 nur mehr 830 µg/l ergab.

Die **Strontiumwerte** zeigten (bei allerdings nur sechs gemessenen Quellen) eine Streuung von ca. 200 µg/l–16.200 µg/l. Der letzte Wert stammt von der ersten Messung in der Bohrung Vigaun, die zweite hier entnommene Wasserprobe ergab zwei Jahre später nur mehr 10.700 µg/l. Eine Überraschung ist der Wert von 10.150 µg/l in Abtenau. Seine Einbeziehung in die Meßreihe gibt uns die Gelegenheit, sowohl der Geschäftsführung der Kurhaus-Abtenau Ges.m.b.H., Frau Inge SPÖCKER, als auch Herrn Bernd FUCHS, für die außergewöhnlich freundliche Hilfe und prompte Zusendung einer Kopie der großen Heilwasseranalyse zu danken. Der Bereich könnte zu einer Schlüsselstelle weiterer Studien werden.

Den bislang gemessenen Strontiumwerten wohnt neben dem Bezüg zum Salinar auch die Funktion als Tiefenanzeiger inne.

Die weiteren gemessenen hohen **Bromidwerte** kommen aus dem Salzabbau Dürrnberg (4.060 µg/l), Vigaun (1.100 µg/l), Bad Abtenau (2.600 µg/l), Bad Ischl II (3.400 µg/l) und Altaussee (4.000 µg/l), sie dürften für Salinarquellen als Richtwerte für Bromid in den Nordalpen gelten. 500 µg/l (Quelle im Salzachtal) und 702 µg/l (einer Ischler Quelle) weisen auf randliche Mischwässer.

Ein in der Geologie der Tiefengrundwässer nahezu sträflich vernachlässigtes Spurenelement ist das Bor.

Bor ist ein polygenetisches Element. Zwar hauptsächlich aus der Restkristallisation des Magmas stammend, tritt es unter vulkanischen Bedingungen, d.h. raschem Temperatur- und Druckfall, auch als Exhalation in die Form von Borsäure über (H. SENFTEN, 1971). Den komplexen Formenwandel und die Kristallisationsprodukte und Verbindungen wie Sassolin, Kermit, Borax etc. umgehend, kann man, die im Detail von H. SENFTEN, l.c. beschriebenen Vorgänge zusammenfassend, sagen, Bor fällt aus der Rolle: Es verhält sich eher als Nichtmetall, tritt in der Natur nicht als Kation auf und seine stabile Form ist die Orthoborsäure H_3BO_3.

Das elementare Bor wird errechnet, um in µg/l Wasser mit den anderen Spurenelementen leichter vergleichbar zu sein.

Im nordalpinen Salinar treten die höchsten gemessenen Borwerte mit 3.578 µg/l Wasser in der Klebelsbergquelle im Ischler Salzberg und mit 1.786 µg/l in der Alten Schwefelquelle im Lauffener Erbstollen auf. Die anderen fünf aus dem Salinar zur Verfügung stehenden Meßwerte für Bor liegen zwischen 118 µg/l (gipsige Kochsalzquelle in Abtenau) und 320 µg/l (Bad Goisern). Von einer Kontinuität der Werte kann im Salinar nicht gesprochen werden.

H. SENFTEN (1971) simulierte im Laborversuch die Verdunstungsvorgänge von Meerwasser bzw. eindunstenden Salzlösungen. Dabei wurde festgestellt, daß Spurenelemente wie Molybdän, Bromid und Borsäure erst nach dem Ausfallen des Kochsalzes kristallisierten. Sie erscheinen in der Natur daher in den darüber liegenden Schichten, den sogenannten Abraumsalzen. Die Trennung ist nicht absolut, daher finden wir die genannten Elemente schon in der Rohsole, aber das NaCl nach H. SENFTEN (l.c.) ist an diesen Begleitern verarmt.

Diese Laborversuche von H. SENFTEN sind von entscheidender Bedeutung. Die reinen Salzlagerstätten in den nördlichen Kalkalpen lieferten uns zum Großteil nur mittlere Borgehalte.

Viel größere Bedeutung hat in Österreich das Bor in den an die **jungtertiären Vulkanite** gebundenen Mineralwässern.

Während die Bearbeitung des Salinars auf der Grundlage der Daten von O. SCHAUBERGER (1979) auf nur einer mehrtägigen Befahrung für stichprobenartige Analysen beruhte, wurden die Mineralwässer des **Steirischen Beckens** systematisch untersucht (siehe Kap.11.).

Bei diesen Mineralwässern handelt es sich um Säuerlinge mit meist beachtlichem CO_2-Gehalt als allgemein postvulkanische Erscheinungen, in den Randgebieten treten aber auch CO_2-Aushauchungen tiefreichender Spalten auf.

Figur 11.1./3 ist zu entnehmen, daß der im ganzen junge Vulkanismus in zwei altersverschiedenen Phasen tätig war. Die ältere, miozäne Phase (Karpat/Baden), ein Erguß von Latiten (Trachyte und Trachyandesite), erstreckte sich über beachtliche Flächen und wurde später zum größten Teil unter marinen und fluviatilen Sedimenten begraben. Nur im Raum von Bad Gleichenberg ragen noch trachyandesitische Gesteine aus den jungtertiären Sedimentgesteinen heraus.

Jahrmillionen später (im Plio-/Pleistozän), durchstießen als vorläufig letzter Griff aus der Tiefe, basaltische Eruptiva (Basanite) die gesamte Tertiärformation und ihr Liegendes. Zum Teil ihre Säulen zur Schau stellend (Klöch), aber auch als erstarrte Tuffe aufragend, boten sie noch vor wenigen Jahrhunderten der Bevölkerung Schutz und Wehr (Riegersburg, Kapfenstein).

Wir aber fragen: Woher strömt noch heute das CO_2 und wer liefert den Säuerlingen nicht nur das Bor sondern auch nach Gelegenheit Strontium und Fluor?

Die Frage, ob das Auftreten der Säuerlinge der jüngsten oder der älteren (miozänen) vulkanischen Aktivität zuzuschreiben ist, ist nicht neu (A. WINKLER-HERMADEN, 1951, A. SCHOUPÉ, 1952).

Seit kurzem sind wir in der Lage, mittels der neuesten Information betreffend den prätertiären Untergrund des Steirischen Beckens (Geol. Karte 1 : 200.000 von H.W. FLÜGEL et al., 1988) neuerdings diese Frage aufzurollen.

Beginnt man im W des Steirischen Vulkanbogens, so liegen die Säuerlinge von Hengsberg (836 mg/l CO_2), Sulzegg (1.509 mg/l) und Rosenberg (807 mg/l) am Südrand der begrabenen miozänen Schildvulkane (vgl. Karte H.W. FLÜGEL et al., 1988).

Der Untergrund des Deckenergusses ist das Sausal-Paläozoikum, die Lage der Bohrungen nahe den Schlotbereichen des Schildes. Neben den erwarteten Tiefenelementen Strontium (750–1.120 μg/l) und Fluor (240–1.490 μg/l) dominierten die Borwerte mit 7.400 μg/l in Hengsberg bzw. 3.370 μg/l (Sulzegg). Die CO_2-Gehalte liegen zwischen 836 und 1.509 mg/l Wasser.

Außerhalb des Schildvulkans, aber an einer der bedeutendsten SW-NE-Störung des Beckens (über 40 km von Mureck bis zur Bohrung Binderberg 1 zu verfolgen) liegend, sprudelt der Säuerling Deutsch-Goritz. Der Borgehalt ist niedriger (900 μg/l) als in Hengsberg und Sulzegg, die Tiefenwerte (Sr 1.900 μg/l) und der CO_2-Gehalt (2.411 mg/l) jedoch bemerkenswert höher.

Um im Rahmen einer Zusammenfassung zu bleiben, aber doch eine Schlußfolgerung in den Raum zu stellen, sollen noch die wichtigsten Fakten von Bad Gleichenberg ins Spiel gebracht werden.

Der bekannte Kurort liegt sowohl im Mittepunkt eines bedeckten Vulkanschildes inklusive des Aufragens über die Bedeckung als auch nahe der großen obzitierten Verwerfung. Zusätzlich wird der miozäne Vulkanschild an mehreren Stellen auch in unmittelbarer Nähe des Kurortes von jungem Basalttuff und innerhalb des Schildes liegenden Basalten durchstoßen. Die Reaktion auf diese Situation sind Borwerte zwischen 1.160 und 3.880 μg/l (mehrheitlich > 3.000 μg/l), Strontiumwerte zwischen 3.250 und 4.400 μg/l und CO_2-Gehalte (nur drei Messungen) von 2.065– 2.135 μg/l.

Aus den vorliegenden Untersuchungen ist der Schluß zu ziehen, daß sowohl die miozäne als auch die jüngste Vulkantätigkeit ihre „Spuren“ im Wasser deponier(t)en. Eine bedeutende Rolle spielen sicherlich die schweren Störungen, die nach der Karte von H.W. FLÜGEL et al. (1988) wenigstens zum Teil auch die miozänen Vulkandecken betroffen haben und nach wie vor aktive Entgasungsfugen darstellen. Sie sind besonders im Raum südlich Bad Gleichenberg sogar in Form zeitweiliger Mofetten tätig.

Weiter gegen N und NE zieht der Vulkanbogen ins nördliche Burgenland und in die Landseer Bucht. Wieder findet man Bor besonders in den Bohrungen von Piringsdorf 1 und Bad Tatzmannsdorf in Konzentrationen von 16.608–19.231 μg/l. Das Gebiet von Bad Tatzmannsdorf bis zum Neusiedler See wurde von J.E. GOLDBRUNNER eingehend bearbeitet, wobei, nicht zuletzt mit Hilfe der Spurenelemente in den Mineralwässern auch die Annahme eines bisher unbekannten Kryptovulkans verifiziert werden konnte.

Die Säuerlinge und ihre mittlerweile bewährten Begleiter führten auch in Ostkärnten zu bemerkenswerten Ergebnissen.

In Kap. 10. werden die Säuerlinge des Lavanttales behandelt. Dabei ergaben die Messungen der Spurenelemente eine klare Abgrenzung des Einflusses seitens des Vulkanites von Kollnitz (Fig. 10.1./2). Wieder war Bor das ausschlaggebende Element mit einem abrupten Sprung der Konzentration von < 50 μg/l Wasser nördlich der Paracelsusquelle auf in Richtung Kollnitz zunehmende Werte bei der Paracelsusquelle (Gemeinde Bad St. Leonhard) 1.587 μg/l, Auenquelle bei Wolfsberg 1.652 μg/l, Thomas-Miriam-Quelle Bad Weißenbach 3.100 μg/l und Franz-Kahler-Quelle w.o. mit 3.468 μg/l. Mittels der ebenfalls stark ansteigenden Werte der Begleitelemente Lithium, Silizium, Strontium und Fluor wurde auch die Annahme widerlegt, daß das Thermalwasser von Bad Weißenbach aus dem nahen Tertiärbecken stammt.

Erstaunlich war der im Zuge der ersten Beprobung bei der Helenenquelle von **Eisenkappel** gemessene Borgehalt von 13.200 μg/l. 13 mg/l Bor, das ist zwar nur ein Drittel bis ein Viertel der Werte von Scuol-Tarasp im Oberengadin, aber doch die höchste in Kärnten gemessene Konzentration. Noch höhere Werte lieferte die Beprobung des Formationswassers der Bohrung Fürstenfeld Thermal 1 im Steirischen Becken.

Es hat sich zunächst hier schon einiges geklärt: Der Vulkanit von Kollnitz ist miozänen Alters wie der ältere Vulkanismus im Steirischen Becken. Seine Spurenelemente und Auswirkungen setzen somit nochmals ein Nein zur Annahme, nur der jungpliozäne Vulkanismus könne der Vater der postvulkanischen Phänomene sein. So weit, so klar. Der Eisenkappeler Wert aber ist für Kollnitzer Daten im Lavanttal eine Nummer zu groß. Wir vermuten die Möglichkeit einer Verbindung zu den nahen jungtertiären Vulkaniten in Slowenien. Von dort besitzen wir keine Werte. Ein Problem, auf das wir noch zurückkommen werden, ist die Möglichkeit des Zusammenhanges mit einer evaporitischen Fazies.

Nun gibt es der Fragen noch mehr.

Wildbad Einöd ist ein Musterbeispiel einer systematischen Diplomarbeit. Aber wenig gesagt wird zur Herkunft des Mineralwassers, wenn man von der Verleihung des Prädikates „Trinksäuerling" absieht. Zunächst ist die Begründung dieser Spitzenwerte noch offen. Woher stammen die 2.200 µg Bor/l Wasser? Strontium und Fluor bestätigen absolut eine außergewöhnliche Tiefenzirkulation, aber das ließ schon die Wassertemperatur vermuten.

Aber schauen wir doch in den eigenen Garten. **Bad Königsquell**, für uns ein Paradebeispiel, die Ergebnisse der Heliumuntersuchungen waren das Nonplusultra für den Tiefennachweis, die Werte von Strontium (4.615 µg/l) und der hohe Borwert (2.265 µg/l) willkommene Beigaben. Den schon 1989 durchgeführten Messungen fehlte noch die Kenntnis der Verhältnisse im Engadin und im Steirischen Becken. Da auch der erfahrenste und bis heute nicht übertroffene Experte in Sachen Thermal- und Mineralwässer, W. CARLÉ (1975, p. 520), das am Ostrand des Tauernfensters auftretende CO_2 der Quelle von Bad Königsquell (1.470 mg/l) samt den im weiteren Bereich (Liesertal, siehe auch F. KAHLER, 1978, p. 57) befindlichen Säuerlingen bzw. deren CO_2 als „Aufstieg vulkanogener Kohlensäure" bezeichnet, fielen die im Borwert steckenden Probleme durch den Rost.

Erst als wir bei der Bearbeitung des **Engadiner Fensters** in den westlichen Zentralhochalpen, die Mitarbeit des Landesgeologen missend, wieder auf W. CARLÉ (1975) zurückgreifen mußten, weckte die Tatsache der Säuerlinge von Obladis und Prutz das Interesse an dem Phänomen der Quellen von **Scuol-Tarasp**.

Zunächst zeigten einfache vergleichende Kurven der Analysenwerte (Fig. 5.7./2 und 5.7./3) die Verwandtschaft der Quellwässer von Prutz-Obladis und jenen im schweizerischen Engadin bei Scuol-Tarasp: Trotz großer quantitativer Unterschiede stehen die Werte zueinander im gleichen Verhältnis.

Eine kurze geologische Beschreibung des Gebietes ist wohl vonnöten.

In den beiden Gemeinden Scuol und Tarasp tritt auf engstem Raum die größte Zahl von Säuerlingen des Schweizer Kantons Graubünden auf. Die Lage ist aus Fig. 5.7./1 zu entnehmen, aus der auch die geologische Situation der im geologischen Fenster freigelegten Gesteine der Aufwölbung ersichtlich ist. Das tektonisch stark beanspruchte Gebiet ist durch zahlreiche Dehnungsbrüche und die teilweise Füllung solcher Spalten durch Ganggesteine gekennzeichnet. Außerdem wird das tief eingeschnittene Tal durch zahlreiche Spalten der Bergzerreißung (Talzuschub) begleitet. Die den Kern des Fensters bildenden Bündner Schiefer sind in den Randgebieten von einem Mantel triassischer Gesteine der sogenannten Tasna Decke begleitet.

In dem durch die Bruchsysteme stark wasserwegigen Gebiet entspringen in Höhen zwischen 1.160 m und 1.360 m NN aus kalkigen Bündnerschiefern inklusive drei Bohrungen 26 Quellen, begleitet von einigen Mofetten. Die Unterteilung in vier Quellgruppen ist im Kap. 5. nach Stärke der Konzentration, Gasführung und Besonderheiten beschrieben.

Das Komplizierte an der Situation ist, daß es sich durchwegs um Säuerlinge mit postvulkanischen Nachwirkungen, sogar Mofetten handelt, aber viele Spurenelemente der Wässer marine Komponenten aus den Bündnerschiefern tragen (vgl. Tab. 5.7./1).

Daran knüpft sich schließlich die bis heute nicht beigelegte Streitfrage um die Herkunft der außergewöhnlich hohen Borwerte.

Die von W. CARLÉ vorgenommene Gliederung der Wassertypen richtet sich nach der Gesamtkonzentration der in den Säuerlingen gelösten Stoffe.

Die Schwierigkeiten stecken im Detail: Größenordnungen der Borwerte von 68.182–148.600 µg/l stehen Werte von 5.590–6.693 µg/l und 682–1.188 µg/l bzw. 19–114 µg/l in regellosen Gruppen gegenüber.

Die Erfassung mariner Faziesbedingungen ist durch Heranziehung der Analyse der Bohrung Fürstenfeld Thermal 1 im Steirischen Becken möglich. Der geringe Bicarbonatgehalt (nur 0,38% der Anionensumme) und die Tatsache des Auftretens von Methan als Begleitgas bezeugen gleichlaufend zu petrographischen Ergebnissen der Bohrung die Abwesenheit eines Vulkanits. Gegenüber der Salinität des Meerwassers (ca. 35 g/l) ist der Gesamtgehalt der gelösten Stoffe – wahrscheinlich infolge von Eindampfung und Ionenfiltration – erhöht. Die marinen Faziesanzeiger wie Bromid (60.800 µg/l) und Jodid (8.000 µg/l) sind die höchsten bekannten Werte des Beckens. Der exorbitant hohe Strontiumgehalt von 60.240 µg/l und der bisher nicht bekannte Höchstwert von 22.690 µg/l Bor sind somit nicht dem Vulkanismus zuzuordnen. Für die Beurteilung der Genese wird man daher auch das B/Cl-Verhältnis heranzuziehen haben. R. DAVIES & R.J.M. DE WIEST (1975) geben aufbauend auf die Arbeiten von D.E. WHITE (1957), B/Cl-(Gewichts-)Verhältnisse von ca. 0,0002–0,02 an. Das Wasser der Bohrung Fürstenfeld Thermal 1 hat ein B/Cl-Verhältnis von 0,009, was den marinen Charakter dieses Wassers unterstreicht.

Im Gegensatz dazu haben Wässer vulkanogenen Ursprungs nach D.E. WHITE, l.c. B/Cl-Verhältnisse bis 0,1. Diese Größenordnungen weisen die Wässer von Bad Tatzmannsdorf (Marienquelle) und Piringsdorf 1 auf.

Damit sind neben dem Vulkanismus auch andere Gesichtspunkte zur Klärung der Herkunft der hohen Borwerte heranzuziehen. Unbestritten bleibt, daß im Steirischen Becken und in der Landseer Bucht die Borwerte hilfreiche geochemische Indikatoren für die Erfassung des Untertage-Verlaufs des Vulkanbogens von unschätzbarem Wert sind.

Abschließend sei auf den wertvollen Beitrag des Bors für die Klärung der Fließvorgänge, sowie der Richtung und Alimentation der Tiefengrundwässer des Wiener Beckens verwiesen (Kap. 14.).

Bei der zusammenfassenden Bedeutung der Spurenelemente im Wasser müssen wir nochmals kurz auf das **Jod** zurückkommen.

Was die medizinische Stellung der Elemente anbelangt, soll der Hinweis auf Ausführungen im Text ausreichen.

Jod, ein chemisches Element aus der Gruppe der Halogene, ist wie F, Cl und Br ein nicht metallisches Element, das als sogenanntes biophiles Element in Pflanzen und Tieren angereichert wird.

In der technischen Hydrogeologie kam es zunächst in erster Linie als Spurenelement von Öllagerstättenwasser bzw. beachtenswerter Faktor bei der Erdölprospektion zu Ehren (Lagerstättenwasser von Matzen 10.000–69.000 μg/l, Mittelwert 30.000 μg/l; L. KÖLBL, 1957).

Die Jodwerte von Wasserproben des größten Teiles der Zentralalpen, Kärntens und anderer Bereiche liegen unter der Nachweisgrenze bzw. unter 20 μg/l. Den Erdöllagerstätten im Molassebecken nahe Wässer haben einen hohen Jodgehalt (Bad Hall 28.890–58.000 μg/l, Brunnen bei Wels 28.800–39.400 μg/l).

Die Jodwerte der im Wiener Becken liegenden Tiefenwässer des Erdölfeldes Matzen zwischen 18.000 (Pannonien) und > 40.000 μg/l (im Sarmatien und Badenien) bleiben im Rahmen der Meßwerte im Oberösterreichischen Molassebecken.

Wie die offenen Fragen betreffend die Größenordnung der Spurenelemente im Raume Scuol-Tarasp zeigen, ist es bedauerlich, daß für die Spurenelemente Bor und Fluor kaum Vergleichswerte mit dem Oberösterreichischen Molassebecken bzw. dem zentralen Wiener Becken möglich sind. Was die Borwerte anbelangt, würde die Bestätigung der Annahme von Werten zwischen 20.000 und 150.000 μg/l und deren stratigraphische Lage viel zur besseren Kenntnis des vulkanisch-marinen Wechselspiels im Steirischen Becken beitragen. Bedauerlich ist auch, daß den Vollanalysen der Publikationen von L. KÖLBL (1988) und G. SCHRÖCKENFUCHS (1975) Angaben über die gemessenen Fluorwerte fehlen. Ein Fluorwert in der Analyse der Paracelsusquelle von Bad Hall (1.200 μg/l), zitiert bei W. CARLÉ (1975, p. 442), läßt die Möglichkeit interessanter Rückschlüsse betreffend die Genese des Lagerstättenwassers und seiner Bewegung vermuten.

Unter bestimmten Voraussetzungen sind mit dem Spurenelement Jod hydrodynamische Aussagen möglich. Ein solcher Fall liegt in Bad Deutsch-Altenburg vor. Mit dem durch den Jodgehalt bezeugten Zufluß von Wasser aus dem N schließt sich der Hinweis auf die Vorflutwirkung des tiefsten Donaubereiches in Österreich. Ungeklärt ist noch die Frage, inwieweit die Erdölförderung Einfluß auf die augenscheinliche Einbindung ehemaligen Connate-Wassers in den Haushalt des Tiefengrundwassers hat.

Nun bekommen die durch das Quartär am Donauufer aufstoßenden zahlreichen thermalen Tiefengrundwässer als Dokumentation einer Auftriebszone ihre Bestätigung, was die Aussagekraft der Spurenelemente unterstreicht.

Der **Mediziner**, der dieses Buch durchblättert, wird vielleicht enttäuscht sein, trotz der schon nachgewiesenen Bedeutung des Lithiums im Wasser keine flächendeckende Untersuchung dieses Elements zu finden.

Der Plan, eine solche zu präsentieren, scheiterte daran, daß dies nur unter Einbeziehung aller Trinkwasserversorgungen sinnvoll gewesen wäre und weder mit der eingeschränkten Zielrichtung auf die Behandlung der Mineral- und Heilwässer vereinbar, noch mit dem finanziellen Aufwand machbar war. Wir wollen jedoch diese Aufgabe keineswegs abschieben. Es wird notwendig sein, mehrere Elemente den Gesundheitsbehörden für diese Maßnahme vorzuschlagen und wir glauben, mit diesem Buch nicht zu übersehende Anregungen dieser Art zu geben.

Von der Präsentation her mag kritisiert werden, daß das Buch keineswegs eine ausgewogene Darstellung der einzelnen Probleme bietet. Die gebotenen geologischen Grundlagen der Beschreibung der einzelnen Bereiche stehen weder in ihrer Präzision noch ihrem Ausmaß im gewünschten Gleichgewicht. Manchem Leser mag die Beschreibung der Geologie des Wiener Beckens zu detailliert, jene des Böhmischen Plutons oder mancher Gebiete Kärntens zu oberflächlich sein. Der wohlwollende Kritiker wird die schier unglaubliche Informationsfülle über die Tektonik des Wiener Beckens in ihrer Bedeutung für die Wasserführung und die Offenlegung der mit Millionenaufwand erarbeiteten Daten zu schätzen wissen und zugestehen, daß einer Region mit einem einzigen Badeort in jeder Hinsicht weder das Gewicht noch der gleiche Umfang der Darstellung zukommt.

Neu war der Versuch, die Frage nach der Bedeutung eines Spurenelementes in den Mittelpunkt zu stellen. Daraus ergab sich sehr bald die Notwendigkeit von der alphabetischen Reihung von Orten abzugehen. Auch die Beschränkung auf Wässer, die sich der gesetzlichen Anerkennung der Bezeichnung als „Heilwasser“ erfreuen, war aufgrund des notwendigen fachlichen Überblickes nicht möglich. Der Vergleich der Übersichtskarte bezeugt die Bedeutung der Spurenelemente als Ordnungsfaktor für die Abgrenzung von Heilwasserprovinzen und Bewegung der Tiefengrundwässer.

Was zu hoffen ist, daß allgemein eine bessere Einschätzung des Begriffes Tiefengrundwasser und der Bedeutung der in Spurenelementen dieser Wässer ruhenden Kräfte erzielt wurde, wobei nicht verhehlt wird, daß zahlreiche Fragen offenbleiben. Dies in der Hoffnung, daß sich Interessenten finden, den aufgezeigten Problemen nachzugehen. Wenn diese Hoffnung nur bei einigen jungen Wissenschaftern auf fruchtbaren Boden fällt, ist eines der wichtigsten Ziele dieses Buches erfüllt.

Literatur

FLÜGEL, H.W., A. KRÖLL & F. WEBER (1988): Steirisches Becken – Südburgenländische Schwelle. Geologische Karte des prätertiären Untergrundes, 1 : 200.000. – Geol. B-A, Wien.

KÖLBL, L. (1957): Die Lagerstättenwässer des Matzener Sandes. – Erdoel-Zeitschrift, **9**, Wien–Hamburg.

KRÜSE, K. (1937): Beiträge zur Kenntnis der Radioaktivität der Mineralquellen Tirols. – Jb. Geol. B-A, Wien.

SENFTEN, H. (1971): Borsäure in Trink- und Mineralwässern. – Diss., Univ. Bern, 184 S., Bern.

Dank

In einem so viele Details berücksichtigenden Werk, das auf den Kontakt mit vielen Institutionen und die Hilfe zahlreicher Einzelpersonen aufgebaut ist, kann der Dank nur allgemein ausgesprochen werden, sofern diesen nicht einzelne Autoren in den Text einbinden konnten. Dasselbe gilt für die besondere Hilfe einzelner Autoren.

Eine besondere Pflicht sehen wir in der Bedankung der Vertreter der mit der Herausgabe verbundenen Institutionen, Herrn Professor Dr. K. SCHLÖGL, Generalsekretär der Österreichischen Akademie der Wissenschaften, Herrn Dipl.-Ing. R. WEISS, Geschäftsführer des Österreichischen Wasserwirtschaftsverbandes, Herrn Univ.-Doz. Dr. W. MARKTL und den Herren Direktoren Dipl.-Ing. B. BAYER und R. URANSCHEK, Joanneum Research, sowie dem Amt der Steiermärkischen Landesregierung.

Fachliche Hilfe erhielten wir insbesondere durch die Versorgung mit Fachliteratur seitens der deutschen G.N. Pharm Arzneimittel G.m.b.H. (Dr. St. STIEFEL).

Univ.-Prof. Dipl.-Ing. Dr. G. KNAPP, Arbeitskreis für Spurenanalyse (ASA), danken wir für die kostenlose Durchführung eines großen Teiles der benötigten Spurenanalysen. Für Kärnten wurden diese Analysen dankenswerter Weise vom Amt der Kärntner Landesregierung (Dr. J. GRUBER) durchgeführt.

Fachliche Aussprachen mit dem Altmeister der Österreichischen Geologie, em.o. Univ.-Prof. Dr. Dr. h.c. mult. E. CLAR erleichterten den Start.

Einen gewaltigen Zeit- und Kraftaufwand erforderte die Überarbeitung und Computerspeicherung sämtlicher Manuskripte. Für die bereitwillige Arbeit sind wir Frau M. LOHR zu ehrlichem Dank verpflichtet.

Herr E. STELZL diente durch die gewissenhafte Ausführung der Textabbildungen und Karte der gefälligen Gestaltung des Buches.

Die Arbeiten wurden durch die Möglichkeit der Nutzung der Infrastruktur des Institutes für Geothermie und Hydrogeologie, Leiter Univ.-Prof. Dr. H. ZOJER, Joanneum Research, gefördert.

Die erfahrene Redaktionsassistentin M. PROBST war unersetzlich. Die Mitarbeiter der Firma LeykamDruck waren bemüht, die schwierige Satzgestaltung zu bewältigen. Eine persönliche Tradition ist uns das Signum des Springer Verlages als Garant der fachlichen Verläßlichkeit unter der charmanten Federführung von Frau S. SCHILGERIUS.

Die Mühen der Bearbeitung wird niemand bezweifeln, so auch nicht die Pflicht der beiden Verantwortlichen, ihren Ehefrauen für das Verständnis und das Opfer vieler einsamer Stunden zu danken.

Ortsregister

Sachregister

Erläuterungen zur Übersichtskarte (J. Zötl)

Die Übersichtskarte ist eine Zusammenfassung und Ergänzung der den Gebietsbeschreibungen beigefügten Detailkärtchen.

Die Signaturen sollen die Übersicht gewährleisten, d.h., daß einzelne von ihnen für mehrere Wassertypen verwendet werden mußten. Als Beispiel möge die Signatur für Schwefelquellen dienen. Der Schwefel selbst kann verschiedener Herkunft sein, geologisch kommen sowohl Ausgangsverbindungen wie z.B. Gips einerseits oder Pyrit als Erzbegleiter andererseits in Frage. Zugeordnet wurden der Signatur neben **Schwefelwässern**, Sulfat-, Gips- und (volkstümlich bekannt) Bitterwässer.

Die **Hydrogencarbonatwässer** haben ihre eigene Signatur, wenn allein dieses Anion den Wert von 1.000 mg/l übersteigt. Dieselbe Signatur wurde für Na-Cl-Ca- und Salinarwässer verwendet (z.B. > 1.000 mg Na etc.).

Abweichend davon sind die Signaturen für **Kalium- und Magnesiumwässer**. Eine eigene Signatur haben die Säuerlinge (> 1.000 mg CO_2/l Wasser) und die **jodhältigen Wässer**. Bei letzteren wird die Untergrenze von 1 mg Jodid per Liter Wasser angesetzt (G. Matthess, 1973). Die seltenen Vorkommen von **Schwermetallen** (Blei etc.), Arsen und Vitriol haben das Zeichen für aufgelassene Bergwerke.

Ein besonderes Signum erforderte das Element **Radon** (Rn-222). Der Mindestwert von 10 nCi/l für die Bezeichnung „radonhältig" ist nicht mehr zu halten. Das gasförmige Tochterelement des Radiums diffundiert in das Wasser. Die radioaktive Strahlung kann sich trotz der kurzen Halbwertszeit von 3,6 Tagen je nach Dauer des Kontaktes und der Menge mitgeführter Radiumteilchen verändern. Beim Verlassen geschlossener Wasserwege entweicht Radon in die Luft. Geschieht dies in geschlossenen Räumen, kann es dabei zur beachtlichen Erhöhung des im fließenden Wasser gemessenen Radongehaltes kommen. Neue Meßmethoden führen zu genaueren Angaben der Meßwerte in Bq (1 nCi = 26 Bq) bzw. pCi (= 1 Tausendstel nCi).

Es ist ein logischer Vorschlag, die Benennung „radonführend" ab 1 nCi/l zu gebrauchen, bei Werten über 10 nCi/l wird der Name „Radonwasser" vorgeschlagen. In der vorliegenden Karte wird diesem Unterschied durch verschiedene Größe der Signatur Rechnung getragen.

Schließlich ist noch die Signatur für **Thermalwasser** zu nennen. Als unterste Grenze hielten wir uns an die in unseren Breiten übliche Wassertemperatur ab 20 °C, wobei die Größe der Kreissignatur keine Temperaturhöhe angibt, sondern die anderen für den Quellbereich ausgewiesenen Signaturen einschließt. Daraus ergibt sich, daß die Größen der Signaturen bei dem kleinen Maßstab absolut in keinem Verhältnis zum Ausmaß des Quellgebietes oder des genauen Standortes des Heilwasseraustrittes steht.

Was die **Gruppierung** der Quelltypen anbelangt, so hebt sich der Südböhmische Pluton mit seiner monotonen Massierung der **radonhältigen Wässer** als geschlossene Provinz ab. Auch in den Hohen Tauern sind die Radonwässer das beherrschende Element, wobei dazukommt, daß hier viel höhere Konzentrationen, über 10 nCi/l (nicht selten über 70 nCi/l), zu finden sind.

Einsame Spitze bilden hier die Radonthermen von Badgastein. Sie sind die einzigen hochkarätigen Radon-Thermalwässer (bis 48 °C) der Zentralalpen. Grundsätzlich gering mineralisiert (keine Mineralwässer), sind sie aber oft mit hohem Spurenstoffgehalt behaftet. Das im S des Alpenhauptkammes gelegene Mallnitz ist enger mit Gastein verbunden, als in der Karte zum Ausdruck kommt. Es ist nicht nur die große Anzahl von Radon- und radonhätigen Wässern, auch die Wassertemperatur ist zum Teil der Höhenlage nach zu warm (siehe Buchtext) und die Spurenstoffe schließen die Beweiskette der Einheit des Bezirkes.

Auch im westlichen Teil des Tauernfensters beherrschen radonhältige Wässer sowohl in den Zillertaler Alpen als auch in der Brennerfurche das Bild. Sie sind auch hier meist akratischer Natur.

Ohne Einbeziehung Südtirols wäre die zentralalpine Radonprovinz bzw. ihr Bild auf der Karte unvollkommen geblieben. Bei Villnöß ist das Radon vielfach an starke Eisenquellen, auch an Eisenvitriolwässer (meist aus Quarzitschiefern) gebunden, der Radongehalt liegt im Mittel zwischen 10,8 und 14,8 nCi/l, der Höchstwert bei 29,7 bzw. 36,2 nCi/l.

Die Radonwässer von Meran sind wieder sehr gering mineralisiert.

Außerhalb der Radonprovinzen liegende Vorkommen sind vereinzelt gepaart mit Schwefel- oder Gipswässern (nordalpines Salinar, Kreuzeck, Gailtal) oder ausgeprägte Sonderfälle, wie die hochmineralisierten radonhältigen Magnesium-Sulfat-Hydrogencarbonat-Thermalsäuerlinge von Bormio (siehe Text) mit dem höchsten Radongehalt der Ostalpen, der Calcium-Hydrogencarbonat-Sulfat-Thermalsäuerling Wildbad

Einöd, die Säuerlinge der Granitpartien von Eisenkappel-Ebriach und die Quellen am Fuße des Pauliberges im Burgenland mit immerhin 14,5 nCi/l Wasser inmitten von Säuerlingen.

Die dominante Provinz der **Säuerlinge** ist das Steirische Becken mit dem nördlichen Burgenland. Selbst ein „postvulkanisches Phänomen", ist die Bindung der CO_2-hältigen Wässer an den „Steirischen Vulkanbogen" sowohl der miozänen als auch jüngsten pliozänen Glut- und Aschenergüsse verständlich. Das beginnt im W mit dem Bezirk der Säuerlinge des Lavanttales um den Kollnitzer Vulkanismus und reicht über Weitendorf, St. Nikolai und Bad Gleichenberg bis ins nördliche Burgenland. Die Karte verrät aber auch, daß das CO_2 nicht immer mit dem jungen Vulkanismus zusammenhängt, sondern auch Aushauchungen tiefliegender Herde darstellen kann, insbesonders dort, wo schwere Störungen Wege in oder aus großer Tiefe anbieten. Die besondere Stellung der Säuerlinge des Engadiner Fensters wurde im Text eingehend behandelt, sie ist auch auf der Übersichtskarte zu erkennen.

Schließlich zeigt die Übersichtskarte eine Gruppierung der normalen (akratischen) Thermalwässer. Da steht die Reihe der an Kluftsysteme gebundenen Thermen von Hintertux über Lend, Bad Kleinkirchheim, Wildbad Einöd, Bleiberg bis Warmbad Villach, Tobelbad u.a. der Gruppe der hochmineralisierten, durch Bohrungen erschlossenen Tiefengrundwässer im Gunstgebiet der niedrigen geothermischen Tiefenstufe im Steirischen Becken (Bad Radkersburg, Bad Gleichenberg, Gleisdorf, Fürstenfeld Thermal 1, Loipersdorf Bad, Blumau, Bad Waltersdorf, Stegersbach, Bad Tatzmannsdorf, Bad Schönau u.a.) und in geringer Zahl in der Oberösterreichischen Molassezone (Bad Schallerbach, Geinberg, Altheim u.a.) gegenüber.

Erst jenseits des Semmerings wird das Bild wieder ruhiger. Die „Thermenlinie" hat ihre monarchische Geschichte von den Akrothermen Fischau und Bad Vöslau bis zu dem nach dem Zweiten Weltkrieg wieder genesenen Kasinoort Baden, den Ostrand des Südlichen Wiener Beckens säumen die Thermalsäuerlinge Leithaprodersdorf und Mannersdorf. Ohne Aufsehen reihen sich in Wien das neue Oberlaa und die alten Stadtbäder von Wien (Pfaun'sche Mineralbadeanstalt, Theresienbad) aneinander, während am Nordrand des Beckens der Thermalwasserstrom römischer Tradition zueilt: Bad Deutsch-Altenburg.

Nur wenige wissen, daß sie hier auch im Bereich einer einmaligen hydrogeologischen Situation stehen. Das hier auftretende Thermalwasser ist vielfältiger Genese. Die hochreichende kristalline Grundgebirgssperre im E, reichlicher Zustrom aus Karstwasserwegen, der aus dem südlichen Becken aufstrebende Heißwasserstrom und aus dem N kommendes Erdölwasser, sie alle streben zur Donau, deren Auen hier den Ort der niedrigsten Höhe über dem Meeresspiegel Österreichs einnehmen. Hydrographisch sprechen wir von der niedrigsten „Vorflut".

Der Vergleich mit der Übersichtskarte der Mineral- und Heilquellen in Österreich von I. WIESBÖCK (1966) wird damit immer schwieriger. Mit Einbeziehung der Jodsignatur wird der in der Karte WIESBÖCK's eher leere Raum von der großen Zahl der erbohrten Jodwässer im Raume Matzen mit dem größten, stratigraphisch vielfältigen Erdölvorkommen von einer beachtlichen Anzahl von Signaturen bedeckt.

Das ist die Gelegenheit auf einen grundsätzlichen Unterschied der beiden Karten einzugehen: Versucht I. WIESBÖCK auf der über einen Quadratmeter großen Karte die Signaturen örtlich noch einigermaßen zu fixieren, so ist das bei der vorliegenden Übersichtskarte nicht mehr möglich. Wir sind am Übergang von der ortsbezogenen topographischen zur generalisierten **Themenkarte**. Sie entspricht letzten Endes ihrem Zweck. Örtliche Kartenskizzen findet der Leser im Text.

Eine Differenzierung der beiden Karten ergibt sich auch bei den Mineralwässern um den Neusiedler See. Die Gründe sind oberflächennahe, zum Teil „ausblühende" Grundwässer mit einer Verschiebung des Kationenverhältnisses. Neben den geologischen Gegebenheiten ist hier auch der Einfluß des Klimas maßgeblich.

Beide Karten weisen leere Flächen im Bereich der Niederen Tauern und des Waldviertels auf. Inwieweit eine unzureichende Untersuchung der Wässer diesen Umstand mitbeeinflußt, wäre zu klären.

Karte der wichtigsten Mineral- und Heilwassertypen Österreichs

Karte der wichtigsten Mineral- und Heilwass

Legende :

◇ Hydrogencarbonat , Salz- , Natrium- , Calcium- , Magnesium (◆) , Kalium (◆) - Mineralwässer , Sole

◆ Schwefel- , Sulfat- , Gipsquellen , Bitterwässer

▲ Säuerlinge

⚒ Eisen- (Schwermetall-) , Blei- , Kupfer- Vitriol- Arsen - Wässer

◒ Jodwässer

○ Thermalwässer

■ radonhältige Wässer (1 - 10 nCi/l)

■ Radonwässer (> 10 nCi/l)

× keine Daten

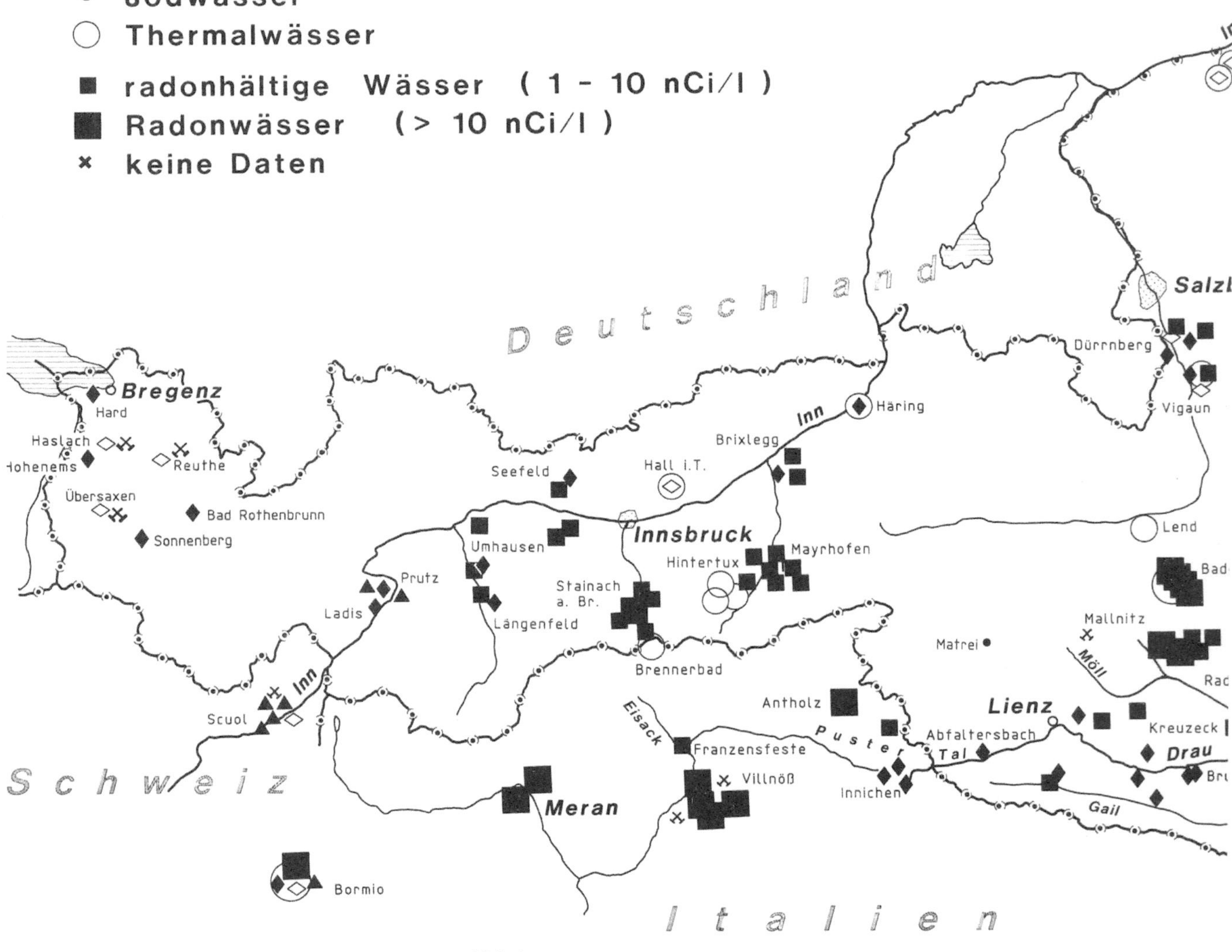

ertypen Österreichs
Tschecho-slowakei
Passau
Donau
Retz
Laa / Thaya
Hollabrunn
Bad Pirawarth
Matzen
Freistadt
Bad Weinberg
Prambach-kirchen
Linz
Bad Zell
Geinberg
Altheim
Bad Schallerbach
Wels
Wien
St.Pölten
Oberlaa
Deutsch Altenburg
Edelstal
Steyr
Bad Hall
Salzerbad
Baden
Bad Vöslau
Mannersdorf
Neusiedl
Leitha/Prodersdorf
Bad Fischau
Oggau
Eisenst.
Podersdorf
Bad Sauerbrunn
Rust
Illmitz
urg
Bad Ischl
Windischgarsten
Bad Goisern
In der Noth
Wörschach
Abtenau
Bad Mitterndorf
Mörbisch
Deutschkreutz
Kobersdorf
Pauliberg
Bad Schönau
Lutzmannsburg
Piringsdorf
Allerheiligen
Bad Tatzmannsdorf
Fentsch
Zlatten
Thalheim
stein
Mur
Bad Waltersdorf
Stegersbach
Graz
Gleisdorf
Fürstenfeld
Wildbad Einöd
K.S.
Tobelbad
Bad St.Leonhard
Auen Quelle
Stainz
Kalsdorf
Bad Gleichenberg
Ungarn
ißeck
ad
Trebesing
Bad Kleinkirchheim
Bad Weißenbach
Bad Gams
Hengsberg
Sulzegg
jen
Bad Bleiberg
Klagenfurt
Bad Radkersburg
Warmbad Villach
Drau
Eisenkappel
Vellach
Slowenien

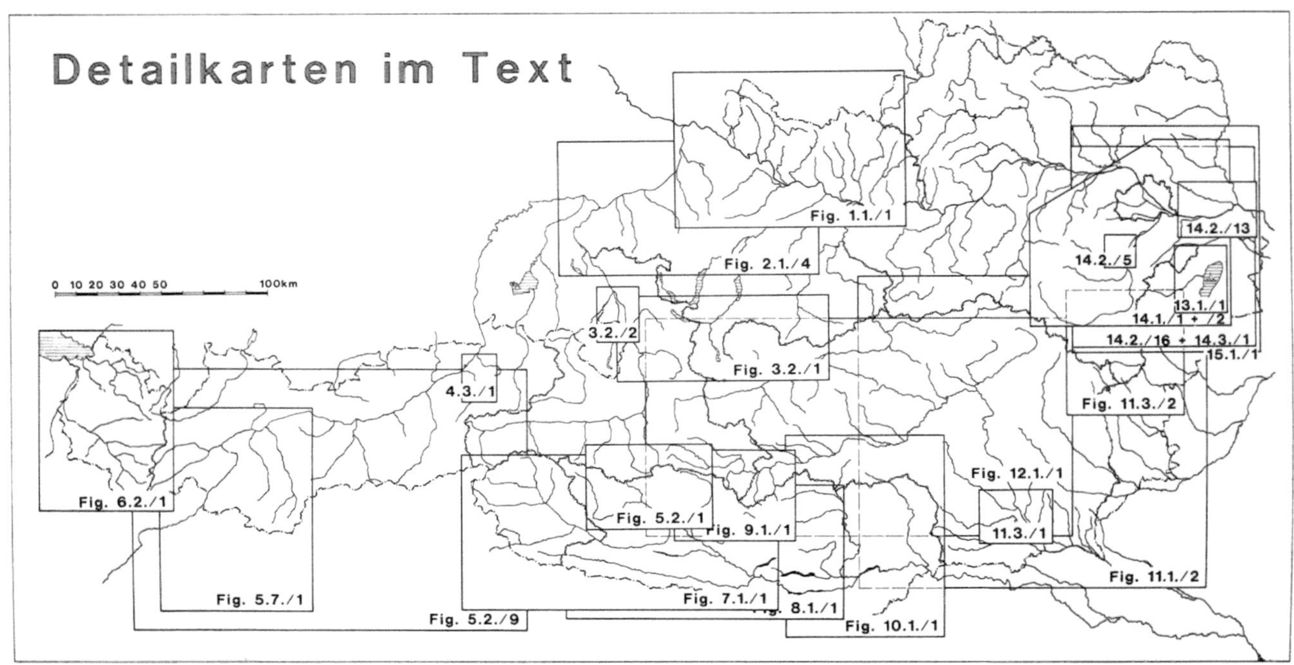

Lage von Detailkarten im Text.

Auswahl der österreichischen Versandheilwässer

Örtlichkeit	Bezeichnung	Wassertypus	Summe d. gel. festen Stoffe (g/l)
Bad Gams	Michelquelle	Fe-Ca-HCO_3-Säuerling	0,46
Bad Gleichenberg	Johannisbrunnen	Na-HCO_3-Säuerling	5
Bad Gleichenberg	Konstantinquelle	Na-HCO_3-Cl-Säuerling	7
Bad Radkersburg	Stadtquelle (long life)	Mg-Ca-HCO_3-Säuerling	2,60
Bad Tatzmannsdorf	Martinsquelle	Ca-Na-Mg-HCO_3-Säuerling	2,60
Bad Vöslau	Vöslauer Tafelwasser	Ca-Mg-HCO_3-SO_4-Tafelwasser	0,60
Baden	Perigrini Tafelmineralwasser	Ca-Na-Mg-SO_4-Cl-Mineralwasser	1,90
Badgastein	Gasteiner Tafelwasser	Na-Ca-SO_4-HCO_3-Tafelwasser	0,40
Brixlegg	Alpquell	Ca-SO_4-Mineralwasser	2
Deutsch-Goritz	Peterquelle	Na-Ca-HCO_3-Säuerling	2,90
Deutschkreutz	Juvina	Na-Ca-HCO_3-Säuerling	2,80
Edelstal	Römerquelle	Ca-Mg-HCO_3-SO_4-Mineralwasser	1
Eisenkappel	Ebriachquelle	Na-Mg-Ca-HCO_3-Säuerling	6,70
Gräbern-Prebl	Auenquelle	Na-Ca-Mg-HCO_3-Säuerling	3,90
Gräbern-Prebl	Paracelsusquelle	Na-HCO_3-Säuerling	4,20
Güssing	Severinquelle	Na-Ca-HCO_3-Säuerling	1,60
Güssing	Vitaquelle	Na-Ca-HCO_3-Cl-Säuerling	3,50
Kobersdorf	Waldquelle	Ca-Na-HCO_3-Säuerling	2,50
Laa/Thaya	Vitus-Brunnen	Na-Mg-Ca-HCO_3-SO_4-Mineralwasser	1,20
Pöttsching	Markusquelle	Ca-Mg-HCO_3-SO_4-Tafelwasser	0,75
Rosenberg	Rosenbergquelle	Ca-Na-HCO_3-Trinksäuerling	0,50
Sicheldorf	Josefsquelle	Na-HCO_3-(Cl)-Jod-Säuerling	5,50
Sulzegg	Styrianquelle	Ca-HCO_3-Säuerling	1,20
Thalheim	Schloßbrunn	Ca-Na-HCO_3-SO_4-Cl-Säuerling	3,20

ICH BIN DIE QUELLE IHRES LEBENS.

EGGERT

BADEN MIT MUSIK
BADEN BEI WIEN
… Musik … Biedermeier … Vergangenheit … gute alte Zeit … genießen … sich entspannen … einfach nichts tun … in der Wiese liegen und mit der Seele baumeln … oder …
… baden – feinen Meeressand gibt es bei uns im Strandbad
… kuren – wieder in Schwung kommen und fit sein
… ausgehen – in der Badener Sommerarena wird klassische Wiener Operette gespielt
… unter Freunden sein – Heurigenlokale und Gasthäuser, Restaurants und Cafés bieten unverfälschte Gemütlichkeit
… spielen – das Badener Spielcasino ist das älteste und größte in Österreich und im Sommer gibt sich Europas Trabrennelite ein Stelldichein in Baden
… wandern – 60 km markierte Wanderwege in den schönsten Regionen des Wienerwaldes
… reiten, Golfen, Tennis- oder Squashspielen – jeder so wie er mag
… und dann liegt die Metropole Wien direkt vor der Haustür – mit der Straßenbahn im Viertelstundentakt erreichbar.
BADEN
BEI WIEN
belebt
Information: Kurdirektion, 2500 Baden bei Wien

MIX
Papier aus verantwortungsvollen Quellen
Paper from responsible sources
FSC® C105338

If you have any concerns about our products, you can contact us on
ProductSafety@springernature.com

In case Publisher is established outside the EU, the EU authorized representative is:
Springer Nature Customer Service Center GmbH
Europaplatz 3, 69115 Heidelberg, Germany

Printed by Libri Plureos GmbH
in Hamburg, Germany